正点原子教你学嵌入式系统丛书

U0167723

原子教你学STM32(HAL库版)
(上)

刘　军　徐伟健　凌柱宁　冯　源　编著

北京航空航天大学出版社

内 容 简 介

《原子教你学 STM32(HAL 库版)》分为上、下两册。本书是上册，分为基础篇和实战篇，详细介绍了 STM32F103 的基础入门知识，包括 STM32 简介、开发环境搭建、新建 HAL 库版本 MDK 工程、STM32 时钟配置以及 STM32F103 常用外设的使用，包括外部中断、定时器、DMA、内部温度传感器等。

下册详细介绍了 STM32F103 复杂外设的使用及一些高级例程，包括触摸屏、无线通信、SD 卡、USB 读卡器等。建议初学者从上册开始，跟随书中的结构安排，循序渐进地学习。对于有一定基础的读者，可以直接选择下册，进入复杂外设的学习过程。

本书配套资料包含详细原理图以及所有实例的完整代码，这些代码都有详细的注释。另外，源码有生成好的 hex 文件，读者只需要通过仿真器下载到开发板即可看到实验现象，亲自体验实验过程。

本书不仅非常适合广大学生和电子爱好者学习 STM32，其大量的实验以及详细的解说也可供公司产品开发人员参考。

图书在版编目(CIP)数据

原子教你学 STM32 ：HAL 库版. 上 / 刘军等编著. --北京 ：北京航空航天大学出版社，2023.12

ISBN 978-7-5124-4195-8

Ⅰ. ①原… Ⅱ. ①刘… Ⅲ. ①微控制器 Ⅳ. ①TP368.1

中国国家版本馆 CIP 数据核字(2023)第 192162 号

版权所有，侵权必究。

原子教你学 STM32(HAL 库版)(上)

刘 军 徐伟健 凌柱宁 冯 源 编著

责任编辑 董立娟

*

北京航空航天大学出版社出版发行

北京市海淀区学院路 37 号(邮编 100191) http://www.buaapress.com.cn

发行部电话:(010)82317024 传真:(010)82328026

读者信箱: emsbook@buaacm.com.cn 邮购电话:(010)82316936

涿州市新华印刷有限公司印装 各地书店经销

*

开本:710×1 000 1/16 印张:26.75 字数:602 千字

2024 年 1 月第 1 版 2024 年 1 月第 1 次印刷 印数:2 000 册

ISBN 978-7-5124-4195-8 定价:89.00 元

若本书有倒页、脱页、缺页等印装质量问题，请与本社发行部联系调换。联系电话:(010)82317024

前　言

本书的由来

2011 年，正点原子工作室同北京航空航天大学出版社合作，出版发行了《例说 STM32》。该书由刘军(网名：正点原子)编写，自发行以来，广受读者好评，更是被 ST 官方作为学习 STM32 的推荐书本。之后出版了“正点原子教你学嵌入式系列丛书”，包括：

《原子教你玩 STM32(寄存器版)/(库函数版)》

《例说 STM32》

《精通 STM32F4(寄存器版)/(库函数版)》

《FreeRTOS 源码详解与应用开发——基于 STM32》

《STM32F7 原理与应用(寄存器版)/(库函数版)》

随着技术的更新，每种图书都不断地更新和再版。

为什么选择 STM32

与 ARM7 相比，STM32 采用 Cortex－M3 内核。Cortex－M3 采用 ARMV7(哈佛)构架，不仅支持 Thumb－2 指令集，而且拥有很多新特性。较之 ARM7 TDMI，Cortex－M3 拥有更强劲的性能、更高的代码密度、位带操作、可嵌套中断、低成本、低功耗等众多优势。

与 51 单片机相比，STM32 在性能方面则是完胜。STM32 内部 SRAM 比很多 51 单片机的 FLASH 还多；其他外设就不一一比较了，STM32 具有绝对优势。另外，STM32 最低个位数的价格，与 51 单片机相比也是相差无几，因此 STM32 可以称得上是性价比之王。

现在 ST 公司又推出了 STM32F0 系列 Cortex－M0 芯片以及 STM32F4/F3 系列 Coretx－M4 等芯片满足各种应用需求。这些芯片都已经量产，而且购买方便。

如何学 STM32

STM32 与一般的单片机/ARM7 最大的不同就是它的寄存器特别多，在开发过程中很难全部都记下来。所以，ST 官方提供了 HAL 库驱动，使得用户不必直接操作寄存器，而是通过库函数的方法进行开发，大大加快了开发进度，节省了开发成本。但是学习和了解 STM32 一些底层知识必不可少，否则就像空中楼阁没有根基。

学习 STM32 有 2 份不错的中文参考资料：《STM32 参考手册》中文版 V10.0 和《ARM Cortex－M3 权威指南》中文版(宋岩 译)。前者是 ST 官方针对 STM32 的一份通用参考资料，包含了所有寄存器的描述和使用，内容翔实，但是没有实例，也没有对 Cortex－M3 内核进行过多介绍，读者只能根据自己对书本内容的理解来编写相关代码。后者是专门介绍 Cortex－M3 架构的书，有简短的实例，但没有专门针对 STM32 的介绍。

结合这 2 份资料，再通过本书的实例，循序渐进，您就可以很快上手 STM32。当然，学习的关键还是在于实践，光看不练是没什么效果的。所以建议读者在学习的时候，一定要自己多练习、多编写属于自己的代码，这样才能真正掌握 STM32。

本书内容特色

《原子教你学 STM32(HAL 库版)》分为上、下两册。本书是上册，分为基础篇和实战篇，详细介绍了 STM32F103 的基础入门知识，包括 STM32 简介、开发环境搭建、新建 HAL 库版本 MDK 工程、STM32 时钟配置以及 STM32F103 常用外设的使用，包括外部中断、定时器、DMA、内部温度传感器等。

下册详细介绍了 STM32F103 复杂外设的使用及一些高级例程，包括触摸屏、无线通信、SD 卡、USB 读卡器等。

建议初学者从上册开始，跟随书中的结构安排，循序渐进地学习。对于有一定基础的读者，可以直接选择下册，进入复杂外设的学习过程。

本书适合的读者群

不管您是一个 STM32 初学者，还是一个老手，本书都非常适合。尤其对于初学者，本书将手把手地教您如何使用 MDK，包括新建工程、编译、仿真、下载调试等一系列步骤，让您轻松上手。

本书使用的开发板

本书的实验平台是正点原子战舰开发板，有这款开发板的朋友可以直接拿本书配套资料里面的例程在开发板上运行和验证。对于没有这款开发板而又想要的朋友，可以在淘宝上购买。当然，如果已经有了一款自己的开发板，而又不想再买，也是可以的，只要您的板子上有与正点原子战舰开发板上相同的资源(实验需要用到的)，代码一般都是可以通用的，只需要把底层的驱动函数(一般是 I/O 操作)稍作修改，使之适合您的开发板即可。

本书配套资料和互动方式

本书配套资料里面包含详细原理图以及所有实例的完整代码，这些代码都有详细的注释。另外，源码有生成好的 hex 文件，读者只需要通过仿真器下载到开发板即可看到实验现象，亲自体验实验过程。读者可以通过以下方式免费获取配套资料，也可以和作者互动：

原子哥在线教学平台　www.yuanzige.com

开源电子网/论坛　www.openedv.com/forum.php

正点原子官方网站　www.alientek.com

正点原子淘宝店铺　https://openedv.taobao.com

正点原子 B 站视频　https://space.bilibili.com/394620890

编　者

2023 年 12 月

目 录

第1篇 基础篇

第 2 篇 实战篇

第1篇　基础篇

本篇将详细介绍 STM32F103 学习的基础知识，包括开发环境搭建、STM32 基础知识入门、HAL 库、启动过程分析、SYSTEM 文件夹等。学好这些基础知识，对后面的例程学习部分有非常大的帮助，能极大地提高学习效率。

如果您是初学者，建议好好学习并理解这些知识，手脑并用，不要漏过任何内容，一遍学不会的可以多学几遍。如果您已经学过 STM32，则本篇内容可以挑选着学习。

本篇将分为如下章节：

第 1 章　本书学习方法

第 2 章　STM32 简介

第 3 章　开发环境搭建

第 4 章　STM32 初体验

第 5 章　STM32 基础知识入门

第 6 章　认识 HAL 库

第 7 章　新建 HAL 库版本 MDK 工程

第 8 章　STM32 启动过程分析

第 9 章　STM32 时钟配置

第 10 章　SYSTEM 文件夹

第1章 本书学习方法

为了使读者更好地学习和使用本书，本章将介绍本书的学习方法，包括本书的学习顺序、编写规范、代码规范、资料查找、学习建议等内容。

1. 本书学习顺序

为了使读者更好地学习和使用本书，我们做了以下几点考虑：

① 坚持循序渐进的思路编写，从基础到入门，从简单到复杂。

② 将知识进行分类介绍，简化学习过程，包括基础篇及实战篇。

③ 将硬件介绍独立成一个文档"战舰 V4 硬件参考手册.pdf"，本书着重介绍软件知识。

因此，读者在学习本书的时候，建议先通读一遍"战舰 V4 硬件参考手册.pdf"，对开发板的硬件资源有个大概了解，然后从基础篇开始，再到实战篇，循序渐进，逐一攻克。

对初学者来说，尤其要按照以上顺序学习，不要跳跃式学习，因为书本的知识都是一环扣一环的，前面的知识没学好那么后面的知识学起来就会很困难。

对于已经学过 STM32 的朋友来说，就可以跳跃式学习了，有不懂的地方再翻阅前面的知识点进行巩固。

2. 本书参考资料

本书的主要参考资料有 2 份文档，即"STM32F10xxx 参考手册_V10(中文版).pdf"及《ARM Cortex-M3 权威指南》中文版(宋岩 译)。前者是 ST 官方针对 STM32 的一份通用参考资料，重点介绍 STM32 内部资源及使用、寄存器描述等，内容翔实，但是没有实例，也没有对 Cortex-M3 构架进行太多介绍，读者只能根据自己对书本的理解来编写相关代码。后者是专门介绍 Cortex-M3 构架的书，有简短的实例，但没有专门针对 STM32 的介绍。所以，在学习 STM32 的时候必须结合这 2 份资料来看。

另外，由于 STM32F103 的中文版是 V10 版本的，而最新的 STM32F103 英文版参考资料已经是 V20 的了，所以遇到一些有问题/矛盾的地方，可以参考最新的英文版参考手册《STM32 英文参考手册》V20。

这几份参考文档都可以在本书配套资料里面找到，路径为配套资料的 A 盘→8，STM32 参考资料。

3. 本书编写规范

本书通过数十个例程详细介绍了 STM32 的所有功能和外设，按难易程度以及知识结构，分为 2 篇：基础篇及实战篇。

基础篇共10章，主要介绍一些基础知识，包括开发环境搭建、新建工程、HAL库介绍、时钟树介绍、SYSTEM文件夹介绍等。这些章节在结构上没有共性，但是互相有关联，有一个集成的关系在里面，必须先学了前面的知识，才好学习后面的知识点。

实战篇共17章，详细介绍了STM32F103每一个外设的使用方法及驱动代码，并且介绍了一些非常实用的程序代码（纯软件例程），如内存管理、文件系统读/写、拼音输入法、手写识别等。这部分内容占了本书的绝大部分篇幅，而且结构上都比较有共性，一般分为4个部分，即外设功能介绍、硬件设计、程序设计及下载验证。

“外设功能介绍”简单介绍具体章节所要用到的外设功能、框图和寄存器等，使读者对所用外设的功能有一个基本了解，方便后面的程序设计。

“硬件设计”包括具体章节的实验功能说明、所用到的硬件资源及原理图连接方式，从而知道要做什么、需要用到哪些I/O口、怎么接线，方便程序设计的时候编写驱动代码。

“程序设计”一般包括驱动介绍、配置步骤、程序流程图、关键代码分析、main函数讲解等部分，一点点介绍程序代码是怎么来的、注意事项等，从而学会整个代码。

“下载验证”属于实践环节，在完成程序设计后，教读者如何下载并验证我们的例程是否正确，完成一个闭环过程。

4. 本书代码规范

为了编写高质量代码，我们对本书的代码风格进行了统一，详细的代码规范说明文档见配套资料的A盘→1，入门资料→嵌入式单片机C代码规范与风格.pdf，初学者务必好好学习一下这个文档。

总结几个规范的关键点：

① 所有函数、变量名字非特殊情况，一般使用小写字母；

② 注释风格使用doxgen风格，除屏蔽外，一律使用/* */方式进行注释；

③ Tab键统一使用4个空格对齐，不使用默认的方式进行对齐；

④ 每2个函数之间一般有且只有一个空行；

⑤ 相对独立的程序块之间使用一个空行隔开；

⑥ 全局变量命名一般用g_开头，全局指针命名一般用p_开头；

⑦ if、for、while、do、case、switch、default等语句单独占一行，一般无论有多少行执行语句，都要用加括号{}。

5. 例程资源说明

战舰V4 STM32F103开发板提供的标准例程多达69个，提供了寄存器和HAL库共2个版本的代码（本书介绍HAL库版本例程，不再提供寄存器版本文档教程）。我们提供的这些例程基本都是原创，拥有非常详细的注释，代码风格统一、循序渐进，非常适合初学者入门。

战舰V4开发板的例程表如表1.1所列。

可以看出，正点原子战舰V4开发板的例程基本上涵盖了STM32F103ZET6芯片的所有内部资源，并且外扩了很多有价值的例程，比如FLASH模拟EEPROM实验、USMART调试实验、μC/OS-II实验、内存管理实验、IAP实验、拼音输入法实验、手写识别实验、综合实验等。

表 1.1　战舰 V4 开发板例程表

编　号	实验名字	编　号	实验名字
1	跑马灯实验	22	PWM DAC 实验
2	蜂鸣器实验	23	IIC 实验
3	按键输入实验	24	SPI 实验
4	外部中断实验	25	485 实验
5	串口通信实验	26	CAN 实验
6	独立看门狗实验	27	触摸屏实验
7	窗口看门狗实验	28	红外遥控器实验
8-1	基本定时器中断实验	29	游戏手柄实验
9-1	通用定时器中断实验	30	DS18B20 数字温度传感器实验
9-2	通用定时器 PWM 输出实验	31	DHT11 数字温湿度传感器实验
9-3	通用定时器输入捕获实验	32	无线通信实验
9-4	通用定时器脉冲计数实验	33	FLASH 模拟 EEPROM 实验
10-1	高级定时器输出指定个数 PWM 实验	34	摄像头实验
10-2	高级定时器输出比较模式实验	35	外部 SRAM 实验
10-3	高级定时器互补输出带死区控制实验	36	内存管理实验
10-4	高级定时器 PWM 输入模式实验	37	SD 卡实验
11	电容触摸按键实验	38	FATFS 实验
12	OLED 实验	39	汉字显示实验
13	TFTLCD(MCU 屏)实验	40	图片显示实验
14	USMART 调试实验	41	照相机实验
15	RTC 实验	42	音乐播放器实验
16-1	PVD 电压监控实验	43	录音机实验
16-2	睡眠模式实验	44-1	DSP BasicMath 测试实验
16-3	停止模式实验	44-2	DSP FFT 测试实验
16-4	待机模式实验	45	手写识别实验
17	DMA 实验	46	T9 拼音输入法实验
18-1	单通道 ADC 采集实验	47	串口 IAP 实验
18-2	单通道 ADC 采集(DMA 读取)实验	48	USB 读卡器(Slave)实验
18-3	多通道 ADC 采集(DMA 读取)实验	49	USB 虚拟串口(Slave)实验
18-4	单通道 ADC 过采样(16 位分辨率)	50	网络通信实验
19	内部温度传感器实验	51	μC/OS-II 实验 1——任务调度
20	光敏传感器实验	52	μC/OS-II 实验 2——信号量和邮箱
21-1	DAC 输出实验	53	μC/OS-II 实验 3——消息队列、信号量集和软件定时器
21-2	DAC 输出三角波实验	54	综合测试实验
21-3	DAC 输出正弦波实验		

可以看出,例程安排是循序渐进的,先从最基础的跑马灯开始,然后一步步深入,从简单到复杂,有利于读者的学习和掌握。

6. 学习资料查找

(1) ST 官方的学习资料

ST 官方资料有 2 个网址:www.stmcu.org.cn 和 www.st.com。

www.stmcu.org.cn 是 ST 中文社区,里面的资料全部由 ST 中国区的人负责更新和整理,包含了所有 ST 公司的 MCU 资料,比如 STM32F1 最新的芯片文档(参考手册、数据手册、勘误手册、编程手册等)、软件资源(固件库、配置工具、PC 软件等)、硬件资源(各种官方评估板)等,如图 1.1 所示。

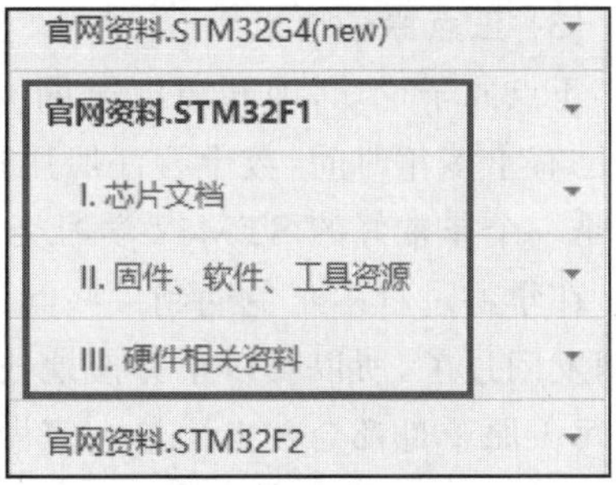

图 1.1 STM32F1 相关资料(stmcu. org)

www. st. com 是 ST 官网,ST 最新、最全的资料一般都放在该网站,而 ST 中文社区的资料都是从 ST 官网搬过来的,所以想找最新的 STM32 官方资料,就应该在 ST 官网找。对于初学者,一般从 ST 中文社区获取 ST 官方资料就可以了。ST 官网的 STM32F103 资料界面如图 1.2 所示(注意,默认是英文的,需要在网页右上角设置成中文)。

图 1.2 STM32F103 官网资料(st. com)

① STM32F103 的硬件相关资源,在“产品→微控制器→STM32 ARM Cortex 32 位微控制器→STM32 主流 MCU→STM32F1 系列→STM32F103→资源”下面可以找到。

② STM32F103 的软件相关资源,在“工具与软件→嵌入式软件→微控制器软件→STM32 微控制器软件”下面可以找到。

(2) 正点原子的学习资料

正点原子提供的学习资料都放在正点原子文档中心,读者可以到 www. openedv. com/docs/index. html 免费下载,如图 1.3 所示。

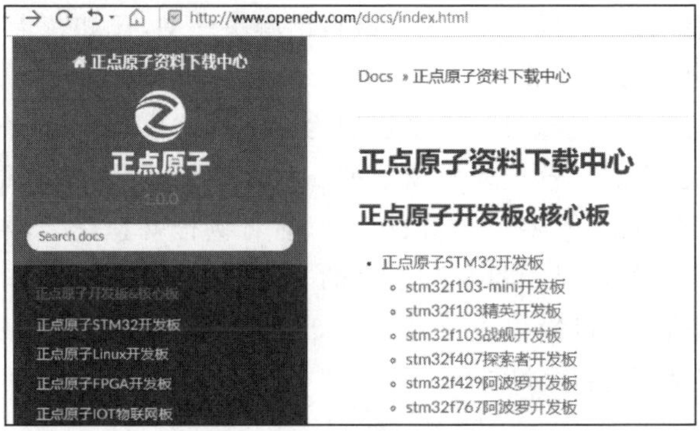

图 1.3 正点原子文档中心

(3) 正点原子论坛

正点原子论坛，即开源电子网 www.openedv.com/forum.php，从 2010 年成立至今，已有十多年时间，数十万注册用户，STM32 相关帖子数量有 20 多万，每天数百人互动，是一个非常好的 STM32 学习交流平台。

在学习过程中难免遇到一些问题，读者可以随时去开源电子网搜索，很多问题已经有网友问过了，所以可以很方便地找到一些参考解决方法；实在找不到也可以在论坛提问，每天原子哥都会在上面给大家做解答。

不过，在论坛发帖的时候建议先阅读一下“提问的智慧”(www.openedv.com/thread-7245-1-1.html)，缕清思路，提高提问质量。

7. 给初学者的建议

要想学好 STM32，这里提以下 3 点建议：

① 准备一款合适的开发板(强烈建议配仿真器)。

任何实验都需要验证，最好的验证方式就是在开发板上面实际跑起来，然后通过仿真器仿真调试，查看具体的执行过程。仿真调试可以加深印象，还可以方便地查找 bug，所以学习 STM32 必备一个开发板和一个仿真器。开发板在精不在多，学好一款基本上就够用了。

② 2 本参考资料，即“STM32F10xxx 参考手册_V10(中文版).pdf”和《ARM Cortex-M3 权威指南》。

这 2 个手册 1.2 节已经介绍了，对于学习 STM32 和了解 Cortex-M3 内核非常有帮助，是学习 STM32 的必备资料，因此初学者尤其要多看这 2 个手册。

建议读者要多了解一些底层的东西(可结合这 2 个手册查看寄存器版本的例程)，不要只会使用库，否则，一旦遇到问题或者换个芯片，就不知道怎么办了。

③ 戒骄戒躁，勤思敏行。

学习 STM32 千万不能浮躁，更加不能骄傲。初学者学习 STM32 会遇到很多问题和难点，这个时候千万不能浮躁，不要带情绪，一定要静下心来，缕清思路，逐一攻克。

笔者曾经遇到一个问题半个月都没解决的情况，但是这半个月我尝试并掌握了很多解决问题的方法，最终解决问题的时候带来的收获远远大于问题本身。所以不要遇到问题就认怂，就想问别人、问老师，先尝试自己解决一下，比如花十天半个月去解决一个问题，我相信你也会有很多收获。

学习本书内容的时候，要多思考，多想想为什么要这么写、有没有其他更好的办法，然后，自己去验证、去实践。这里非常重要的一点是要多实践，一定要自己动手写代码，然后再下载到开发板验证，不要只是看看视频、看看例程就算完了，要能做到举一反三，自己不实践、不动手写代码是很难真正学会的。

最后，C 语言是学习 STM32 的必备知识，所以 C 语言不过关的读者须先好好学习 C 语言基础，否则学起来会比较吃力。

第 2 章

STM32 简介

本章将介绍 STM32 有哪些资源、能够做什么、如何选型等基础知识，让读者对 STM32 有一个大概了解。

2.1 初识 STM32

2007 年 6 月，ST 在北京发布了全球第一款基于 ARM Cortex－M3 内核的 32 位通用微控制器芯片：STM32F103，其以优异的性能、丰富的资源、超高的性价比迅速占领市场，从此一鸣惊人，一发不可收拾，截至 2020 年 6 月，STM32 累计出货量已超过 45 亿颗。

战舰开发板使用的 STM32F103ZET6 芯片如图 2.1 所示。图左侧是 STM32-F103ZET6 芯片，右侧则是芯片开盖后的图片，即芯片内部视图。可以看到，其外观看上去平平无奇，但是内部有很多东西，需要我们花很多时间和精力去学习掌握。

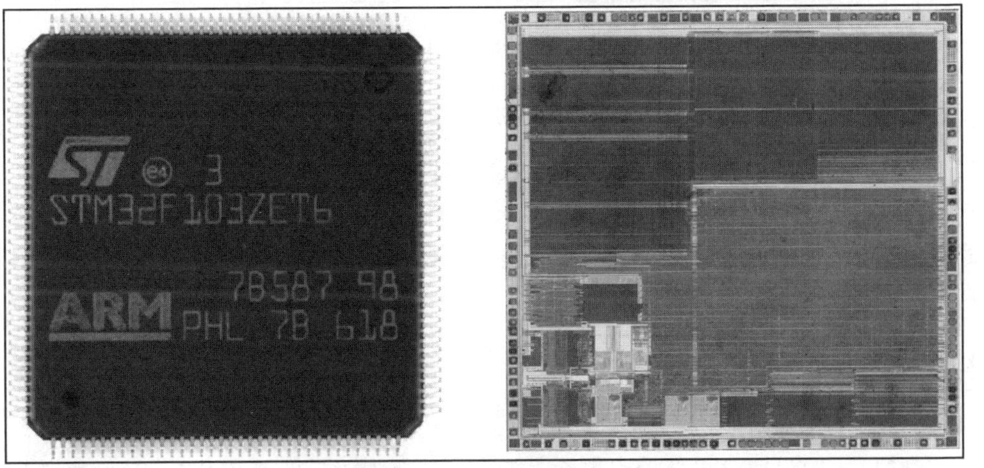

图 2.1　STM32F103ZET6 芯片（LQFP144 脚）

STM32 的优异性体现在如下几个方面：

① 超低的价格。8 位机的价格、32 位机的性能，是 STM32 最大的优势。

② 超多的外设。STM32 拥有包括 FMC、TIMER、SPI、I^2C、USB、CAN、I^2S、SDIO、ADC、DAC、RTC、DMA 等众多外设及功能，具有极高的集成度。

③ 丰富的型号。STM32 仅 M3 内核就拥有 F100、F101、F102、F103、F105、F107、F207、F217 共 8 个系列上百种型号，具有 QFN、LQFP、BGA 等封装可供选择。同时 STM32 还推出了 STM32L 和 STM32W 等超低功耗和无线应用型的 M3 芯片，另外，ST 还推出了 STM32F4/F7/H7 等更高性能的芯片。

④ 优异的实时性能。150 个中断，16 级可编程优先级，并且所有引脚都可以作为中断输入。

⑤ 杰出的功耗控制。STM32 各个外设都有自己的独立时钟开关，可以通过关闭相应外设的时钟来降低功耗。

⑥ 极低的开发成本。通过串口即可下载程序，而且相应的仿真器也很便宜，支持 JTAG&SWD 调试接口，最少仅 2 个 I/O 口即可实现仿真调试，极大地降低了开发成本。

再来看一个 STM32 与 51 单片机的性能对比，如表 2.1 所列。

表 2.1　STM32 与 51 单片机的性能对比

	内　核	主频/MHz	DMIPS	硬件 FPU
STM32H7	Cortex - M7	480	1 027	双精度
STM32F7	Cortex - M7	216	462	双精度
STM32F4	Cortex - M4	168	210	单精度
STM32F1	Cortex - M3	72	90	无
STC15	8051	35	35	无

这里选择的 51 单片机是性能比较好的 STC15 系列，如果换成传统 51 单片机，速度会比 STC15 慢 12 倍左右。最强 H7 的 DMIPS 性能约为 STC15 的 30 倍，即便是 STM32F103 也大概有 STC15 性能的 3 倍，由此可见 STM32 的强大。而且最便宜的 STM32F103 价格为 5 块多人民币，和 STC15 系列的价格差不多。

简单来说，价格差不多的情况下，51 单片机能做的，STM32 都能做；51 单片机不能做的，STM32 也能做，因此，越来越多的企业选择使用 STM32 替代 51 单片机。所以，能学会 STM32，找工作的时候也会有一定的优势。

2.2　STM32F103 资源简介

STM32F103ZET6 具体的内部资源如表 2.2 所列。可见，STM32 内部资源还是非常丰富的，本书将针对这些资源进行详细介绍，并提供丰富的例程供读者参考学习。相信经过本书的学习，您会对 STM32F103 有一个全面的了解和掌握。

关于 STM32F103 内部资源的详细介绍，读者可参考配套资料的 A 盘→7，硬件资料→2，芯片资料→STM32F103ZET6.pdf，该文档即 STM32F103 的数据手册，其中包含 STM32F103 详细的资源说明和相关性能参数。

表 2.2 STM32F103ZET6 内部资源表

指 标	性 能	指 标	性 能	指 标	性 能
内核	Cortex-M3	通用定时器	8	USART	5
主频	72 MHz	高级定时器	2	CAN	1
FLASH	512 KB	12 位 ADC	3	SDIO	1
SRAM	64 KB	ADC 通道数	18	FSMC	1
封装	LQFP144	12 位 DAC	2	DMA	2
I/O 数量	112	SPI	3	RTC	1
工作电压	3.3 V	I^2C	2	USB 从机	1

2.3 STM32F103 设计选型

STM32 从 2007 年推出至今，已经有 18 个系列，超过 1 000 个型号，为了方便读者选择合适的型号设计产品，本节介绍一下 STM32 的设计选型。

2.3.1 STM32 系列

STM32 目前总共有 5 大类，18 个系列，如表 2.3 所列。

表 2.3 STM32 系列分类及说明

大 类	系 列	内 核	特 性
主流级 MCU	G0	Cortex-M0+	全新入门级 MCU
	G4	Cortex-M4	模数混合型 MCU
	F0	Cortex-M0	入门级 MCU
	F1	**Cortex-M3**	**基础型 MCU**
	F3	Cortex-M4	混合信号 MCU
高性能 MCU	F2	Cortex-M4	高性能 MCU
	F4	**Cortex-M4**	**高性能 MCU**
	F7	**Cortex-M7**	**高性能 MCU**
	H7	**Cortex-M7**	**超高性能 MCU，部分型号有双核(M7+M4)**
超低功耗 MCU	L0	Cortex-M0+	超低功耗 MCU
	L1	Cortex-M3	超低功耗 MCU
	L4	**Cortex-M4**	**超低功耗 MCU**
	L4+	Cortex-M4	超低功耗高性能 MCU
	L5	Cortex-M33	超低功耗高性能安全 MCU
	U5	Cortex-M33	超低功耗高性能大容量安全 MCU
无线 MCU	WB	Cortex-M4 Cortex-M0+	双核无线 MCU
	WL	Cortex-M4	远程无线 MCU
微处理器 MPU	**MP1**	**Cortex-A7 Cortex-M4**	**双核超高性能 MPU**

可以看到,STM32 主要分两大块,MCU 和 MPU。MCU 就是我们常见的 STM32 微控制器,不能跑 Linux;而 MPU 则是 ST 在 2019 年才推出的微处理器,可以跑 Linux。本书重点介绍 MCU 产品,战舰使用的 STM32F103ZET6 属于主流 MCU 分类里面的基础型 F1 系列。

STM32 MCU 提供了包括基础入门、混合信号、高性能、超低功耗和无线 5 方面应用在内的产品型号,我们可以根据实际需要选择合适的 STM32 来设计。比如,产品对性能要求比较高,则可以选择 ST 的高性能 MCU,包括 F2、F4、F7、H7 这 4 个系列的产品;又比如想做超低功耗,则可以选择 ST 的超低功耗 MCU,L 系列的产品。

对于表 2.3 中加黑的系列,正点原子都有相应的开发板,包括主流级 F1、高性能 F4/F7/H7、超低功耗 L4 和微处理器 MP1,读者可以根据需要选择合适的正点原子开发板进行学习。

由于 STM32 系列有很好的兼容性,我们只要能够熟练掌握其中任何一款 MCU,就可以很方便地学会并使用其他系列的 MCU。比如学好了 STM32F103,再去学 F4/F7/H7 就比较容易学会。由于 STM32F103 系列最早推向市场,资料和教程都是最多的,在市场上的使用也最为广泛,所以对于没有接触过 STM32 的初学者来说,建议先学习 STM32F103,再去学习其他的 STM32 系列。

2.3.2 STM32 命名

STM32 的命名规则如图 2.2 所示。可见,STM32 的产品名字里面包含了家族、类别、特定功能、引脚数、闪存容量、封装、温度范围等重要信息,这些信息可以帮助我们识别和区分 STM32 的不同芯片。

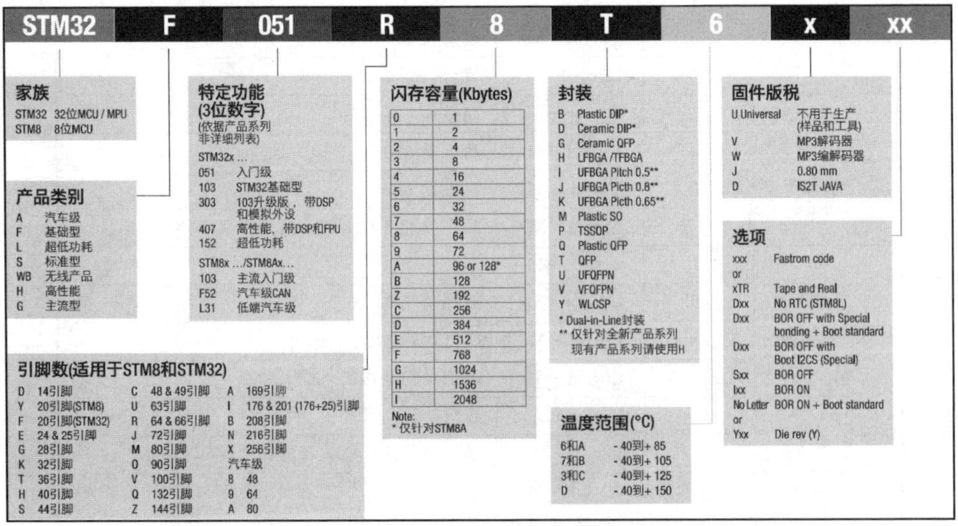

图 2.2 STM32 MCU 命名规则(摘自 STM32 产品选型手册)

对于战舰开发板使用的 STM32F103ZET6,从命名就可以知道如表 2.4 所列的信息。任何 STM32 型号都可以按图 2.2 所示命名规则进行解读。

表 2.4　STM32F103ZET6 型号说明

描　述	型　号	说　明
家族	STM32	ST 公司 32 位 MCU
产品类别	F	基础型
特定功能	103	STM32 基础型
引脚数	Z	144 脚
闪存容量	E	512 KB FLASH
封装	T	QFP 封装
温度范围	6	－40～＋85 ℃(工业级)

2.3.3　STM32 选型

了解了 STM32 的系列和命名以后，我们再进行 STM32 选型就会比较容易了。这里只要遵循由高到低、由大到小的原则，就可以很方便地完成设计选型了，具体如下：

由高到低原则：在不能评估项目所需性能的时候，可以考虑先选择高性能的 STM32 型号进行开发，比如选择 F4/F7/H7 等。在高性能 STM32 上面完成关键性能(即最需要性能的代码)开发验证，如果满足使用要求，则可以降档，如从 H7→F7→F4→F1；如不满足要求，则可以升档，如从 F4→F7→H7。通过此方法找到最佳性价比的 STM32 系列。

由大到小原则：在不能评估项目所需 FLASH 大小、SRAM 大小、GPIO 数量、定时器等资源需求的时候，可以考虑先选择容量较大的型号进行开发。比如选择 512 KB 甚至 1 MB FLASH 的型号进行开发，等到开发完成大部分功能之后，就对项目所需资源有了定论，从而可以根据实际情况进行降档选择(当然极少数情况可能还需要升档)。通过此方法，找到最合适的 STM32 型号。

整个选型工作可以在正点原子开发板上进行验证，因为该开发板都是选择容量比较大、资源比较多的型号进行设计的，从而免去了读者自己设计焊接验证板的麻烦，加快项目开发进度。一些资深工程师，若是对项目要求认识比较深入甚至都不需要验证了，则可以直接选出最合适的型号，这样效率更高。当然，这需要长期积累和多实践，只要多学习、多实践，总有一天也能达到这个级别。

2.3.4　STM32 设计

这里简单介绍一下 STM32 的原理图设计。上一小节介绍了通过选型原则来确定项目所需的 STM32 具体型号，但是在选择型号以后需要先设计原理图，然后再画 PCB、打样、焊接、调试等步骤。这里重点介绍如何设计 STM32F103 的原理图。

任何 MCU 部分的原理图设计，其实都遵循“最小系统＋I/O”分配的设计原则。在开始设计原理图之前，我们要通读一遍对 STM32F103 原理图设计非常有用的手册：《STM32F103 的数据手册》。可以说不看这个数据手册，我们就无法设计 STM32F103

原理图。

1. 数据手册

设计 STM32F103 原理图的时候需要用到一个非常重要的文档:《STM32F103 数据手册》,里面对 STM32F103 的 I/O 定义和说明有非常详细的描述,是设计原理图的基础。战舰开发板所使用的 STM32F103ZET6 芯片数据手册,存放在配套资料的 A 盘→7,硬件资料→2,芯片资料→STM32F103ZET6. pdf/STM32F103ZET6(中文版). pdf,接下来简单介绍一下如何使用该文档。

“STM32F103ZET6. pdf”是最新的英文版(V13)STM32 数据手册,“STM32F103ZET6(中文版). pdf”是中文版(V5)STM32 数据手册。

读者可以根据自己的喜好来选择合适的版本进行阅读,内容基本大同小异,从准确性、全面性的角度来说,看 V13 英文版是最好的;从简单、易懂来说,看 V5 中文版也是可以的。

“STM32F103ZET6. pdf”数据手册是针对大容量系列(FLASH 容量在 256～512 KB 之间),主要包括 8 个章节,如表 2.5 所列。

表 2.5 STM32F103 数据手册各章节内容概要

章　节	概要说明
介绍	简单说明数据手册作用,介绍大容量增强型 F103xC/D/E 产品的订购信息和机械特性
规格说明	简单介绍 STM32F103 内部所有资源及外设特点
引脚定义	介绍不同封装的引脚分布、引脚定义等,含引脚特性、复用功能、脚位等
存储器映像	介绍 STM32F103 整个 4 GB 存储空间和外设的地址映射关系
电气特性	介绍 STM32F103 的详细电气特性,包括工作电压、电流、温度、各外设资源的电气性能等
封装特性	介绍了 STM32F103 不同封装的封装机械数据(脚距、长短等)、热特性等
订货代码	介绍 STM32 具体型号所代表的意义,方便选型订货
版本历史	介绍数据手册不同版本之间的差异和修订内容

整个 STM32F103 数据手册对我们开发学习 STM32 来说都比较重要,因此建议读者可以先简单通读一遍这个文档,以加深印象。对于原理图设计,最重要的莫过于引脚定义这一章节了,只有知道了 STM32 的引脚定义,才能开始设计原理图。

STM32F103ZET6 引脚分布如图 2.3 所示。

STM32F103ZET6 引脚定义如表 2.6 所列。

引脚定义表的具体说明如表 2.7 所列。

了解引脚分布和引脚定义以后,我们就可以开始设计 STM32F103 的原理图了。

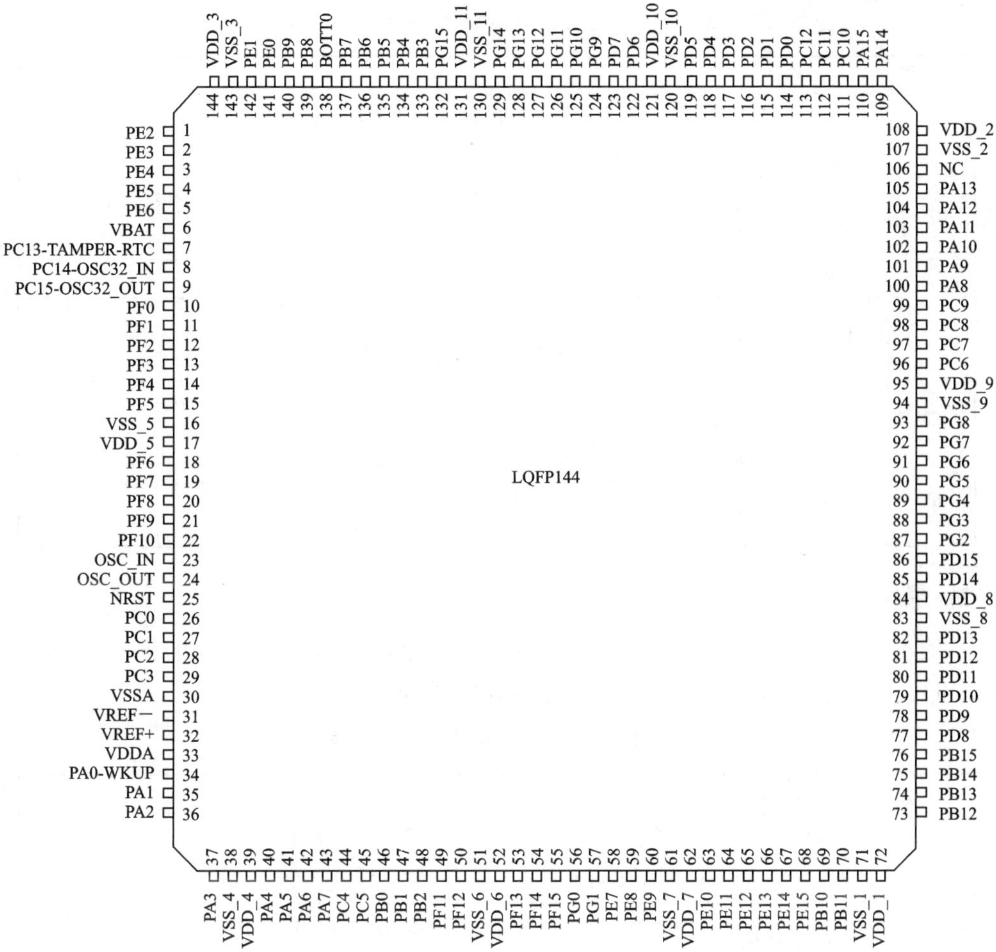

图 2.3　STM32F103ZET6 芯片引脚分布(摘自 STM32F103 数据手册)

表 2.6　STM32F103ZET6 芯片引脚定义(部分)(摘自 STM32F103 数据手册)

脚位①						②	③	④	⑤	⑥ 可选的复用功能	
BGA144	BGA100	WLCP64	LQFP64	LQFP100	LQFP144	引脚名称	类型	I/O电平	主功能(复位后)	默认复用功能	重定义功能
E10	D8	D8	5	81	114	PD0	I/O	FT	OSC_IN	FSMC_D2	CAN_RX
D10	E8	D7	6	82	115	PD1	I/O	FT	OSC_OUT	FSMC_D3	CAN_TX
E9	B7	A3	54	83	116	PD2	I/O	FT	PD2	TIM3_ETR USART5_RX/SDIO_CMD	
D9	D9	–	–	84	117	PD3	I/O	FT	PD3	FSMC_CLK	USART2_CTS
C9	C7	–	–	85	118	PD4	I/O	FT	PD4	FSMC_NOE	USART2_RTS
B9	B6	–	–	86	119	PD5	I/O	FT	PD5	FSMC_NWE	USART2_TX
E7	–	–	–	–	120	VSS_10	S		VSS_10		
F7	–	–	–	–	121	VDD_10	S		VDD_10		

表 2.7 引脚定义说明

序 号	名 称	说 明
①	脚位	对应芯片的引脚,LQFP使用纯数字表示,BGA使用字母+数字表示。这里列出了6种封装的脚位描述,根据实际型号选择合适的封装查阅
②	引脚名称	即对应引脚的名字,PD0~5表示GPIO引脚,VSS_10、VDD_10表示第10组电源引脚,其他类似
③	类型	I/O表示输入/输出引脚,I表示输入引脚,S表示电源引脚
④	I/O电平	FT:表示5 V兼容的引脚(可以接5 V/3.3 V) 空:表示5 V不兼容引脚(仅可以接3.3 V)
⑤	主功能(复位后)	复位后,使用该引脚的默认功能
⑥	可选的复用功能	默认复用功能是指开启复用功能后,该引脚默认的复用功能;重定义功能是指可以通过重映射的复用功能,须设置重映射寄存器

2. 最小系统

最小系统就是保证MCU正常运行的最低要求,一般是指MCU的供电、复位、晶振、BOOT等部分。STM32F103的最小系统需求如表2.8所列。

表 2.8 STM32F103 最小系统需求

类 型	引脚名称	说 明
电源	VDD/VSS	电源正(VDD)/负(VSS)引脚,给STM32供电
	VDDA/VSSA	模拟部分电源正/负引脚,给STM32内部模拟部分供电
	VREF+/VREF-	参考电压正/负引脚,给STM32内部ADC/DAC提供参考电压;100脚及以上的STM32F103型号才有这2个脚
	VBAT	RTC&后备区域供电引脚,给RTC和后备区域供电。一般VBAT接电池,用于断电维持RTC工作;如不需要,直接将VBAT接VDD即可
复位	NRST	复位引脚,用于复位STM32,低电平复位
启动	BOOT0/BOOT1	启动选择引脚,一般这2个脚各接一个下拉电阻即可,其他启动配置说明详见后续分析
晶振	OSC_IN/OSC_OUT	外部HSE晶振引脚,用于给STM32提供高精度系统时钟;如果使用内部HSI能满足使用需求,这2个脚可以不接晶振
	OSC32_IN/OSC32_OUT	外部LSE晶振引脚,用于给STM32内部RTC提供时钟;如果使用内部LSI能满足使用需求,这2个脚可以不接晶振
调试	SWCLK/SWDIO	SWD调试引脚,用于调试STM32程序,同时STM32还支持JTAG调试,不过我们不推荐使用,因为SWD省I/O

完成以上引脚的设计以后,STM32F103的最小系统就完成了,关于这些引脚的实际原理图可以参考战舰开发板的原理图。接下来就可以开始进行I/O分配了。

3. I/O 分配

I/O 分配就是在完成最小系统设计以后，根据项目需要对 MCU 的 I/O 口进行分配，连接不同的器件，从而实现整体功能，比如 GPIO、I^2C、SPI、SDIO、FSMC、USB、中断等。遵循先分配特定外设 I/O，再分配通用 I/O，最后微调的原则，如表 2.9 所列。

表 2.9 I/O 分配

分 配	外 设	说 明
特定外设	I^2C	I^2C 一般用到 2 根线：IIC_SCL 和 IIC_SDA(ST 叫 I^2C)。 数据手册有 I2C_SCL、I2C_SDA 复用功能的 GPIO 都可选用
	SPI	SPI 用到 4 根线：SPI_CS/MOSI/MISO/SCK 一般 SPI_CS 使用通用 GPIO 即可，方便挂多个 SPI 器件 数据手册有 SPI_MOSI/MISO/SCK 复用功能的 GPIO 都可选用
	TIM	根据需要可选 TIM_CH1/2/3/4/ETR/1N/2N/3N/BKIN 等 数据手册有 TIM_CH1/2/3/4/ETR/1N/2N/3N/BKIN 复用功能的 GPIO 都可选用
	USART UART	USART 有 USART_TX/RX/CTS/RTS/CK 信号，UART 仅有 UART_TX/RX 2 个信号，一般用到 2 根线：U(S)ART_TX 和 U(S)ART_RX。 数据手册有 U(S)ART_TX/RX 复用功能的 GPIO 都可选用
	USB	USB 用到 2 根线：USB_DP 和 USB_DM； 数据手册有 USB_DP、USB_DM 复用功能的 GPIO 都可选用
	CAN	CAN 用到 2 根线：CAN_RX 和 CAN_TX； 数据手册有 USB_DP、USB_DM 复用功能的 GPIO 都可选用
	ADC	ADC 根据需要可选 ADC_IN0～ADC_IN15； 数据手册有 ADC_IN0～ADC_IN15 复用功能的 GPIO 都可选用
	DAC	DAC 根据需要可选 DAC_OUT1 / DAC_OUT2； DAC 固定为 DAC_OUT1 使用 PA4、DAC_OUT2 使用 PA5
	SDIO	SDIO 一般用到 6 根线：SDIO_D0/1/2/3/SCK/CMD 数据手册有 SDIO_D0/1/2/3/SCK/CMD 复用功能的 GPIO 都可选用
	FSMC	根据需要可选 FSMC_D0～15/A0～25/ NBL0～1/NE1～4/NCE2～3/NOE/NWE/NWAIT/CLK 等 数据手册有 FSMC_D0～15/A0～25/ NBL0～1/NE1～4/NCE2～3/NOE/NWE/NWAIT/CLK 复用功能的 GPIO 都可选用
通用	GPIO	在完成特定外设的 I/O 分配以后，就可以进行 GPIO 分配了，比如将按键、LED、蜂鸣器等仅需要高低电平读取/输出的外设连接到空闲的普通 GPIO 即可
微调	I/O	微调主要包括 2 部分： ① 当 I/O 不够用的时候，通用 GPIO 和特定外设可能共用 I/O 口； ② 为了方便布线，可能要调整某些 I/O 口的位置。 这 2 点得根据实际情况进行调整设置，做到尽可能多地可以同时使用所有功能，尽可能方便布线

经过以上几个步骤就可以完成 STM32F103 的原理图设计了。

第 3 章

开发环境搭建

本章将介绍 STM32 的开发环境搭建，通过本章的学习，我们将了解到有哪些常用的 STM32 开发工具，包括 IDE、调试器、串口工具等。

3.1 常用开发工具简介

开发 STM32 时需要用到一些开发工具，如 IDE、仿真器、串口调试助手等。常见的工具如表 3.1 所列。

表 3.1 常用开发工具

工 具	名 称	说 明
集成开发环境	**MDK**	**全名 RealView MDK，是 Keil 公司(已被 ARM 收购)的一款集成开发环境，界面美观，简单易用，是 STM32 最常用的集成开发环境**
	EWARM	IAR 公司的一款集成开发环境，支持 STM32 开发。对比 MDK，IAR 的使用人数少一些，用惯 IAR 的朋友可以选择这款软件开发 STM32
仿真器	**DAP**	**ARM 公司的开源仿真器，可支持 STM32 仿真调试，且带虚拟串口功能。有高速和低速 2 个版本，具有免驱、速度快、价格便宜等特点**
	STLINK	ST 公司自家的仿真器，支持 STM32 和 STM8 仿真调试，目前最常用的是 ST LINK V2，支持全面、稳定、廉价
	JLINK	Segger 公司的仿真器，可支持 STM32 仿真调试，具有稳定、高速的特点，就是价格有点高
串口调试助手	**XCOM**	**正点原子开发的串口调试助手，具有稳定、功能多、使用简单等特点**
	SSCOM	丁丁的串口调试助手，具有稳定、小巧、使用简单等特点

读者可以根据自己的需要和喜好，选择合适的开发工具。表中加粗黑体部分是笔者推荐使用的 STM32 开发工具，即 IDE 推荐使用 MDK、仿真器推荐使用 DAP、串口调试助手推荐使用 XCOM，接下来介绍这几个软件的安装。

3.2 MDK 安装

MDK 是一款付费集成开发环境，如果需要商用，须联系 Keil 公司购买，这里仅用于教学使用。

MDK5 的安装分为 2 步：① 安装 MDK5；② 安装器件支持包。

MDK 软件下载地址为 https://www.keil.com/download/product，目前最新版本是 MDK5.36。器件支持包下载地址为 https://www.keil.com/dd2/pack，STM32F1 支持包最新版本是 2.3.0。

MDK5.36 和 2.3.0 的 STM32F1 器件支持包已经放在配套资料的 A 盘→6，软件资料→1，软件→MDK5，如图 3.1 所示。

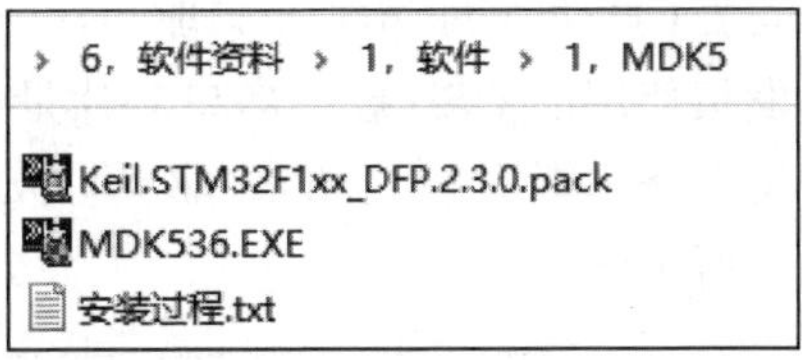

图 3.1 MDK5 软件及 STM32F1 器件支持包

MDK5 的安装比较简单，具体安装步骤可参考图 3.1 的"安装过程.txt"。注意，在选择安装路径的时候，建议将 Pack 的路径和 Core 的路径放在一个位置，比如这里安装在 D 盘(都安装在 D:\MDK5.36 路径下)，如图 3.2 所示。

安装完成后，电脑桌面会显示 MDK5 图标，如图 3.3 所示。

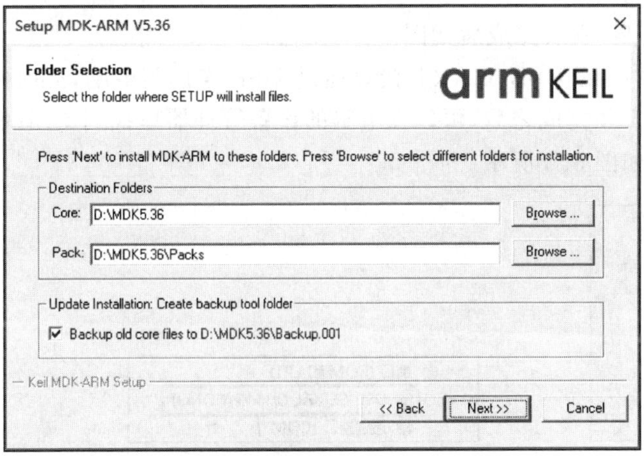

图 3.2 设置 Core 和 Pack 安装路径

图 3.3 桌面显示 MDK5 图标

3.3 仿真器驱动安装

STM32 可以通过 DAP、ST LINK、JLINK 等仿真调试器进行程序下载和仿真，推荐使用 DAP 仿真器(CMSIS－DAP Debugger)，DAP 仿真器在 MDK 下是免驱动的(无需安装驱动)，即插即用，非常方便。

正点原子提供了 2 种规格的 DAP 仿真器：普速版本 DAP(ATK－DAP)和高速版本(ATK－HSDAP)，这 2 个版本 DAP 使用完全一样，只是高速版本速度更快，读者根据需要选择即可。

如果使用的是 STLINK 仿真器，则可以参考配套资料的 A 盘→6，软件资料→1，软件→ST LINK 驱动及教程→ST LINK 调试补充教程.pdf 进行驱动安装。

3.4 CH340 USB 虚拟串口驱动安装

安装 CH340 USB 虚拟串口驱动,以便使用电脑通过 USB 和 STM32 进行串口通信。本书开发板使用的 USB 虚拟串口芯片是 CH340C,其驱动已经放在配套资料的 A 盘→6,软件资料→1,软件→CH340 驱动(USB 串口驱动)_XP_WIN7 共用文件夹里面,如图 3.4 所示。

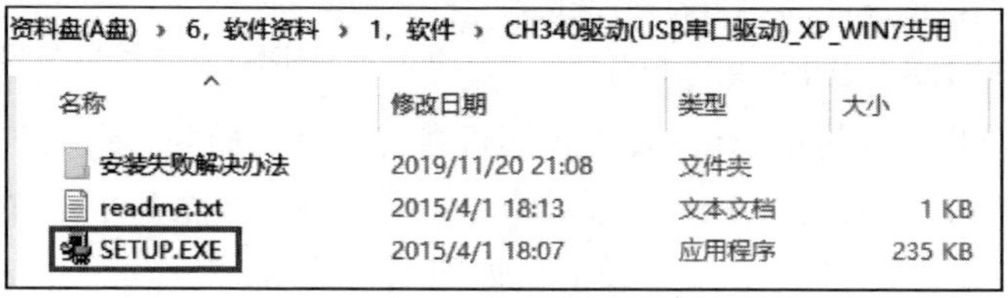

图 3.4 CH340 驱动

双击 SETUP. EXE 进行安装,安装完成后如图 3.5 所示。

驱动安装成功之后,将开发板的 USB_UART 接口通过 USB 连接到电脑,此时电脑就会自动给其安装驱动了。安装完成之后,可以在电脑的设备管理器里找到 USB 串口(如果找不到,则重启电脑),如图 3.6 所示。

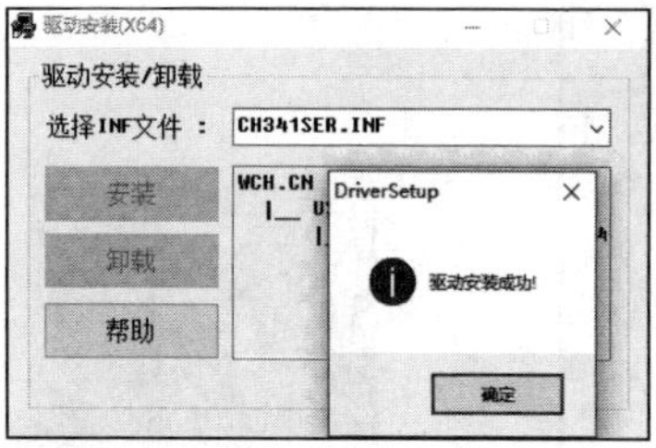

图 3.5 CH340 驱动安装成功

图 3.6 设备管理器显示 CH340 USB 虚拟串口

可以看到,我们的 USB 虚拟串口被识别为 COM3。注意,不同电脑可能不一样,读者的可能是 COM4、COM5 等,但是 USB - SERIAL CH340 这个一定是一样的。如果没找到 USB 串口,则可能安装有误或者系统不兼容。

安装完 CH340 USB 虚拟串口以后,就可以使用串口调试助手,比如 XCOM,和开发板通过串口进行通信了,这个在后续内容再介绍。至此,STM32 的开发环境就搭建完成了。

第 4 章

STM32 初体验

本章不介绍如何编写代码，而是介绍如何编译、串口下载、仿真器下载、仿真调试开发板例程，体验一下 STM32 的开发流程，并介绍 MDK5 的一些使用技巧。通过本章的学习，读者将对 STM32 的开发流程和 MDK5 使用有个大概了解，为后续深入学习打好基础。

4.1 使用 MDK5 编译例程

编写完代码以后，需要对代码进行编译。编译成功以后，才能下载到开发板进行验证、调试等操作。战舰开发板标准例程源码参见配套资料的 A 盘→4，程序源码，如图 4.1 所示。

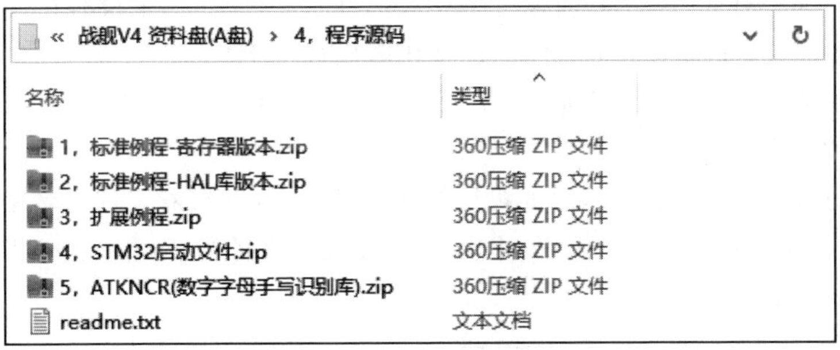

图 4.1　战舰开发板例程源码

这 4 个压缩包说明如表 4.1 所列。

表 4.1　源码压缩包说明

压缩包	说　明
标准例程-寄存器版本	寄存器版本标准例程，无独立教程，仅供进阶参考
标准例程- HAL 库版本	HAL 库版本标准例程，搭配 STM32F1 开发指南. pdf 学习
扩展例程	包含 μC/OS、FreeRTOS、emWIN、LittlevGL、lwIP 例程、搭配对应的开发指南学习
STM32 启动文件	STM32F103 启动文件，用于新建工程
ATKNCR(数字字母手写识别库)	正点原子提供的数字字母手写识别库

本书主要针对“标准例程-HAL 库版本”源码进行讲解，所以，这里先解压该压缩包，得到 HAL 库版本的标准例程源码如图 4.2 所示。

图 4.2　标准例程-HAL 库版本

战舰 V4 总共 54 个实验的标准例程，部分实验有多个例程，比如通用定时器实验、高级定时器实验、ADC 实验等，所以总例程数达到了 69 个。这里没有把实验 0 统计进来，因为实验 0 主要是新建工程等 MDK 使用基础教学例程。

秉着简单易懂的原则，这里选择“实验 1，跑马灯实验”作为 STM32 入门体验，例程目录如图 4.3 所示。

工程目录下有 5 个文件夹，后面再详细介绍其作用(其实看文件夹名字基本就知道是做啥用的了)，这里不多说。例程 MDK 工程文件的路径为：Projects→MDK－ARM→atk_f103. uvprojx，如图 4.4 所示。

图 4.3　跑马灯例程工程目录结构

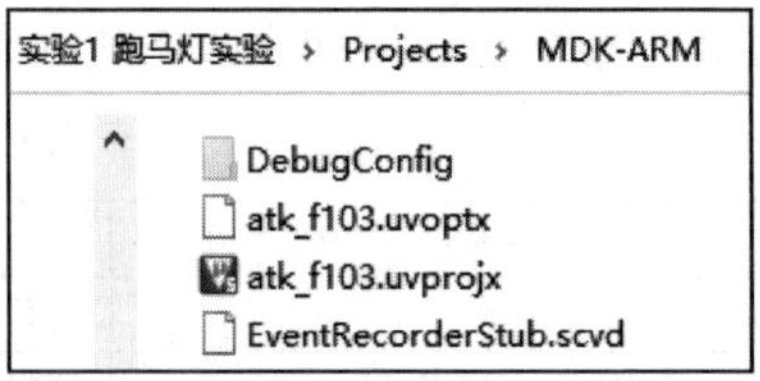

图 4.4　跑马灯实验例程 MDK 工程

注意，一定要先安装 MDK5(详见第 3 章)，否则无法打开该工程文件！

双击 atk_f103. uvprojx 打开该工程文件，进入 MDK IDE 界面，如图 4.5 所示。

其中，①是编译按钮，表示编译当前工程项目文件；如果之前已经编译过了，则只编

LED
Project ① ②
main.c
Project: atk_f103
LED
Startup
startup_stm32f103xe.s
User
main.c
system_stm32f1xx.c
stm32f1xx_it.c
Drivers/SYSTEM
delay.c
sys.c
usart.c
Drivers/STM32F1xx_HAL_Driver
stm32f1xx_hal.c
stm32f1xx_hal_cortex.c
stm32f1xx_hal_dma.c
stm32f1xx_hal_gpio.c
stm32f1xx_hal_gpio_ex.c
stm32f1xx_hal_rcc.c
stm32f1xx_hal_rcc_ex.c
stm32f1xx_hal_uart.c
stm32f1xx_hal_usart.c
Drivers/BSP
led.c
Readme
readme.txt
* @file main.c
* @author 正点原子团队(ALIENTEK)
* @version V1.0
* @date 2020-04-20
* @brief 跑马灯 实验
* @license Copyright (c) 2020-2032, 广州市星翼电子科技有限公司
* @attention
* 实验平台:正点原子 STM32F103开发板
* 在线视频:www.yuanzige.com
* 技术论坛:www.openedv.com
* 公司网址:www.alientek.com
* 购买地址:openedv.taobao.com
*/
#include "stm32f1xx_it.h"
#include "./SYSTEM/sys/sys.h"
#include "./SYSTEM/delay/delay.h"
#include "./SYSTEM/usart/usart.h"
#include "./BSP/LED/led.h"
int main(void)
{
HAL_Init(); /* 初始化HAL库 */
sys_stm32_clock_init(RCC_PLL_MUL9); /* 设置时钟,72M */
delay_init(72); /* 初始化延时函数 */
led_init(); /* 初始化LED */
while(1)
{
LED0(0); /* LED0 亮 */
LED1(1); /* LED1 灭 */
delay_ms(500);
LED0(1); /* LED0 灭 */
LED1(0); /* LED1 亮 */
delay_ms(500);
}
}

图 4.5 MDK 打开跑马灯实验例程

译有改动的文件。所以一般第一次会比较耗时间,后续因为只编译改动文件,从而大大缩短了编译时间。该按钮可以通过 F7 快捷键进行操作。②是重新编译当前工程所有文件按钮,工程代码较多时全部重新编译会耗费比较多的时间,建议少用。

按①处的按钮,编译当前项目,在编译完成后可以看到如图 4.6 所示的编译提示信息。

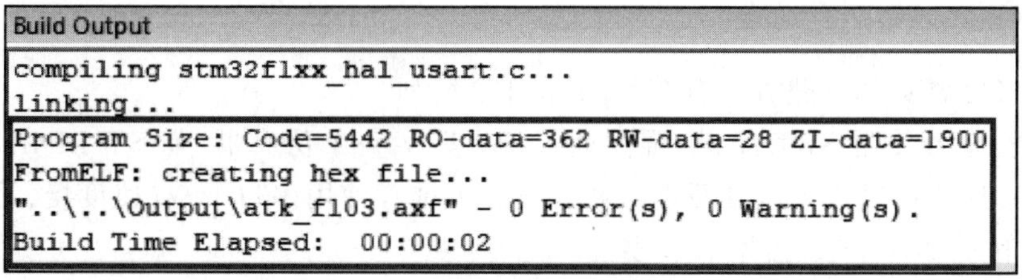
Build Output
compiling stm32f1xx_hal_usart.c...
linking...
Program Size: Code=5442 RO-data=362 RW-data=28 ZI-data=1900
FromELF: creating hex file...
"..\..\Output\atk_f103.axf" - 0 Error(s), 0 Warning(s).
Build Time Elapsed: 00:00:02

图 4.6 编译提示信息

图中 Code 表示代码大小,占用 5 442 字节。

RO－Data 表示只读数据所占的空间大小,一般指 const 修饰的数据大小。

RW－Data 表示有初值(且非 0)的可读/写数据所占的空间大小,它同时占用

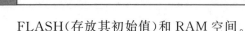

FLASH(存放其初始值)和 RAM 空间。

ZI－Data 表示初始化为 0 的可读/写数据所占空间大小,它只占用 RAM 空间。

因此,图 4.6 的提示信息表示代码总大小(Porgram Size)为 FLASH 占用 5 832 字节(Code＋RO＋RW),SRAM 占用 1 928 字节(RW＋ZI);成功创建了 Hex 文件(可执行文件,放在 Output 目录下);编译 0 错误,0 警告;编译耗时 2 s。

编译完成以后会生成 Hex 可执行文件,默认输出在 Output 文件夹下,如图 4.7 所示。

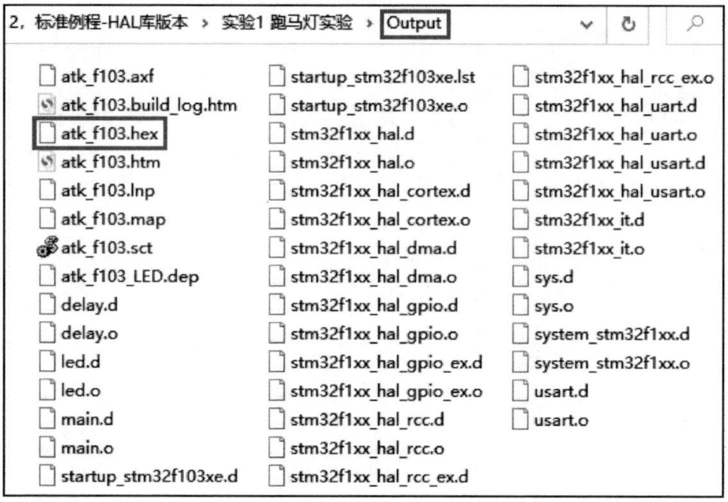

图 4.7　Hex 可执行文件

注意,必须编译成功才会生成 Hex 可执行文件,否则是不会有这个文件的。

Output 文件夹下除了.hex 文件还有很多其他文件(.axf、.htm、.dep、.lnp、.o、.d、.lst 等),这些文件是编译过程所产生的中间文件,在后续的 map 文件分析时再详细介绍。至此,例程编译完成。其他实验例程,大家可以用同样的方法进行编译。

4.2　使用串口下载程序

STM32 常见的下载方式有 3 种,如表 4.2 所列。

因此,推荐使用 SWD 下载,强烈建议读者购买一个仿真器(如 ST LINK、CMSIS DAP 等),这样可以极大地方便学习和开发。不推荐使用串口下载(速度慢、无法仿真和调试)和 JTAG 下载(占用 I/O 多)。

表中 BOOT0 和 BOOT1 是 STM32 芯片上的 2 个引脚,用于控制 STM32 的启动方式,具体如表 4.3 所列。

由于从系统存储器启动是不运行用户程序的,所以不管用户程序怎么写,此模式下都可以通过仿真器下载代码。所以,该模式常作为异常关闭 JTAG/SWD 而导致仿真器无法下载程序时的补救措施(在此模式下,下载一个不关闭 JTAG/SWD 接口的程序即可救活）。

表 4.2　STM32 常见下载方式对比

下载方式	使用接口	下载条件	优缺点
串口下载	串口 1 PA9/PA10	① BOOT0 接 3.3 V ② BOOT1 接 GND ③ 按复位	优点：仅需一个串口即可通过上位机软件下载程序，经济实惠 缺点：速度慢
SWD 下载	SWD 口 PA13/PA14	直接下载；特殊情况需 BOOT0 接 3.3 V，按复位	优点：2 个 I/O 口就可以下载、仿真、调试代码，高速、高效、实用； 缺点：需要一个仿真器
JTAG 下载	JTAG 口 PB3/4/PA13/14/15	直接下载；特殊情况需 BOOT0 接 3.3 V，按复位	优点：5 个 I/O 口实现下载、仿真、调试代码，实用方便； 缺点：需要一个仿真器，占用 I/O 多

表 4.3　STM32 启动模式

BOOT0	BOOT1	启动模式	说　明
0	X	用户闪存存储器启动 地址：0X0800 0000	用户闪存存储器启动（即 FLASH 启动）正常
1	0	系统存储器启动 地址：0X1FFF F000	系统存储器启动，用于串口下载程序
1	1	SRAM 启动（不常用） 地址：0X2000 0000	SRAM 启动，一般没用

接下来介绍如何利用串口给 STM32F103（以下简称 STM32）下载代码。

STM32 通过串口 1 实现程序下载，战舰开发板通过自带的 USB 转串口来实现串口下载。看起来像是 USB 下载（只需一根 USB 线，并不需要串口线），实际上是通过 USB 转成串口然后再下载的。

下面就一步步介绍如何在实验平台上利用 USB 串口来下载代码。

首先确保开发板接线正确，并成功上电，如图 4.8 所示。

ⓐ 图中①处的 USB_UART 通过 USB 线连接电脑，从而实现 USB 转串口，同时支持给开发板供电。

ⓑ 确保电源灯②亮起（蓝色），不亮则检查供电和电源开关③是否按下。

ⓒ 确保 P4 端子的 RXD 和 PA9（STM32 的 TXD）、TXD 和 PA10（STM32 的 RXD）通过跳线帽连接起来（标号④），这样就把 CH340C 和 STM32 的串口 1 连接上了。

ⓓ 图中⑤处的 BOOT 设置为 BOOT0（简称 B0）和 BOOT1（简称 B1）都接 GND（一键下载电路自动控制，后面再介绍）。

由表 4.2 可知，使用串口下载 STM32 程序需要修改 BOOT 的设置，4 个步骤如下：

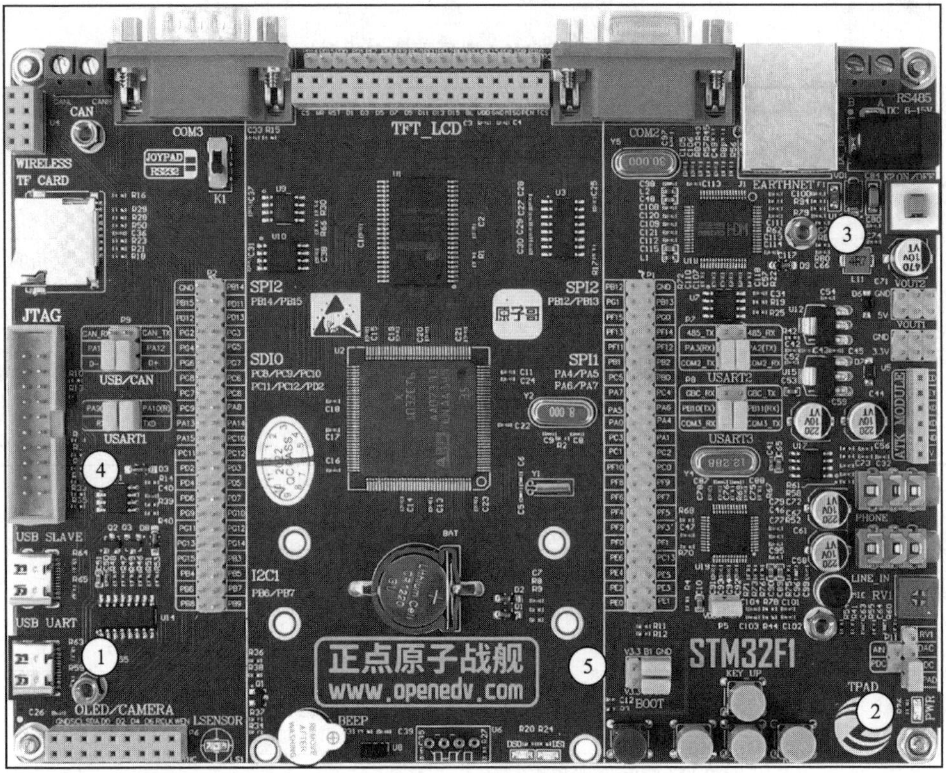

图 4.8　开发板设置

① 把 B0 接 V3.3。

② 保持 B1 接 GND。

③ 按一下复位按键。

④ 使用上位机软件下载代码。

通过这几个步骤就可以实现通过串口下载代码了。下载完成之后,如果没有设置从 0X08000000 开始运行,则代码不会立即运行,此时还需要把 B0 接回 GND,然后再按一次复位才会开始运行刚刚下载的代码。所以整个过程须 2 次拔插跳线帽,还得按 2 次复位,比较繁琐。而一键下载电路则利用串口的 DTR 和 RTS 信号分别控制 STM32 的复位和 B0,配合正点原子团队研发的上位机软件 ATK - XISP,设置 DTR 的低电平复位、RTS 高电平进 BootLoader,这样,B0 和 STM32 的复位完全可以由下载软件自动控制,从而实现一键下载。一键下载的原理图介绍详见"战舰 V4 硬件参考手册.pdf"。

串口程序下载需要用到 ATK - XISP 上位机软件,其可以实现对 STM32F1 到 STM32H7 等系列芯片的串口编程。ATK - XISP 软件在配套资料的 A 盘→6,软件资料→1,软件→STM32 串口下载软件(ATK - XISP),如图 4.9 所示。

双击打开 ATK - XISP,进行如图 4.10 所示的设置。

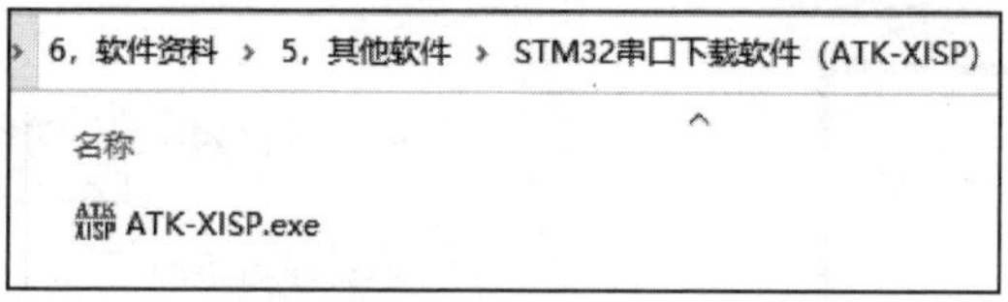

图 4.9　ATK－XISP 串口编程软件

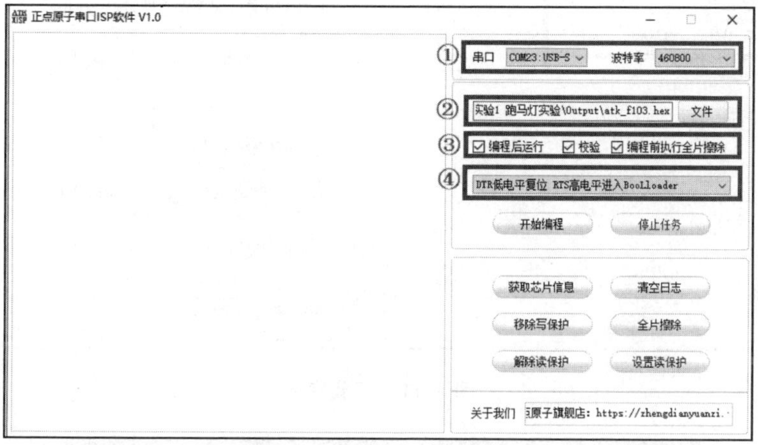

图 4.10　ATK－XISP 设置

① 搜索串口选择 CH340 虚拟的串口(笔者的是 COM23，不同电脑可能不同，需要根据实际情况选择对应的串口，详见 3.4 节)，然后设置波特率为 460 800，保证最大速度下载。

② 选择 4.1 节编译生成的 hex 文件(在 Output 文件夹)。

③ 选中校验和编程后执行 2 项可以保证下载代码的正确性，并且下载完后自动运行，省去按复位的麻烦。注意，千万不要选中使用 RamIsp 和连续烧录模式，否则下载失败。

④ 选择 DTR 的低电平复位，RTS 高电平进 BootLoader(别选错)，以匹配一键下载电路，实现一键下载代码，省去设置 BOOT0、按复位的麻烦。

设置好之后就可以通过按开始编程(P)按钮，一键下载代码到 STM32 上。下载成功后如图 4.11 所示。

图 4.11 中圈出了 ATK－XISP 对一键下载电路的控制过程，先是获取芯片信息，然后对全片擦除，此外图中还显示了文件的首地址以及文件大小等。

另外，下载成功后会有“共写入 xxxxKB，进度 100%，耗时 xxxx ms”的提示，并且从 0x80000000 处开始运行了。此时表示代码下载完成，并已经成功运行了。查看开发板就可以看到 DS0(红灯)、DS1(绿灯)开始交替闪烁了，如图 4.12 所示。

至此，STM32 使用串口下载程序完成。其他实验例程可以用同样的方法下载。

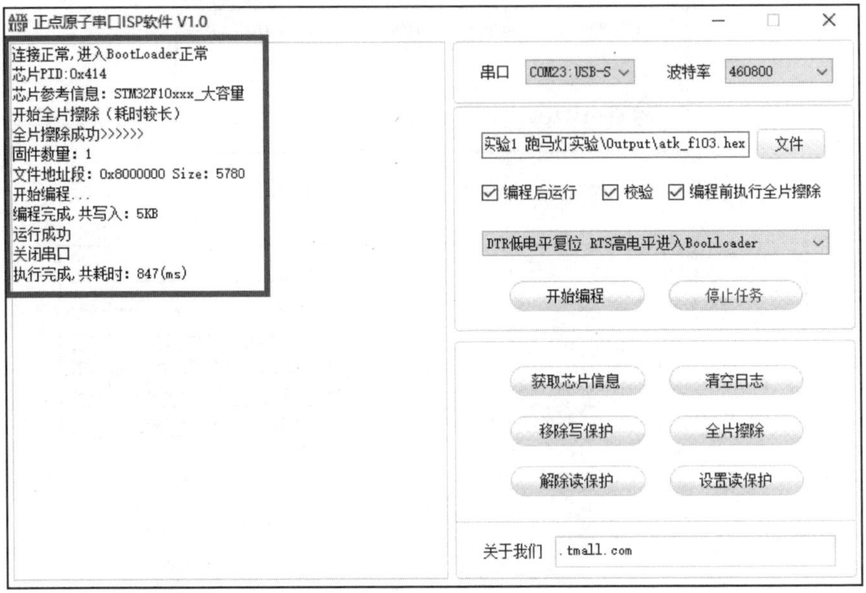

图 4.11　下载完成

图 4.12　开发板运行代码

4.3　使用 DAP 下载与调试程序

上一节我们使用串口给 STM32 下载程序,但是串口下载并不能仿真调试代码,只能下载后观看运行结果,所以在调试代码 bug 的时候最好还是用仿真器进行下载调试。本节将介绍如何使用仿真器给 STM32 下载代码,并调试代码。

这里以 DAP 仿真器为例进行讲解,如果读者使用的是其他仿真器,基本上也是一样的用法,只是选择仿真器的时候,须选择对应的型号。

DAP 与开发板连接如图 4.13 所示。

ⓐ DAP 通过 USB 线连接电脑,且仿真器①处的蓝灯常亮。

ⓑ DAP 通过 20P 灰排线连接开发板,如图 4.13 中③处所示。

ⓒ 确保开发板已经正常供电(可经由图 4.13 中的⑤⑥给开发板供电,但建议使用⑤处的电源插座+开发板适配的 DC 直流电源,以避免部分需要用到大电流的例程运行不正常),供电后确保⑦处的开关是按下的状态,这里蓝色电源灯亮起表示开发板已经正常供电。

ⓓ B0、B1 都接 GND，如图 4.13 中④处所示。

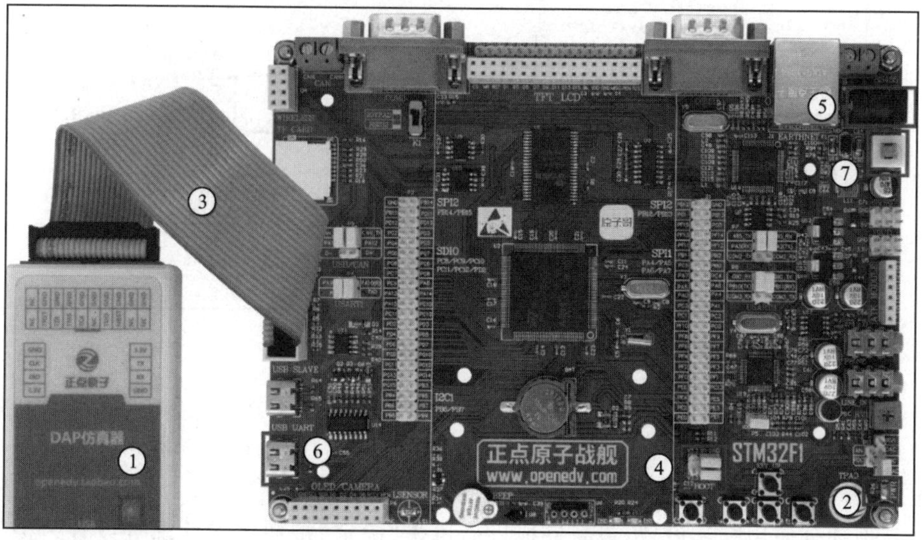

图 4.13　DAP 与开发板连接

4.3.1　使用 DAP 下载程序

在 4.1 节的跑马灯例程 MDK IDE 界面下单击按钮，打开 Options for Target 'LED' 对话框，在 Debug 选项卡选择仿真工具为 use：CMSIS－DAP Debugger，如图 4.14 所示。

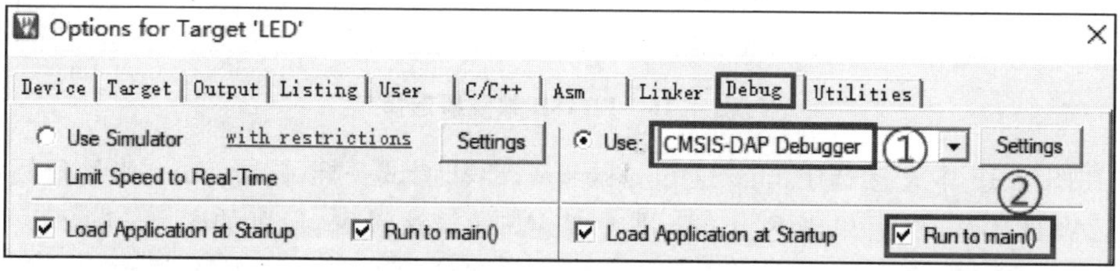

图 4.14　Debug 选项卡设置

① 选择使用 CMSIS－DAP Debugger 仿真器仿真调试代码。如果读者使用的是其他仿真器，比如 STLINK、JLINK 等，则这里选择对应的仿真器型号。

② 选中该选项后，只要单击仿真就会直接运行到 main 函数。如果没选择这个选项，则先执行 startup_stm32f103xe.s 文件的 Reset_Handler，再跳到 main 函数。

然后单击 Settings，设置 DAP 的一些参数，如图 4.15 所示。

① 表示 MDK 找到了 ATK CMSIS－DAP 仿真器，如果这里显示为空，则表示没有仿真器被找到，则检查你的电脑是否接了仿真器，并安装了对应的驱动。

② 设置接口方式，这里选择 SW（比 JTAG 省 I/O），通信频率设置为 10 MHz（实际上大概只有4 MHz 的速度，MDK 会自动匹配）。

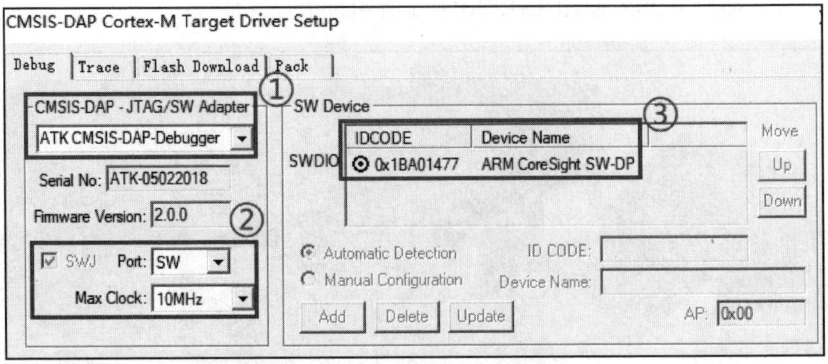

图 4.15　DAP 仿真器参数设置

③ 表示 MDK 通过仿真器的 SW 接口找到了目标芯片，ID 为 0x1BA01477。如果这里显示 No target connected，则表示没找到任何器件，则检查仿真器和开发板连接是否正常、开发板是否供电了。

其他部分使用默认设置，设置完成以后单击"确定"按钮完成此部分设置。接下来还需要在 Utilities 选项卡里设置下载时的目标编程器，如图 4.16 所示。

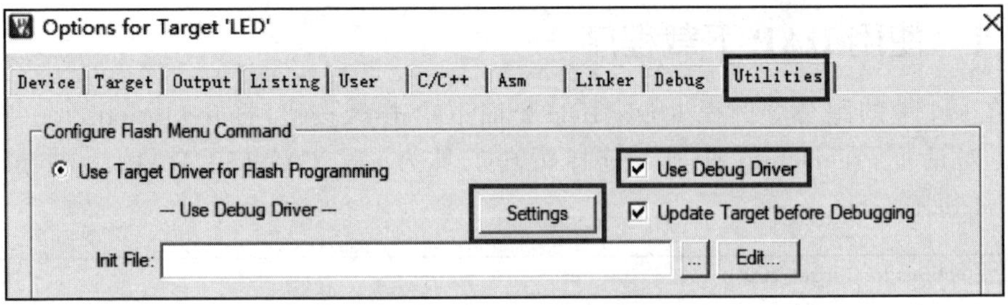

图 4.16　FLASH 编程器选择

在图 4.16 中直接选中 Use Debug Driver，即和调试一样，选择 DAP 来给目标器件的 FLASH 编程，然后单击 Settings 进入 FLASH 算法设置，设置如图 4.17 所示。

这里 MDK5 会根据新建工程时选择的目标器件，自动设置 Flash 算法。我们使用的是 STM32F103ZET6，FLASH 容量为 512 KB，所以 Programming Algorithm 里面默认会有 512k 型号的 STM32F10x High - density Flash 算法。另外，如果这里没有 Flash 算法，则可以单击 Add 按钮自行添加。最后，选中 Reset and Run 选项，以实现在编程后自动运行，其他默认设置即可。

在设置完之后，单击"确定"按钮，然后再单击 OK 回到 IDE 界面，编译(可按 F7 快捷键)一下工程，编译完成以后(0 错误，0 警告)单击LOAD(快捷键 F8)按钮就可以将代码通过仿真器下载到开发板上，在 IDE 下方的 Build Output 窗口会提示相关信息，如图 4.18 所示。

下载完后就可以看到 DS0 和 DS1 交替闪烁了，说明代码下载成功。

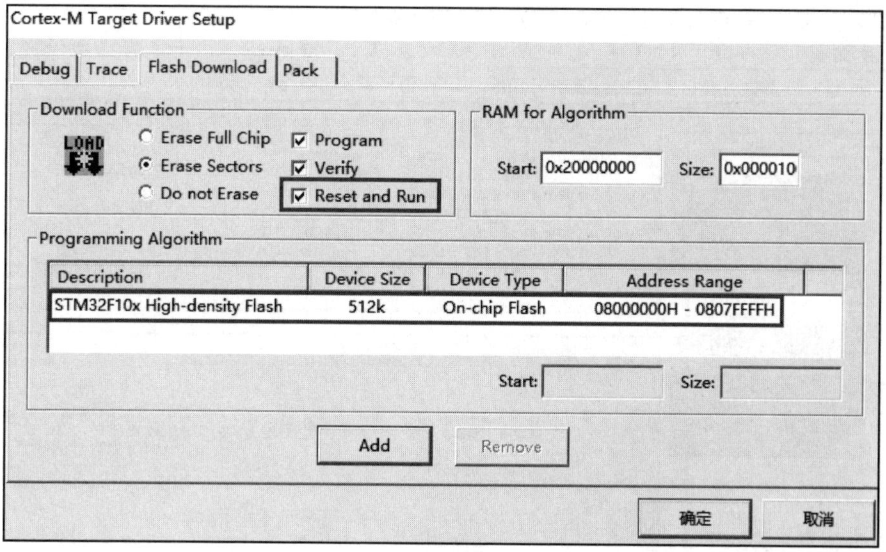

图 4.17　Flash 算法设置

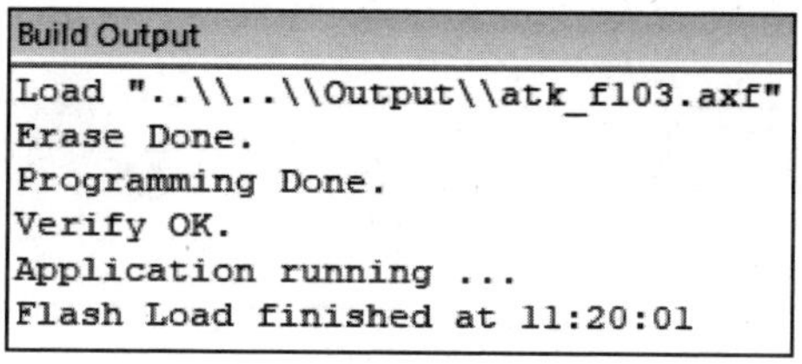

图 4.18　仿真器下载代码

4.3.2　使用 DAP 仿真调试程序

正常编译完例程以后（0 错误，0 警告），单击（开始/停止仿真按钮）开始仿真（如果开发板的代码没被更新过，则会先更新代码（即下载代码）再仿真），如图 4.19 所示。

① Register：寄存器窗口，显示了 Cortex－M3 内核寄存器 R0～R15 的值、内部的线程模式（处理者模式、线程模式）及特权级别（用户级、特权级）；并且显示了当前程序的运行时间（Sec），一般用于查看程序运行时间或者比较高级的 bug 查找（涉及分析 R0～R14 数据是否异常了）。

② Disassembly：反汇编窗口，将 C 语言代码和汇编对比显示（指令存放地址，指令代码，指令，具体操作），方便从汇编级别查看程序运行状态；同样，也属于比较高级别的 bug 查找。

③ 代码窗口，在左侧有黄绿色三角形，黄色的三角形表示将要执行的代码，绿色的三角形表示当前光标所在代码（C 代码或当前汇编行代码对应的 C 代码）。一般情况下，这 2 个三角形是同步的，只有在单击光标查看代码的时候才可能不同步。

④ Call Stack＋Locals：调用关系 & 局部变量窗口，通过该窗口可以查看函数调用

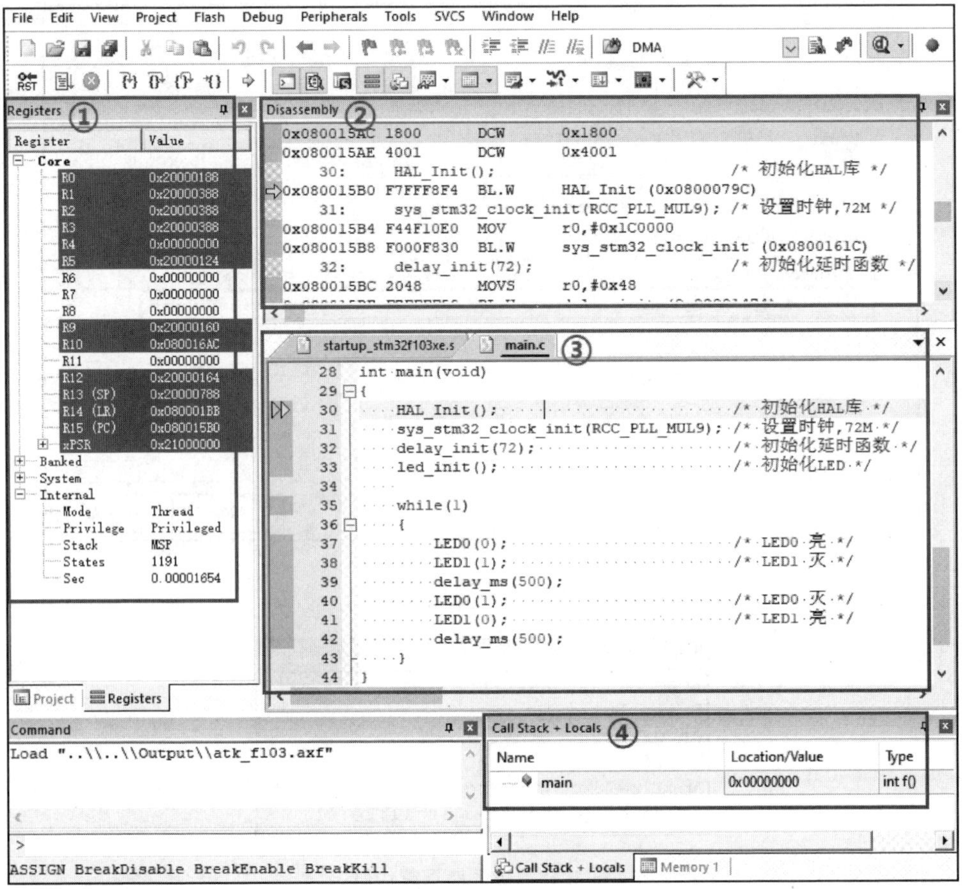

图 4.19　开始仿真

关系以及函数的局部变量，在仿真调试的时候非常有用。

开始仿真的默认窗口就介绍这几个，实际上还有一些其他的窗口，比如 Watch、Memory、外设寄存器等也是很常用的，可以根据实际使用选择调用合适的窗口来查看对应的数据。

图 4.19 中还有一个很重要的工具条：Debug 工具条，其内容和作用如图 4.20 所示。

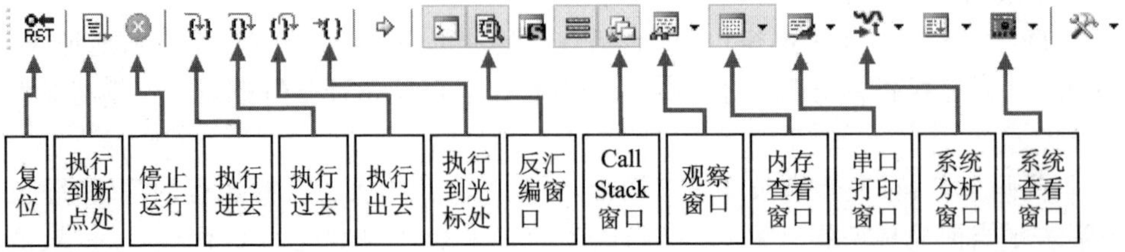

图 4.20　Debug 工具条

复位：其功能等同于硬件上按复位按钮，相当于实现了一次硬复位。按下该按钮之后代码会重新从头开始执行。

执行到断点处：该按钮用来快速执行到断点处。有时候并不需要观看每步是怎么执行的，而是想快速执行到程序的某个地方看结果，这个按钮就可以实现这样的功能，前提是你在查看的地方设置了断点。

停止运行：此按钮在程序一直执行的时候会变为有效，通过按该按钮就可以使程序停止下来，进入到单步调试状态。

执行进去：该按钮用来实现执行到某个函数里面去的功能，在没有函数的情况下等同于执行过去按钮。

执行过去：在碰到有函数的地方，通过该按钮就可以单步执行过这个函数，而不进入这个函数单步执行。

执行出去：该按钮是在进入了函数单步调试的时候，有时候可能不必再执行该函数的剩余部分了，通过该按钮就可以一步执行完该函数的剩余部分并跳出函数，回到函数被调用的位置。

执行到光标处：该按钮可以迅速使程序运行到光标处，其实类似执行到断点处按钮功能，但是两者是有区别的，断点可以有多个，但是光标所在处只有一个。

反汇编窗口：通过该按钮就可以查看汇编代码，这对分析程序很有用。

Call STACK 窗口：通过该按钮可以显示调用关系 & 局部变量窗口、显示当前函数的调用关系和局部变量，对分析程序非常有用。

观察窗口：MDK5 提供 2 个观察窗口（下拉选择），按下按钮则弹出一个显示变量的窗口，输入想要观察的变量/表达式即可查看其值，是一个很常用的调试窗口。

内存查看窗口：MDK5 提供 4 个内存查看窗口（下拉选择），按下按钮则弹出一个内存查看窗口，可以在里面输入你要查看的内存地址，然后观察这一片内存的变化情况，是一个很常用的调试窗口。

串口打印窗口：MDK5 提供 4 个串口打印窗口（下拉选择），按下该按钮则弹出一个类似串口调试助手界面的窗口，用来显示从串口打印出来的内容。

系统分析窗口：该图标下面有 6 个选项（下拉选择），一般用第一个，也就是逻辑分析窗口（Logic Analyzer），单击各选项即可调出该窗口。通过 SETUP 按钮新建一些 I/O 口，就可以观察这些 I/O 口的电平变化情况，以多种形式显示出来，比较直观。

系统查看窗口：该按钮可以提供各种外设寄存器的查看窗口（通过下拉选择），选择对应外设即可调出该外设的相关寄存器表，并显示这些寄存器的值，以便查看设置是否正确。

Debug 工具条上的其他几个按钮用得比较少，这里就不介绍了。以上介绍的是比较常用的，当然也不是每次都用得着这么多，具体看读者程序调试的时候有没有必要观看这些东西，从而决定要不要看。

在图 4.19 的基础上关闭反汇编窗口（Disassembly）、添加观察窗口 1（Watch1）。然后调节一下窗口位置，将全局变量：g_fac_us（在 delay.c 里面定义）加入 Watch1 窗口(方法:双击 Enter expression 添加/直接拖动变量 t 到 Watch1 窗口即可),如图 4.21 所示。

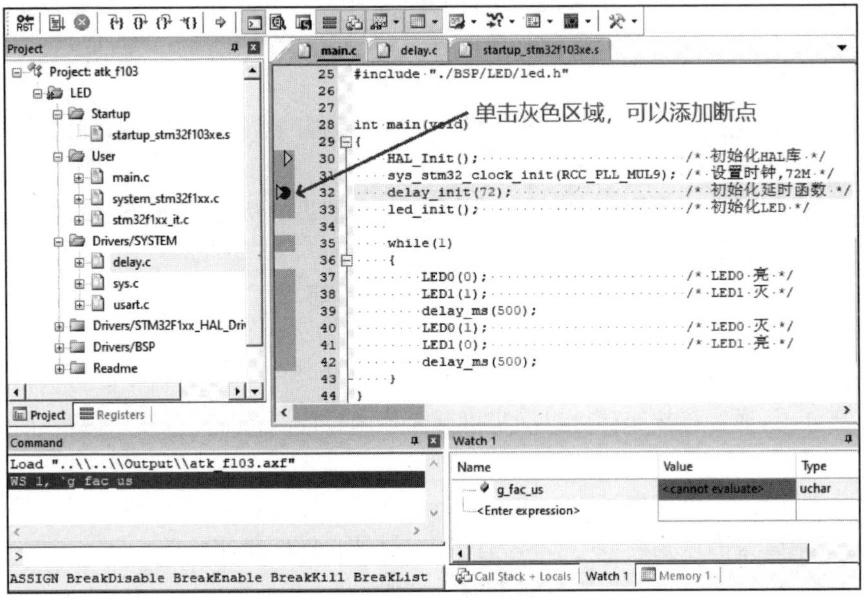

图 4.21 开始仿真

此时可以看到 Watch1 窗口的 g_fac_us 值提示无法计算,于是把鼠标光标放在第 32 行左侧的灰色区域,然后单击即可放置一个断点(红色的实心点,也可以通过右击弹出菜单来加入)。这样就在 delay_init 函数处放置一个断点,然后单击▤,执行到该断点处,然后再单击{},执行进入 delay_init 函数,如图 4.22 所示。

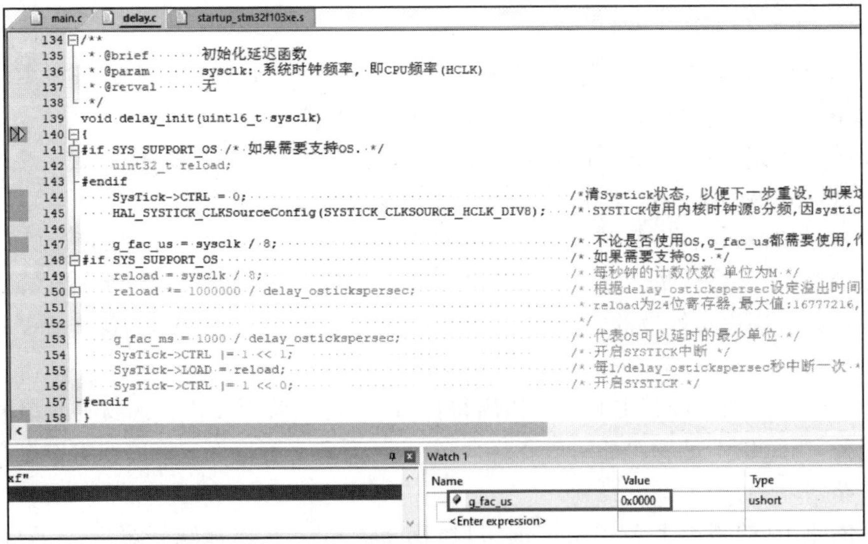

图 4.22 执行进入 delay_init 函数

此时可以看到 g_fac_us 的值已经显示出来了，默认是 0(全局变量如果没有赋初值，一般默认都是 0)，然后继续单击，单步运行代码到“g_fac_us＝sysclk/8;”这一行，再把鼠标光标放在 sysclk 上停留一会，就可以看到 MDK 自动提示 sysclk(delay_init 的输入参数)的值为 0x0048，即 72，如图 4.23 所示。

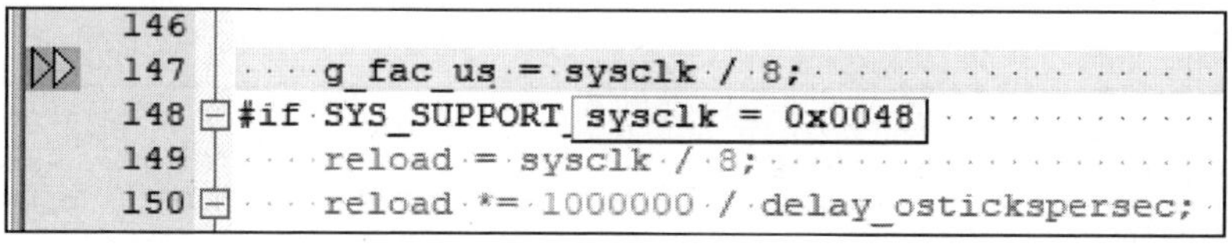

g_fac_us = sysclk / 8;
#if SYS_SUPPORT_
sysclk = 0x0048
reload = sysclk / 8;
reload *= 1000000 / delay_ostickspersec;

图 4.23　单步运行到 g_fac_us 赋值

然后再单步执行过去这一行，就可以在 Watch1 窗口中看到 g_fac_us 的值变成 0x0009 了，如图 4.24 所示。

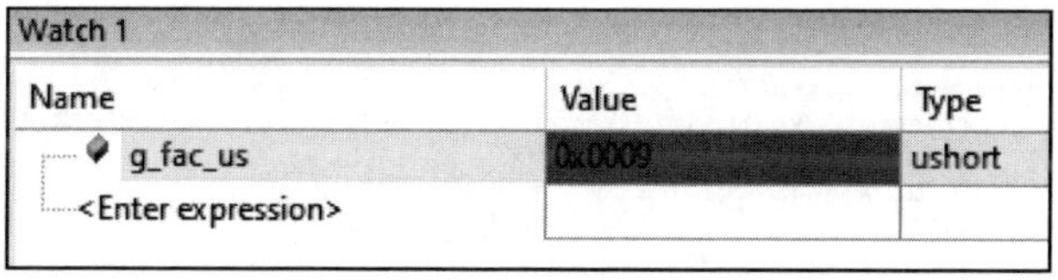

Watch 1
Name
Value
Type
g_fac_us
0x0009
ushort
<Enter expression>

图 4.24　Watch1 窗口观看 g_fac_us 的值

由此可知，对于某些全局变量，在程序还没运行到其所在文件的时候，MDK 仿真时可能不会显示其值(如提示 cannot evaluate)；当运行到其所在文件并实际使用到的时候，此时就会显示出来其值了。

然后，再回到 main. c，在第一个 LED0(0)处放置一个断点，运行到断点处，如图 4.25 所示。

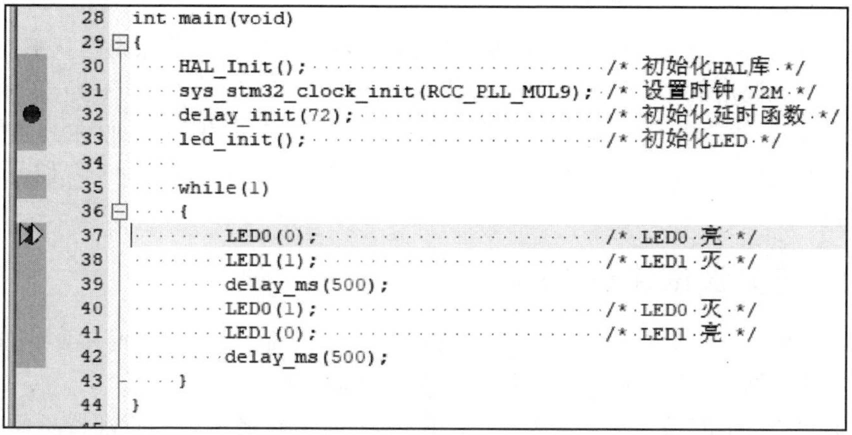

int main(void)
{
HAL_Init();　/* 初始化HAL库 */
sys_stm32_clock_init(RCC_PLL_MUL9);　/* 设置时钟,72M */
delay_init(72);　/* 初始化延时函数 */
led_init();　/* 初始化LED */
while(1)
{
LED0(0);　/* LED0 亮 */
LED1(1);　/* LED1 灭 */
delay_ms(500);
LED0(1);　/* LED0 灭 */
LED1(0);　/* LED1 亮 */
delay_ms(500);
}
}

图 4.25　运行到 LED0(0)代码处

此时单击执行过这一行代码，则可以看到开发板上的 DS0(红灯)亮起来了，继续单击，依次可以看到 DS0 灭→DS1 亮→DS0 亮→DS1 灭→DS0 灭→DS1 亮……，一直循环。这样如果全速运行,则可以看到 DS0、DS1 交替亮灭,不过全速运行的时候一般是看不出 DS0 和 DS1 全亮的情况的,而通过仿真就可以很容易知道有 DS0 和 DS1 同时亮的情况。

最后,在 delay.c 文件的 delay_us 函数第二行处设置一个断点,然后运行到断点处,如图 4.26 所示。

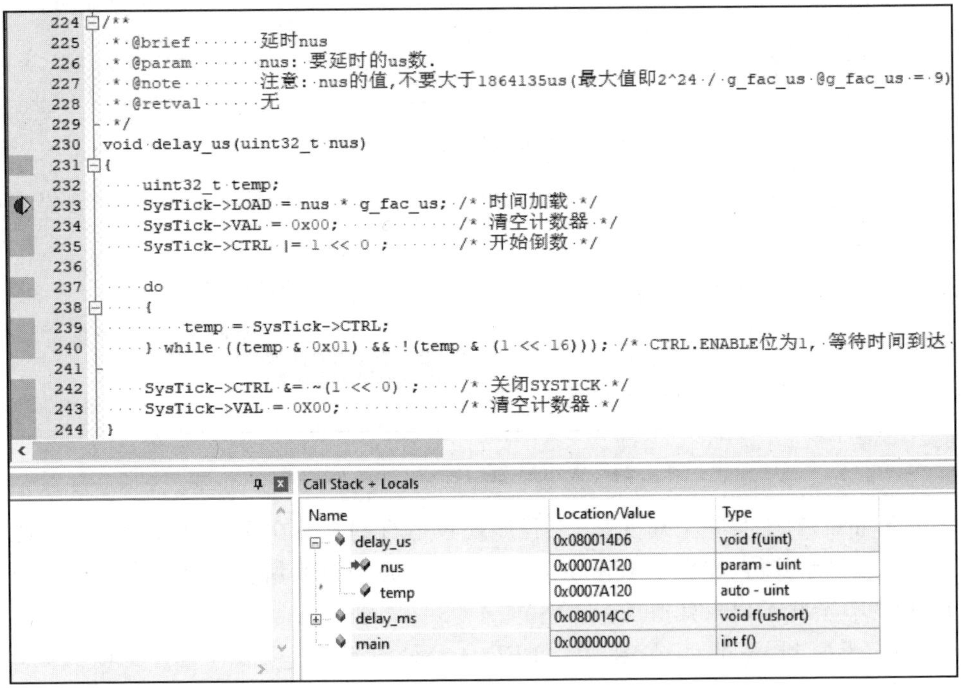

图 4.26 查看函数调用关系及局部变量

此时可以从 Call Stack+Locals 窗口看到函数的调用关系,其原则是从下往上看,即下一个函数调用了上一个函数,因此,其关系为 main 函数调用了 delay_ms 函数,然后 delay_ms 函数调用了 delay_us 函数。这样在一些复杂的代码里面(尤其是第三方代码)可以很容易捋出函数的调用关系并查看其局部变量的值,这有助于我们分析代码解决问题。

4.3.3 仿真调试注意事项

① MDK5.23 以后对中文支持不是很好,具体现象是:在仿真的时候,当有断点未清除时单击结束仿真,则弹出如图 4.27 所示的报错。

此时单击"确定"按钮是无法关闭 MDK 的,只能到电脑的任务管理器里面强制结束 MDK,才可以将其关闭,比较麻烦。

该错误就是由于 MDK5.23 以后的版本对中文支持不太好导致的,这里提供 2 个解决办法:ⓐ 仿真结束前将所有设置的断点都清除掉,可以使用 File 工具栏的 按钮快速清除当前工程的所有断点，然后再结束仿真，就不会报错。ⓑ 将工程路径改浅，并改成全英文路径（比如，将源码复制到 E 盘→Source Code 文件夹下。注意，例程名字一般可以不用改英文，因为只要整个路径不超过 10 个汉字，一般就不会报错，如果还报错就再减少汉字数量）。通过这 2 个方法可以避免仿真结束报错的问题。推荐使用第 2 种方法，因为这样就可避免每次都全部清除所有断点、下回仿真又得重设的麻烦。

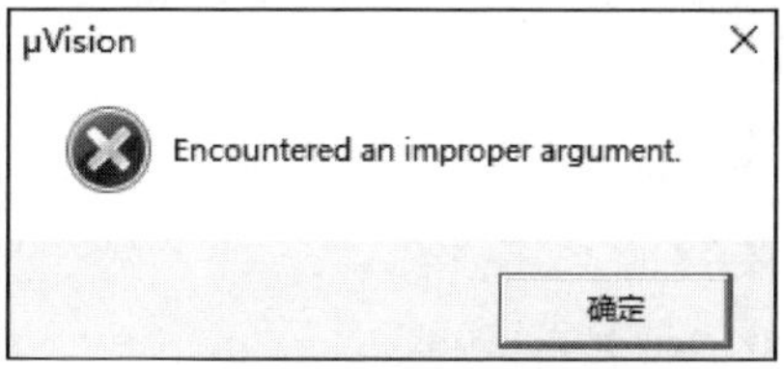

图 4.27　仿真结束时报错！

② 关于 STM32 软件仿真，《原子教你玩 STM32（库函数版）》中介绍过如何使用 MDK 进行 STM32 软件仿真，由于其限制较多（只支持部分 F1 型号），而且仿真器越来越便宜，硬件仿真更符合实际调试需求，调试效果更好。所以后续只介绍硬件仿真，不再推荐使用软件仿真了。

③ 仿真调试找 bug 是一个软件工程师必备的基本技能。MDK 提供了很多工具和窗口来辅助我们找问题，只要多使用，多练习，肯定就可以把仿真调试学好。这对我们后续独立开发项目非常有帮助。因此，极力建议读者多练习使用仿真器查找代码 bug，学会这个基本技能。

④ 调试代码不要浅尝辄止，要想尽办法找问题，具体思路如下：先根据代码运行的实际现象分析问题，确定最可能出问题的地方，然后在相应的位置放置断点，查看变量，查看寄存器，分析运行状态和预期结果是否一致，从而找到问题原因，解决 bug。特别提醒：一定不要浅尝辄止，很多读者只跟踪到最上一级函数就说死机了，不会跟踪进去找问题，所以一定要一层层地进入各种函数，越是底层（甚至汇编级别）越好找到产生问题的原因。

4.4　MDK5 使用技巧

本节介绍 MDK5 软件的一些使用技巧，这些技巧在代码编辑和编写方面会非常有用，希望读者好好掌握，最好实际操作一下，加深印象。

4.4.1　文本美化

文本美化主要是设置一些关键字、注释、数字等的颜色和字体。如果刚装 MDK，没进行字体颜色配置，以跑马灯例程为例，界面效果如图 4.28 所示。

图 4.28 是 MDK 默认的设置，可以看到其中的关键字和注释等字体的颜色不是很漂亮，而 MDK 提供给我们自定义字体颜色的功能。可以在工具条上单击🔧（配置对话框）弹出如图 4.29 所示的界面。

① 设置代码编辑器字体使用：Chinese GB2312(Simplified)，以更好地支持中文。

② 设置编辑器的空格可见：View White Space，所有空格使用“.”替代，Tab 使用

```
main.c
#include "./SYSTEM/sys/sys.h"
#include "./SYSTEM/delay/delay.h"
#include "./SYSTEM/usart/usart.h"
#include "./BSP/LED/led.h"


int main(void)
{
    HAL_Init();                                 /* 初始化HAL库 */
    sys_stm32_clock_init(RCC_PLL_MUL9);         /* 设置时钟,72M */
    delay_init(72);                             /* 初始化延时函数 */
    led_init();                                 /* 配置STM32操作LED相关的寄存器 */

    while(1)
    {
        LED0(0);                                /* LED0 亮 */
        LED1(1);                                /* LED1 灭 */
        delay_ms(500);
        LED0(1);                                /* LED0 灭 */
        LED1(0);                                /* LED1 亮 */
        delay_ms(500);
    }
}
```

图 4.28　MDK 默认配色效果

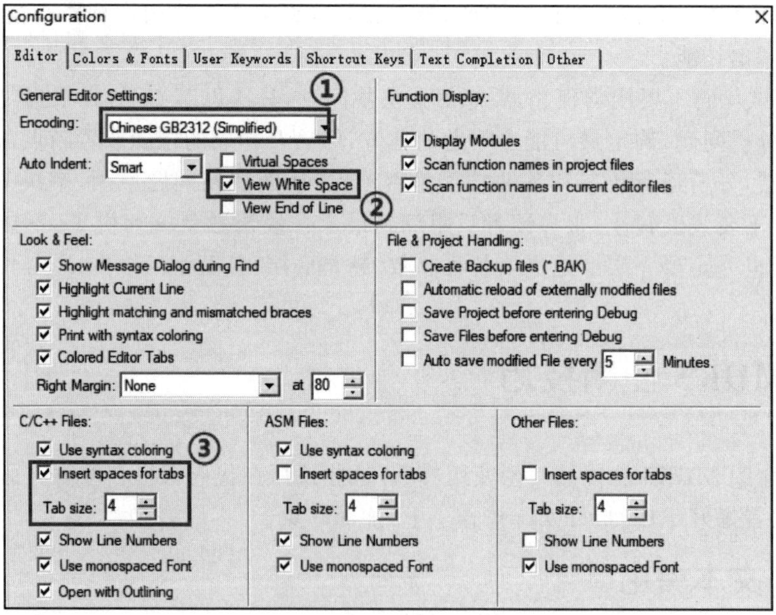

图 4.29　配置对话框

"→"替代,这样可以方便地对代码进行对齐操作。同时,推荐所有的对齐都用空格来替代,这样在不同软件之间查看源代码时就不会引起由于 Tab 键大小不一样而导致代码不对齐的问题,方便使用不同软件查看和编辑代码。

③ 设置 C/C++文件,Tab 键的大小为 4 个字符,且字符使用空格替代(Insert spaces for tabs)。这样在使用 Tab 键进行代码对齐操作的时候都会用空格替代,保证不同软件使用代码都可以对齐。

然后，选择 Colors & Fonts 选项卡，在该选项卡内就可以设置自己代码的字体和颜色了。由于我们使用的是 C 语言，故在 Window 列表框选择 C/C++ Editor Files，则右边就可以看到相应的元素了，如图 4.30 所示。

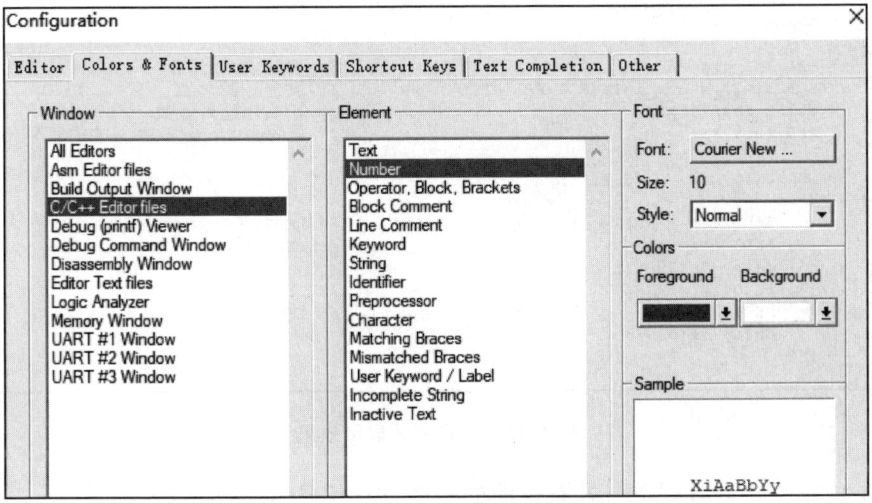

图 4.30 Colors & Fonts 选项卡

然后单击各个元素(Element)修改为喜欢的颜色(注意双击，且有时候可能需要设置多次才生效，MDK 的 bug)，当然也可以在 Font 栏设置字体的类型以及字体的大小等。

然后选择 User Keywords 选项卡，设置用户定义关键字，以便用户自定义关键字也显示对应的颜色(对应图 4.30 中的 User Keyword/Lable 颜色)。在 User Keywords 选项卡下面输入你自己定义的关键字，如图 4.31 所示。

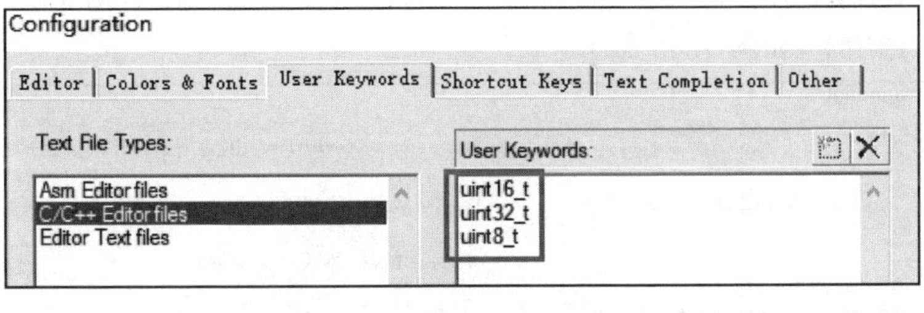

图 4.31 用户自定义关键字

这里设置了 uint8_t、uint16_t 和 uint32_t 这 3 个用户自定义关键字，相当于 unsigned char、unsigned short 和 unsigned int。如果还有其他自定义关键字，在这里添加即可。设置成之后单击 OK 按钮，则可以在主界面看到修改后的结果。笔者修改后的代码显示效果如图 4.32 所示。

这就比开始的效果好看一些了。对于字体大小，则可以直接按住 Ctrl+鼠标滚轮进行放大或者缩小，或者也可以在刚刚的配置界面设置字体大小。

```c
#include "./SYSTEM/sys/sys.h"
#include "./SYSTEM/delay/delay.h"
#include "./SYSTEM/usart/usart.h"
#include "./BSP/LED/led.h"


int main(void)
{
    HAL_Init();                                 /* 初始化HAL库 */
    sys_stm32_clock_init(RCC_PLL_MUL9);         /* 设置时钟,72M */
    delay_init(72);                             /* 初始化延时函数 */
    led_init();                                 /* 配置STM32操作LED相关的寄存器 */
    
    while(1)
    {
        LED0(0);                                /* LED0 亮 */
        LED1(1);                                /* LED1 灭 */
        delay_ms(500);
        LED0(1);                                /* LED0 灭 */
        LED1(0);                                /* LED1 亮 */
        delay_ms(500);
    }
}
```

图 4.32　设置完后显示效果

图 4.32 中可以看到空白处有很淡的一些"……"显示,这就是选中了 View White Space 选项后体现出来的效果,可以方便我们对代码进行规范对齐整理。一开始看的时候有点不习惯,看多了就习惯了,慢慢适应就好了。

在这个编辑配置对话框里还可以对其他很多功能进行设置,比如动态语法检测等,详细将在 4.4.2 小节介绍。

4.4.2　语法检测 & 代码提示

MDK4.70 以上的版本新增了代码提示与动态语法检测功能,使得 MDK 的编辑器越来越好用了,这里简单说一下如何设置。同样,单击🔧打开配置对话框,选择 Text Completion 选项卡,如图 4.33 所示。

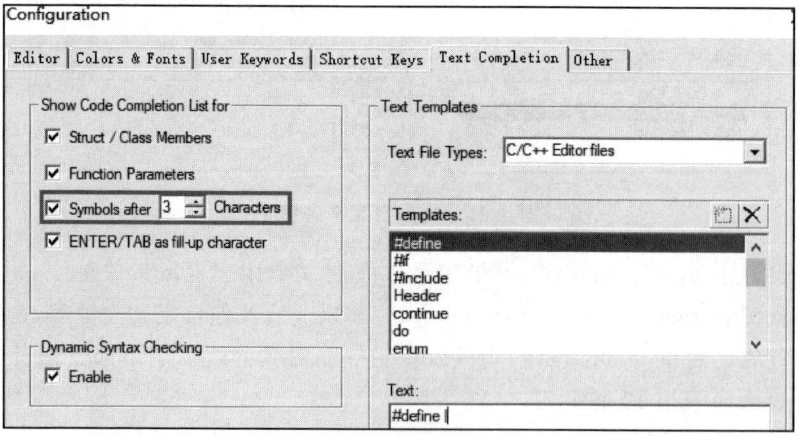

图 4.33　Text Completion 选项卡设置

Strut/Class Members 用于开启结构体/类成员提示功能。

Function Parameters 用于开启函数参数提示功能。

Symbols after xx Characters 用于开启代码提示功能，即在输入多少个字符以后提示匹配的内容(比如函数名字、结构体名字、变量名字等)，这里默认设置 3 个字符以后就开始提示，如图 4.34 所示。

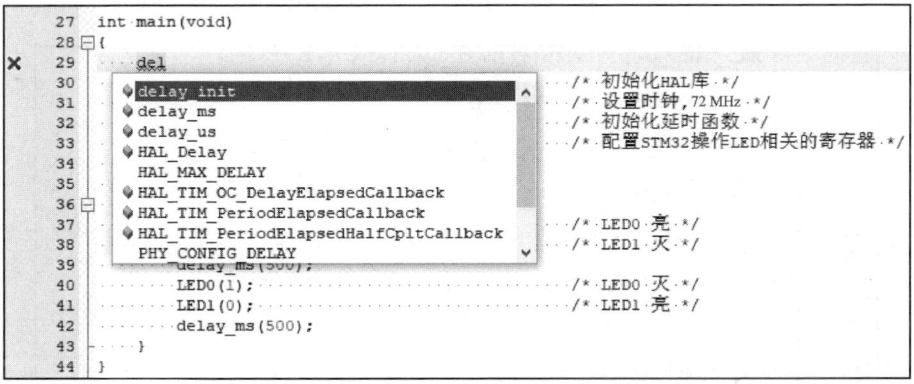

27 int main(void)
28 {
29 del
delay_init
delay_ms
delay_us
HAL_Delay
HAL_MAX_DELAY
HAL_TIM_OC_DelayElapsedCallback
HAL_TIM_PeriodElapsedCallback
HAL_TIM_PeriodElapsedHalfCpltCallback
PHY_CONFIG_DELAY
/* 初始化HAL库 */
/* 设置时钟,72 MHz */
/* 初始化延时函数 */
/* 配置STM32操作LED相关的寄存器 */
/* LED0 亮 */
/* LED1 灭 */
40 LED0(1); /* LED0 灭 */
41 LED1(0); /* LED1 亮 */
42 delay_ms(500);
43 }
44 }

图 4.34　代码提示

ENTER/TAB as fill - up character 用于使用回车和 Tab 键填充字符。

Dynamic Syntax Checking 用于开启动态语法检测。比如编写的代码存在语法错误的时候，则会在对应行前面出现×图标，如出现警告，则会出现图标，将鼠标光标放于图标上面，则会提示产生的错误/警告的原因，如图 4.35 所示。

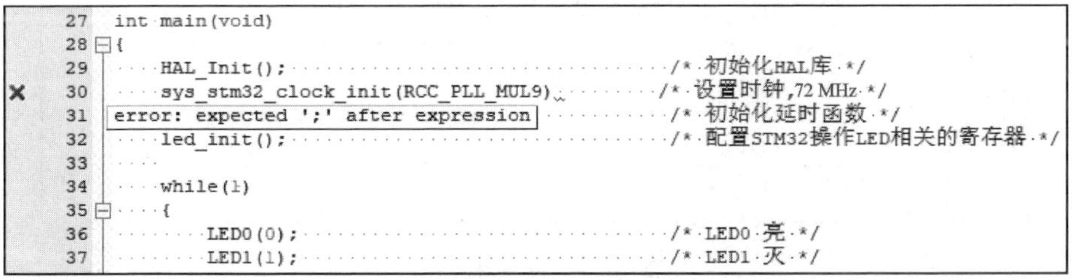

27 int main(void)
28 {
29 HAL_Init(); /* 初始化HAL库 */
30 sys_stm32_clock_init(RCC_PLL_MUL9) /* 设置时钟,72 MHz */
31 error: expected ';' after expression /* 初始化延时函数 */
32 led_init(); /* 配置STM32操作LED相关的寄存器 */
33
34 while(1)
35 {
36 LED0(0); /* LED0 亮 */
37 LED1(1); /* LED1 灭 */

图 4.35　语法动态检测功能

这几个功能对编写代码很有帮助，可以加快代码编写速度，并且及时发现各种问题。注意，语法动态检测功能有的时候会误报(比如 sys.c 里面就有误报)，读者可以不用理会，只要能编译通过(0 错误，0 警告)这样的语法误报一般直接忽略即可。

4.4.3　代码编辑技巧

这里介绍几个笔者常用的技巧，这些小技巧能给我们的代码编辑带来很大的方便。

1. Tab 键的妙用

Tab 键在很多编译器里面都是用来空位的，按一下移空几个位。但是 MDK 的

Tab 键和一般编译器的 Tab 键有不同的地方(和 C++的 Tab 键差不多),MDK 的 Tab 键支持块操作。也就是可以让一片代码整体右移固定的几位,也可以通过 Shift+Tab 键整体左移固定的几位。

假设前面的串口 1 中断回调函数如图 4.36 所示。图中的代码很不规范,这还只是短短的 30 来行代码,如果代码有几千行,全部是这个样子,那就让人非常头疼。这时就可以使用 Tab 键的妙用来快速修改为比较规范的代码格式。

```
void HAL_UART_RxCpltCallback(UART_HandleTypeDef *huart)
{
if (huart->Instance == USART_UX)                    /*如果是串口1*/
{
if ((g_usart_rx_sta & 0x8000) == 0)             /*接收未完成*/
{
if (g_usart_rx_sta & 0x4000)                /*接收到了0x0d*/
{
if (aRxBuffer[0] != 0x0a)
{
g_usart_rx_sta = 0;                  /*接收错误,重新开始*/
}
else
{
g_usart_rx_sta |= 0x8000;            /*接收完成了*/
}
}
else                                         /*还没收到0X0D*/
{
if (aRxBuffer[0] == 0x0d)
g_usart_rx_sta |= 0x4000;
else
{
g_usart_rx_buf[g_usart_rx_sta & 0X3FFF] = aRxBuffer[0];
g_usart_rx_sta++;

if (g_usart_rx_sta > (USART_REC_LEN - 1))
{
g_usart_rx_sta = 0;              /*接收数据错误,重新开始接收......*/
}
}
}
}
}
}
```

图 4.36 头大的代码

选中一块然后按 Tab 键,则可以看到整块代码都跟着右移了一定距离,如图 4.37 所示。然后多按几次 Tab 键就可以达到迅速使代码规范化的目的,最终效果如图 4.38 所示。

图 4.38 中的代码相对于图 4.36 中的要好看多了,经过这样的整理之后,整个代码一下就变得有条理多了,看起来很舒服。

2. 快速定位函数/变量被定义的地方

在调试代码或编写代码的时候,有时想看看某个函数是在哪个地方定义的、具体里面的内容是怎么样的、某个变量或数组是在哪个地方定义的等。尤其在调试代码或者看别人代码的时候,如果编译器没有快速定位的功能,则只能慢慢找,代码量比较少还

```c
void HAL_UART_RxCpltCallback(UART_HandleTypeDef *huart)
{
    if (huart->Instance == USART_UX)                    /*如果是串口1*/
    {
    if ((g_usart_rx_sta & 0x8000) == 0)            /*接收未完成*/
    {
    if (g_usart_rx_sta & 0x4000)                 /*接收到了0x0d*/
    {
    if (aRxBuffer[0] != 0x0a)
    {
    g_usart_rx_sta = 0;                  /*接收错误,重新开始*/
    }
    else
    {
    g_usart_rx_sta |= 0x8000;          /*接收完成了*/
    }
    }
    else                                           /*还没收到0X0D*/
    {
    if (aRxBuffer[0] == 0x0d)
    g_usart_rx_sta |= 0x4000;
    else
    {
    g_usart_rx_buf[g_usart_rx_sta & 0X3FFF] = aRxBuffer[0];
    g_usart_rx_sta++;

    if (g_usart_rx_sta > (USART_REC_LEN - 1))
    {
    g_usart_rx_sta = 0;            /*接收数据错误,重新开始接收    */
    }
    }
    }
    }
    }
}
```

图 4.37　代码整体偏移

```c
void HAL_UART_RxCpltCallback(UART_HandleTypeDef *huart)
{
    if (huart->Instance == USART_UX)                        /*如果是串口1*/
    {
        if ((g_usart_rx_sta & 0x8000) == 0)                 /*接收未完成*/
        {
            if (g_usart_rx_sta & 0x4000)                    /*接收到了0x0d*/
            {
                if (aRxBuffer[0] != 0x0a)
                {
                    g_usart_rx_sta = 0;                     /*接收错误,重新开始*/
                }
                else
                {
                    g_usart_rx_sta |= 0x8000;               /*接收完成了*/
                }
            }
            else                                            /*还没收到0X0D*/
            {
                if (aRxBuffer[0] == 0x0d)
                    g_usart_rx_sta |= 0x4000;
                else
                {
                    g_usart_rx_buf[g_usart_rx_sta & 0X3FFF] = aRxBuffer[0];
                    g_usart_rx_sta++;

                    if (g_usart_rx_sta > (USART_REC_LEN - 1))
                    {
                        g_usart_rx_sta = 0;         /*接收数据错误,重新开始接收      */
                    }
                }
            }
        }
    }
}
```

图 4.38　修改后的代码

好，如果代码量一大，就要花很长的时间来找这个函数到底在哪里。MDK 提供了这样的快速定位的功能。只要把光标放到这个函数/变量（xxx）上面（xxx 为想要查看的函数或变量的名字），然后右击，则可以看到如图 4.39 所示的菜单栏。

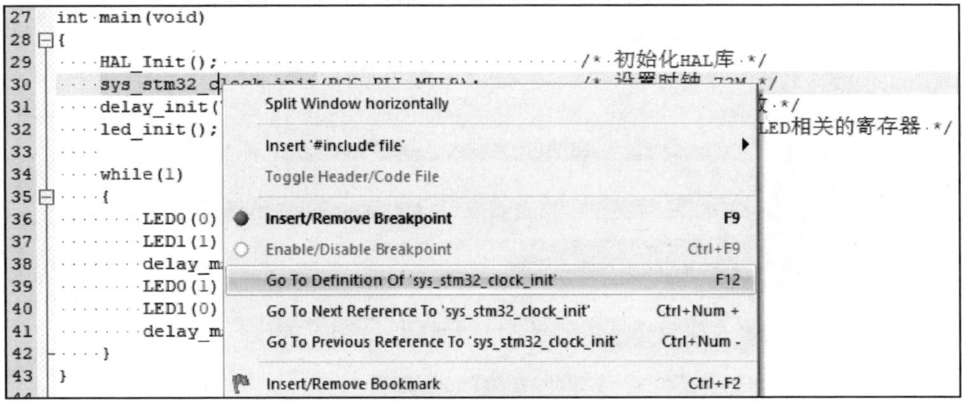
int main(void)
{
HAL_Init();
/* 初始化HAL库 */
sys_stm32_
delay_init(
led_init();
LED相关的寄存器 */
while(1)
{
LED0(0)
LED1(1)
delay_m
LED0(1)
LED1(0)
delay_m
}
}
Split Window horizontally
Insert '#include file'
Toggle Header/Code File
Insert/Remove Breakpoint F9
Enable/Disable Breakpoint Ctrl+F9
Go To Definition Of 'sys_stm32_clock_init' F12
Go To Next Reference To 'sys_stm32_clock_init' Ctrl+Num +
Go To Previous Reference To 'sys_stm32_clock_init' Ctrl+Num -
Insert/Remove Bookmark Ctrl+F2

图 4.39 快速定位

在图 4.39 中，单击 Go to Definition Of‘sys_stm32_clock_init’项就可以快速跳到 sys_stm32_clock_init 函数的定义处（注意，要先在 Options for Target 的 Output 选项卡里面选中 Browse Information 选项再编译和定位，否则无法定位），如图 4.40 所示。

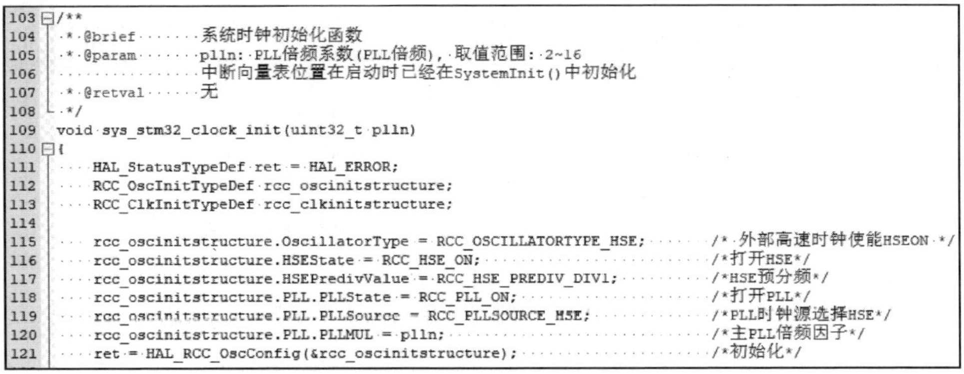
/**
* @brief 系统时钟初始化函数
* @param plln: PLL倍频系数(PLL倍频), 取值范围: 2~16
中断向量表位置在启动时已经在SystemInit()中初始化
* @retval 无
*/
void sys_stm32_clock_init(uint32_t plln)
{
HAL_StatusTypeDef ret = HAL_ERROR;
RCC_OscInitTypeDef rcc_oscinitstructure;
RCC_ClkInitTypeDef rcc_clkinitstructure;
rcc_oscinitstructure.OscillatorType = RCC_OSCILLATORTYPE_HSE; /* 外部高速时钟使能HSEON */
rcc_oscinitstructure.HSEState = RCC_HSE_ON; /*打开HSE*/
rcc_oscinitstructure.HSEPredivValue = RCC_HSE_PREDIV_DIV1; /*HSE预分频*/
rcc_oscinitstructure.PLL.PLLState = RCC_PLL_ON; /*打开PLL*/
rcc_oscinitstructure.PLL.PLLSource = RCC_PLLSOURCE_HSE; /*PLL时钟源选择HSE*/
rcc_oscinitstructure.PLL.PLLMUL = plln; /*主PLL倍频因子*/
ret = HAL_RCC_OscConfig(&rcc_oscinitstructure); /*初始化*/

图 4.40 定位结果

对于变量，也可以按这样的操作快速定位这个变量被定义的地方，以此大大缩短查找代码的时间。

很多时候，我们利用 Go to Definition 看完函数/变量的定义后，又想返回之前的代码继续看，此时可以通过 IDE 上的按钮（Back to previous position）快速返回之前的位置。这个按钮非常好用。

3. 快速注释与快速消注释

在调试代码的时候，有时想注释某一片的代码来看看执行的情况，MDK 提供了这样的快速注释/消注释块代码的功能，也是通过右键实现的。这个操作比较简单，就是先选中要注释的代码区，然后右击，在弹出的级联菜单中，选择 Advanced→Comment Selection 就可以了。

以 led_init 函数为例，比如要注释掉图 4.41 中所选中区域的代码，那么只要在选中之后右击，再选择 Advanced→Comment Selection 就可以把这段代码注释掉了。执行这个操作以后的结果如图 4.42 所示。

```
/**
 * @brief       初始化LED相关IO口, 并使能时钟
 * @param       无
 * @retval      无
 */
void led_init(void)
{
    GPIO_InitTypeDef gpio_init_struct;
    LED0_GPIO_CLK_ENABLE();                                 /* LED0时钟使能 */
    LED1_GPIO_CLK_ENABLE();                                 /* LED1时钟使能 */

    gpio_init_struct.Pin = LED0_GPIO_PIN;                   /* LED0引脚 */
    gpio_init_struct.Mode = GPIO_MODE_OUTPUT_PP;            /* 推挽输出 */
    gpio_init_struct.Pull = GPIO_PULLUP;                    /* 上拉 */
    
    gpio_init_struct.Speed = GPIO_SPEED_FREQ_HIGH;          /* 高速 */
    HAL_GPIO_Init(LED0_GPIO_PORT, &gpio_init_struct);       /* 初始化LED0引脚 */

    gpio_init_struct.Pin = LED1_GPIO_PIN;                   /* LED1引脚 */
    HAL_GPIO_Init(LED1_GPIO_PORT, &gpio_init_struct);       /* 初始化LED1引脚 */
    

    LED0(1);                                                /* 关闭 LED0 */
    LED1(1);                                                /* 关闭 LED1 */
}
```

图 4.41　选中要注释的区域

```
/**
 * @brief       初始化LED相关IO口, 并使能时钟
 * @param       无
 * @retval      无
 */
void led_init(void)
{
//    GPIO_InitTypeDef gpio_init_struct;
//    LED0_GPIO_CLK_ENABLE();                               /* LED0时钟使能 */
//    LED1_GPIO_CLK_ENABLE();                               /* LED1时钟使能 */

//    gpio_init_struct.Pin = LED0_GPIO_PIN;                 /* LED0引脚 */
//    gpio_init_struct.Mode = GPIO_MODE_OUTPUT_PP;          /* 推挽输出 */
//    gpio_init_struct.Pull = GPIO_PULLUP;                  /* 上拉 */
//    
//    gpio_init_struct.Speed = GPIO_SPEED_FREQ_HIGH;        /* 高速 */
//    HAL_GPIO_Init(LED0_GPIO_PORT, &gpio_init_struct);     /* 初始化LED0引脚 */

//    gpio_init_struct.Pin = LED1_GPIO_PIN;                 /* LED1引脚 */
//    HAL_GPIO_Init(LED1_GPIO_PORT, &gpio_init_struct);     /* 初始化LED1引脚 */
//    

//    LED0(1);                                              /* 关闭 LED0 */
//    LED1(1);                                              /* 关闭 LED1 */
}
```

图 4.42　注释完毕

这样就快速注释掉了一片代码。而在某些时候又希望这段注释的代码能快速地取消注释，MDK 也提供了这个功能。与注释类似，先选中被注释掉的地方，然后通过右击再选择 Uncomment Selection 即可。

4.4.4 其他小技巧

第一个是快速打开头文件。将光标放到要打开的引用头文件上，然后右击，在弹出的级联菜单中选择 Open Document“XXX”，就可以快速打开这个文件了（XXX 是你要打开的头文件名字），如图 4.43 所示。

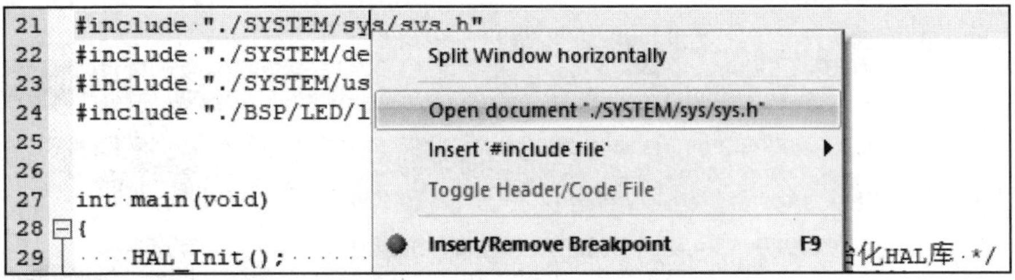

图 4.43 快速打开头文件

第二个小技巧是查找替换功能。这个和 Word 等很多文档操作的替换功能差不多，在 MDK 里面查找替换的快捷键是“CTRL＋H”，只要按下该按钮就会调出如图 4.44 所示的界面。

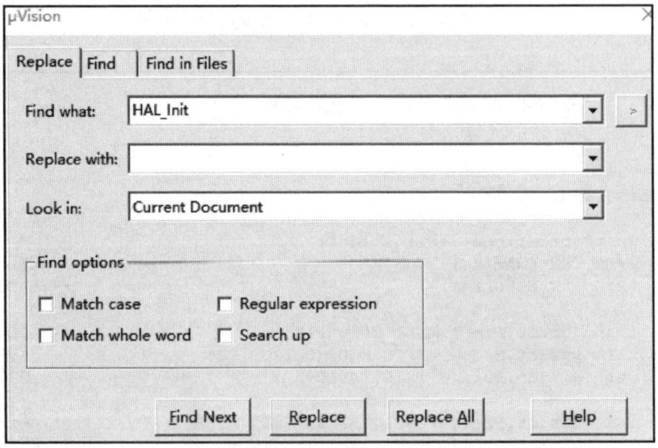

图 4.44 替换文本

这个替换的功能有时很有用，它的用法与其他编辑工具或编译器差不多，这里就不啰嗦了。

第三个小技巧是跨文件查找功能，先双击要找的函数/变量名（这里以系统时钟初始化函数 sys_stm32_clock_init 为例），然后再单击 IDE 上面的，则弹出如图 4.45 所示对话框。

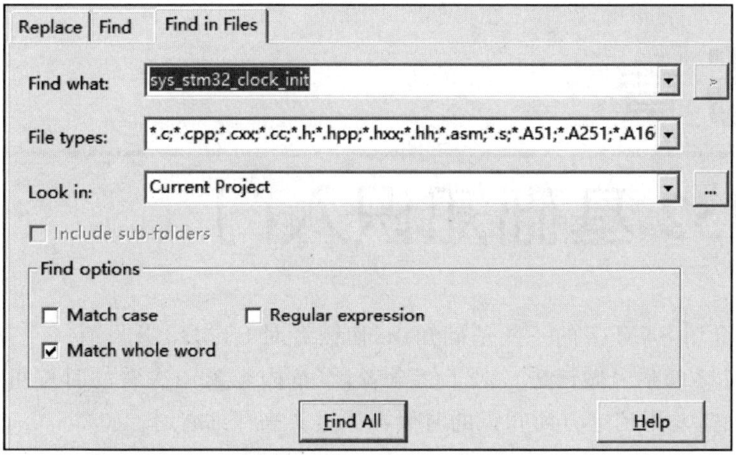

图 4.45　跨文件查找

单击 Find All，MDK 就会找出所有含有 Stm32_Clock_Init 字段的文件并列出其所在位置，如图 4.46 所示。

该方法可以很方便地查找各种函数/变量，而且可以限定搜索范围（比如只查找.c 文件和.h 文件等），是非常实用的一个技巧。

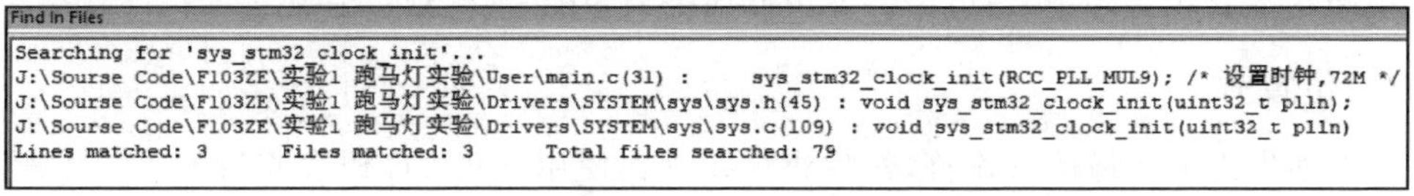
Find In Files
Searching for 'sys_stm32_clock_init'...
J:\Sourse Code\F103ZE\实验1 跑马灯实验\User\main.c(31) :   sys_stm32_clock_init(RCC_PLL_MUL9); /* 设置时钟,72M */
J:\Sourse Code\F103ZE\实验1 跑马灯实验\Drivers\SYSTEM\sys\sys.h(45) : void sys_stm32_clock_init(uint32_t plln);
J:\Sourse Code\F103ZE\实验1 跑马灯实验\Drivers\SYSTEM\sys\sys.c(109) : void sys_stm32_clock_init(uint32_t plln)
Lines matched: 3   Files matched: 3   Total files searched: 79

图 4.46　查找结果

第 5 章

STM32 基础知识入门

本章将介绍 STM32 的一些基础知识，使读者对 STM32 开发有一个初步的了解，为后面 STM32 的学习做铺垫。对于初学者，本章内容第一次看的时候可以只了解一个大概，后面需要用到这方面知识的时候再回过头来仔细看看。

5.1 C 语言基础知识复习

本节介绍 C 语言基础知识，对于 C 语言比较熟练的读者可以跳过此节，对于基础比较薄弱的读者，建议好好学习。

C 语言博大精深，不可能一小节就全讲明白了，所以本节只是复习 STM32 开发时常用的几个 C 语言知识点，以便读者更好地学习并编写 STM32 代码。

1. 位操作

下面先讲解几种位操作符，然后讲解位操作使用技巧。C 语言支持如表 5.1 所列的 6 种位操作。

表 5.1 6 种位操作

运算符	含 义	运算符	含 义
&	按位与	~	按位取反
|	按位或	<<	左移
^	按位异或	>>	右移

下面着重讲解位操作在单片机开发中的一些实用技巧。

① 在不改变其他位的值的状况下，对某几个位进行设值。

这个场景在单片机开发中经常使用，方法就是先对需要设置的位用 & 操作符进行清零操作，然后用|操作符设值。比如要改变 GPIOA 的 CRL 寄存器 bit6（第 6 位）的值为 1，可以先对寄存器的值进行 & 清零操作：

```
GPIOA ->CRL & = 0XFFFFFFBF;      /* 将第 bit6 清 0 */
```

然后再与需要设置的值进行|或运算：

```
GPIOA ->CRL |= 0X00000040;      /* 设置 bit6 的值为 1,不改变其他位的值 */
```

② 移位操作提高代码的可读性。

移位操作在单片机开发中非常重要，下面是 delay_init 函数的一行代码：

```
SysTick ->CTRL |= 1 << 1;
```

这个操作就是将 CTRL 寄存器的第 1 位（从 0 开始算起）设置为 1，为什么要通过左移而不是直接设置一个固定的值呢？这是为了提高代码的可读性以及可重用性。这行代码可以很直观明了地知道是将第 1 位设置为 1。如果写成：

```
SysTick ->CTRL |= 0X0002;
```

这个虽然也能实现同样的效果，但是可读性稍差，而且修改也比较麻烦。

③ ～按位取反操作使用技巧。

按位取反在设置寄存器的时候经常使用，常用于清除某一个或某几个位。下面是 delay_us 函数的一行代码：

```
SysTick ->CTRL &= ~(1 << 0) ;      /* 关闭 SYSTICK */
```

该代码可以解读为仅设置 CTRL 寄存器的第 0 位（最低位）为 0，其他位的值保持不变。同样也不使用按位取反，将代码写成：

```
SysTick ->CTRL &= 0XFFFFFFFE;      /* 关闭 SYSTICK */
```

可见，前者的可读性及可维护性都要比后者好很多。

④ ^按位异或操作使用技巧。

该功能非常适用于控制某个位翻转，常见的应用场景就是控制 LED 闪烁，如：

```
GPIOB ->ODR ^= 1 << 5;
```

执行一次该代码就会使 PB5 的输出状态翻转一次，如果 LED 接在 PB5 上，就可以看到 LED 闪烁了。

2. define 宏定义

define 是 C 语言中的预处理命令，用于宏定义，可以提高源代码的可读性，为编程提供方便。常见的格式：

```
#define        标识符        字符串
```

“标识符”为所定义的宏名。“字符串”可以是常数、表达式、格式串等。例如：

```
#define HSE_VALUE    8000000U
```

定义标识符 HSE_VALUE 的值为 8000000，数字后的 U 表示 unsigned 的意思。

3. ifdef 条件编译

单片机程序开发过程中经常会遇到一种情况，当满足某条件时对一组语句进行编译，当条件不满足时则编译另一组语句。条件编译命令最常见的形式为：

```
#ifdef 标识符
    程序段 1
#else
    程序段 2
#endif
```

它的作用是：当标识符已经被定义过（一般是用 #define 命令定义），则对程序段 1

进行编译,否则编译程序段 2。其中,#else 部分也可以没有,即:

```
#ifdef
    程序段 1
#endif
```

条件编译在 MDK 里面用得很多,stm32f10x.h 头文件中经常看到这样的语句:

```
#if ! defined (STM32F1)
#define STM32F1
#endif
```

如果没有定义 STM32F1 宏,则定义 STM32F1 宏。条件编译也是 C 语言的基础知识,这里也就点到为止。

4. extern 外部申明

C 语言中 extern 可以置于变量或者函数前,以表示变量或者函数的定义在别的文件中,提示编译器遇到此变量和函数时在其他模块中寻找其定义。注意,对于 extern 申明变量可以多次,但定义只有一次。代码中会看到这样的语句:

```
extern uint16_t g_usart_rx_sta;
```

这个语句用于申明 g_usart_rx_sta 变量在其他文件中已经定义了,在这里要用到。所以,可以找到在某个地方有变量定义的语句:

```
uint16_t g_usart_rx_sta;
```

extern 的使用比较简单,但是也经常用到,需要掌握。

5. typedef 类型别名

typedef 用于为现有类型创建一个新的名字,或称为类型别名,用来简化变量的定义。typedef 在 MDK 用得最多的就是定义结构体的类型别名和枚举类型。

```
struct _GPIO
{
        __IOuint32_t CRL;
        __IOuint32_t CRH;
        …
};
```

这里定义了一个结构体 GPIO。定义结构体变量的方式为:

```
struct  _GPIO  gpiox;          /* 定义结构体变量 gpiox */
```

但是这样很繁琐,MDK 中有很多这样的结构体变量需要定义。这里可以为结构体定义一个别名 GPIO_TypeDef,这样就可以在其他地方通过别名 GPIO_TypeDef 来定义结构体变量了,方法如下:

```
typedef struct
{
        __IOuint32_t CRL;
        __IOuint32_t CRH;
        …
} GPIO_TypeDef;
```

typedef 为结构体定义一个别名 GPIO_TypeDef，这样就可以通过 GPIO_TypeDef 来定义结构体变量：

```
GPIO_TypeDef gpiox;
```

这里的 GPIO_TypeDef 与 struct _GPIO 是等同的作用了，但是 struct _GPIO 相比于 GPIO_TypeDef 而言，后者使用起来方便很多。

6. 结构体

很多用户经常提到对结构体的使用不熟悉，而 MDK 中太多地方使用结构体以及结构体指针，这使他们学习 STM32 的积极性大大降低。其实结构体并不复杂，这里稍微提一下结构体的一些知识，剩下的后面再介绍。

声明结构体类型：

```
struct 结构体名
{
    成员列表;
}变量名列表;
```

例如：

```
struct U_TYPE
{
    int BaudRate
    int WordLength;
}usart1, usart2;
```

在结构体申明的时候可以定义变量，也可以申明之后定义，方法是：

```
struct  结构体名字   结构体变量列表 ;
```

例如：

```
struct U_TYPE usart1,usart2;
```

结构体成员变量的引用方法是：

```
结构体变量名字.成员名
```

比如要引用 usart1 的成员 BaudRate，方法是：usart1. BaudRate。结构体指针变量定义也是一样的，跟其他变量没有区别。

例如：

```
struct U_TYPE * usart3;     /* 定义结构体指针变量 usart3 */
```

结构体指针成员变量引用是通过"->"符号实现的，比如要访问 usart3 结构体指针指向的结构体的成员变量 BaudRate，方法是：

```
usart3 ->BaudRate;
```

讲到这里，有人会问，结构体到底有什么作用呢？为什么要使用结构体呢？下面将通过一个实例回答这个问题。

在单片机程序开发过程中，经常要初始化一个外设比如串口，它的初始化状态是由几个属性来决定的，比如串口号、波特率、极性以及模式。对于这种情况，在没有学习结

构体的时候,一般的方法是:

```
void usart_init(uint8_t usartx, uiut32_t BaudRate, uint32_t Parity,
                          uint32_t Mode);
```

这种方式是有效的,同时在一定场合是可取的。但是试想,如果有一天,我们希望往这个函数里面再传入一个或几个参数,那么势必需要修改这个函数的定义,重新加入新的入口参数。随着开发不断增多,那是不是就要不断地修改函数的定义呢?这给开发过程带来了很多麻烦,那又怎样解决这种情况呢?使用结构体参数就可以在不改变入口参数的情况下,只需要改变结构体的成员变量,就可以达到改变入口参数的目的。

结构体就是将多个变量组合为一个有机的整体,上面的函数中,如 usartx、BaudRate、Parity、Mode 等这些参数,它们对于串口而言,是一个有机整体,都用来设置串口参数,所以可以将它们通过定义一个结构体来组合在一起。MDK 中是这样定义的:

```
typedef struct
{
    uint32_t BaudRate;
    uint32_t WordLength;
    uint32_t StopBits;
    uint32_t Parity;
    uint32_t Mode;
    uint32_t HwFlowCtl;
    uint32_t OverSampling;
} UART_InitTypeDef;
```

这样,在初始化串口的时候入口参数就可以是 USART_InitTypeDef 类型的变量或者指针变量了。于是可以改为:

```
void usart_init(UART_InitTypeDef * huart);
```

这样,任何时候,只需要修改结构体成员变量,往结构体中间加入新的成员变量,而不需要修改函数定义就可以达到修改入口参数的目的了。这样的好处是不用修改任何函数定义就可以达到增加变量的目的。

也就是说,在以后的开发过程中,如果变量定义过多,而某几个变量用来描述某一个对象,则可以考虑将这些变量定义在结构体中,这样可以提高代码的可读性。

使用结构体组合参数可以提高代码的可读性,不会觉得变量定义混乱。当然,结构体的作用远远不止这个,同时,MDK 中用结构体来定义外设也不仅仅是这个作用。这里只是举一个例子,通过最常用的场景使读者理解结构体的一个作用而已。

7. 指　针

指针是一个指向地址的变量(或常量),其本质是指向一个地址,从而可以访问一片内存区域。在编写 STM32 代码的时候,或多或少都要用到指针,它可以使不同代码共享同一片内存数据,也可以用作复杂链接性的数据结构的构建,比如链表、链式二叉树等;而且,有些地方必须使用指针才能实现,比如内存管理等。

申明指针时一般以 p 开头，如：

```
char * p_str = "This is a test!";
```

这样就申明了一个 p_str 的指针，它指向“This is a test!”字符串的首地址。编写如下代码：

```
int main(void)
{
    uint8_t temp = 0X88;                          /* 定义变量 temp */
    uint8_t * p_num = &temp;                      /* 定义指针 p_num,指向 temp 的地址 */
    HAL_Init();                                   /* 初始化 HAL 库 */
    sys_stm32_clock_init(RCC_PLL_MUL9);           /* 设置时钟,72 MHz */
    delay_init(72);                               /* 延时初始化 */
    usart_init(115200);                           /* 初始化串口 */
    printf("temp:0X%X\r\n", temp);                /* 打印 temp 的值 */
    printf("*p_num: 0X %X\r\n", *p_num);          /* 打印 *p_num 的值 */
    printf("p_num: 0X %X\r\n", (uint32_t)p_num); /* 打印 p_num 的值 */
    printf("&p_num: 0X %X\r\n", (uint32_t)&p_num); /* 打印 &p_num 的值 */
    while (1);
}
```

此代码的输出结果如图 5.1 所示。

p_num 是 uint8_t 类型指针，用于指向 temp 变量的地址，其值等于 temp 变量的地址。 * p_num 用于取 p_num 指向的地址所存储的值，即 temp 的值。&p_num 用于取 p_num 指针的地址，即指针自身的地址。

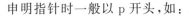

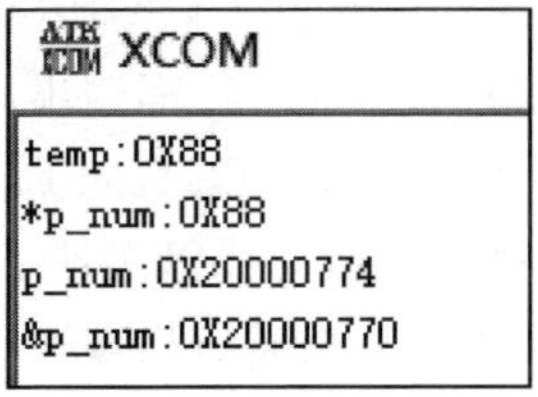

图 5.1 输出结果

5.2 寄存器基础知识

寄存器(Register)是单片机内部一种特殊的内存，它可以实现对单片机各个功能的控制，简单来说，可以把寄存器当成一些控制开关，控制包括内核及外设的各种状态。所以无论是 51 单片机还是 STM32，都需要用寄存器来实现各种控制，以完成不同的功能。

由于寄存器资源非常宝贵，一般都是一个位或者几个位控制一个功能。对于 STM32 来说，其寄存器是 32 位的，一个 32 位的寄存器可能有 32 个控制功能，相当于 32 个开关。由于 STM32 的复杂性，它内部有几百个寄存器，所以整体来说 STM32 的寄存器还是比较复杂的。但只要把它分好类，学起来就不难了。

从大方向来区分，STM32 寄存器分为 2 类，如表 5.2 所列。

其中，内核寄存器中一般只需要关心中断控制寄存器和 SysTick 寄存器即可，其他 3 大类一般很少直接接触。而外设寄存器则是学到哪个外设，再了解其相关寄存器即可，所以整体来说，我们需要关心的寄存器并不多，而且很多都是有共性的，比如 STM32F103ZET6 有 8 个定时器，我们只需要学习了其中一个相关寄存器，其他 7 个基本都是一样。

表 5.2 STM32 寄存器分类

大 类	小 类	说 明
内核寄存器	内核相关寄存器	包含 R0～R15、xPSR、特殊功能寄存器等
	中断控制寄存器	包含 NVIC 和 SCB 相关寄存器，NVIC 有 ISER、ICER、ISPR、IP 等；SCB 有 VTOR、AIRCR、SCR 等
	SysTick 寄存器	包含 CTRL、LOAD、VAL 和 CALIB 共 4 个寄存器
	内存保护寄存器	可选功能，STM32F103 没有
	调试系统寄存器	ETM、ITM、DWT、IPIU 等相关寄存器
外设寄存器		包含 GPIO、UART、I^2C、SPI、TIM、DMA、ADC、DAC、RTC、I/WWDG、PWR、CAN、USB 等各种外设寄存器

举个简单的例子。我们知道，寄存器的本质是一个特殊的内存，对于 STM32 来说，以 GPIOB 的 ODR 寄存器为例，其寄存器地址为 0X40010C0C，所以对其赋值可以写成：

```
( * (unsigned int * ))(0X40010C0C) = 0XFFFF;
```

这样就完成了对 GPIOB→ODR 寄存器的赋值，全部 0XFFFF 表示 GPIOB 所有 I/O 口(16 个 I/O 口)都输出高电平。对于我们来说，0X40010C0C 就是一个寄存器的特殊地址，至于它是怎么来的，后续再介绍。

虽然上面的代码实现了我们需要的功能，但是从实用的角度来说，这么写肯定是不好的，可读性极差，可维护性也很差，所以一般使用结构体来访问，比如改写成这样：

```
GPIOB ->ODR = 0XFFFF;
```

这样可读性就比之前的代码好多了，可维护性也相对好一点。至于 GPIOB 结构体怎么来的，后续再介绍。

5.3 STM32F103 系统架构

STM32F103 是 ST 公司基于 ARM 授权 Cortex－M3 内核而设计的一款芯片，而 Cortex－M 内核使用的是 ARM V7－M 架构，是为了替代老旧的单片机而量身定做的一个内核，具有低成本、低功耗、实时性好、中断响应快、处理效率高等特点。

5.3.1 Cortex－M3 内核 & 芯片

ARM 公司提供内核(如 Cortex－M3，简称 CM3，下同)授权，完整的 MCU 还需要很多其他组件。芯片公司(ST、NXP、TI、GD、华大等)在得到 CM3 内核授权后，就可以把 CM3 内核用在自己的硅片设计中，添加存储器、外设、I/O 以及其他功能块。不同厂家设计出的单片机会有不同的配置，包括存储器容量、类型、外设等都各具特色，因此才会有市面上各种不同应用的 ARM 芯片。Cortex－M3 内核和芯片的关系如图 5.2 所示。

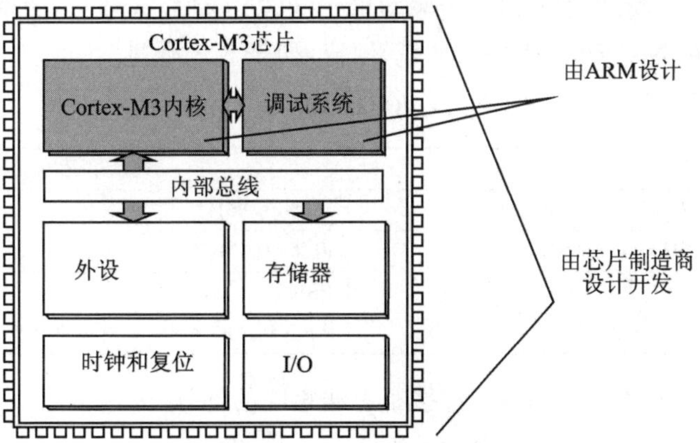

图 5.2 Cortex－M3 内核 & 芯片关系

可以看到，ARM 公司提供 CM3 内核和调试系统，其他的东西（外设（I^2C、SPI、UART、TIM 等）、存储器（SRAM、FLASH 等）、I/O 等）由芯片制造商设计开发。这里 ST 公司就是 STM32F103 芯片的制造商。

5.3.2 STM32 系统架构

STM32F103ZET6 内部系统结构如图 5.3 所示。

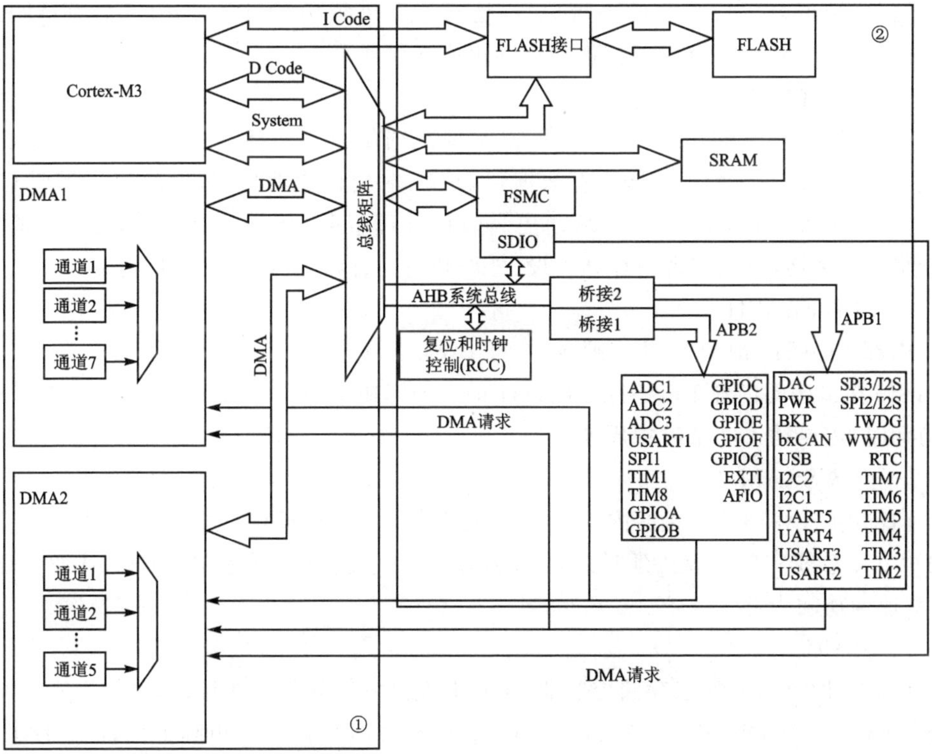

图 5.3 STM32F103 系统结构

STM32F103 的系统主要由 4 个驱动单元(可以主动发起通信,图中①区域)和 4 个被动单元(只能被驱动工作,图中②区域)组成,如表 5.3 所列。

表 5.3　STM32F103 单元结构

驱动单元	被动单元
Cortex-M3 内核 DCode 总线(D-Bus)	内部 FLASH
Cortex-M3 内核 系统总线(S-Bus)	内部 SRAM
通用 DMA1	FSMC
通用 DMA2	AHB 到 APB 的桥,所连接的所有 APB 设备

这里的驱动/被动单元都是指连接了总线矩阵的部分,未连接总线矩阵的部分则不算作驱动/被驱动单元。接下来介绍一下这些单元。

1) I Code 总线(I-Bus)

这是 Cortex-M3 内核的指令总线,连接闪存指令接口(如 FLASH),用于获取指令。由于该总线功能单一,并没有直接连接到总线矩阵,因此被排除在驱动单元之外。

2) D Code 总线(D-Bus)

这是 Cortex-M3 内核的数据总线,连接闪存存储器数据接口(如 SRAM、FLASH 等),用于各种数据访问,如常量、变量等。

3) 系统总线(S-Bus)

这是 Cortex-M3 内核的系统总线,连接所有外设(如 GPIO、SPI、I^2C、TIM 等),用于控制各种外设工作,如配置各种外设相关寄存器等。

4) DMA 总线

DMA 是直接存储访问控制器,可以实现数据的自动搬运,整个过程不需要 CPU 处理。如可以实现 DMA 传输内存数据到 DAC,输出任意波形,传输过程不需要 CPU 参与,可以大大节省 CPU 支出,从而更高效地处理事务。STM32F103ZET6 内部有 2 个 DMA 控制器,可以实现内存到外设、外设到内存、内存到内存的数据传输。

5) 内部 FLASH

内部 FLASH 即单片机的硬盘,用于代码/数据存储。CPU 通过 I Code 总线经 FLASH 接口访问内部 FLASH,FLASH 最高访问速度是 24 MHz,因此以 72 MHz 速度访问时,需要插入 2 个时钟周期延迟。

6) 内部 SRAM

内部 SRAM 即单片机的内存,用于数据存储,直接挂载在总线矩阵上面。CPU 通过 D Code 总线实现 0 等待延时访问 SRAM,最快总线频率可达 72 MHz,从而保证高效、高速地访问内存。

7) FSMC

FSMC 即灵活的静态存储控制器,实际上就是一个外部总线接口,可以用来访问外部 SRAM、NAND/NOR FLASH、LCD 等。它也直接挂在总线矩阵上面,以方便 CPU 快速访问外挂器件。

8）AHB/APB 桥

AHB 总线连接总线矩阵，同时通过 2 个 APB 桥连接 APB1 和 APB2。AHB 总线速度最大为 72 MHz，APB2 总线速度最大也是 72 MHz，但是 APB1 总线速度最大只能是 36 MHz。这 3 个总线上面挂载了 STM32 内部绝大部分外设。

9）总线矩阵

总线矩阵协调内核系统总线和 DMA 主控总线之间的访问仲裁，仲裁利用轮换算法，保证各个总线之间的有序访问，从而确保工作正常。

5.3.3 存储器映射

STM32 是一个 32 位单片机，可以很方便地访问 4GB 以内的存储空间（$2^{32}=4$ GB），因此 Cortex－M3 内核将图 5.2 中的所有结构，包括 FLASH、SRAM、外设及相关寄存器等全部组织在同一个 4 GB 的线性地址空间内，我们可以通过 C 语言来访问这些地址空间，从而操作相关外设（读/写）。数据字节以小端格式（小端模式）存放在存储器中，数据的高字节保存在内存的高地址中，而数据的低字节保存在内存的低地址中。

存储器本身是没有地址信息的，对存储器分配地址的过程就叫存储器映射。这个分配一般由芯片厂商做好了，ST 将所有的存储器及外设资源都映射在一个 4 GB 的地址空间上（8 个块），从而可以通过访问对应的地址来访问具体的外设。其映射关系如图 5.4 所示。

ST 将 4 GB 空间分成 8 个块，每个块 512 MB，从图 5.3 中可以看出有很多保留区域，这是因为一般的芯片制造厂家是不可能把 4 GB 空间用完的；同时，为了方便后续型号升级，会将一些空间预留。8 个存储块的功能如表 5.4 所列。

表 5.4 STM32 存储块功能及地址范围

存储块	功　能	地址范围
Block 0	Code	0x00000000～0x1FFFFFFF(512 MB)
Block 1	SRAM	0x20000000～0x3FFFFFFF(512 MB)
Block 2	外设	0x40000000～0x5FFFFFFF(512 MB)
Block 3	FSMC Bank1&2	0x60000000～0x7FFFFFFF(512 MB)
Block 4	FSMC Bank3&4	0x80000000～0x9FFFFFFF(512 MB)
Block 5	FSMC 寄存器	0xA0000000～0xBFFFFFFF(512 MB)
Block 6	没用到	0xC0000000～0xDFFFFFFF(512 MB)
Block 7	Cortex－M3 内部外设	0xE0000000～0xFFFFFFFF(512 MB)

这里挑前面 3 个存储块来介绍。第一个块是 Block 0，用于存储代码，即 FLASH 空间，其功能划分如表 5.5 所列。

用户 FLASH 大小是 512 KB，这是对于我们使用的 STM32F103ZET6 来说；如果是其他型号，可能 FLASH 会更小。当然，ST 也可以随时推出更大容量的 STM32F103，因为这里保留了一大块地址空间。还有，STM32 的出厂固化 BootLoader 非常精简，整个 BootLoder 只占了 2 KB FLASH 空间。

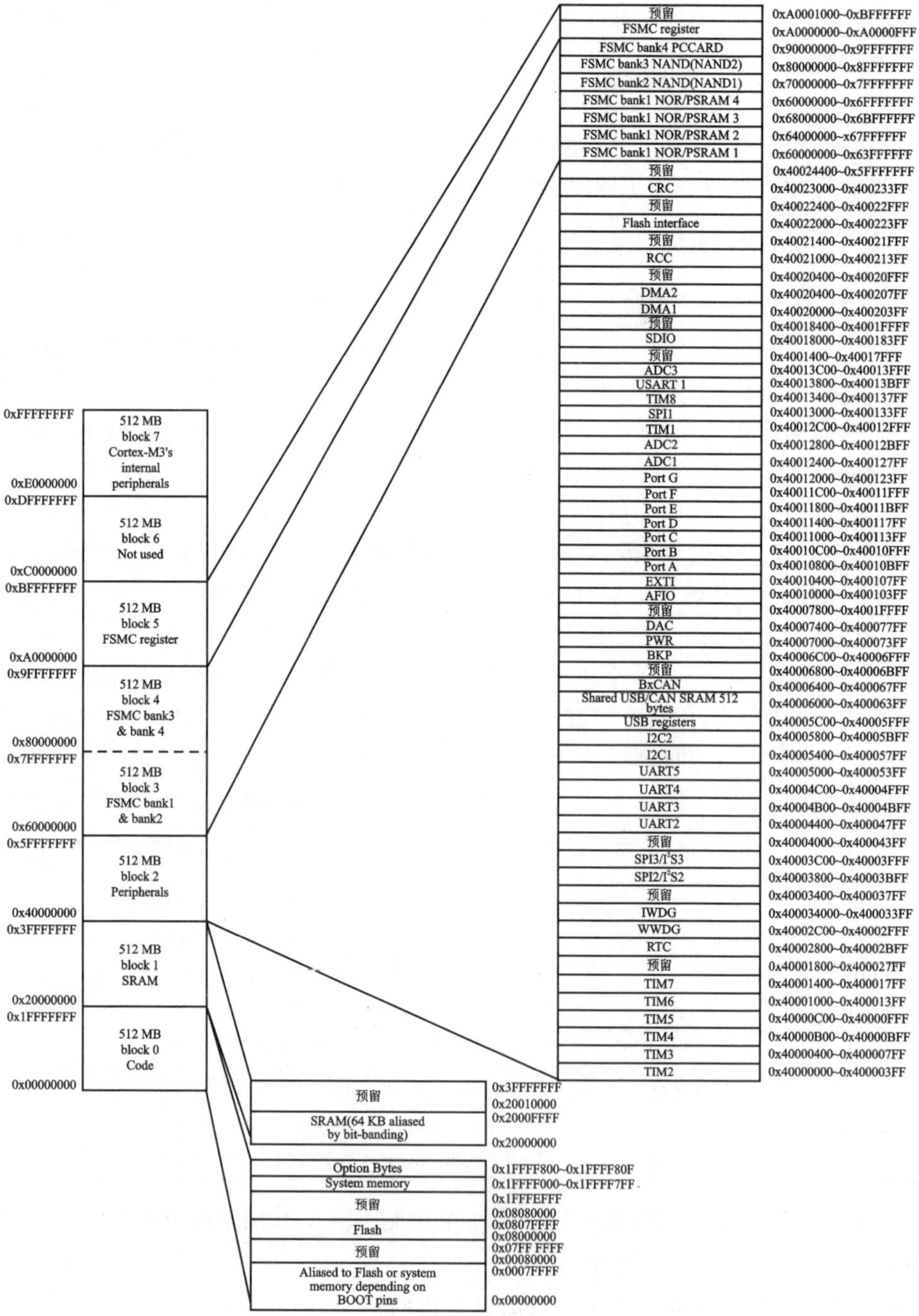

图 5.4　STM32F103 存储器映射

表 5.5　STM32 存储块 0 的功能划分

存储块	功　能	地址范围
Block 0	FLASH 或系统存储器别名区，取决于 BOOT 脚的设置	0x00000000～0x0007FFFF(512 KB)
	保留	0x00080000～0x07FFFFFF
	用户 FLASH，用于存储用户代码	0x08000000～0x0807FFFF(512 KB)
	保留	0x08080000～0x1FFFEFFF
	系统存储器，用于存储 STM32 出厂固化的 Bootloader 程序，比如用于串口下载代码	0x1FFFF000～0x1FFFF7FF(2 KB)
	选项字节，用于配置读保护、设置看门狗等	0x1FFFF800～0x1FFFF80F(16B)
	保留	0x1FFFF810～0x1FFFFFFF

第二个块是 Block 1，用于存储数据，即 SRAM 空间，其功能划分如表 5.6 所列。

表 5.6　STM32 存储块 1 的功能划分

存储块	功　能	地址范围
Block 1	SRAM	0x20000000～0x2000FFFF(64 KB)
	保留	0x20010000～0x3FFFFFFF

这个块中，STM32F103ZET6 仅使用了 64 KB(仅大容量 STM32F103 型号才有这么多 SRAM，比如 STM32F103ZET6 等)，用于 SRAM 访问，同时也有大量保留地址用于扩展。

第三个块是 Block 2，用于外设访问。STM32 内部大部分的外设都放在这个块里面，该存储块里面包括了 AHB、APB1 和 APB2 这 3 个总线相关的外设。其中，AHB 和 APB2 是高速总线(72 MHz max)，APB1 是低速总线(36 MHz max)。其功能划分如表 5.7 所列。

表 5.7　STM32 存储块 2 的功能划分

存储块	功　能	地址范围
Block2	APB1 总线外设	0x40000000～0x400077FF
	保留	0x40007800～0x4000FFFF
	APB2 总线外设	0x40010000～0x40003FFF
	保留	0x40014000～0x40017FFF
	AHB 总线外设	0x40018000～0x400233FF
	保留	0x40023400～0x5FFFFFFF

同样可以看到，各个总线之间都有预留地址空间，方便后续扩展。关于 STM32 各个外设具体挂在哪个总线上面，读者可以参考前面的 STM32F103 系统结构图和 STM32F103 存储器映射图进行查找对应。

5.3.4 寄存器映射

给存储器分配地址的过程叫存储器映射。寄存器是一类特殊的存储器,它的每个位都有特定的功能,可以实现对外设/功能的控制。给寄存器的地址命名的过程就叫寄存器映射。

举个简单的例子,家里的纸张就好比通用存储器,用来记录数据是没问题的,但是不会有具体的动作,只能记录,而家里的电灯开关就好比寄存器,假设家里有8个灯,就有8个开关(相当于一个8位寄存器),这些开关也可以记录状态,同时还能让电灯点亮/关闭,是会产生具体动作的。为了方便区分和使用,我们会给每个开关命名,比如厨房开关、大厅开关、卧室开关等,给开关命名的过程就是寄存器映射。

当然,STM32内部的寄存器非常多,远远不止8个开关这么简单,但是原理差不多,每个寄存器的每一个位一般都有特定的作用,涉及寄存器描述可以参考“STM32F10XXX参考手册(中文版)_V10.pdf”相关章节的寄存器描述部分。

1. 寄存器描述解读

以GPIO的ODR寄存器为例,其参考手册的描述如图5.5所示。

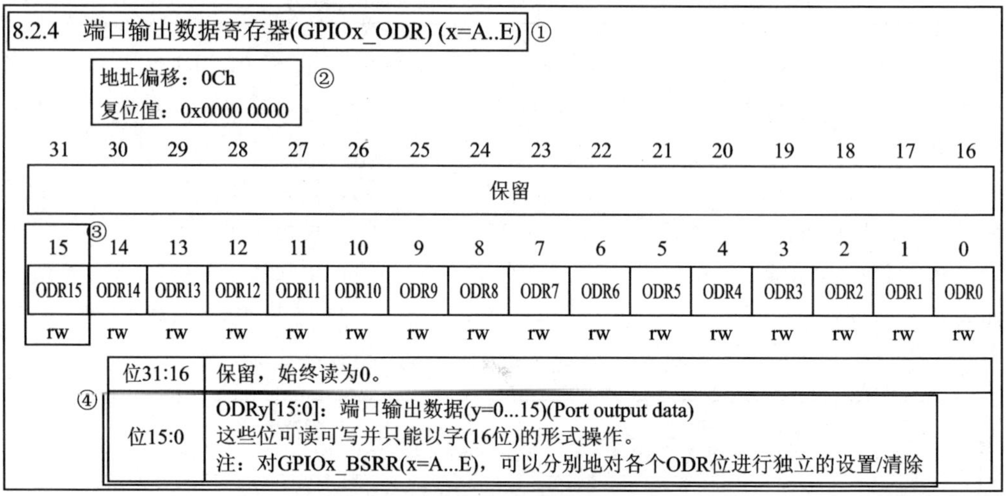

图5.5 端口输出数据寄存器描述

① 寄存器名字

每个寄存器都有一个对应的名字,以简单表达其作用,并方便记忆。这里GPIOx_ODR表示寄存器英文名,x可以是A～E,说明有5个这样的寄存器(每个端口有一个,事实上最新的STM32F103型号可能还有F、G等端口,I/O数量更多)。

② 寄存器偏移量及复位值

地址偏移量表示相对该外设基地址的偏移,比如GPIOB,由图5.3可知其外设基地址是0x40010C00,那么GPIOB_ODR寄存器的地址就是0x40010C0C。知道了外设基地址和地址偏移量，就可以知道任何一个寄存器的实际地址。

复位值表示该寄存器在系统复位后的默认值，可以用于分析外设的默认状态。这里全部是 0。

③ 寄存器位表

描述寄存器每一个位的作用(共 32 bit)，这里表示 ODR 寄存器的第 15 位(bit)，位名字为 ODR15，rw 表示该寄存器可读/写(r，可读取；w，可写入)。

④ 位功能描述

描述寄存器每个位的功能，这里表示位 0～15，对应 ODR0～ODR15，每个位控制一个 I/O 口的输出状态。

其他寄存器描述可参照以上方法解读接口。

2. 寄存器映射举例

从前面的学习可知，GPIOB_ODR 寄存器的地址为 0x40010C0C，假设要控制 GPIOB 的 16 个 I/O 口都输出 1，则可以写成：

```
*(unsigned int *)(0x40010C0C) = 0XFFFF;
```

这里先要将 0x40010C0C 强制转换成 unsigned int 类型指针，然后用 * 对这个指针的值进行设置，从而完成对 GPIOB_ODR 寄存器的写入。

这样写代码功能是没问题，但是可读性和可维护性都很差，使用起来极其不便，因此将代码改为：

```
#define GPIOB_ODR                *(unsigned int *)(0x40010C0C)
GPIOB_ODR = 0XFFFF;
```

这样就定义了一个 GPIOB_ODR 的宏来替代数值操作，很明显，GPIOB_ODR 的可读性和可维护性比直接使用数值操作直观和方便。这个宏定义过程就可以称为寄存器的映射。

这里只举了一个简单实例，实际上对于大量寄存器的映射，使用结构体是最方便的方式。stm32f103xe.h 里面使用结构体方式对 STM32F103 的寄存器做了详细映射，后面会再介绍。

3. 寄存器地址计算

STM32F103 大部分外设寄存器地址都是在存储块 2 上面的，如图 5.3 所示。具体某个寄存器地址由 3 个参数决定，即总线基地址(BUS_BASE_ADDR)、外设基于总线基地址的偏移量(PERIPH_OFFSET)及寄存器相对外设基地址的偏移量(REG_OFFSET)。可以表示为

寄存器地址＝BUS_BASE_ADDR＋PERIPH_OFFSET＋REG_OFFSET

STM32F103 内部有 3 个总线(APB1、APB2 和 AHB)，对应的总线基地址(BUS_BASE_ADDR)如表 5.8 所列。表中 APB1 的基地址也叫外设基地址，偏移量就是相对于外设基地址的偏移量。

注意，AHB 的总线基地址是 0x40018000，从该基地址到 0x40020000 只挂了 SDIO

一个外设，后续的 AHB 外设基地址都大于等于 0x40020000。为了方便计算，可以将 AHB 的总线基地址改成 0x40020000，而 SDIO 则单独定义一个基地址即可。

表 5.8　总线基地址

总　线	基地址	偏移量
APB1	0x40000000	0
APB2	0x40010000	0x10000
AHB	0x40018000	0x18000

对于外设基于总线基地址的偏移量(PERIPH_OFFSET)，不同外设偏移量不一样，我们可以在 STM32F103 存储器映射图(图 5.3)里面找到具体的偏移量，以 GPIO 为例，其偏移量如表 5.9 所列。表中的偏移量就是外设基于 APB2 总线基地址的偏移量(PERIPH_OFFSET)。

表 5.9　GPIO 外设基地址及相对总线偏移量

所属总线	外　设	基地址	偏移量
APB2 0x40010000	GPIOA	0x40010800	0x800
	GPIOB	0x40010C00	0xC00
	GPIOC	0x40011000	0x1000
	GPIOD	0x40011400	0x1400
	GPIOE	0x40011800	0x1800
	GPIOF	0x40011C00	0x1C00
	GPIOG	0x40012000	0x2000

知道了外设基地址，再在参考手册里面找到具体某个寄存器相对外设基地址的偏移量就可以知道该寄存器的实际地址了，以 GPIOB 的相关寄存器为例，如表 5.10 所列。表中的偏移量就是寄存器基于外设基地址的偏移量(REG_OFFSET)。

表 5.10　GPIOB 寄存器相对外设基地址的偏移量

所属总线	所属外设	寄存器	地　址	偏移量
APB2 0x40010000	GPIOB 0x40010C00	GPIOB_CRL	0x40010C00	0x00
		GPIOB_CRH	0x40010C04	0x04
		GPIOB_IDR	0x40010C08	0x08
		GPIOB_ODR	0x40010C0C	0x0C
		GPIOB_BSRR	0x40010C10	0x10
		GPIOB_BRR	0x40010C14	0x14
		GPIOB_LCKR	0x40010C18	0x18

因此，根据前面的公式很容易可以计算出 GPIOB_ODR 的地址：

```
GPIOB_ODR 地址 = APB2 总线基地址 + GPIOB 外设偏移量 + 寄存器偏移量
```

所以得到 GPIOB_ODR 地址＝0x40010000＋0xC00＋0x0C＝0x40010C0C。

4. stm32f103xe.h 寄存器映射说明

STM32F103 所有寄存器映射都在 stm32f103xe.h 里面完成，包括各种基地址定义、结构体定义、外设寄存器映射、寄存器位定义（占了绝大部分）等，整个文件有 1 万多行，非常庞大。我们没必要对该文件进行全面分析，因为很多内容都是相似的，只需要知道寄存器是如何被映射的就可以了，至于寄存器位定义这些内容知道是怎么回事就可以了。

这里还是以 GPIO 为例进行说明，看看 stm32f103xe.h 是如何对 GPIO 的寄存器进行映射的，通过对 GPIO 寄存器映射了解 stm32f103xe.h 的映射规则。

stm32f103xe.h 文件主要包含 5 个部分内容，如表 5.11 所列。

表 5.11　stm32f103xe.h 文件主要组成部分

文　件	主要组成部分	说　明
stm32f103xe.h	中断编号定义	定义 IRQn_Type 枚举类型，包含 STM32F103 内部所有中断编号（中断号），方便后续编写代码
	外设寄存器结构体类型定义	以外设为基本单位，使用结构体类型定义对每个外设的所有寄存器进行封装，方便后面的寄存器映射
	寄存器映射	① 定义总线地址和外设基地址 ② 使用外设结构体类型定义将外设基地址强制转换成结构体指针，完成寄存器映射
	寄存器位定义	定义外设寄存器每个功能位的位置及掩码
	外设判定	判断某个外设是否合法（即是否存在该外设）

寄存器映射主要涉及表 5.11 中加粗的 2 个组成部分：外设寄存器结构体类型定义和寄存器映射。总结起来，包括 3 个步骤：

① 外设寄存器结构体类型定义；

② 外设基地址定义；

③ 寄存器映射（通过将外设基地址强制转换为外设结构体类型指针即可）。

以 GPIO 为例，其寄存器结构体类型定义如下：

```
typedef struct
{
  __IOuint32_t CRL;     /* GPIO_CRL 寄存器，相对外设基地址偏移量：0X00 */
  __IOuint32_t CRH;     /* GPIO_CRH 寄存器，相对外设基地址偏移量：0X04 */
  __IOuint32_t IDR;     /* GPIO_IDR 寄存器，相对外设基地址偏移量：0X08 */
  __IOuint32_t ODR;     /* GPIO_ODR 寄存器，相对外设基地址偏移量：0X0C */
  __IOuint32_t BSRR;    /* GPIO_BSRR 寄存器，相对外设基地址偏移量：0X10 */
  __IOuint32_t BRR;     /* GPIO_BRR 寄存器，相对外设基地址偏移量：0X14 */
  __IOuint32_t LCKR;    /* GPIO_LCKR 寄存器，相对外设基地址偏移量：0X18 */
} GPIO_TypeDef;
```

GPIO 外设基地址定义如下：

```
#define PERIPH_BASE         0x40000000UL                        /* 外设基地址 */
#define APB1PERIPH_BASE     PERIPH_BASE                         /* APB1 总线基地址 */
#define APB2PERIPH_BASE     (PERIPH_BASE + 0x00010000UL)        /* APB2 总线基地址 */
#define AHBPERIPH_BASE      (PERIPH_BASE + 0x00020000UL)        /* AHB 总线基地址 */
#define GPIOA_BASE          (APB2PERIPH_BASE + 0x00000800UL)    /* GPIOA 基地址 */
#define GPIOB_BASE          (APB2PERIPH_BASE + 0x00000C00UL)    /* GPIOB 基地址 */
#define GPIOC_BASE          (APB2PERIPH_BASE + 0x00001000UL)    /* GPIOC 基地址 */
#define GPIOD_BASE          (APB2PERIPH_BASE + 0x00001400UL)    /* GPIOD 基地址 */
#define GPIOE_BASE          (APB2PERIPH_BASE + 0x00001800UL)    /* GPIOE 基地址 */
#define GPIOF_BASE          (APB2PERIPH_BASE + 0x00001C00UL)    /* GPIOF 基地址 */
#define GPIOG_BASE          (APB2PERIPH_BASE + 0x00002000UL)    /* GPIOG 基地址 */
```

GPIO 外设寄存器映射定义如下：

```
#define GPIOA           ((GPIO_TypeDef *)GPIOA_BASE) /* GPIOA 寄存器地址映射 */
#define GPIOB           ((GPIO_TypeDef *)GPIOB_BASE) /* GPIOB 寄存器地址映射 */
#define GPIOC           ((GPIO_TypeDef *)GPIOC_BASE) /* GPIOC 寄存器地址映射 */
#define GPIOD           ((GPIO_TypeDef *)GPIOD_BASE) /* GPIOD 寄存器地址映射 */
#define GPIOE           ((GPIO_TypeDef *)GPIOE_BASE) /* GPIOE 寄存器地址映射 */
#define GPIOF           ((GPIO_TypeDef *)GPIOF_BASE) /* GPIOF 寄存器地址映射 */
#define GPIOG           ((GPIO_TypeDef *)GPIOG_BASE) /* GPIOG 寄存器地址映射 */
```

以上 3 部分代码完成了 STM32F103 内部 GPIOA～GPIOG 的寄存器映射，其原理其实是比较简单的，包括 2 个核心知识点：① 结构体地址自增；② 地址强制转换。

① 结构体地址自增。首先定义了 GPIO_TypeDef 结构体类型，其成员包括 CRL、CRH、IDR、ODR、BSRR、BRR 和 LCKR，每个成员是 uint32_t 类型，也就是 4 个字节。这样假设 CRL 地址是 0，CRH 就是 0x04，IDR 就是 0x08，ODR 就是 0x0C，依此类推。

② 地址强制转换。以 GPIOB 为例，GPIOB 外设的基地址为 GPIOB_BASE(0x40010C00)，使用 GPIO_TypeDef 将该地址强制转换为 GPIO 结构体类型指针 GPIOB，这样 GPIOB→CRL 的地址就是 GPIOB_BASE(0x40010C00)，GPIOB→CRH 的地址就是 GPIOB_BASE＋0x04(0x40010C04)，GPIOB→IDR 的地址就是 GPIOB_BASE＋0x08(0x40010C08)，依此类推。

这样就使用结构体方式完成了对 GPIO 寄存器的映射，其他外设的寄存器映射也都是这个方法，这里就不一一介绍了。

第 6 章
认识 HAL 库

HAL，全称 Hardware Abstraction Layer，即硬件抽象层。HAL 库是 ST 公司提供的外设驱动代码的驱动库，用户只需要调用库的 API 函数便可间接配置寄存器。要写程序控制 STM32 芯片，其实最终就是控制它的寄存器，使之工作在我们需要的模式下。HAL 库将大部分寄存器的操作封装成函数，我们只需要学习和掌握 HAL 库函数的结构和用法，就能方便地驱动 STM32 工作，以节省开发时间。

6.1 初识 STM32 HAL 库

STM32 开发中常说的 HAL 库开发，指的是利用 HAL 库固件包里封装好的 C 语言编写的驱动文件，从而实现对 STM32 内部和外围电器元件的控制的过程。但只有 HAL 库还不能直接驱动一个 STM32 的芯片，其他的组件已经由 ARM 与众多芯片硬件、软件厂商制定的通用的软件开发标准 CMSIS 实现了，本书只简单介绍这个标准，等读者熟悉开发后再研究这个框架。

简单地了解 HAL 库的发展和作用，可以方便读者确定 HAL 库是否适合作为自己长期开发 STM32 的工具，以降低开发、学习的成本。

6.1.1 CMSIS 标准

根据一些调查研究表明，软件开发已经被嵌入式行业公认为最主要的开发成本，为了降低这个成本，ARM 与 Atmel、IAR、Keil、SEGGER 和 ST 等诸多芯片和软件工具厂商合作，制定了一个符合所有 Cortex 芯片厂商的产品的软件接口标准化的标准 CMSIS(Cortex Microcontroller Software Interface Standard)。ARM 官方提供的 CMSIS 规范架构图如图 6.1 所示。

可以看出，这个标准分级明显，从用户程序到内核底层实现做了分层。按照这个分级，HAL 库属于 CMSIS - Pack 中的 Peripheral HAL 层。CMSIS 规定的最主要的 3 个部分为核内外设访问层（由 ARM 负责实现）、片上外设访问层和外设访问函数（后面 2 个由芯片厂商负责实现）。ARM 整合并提供了大量的模板，各厂商根据自己的芯片差异修改模版，其中包括汇编文件 startup_device. s、system_. h 和 system_. c 这些与初始化和系统相关的函数。

结合 STM32F1 的芯片来说，其 CMSIS 应用程序的简单结构框图（不包括实时操作系统和中间设备等组件)如图 6.2 所示。

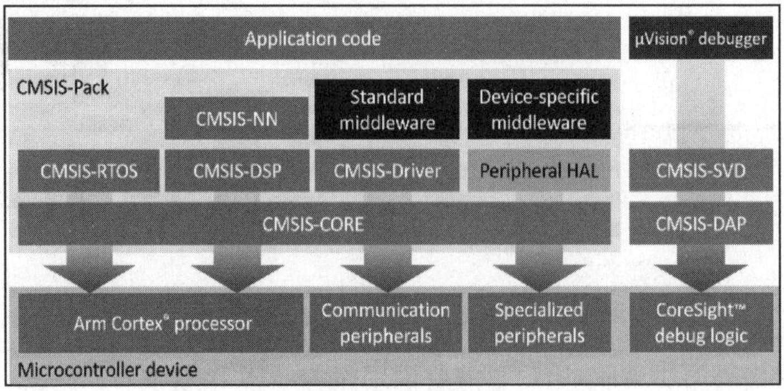

图 6.1　Cortex 芯片的 CMSIS 分级实现

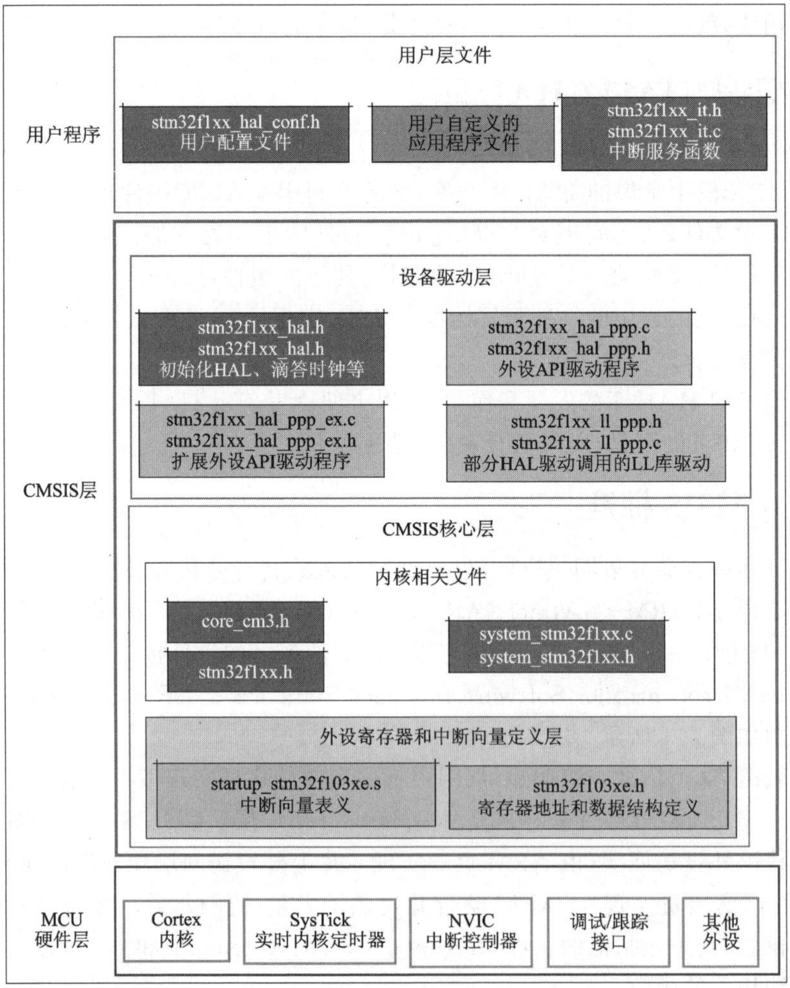

图 6.2　CMSIS 分级下的 STM32F1 的文件分布

这个框架是根据我们现在已经学习到的知识回过头来做的一个总结，这里只是简单介绍，告诉读者它们之间存在一定联系，关于组成这些部分的文件、文件的作用及各文件如何组合、各分层的作用和意义，今后再慢慢学习。

6.1.2　HAL 库简介

库函数的引入大大降低了 STM 主控芯片开发的难度。ST 公司为了方便用户开发 STM32 芯片提供了 3 种库函数，按产生时间顺序是标准库、HAL 库和 LL 库。目前 ST 已经逐渐暂停对部分标准库的支持，ST 的库函数维护重点已经转移到 HAL 库和 LL 库上，下面分别简单介绍这 3 种库。

1. 标准外设库(Standard Peripheral Libraries)

标准外设库是对 STM32 芯片的一个完整封装，包括所有标准器件外设的器件驱动器，是 ST 最早推出的针对 STM 系列主控的库函数。标准库的设计初衷是减少用户的程序编写时间，进而降低开发成本。几乎全部使用 C 语言实现并严格按照“Strict ANSI - C”、MISRA - C 2004 等多个 C 语言标准编写。但标准外设库仍然接近于寄存器操作，主要就是将一些基本的寄存器操作封装成了 C 函数。开发者仍需要关注所使用的外设是在哪个总线之上、具体寄存器的配置等底层信息。ST 的标准库函数家族如图 6.3 所示。

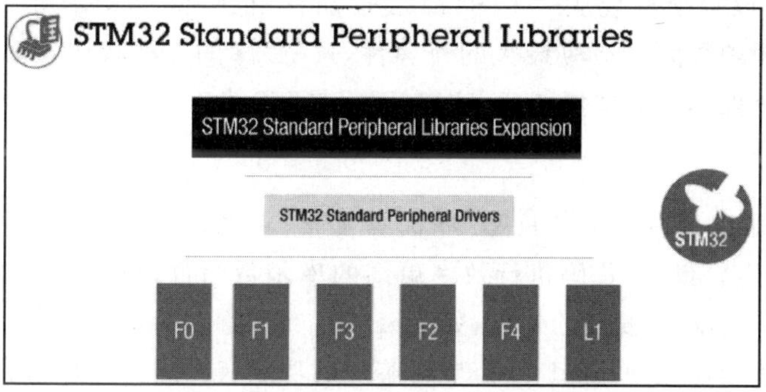

图 6.3　ST 的标准库函数家族

ST 为各系列提供的标准外设库稍有区别。例如，STM32F1x 的库和 STM32F3x 的库在文件结构上就有些不同，此外，在内部的实现上也稍有区别，这个在具体使用(移植)时需要注意一下。但是，不同系列之间的差别并不是很大，而且在设计上是相同的。STM32 的标准外设库涵盖以下 3 个抽象级别：

- 包含位域和寄存器在内的完整的寄存器地址映射；
- 涵盖所有外围功能(具有公共 API 的驱动器)的例程和数据结构的集合；
- 一组包含所有可用外设的示例，其中包含最常用的开发工具的模板项目。

更详细的信息可以参考 ST 的官方文档《STM32 固件库使用手册中文翻译版》，其中对于标准外设库函数命名、文件结构等都有详细说明，这里就不多介绍了。

值得一提的是,由于 STM32 的产品性能及标准库代码的规范、易读性以及例程的全覆盖性,STM32 的开发难度大大下降。但 ST 从 L1 以后的芯片 L0、L4 和 F7 等系列就没有再推出相应的标准库支持包了。

2. HAL 库

HAL 是 ST 为可以更好地确保跨 STM32 产品的最大可移植性而推出的 MCU 操作库。这种程序设计由于抽离应用程序和硬件底层的操作,更加符合跨平台和多人协作开发的需要。

HAL 库是基于一个非限制性的 BSD 许可协议(Berkeley Software Distribution)而发布的开源代码。ST 制作的中间件堆栈(USB 主机和设备库,STemWin)带有允许轻松重用的许可模式,只要是在 ST 的 MCU 芯片上使用,库的中间件(USB 主机/设备库,STemWin)协议栈即被允许修改,并可以反复使用。至于基于其他著名的开源解决方案商的中间件(FreeRTOS、FatFs、LwIP 和 PolarSSL)也都具有友好的用户许可条款。

HAL 库是 ST 从自身芯片的整个生产生态出发,为了方便维护而作的一次整合,以改变标准外设库带来各系列芯片操作函数结构差异大、分化大、不利于跨系列移植的情况。相比标准外设库,STM32Cube HAL 库表现出更高的抽象整合水平,HAL 库的 API 集中关注各外设的公共函数功能,这样便于定义一套通用的、用户友好的 API 函数接口,从而可以轻松实现从一个 STM32 产品移植到另一个不同的 STM32 系列产品。但由于封闭函数为了适应最大的兼容性,HAL 库的一些代码实际上的执行效率要远低于寄存器操作。但即便如此,HAL 库仍是 ST 未来主推的库。

3. LL 库

LL 库(Low Layer)目前与 HAL 库捆绑发布,它设计为比 HAL 库更接近于硬件底层操作、代码更轻量级、代码执行效率更高的库函数组件,可以完全独立于 HAL 库来使用,但 LL 库不匹配复杂的外设,如 USB 等。所以 LL 库并不是每个外设都有对应的完整驱动配置程序。使用 LL 库需要对芯片的功能有一定的认知和了解,它可以:

➢ 独立使用,该库完全独立实现,可以完全抛开 HAL 库,只用 LL 库编程完成。

➢ 混合使用,和 HAL 库结合使用。

HAL 库和 LL 库的关系如图 6.4 所示,可以看出,它们设计为彼此独立的分支,但又同属于 HAL 库体系。

至此,我们对目前主流的 STM32 开发库有了一个初步的印象。标准库和 HAL 库、LL 库完全相互独立,HAL 库更倾向于外设通用化,扩展组件中解决芯片差异操作部分;LL 库倾向于最简单的寄存器操作,ST 未来还将重点维护和建设 HAL 库,标准库已经部分停止更新。HAL 库和 LL 库的应用将是未来的一个趋势。

6.1.3 HAL 库能做什么

用过标准库的读者应该知道,使用标准库可以忽略很多芯片寄存器的细节,根据提

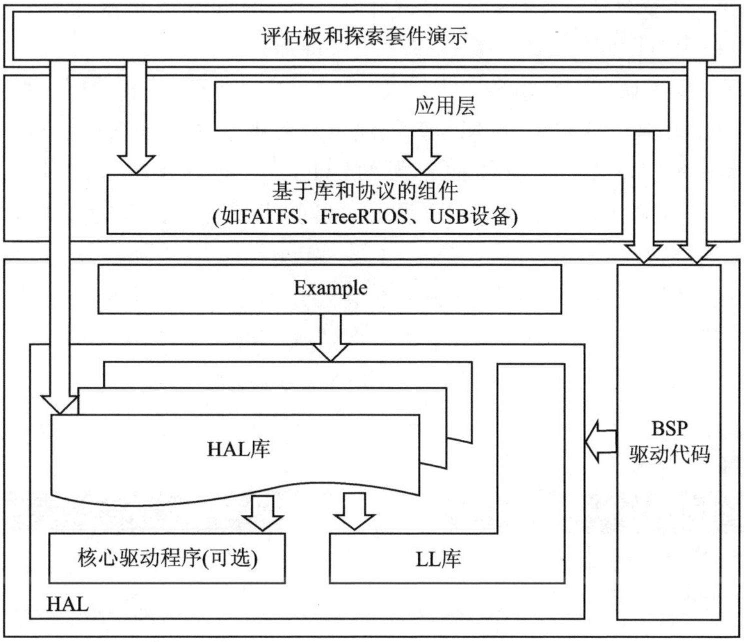

图 6.4　CubeF1 的软件框架

供的接口函数快速配置和使用一个 STM32 芯片，使用 HAL 库也是如此。不论何种库，本质都是配置指定寄存器使芯片工作在我们需要的工作模式下。HAL 库在设计的时候会更注重软硬件分离。HAL 库的 API 集中关注各个外设的公共函数功能，便于定义通用性更好、更友好的 API 函数接口，从而具有更好的可移植性。HAL 库写的代码在不同的 STM32 产品上移植非常方便。

我们需要学会调用 HAL 库的 API 函数，配置对应外设按照我们的要求工作，这就是 HAL 库能做的事。但是无论库封装得多高级，最终还是要通过配置寄存器来实现。所以学习 HAL 库的同时，建议学习外设的工作原理和寄存器的配置。只有掌握了原理，才能更好地使用 HAL 库，一旦发生问题也能更快速了定位和解决问题。

HAL 库还可以和 STM32CubeMX(图形化软件配置工具)配套一起使用，开发者可以使用该工具进行可视化配置，并且自动生成配置好的初始化代码，大大节省开发时间。

6.2　HAL 库驱动包

HAL 库是一系列封装好的驱动函数，本节将从下载渠道、固件包的内容分析及在实际开发中用到的几个文件入手进行详细介绍。

6.2.1　如何获取 HAL 库固件包

HAL 库是 ST 推出的 STM32Cube 软件生态下的一个分支。STM32Cube 是 ST

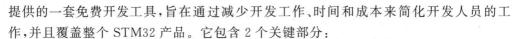

提供的一套免费开发工具，旨在通过减少开发工作、时间和成本来简化开发人员的工作，并且覆盖整个 STM32 产品。它包含 2 个关键部分：

① 允许用户通过图形化向导来生成 C 语言工程的图形配置工具 STM32CubeMX。可以通过 CubeMX 方便地下载各种软件或开发固件包。

② 包括由 STM32Cube 硬件抽象层(HAL)、一组一致的中间件组件(RTOS、USB、FAT 文件系统、图形、TCP/IP 和以太网)以及一系列完整的例程组成的 STM32Cube 固件包。

ST 提供了多种获取固件包的方法。本节只介绍从 ST 官方网站上直接获取固件库的方法。打开 ST 官网 www.st.com，依次选择 Tools & Software→Ecosystem → STM32Cube →新页面→Prodcut selector，如图 6.5 所示。

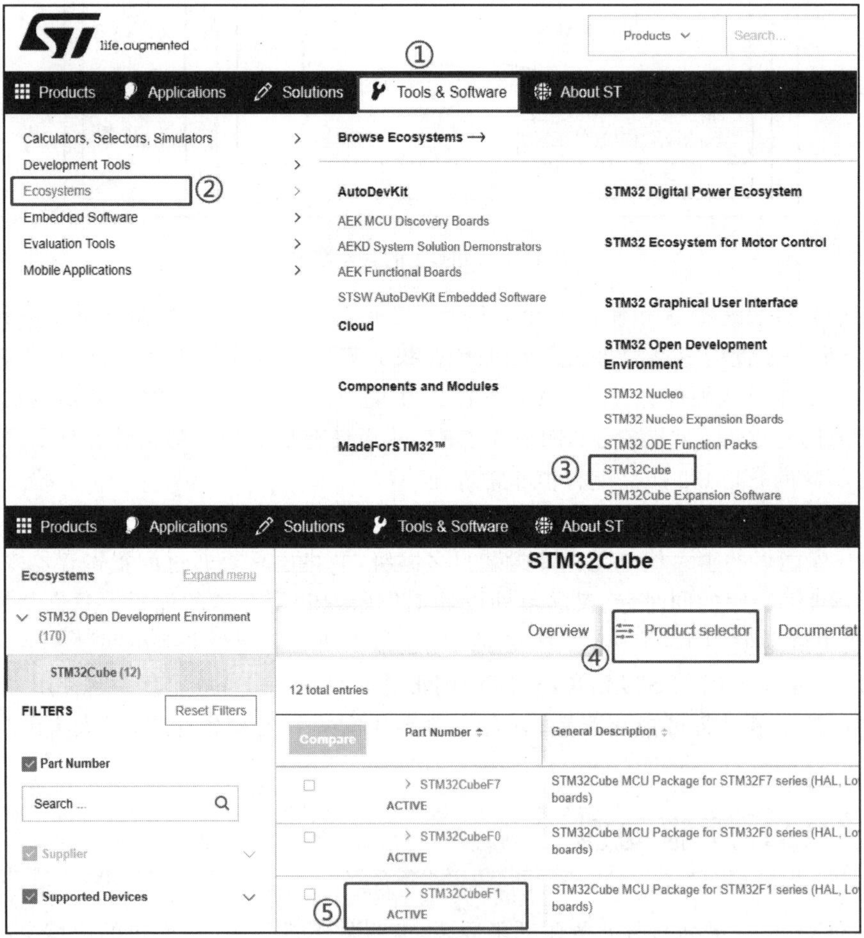

图 6.5 找到 STM32CubeF1 的固件下载位置

在展开的界面中选择需要的固件，展开 STM32CubeF1 即可看到我们需要的 F1 的安装包，按图 6.6 操作，在新的窗口中拉到底部，选择适合自己的下载方式，注册账号即可获取相应的驱动包。

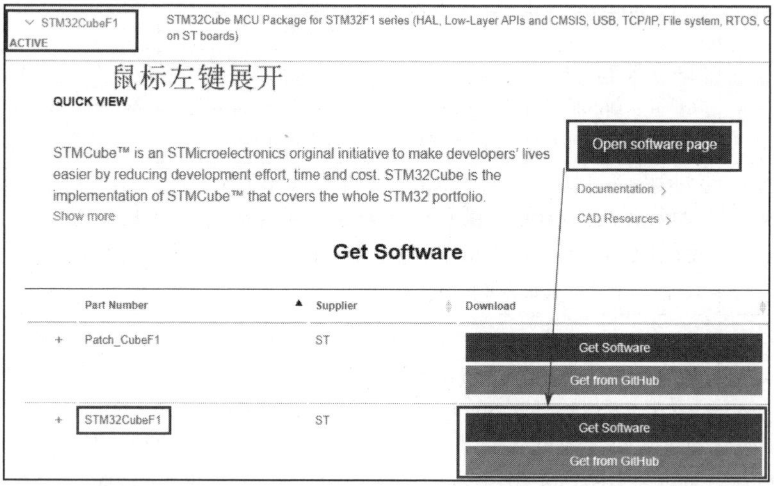

图 6.6 下载 STM32CubeF1 固件包

STM32Cube 固件包已经下载好并且放到配套资料的 A 盘→8，STM32 参考资料→1，STM32F1xx 固件库，当前固件包版本是 STM32Cube_FW_F1_V1.8.3（注意，这个压缩包是 1.8.3，但压缩包里的文件夹命名是 1.8.0，后面讲到文件夹路径时我们按 ST 给的 1.8.0 来说明）。因为现在是 STM32F103 的学习，所以我们准备好的固件包是 F1 的。读者要根据自己学习的芯片去下载对应的固件包。如果需要最新的 HAL 库固件，则可按照上述方法到官网重新获取。

6.2.2 STM32Cube 固件包分析

STM32Cube 固件包完全兼容 STM32CubeMX。图形配置工具 STM32CubeMX 的使用需要 STM32F1 基础，所以安排在第 10 章讲解。本小节主要讲解 STM32Cube 固件包的结构。

解压缩后的 STM32CubeF1 固件包的目录结构如图 6.7 所示。

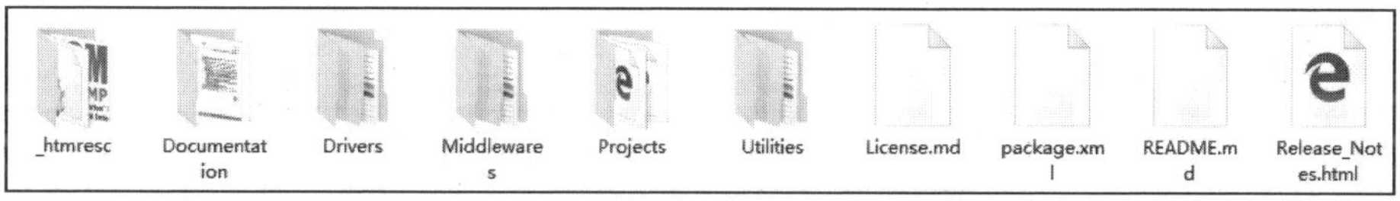

图 6.7 STM32CubeF1 固件包的目录结构

其中，Documentation 文件夹里面是一个 STM32CubeF1 英文说明文档，文档内容是 ST 官方指导如何使用 HAL 库的指引。接下来通过几个表格依次介绍一下 STM32CubeF1 中几个关键的文件夹。

(1) Drivers 文件夹

Drivers 文件夹包含 BSP、CMSIS 和 STM32F1xx_HAL_Driver 这 3 个子文件夹，具体说明如表 6.1 所列。

表 6.1 Drivers 文件夹介绍

文件夹	描　述
BSP 文件夹	也叫板级支持包,用于适配 ST 官方对应开发板的硬件驱动程序,每一种开发板对应一个文件夹。如触摸屏、LCD、SRAM 以及 EEPROM 等板载硬件资源等驱动。这些文件只用于匹配的特定开发板,不同开发板可能不能直接使用
CMSIS 文件夹	顾名思义就是符合 CMSIS 标准的软件抽象层组件相关文件。文件夹内部文件比较多,主要包括 DSP 库(DSP_LIB 文件夹)、Cortex-M 内核及其设备文件(Include 文件夹)、微控制器专用头文件/启动代码/专用系统文件等(Device 文件夹)。新建工程的时候会用到这个文件夹内部很多文件
STM32F1xx_HAL_Driver 文件夹	这个文件夹非常重要,包含了所有的 STM32F1xx 系列 HAL 库头文件和源文件。它的作用是屏蔽了复杂的硬件寄存器操作,统一了外设的接口函数。该文件夹包含 Src 和 Inc 共 2 个子文件夹,其中,Src 子文件夹存放的是.c 源文件,Inc 子文件夹存放的是与之对应的.h 头文件。每个.c 源文件对应一个.h 头文件。源文件名称基本遵循 stm32H7xx_hal_ppp.c 定义格式,头文件名称基本遵循 stm32f1xx_hal_ppp.h 定义格式。例如,和 GPIO 相关的 API 声明和定义在文件 stm32H7xx_hal_gpio.h 和 stm32H7xx_hal_gpio.c 中。该文件夹的文件在新建工程章节都会使用到,后面会详细介绍

(2) Middlewares 文件夹

该文件夹下面有 ST 和 Third_Party 共 2 个子文件夹。ST 文件夹下面存放的是 STM32 相关的一些文件,包括 STemWin 和 USB 库等。Third_Party 文件夹是第三方中间件,这些中间件都是非常成熟的开源解决方案。具体说明如表 6.2 所列。

表 6.2 Middlewares 文件夹介绍

子文件夹	下一级文件夹	描　述
ST 子文件夹	STemWin 文件夹	STemWin 工具包,Segger 提供
	STM32_USB_Device_Library 文件夹	USB 从机设备支持包
	STM32_USB_Host_Library 文件夹	USB 主机设备支持包
Third_Party 子文件夹	FatFs 文件夹	FAT 文件系统支持包,采用的 FATFS 文件系统
	FreeRTOS 文件夹	FreeRTOS 实时系统支持包
	LibJPEG 文件夹	基于 C 语言的 JPEG 图形解码支持包
	LwIP 文件夹	LwIP 网络通信协议支持包

(3) Projects 文件夹

该文件夹存放的是 ST 官方的开发板的适配例程,每个文件夹对应一个 ST 官方的 Demo 板,根据型号的不同提供了 MDK 和 IAR 等类型的例程,读者可以根据自己的需要来作为参考。

(4) Utilities 文件夹

该文件夹是一些公用组件,也是主要为 ST 官方的 DEMO 板提供的,在我们的例程中使用得不多。有兴趣的读者可以深入研究一下,这里不过多介绍。

(5) 其他几个文件

文件夹中还有几个单独的文件,用于声明软件版本或者版权信息。我们使用 ST 的芯片已经默认得到这个软件的版权使用授权,可以简单了解一下各文件的内容,实际项目中一般不添加。

- License. md:用于声明软件版权信息的文件。
- package. xml:用于描述固件包版本信息的文件。
- Release_Notes. html:超文本文件,用浏览器打开可知它是对固件包的补充描述和固件版本更新的记录说明。

6.2.3 CMSIS 文件夹关键文件

由命名可知,CMSIS 文件夹和 6.1.1 小节中提到的 CMSIS 标准是一致的,CMSIS 为软件包的内容制定了标准,包括文件目录的命名和内容构成。5.7.0 版本 CMSIS 规定软件包日录如表 6.3 所列。

表 6.3 5.7.0 版本 CMSIS 的文件夹规范

文件/目录		描 述
LICENSE. txt		Apache 2.0 授权的许可文件
Device		基于 ARM Cortex - M 处理器设备的 CMSIS 参考实现
ARM. CMSIS. pdsc		描述该 CMSIS 包的文件
CMSIS 组件	Documentation	这个数据包的描述文档
	Core	CMSIS - Core(Cortex - M)相关文件的用户代码模板,在 ARM. CMSIS. pdsc 中引用
	Core_A	CMSIS - Core(Cortex - A)相关文件的用户代码模板,在 ARM. CMSIS. pdsc 中引用
	DAP	CMSIS - DAP 调试访问端口源代码和参考实现
	Driver	CMSIS 驱动程序外设接口 API 的头文件
	DSP_Lib	CMSIS - DSP 软件库源代码
	NN	CMSIS - NN 软件库源代码
	Include	CMSIS - Core(Cortex - M)和 CMSIS - DSP 需要包括的头文件等
	Lib	包括 CMSIS 核心(Cortex - M)和 CMSIS - DSP 的文件
	Pack	CMSIS - Pack 示例,包含设备支持、板支持和软件组件的软件包示例
	RTOS	CMSIS - RTOS 版本 1 以及 RTX4 参考实现
	RTOS2	CMSIS - RTOS 版本 2 以及 RTX5 参考实现
	SVD	CMSIS - SVD 样例,规定开发者、制造商、工具制造商的分工和职能
	Utilities	PACK. xsd(CMSIS - Pack 架构文件)、PackChk. exe(检查软件包的工具)、CMSIS - SVD. xsd(MSIS - SVD 架构文件)、SVDConv. exe(SVD 文件的转换工具)

接下来看 ST 提供的 CMSIS 文件夹，它的位置是 STM32Cube_FW_F1_V1.8.0\Drivers\CMSIS。打开文件夹界面如图 6.8 所示，可以发现，它的目录结构完全按照 CMSIS 标准执行，仅仅是作了部分删减。

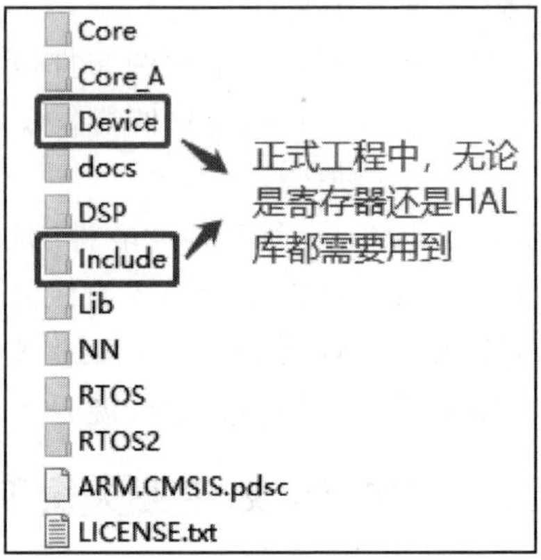

图 6.8　STM32CubeF1 固件包的 CMSIS 文件夹

CMSIS 文件夹中 Device 和 Include 这 2 个文件夹中的文件是我们工程中最常用到的，下面简单介绍。

1. Device 文件夹

Device 文件夹关键文件介绍如表 6.4 所列。其中列出的文件都是正式工程中必需的文件。固件包的 CMSIS 文件包括了所有 STM32F1 芯片型号的文件，而我们只用到 STM32F103 系列，所以只介绍用到的系列文件。

表 6.4　Device 文件夹关键文件介绍

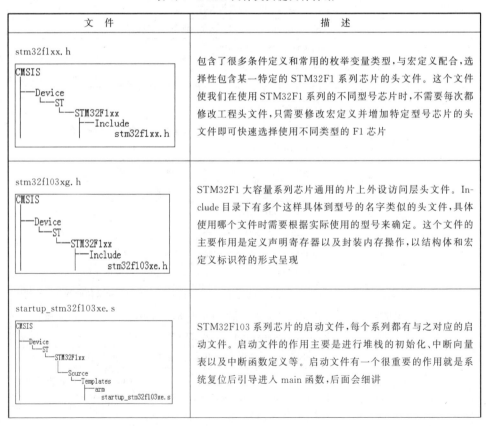

文　件	描　述
stm32f1xx.h CMSIS ├─Device └─ST └─STM32F1xx ├─Include stm32f1xx.h	包含了很多条件定义和常用的枚举变量类型，与宏定义配合，选择性包含某一特定的 STM32F1 系列芯片的头文件。这个文件使我们在使用 STM32F1 系列的不同型号芯片时，不需要每次都修改工程头文件，只需要修改宏定义并增加特定型号芯片的头文件即可快速选择使用不同类型的 F1 芯片
stm32f103xg.h CMSIS ├─Device └─ST └─STM32F1xx ├─Include stm32f103xe.h	STM32F1 大容量系列芯片通用的片上外设访问层头文件。Include 目录下有多个这样具体到型号的名字类似的头文件，具体使用哪个文件时需要根据实际使用的型号来确定。这个文件的主要作用是定义声明寄存器以及封装内存操作，以结构体和宏定义标识符的形式呈现
startup_stm32f103xe.s CMSIS ├─Device └─ST └─STM32F1xx └─Source └─Templates ├─arm startup_stm32f103xe.s	STM32F103 系列芯片的启动文件，每个系列都有与之对应的启动文件。启动文件的作用主要是进行堆栈的初始化、中断向量表以及中断函数定义等。启动文件有一个很重要的作用就是系统复位后引导进入 main 函数，后面会细讲

续表 6.4

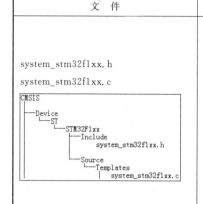

文 件	描 述
system_stm32f1xx.h system_stm32f1xx.c CMSIS ├─Device │ └─ST │ └─STM32F1xx │ ├─Include │ │ system_stm32f1xx.h │ └─Source │ └─Templates │ │ system_stm32f1xx.c	主要是声明和定义系统初始化函数 SystemInit 以及系统时钟更新函数 SystemCoreClockUpdate。SystemInit 函数的作用是进行时钟系统的一些初始化操作以及中断向量表偏移地址设置，但它并没有设置具体的时钟值，这是与标准库的最大区别。在使用标准库的时候，SystemInit 函数会帮我们配置好系统时钟相关的各个寄存器。在启动文件 startup_stm32103xe.s 中，设置系统复位后直接调用 SystemInit 函数进行系统初始化。SystemCoreClockUpdate 函数是在系统时钟配置进行修改后被调用，从而更新 SystemCoreClock 的值。变量 SystemCoreClock 是一个全局变量，开放这个变量可以方便在用户代码中直接使用这个变量来进行一些时钟运算

2. Include 文件夹

Include 文件夹存放了符合 CMSIS 标准的 Cortex－M 内核头文件。想要深入学习内核的读者可以配合相关的手册去学习。对于 STM32F1 的工程，只要把需要的添加到工程即可，包括 cmsis_armcc.h、cmsis_armclang.h、cmsis_compiler.h、cmsis_version.h、core_cm3.h 和 mpu_armv7.h。这几个头文件中接触较多的是 core_cm3.h。

core_cm3.h 是内核底层的文件，由 ARM 公司提供，包含一些 AMR 内核指令，如软件复位、开关中断等功能。并且它包含了一个重要的头文件 stdint.h。

6.2.4 stdint.h 简介

stdint.h 是从 C99 中引进的一个标准 C 库的文件。在 2000 年 3 月，ANSI 采纳了 C99 标准。ANSI C 被几乎所有广泛使用的编译器(如 MDK、IAR)支持，多数 C 代码是在 ANSI C 基础上写的。任何仅使用标准 C 并且不和硬件相关的代码，在任意平台上用遵循 ANSI C 标准的编译器能编译成功。就是说这套标准不依赖硬件，独立于任何硬件，可以跨平台。

stdint.h 可以在 MDK 安装目录下找到，如 MDK5 安装在 C 盘时，可以在路径 C:\Keil_v5\ARM\ARMCC\include 找到。stdint.h 的作用就是提供了类型定义，其部分类型定义代码如下：

```
/* exact - width signed integer types */
typedef    signed              char int8_t;
typedef    signed short        int int16_t;
typedef    signed              int int32_t;
typedef    signed              __INT64 int64_t;
/* exact - width unsigned integer types */
typedef unsigned               char uint8_t;
typedef unsigned short         int uint16_t;
typedef unsigned               int uint32_t;
typedef unsigned               __INT64 uint64_t;
```

在今后的程序,我们都将会使用这些类型,比如:uint32_t(无符号整型)、int16_t 等。

6.3 HAL 库框架结构

这一节简要分析一下 HAL 驱动文件夹下的驱动文件,帮助读者快速认识 HAL 库驱动的构成、HAL 库的函数的一些常用形式,并且帮助读者遇到 HAL 库时能根据名字大致推断该函数的用法。

6.3.1 HAL 库文件夹结构

HAL 库头文件和源文件在 STM32Cube 固件包的 STM32F1xx_HAL_Driver 文件夹中,打开该文件夹,如图 6.9 所示。

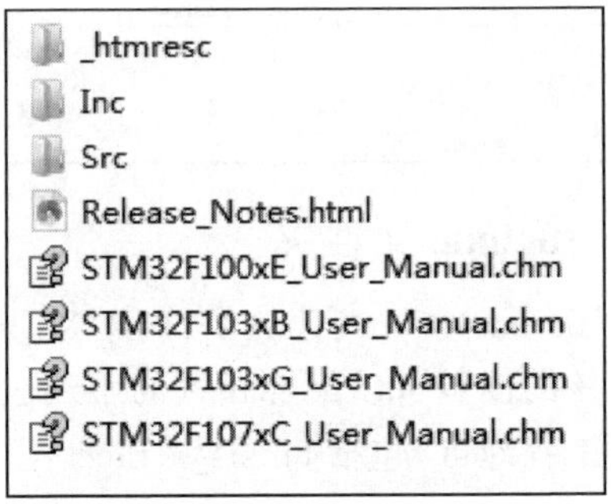

图 6.9 STM32F1xx_HAL_Driver 文件夹目录结构

STM32F1xx_HAL_Driver 文件夹下的 Src(Source 的简写)文件夹存放是所有外设的驱动程序源码,Inc(Include 的简写)文件夹存放的是对应源码的头文件。Release_Notes.html 是 HAL 库的版本更新信息。最后 3 个是库的用户手册,方便查阅对应库函数的使用。

打开 Src 和 Inc 文件夹会发现,基本都是 stm32f1xx_hal_和 stm32f1xx_ll_开头的.c 和.h 文件。刚学 HAL 库的读者可能会说,stm32f1xx_hal_开头的是 HAL 库,那 stm32f1xx_ll_开头的文件又是什么?答案揭晓,stm32f1xx_ll_开头的文件是 LL 库。

6.3.2 HAL 库文件

HAL 库关键文件介绍如表 6.5 所列,表中 ppp 代表任意外设。

表 6.5 HAL 库关键文件介绍

文 件	描 述
stm32f1xx_hal.c stm32f1xx_hal.h	初始化 HAL 库(比如 HAL_Init、HAL_DeInit、HAL_Delay 等),主要实现 HLA 库的初始化、系统滴答、HAL 库延时函数、I/O 重映射和 DBGMCU 功能
stm32f1xx_hal_conf.h: HAL 库中本身没有这个文件,可以自行定义,也可以直接使用 Inc 文件夹下 stm32f1xx_hal_conf_template.h 的内容作为参考	HAL 的用户配置文件。stm32f1xx_hal.h 引用了这个文件,用来对 HAL 库进行裁减。HAL 库的很多配置都是通过预编译的条件宏来决定是否使用这一 HAL 库的功能,这也是当前的主流库(如 LWIP/FreeRTOS 等)的做法,无须修改库函数的源码。通过使能/不使能一些宏来实现库函数的裁减

续表 6.5

文　件	描　述
stm32f1xx_hal_def.h	通用 HAL 库资源定义，包含 HAL 的通用数据类型定义、声明、枚举、结构体和宏定义。如 HAL 函数操作结果返回值类型 HAL_StatusTypeDef 就是在这个文件中定义的
stm32f1xx_hal_cortex.h stm32f1xx_hal_cortex.c	它是一些 Cortex 内核通用函数声明和定义，如中断优先级 NVIC 配置、MPU、系统软复位以及 Systick 配置等，与前面 core_cm3.h 的功能类似
stm32f1xx_hal_ppp.c stm32f1xx_hal_ppp.h	外设驱动函数。对于所有的 STM32 该驱动名称都相同，ppp 代表一类外设，包含该外设的操作 API 函数。例如，当 ppp 为 adc 时，这个函数就是 stm32f1xx_hal_adc.c/h，可以分别在 Src/Inc 目录下找到
stm32f1xx_hal_ppp_ex.c stm32f1xx_hal_ppp_ex.h	外设特殊功能的 API 文件，作为标准外设驱动的功能补充和扩展。针对部分型号才有的特殊外设做功能扩展，或外设的实现功能与标准方式完全不同的情况下作为重新初始化的备用接口。ppp 的含义同标准外设驱动
stm32f1xx_II_ppp.c stm32f1xx_II_ppp..h	LL 库文件，在一些复杂外设中实现底层功能，在部分 stm32f1xx_hal_ppp.c 中被调用

此外，Src/Inc 下面还有 Legacy 文件夹，用于特殊外设的补充说明。本书用得比较少，这里不展开描述。

不只文件命名有一定规则，stm32f1xx_hal_ppp (c/h)中的函数和变量命名也严格按照命名规则。如表 6.6 所列的命名规则在大部分情况下都是正确的。

表 6.6　HAL 库函数、变量命名规则

文件名	stm32f1xx_hal_ppp (c/h)	stm32f1xx_hal_ppp_ex (c/h)
函数名	HAL_PPP_Function HAL_PPP_FeatureFuntion_MODE	HAL_PPPEx_Function HAL_PPPEx_FeatureFunction_MODE
外设句柄	PPP_HandleTypedef	无
初始化参数结构体	PPP_InitTypeDef	PPP_InitTypeDef
枚举类型	HAL_PPP_StructnameTypeDef	无

对于 HAL 的 API 函数，常见的有以下几种：

➢ 初始化/反初始化函数：HAL_PPP_Init()、HAL_PPP_DeInit()；

➢ 外设读/写函数：HAL_PPP_Read()、HAL_PPP_Write()、HAL_PPP_Transmit()、HAL_PPP_Receive()；

➢ 控制函数：HAL_PPP_Set()、HAL_PPP_Get()；

➢ 状态和错误：HAL_PPP_GetState()、HAL_PPP_GetError()。

HAL 库封装的很多函数都是通过定义好的结构体将参数一次性传给所需函数，参数也有一定的规律，主要有以下 3 种：

① 配置和初始化用的结构体。一般为 PPP_InitTypeDef 或 PPP_ConfTypeDef 的结构体类型,根据外设的寄存器设计成易于理解和记忆的结构体成员。

② 特殊处理的结构体。专为不同外设而设置的,带有 Process 的字样,实现一些特异化的中间处理操作等。

③ 外设句柄结构体。HAL 驱动的重要参数,可以同时定义多个句柄结构以支持多外设多模式。HAL 驱动的操作结果也可以通过这个句柄获得。有些 HAL 驱动的头文件中还定义了一些与这个句柄相关的一些外设操作。如用外设结构体句柄与 HAL 定义的一些宏操作配合,即可实现一些常用的寄存器位操作,如表 6.7 所列。

表 6.7　HAL 库驱动部分与外设句柄相关的宏

宏定义结构	用　途
__HAL_PPP_ENABLE_IT(__HANDLE__, __INTERRUPT__)	使能外设中断
__HAL_PPP_DISABLE_IT(__HANDLE__,__INTERRUPT__)	禁用外设中断
__HAL_PPP_GET_IT (__HANDLE__, __ INTERRUPT __)	获取外设某一中断源
__HAL_PPP_CLEAR_IT (__HANDLE__, __ INTERRUPT __)	清除外设中断
__HAL_PPP_GET_FLAG (__HANDLE__, __FLAG__)	获取外设的状态标记
__HAL_PPP_CLEAR_FLAG (__HANDLE__, __FLAG__)	清除外设的状态标记
__HAL_PPP_ENABLE(__HANDLE__)	使能某一外设
__HAL_PPP_DISABLE(__HANDLE__)	禁用某一外设
__HAL_PPP_XXXX (__HANDLE__, __PARAM__)	针对外设的特殊操作
__HAL_PPP_GET_ IT_SOURCE (__HANDLE__, __INTERRUPT __)	检查外设的中断源

但对于 SYSTICK、NVIC、RCC、FLASH、GPIO 这些内核外设或共享资源,不使用 PPP_HandleTypedef 这类外设句柄进行控制,如 HAL_GPIO_Init()只需要初始化的 GPIO 编号和具体的初始化参数。

```
HAL_StatusTypeDef HAL_GPIO_Init(GPIO_TypeDef * GPIOx, GPIO_InitTypeDef * Init)
{
  /* GPIO 初始化程序…… */
}
```

最后要分享的是 HAL 库的回调函数,如表 6.8 所列。这部分允许用户重定义,并在其中实现用户自定义的功能,也是我们使用 HAL 库的最常用的接口之一。

至此,我们大概对 HAL 库驱动文件的一些通用格式和命名规则有了初步印象,记住这些规则可以帮助我们快速对 HAL 库的驱动进行归类和判定这些驱动函数的用法。

ST 官方提供了快速查找 API 函数的帮助文档。如果解压了 stm32cubef1 的固件包,则在路径 STM32Cube_FW_F1_V1.8.3\Drivers\STM32F1xx_HAL_Driver 下可以找到几个 chm 格式的文档。对于根据本书的开发板主控芯片 STMF103ZE 来说,没有找到直接可用的,但可以查看型号接近的 STM32F103xG_User_Manual.chm(因为 G 系列比 E 系列引脚功能更多,只是查看 API 函数不响应使用的)。双击打开后,可以看到左边目录下有 4 个主题,这里查看 Modules。以外设 GPIO 为例,介绍怎么使用这个文档。单击 GPIO 外设的主题下的 IO operation functions/functions，查看里面的 API 函数接口描述，如图 6.10 所示。

表 6.8　HAL 库驱动中常用的回调函数接口

回调函数	举　例
HAL_PPP_MspInit()/_DeInit()	举例：HAL_USART_MspInit() 由 HAL_PPP_Init()这个 API 调用，主要在这个函数中实现外设对应的 GPIO、时钟、DMA，和中断开启的配置和操作
HAL_PPP_ProcessCpltCallback	举例：HAL_USART_TxCpltCallback 由外设中断或 DMA 中断调用，调用时 API 内部已经实现中断标记的清除的操作，用户只需要专注于自己的软件功能实现即可
HAL_PPP_ErroCallback	举例：HAL_USART_ErrorCallback 外设或 DMA 中断中发生的错误，用于作错误处理

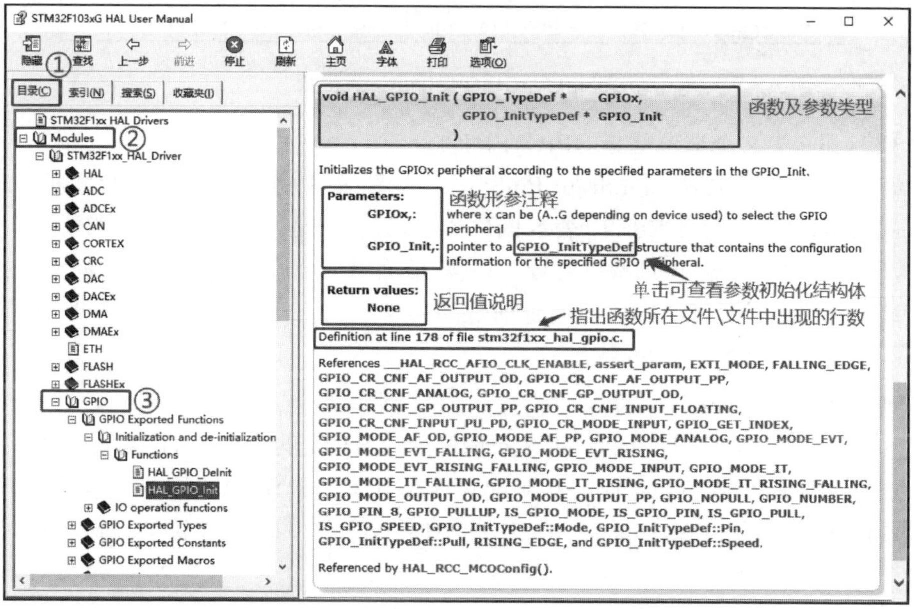

图 6.10　帮助文档的 API 函数描述

这个文档提供的信息很全，不看源码都可以直接使用它来编写代码，另外还指示了源码位置，非常方便。多翻一下其他主题、了解一下文档的信息结构，很容易使用。

举个例子，比如要让 PB4 输出高电平。先看函数功能，HAL_GPIO_WritePin 函数就是我们的 GPIO 口输出设置函数，如图 6.11 所示。

函数有 3 个形参。

第一个形参是 GPIO_TypeDef *GPIOx。形参描述：x 可以是 A～G 之间任何一个，这里是 PB4 引脚，所以第一个形参确认是 GPIOB。

第二个形参是 uint16_t GPIO_Pin。形参描述：该参数可以是 GPIO_PIN_x，x 可

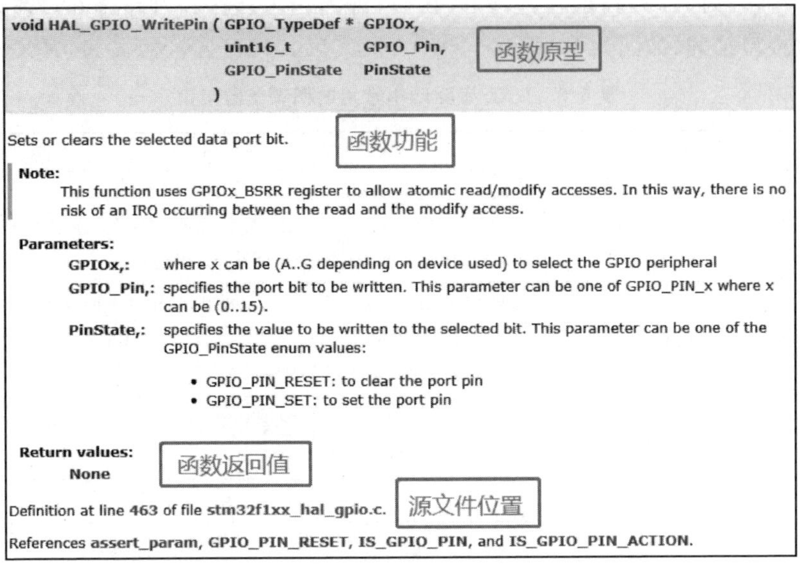

```
void HAL_GPIO_WritePin ( GPIO_TypeDef *  GPIOx,
                         uint16_t        GPIO_Pin,
                         GPIO_PinState   PinState
                       )
```

Sets or clears the selected data port bit.

Note:
This function uses GPIOx_BSRR register to allow atomic read/modify accesses. In this way, there is no risk of an IRQ occurring between the read and the modify access.

Parameters:

GPIOx,: where x can be (A..G depending on device used) to select the GPIO peripheral

GPIO_Pin,: specifies the port bit to be written. This parameter can be one of GPIO_PIN_x where x can be (0..15).

PinState,: specifies the value to be written to the selected bit. This parameter can be one of the GPIO_PinState enum values:

- GPIO_PIN_RESET: to clear the port pin
- GPIO_PIN_SET: to set the port pin

Return values:
None

Definition at line **463** of file **stm32f1xx_hal_gpio.c**.

References **assert_param**, **GPIO_PIN_RESET**, **IS_GPIO_PIN**, and **IS_GPIO_PIN_ACTION**.

图 6.11 GPIO 口输出设置函数

以 1～15，那么第二个形参就是 GPIO_PIN_4。

第三个形参是 GPIO_PinState PinState。形参描述：该参数可以是枚举里的 2 个数，一个是 GPIO_PIN_RESET，表示该位清零；另一个是 GPIO_PIN_SET，表示设置该位，即置 1，这里要输出 1，所以要置 1 该位，那么第三个形参就是 GPIO_PIN_SET。

最后看函数返回值：None，没有返回值。

所以最后得出要调用的函数是：

```
HAL_GPIO_WritePin(GPIOB, GPIO_PIN_4, GPIO_PIN_SET);
```

本节只简单介绍了 HAL 库，更多知识可参考 ST 提供的关于 HAL 库及 LL 库的更详细的说明文档，我们已经把它放到配套资料 A 盘→8，STM32 参考资料中了，读者可以自行查阅“Description of STM32F1 HAL and low - layer drivers. pdf”获取所需知识。

6.4 如何使用 HAL 库

要先知道 STM32 芯片的某个外设的性能和工作模式，才能借助 HAL 库来帮助我们编程，甚至修改 HAL 库来适配开发项目。HAL 库的 API 虽多，但是查找和使用有规律可循，只要学会其中一个，其他的外设就是类似的，只是添加自己特性的 API 而已。

6.4.1 学会用 HAL 库组织开发工具链

需要按照芯片使用手册建议的步骤去配置芯片。HAL 库驱动提供了芯片的驱动接口，但需要强调的一个概念是使用 HAL 库的开发是对芯片功能的开发，而不是开发这个库，也不是有这个库就能直接开发。如果对芯片的功能不了解，仍然不知道按照怎样的步骤和寻找哪些可用的接口去实现想要实现的功能，可以参考 ST 提供的芯片使用手册“STM32F1xx 参考手册. pdf”，它告诉我们使用某一外设功能时如何具体操作每一个用到的寄存器的细节，后面的例程讲解过程也会结合这个手册来分析配置过程。

嵌入式的软件开发流程遵循以下步骤：组织工具链、编写代码、生成可执行文件、烧录到芯片、芯片根据内部指令执行编程生成的可执行代码。

在 HAL 库学习前期，建议以模仿和操作体验为基础，通过例程来学习如何配置和驱动外设。下面是根据后续要学习的工程梳理出来的基于 CMSIS 的一个 HAL 库应用程序文件结构，可以帮助读者学习和体会这些文件的组成意义，如表 6.9 所列。

表 6.9　基于 CMSIS 应用程序文件描述

类　别	文件名	描　述	是否必须
用户程序文件	main. c	存放 main 函数，不一定要在这个文件	否
	main. h	包含头文件、声明等，已删除	否
	stm32f1xx_it. c	用户中断服务函数存放文件，不一定放到这个文件，可删除	否
	stm32f1xx_it. h		否
	stm32f1xx_hal_conf. h	用户配置文件	是
	stm32f1xx_hal_msp. c	回调函数存放文件，已删除	否
设备驱动层	stm32f1xx_hal. c	HAL 库的初始化、系统滴答、延时函数等	是
	stm32f1xx_hal. h		是
	stm32f1xx_hal_def. h	通用 HAL 库资源定义	是
	stm32f1xx_hal_ppp. c	外设的操作 API 函数文件	是
	stm32f1xx_hal_ppp. h		是
	stm32f1xx_hal_ppp_ex. c	拓展外设特性的 API 函数文件	是
	stm32f1xx_hal_ppp_ex. h		是
	stm32f1xx_II_ppp. c	LL 库文件，在一些复杂外设中实现底层功能	是
	stm32f1xx_II_ppp. h		是
CMSIS 核心层	stm32f1xx. h	STM32F1 系列的顶层头文件	是
	stm32f103xx. h	STM32F103E 系列片上外设头文件	是
	system_stm32f1xx. c	主要存放系统初始化函数 SystemInit	是
	system_stm32f1xx. h		是
	startup_stm32f1xx. s	启动文件，运行到 main 函数前的准备	是
	core_cm3. h	内核寄存器定义，如 Systick、SCB 等	是
	cmsis_armcc. h	内核头文件，一般都不需要去了解	是
	cmsis_armclang. h		
	cmsis_compiler. h		
	cmsis_version. h		
	mpu_armv7. h		

把这些文件组织起来的方法会在后续章节新建工程中介绍，这只提前告诉读者组成需要的编译工具链大概需要哪些文件。

6.4.2 HAL 库的用户配置文件

stm32f1xx_hal_conf.h 用于裁减 HAL 库和定义一些变量，官方没有直接提供这个文件，但 STM32Cube_FW_F1_V1.8.0\Drivers\STM32F1xx_HAL_Driver\Inc 路径下提供了一个模板文件 stm32f1xx_hal_conf_template.h，我们可以直接复制这个文件重命名为 stm32f1xx_hal_conf.h，做一些简单的修改即可；也可以从在官方的例程中直接复制过来。本书开发板使用的芯片是 STM32F103 的 E 系列，所以也可以从下面的路径获取这个配置文件：STM32Cube_FW_F1_V1.8.0\Projects\STM3210E_EVAL\Templates\Inc。该文件作用如下：

① 配置外部高速晶振的频率。HSE_VALUE 参数表示外部高速晶振的频率，须根据板子外部焊接的晶振频率来修改，源码在 78 行开始，官方默认是 25 MHz。正点原子 STM32F103 开发板外部高速晶振的频率是 8 MHz。我们没有在代码的其他地方定义过 HSE_VALUE 值，所以编译器最终会引用这里的值 8 MHz 作为外部调整晶振的频率值。

注意，使用官方的开发板时需要定义 USE_STM3210C_EVAL 宏，我们没有在代码的其他位置或者编译器的预编译选项中定义过这个宏。

```
#if !defined  (HSE_VALUE)
#if defined(USE_STM3210C_EVAL)
#define HSE_VALUE      25000000U/*!< Value of the External oscillator in Hz */
#else
#define HSE_VALUE      8000000U/*!< Value of the External oscillator in Hz */
#endif
#endif  /* HSE_VALUE */
```

还可以把上面的代码直接精简为一行，效果是一样的：

```
#define HSE_VALUE      8000000U/*!< Value of the External oscillator in Hz */
```

② 还有一个参数就是外部低速晶振频率，用于 RTC 时钟，官方默认是 32.768 kHz，我们开发板的低速晶振也是这个频率，所以不用修改，源码在 111 行。

```
#if !defined  (LSE_VALUE)
#define LSE_VALUE      ((uint32_t)32768)    /* 外部低速振荡器的值,单位 Hz */
#endif/* LSE_VALUE */
```

③ 用户配置文件可以用来选择使能何种外设，源码配置在 31～71 行，代码如下：

```
/* ################## Module Selection ##################### */
/**
  * @brief This is the list of modules to be used in the HAL driver
  */
#define HAL_MODULE_ENABLED
#define HAL_ADC_MODULE_ENABLED
#define HAL_CEC_MODULE_ENABLED
```

```
#define HAL_COMP_MODULE_ENABLED
#define HAL_CORTEX_MODULE_ENABLED
...中间省略...
#define HAL_USART_MODULE_ENABLED
#define HAL_WWDG_MODULE_ENABLED
#define HAL_MMC_MODULE_ENABLED
```

比如不使用GPIO的功能，把源码在49行注释掉这个宏即可，具体如下：

```
/* #define HAL_GPIO_MODULE_ENABLED */
```

结合stm32f1xx_hal_conf.h中的246行的代码：

```
#ifdef HAL_GPIO_MODULE_ENABLED
#include "stm32f1xx_hal_gpio.h"
#endif   /* HAL_GPIO_MODULE_ENABLED */
```

这是一个条件编译符，与#endif配合使用。这里的要表达的意思是，只要工程中定义了HAL_GPIO_MODULE_ENABLED宏，则就会包含stm32f1xx_hal_gpio.h头文件到我们的工程，同时stm32f1xx_hal_gpio.c中的#ifdef到#endif之间的程序(116～579行)就会参与编译，否则不编译。所以只要屏蔽了stm32f1xx_hal_conf.h文件49行的宏，GPIO的驱动代码就不被编译，也就起到选择使能何种外设的功能，其他外设同理。使用时定义，否则不定义，这样就可以在不修改源码的前提下方便地裁减HAL库代码的体积了。

注意，第一个宏定义：

```
#define HAL_MODULE_ENABLED
```

决定了stm32f1xx_hal.c中的第47～587行的代码是否能使用，也是根据条件编译来实现的。其中包含HAL_Init()、HAL_Delay()、HAL_GetTick()这些其他驱动函数可能需要引用的函数，所以这个宏也是必须要定义的。

官方的示范例程就通过屏蔽外设的宏的方法来选择使能何种外设，表现上就是编译时间会变短，这是因为屏蔽了不使用的HAL库驱动，编译时间自然就短了。正点原子的例程选择另外一种方法，就是工程中只保留需要的stm32f1xx_hal_ppp.c，不需要的不添加到工程里，由于找不到源文件且没有引用这些文件，同样编译器不会去编译这些代码。

配置文件暂时只讲这些，具体其他需要修改的地方在例程讲解时再说明。

④ STM32F1xx_hal_conf.h文件的127行：

```
#define   TICK_INT_PRIORITY      ((uint32_t)0x0F)/*!< tick interrupt priority*/
```

宏定义TICK_INT_PRIORITY是滴答定时器的优先级。这个优先级很重要，因为如果其他的外设驱动程序的延时是通过滴答定时器提供的时间基准来实现延时，又由于实现方式是滴答定时器对寄存器进行计数，所以当在其他中断服务程序里调用基于此时间基准的延迟函数HAL_Delay时，那么假如该中断的优先级高于滴答定时器的优先级，则会导致滴答定时器中断服务函数一直得不到运行，程序便会卡死在这里。所以滴答定时器的中断优先级一定要比这些中断高。

注意,这个时间基准可以是滴答定时器提供,也可以是其他的定时器,默认用滴答定时器。

⑤ 断言这个功能在使程中不使用。断言这个功能用来判断 HAL 函数的形参是否有效,并在参数错误时启用这个断言功能,告诉开发者代码错误的位置;断言功能由用户自己决定。这个功能的使能开关代码是一个宏,在源码的 160 行,默认是关闭的,代码如下:

```
/* #define USE_FULL_ASSERT      1 */
```

通过宏 USE_FULL_ASSERT 来选择功能,在源码 375~389,代码如下:

```
#ifdef  USE_FULL_ASSERT
/**
  * @brief  The assert_param macro is used for function's parameters check.
  * @param  expr If expr is false, it calls assert_failed function
  *         which reports the name of the source file and the source
  *         line number of the call that failed.
  *         If expr is true, it returns no value.
  * @retval None
  */
#define assert_param(expr) ((expr)? (void)0U :\
                         assert_failed((uint8_t *)__FILE__, __LINE__))
/* Exported functions ------------------------------------*/
void assert_failed(uint8_t* file, uint32_t line);
#else
#define assert_param(expr) ((void)0U)
#endif  /* USE_FULL_ASSERT */
```

也是通过条件编译符来选择对应的功能。当用户需要使用断言功能时,怎么做呢?首先需要定义宏 USE_FULL_ASSERT 来使能断言功能,即把源码第 160 行的注释去掉即可。然后看到源码 423 行的 assert_failed()函数。根据这个宏定义,我们还需要去定义这个函数的功能,可以按以下格式自定义这个函数,出错后使代码停留在这里:

```
#ifdef  USE_FULL_ASSERT
/**
  * @brief      当编译提示出错的时候此函数用来报告错误的文件和所在行
  * @param      file:指向源文件
  *             line:指向在文件中的行数
  * @retval 无
  */
void assert_failed(uint8_t* file, uint32_t line)
{
    while (1)
    {
    }
}
#endif
```

可以看到,这个函数里面没有实现什么功能,就是一个什么不做的死循环,具体功能可根据需求去实现。file 是指向源文件的指针,line 是指向源文件的行数。__FILE__

表示源文件名，__LINE__表示在源文件中的行数。比如可以实现打印出这个错误的2个信息等，前提是你已经学会了如何使芯片输出打印信息这些功能。

总的来说，断言功能就在HAL库中，如果定义了USE_FULL_ASSERT宏，那么所有的HAL库函数将会检查函数的形参是否正确。如果错误，则调用assert_failed()函数，程序就会停留在这里，用户可以定位到出错的函数。这个功能实际上是在芯片上运行的时候的增加错误提示信息的功能，属于调试功能的一部分，实际我们的编译器就可以帮助定位到参数错误的问题并提示信息。在F103的工程中我们不使用这个功能。

6.4.3 stm32f1xx_hal.c 文件

这个文件内容比较多，包括HAL库的初始化、系统滴答、基准电压配置、I/O补偿、低功耗、EXTI配置等。

1. HAL_Init()函数

源码在142～167行，简化函数如下(下面的代码只针对F1的HAL固件1.8.3版本，其他版本可能有差异)：

```
HAL_StatusTypeDef HAL_Init(void)
{
  /* 配置 Flash 的预取控制器 */
 #if (PREFETCH_ENABLE != 0)
 #if defined(STM32F101x6) || defined(STM32F101xB) || defined(STM32F101xE) || defined
(STM32F101xG) || \ defined(STM32F102x6) || defined(STM32F102xB) || \
      defined(STM32F103x6) || defined(STM32F103xB) || defined(STM32F103xE) || defined
(STM32F103xG) || \ defined(STM32F105xC) || defined(STM32F107xC)
  /* Prefetch buffer is not available on value line devices */
  __HAL_FLASH_PREFETCH_BUFFER_ENABLE();
 #endif
 #endif/* 使能 Flash 的预取控制器 */
  /* 配置中断优先级顺序 */
  HAL_NVIC_SetPriorityGrouping(NVIC_PRIORITYGROUP_4);
  /* 使用滴答定时器作为时钟基准，配置 1 ms 滴答(重置后默认的时钟源为 HSI) */
  HAL_InitTick(TICK_INT_PRIORITY);
  /* 初始化其他底层硬件(如果必要) */
  HAL_MspInit();
  /* 返回函数状态 */
  return HAL_OK;
}
```

该函数是HAL库的初始化函数，原则上在程序中必须优先调用，其主要实现如下功能：

① 使能FLASH的预取缓冲器(根据闪存编程手册，打开预取指令可以提高对I-Code总线的访问效率，且AHB时钟的预分频系数不为1时，必须打开预取缓冲器)。

② 设置NVIC优先级分组为4。

③ 配置滴答定时器每1 ms产生一个中断。

在这个阶段，系统时钟还没有配置好，因此系统还默认使用内部高速时钟源HSI

在跑程序。对于 F1 来说,HSI 的主频是 8 MHz。所以如果用户不配置系统时钟,那么系统将使用 HSI 作为系统时钟源。

④ 调用 HAL_MspInit 函数初始化底层硬件,HAL_MspInit 函数在 stm32f1xx_hal.c 文件里面做了弱定义。关于弱定义这个概念,后面会有讲解。正点原子的 HAL 库例程是没有使用到这个函数去初始化底层硬件,而是单独调用需要用到的硬件初始化函数。用户可以根据自己的需求选择是否重新定义该函数来初始化自己的硬件。

注意事项:为了方便和兼容性,正点原子的 HAL 库例程中的中断优先级分组设置为分组 2,即把源码的 HAL_NVIC_SetPriorityGrouping(NVIC_PRIORITYGROUP_4)改为如下代码:

```
HAL_NVIC_SetPriorityGrouping(NVIC_PRIORITYGROUP_2);
```

中断优先级分组为 2,也就是 2 位抢占优先级,2 位响应优先级,抢占优先级和响应优先级的值的范围均为 0~3。

2. HAL_DeInit()函数

源码在 175~194 行,简化后函数如下:

```
HAL_StatusTypeDef HAL_DeInit(void)
{
  /* 重置所有外设 */
  __HAL_RCC_APB1_FORCE_RESET();
  __HAL_RCC_APB1_RELEASE_RESET();
  __HAL_RCC_APB2_FORCE_RESET();
  __HAL_RCC_APB2_RELEASE_RESET();
  /* 对底层硬件初始化 */
  HAL_MspDeInit();
  /* 返回函数状态 */
  return HAL_OK;
}
```

该函数取消初始化 HAL 库的公共部分,并且停止 systick,是一个可选的函数。该函数做了以下的事:

① 复位了 APB1、APB2 的时钟。

② 调用 HAL_MspDeInit 函数,对底层硬件初始化进行复位。HAL_MspDeInit 也在 stm32f1xx _hal.c 文件里面做了弱定义,并且与 HAL_MspInit 函数是一对存在。HAL_MspInit 函数负责对底层硬件初始化,HAL_MspDeInit 函数则对底层硬件初始化进行复位。这 2 个函数都需要用户根据自己的需求去实现功能,也可以不使用。

3. HAL_InitTick()函数

源码在 234~255 行,简化函数如下:

```
__weak HAL_StatusTypeDef HAL_InitTick(uint32_t TickPriority)
{  /* 配置滴答定时器 1 ms 产生一次中断 */
   if (HAL_SYSTICK_Config(SystemCoreClock /(1000UL / (uint32_t)uwTickFreq)) > 0U)
   {
     return HAL_ERROR;
```

```
    }
    /* 配置滴答定时器中断优先级 */
    if (TickPriority < (1UL << __NVIC_PRIO_BITS))
    {
      HAL_NVIC_SetPriority(SysTick_IRQn, TickPriority, 0U);
      uwTickPrio = TickPriority;
    }
    else
    {
      return HAL_ERROR;
    }
    /* 返回函数状态 */
    return HAL_OK;
}
```

该函数用于初始化滴答定时器的时钟基准,主要功能如下:

① 配置滴答定时器 1 ms 产生一次中断。

② 配置滴答定时器的中断优先级。

③ 该函数是__weak 修饰的函数,如果在关联工程中的其他地方没有定义,那么__weak 后面的函数,这里是 HAL_InitTick(),使用此处的定义,否则使用其他地方定义好的函数功能。可以通过重定义这个函数来选择其他的时钟源(如定时器)作为 HAL 库函数的时基或者通过重定义不开启 Systick 的功能和中断等。

该函数可以通过 HAL_Init()或者 HAL_RCC_ClockConfig()重置时钟。在默认情况下,滴答定时器是时间基准的来源。如果其他中断服务函数调用了 HAL_Delay(),则必须小心,滴答定时器中断必须具有比调用了 HAL_Delay()函数的其他中断服务函数高的优先级(数值较低),否则会导致滴答定时器中断服务函数一直得不到执行,从而卡死在这里。

4. 滴答定时器相关的函数

源码在 293~406 行,相关函数如下:

```
/* 该函数在滴答定时器时钟中断服务函数中被调用,一般滴答定时器 1 ms 中断一次
所以函数每 1 ms 让全局变量 uwTick 计数值加 1 */
__weakvoid HAL_IncTick(void)
{
  uwTick += (uint32_t)uwTickFreq;
}
/* 获取全局变量 uwTick 当前计算值 */
__weakuint32_t HAL_GetTick(void)
{
  return uwTick;
}
/* 获取滴答时钟优先级 */
uint32_t HAL_GetTickPrio(void)
{
  return uwTickPrio;
}
```

```
/* 设置滴答定时器中断频率 */
HAL_StatusTypeDef HAL_SetTickFreq(HAL_TickFreqTypeDef Freq)
{
  HAL_StatusTypeDef status = HAL_OK;
  HAL_TickFreqTypeDef prevTickFreq;
  assert_param(IS_TICKFREQ(Freq));
  if (uwTickFreq != Freq)
  {
    prevTickFreq = uwTickFreq; /* 备份滴答定时器中断频率 */
    uwTickFreq = Freq; /* 更新被 HAL_InitTick()调用的全局变量 uwTickFreq */
    status = HAL_InitTick(uwTickPrio); /* 应用新的滴答定时器中断频率 */
    if (status != HAL_OK)
    {
      uwTickFreq = prevTickFreq; /* 恢复之前的滴答定时器中断频率 */
    }
  }
  return status;
}
HAL_TickFreqTypeDef HAL_GetTickFreq(void) /* 获取滴答定时器中断频率 */
{
  return uwTickFreq;
}
__weakvoid HAL_Delay(uint32_t Delay) /* HAL 库的延时函数,默认延时单位 ms */
{
  uint32_t tickstart = HAL_GetTick();
  uint32_t wait = Delay;
  /* Add a freq to guarantee minimum wait */
  if (wait < HAL_MAX_DELAY)
  {
    wait += (uint32_t)(uwTickFreq);
  }
  while ((HAL_GetTick() - tickstart) < wait)
  {
  }
}
/* 挂起滴答定时器中断,全局变量 uwTick 计数停止 */
__weakvoid HAL_SuspendTick(void)
{
  /* 禁止滴答定时器中断 */
  CLEAR_BIT(SysTick->CTRL, SysTick_CTRL_TICKINT_Msk);
}
/* 恢复滴答定时器中断,恢复全局变量 uwTick 计数 */
__weakvoid HAL_ResumeTick(void)
{
  /* 使能滴答定时器中断 */
  SET_BIT(SysTick->CTRL, SysTick_CTRL_TICKINT_Msk);
}
```

这些函数不难,可参照注释理解。注意,如果函数被前缀__weak 定义,则用户可以重新定义该函数,更多的内容可以参考 8.1.5 小节。

5. HAL 库版本相关的函数

源码在 422～484 行，相关函数声明在 stm32f1xx_hal.h 中，如下：

```
uint32_t HAL_GetHalVersion(void);    /* 获取 HAL 库驱动程序版本 */
uint32_t HAL_GetREVID(void);         /* 获取设备修订标识符 */
uint32_t HAL_GetDEVID(void);         /* 获取设备标识符 */
uint32_t HAL_GetUIDw0(void);         /* 获取唯一设备标识符的第一个字 */
uint32_t HAL_GetUIDw1(void);         /* 获取唯一设备标识符的第二个字 */
uint32_t HAL_GetUIDw2(void);         /* 获取唯一设备标识符的第三个字 */
```

这些函数了解就可以，用得不多。

6. 调试功能相关函数

源码在 490～587 行，函数声明如下：

```
void HAL_DBGMCU_EnableDBGSleepMode(void);
void HAL_DBGMCU_DisableDBGSleepMode(void);
void HAL_DBGMCU_EnableDBGStopMode(void);
void HAL_DBGMCU_DisableDBGStopMode(void);
void HAL_DBGMCU_EnableDBGStandbyMode(void);
void HAL_DBGMCU_DisableDBGStandbyMode(void);
```

这 6 个函数用于调试功能，默认调试器在睡眠模式下无法调试代码，开发过程中配合这些函数可以在不同模式下（睡眠模式、停止模式和待机模式）使能或者失能调试器，用到再详细讲解。

6.4.4　HAL 库中断处理

中断是 STM32 开发的一个很重要的概念，这里可以简单理解为：STM32 暂停了当前手中的事而优先去处理更重要的事务。这些更重要的事务是由开发人员在软件中定义的。

由于 HAL 库中断处理的逻辑比较统一，这里将这个处理过程抽象为如图 6.12 所表示的业务逻辑。

结合以前的 HAL 库文件介绍，以上的流程大概就是：设置外设的控制句柄结构体 PPP_HandleType 和初始化 PPP_InitType 结构体的参数，然后调用 HAL 库对应这个驱动的初始化 HAL_PPP_Init()，由于这个 API 中有针对外设初始化细节的接口 Hal_PPP_Mspinit()，所以需要重新实现这个函数并完成外设时钟、I/O 等细节差异的设置完成各细节处理后，使用 HAL_NVIC_SetPriority()、HAL_NVIC_EnableIRQ()来使能外设中断。

定义中断处理函数 PPP_IRQHandler，并在中断函数中调用 HAL_ppp_function_IRQHandler()来判断和处理中断标记；HAL 库中断处理完成后，根据对应中断调用需要自定义的中断回调接口函数 HAL_PPP_ProcessCpltCallback()，如在串口接收函数 HAL_UART_RxCpltCallback()中完成对串口接收数据想做的处理。

中断响应处理完成后，STM32 芯片继续顺序执行我们定义的主程序功能，按照以

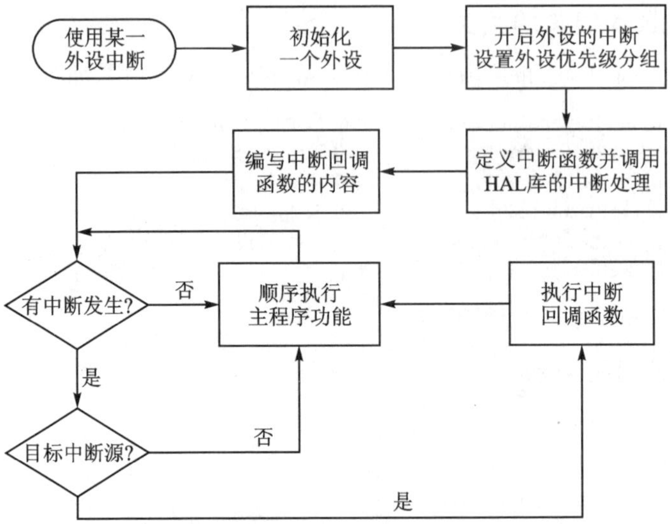

图 6.12　HAL 驱动中断处理流程

上处理的标准流程完成一次中断响应。

6.4.5　正点原子对 HAL 库用法的个性化修改

前面介绍了 ST 官方建议的 HAL 库的使用方法，这部分结合实际例程的编写，列出一些例程中对 HAL 库使用上与官方推荐用法的差异，读者可结合自己的使用习惯辩证地去看待这种修改方式：

① 每个例程的 BSP 下都有一个 HAL 库，并且代码中对文件的引用尽量使用相对路径，保证复制了完整的例程，在其他路径下也能编译通过，这种做法增加了 HAL 库全部例程的体积；

② 将中断处理函数独立到每个外设中，便于独立驱动；同类型的外设驱动处理函数不使用 HAL 回调函数接口处理操作而直接在中断函数中处理判断对应中断；

③ 把原来的中断分组进行了修改，由抢占式无子优先级改为中断分组 2，便于管理同类外设的优先级响应；

④ 编写初始化函数或者芯片操作时序上的延时时使用到了 delay_ms()、delay_us()等函数进行初始化，这里使用的是 Systick 作精准延时，而 HAL 库默认也使用 Systick 作延时处理。为解决这种冲突和兼容我们大部分的驱动代码，例程中使用 delay.c 中的延时函数取代 Hal_Delay()，从而取消原来 HAL 库的 Systick 延时设置。

6.5　HAL 库使用注意事项

① 即使已经使用库函数作为开发工具，我们可以忽略很多芯片硬件外设使用上的细节，但发生问题时，仍需要回归到芯片使用手册查看当前操作是否违规或缺漏。

② 使用 HAL 库和其他第三方的库开发类似，把需要编写的软件和第三方的库分

成相互独立的文件，开发过程中尽量不去修改第三方的软件源码，需要修改的部分尽量在自己的代码中实现。这样一旦需要更新第三方库，那么原来编写的功能也能很快匹配新的库去执行功能。

③ 即使 HAL 库目前较以前已经相对完善了，但仍无法覆盖我们想要实现的所有细节功能，甚至可能存在错误，所以要有怀疑精神，辩证地去使用好这个工具。如在 PWM 一节编码时发现 HAL 库中有个宏定义 TIM_RESET_CAPTUREPOLARITY 括号不匹配导致编译报错，这时不得不修改 HAL 库的源码了。

④ 注意 HAL 库的执行效率。HAL 库的驱动对相同外设大多是可重入的，执行 HAL 驱动的 API 函数的效率没有直接寄存器操作高，所以在针对时序要求比较严苛的代码时，建议使用简洁的寄存器操作代替。

⑤ 例程中使用 delay. c 中的延时函数取代 Hal_Delay()、取消原来 HAL 库的 Systick 延时设置，但这会有一个问题：原来 HAL 库的超时处理机制不再适用，所以对于设置了超时的函数，可能会导致停留在这个函数的处理中，无法按正常的超时退出。

⑥ 建议如无致命 BUG 出现，尽量使用开发学习时已经测试稳定的 HAL 库来继续进行开发，不必频繁更新 HAL 库。因为更新 HAL 库后可能导致原来能正常运行的代码无法运行的情况，或者有些函数操作的结构方式变化等情况，读者根据实际情况权衡。

第 7 章

新建 HAL 库版本 MDK 工程

前面介绍了 STM32F1xx 官方固件包的一些知识，本章将重点讲解新建 HAL 库版本的 MDK 工程的详细步骤。本章新建好的工程放在配套资料的 4，程序源码→2，标准例程-HAL 库版本→实验 0 基础入门实验→实验 0-3，新建工程实验-HAL 库版本，读者可以随时打开这个工程，然后对比学习。

7.1 新建 HAL 库版本 MDK 工程简介

在新建工程之前，首先要做如下准备：

① STM32Cube 官方固件包：我们使用的固件包版本是 STM32Cube_FW_F1_V1.8.3，固件包路径是配套资料 A 盘→8，STM32 参考资料→1，STM32CubeF1 固件包。

② 开发环境搭建：参考本书第 3 章相关内容。

7.1.1 新建工程文件夹

新建工程文件夹分为 2 个步骤：① 新建工程文件夹；② 复制工程相关文件。

1. 新建工程文件夹

首先要在电脑某个路径下新建一个文件作为工程的根目录文件，后续的工程文件都将在这个文件夹里建立。把这个文件夹重命名为“实验 0-3，新建工程实验-HAL 库版本”，如图 7.1 所示。

图 7.1 新建工程根目录文件夹

为了让工程的文件目录结构更加清晰，于是在工程的根目录文件夹下建立如表 7.1 所列的几个文件夹。

新建完成以后，最后得到工程根目录文件夹如图 7.2 所示。

另外，工程根文件目录下还有一个名为 keilkill.bat 的可执行文件，双击便可执行；其作用是删除编译器编译后的中间文件，减少工程占用的硬盘空间，方便打包。还有一个名为 readme 的记事本文件,作用是介绍本实验的各种信息。

表 7.1 工程根文件目录下新建的文件夹

名 称	作 用
Drivers	存放与硬件相关的驱动层文件
Middlewares	存放正点原子提供的中间层组件文件和第三方中间层文件
Output	存放工程编译输出文件
Projects	存放 MDK 工程文件
User	存放 HAL 库用户配置文件、main.c、stm32f1xx_it.c 以及自己编写的其他应用程序

工程根目录的文件夹新建好后,需要复制一些工程相关文件过来(主要是在 Drivers 文件夹里面),以便后面的新建工程需要。

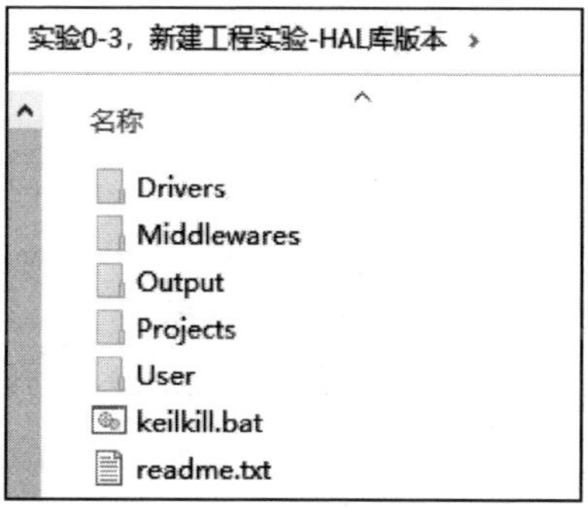

图 7.2 工程根文件目录

2. 复制工程相关文件

接下来按图 7.2 所示的根目录文件夹顺序介绍每个文件夹及其需要复制的文件。

(1) Drivers 文件夹

该文件夹用于存放与硬件相关的驱动层文件,一般包括如表 7.2 所示的文件夹。

表 7.2 Drivers 包含文件夹

文件夹名称	作 用
BSP	存放开发板板级支持包驱动代码,如各种外设驱动
CMSIS	存放 CMSIS 底层代码,如启动文件(.s 文件)、stm32f1xx.h 等
STM32F1xx_HAL_Driver	存放 ST 提供的 F1xx HAL 库驱动代码
SYSTEM	存放正点原子系统级核心驱动代码,如 sys.c、delay.c 和 usart.c 等

BSP 文件夹,用于存放正点原子提供的板级支持包驱动代码(原 HARDWARE 文件夹下),如 LED、蜂鸣器、按键等。本章暂时用不到该文件夹,不过可以先建好备用。

SYSTEM 文件夹,用于存放正点原子提供的系统级核心驱动代码,如 sys.c/h、usart.c/h、delay.c/h,方便快速搭建自己的工程。该文件同样可以从配套资料的 A 盘→4,程序源码→2,标准例程- HAL 库版本里任何一个实验的 Drivers 文件夹里面复制过来。

CMSIS 文件夹,用于存放 CMSIS 底层代码(ARM 和 ST 提供),如启动文件(.s 文件)、stm32f1xx.h 等各种头文件。该文件夹可以直接从 STM32CubeF1 固件包(配套资料 A 盘→8,STM32 参考资料→1,STM32CubeF1 固件包)里面复制,CMSIS 的文件夹路径在配套资料的 STM32CubeF1 固件包→Drivers。由于这个文件夹原来设计用于匹配全部 F1 系列的芯片,非常大,部分文件对我们的例程来说不会用到,而且浪费磁盘的存储空间,所以会对这个文件夹进行精简。打开配套资料的 CMSIS→Device→

ST→STM32F1xx，其中，Include 文件夹里都是芯片的头文件中只留下如图 7.3 所示的这 3 个头文件，其他删除。

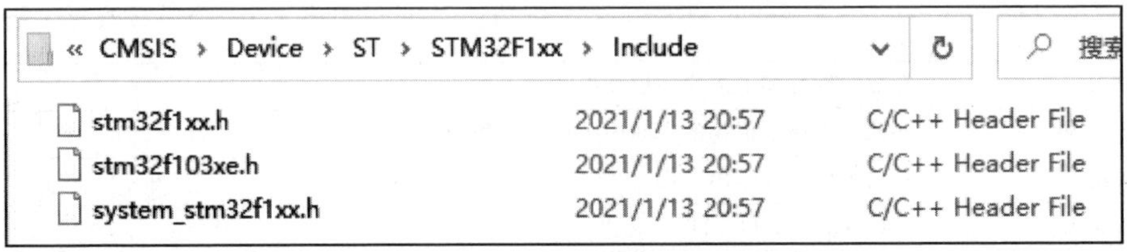

图 7.3　Include 文件夹留下的文件

Source 文件夹下的 Templates 文件夹保留如图 7.4 所示的内容。

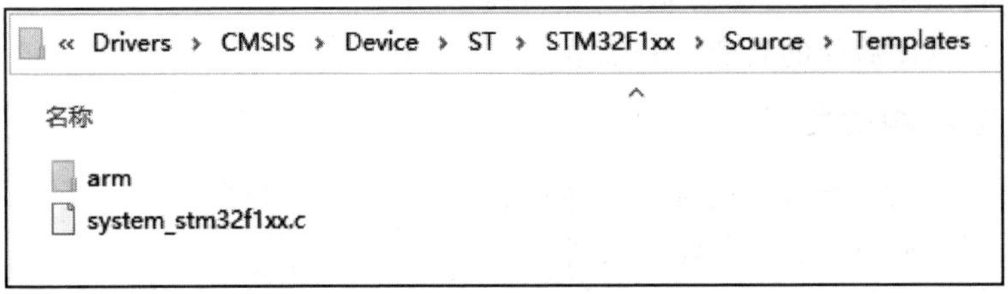

图 7.4　Templates 文件夹留下的文件

arm 文件夹存放的是启动文件，这里只需要 startup_stm32f103xe.s，其他全部删除，如图 7.5 所示。

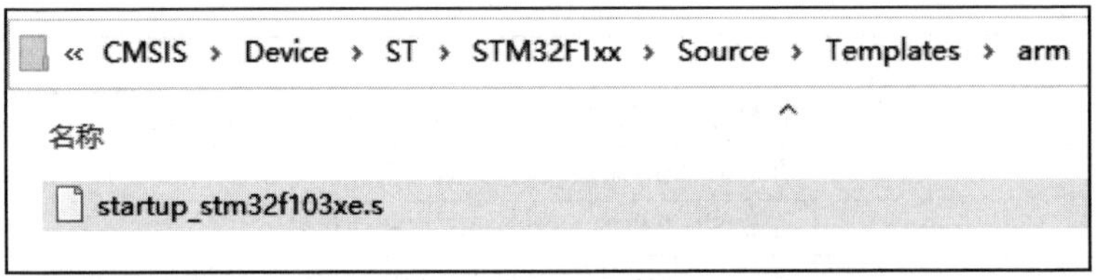

图 7.5　删除多余启动文件后的目录文件情况

最后就是 CMSIS 文件夹下的 Include 文件夹，里面都是内核的头文件，我们只需要如图 7.6 所示的内容。

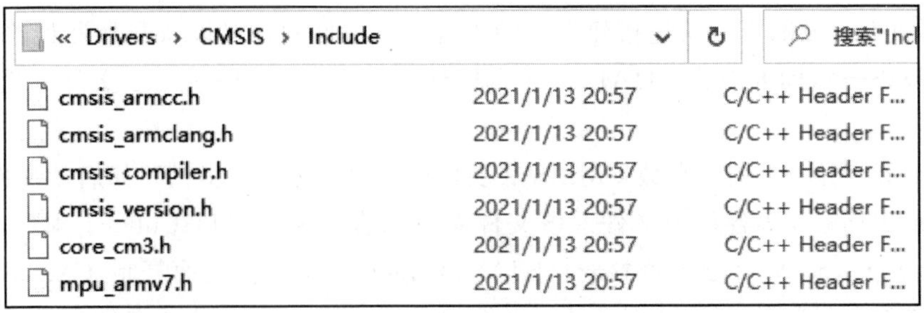

图 7.6　CMSIS/Include 文件夹留下的文件

至此，CMSIS 文件夹就处理完成了。精简后的 CMSIS 文件夹可以从配套资料的

A 盘→4,程序源码→2,标准例程- HAL 版本文件夹里面的任何一个实验的 Drivers 文件夹里面复制过来。

STM32F1xx_HAL_Driver 文件夹,用于存放 ST 提供的 F1xx HAL 库驱动代码,可以直接从 STM32CubeF1 固件包里面复制。直接复制配套资料的 STM32CubeF1 固件包→Drivers 路径下的 STM32F1xx_HAL_Driver 文件夹到我们工程的 Drivers 下。该文件夹的最终目录如图 7.7 所示。

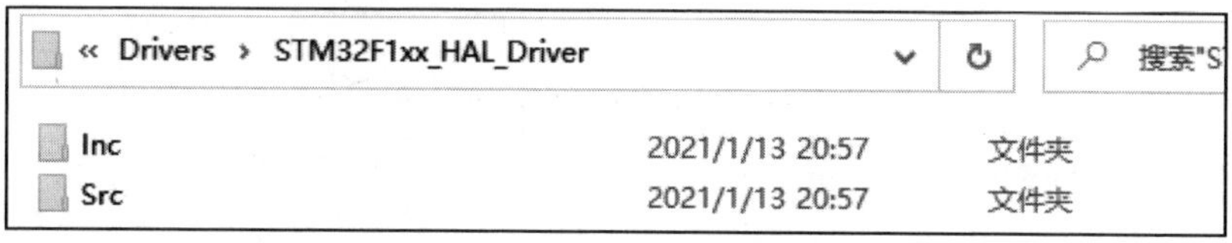

图 7.7　STM32F1xx_HAL_Driver 文件夹留下的文件

到这里,我们就把官方固件包中必要的驱动文件添加到工程文件中。最终新建的 Drivers 文件夹目录下的文件构成如图 7.8 所示。

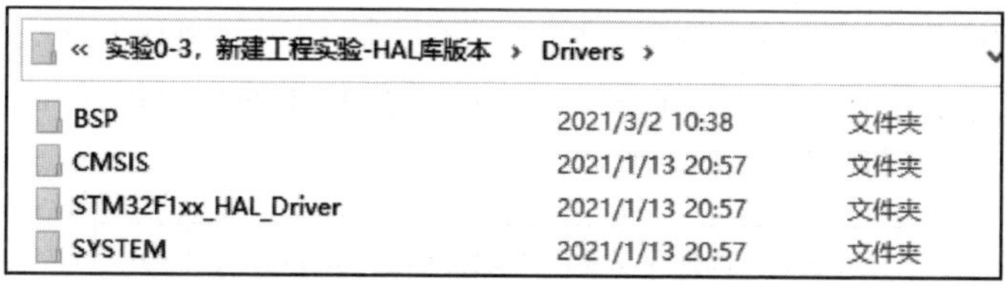

图 7.8　工程根目录下的 Drivers 文件夹

关于工程根目录下的 Drivers 文件操作到这里就完成了,在此过程遇到问题时可参考配套资料的“实验 0-3,新建工程实验- HAL 库版本工程”,一步步操作。

(2) Middlewares 文件夹

Middlewares 文件夹用于存放正点原子提供的中间层组件文件和第三方中间层文件,比如 USMART、MALLOC、TEXT、FATFS、USB、LWIP、各种 OS、各种 GUI 等。新建工程实验暂时用不到,留空就行,后面的实验将陆续添加各种文件。

(3) Output 文件夹

Output 文件夹用于存放编译器编译工程输出的中间文件,比如. hex、. bin、. o 文件等。这里不需要操作,后面只需要在 MDK 里面设置该文件夹为编译输出文件的存放文件夹就行。

(4) Projects 文件夹

Projects 文件夹用于存放 MDK 工程,因为我们的工程基于 ARM,所以在 Projects 文件夹里面新建一个命名为 MDK - ARM 的文件夹,用于存放 MDK 的工程文件,如图 7.9 所示。

(5) User 文件夹

User 文件夹用于存放 HAL 库用户配置文件、main. c、中断处理文件以及配置文件 stm32f1xx_hal_conf. h。

首先从官方固件包里面直接复制官方的模板工程下的 HAL 库用户配置文件和中断处理文件到我们的 User 文件夹里。官方的模板工程路径：STM32Cube_FW_F1_V1.8.0→Projects→STM3210E_EVAL→Templates。打开 Template_Project 文件夹，如图 7.10 所示。

图 7.9　在 Projects 文件夹下新建 MDK - ARM 文件夹

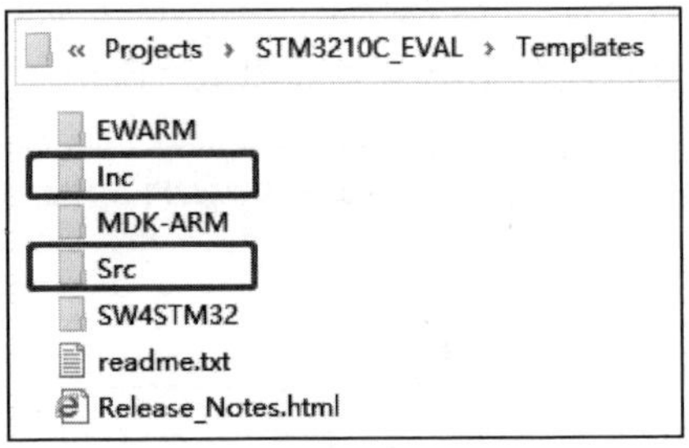

图 7.10　官方模板工程根目录

需要的文件就在 Inc 和 Src 文件夹里面，在这 2 个文件夹里面找到 stm32f1xx_it.c、stm32f1xx_it.h、stm32f1xx_hal_conf.h 这 3 个文件，并且复制到 User 文件夹下。

main.c 文件也放在 User 文件夹下，后面在 MDK 里面会介绍新建.c 文件并保存。User 文件夹最终构成图如图 7.11 所示。

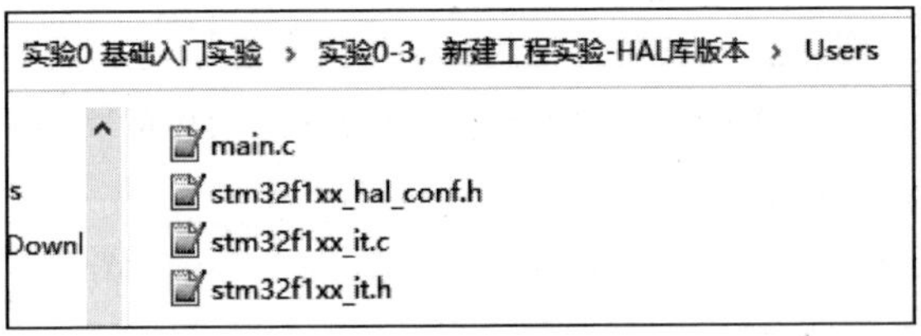

图 7.11　User 文件夹最终构成图

7.1.2　新建一个工程框架

打开 Keil μVision5，选择 Project→New Uvision Project 菜单项，如图 7.12 所示。

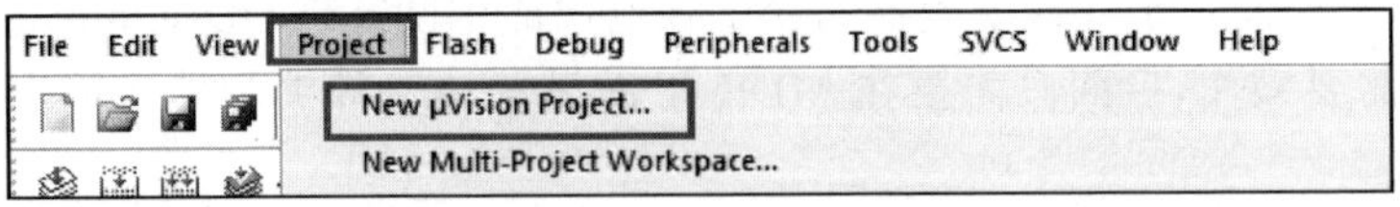

图 7.12　新建工程

然后弹出工程命名和保存的操作窗口，工程文件保存路径为配套资料的实验 0 - 2，新建工程实验- HAL 库版本→Projects→MDK - ARM，工程名字命名为 atk_f103，最后单击“保存”按钮即可。具体操作窗口如图 7.13 所示。

接下来弹出一个选择 Device 的界面，就是选择芯片设备型号，读者根据自己使用的芯片型号依次选择即可。STM32F103 战舰开发板的芯片型号是 STM32F103ZET6，

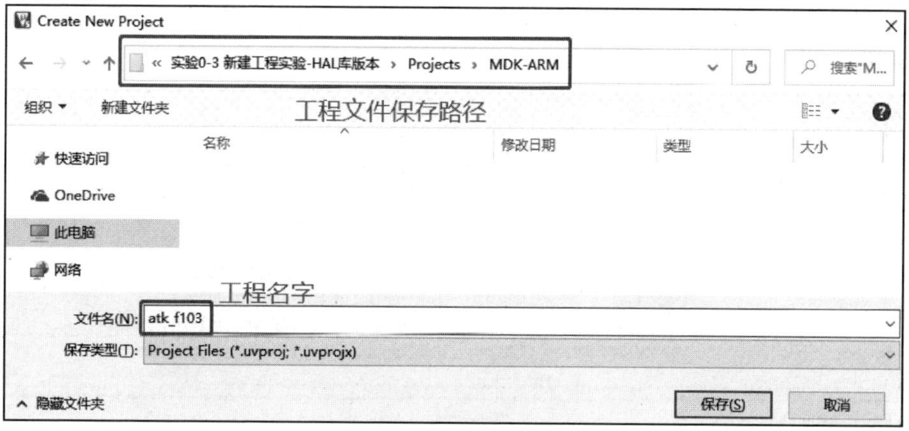

图 7.13　工程命名和保存

所以这里选择 STMicroelectronics→STM32F1 Series→STM32F103→STM32F103ZE（使用其他芯片时直接选择相应的型号就可以），如图 7.14 所示。

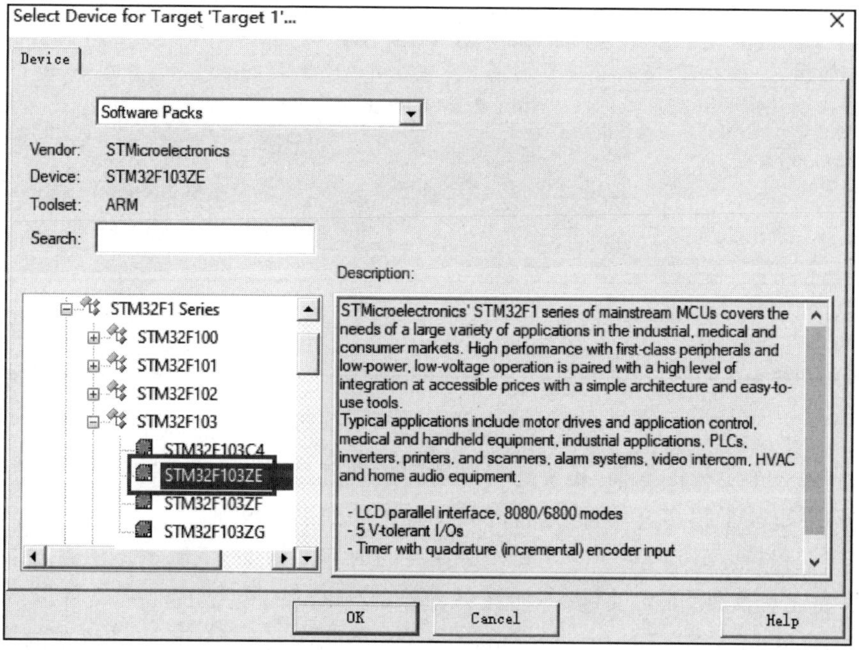

图 7.14　选择芯片型号

注意，一定要安装对应的器件支持包（即 pack 包）才会显示这些内容，如果没得选择，则先关闭 MDK，然后安装配套资料的 6，软件资料→1，软件→MDK5→Keil.STM32F1xx_DFP.2.3.0 后重试。

单击 OK 按钮后弹出 Manage Run - Time Environment 对话框，如图 7.15 所示。在这个界面可以添加自己需要的组件，从而方便构建开发环境，不过这里不需要。

直接单击 Cancel 按钮即可。这样就得到了初步工程,如图 7.16 所示。

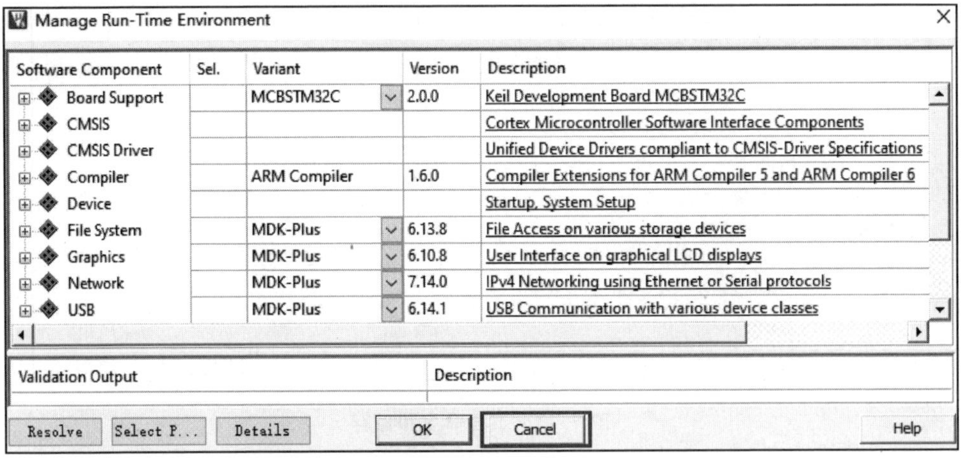

图 7.15 Manage Run - Time Environment 界面

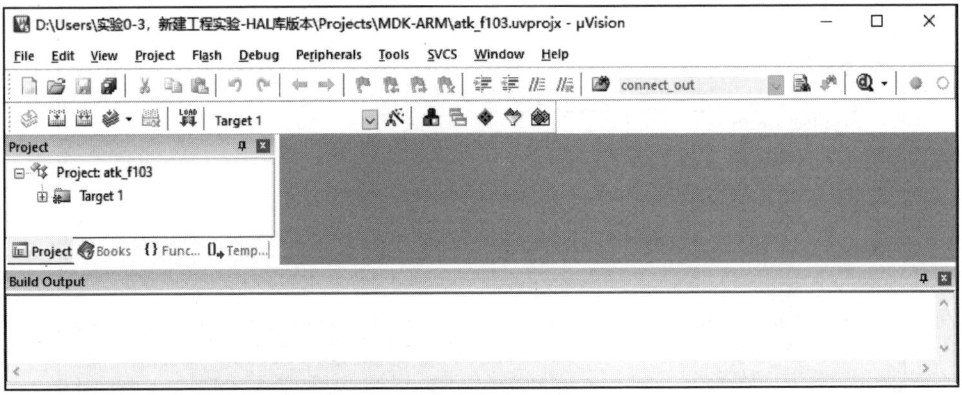

图 7.16 初步工程

这只是一个工程的框架,还要把需要用到的文件添加到工程里面。虽然前面已在工程文件夹里放了很多文件,但是它们并没有关联到工程里面。

初步工程建立好后,MDK - ARM 文件夹的内容如图 7.17 所示。注意,atk_f103.uvprojx 是工程文件,非常关键,不能轻易删除,MDK5.31 生成的工程文件以.uvprojx 为后缀。DebugConfig、Listings 和 Objects 这 3 个文件夹是 MDK 自动生成的文件夹。其中,DebugConfig 文件夹用于存储一些调试配置文件,Listings 和 Objects 文件夹用来存储 MDK 编译过程的一些中间文件。这里把 Listings 和 Objects 文件夹删除,后面会把编译中间文件存放到 Output 文件夹。当然,不删除这 2 个文件夹也没有关系,只是不用它而已。

至此,我们还只是建了一个框架,还有好几个步骤要做,比如添加文件、魔术棒设置、编写 main.c 等。

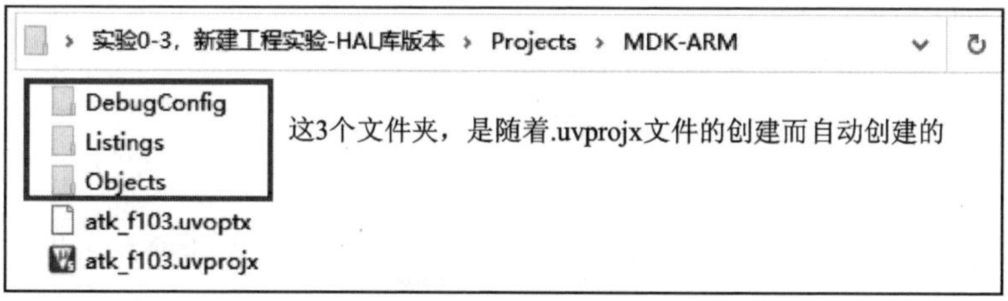

图 7.17　工程文件夹 MDK-ARM 目录

7.1.3　添加文件

本节将分 5 个步骤：① 设置工程名和分组；② 添加启动文件；③ 添加 User 源码；④ 添加 SYSTEM 源码；⑤ 添加 STM32F1xx_HAL_Driver 源码。

1. 设置工程名和分组名

在 Project→Target 上右击，在弹出的级联菜单中选择 Manage Project Items(方法一)或在菜单栏单击品字形红绿白图标(方法二)进入工程管理界面，如图 7.18 所示。

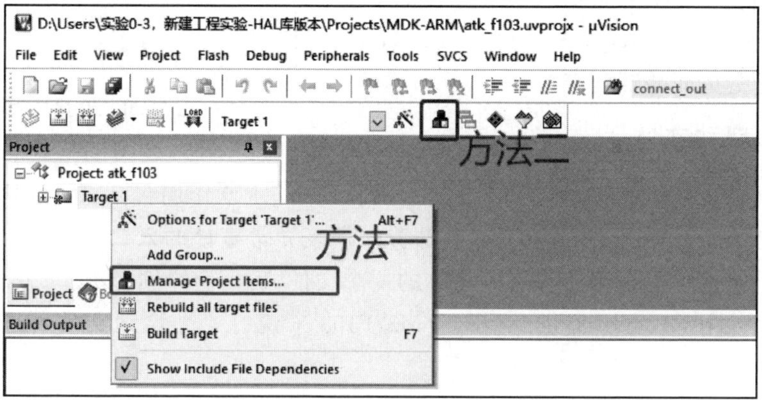

图 7.18　单击 Management Project Itmes

在工程管理界面，可以设置工程名字(Project Targets)、分组名字(Groups)以及添加每个分组的文件(Files)等。设置工程名字为 Template，并设置 5 个分组：Startup(存放启动文件)、User(存放 main.c 等用户代码)、Drivers/SYSTEM(存放系统级驱动代码)、Drivers/STM32F1xx_HAL_Driver(存放 ST 提供的 HAL 库驱动代码)、Readme(存放工程说明文件)，如图 7.19 所示。

设置好之后，单击 OK 按钮回到 MDK 主界面，可以看到我们设置的工程名和分组名如图 7.20 所示。

这里只是新建了一个简单的工程，并没有添加 BSP、Middlewares 等分组，后面随着工程复杂程度的增加再逐步添加对应的分组。

注意，为了让工程结构清晰，我们会尽量让 MDK 的工程分组和前面新建的工程文

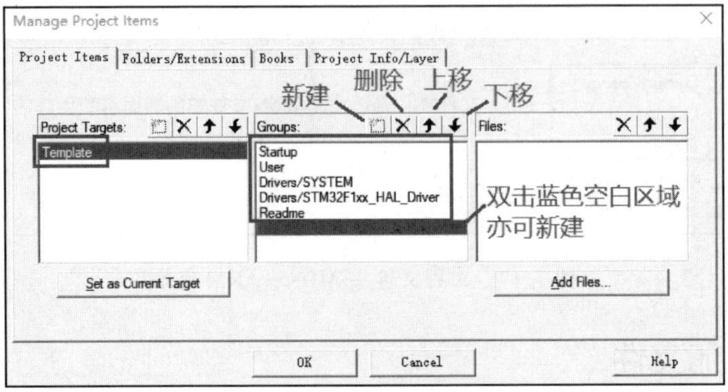

图 7.19 设置工程名和分组名

件夹对应起来；由于 MDK 分组不支持多级目录，因此将路径也带入分组命名里面，以便区分。如 User 分组对应 User 文件夹里面的源码，Drivers/SYSTEM 分组对应 Drivers/SYSTEM 文件夹里面的源码，Drivers/STM32F1xx_HAL_Driver 分组对应 Drivers/STM32F1xx_HAL_Driver 文件夹里面的源码等。

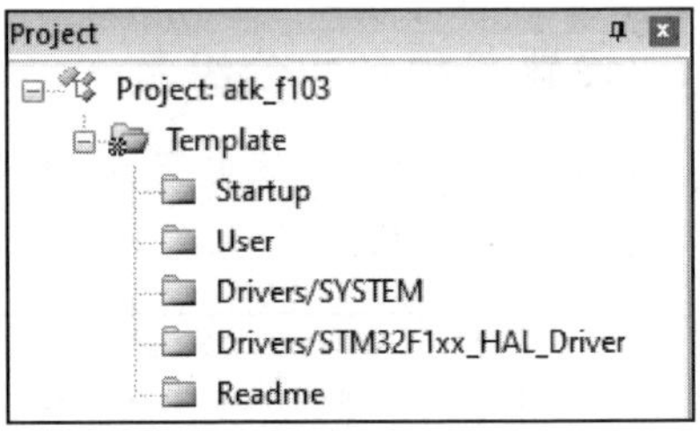

图 7.20 设置成功

2. 添加启动文件

启动文件(.s 文件)包含 STM32 的启动代码，其主要作用包括：① 堆栈(SP)的初始化；② 初始化程序计数器(PC)；③ 设置向量表异常事件的入口地址；④ 调用 main 函数等。启动文件是每个工程必不可少的一个文件，后面会详细介绍。

启动文件由 ST 官方提供，对于 STM32F103 来说有 4 个启动文件可选，如表 7.3 所列。

表 7.3 STM32F103 系列启动文件

启动文件	对应 FLASH 容量	说　明
startup_stm32f103x6.s	FLASH≤32 KB	用于小容量 F103 系列芯片的启动文件
startup_stm32f103xb.s	64 KB≤FLASH≤128 KB	用于中容量 F103 系列芯片的启动文件
startup_stm32f103xe.s	256 KB≤FLASH≤512 KB	用于大容量 F103 系列芯片的启动文件
startup_stm32f103xg.s	768 KB≤FLASH≤1 024 KB	用于超大容量 F103 系列芯片的启动文件

启动文件存放的位置前面也有所说明，因为本书的开发板使用的是 STM32F103ZET6，对应的启动文件为 startup_stm32f103xe.s。

接下来看如何添加启动文件到工程里面。有 2 种方法给 MDK 的分组添加文件：① 双击 Project 下的分组名添加。② 进入工程管理界面添加。

这里使用方法①添加(路径为配套资料中的实验 0－3，新建工程实验－HAL 库版本→Drivers→CMSIS→Device→ST→STM32F1xx→Source→Templates→arm)，如图 7.21 所示。

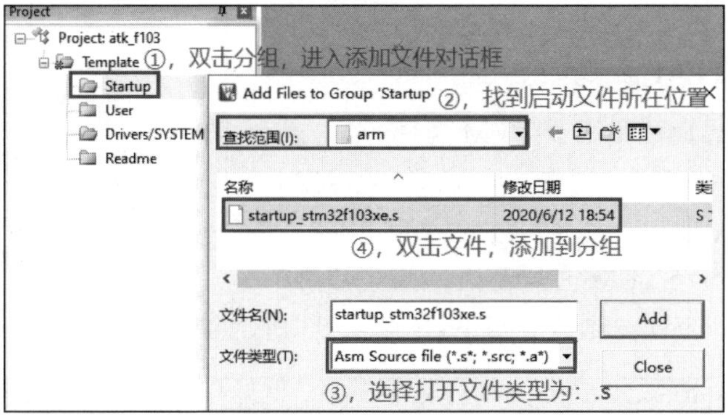

图 7.21 双击分组添加启动文件(startup_stm32f103xe.s)

也可以单击 Add 按钮添加文件。添加完后，单击 Close，完成启动文件添加，得到工程分组如图 7.22 所示。

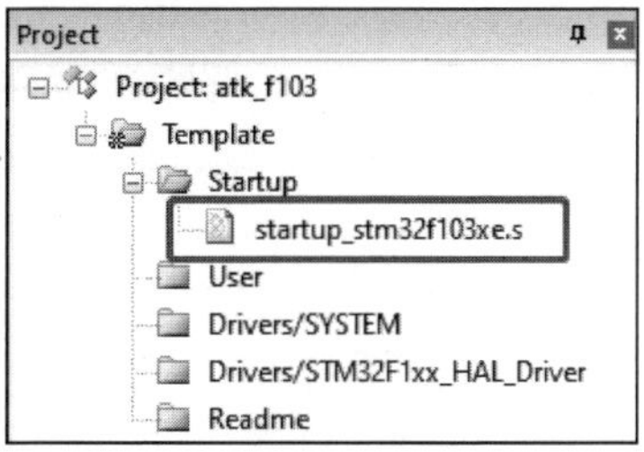

图 7.22 启动文件添加成功

3. 添加 User 源码

在工程管理界面(方法②)添加 User 源码：单击按钮进入工程管理界面，选中 User 分组，然后单击 Add Files 进入文件添加对话框，依次添加 stm32f1xx_it.c 和 system_stm32f1xx.c 到该分组下，如图 7.23 所示。

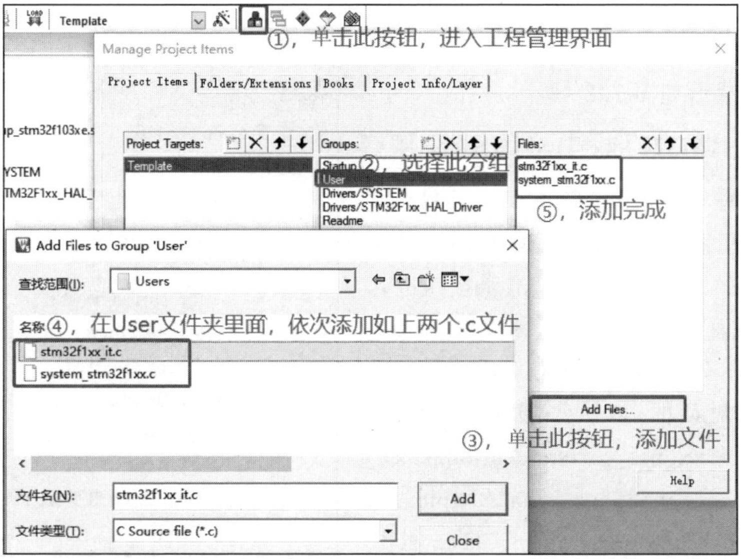

图 7.23 添加 User 源码

注意,这些源码都是从第7.1.1小节复制过来的,如果之前没复制,则找不到这些源码。添加完成后如图7.24所示。

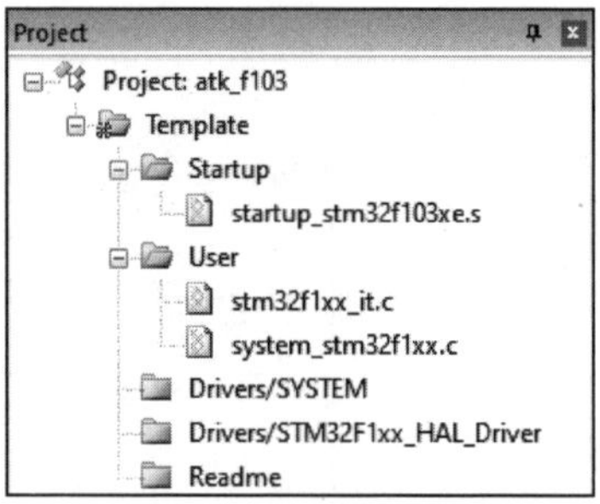

图7.24　User源码添加完成

4. 添加SYSTEM源码

在工程管理界面添加SYSTEM源码:单击按钮进入工程管理界面,选中Drivers/SYSTEM分组,然后单击Add Files按钮,进入Add Files to Group 'Drivers/SYSTEM'对话框,依次添加delay.c、sys.c和usart.c到该分组下,如图7.25所示。

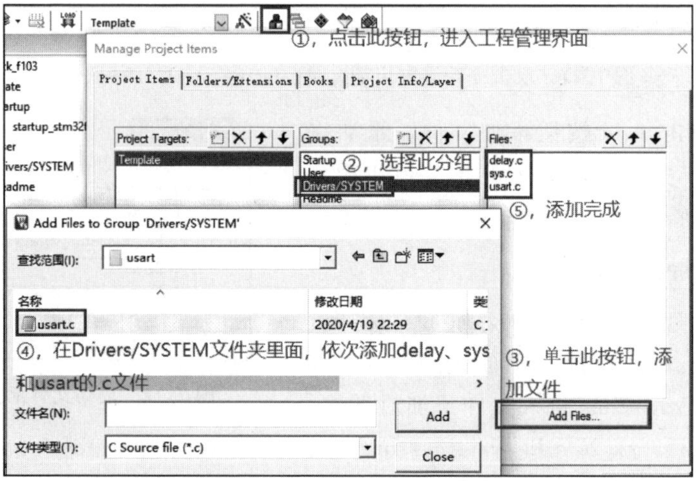

图7.25　添加SYSTEM源码

添加完成后如图7.26所示。

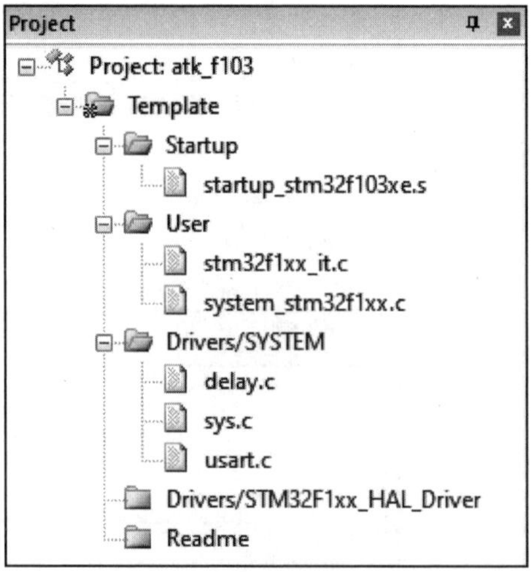

图7.26　SYSTEM源码添加完成

5. 添加STM32F1xx_HAL_Driver源码

接下来往Drivers/STM32F1xx_HAL_Driver分组里添加文件,这里的操作与前面添加SYSTEM源码一样。单击按钮进入工程管理界面,选中Drivers/STM32F1xx_HAL_Driver分组,然后单击Add Files进入文件添加对话框,依次添加stm32f1xx_hal.c、stm32f1xx_hal_cortex.c、stm32f1xx_hal_dma.c、stm32f1xx_hal_gpio.c、stm32f1xx_hal_gpio_ex.c、stm32f1xx_hal_rcc.c、stm32f1xx_hal_rcc_ex.c、stm32f1xx_hal_uart.c和stm32f1xx_hal_usart.c到该

分组下，如图 7.27 所示。

添加完成后如图 7.28 所示。

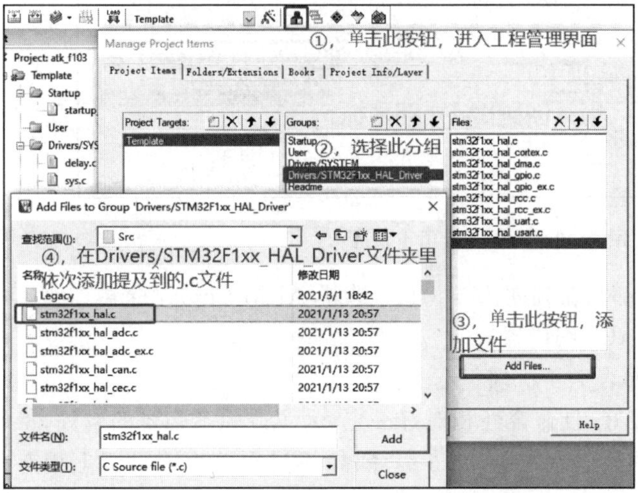

图 7.27　添加 STM32F1xx_HAL_Driver 源码

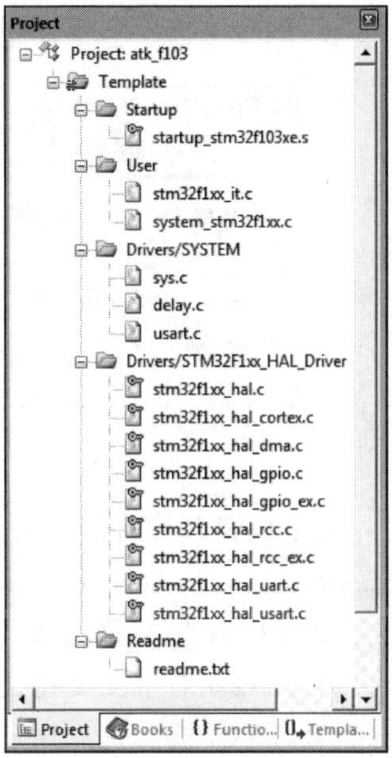

图 7.28　STM32F1xx_HAL_Driver 源码添加完成

可以看到分组中有些.c 文件有个小钥匙的符号，这是因为官方固件包的文件设置了只读权限，这里取消只读权限就可以了，方法如图 7.29 所示。

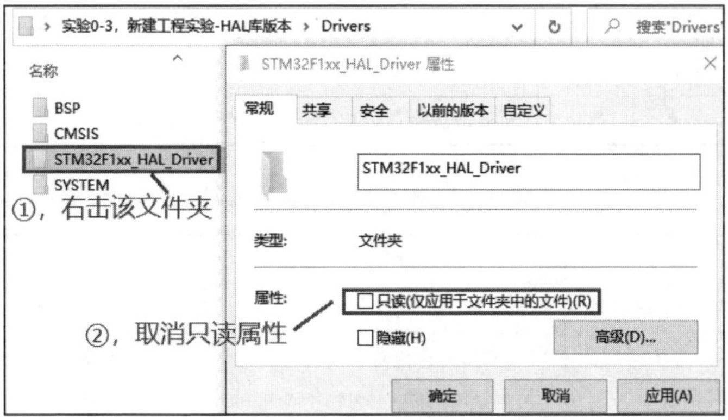

图 7.29　取消工程文件夹的只读权限

7.1.4　魔术棒设置

为避免编写代码和编译报错，需要通过魔术棒对 MDK 工程进行相关设置。在 MDK 主界面，单击（魔术棒图标，即 Options for Target 按钮）进入 Options for Target 'Template' 对话框,下面将设置如下几个选项卡。

1. 设置 Target 选项卡

在 Target 选项卡里面进行如图 7.30 所示设置。

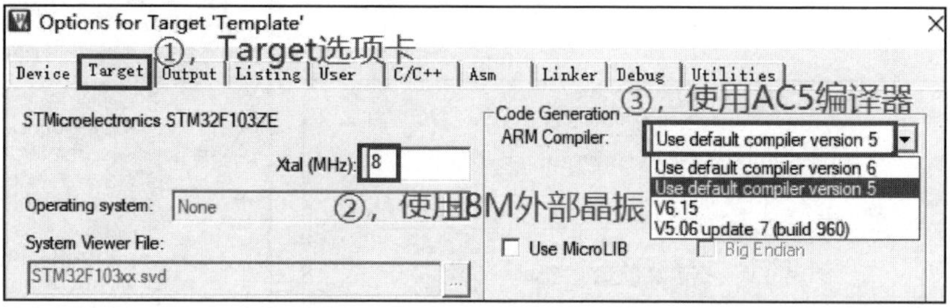

图 7.30 Target 选项卡设置

图中设置芯片所使用的外部晶振频率为 8 MHz,选择 ARM Compiler 版本为 Use default compiler version 5(即 AC5 编译器)。

AC5 和 AC6 编译的差异如表 7.4 所列。

由于 AC5 对中文支持比较好,且兼容性相对好一点,为了避免不必要的麻烦,推荐使用 AC5 编译器。正点原子的源码也支持 AC6 编译器,不过在选项卡设置上稍有差异,具体差异如表 7.5 所列。

表 7.4 AC5 和 AC6 简单对比

对比项	AC5	AC6	说明
中文支持	较好	较差	AC6 对中文支持极差,会有 goto definition 无法使用、误报等现象出现
代码兼容性	较好	较差	AC6 对某些代码优化可能导致运行异常,须慢慢调试
编译速度	较慢	较快	AC6 编译速度比 AC5 快
语法检查	一般	严格	AC6 语法检查非常严格,代码严谨性较好

表 7.5 AC5 和 AC6 设置差异

选项卡	AC5	AC6	说明
Target	选择 AC5 编译器	选择 AC6 编译器	选择对应的编译器
C/C++	Misc Controls 无需设置	Misc Controls 设置: -Wno-invalid-source-encoding	AC6 须设置编译选项以关闭对汉字的错误警告,AC5 则不要

2. 设置 Output 选项卡

在 Output 选项卡里面进行如图 7.31 所示的设置。

注意,选中 Browse Information,用于输出浏览信息,这样就可以使用 go to definition 查看函数/变量的定义,对后续调试代码比较有帮助;如果不需要调试代码,则可以去掉这个选项,以提高编译速度。

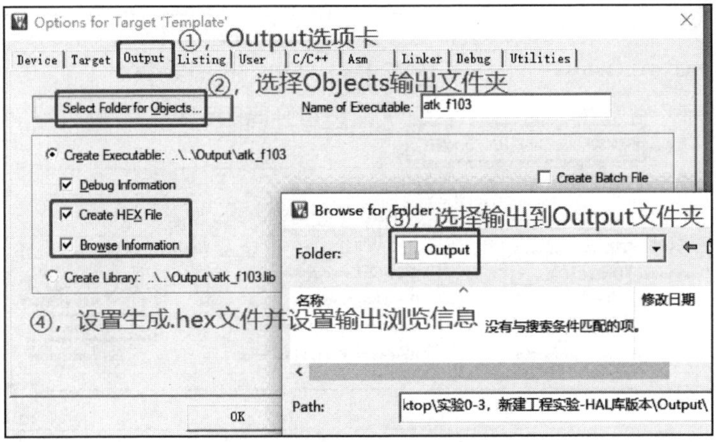

图 7.31　设置 Output 选项卡

3. 设置 Listing 选项卡

在 Listing 选项卡里面进行如图 7.32 所示的设置。

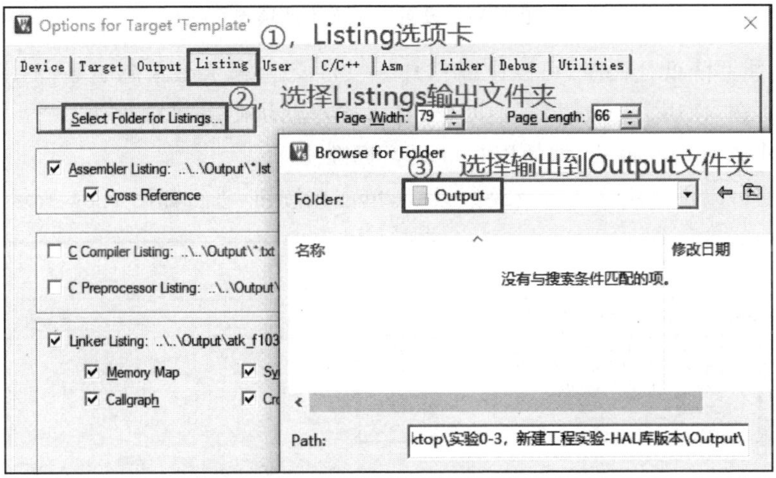

图 7.32　设置 Listing 选项卡

经过 Output 和 Listing 这 2 步设置，原来存储在 Objects 和 Listings 文件夹的内容（中间文件）就都改为输出到 Output 文件夹了。

4. 设置 C/C++选项卡

在 C/C++选项卡里面进行如图 7.33 所示的设置。

在②处设置了全局宏定义：USE_HAL_DRIVER 和 STM32F103xE，它们之间是用英文逗号隔开的。添加全局宏定义标识符，在工程中任何地方都可见，在 stm32f1xx.h 里面会用到该宏定义。

在③处设置了优化等级为-O0，可以得到最好的调试效果；当然为了提高优化效

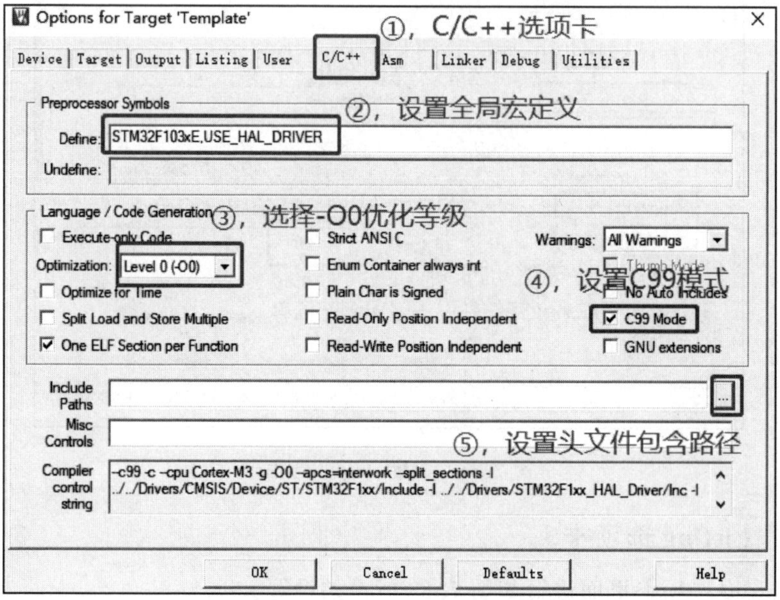

图 7.33 设置 C/C++选项卡

果、提升性能并降低代码量，可以设置-O1～-O3，数字越大效果越明显，不过也越容易出问题。注意，使用 AC6 编译器的时候，这里推荐默认使用-O1 优化。

在④处选中 C99 模式，即使用 C99 语言标准。

在⑤处可以进行头文件包含路径设置，单击此按钮，进行如图 7.34 所示的设置。

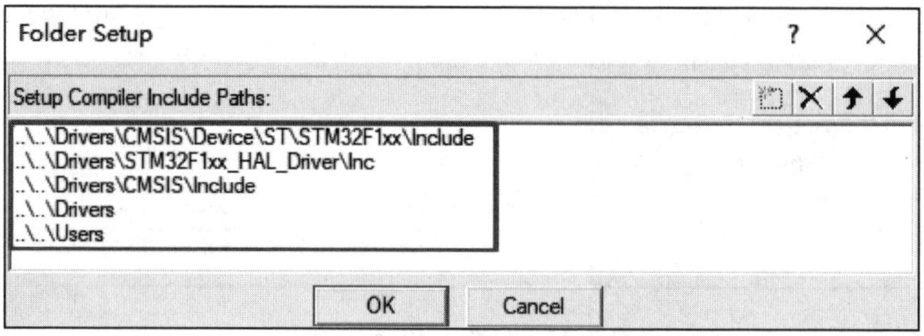

图 7.34 设置头文件包含路径

图中设置了 5 个头文件包含路径，其中 4 个在 Drivers 文件夹下，一个在 User 文件夹下。为避免频繁设置头文件包含路径，正点原子最新源码的 include 全部使用相对路径，也就是说，只需要在头文件包含路径里面指定一个文件夹，那么该文件夹下其他文件夹里的源码，如果全部是使用相对路径，则无须再设置头文件包含路径了，直接在 include 里面就指明了头文件所在。

关于相对路径，这里要记住 3 点：

① 默认路径就是指 MDK 工程所在的路径，即.uvprojx 文件所在路径（文件夹）；

② “./”表示当前目录（相对当前路径，也可以写作“.\”）；

③ “../”表示当前目录的上一层目录(也可以写作“..\”)。

举例来说,图 7.34 中..\..\Drivers\CMSIS\Device\ST\STM32F1xx\Include 前面的 2 个“..\”表示 Drivers 文件夹在当前 MDK 工程所在文件夹(MDK-ARM)的上 2 级目录下,具体解释如图 7.35 所示。

图 7.35　..\..\Drivers\CMSIS\Device\ST\STM32F1xx\Include 的解释

图中表示根据头文件包含路径为..\..\Drivers\CMSIS\Device\ST\STM32F1xx\Include,编译器可以找到⑥处所包含的这些头文件,即代码里面可以直接 include 这些头文件使用。

再举个例子,在完成如图 7.34 所示的头文件包含路径设置以后,在代码里面编写:

```
#include "./SYSTEM/sys/sys.h"
```

即表示当前头文件包含路径所指示的 4 个文件夹里面肯定有某个文件夹包含了 SYSTEM/sys/sys.h 的路径,实际上就是在 Drivers 文件夹下面,两者结合起来就相当于:

```
#include "../../Drivers/SYSTEM/sys/sys.h"
```

这就是相对路径。它既可以减少头文件包含路径设置(即减少 MDK 配置步骤,免去频繁设置头文件包含路径的麻烦),又可以很方便地知道头文件具体在哪个文件夹,因此推荐编写代码时使用相对路径。

如果使用 AC6 编译器,则在图 7.33 的 Misc Controls 处设置-Wno-invalid-source-encoding,避免中文编码报错;如果使用 AC5 编译器,则不需要该设置。

5. 设置 Debug 选项卡

在 Debug 选项卡里面进行如图 7.36 所示的设置。

图中选择使用 CMSIS-DAP 仿真器,使用 SW 模式,并设置最大时钟频率为 10 MHz,以得到最高下载速度。将仿真器和开发板连接好,并给开发板供电以后,仿真器就会找到开发板芯片,并在 SW Device 窗口显示芯片的 IDCODE、Device Name 等信息(图中⑤处),无法找到时须检查供电和仿真器连接状况。

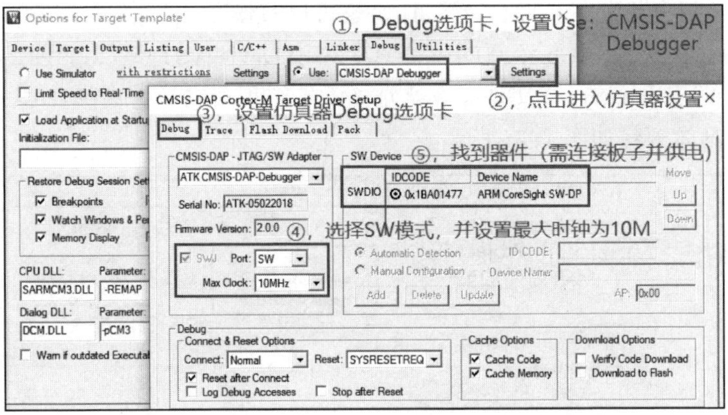

图 7.36 Debug 选项卡设置

6. 设置 Utilities 选项卡

在 Utilities 选项卡里面，进行如图 7.37 所示的设置。

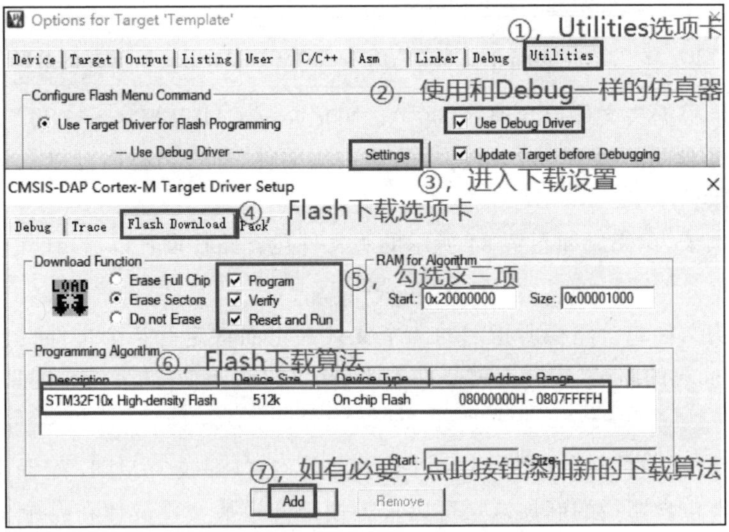

图 7.37 Utilities 选项卡设置

图中⑥处下载算法是 MDK 默认添加的，针对 STM32F10x 大容量系列产品(FLASH 容量在 256～512 KB 之间)，一般用这个即可。如果⑥处没有下载算法，则单击⑦处按钮，执行添加下载算法即可(名字和⑥处的算法名字一样)。

7.1.5 添加 main.c 并编写代码

在 MDK 主界面单击新建一个 main.c 文件，并保存在 User 文件夹下。然后双击 User 分组，弹出添加文件的对话框，将 User 文件夹下的 main.c 文件添加到 User 分组下，得到如图 7.38 所示的界面。

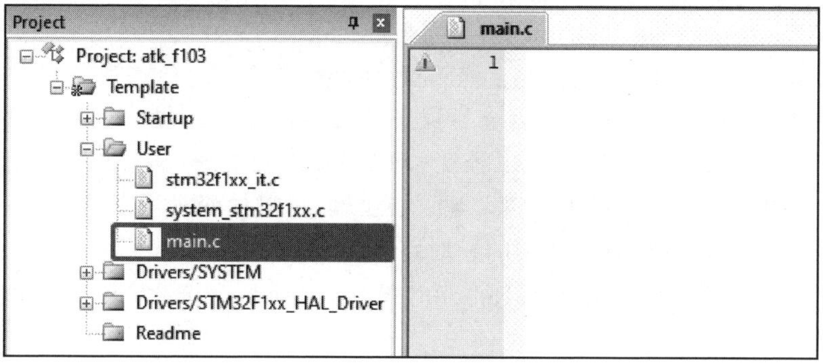

图 7.38　在 User 分组下加入 main.c 文件

至此，就可以开始编写自己的代码了。在 main.c 文件里面输入如下代码：

```
#include "./SYSTEM/sys/sys.h"
#include "./SYSTEM/usart/usart.h"
#include "./SYSTEM/delay/delay.h"
void led_init(void);                                    /* LED 初始化函数声明 */
int main(void)
{
    HAL_Init();                                         /* 初始化 HAL 库 */
    sys_stm32_clock_init(RCC_PLL_MUL9);                 /* 设置时钟，72 MHz */
    delay_init(72);                                     /* 延时初始化 */
    led_init();                                         /* LED 初始化 */
    while(1)
    {
        HAL_GPIO_WritePin(GPIOB,GPIO_PIN_5,GPIO_PIN_SET);       /* PB5 置 1 */
        HAL_GPIO_WritePin(GPIOE,GPIO_PIN_5,GPIO_PIN_RESET);     /* PE5 置 0 */
        delay_ms(500);
        HAL_GPIO_WritePin(GPIOB,GPIO_PIN_5,GPIO_PIN_SET);       /* PB5 置 1 */
        HAL_GPIO_WritePin(GPIOE,GPIO_PIN_5,GPIO_PIN_RESET);     /* PE5 置 0 */
        delay_ms(500);
    }
}
/**
  * @brief    初始化 LED 相关 I/O 口，并使能时钟
  * @param    无
  * @retval   无
  */
void led_init(void)
{
    GPIO_InitTypeDef gpio_initstruct;
    __HAL_RCC_GPIOB_CLK_ENABLE();                       /* I/O 口 PB 时钟使能 */
    __HAL_RCC_GPIOE_CLK_ENABLE();                       /* I/O 口 PE 时钟使能 */
    gpio_initstruct.Pin = GPIO_PIN_5;                   /* LED0 引脚 */
    gpio_initstruct.Mode = GPIO_MODE_OUTPUT_PP;         /* 推挽输出 */
    gpio_initstruct.Pull = GPIO_PULLUP;                 /* 上拉 */
    gpio_initstruct.Speed = GPIO_SPEED_FREQ_HIGH;       /* 高速 */
    HAL_GPIO_Init(GPIOB, &gpio_initstruct);             /* 初始化 LED0 引脚 */
```

```
    gpio_initstruct.Pin = GPIO_PIN_5;                  /* LED1 引脚 */
    HAL_GPIO_Init(GPIOE, &gpio_initstruct);            /* 初始化 LED1 引脚 */
}
```

此部分代码在配套资料的 A 盘→4，程序源码→1，标准例程- HAL 库版本→实验 0 基础入门实验→实验 0－3，新建工程实验- HAL 库版本→User→main.c，读者可以自己输入，也可以直接复制过来参考。建议自己输入，以加深对程序的理解和印象。

注意，这里的 include 就是使用的相对路径。

编写完 main.c 以后，单击(Rebuild)按钮，编译整个工程，编译结果如图 7.39 所示。

```
Build Output
compiling stm32f1xx_hal_gpio.c...
compiling stm32f1xx_hal_rcc.c...
compiling stm32f1xx_hal_rcc_ex.c...
compiling stm32f1xx_hal_uart.c...
compiling stm32f1xx_hal_usart.c...
"..\..\Output\atk_f103.axf" - 1 Error(s), 0 Warning(s).
Target not created.
Build Time Elapsed:  00:00:04
```

图 7.39　编译结果

在 Build Output 下找到第一个错误，双击这个错误信息可以定位到错误发生的代码位置。图 7.39 这个错误说找不到 main.h，双击这个错误会弹出下面的 stm32f1xx_it.c 文件对应包含 main.h 的语句。这里用不到 main.h，所以只需要把它删除，然后重新编译。

再次编译，发现还有一处警告，这里是 HAL_IncTick 函数没有声明，如图 7.40 所示。

```
Build Output
Rebuild target 'Template'
assembling startup_stm32f103xe.s...
compiling stm32f1xx_it.c...
..\..\Users\stm32f1xx_it.c(141): warning:  #223-D: function "HAL_IncTick" declared implicitly
    HAL_IncTick();
..\..\Users\stm32f1xx_it.c: 1 warning, 0 errors
```

图 7.40　编译警告

这个函数在 stm32f1xx_hal.c 定义了，并且在 stm32f1xx_hal.h 声明了，所以把 stm32f1xx_hal.h 包含进来即可。这里还有一个原因，就是整个工程没有包含 stm32f1xx_hal.h 的语句，这里需要用到它，所以把它包含进来。官方的 main.h 包含了这个头文件。只要在 stm32f1xx_it.c 文件刚才删除包含 main.h 语句的位置，编写包含 stm32f1xx_hal.h 语句即可，如图 7.41 所示。

再进行编译就会发现 0 错误 0 警告，结果如图 7.42 所示。

编译结果提示：代码总大小(Porgram Size)为 FLASH 占用 5 780 字节(Code＋RO＋RW)，SRAM 占用 1 928 字节(RW＋ZI)，并成功创建了 Hex 文件(可执行文件，放在 Output 目录下)。

```
main.c    stm32f1xx_it.c
22   /* Includes ---------------------------
23   #include "stm32f1xx_it.h"
24   #include "stm32f1xx_hal.h"
```

图 7.41　包含 stm32f1xx_hal.h 头文件到工程

```
Build Output
compiling stm32f1xx_hal_usart.c...
linking...
Program Size: Code=5390 RO-data=362 RW-data=28 ZI-data=1900
FromELF: creating hex file...
"..\..\Output\atk_f103.axf" - 0 Error(s), 0 Warning(s).
Build Time Elapsed:  00:00:05
```

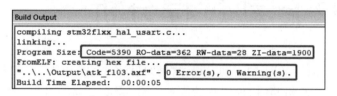

图 7.42　编译结果

另外，Readme 分组下还没有添加任何文件，由于只是添加一个说明性质的文件(.txt)，并不是工程必备文件，因此这里就不添加了，配套资料中是有添加的，读者可以参考。

至此，新建 HAL 库版本 MDK 工程完成。

7.2　下载验证

有 2 种方法可以给 STM32F103 芯片下载代码：① 使用串口下载；② 使用仿真器下载。这 2 种下载方法前面都做过详细介绍。这里以仿真器下载为例，在 MDK 主界面，单击 LOAD 按钮(也可以按键盘快捷键 F8)，就可以将代码下载到开发板，如图 7.43 所示。

```
Build Output
Load "..\\..\\Output\\atk_f103.axf"
Erase Done.
Programming Done.
Verify OK.
Application running ...
Flash Load finished at 19:11:46
```

图 7.43　下载成功

图 7.43 提示 Application running…，表示代码下载成功，且开始运行。可以看到 LED0 和 LED1 交叉闪烁。

第 8 章

STM32 启动过程分析

本章将分析 STM32F1 的启动过程，这里的启动过程是指从 STM32 芯片上电复位执行的第一条指令开始，到执行用户编写的 main 函数之间的过程。编写程序基本都是用 C 语言，并且以 main 函数作为程序的入口。但是事实上，main 函数并非最先执行的，在此之前需要做一些准备工作，准备工作通过启动文件的程序来完成。理解 STM32 启动过程对今后学习和分析 STM32 程序有很大帮助。

注意，学习本章内容之前，读者最好先阅读由正点原子团队编写的《STM32 启动文件浅析》和《STM32 MAP 文件浅析》文档（路径为配套资料的 A 盘→1，入门资料）。

8.1 启动模式

复位方式有 3 种：上电复位、硬件复位和软件复位。当产生复位并且离开复位状态后，CM3 内核做的第一件事就是读取下列 2 个 32 位整数的值：

① 从地址 0x00000000 处取出堆栈指针 MSP 的初始值，该值就是栈顶地址。

② 从地址 0x00000004 处取出程序计数器指针 PC 的初始值，该值指向复位后执行的第一条指令。复位序列如图 8.1 所示。

图 8.1 复位序列

上述过程中，内核是从 0x00000000 和 0x00000004 这 2 个地址获取堆栈指针 SP 和程序计数器指针 PC。事实上，0x00000000 和 0x00000004 这 2 个地址可以被重映射到其他的地址空间。例如，将 0x08000000 映射到 0x00000000，即从内部 FLASH 启动，那么内核会从地址 0x08000000 处取出堆栈指针 MSP 的初始值，从地址 0x08000004 处取出程序计数器指针 PC 的初始值。CPU 会从 PC 寄存器指向的地址空间取出的第一条指令开始执行程序，就是开始执行复位中断服务程序 Reset_Handler。将 0x00000000 和 0x00000004 这 2 个地址重映射到其他的地址空间，就是启动模式选择。

对于 STM32F1 的启动模式(也称自举模式),查看表 8.1 进行分析。

表 8.1　启动模式选择表

启动模式选择引脚电平		启动模式	0x00000000 映射地址	0x00000004 映射地址
BOOT0	BOOT1			
0	x	内部 FLASH	0x08000000	0x08000004
1	1	内部 SRAM	0x20000000	0x20000004
1	0	系统存储器	0x1FFFF000	0x1FFFF004

注:启动引脚的电平为 0 表示低电平;为 1 表示高电平;为 x 表示任意电平,即高低电平均可。

可以看到,STM32F1 根据 BOOT 引脚的电平选择启动模式,这 2 个 BOOT 引脚根据外部施加的电平来决定芯片的启动地址。(0 和 1 的准确电平范围可以查看 F103 系列数据手册 I/O 特性表,但最好设置成 Gnd 和 VDD 的电平值。)

(1) 内部 FLASH 启动方式

当芯片上电后采样到 BOOT0 引脚为低电平时,0x00000000 和 0x00000004 地址被映射到内部 FLASH 的首地址 0x08000000 和 0x08000004。因此,内核离开复位状态后,读取内部 FLASH 的 0x08000000 地址空间存储的内容,赋值给栈指针 MSP,作为栈顶地址;再读取内部 FLASH 的 0x08000004 地址空间存储的内容,赋值给程序指针 PC,作为将要执行的第一条指令所在的地址。完成这个操作后,内核就可以开始从 PC 指向的地址中读取指令执行了。

(2) 内部 SRAM 启动方式

类似于内部 FLASH,当芯片上电后采样到 BOOT0 和 BOOT1 引脚均为高电平时,地址 0x00000000 和 0x00000004 被映射到内部 SRAM 的首地址 0x20000000 和 0x20000004,内核从 SRAM 空间获取内容进行自举。在实际应用中,启动文件 start-tup_stm32f103xe. s 决定了 0x00000000 和 0x00000004 地址存储什么内容;链接时,由分散加载文件(sct)决定这些内容的绝对地址,即分配到内部 FLASH 还是内部 SRAM。

(3) 系统存储器启动方式

当芯片上电后采样到 BOOT0=1,BOOT1=0 的组合时,内核将从系统存储器的 0x1FFFF000 及 0x1FFFF004 获取 MSP 及 PC 值进行自举。系统存储器是一段特殊的空间,用户不能访问,ST 公司在芯片出厂前就在系统存储器中固化了一段代码。因而使用系统存储器启动方式时,内核会执行该代码,该代码运行时,会为 ISP(In System Program)提供支持。STM32F1 上最常见的是检测 USART1 传输过来的信息,并根据这些信息更新自己内部 FLASH 的内容,从而达到升级产品应用程序的目的,因此这种启动方式也称为 ISP 启动方式。

8.2　启动文件分析

STM32 启动文件由 ST 官方提供,在官方的 STM32Cube 固件包里。对于

STM32F103 系列芯片的启动文件，这里选用 startup_STM32F103xe.s 文件。启动文件用汇编编写，是系统上电复位后第一个执行的程序。

启动文件主要做了以下工作：

① 初始化堆栈指针 SP=_initial_sp；

② 初始化程序计数器指针 PC=Reset_Handler；

③ 设置堆和栈的大小；

④ 初始化中断向量表；

⑤ 配置外部 SRAM 作为数据存储器(可选)；

⑥ 配置系统时钟，通过调用 SystemInit 函数(可选)；

⑦ 调用 C 库中的_main 函数初始化用户堆栈，最终调用 main 函数。

8.2.1 启动文件中的一些指令

启动文件的汇编指令如表 8.2 所列。

表 8.2 启动文件的汇编指令

指令名称	作　用
EQU	给数字常量取一个符号名，相当于 C 语言中的 define
AREA	汇编一个新的代码段或者数据段
ALIGN	编译器对指令或者数据的存放地址进行对齐，一般需要跟一个立即数，默认表示 4 字节对齐。注意，这个不是 ARM 的指令，是编译器的，放到一起是为了方便
SPACE	分配内存空间
PRESERVE8	当前文件堆栈需要按照 8 字节对齐
THUMB	表示后面指令兼容 THUMB 指令。在 ARM 以前的指令集中有 16 位的 THUMBM 指令，现在 Cortex - M 系列使用的都是 THUMB - 2 指令集，THUMB - 2 是 32 位的，兼容 16 位和 32 位的指令，是 THUMB 的超级版
EXPORT	声明一个标号具有全局属性，可被外部的文件使用
DCD	以字节为单位分配内存，要求 4 字节对齐，并要求初始化这些内存
PROC	定义子程序，与 ENDP 成对使用，表示子程序结束
WEAK	弱定义，如果外部文件声明了一个标号，则优先使用外部文件定义的标号，外部文件没有定义也不会出错。注意，这个是 ARM 的指令，是编译器的，放到一起是为了方便
IMPORT	声明标号来自外部文件，跟 C 语言中的 extern 关键字类似
LDR	从存储器加载字到一个存储器中
BLX	跳转到由寄存器给出的地址，并根据寄存器的 LSE 确定处理器的状态，还要把跳转前的下条指令地址保存到 LR
BX	跳转到由寄存器/标号给出的地址，不用返回
B	跳转到一个标号
IF,ELSE,ENDIF	汇编条件分支语句，跟 C 语言的类似
END	到达文件的末尾，文件结束

表 8.2 列举了 STM32 启动文件的一些汇编和编译器指令，其他更多的 ARM 汇编指令可以通过 MDK 的索引搜索工具查找。打开索引搜索工具的方法：MDK→Help→μVision Help，如图 8.2 所示。

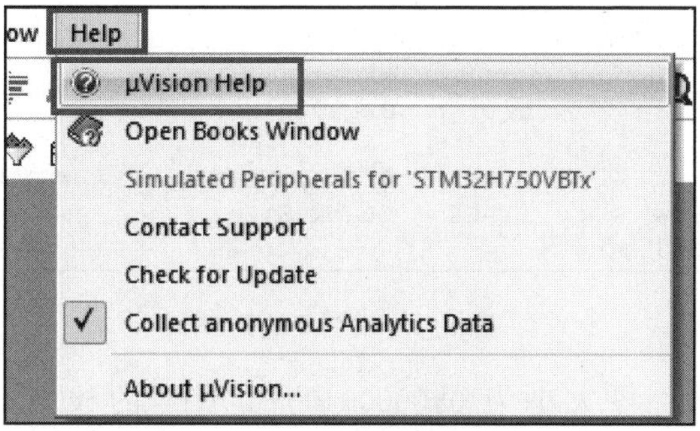

图 8.2　打开索引搜索工具的方法

这里以 EQU 为例，介绍一下怎么使用索引搜索项，如图 8.3 所示。

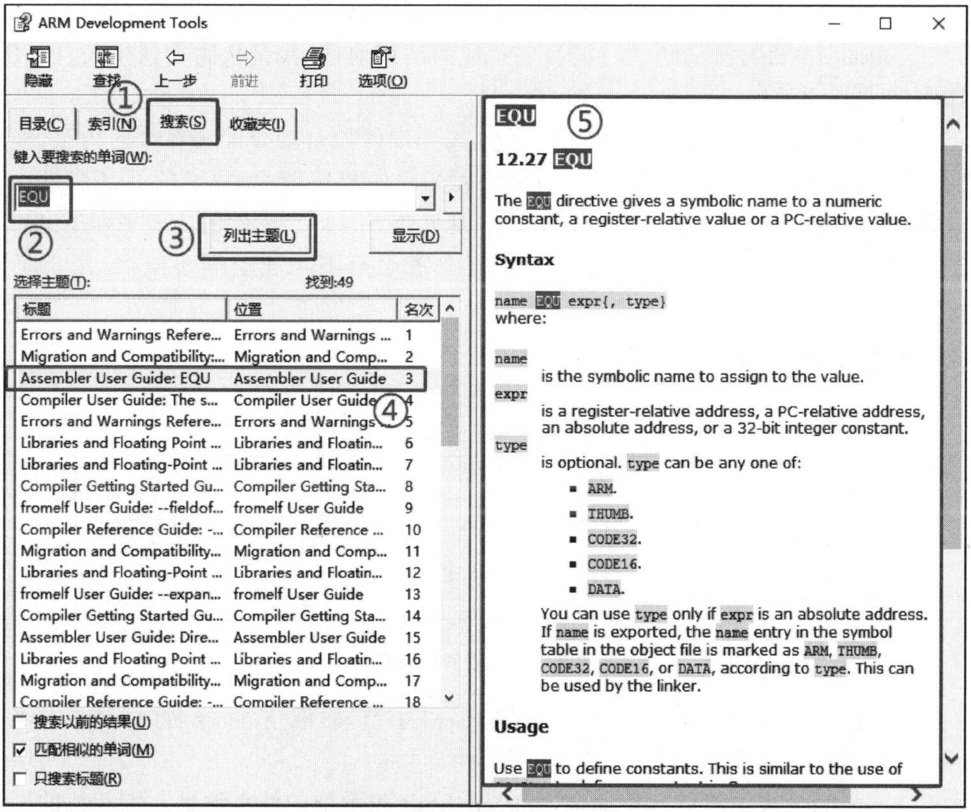

图 8.3　搜索 EQU 汇编指令

搜索到的结果有很多，我们只需要看位置为 Assembler User Guide 这部分即可。

8.2.2 启动文件代码讲解

1. 栈空间的开辟

栈空间的开辟源码如图 8.4 所示。

```
Stack_Size      EQU     0x00000400

                AREA    STACK, NOINIT, READWRITE, ALIGN=3
Stack_Mem       SPACE   Stack_Size
__initial_sp
```

图 8.4 栈空间的开辟

源码含义：开辟一段大小为 0x00000400（1 KB）的栈空间，段名为 STACK，NOINIT 表示不初始化；READWRITE 表示可读可写；ALIGN＝3，表示按照 2^3 对齐，即 8 字节对齐。

AREA 汇编一个新的代码段或者数据段。

SPACE 分配内存指令，分配大小为 Stack_Size 字节连续的存储单元给栈空间。

__initial_sp 紧挨着 SPACE 放置，表示栈的结束地址，栈是从高往低生长，所以结束地址就是栈顶地址。

栈主要用于存放局部变量、函数形参等，属于编译器自动分配和释放的内存，栈的大小不能超过内部 SRAM 的大小。如果工程的程序量比较大，定义的局部变量比较多，那么就需要在启动代码中修改栈的大小，即修改 Stack_Size 的值。如果程序出现了莫名其妙的错误，并进入了 HardFault，那就要考虑是不是栈空间不够大、溢出了的问题。

2. 堆空间的开辟

堆空间的开辟源码如图 8.5 所示。

```
Heap_Size       EQU     0x00000200

                AREA    HEAP, NOINIT, READWRITE, ALIGN=3
__heap_base
Heap_Mem        SPACE   Heap_Size
__heap_limit
```

图 8.5 堆空间的开辟

源码含义：开辟一段大小为 0x00000200（512 字节）的堆空间，段名为 HEAP，不初始化，可读可写，8 字节对齐。

__heap_base 表示堆的起始地址，__heap_limit 表示堆的结束地址。堆和栈的生长方向相反的，堆是由低向高生长，而栈是从高往低生长。

堆主要用于动态内存的分配，像 malloc()、calloc() 和 realloc() 等函数申请的内存就在堆上面。堆中的内存一般由程序员分配和释放，若程序员不释放，程序结束时可能由操作系统回收。

接下来是 PRESERVE8 和 THUMB 指令的代码,如图 8.6 所示。

PRESERVE8:指示编译器按照 8 字节对齐。

THUMB:指示编译器之后的指令为 THUMB 指令。

注意,由于正点原子提供了独立的内存管理实现方式(mymalloc、myfree 等),并不需要使用 C 库的 malloc 和 free 等函数,也就用不到堆空间,因此可以设置 Heap_Size 的大小为 0,以节省内存空间。

3. 中断向量表定义(简称向量表)

为中断向量表定义一个数据段,如图 8.7 所示。

```
                PRESERVE8
                THUMB
```

图 8.6 PRESERVE8 和 THUMB 指令

```
        AREA    RESET, DATA, READONLY
        EXPORT  __Vectors
        EXPORT  __Vectors_End
        EXPORT  __Vectors_Size
```

图 8.7 为中断向量表定义一个数据段

源码含义:定义一个数据段,名字为 RESET, READONLY 表示只读。EXPORT 表示声明一个标号具有全局属性,可被外部的文件使用。这里声明了 __Vectors、__Vectors_End 和__Vectors_Size 这 3 个标号具有全局性,可被外部的文件使用。

STM32F103 的中断向量表定义代码如图 8.8 所示。

__Vectors 为向量表起始地址,__Vectors_End 为向量表结束地址,__Vectors_Size 为向量表大小,__Vectors_Size=__Vectors_End - __Vectors。

DCD:分配一个或者多个以字为单位的内存,以 4 字节对齐,并要求初始化这些内存。中断向量表被放置在代码段的最前面。例如,程序在 FLASH 运行时,那么向量表的起始地址是 0x08000000。结合图 8.8 可以知道,地址 0x08000000 存放的是栈顶地址。DCD 以 4 字节对齐分配内存,也就是下个地址是 0x08000004,存放的是 Reset_Handler 中断函数入口地址。

从代码上看,向量表中存放的都是中断服务函数的函数名,所以 C 语言中的函数名对芯片来说实际上就是一个地址。

STM32F103 的中断向量表可以在“STM32F10xxx 参考手册_V10(中文版).pdf”的 9.1.2 小节找到,与中断向量表定义代码是对应的。

4. 复位程序

接下来是定义只读代码段,如图 8.9 所示。

定义一个段名为.text 的只读代码段,在 CODE 区。

复位子程序代码如图 8.10 所示。

利用 PROC、ENDP 这一对伪指令把程序段分为若干个过程,使程序的结构更加清晰。

```
__Vectors       DCD     __initial_sp               ; Top of Stack
                DCD     Reset_Handler              ; Reset Handler
                DCD     NMI_Handler                ; NMI Handler
                DCD     HardFault_Handler          ; Hard Fault Handler
                DCD     MemManage_Handler          ; MPU Fault Handler
                DCD     BusFault_Handler           ; Bus Fault Handler
                DCD     UsageFault_Handler         ; Usage Fault Handler
                DCD     0                          ; Reserved
                DCD     0                          ; Reserved
                DCD     0                          ; Reserved
                DCD     0                          ; Reserved
                DCD     SVC_Handler                ; SVCall Handler
                DCD     DebugMon_Handler           ; Debug Monitor Handler
                DCD     0                          ; Reserved
                DCD     PendSV_Handler             ; PendSV Handler
                DCD     SysTick_Handler            ; SysTick Handler

                ; External Interrupts (外部中断)
                DCD     WWDG_IRQHandler            ; Window Watchdog
                DCD     PVD_IRQHandler             ; PVD through EXTI Line detect
                DCD     TAMPER_IRQHandler          ; Tamper
                DCD     RTC_IRQHandler             ; RTC
                DCD     FLASH_IRQHandler           ; Flash
                DCD     RCC_IRQHandler             ; RCC
               ;...限于篇幅这里省略部分中断向量表...
                DCD     DMA2_Channel3_IRQHandler   ; DMA2 Channel3
                DCD     DMA2_Channel4_5_IRQHandler ; DMA2 Channel4 & Channel5
__Vectors_End

__Vectors_Size EQU  __Vectors_End - __Vectors

```

图 8.8 中断向量表定义代码

```
                AREA    |.text|, CODE, READONLY
```

图 8.9 定义只读代码段

```
; Reset handler
Reset_Handler   PROC
                EXPORT  Reset_Handler             [WEAK]
                IMPORT  __main
                IMPORT  SystemInit
                LDR     R0, =SystemInit
                BLX     R0
                LDR     R0, =__main
                BX      R0
                ENDP
```

图 8.10 复位子程序代码

复位子程序是复位后第一个被执行的程序，主要是调用 SystemInit 函数配置系统时钟及初始化 FSMC 总线上外挂的 SRAM(可选)。然后再调用 C 库函数__main，最终调用 main 函数去到 C 的世界。

EXPORT 声明复位中断向量 Reset_Handler 为全局属性，这样外部文件就可以调用此复位中断服务。

WEAK：表示弱定义，如果外部文件优先定义了该标号，则首先引用外部定义的标号；如果外部文件没有声明，则也不会出错。这里表示复位子程序可以由用户在其他文件重新实现,这里并不是唯一的。

IMPORT 表示该标号来自外部文件。这里表示 SystemInit 和__main 这 2 个函数均来自外部的文件。

LDR、BLX、BX 是内核指令,可在《ARM Cortex - M3 权威指南》第 4 章指令集里查询到。

LDR 表示从存储器中加载字到一个存储器中。

BLX 表示跳转到由寄存器给出的地址,并根据寄存器的 LSE 确定处理器的状态,还要把跳转前的下条指令地址保存到 LR。

BX 表示跳转到由寄存器/标号给出的地址,不用返回。这里表示切换到__main 地址,最终调用 main 函数,不返回,进入 C 的世界。

5. 中断服务程序

接下来就是中断服务程序了,如图 8.11 所示。可以看到,这些中断服务函数都被[WEAK]声明为弱定义函数。如果外部文件声明了一个标号,则优先使用外部文件定义的标号;如果外部文件没有定义,也不会出错。

```
; Dummy Exception Handlers (infinite loops which can be modified)

NMI_Handler     PROC
                EXPORT  NMI_Handler                [WEAK]
;               B       .
                ENDP
HardFault_Handler\
                PROC
                EXPORT  HardFault_Handler          [WEAK]
                B       .
                ENDP
;...省略部分内核中断...
SysTick_Handler PROC
                EXPORT  SysTick_Handler            [WEAK]
                B       .
                ENDP

Default_Handler PROC

                EXPORT  WWDG_IRQHandler            [WEAK]
                EXPORT  PVD_IRQHandler             [WEAK]
                EXPORT  TAMPER_IRQHandler          [WEAK]
;省略部分外部声明, 这时是声明为weak函数
                EXPORT  DMA2_Channel4_5_IRQHandler [WEAK]

WWDG_IRQHandler
PVD_IRQHandler
TAMPER_IRQHandler
;省略部分中断向量声明
DMA2_Channel4_5_IRQHandler
                B       .

                ENDP
```

图 8.11　中断服务程序

这些中断函数分为系统异常中断和外部中断,外部中断根据不同芯片有所变化。B 指令是跳转到一个标号,这里跳转到一个'.',表示无限循环。

启动文件代码中已经把所有中断的中断服务函数写好了,但都声明为弱定义,所以真正的中断服务函数需要我们在外部实现。

如果开启了某个中断，但是忘记写对应的中断服务程序函数或者把中断服务函数名写错，那么中断发生时，程序就会跳转到启动文件预先写好的弱定义的中断服务程序中，并且在B指令作用下跳转到一个'.'中，无限循环。

这里的系统异常中断部分是内核的，外部中断部分是外设的。

6. 用户堆栈初始化

ALIGN指令如图8.12所示。

```
183                     ALIGN
```

图8.12 ALIGN指令

ALIGN表示对指令或者数据的存放地址进行对齐，一般需要跟一个立即数，默认表示4字节对齐。注意，这个不是ARM的指令，是编译器的。

接下来就是启动文件最后一部分代码，用户堆栈初始化代码，如图8.13所示。

```
328 ;*******************************************************************************
329 ; User Stack and Heap initialization
330 ;*******************************************************************************
331                  IF      :DEF:__MICROLIB
332
333                  EXPORT  __initial_sp
334                  EXPORT  __heap_base
335                  EXPORT  __heap_limit
336
337                  ELSE
338
339                  IMPORT  __use_two_region_memory
340                  EXPORT  __user_initial_stackheap
341
342 __user_initial_stackheap
343
344                  LDR     R0, =  Heap_Mem
345                  LDR     R1, =(Stack_Mem + Stack_Size)
346                  LDR     R2, = (Heap_Mem +  Heap_Size)
347                  LDR     R3, = Stack_Mem
348                  BX      LR
349
350                  ALIGN
351
352                  ENDIF
353
354                  END
```

图8.13 用户堆栈初始化代码

IF、ELSE、ENDIF是汇编的条件分支语句。

588行判断是否定义了__MICROLIB。__MICROLIB宏定义是在KEIL里面配置的，具体方法如图8.14所示。选中Use MicroLIB就代表定义了__MICROLIB宏。

如果定义__MICROLIB，则声明__initial_sp、__heap_base和__heap_limit这3个标号具有全局属性，可被外部的文件使用。__initial_sp表示栈顶地址，__heap_base表示堆起始地址，__heap_limit表示堆结束地址。

如果没有定义__MICROLIB，实际的情况就是没有定义__MICROLIB，所以使用

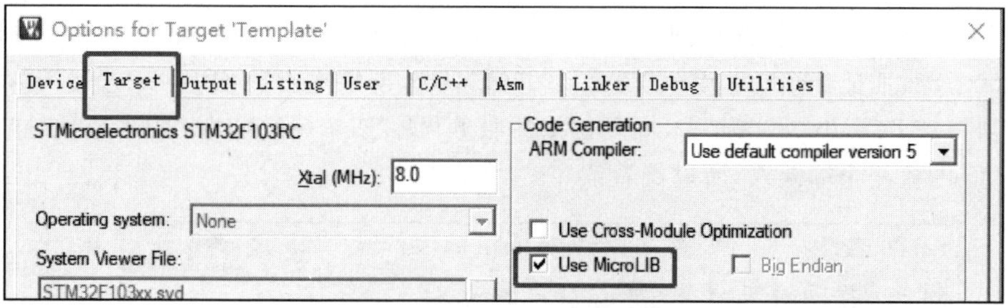

图 8.14 __MICROLIB 定义方法

默认的 C 库运行,那么堆栈的初始化由 C 库函数__main 来完成。

IMPORT 声明__use_two_region_memory 标号来自外部文件。

EXPORT 声明__user_initial_stackheap 具有全局属性,可被外部的文件使用。

340 行标号__user_initial_stackheap,表示用户堆栈初始化程序入口。

接下来进行堆栈空间初始化,堆是从低到高生长,栈是从高到低生长,是 2 个互相独立的数据段,并且不能交叉使用。

344 行保存堆起始地址。345 行保存栈大小。346 行保存堆大小。347 行保存栈顶指针。348 行跳转到 LR 标号给出的地址,不用返回。354 行 END 表示到达文件的末尾,文件结束。

MicroLIB 是 MDK 自带的微库,默认是 C 库的备选库。MicroLIB 进行了高度优化,使得其代码变得很小,功能比默认 C 库少。MicroLIB 是没有源码的,只有库。更多知识可以查看官方介绍 http://www.keil.com/arm/microlib.asp。

8.2.3 系统启动流程

启动模式不同,启动的起始地址是不一样的,下面以代码下载到内部 FLASH 的情况举例,即代码从地址 0x08000000 开始被执行。

当产生复位并且离开复位状态后,CM3 内核做的第一件事就是读取下列 2 个 32 位整数的值:

① 从地址 0x08000000 处取出堆栈指针 MSP 的初始值,该值就是栈顶地址。

② 从地址 0x08000004 处取出程序计数器指针 PC 的初始值,该值指向中断服务程序 Reset_Handler。示意如图 8.15 所示。

图 8.15 复位序列

我们看看 STM32F103 开发板 HAL 库例程的实验 1 跑马灯实验中，取出的 MSP 和 PC 的值是多少，方法如图 8.16 所示。由此可以知道地址 0x08000000 的值是 0x20000788，地址 0x08000004 的值是 0x080001CD，即堆栈指针 SP＝0x20000788，程序计数器指针 PC＝0x080001CD(即复位中断服务程序 Reset_Handler 的入口地址)。因为 CM3 内核是小端模式，所以倒着读。

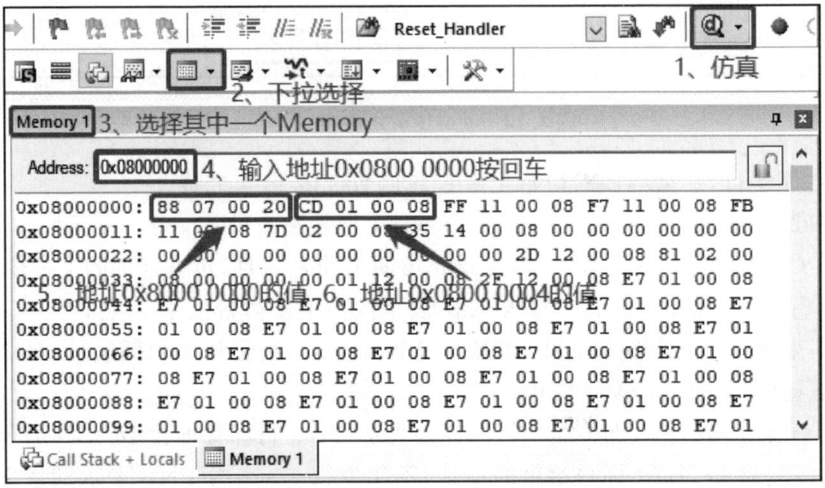

图 8.16　取出的 MPS 和 PC 的值

注意，这与传统的 ARM 架构不同——其实也和绝大多数的其他单片机不同。传统的 ARM 架构总是从 0 地址开始执行第一条指令，它们的 0 地址处总是一条跳转指令。而在 CM3 内核中，0 地址处提供 MSP 的初始值，然后就是向量表(向量表以后还可以被移至其他位置)。向量表中的数值是 32 位的地址，而不是跳转指令。向量表的第一个条目指向复位后应执行的第一条指令，就是 Reset_Handler 函数。下面继续以 Mini 开发板 HAL 库例程实验 1 跑马灯实验为例，代码从地址 0x08000000 开始被执行，讲解一下系统启动、初始化堆栈、MSP 和 PC 后的内存情况。

因为 CM3 使用向下生长的满栈，所以 MSP 的初始值必须是堆栈内存的末地址加 1。

举例来说，如果栈区域在 0x20000388～0x20000787(1 KB 大小)之间，那么 MSP 的初始值就必须是 0x20000788。

向量表跟随在 MSP 的初始值之后——也就是第 2 个表目。

R15 是程序计数器，在汇编代码中可以使用名字“PC”来访问它。ARM 规定：PC 最低 2 位并不表示真实地址，最低位 LSB 用于表示是 ARM 指令(0)还是 Thumb 指令(1)，因为 CM3 主要执行 Thumb 指令，所以这些指令的最低位都是 1(都是奇数)。因为 CM3 内部使用了指令流水线，读 PC 时返回的值是当前指令的地址＋4。比如说：

```
0x1000： MOV R0， PC ； R0 = 0x1004
```

如果向 PC 写数据，则会引起一次程序的分支（但是不更新 LR 寄存器）。CM3 中的指令至少是半字对齐的，所以 PC 的 LSB 总是读回 0。然而，在分支时，无论是直接写 PC 的值还是使用分支指令，都必须保证加载到 PC 的数值是奇数（即 LSB＝1），表明是在 Thumb 状态下执行。倘若写了 0，则视为转入 ARM 模式，CM3 将产生一个 fault 异常。

因此，图 8.17 中使用 0x080001CD 来表达地址 0x080001CC。当 0x080001CD 处的指令得到执行后，就正式开始了程序的执行（即去到 C 的世界）。所以在此之前初始化 MSP 是必需的，因为可能第一条指令还没执行就会被 NMI 或是其他 fault 打断。MSP 初始化好后就已经为它们的服务例程准备好了堆栈。

STM32 启动文件分析就介绍到这里，更多内容可参考《STM32 启动文件浅析》。

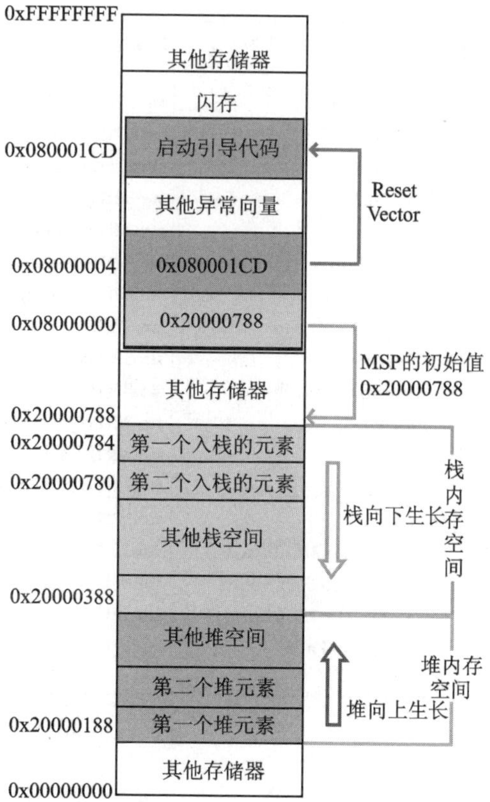

图 8.17　初始化堆栈、MSP 和 PC 后的内存情况

8.3　map 文件分析

8.3.1　MDK 编译生成文件

MDK 编译工程时会生成一些中间文件（如.o、.axf、.map 等），最终生成 hex 文件，以便下载到 MCU 上面执行。以 STM32F103 开发板 HAL 库例程的实验 1 跑马灯实验为例（其他开发板类似），编译过程产生的所有文件都存放在 Output 文件夹下，如图 8.18 所示。

这里总共生成了 43 个文件，共 11 个类型，分别是.axf、.crf、.d、.dep、.hex、.lnp、.lst、.o、.htm、bulild_log.htm 和.map。43 个文件（选中 Browse informatio－n 时为 59 个）看着不是很多，但是随着工程的增大，这些文件会越来越多，大项目编译一次，可以生成几百甚至上千个这种文件，不过文件类型基本就是上面这些。

对于 MDK 工程来说，基本上任何工程在编译过程中都会有这 11 类文件。常见的 MDK 编译过程生产文件类型如表 8.3 所列。

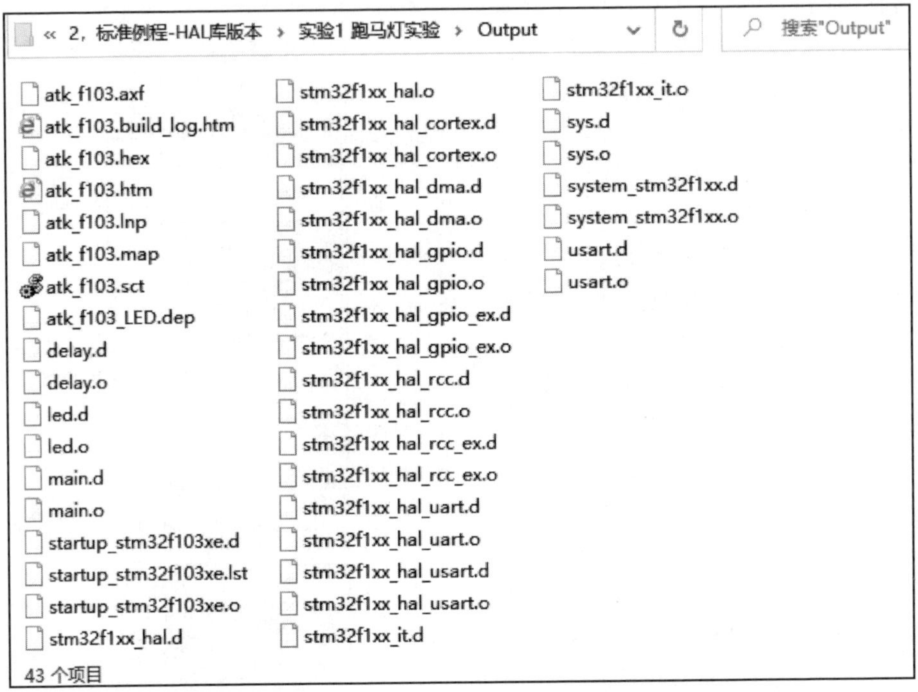

图 8.18　MDK 编译过程生成的文件

表 8.3　常见的中间文件类型说明

文件类型	说　明
.o	可重定向[1]对象文件，每个源文件(.c/.s 等)编译都会生成一个.o 文件
.axf	由 ARMCC 编译生产的可执行对象文件，不可重定向[2](绝对地址)，多个.o 文件链接生成.axf 文件，仿真的时候需要用到该文件
.hex	Intel Hex 格式文件，可用于下载到 MCU，.hex 文件由.axf 文件转换而来
.crf	交叉引用文件，包含浏览信息(定义、标识符、引用)
.d	由 ARMCC/GCC 编译生产的依赖文件(.o 文件所对应的依赖文件)，每个.o 文件都有一个对应的.d 文件
.dep	整个工程的依赖文件
.lnp	MDK 生成的链接输入文件，用于命令输入
.lst	C 语言或汇编编译器生成的列表文件
.htm	链接生成的列表文件
.build_log.htm	最近一次编译工程时的日志记录文件
.map	链接器生成的列表文件、MAP 文件，该文件非常有用

注 1　可重定向是指该文件包含数据/代码，但是并没有指定地址，它的地址可由后续链接的时候进行指定。

2　不可重定向是指该文件所包含的数据/代码都已经指定地址了，不能再改变。

8.3.2　map 文件分析

map 文件是编译器链接时生成的一个文件，它主要包含了交叉链接信息。通过 map 文件可以知道整个工程的函数调用关系、FLASH 和 RAM 占用情况及其详细汇总信息，能具体到单个源文件(.c/.s)的占用情况，根据这些信息可以对代码进行优化。map 文件可以分为以下 5 个组成部分：

① 程序段交叉引用关系(Section Cross References)；

② 删除映像未使用的程序段(Removing Unused input sections from the image)；

③ 映像符号表(Image Symbol Table)；

④ 映像内存分布图(Memory Map of the image)；

⑤ 映像组件大小(Image component sizes)。

1. map 文件的 MDK 设置

要生成 map 文件，我们需要单击 MDK 的魔术棒，在弹出的对话框中选择 Listing 选项卡里，进行相关设置，如图 8.19 所示。

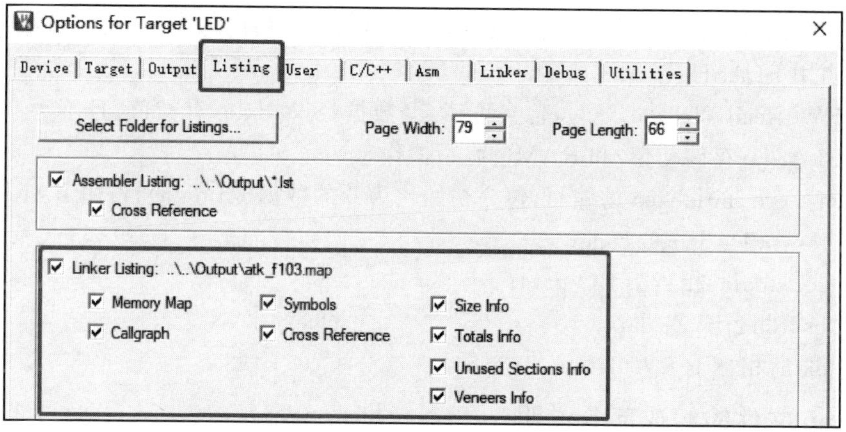

图 8.19　map 文件生成设置

图 8.19 中方框框出的部分就是需要设置的，默认情况下，MDK 这部分设置就是全选中的；如果想取消掉一些信息的输出，则直接取消相关选项即可(一般不建议)。

按图 8.19 设置好 MDK 以后，全编译当前工程，编译完成后(无错误)就会生成 map 文件。在 MDK 里面打开 map 文件的方法如图 8.20 所示。

① 先确保工程编译成功(无错误)。

② 双击 LED，打开 map 文件。

③ map 文件打开成功。

2. map 文件的基础概念

为了更好地分析 map 文件，先对需要用到的一些基础概念进行简单介绍：

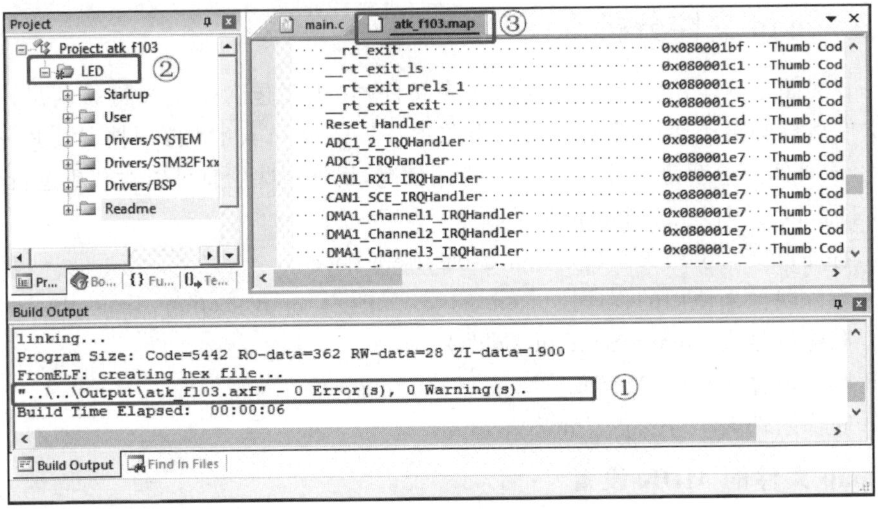

图 8.20　打开 map 文件

- Section：描述映像文件的代码或数据块，简称程序段；
- RO：Read Only 的缩写，包括只读数据(RO data)和代码(RO code)两部分内容，占用 FLASH 空间；
- RW：Read Write 的缩写，包含可读/写数据(RW data，有初值，且不为 0)，占用 FLASH(存储初值)和 RAM(读/写操作)；
- ZI：Zero initialized 的缩写，包含初始化为 0 的数据(ZI data)，占用 RAM 空间；
- .text：相当于 RO code；
- .constdata：相当于 RO data；
- .bss：相当于 ZI data；
- .data：相当于 RW data。

3. map 文件的组成部分说明

前面说 map 文件由 5 个部分组成，下面以 STM32F103 开发板 HAL 库例程的实验 1 跑马灯实验为例简要介绍。

(1) 程序段交叉引用关系

这部分内容描述了各个文件(.c/.s 等)之间函数(程序段)的调用关系，举个例子，如图 8.21 所示。

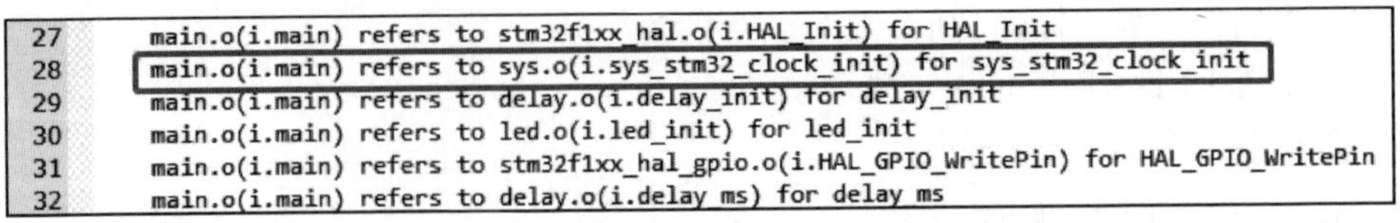
27 main.o(i.main) refers to stm32f1xx_hal.o(i.HAL_Init) for HAL_Init
28 main.o(i.main) refers to sys.o(i.sys_stm32_clock_init) for sys_stm32_clock_init
29 main.o(i.main) refers to delay.o(i.delay_init) for delay_init
30 main.o(i.main) refers to led.o(i.led_init) for led_init
31 main.o(i.main) refers to stm32f1xx_hal_gpio.o(i.HAL_GPIO_WritePin) for HAL_GPIO_WritePin
32 main.o(i.main) refers to delay.o(i.delay_ms) for delay_ms

图 8.21　程序段交叉引用关系图

图中框出的部分中，main.c 文件中的 main 函数调用了 sys.c 中的 sys_stm32_clock_init 函数。其中，i.main 表示 main 函数的入口地址，i.sys_stm32_clock_init 表示 sys_stm32_clock_init 函数的入口地址。

(2) 删除映像未使用的程序段

这部分内容描述了工程中由于未被调用而被删除的冗余程序段（函数/数据），如图 8.22 所示。图中列出了所有被移除的程序段，比如 usart.c 里面的 usart_init 函数就被移除了，因为该例程没用到 usart_init 函数。

```
    Removing usart.o(.rev16_text), (4 bytes).
    Removing usart.o(.revsh_text), (4 bytes).
    Removing usart.o(.rrx_text), (6 bytes).
    Removing usart.o(i.HAL_UART_MspInit), (180 bytes).
    Removing usart.o(i._ttywrch), (4 bytes).
    Removing usart.o(i.fputc), (28 bytes).
    Removing usart.o(i.usart_init), (56 bytes).

216 unused section(s) (total 15556 bytes) removed from the image.

==============================================================================
```

图 8.22　删除未用到的程序段

最后还有一个统计信息：216 unused section(s) (total 15 556 bytes) removed from the image，表示总共移除了 216 个程序段（函数/数据），大小为 15 556 字节，即给 MCU 节省了 15 556 字节的程序空间。

为了更好地节省空间，一般在 MDK→魔术棒→C/C++选项卡里面选中 One ELF Section per Function，如图 8.23 所示。

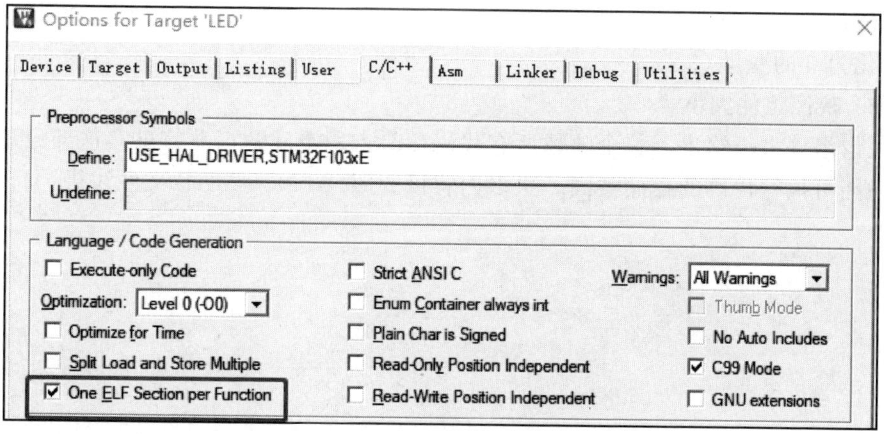

图 8.23　MDK 选中 One ELF Section per Function

(3) 映像符号表

映像符号表描述了被引用的各个符号（程序段/数据）在存储器中的存储地址、类型、大小等信息。映像符号表分为 2 类：本地符号（Local Symbols）和全局符号（Global Symbols）。

本地符号记录了用 static 声明的全局变量地址和大小、C 文件中函数的地址和用 static 声明的函数代码大小、汇编文件中的标号地址(作用域:限本文件)。

全局符号记录了全局变量的地址和大小、C 文件中函数的地址及其代码大小、汇编文件中的标号地址(作用域:全工程)。

(4) 映像内存分布图

映像文件分为加载域(Load Region)和运行域(Execution Region)。一个加载域必须有至少一个运行域(可以有多个运行域),而一个程序又可以有多个加载域。加载域为映像程序的实际存储区域,而运行域则是 MCU 上电后的运行状态。加载域和运行域的简化关系(这里仅表示一个加载域的情况)如图 8.24 所示。

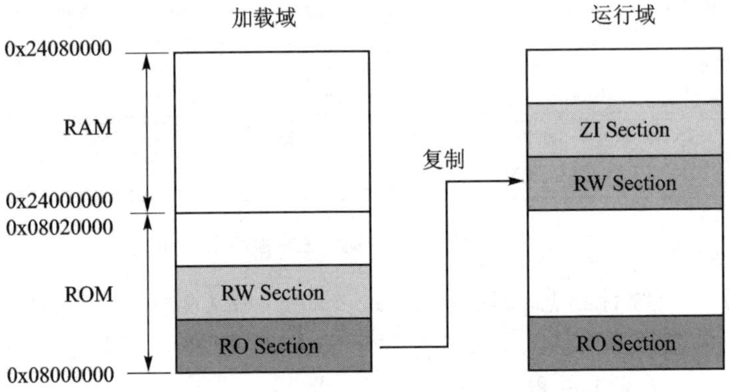

图 8.24　加载域和运行域的简化关系

由图可知,RW 区也是存放在 ROM(FLASH)里面的,在执行 main 函数之前 RW (有初值且不为 0 的变量)数据会被复制到 RAM 区,同时还会在 RAM 里面创建 ZI 区(初始化为 0 的变量)。

(5) 映像组件大小

映像组件大小给出了整个映像所有代码(.o)占用空间的汇总信息。这部分是程序实际功能可执行代码的存储空间。更多内容可查阅《STM32 MAP 文件浅析》文档。

第 9 章 STM32 时钟配置

MCU 都是基于时序控制的一个系统。本章将结合“STM32F10xxx 参考手册_V10(中文版).pdf”和《ARM Cortex-M3 权威指南》的知识，对 STM32F1 的整体架构作一个简单介绍，帮助读者更全面、系统地认识 STM32F1 系统的主控结构，了解时钟系统在整个 STM32 系统的贯穿和驱动作用，学会设置 STM32 的系统时钟。

9.1 认识时钟树

我们知道，任意复杂的电路控制系统都可以经由门电路组成的组合电路实现。STM32 内部也是由多种多样的电路模块组合在一起实现的。一个电路越复杂，在达到正确的输出结果前，它可能因为延时有一些短暂的中间状态，这些中间状态有时会导致输出结果有一个短暂的错误，这叫电路中的“毛刺现象”；如果电路需要运行得足够快，那么这些错误状态会被其他电路作为输入采样，最终形成一系列系统错误。为了解决这个问题，在单片机系统中，设计时以时序电路控制替代纯粹的组合电路，在每一级输出结果前对各个信号进行采样，从而使得电路中某些信号即使出现延时也可以保证各个信号的同步，从而避免电路中发生的“毛刺现象”，达到精确控制输出的效果。

由于时序电路的重要性，因此在 MCU 设计时就设计了专门用于控制时序的电路，在芯片设计中称为时钟树设计。由此设计出来的时钟可以精确控制单片机系统，这也是本节要展开分析的时钟分析。为什么是时钟树而不是时钟呢？一个 MCU 越复杂，时钟系统也会相应地变得复杂，如 STM32F1 的时钟系统比较复杂，不像简单的 51 单片机一个系统时钟就可以解决一切。对于 STM32F1 系列的芯片，正常工作的主频可以达到 72 MHz，但并不是所有外设都需要系统时钟这么高的频率，比如看门狗以及 RTC 只需要几十 kHz 的时钟即可。同一个电路，时钟越快功耗越大，同时抗电磁干扰能力也会越弱，所以较为复杂的 MCU 一般都采取多时钟源的方法来解决这些问题。

STM32 本身非常复杂，外设非常多，为了保持低功耗工作，STM32 的主控默认不开启这些外设功能。用户可以根据需要决定 STM32 芯片要使用的功能，这个功能开关在 STM32 主控中也就是各个外设的时钟。

图 9.1 为一个简化的 STM32F1 时钟系统图，其中已把主要关注几处标注出来。A 部分表示其他电路需要的输入源时钟信号；B 为一个特殊的振荡电路“PLL”，由几个部分构成；C 为需要重点关注的 MCU 内的主时钟“SYSCLK”；AHB 预分频器将 SY-

SCLK 分频或不分频后分发给其他外设进行处理，包括到 F 部分的 Cortex－M 内核系统的时钟。D、E 部分别为定时器等外设的时钟源 APB1/APB2；G 是 STM32 的时钟输出功能，其他部分学习到再详细探讨。接下来详细了解这些部分的功能。

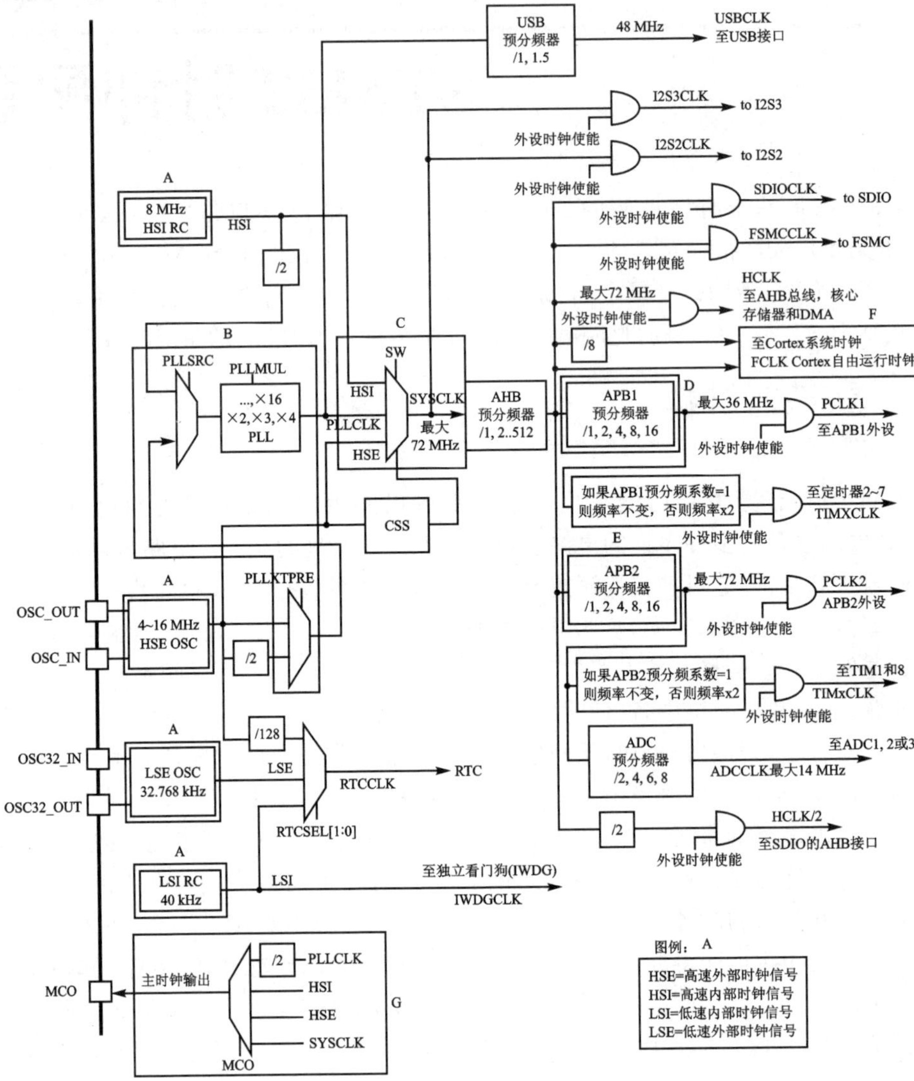

图 9.1　STM32F1 时钟系统图

9.1.1　时钟源

对于 STM32F1，输入时钟源（Input Clock）主要包括 HSI、HSE、LSI、LSE。其中，从时钟频率来看可以分为高速时钟源和低速时钟源，HSI、HSE 高速时钟，LSI 和 LSE 是低速时钟。从来源可分为外部时钟源和内部时钟源，外部时钟源就是从外部通过接晶振的方式获取时钟源，其中，HSE 和 LSE 是外部时钟源；其他是内部时钟源，芯片上电即可产生，不需要借助外部电路。下面看看 STM32 的时钟源。

(1) 2 个外部时钟源

1) 高速外部振荡器 HSE

外接石英/陶瓷谐振器，频率为 4～16 MHz。本书开发板使用的是 8 MHz。

2) 低速外部振荡器 LSE

外接 32.768 kHz 石英晶体，主要作用于 RTC 的时钟源。

(2) 2 个内部时钟源

1) 高速内部振荡器 HSI

由内部 RC 振荡器产生，频率为 8 MHz。

2) 低速内部振荡器 LSI

由内部 RC 振荡器产生，频率为 40 kHz，可作为独立看门狗的时钟源。

芯片上电时默认由内部的 HSI 时钟启动，只有用户进行了硬件和软件的配置，芯片才会根据用户配置尝试切换到对应的外部时钟源，所以同时了解这几个时钟源信号还是很有必要的。

9.1.2 锁相环 PLL

锁相环是自动控制系统中常用的一个反馈电路，在 STM32 主控中，锁相环的作用主要有 2 个部分：输入时钟净化和倍频。前者利用锁相环电路的反馈机制实现，后者用于使芯片在更高且频率稳定的时钟下工作。

在 STM32 中，锁相环的输出也可以作为芯片系统的时钟源。根据图 9.1 可知，使用锁相环时只需要进行 3 个部分的配置。为了方便查看，截取了使用 PLL 作为系统时钟源的配置部分，如图 9.2 所示。图 9.2 借用了在 CubeMX 下用锁相环配置 72 MHz 时钟的一个示例。

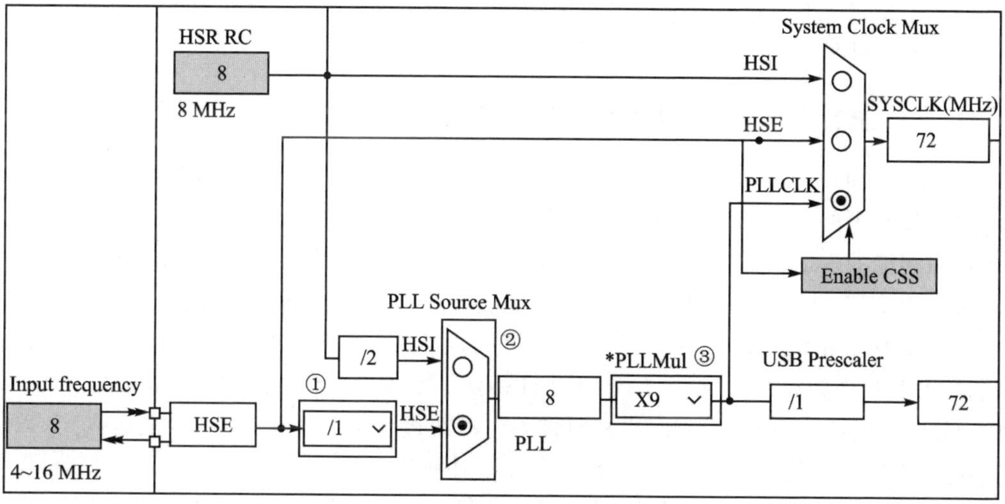

图 9.2 PLL 时钟配置图

(1) PLLXTPRE:HSE分频器作为PLL输入

即图9.2在标注为①的地方,它专门用于HSE,ST设计它有2种方式,并把它的控制功能放在RCC_CFGR寄存器中。该寄存器描述如图9.3所示。

位17	PLLXTPRE：HSE分频器作为PLL输入 由软件置1或清0来分频HSE后作为PLL输入时钟。只能在关闭PLL时才能写入此位。 0：HSE不分频　　1：HSE 2分频

图9.3 RCC_CFGR寄存器描述(部分)

从F103参考手册可知它的值有2个:一是2分频,另一种是1分频(不分频)。经过HSE分频器处理后的输出振荡时钟信号比直接输入的时钟信号更稳定。

(2) PLLSRC:PLL输入时钟源

图9.2中②表示的是PLL时钟源的选择器,如图9.4所示。

位16	PLLSRC：PLL输入时钟源 由软件置1或清0来选择PLL输入时钟源。只能在关闭PLL时才能写入此位。 0：HSI振荡器时钟经2分频后作为PLL输入时钟 1：HSE时钟作为PLL输入时钟

图9.4 PLLSRC锁相环时钟源选择

它有2种可选择的输入源:一种是设计为HSI的2分频时钟,另一种是A处的PLLXTPRE处理后的HSE信号。

(3) PLLMUL:PLL倍频系数

图9.2中③所表示的配置锁相环倍频系数,同样可以查到,在STM32F1系列中,ST设置它的有效倍频范围为2～16倍。

要实现72 MHz的主频率,这里通过选择HSE不分频作为PLL输入的时钟信号,即输入8 MHz,通过标号③选择倍频因子,可选择2～16倍频,这里选择9倍频,这样可以得到时钟信号为8 MHz×9=72 MHz。

9.1.3 系统时钟SYSCLK

STM32的系统时钟SYSCLK为整个芯片提供了时序信号。STM32主控是时序电路连接起来的。对于相同的稳定运行的电路,时钟频率越高,指令的执行速度越快,单位时间能处理的功能越多。STM32的系统时钟是可配置的,在STM32F1系列中,它可以为HSI、PLLCLK、HSE中的一个,通过CFGR的位SW[1:0]设置。

PLL作为系统时钟时,根据开发板的资源,可以把主频通过PLL设置为72 MHz。仍使用PLL作为系统时钟源,如果使用HSI/2,那么可以得到最高主频8 MHz/2×16=64 MHz。AHB、APB1、APB2、内核时钟等时钟通过系统时钟分频得到,根据得到的这个系统时钟,下面结合外设来看一看各个外设时钟源。

图9.5是STM32F103系统时钟。其中,标号C为系统时钟输入选择,可选时钟信号有外部高速时钟HSE(8 MHz)、内部高速时钟HSI(8 MHz)和经过倍频的PLL

CLK(72 MHz),选择 PLL CLK 作为系统时钟,此时系统时钟的频率为 72 MHz。系统时钟来到标号 D 的 AHB 预分频器,其中可选择的分频系数为 1、2、4、8、16、32、64、128、256,选择不分频,所以 AHB 总线时钟达到最大的 72 MHz。下面介绍一下由 AHB 总线时钟得到的时钟。

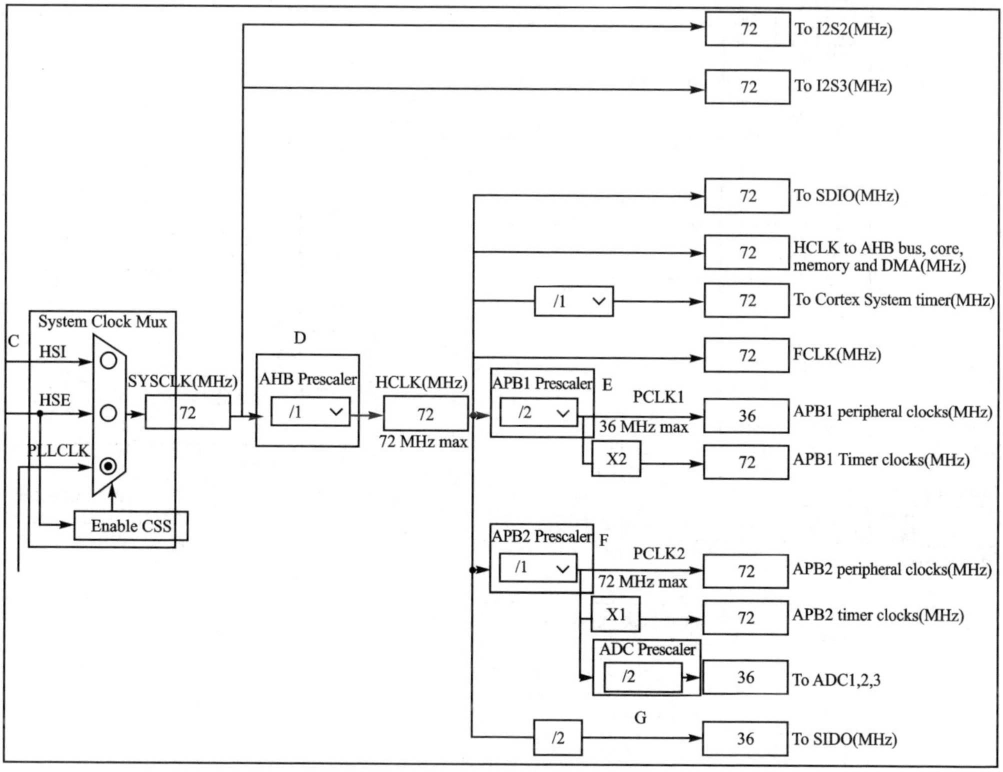

图 9.5　STM32F103 系统时钟生成图

① APB1 总线时钟:由 HCLK 经过标号 E 的低速 APB1 预分频器得到,分频因子可以选择 1、2、4、8、16,这里选择 2 分频,所以 APB1 总线时钟为 36 MHz。由于 APB1 是低速总线时钟,所以 APB1 总线最高频率为 36 MHz,片上低速的外设就挂载在该总线上,如看门狗定时器、定时器 2～7、RTC 时钟、USART2～5、SPI2(I2S2)与 SPI3(I2S3)、I2C1 与 I2C2、CAN、USB 设备和 2 个 DAC。

② APB2 总线时钟:由 HCLK 经过标号 F 的高速 APB2 预分频器得到,分频因子可以选择 1、2、4、8、16,这里选择 1 即不分频,所以 APB2 总线时钟频率为 72 MHz。与 APB2 高速总线连接的外设有外部中断与唤醒控制、7 个通用目的输入/输出口(PA、PB、PC、PD、PE、PF 和 PG)、定时器 1、定时器 8、SPI1、USART1、3 个 ADC 和内部温度传感器。其中,标号 G 是 ADC 的预分频器,后面 ADC 实验中详细说明。

此外,AHB 总线时钟直接作为 SDIO、FSMC、AHB 总线、Cortex 内核、存储器和 DMA 的 HCLK 时钟,并作为 Cortex 内核自由运行时钟 FCLK,如图 9.6 所示。

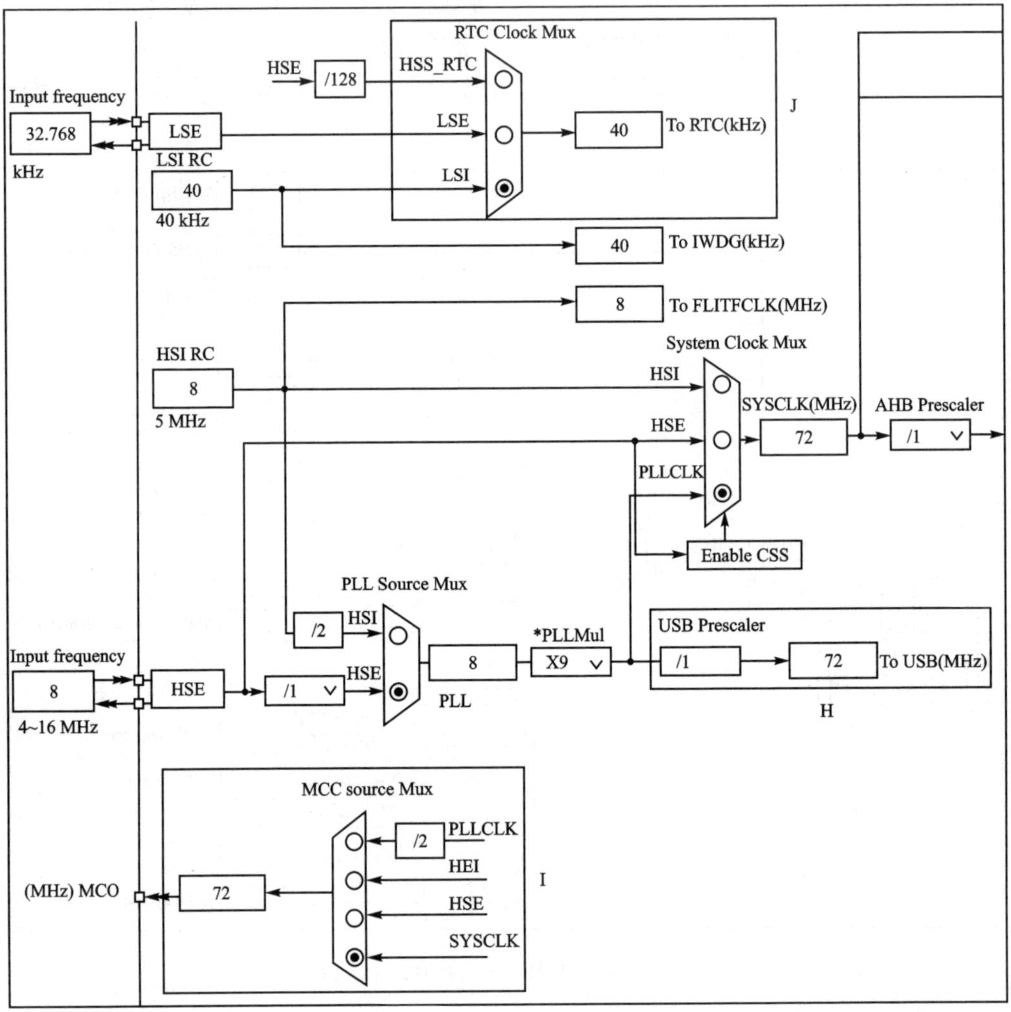

图 9.6　USB、RTC、MCO 相关时钟

标号 H 是 USBCLK，是一个通用串行接口时钟，时钟来源于 PLLCLK。STM32F103 内置全速功能的 USB 外设，其串行接口引擎需要一个频率为 48 MHz 的时钟源。该时钟源只能从 PLL 输出端获取，可以选择为 1.5 分频或者 1 分频，也就是，当需要使用 USB 模块时，PLL 必须使能，并且时钟频率配置为 48 MHz 或 72 MHz。

标号 I 是 MCO 输出内部时钟，STM32 的一个时钟输出 I/O(PA8)，它可以选择一个时钟信号输出，可以选择为 PLL 输出的 2 分频、HSI、HSE 或者系统时钟。这个时钟可以用来给外部其他系统提供时钟源。

标号 J 是 RTC 定时器，其时钟源为 HSE/128、LSE 或 LSI。

9.1.4　时钟信号输出 MCO

STM32 允许通过设置，通过 MCO 引脚输出一个稳定的时钟信号，在图 9.1 中标注为 G 的部分。可被选作 MCO 时钟的时钟信号有 SYSCLK、HSI、HSE 及除 2 的 PLL 时钟。时钟的选择由时钟配置寄存器(RCC_CFGR)中的 MCO[2:0]位控制。

可以通过 MCO 引脚来输出时钟信号、测试输出时钟的频率或作为其他需要时钟信号的外部电路的时钟。

9.2 如何修改主频

STM32F103 默认的情况下(比如串口 IAP 时或者未初始化时钟时),使用的是内部 8 MHz 的 HSI 作为时钟源,所以不需要外部晶振也可以下载和运行代码。

下面来讲解如何让 STM32F103 芯片在 72 MHz 的频率下工作,72 MHz 是官方推荐使用的最高的稳定时钟频率。而正点原子的 STM32F103 战舰开发板的外部高速晶振的频率是 8 MHz,这里就是在这个晶振频率的基础上,通过各种倍频和分频得到 72 MHz 的系统工作频率。

9.2.1 STM32F1 时钟系统配置

下面分几步讲解 STM32F1 时钟系统配置过程,这部分内容很重要,须认真阅读。

第 1 步:配置 HSE_VALUE

讲解 stm32f1xx_hal_conf.h 文件的时候知道,需要宏定义 HSE_VALUE 匹配实际硬件的高速晶振频率(这里是 8 MHz),代码中通过使用宏定义的方式来选择 HSE_VALUE 的值是 25 MHz 或者 8 MHz,这里不去定义 USE_STM3210C_EVAL 宏或者全局变量即可,选择定义 HSE_VALUE 的值为 8 MHz。代码如下:

```
#if ! defined (HSE_VALUE)
#if defined(USE_STM3210C_EVAL)
    #define HSE_VALUE 25000000U    /*!< Value of the External oscillator in Hz */
#else
    #define HSE_VALUE 8000000U     /*!< Value of the External oscillator in Hz */
#endif
#endif/* HSE_VALUE */
```

第 2 步:调用 SystemInit 函数

系统启动之后,程序会先执行 SystemInit 函数,进行系统一些初始化配置。启动代码调用 SystemInit 函数如下:

```
Reset_Handler    PROC
                 EXPORT  Reset_Handler              [WEAK]
                 IMPORT  SystemInit
                 IMPORT  __main
                 LDR     R0, = SystemInit
                 BLX     R0
                 LDR     R0, = __main
                 BX      R0
                 ENDP
```

下面来看看 system_stm32f1xx.c 文件下定义的 SystemInit 程序，源码在 176～188 行，简化函数如下：

```
void SystemInit (void)
{
#if defined (STM32F100xE) || defined(STM32F101xE) || defined(STM32F101xG) || defined
          (STM32F103xE) || defined(STM32F103xG)
#ifdef DATA_IN_ExtSRAM
    SystemInit_ExtMemCtl();
#endif  /* 配置扩展 SRAM */
#endif
  /* 配置中断向量表 */
#if defined(USER_VECT_TAB_ADDRESS)
  SCB->VTOR = VECT_TAB_BASE_ADDRESS | VECT_TAB_OFFSET; /* Vector Table Relocation in In-
                                                          ternal SRAM. */
#endif  /* USER_VECT_TAB_ADDRESS */
}
```

从上面代码可以看出，SystemInit 主要做了如下 2 个方面工作：

① 外部存储器配置；

② 中断向量表地址配置。

然而我们的代码中实际并没有定义 DATA_IN_ExtSRAM 和 USER_VECT_TAB_ADDRESS 宏，实际上 SystemInit 对于正点原子的例程并没有起作用，但保留了这个接口，从而避免了去修改启动文件。另外，可以把一些重要的初始化放到 SystemInit，在 main 函数运行前就把一些重要的初始化配置好（如 ST 是在运行 main 函数前先把外部的 SRAM 初始化）。这个一般用不到，直接到 main 函数中处理即可，但也有厂商（如 RT - Thread）就采取了这样的做法，使得 main 函数更加简单，初学者暂时不建议这种用法。

HAL 库的 SystemInit 函数并没有任何时钟相关配置，所以后续的初始化步骤还必须编写自己的时钟配置函数。

第 3 步：在 main 函数里调用用户编写的时钟设置函数

打开 HAL 库例程实验 1 跑马灯实验，查看在工程目录 Drivers\SYSTEM 分组下面定义的 sys.c 文件中的时钟设置函数 sys_stm32_clock_init 的内容：

```
/**
 * @brief       系统时钟初始化函数
 * @param       plln: PLL 倍频系数(PLL 倍频)，取值范围：2～16
                中断向量表位置在启动时已经在 SystemInit()中初始化
 * @retval 无
 */
void sys_stm32_clock_init(uint32_t plln)
{
    HAL_StatusTypeDef ret = HAL_ERROR;
    RCC_OscInitTypeDef rcc_osc_init = {0};
    RCC_ClkInitTypeDef rcc_clk_init = {0};
```

```
    rcc_osc_init.OscillatorType = RCC_OSCILLATORTYPE_HSE;      /* 选择要配置 HSE */
    rcc_osc_init.HSEState = RCC_HSE_ON;                        /* 打开 HSE */
    rcc_osc_init.HSEPredivValue = RCC_HSE_PREDIV_DIV1;         /* HSE 预分频系数 */
    rcc_osc_init.PLL.PLLState = RCC_PLL_ON;                    /* 打开 PLL */
    rcc_osc_init.PLL.PLLSource = RCC_PLLSOURCE_HSE;            /* PLL 时钟源选择 HSE */
    rcc_osc_init.PLL.PLLMUL = plln;                            /* PLL 倍频系数 */
    ret = HAL_RCC_OscConfig(&rcc_osc_init);                    /* 初始化 */
    if (ret != HAL_OK)
    {
        while (1); /* 时钟初始化失败后,程序将可能无法正常执行,可以在这里加入自己的
                      处理 */
    }
    rcc_clk_init.ClockType = (RCC_CLOCKTYPE_SYSCLK | RCC_CLOCKTYPE_HCLK
    | RCC_CLOCKTYPE_PCLK1 | RCC_CLOCKTYPE_PCLK2);
    rcc_clk_init.SYSCLKSource = RCC_SYSCLKSOURCE_PLLCLK; /* 设置系统时钟来自 PLL */
    rcc_clk_init.AHBCLKDivider = RCC_SYSCLK_DIV1;              /* AHB 分频系数为 1 */
    rcc_clk_init.APB1CLKDivider = RCC_HCLK_DIV2;               /* APB1 分频系数为 2 */
    rcc_clk_init.APB2CLKDivider = RCC_HCLK_DIV1;               /* APB2 分频系数为 1 */
    ret = HAL_RCC_ClockConfig(&rcc_clk_init, FLASH_LATENCY_2);   /* 3 个 CPU 周期 */
    if (ret != HAL_OK)
    {
        while (1);  /* 时钟初始化失败后,程序将可能无法正常执行,可以在这里加入自己
                       的处理 */
    }
}
```

函数 sys_stm32_clock_init 就是用户的时钟系统配置函数,除了配置 PLL 相关参数确定 SYSCLK 值之外,还配置了 AHB、APB1 和 APB2 的分频系数,也就是确定了 HCLK 及 PCLK1、PCLK2 的时钟值。

使用 HAL 库配置 STM32F1 时钟系统的一般步骤:

① 配置时钟源相关参数:调用函数 HAL_RCC_OscConfig()。

② 配置系统时钟源以及 SYSCLK、AHB、APB1 和 APB2 的分频系数:调用函数 HAL_RCC_ClockConfig()。

下面我们详细讲解这 2 个步骤。

① 配置时钟源相关参数,使能并选择 HSE 作为 PLL 时钟源,配置 PLL1。调用的函数为 HAL_RCC_OscConfig(),该函数在 HAL 库头文件 STM32F1xx_hal_rcc.h 中声明,在文件 STM32F1xx_hal_rcc.c 中定义。该函数声明:

```
HAL_StatusTypeDef HAL_RCC_OscConfig(RCC_OscInitTypeDef *RCC_OscInitStruct);
```

该函数只有一个形参,就是结构体 RCC_OscInitTypeDef 类型指针。结构体 RCC_OscInitTypeDef 的定义:

```
typedef struct
{
  uint32_t OscillatorType;          /* 需要选择配置的振荡器类型 */
  uint32_t HSEState;                /* HSE 状态 */
  uint32_t HSEPredivValue;          /* HSE 预分频值 */
  uint32_t LSEState;                /* LSE 状态 */
```

```
    uint32_t HSIState;                          /* HIS 状态 */
    uint32_t HSICalibrationValue;               /* HIS 校准值 */
    uint32_t LSIState;                          /* LSI 状态 */
    RCC_PLLInitTypeDef PLL;                     /* PLL 配置 */
}RCC_OscInitTypeDef;
```

该结构体前面几个参数主要用来选择配置的振荡器类型。比如要开启 HSE,那么设置 OscillatorType 的值为 RCC_OSCILLATORTYPE_HSE,然后设置 HSEState 的值为 RCC_HSE_ON,从而开启 HSE。对于其他时钟源(如 HIS、LSI、LSE),配置方法类似。

RCC_OscInitTypeDef 结构体还有一个很重要的成员变量是 PLL,它是结构体 RCC_PLLInitTypeDef 类型,它的作用是配置 PLL 相关参数,定义如下:

```
typedef struct
{
    uint32_t PLLState;          /* PLL 状态 */
    uint32_t PLLSource;         /* PLL 时钟源 */
    uint32_t PLLMUL;            /* PLL 倍频系数 M */
}RCC_PLLInitTypeDef;
```

从 RCC_PLLInitTypeDef 结构体的定义很容易看出,该结构体主要用来设置 PLL 时钟源以及相关分频倍频参数。这个结构体定义的相关内容可结合图 9.1 一起理解。

时钟初始化函数 sys_stm32_clock_init 中的配置内容:

```
RCC_OscInitTypeDefrcc_osc_init = {0};
rcc_osc_init.OscillatorType = RCC_OSCILLATORTYPE_HSE;   /* 使能 HSE */
rcc_osc_init.HSEState = RCC_HSE_ON;                     /* 打开 HSE */
rcc_osc_init.HSEPredivValue = RCC_HSE_PREDIV_DIV1;      /* HSE 预分频 */
rcc_osc_init.PLL.PLLState = RCC_PLL_ON;                 /* 打开 PLL */
rcc_osc_init.PLL.PLLSource = RCC_PLLSOURCE_HSE;         /* PLL 时钟源为 HSE */
rcc_osc_init.PLL.PLLMUL = plln;                         /* 主 PLL 倍频因子 */
ret = HAL_RCC_OscConfig(&rcc_osc_init);                 /* 初始化 */
```

该段程序开启了 HSE 时钟源,同时选择 PLL 时钟源为 HSE,然后把 sys_stm32_clock_init 的形参直接设置为 PLL 的参数 M 的值,这样就达到了设置 PLL 时钟源相关参数的目的。

设置好 PLL 时钟源参数之后,也就确定了 PLL 的时钟频率。

② 配置系统时钟源,以及 SYSCLK、AHB、APB1 和 APB2 相关参数,用函数 HAL_RCC_ClockConfig(),声明如下:

```
HAL_StatusTypeDef HAL_RCC_ClockConfig(RCC_ClkInitTypeDef *RCC_ClkInitStruct,
                                      uint32_t FLatency);
```

该函数有 2 个形参,第一个形参 RCC_ClkInitStruct 是结构体 RCC_ClkInitTypeDef 类型指针变量,用于设置 SYSCLK 时钟源以及 SYSCLK、AHB、APB1 和 APB2 的分频系数。第二个形参 FLatency 用于设置 FLASH 延迟。

RCC_ClkInitTypeDef 结构体类型定义比较简单,定义如下:

```
typedef struct
{
  uint32_t ClockType;                  /* 要配置的时钟 */
  uint32_t SYSCLKSource;               /* 系统时钟源 */
  uint32_t AHBCLKDivider;              /* AHB 分频系数 */
  uint32_t APB1CLKDivider;             /* APB1 分频系数 */
  uint32_t APB2CLKDivider;             /* APB2 分频系数 */
}RCC_ClkInitTypeDef;
```

在 sys_stm32_clock_init 函数中的实际应用配置内容如下：

```
/* 选中 PLL 作为系统时钟源并且配置 HCLK,PCLK1 和 PCLK2 */
/* 设置系统时钟时钟源为 PLL */
/* AHB 分频系数为 1 */
/* APB1 分频系数为 2 */
/* APB2 分频系数为 1 */
/* 同时设置 FLASH 延时周期为 2WS,也就是 3 个 CPU 周期 */
/***********************************************************/
rcc_clk_init.ClockType = (RCC_CLOCKTYPE_SYSCLK |
                          RCC_CLOCKTYPE_HCLK|
                          RCC_CLOCKTYPE_PCLK1|
                          RCC_CLOCKTYPE_PCLK2);
rcc_clk_init.SYSCLKSource = RCC_SYSCLKSOURCE_PLLCLK;
rcc_clk_init.AHBCLKDivider = RCC_SYSCLK_DIV1;
rcc_clk_init.APB1CLKDivider = RCC_HCLK_DIV2;
rcc_clk_init.APB2CLKDivider = RCC_HCLK_DIV1;
ret = HAL_RCC_ClockConfig(&rcc_clk_init, FLASH_LATENCY_2);
```

sys_stm32_clock_init 函数中的 RCC_ClkInitTypeDef 结构体配置内容：

第一个参数 ClockType 表示要配置的是 SYSCLK、HCLK、PCLK1 和 PCLK 这 4 个时钟。第二个参数 SYSCLKSource 用于选择系统时钟源为 PLL。第三个参数 AHBCLKDivider 配置 AHB 分频系数为 1。第四个参数 APB1CLKDivider 配置 APB1 分频系数为 2。第五个参数 APB2CLKDivider 配置 APB2 分频系数为 1。

根据在 main 函数中调用 sys_stm32_clock_init(RCC_PLL_MUL9)时设置的形参数值可以计算出，PLL 时钟为 PLLCLK＝HSE×9＝8 MHz×9＝72 MHz。

同时我们选择系统时钟源为 PLL，所以系统时钟 SYSCLK＝72 MHz。AHB 分频系数为 1，故频率为 HCLK＝SYSCLK/1＝72 MHz。APB1 分频系数为 2，故其频率为 PCLK1＝HCLK/2＝36 MHz。APB2 分频系数为 1，故其频率为 PCLK2＝HCLK/1＝72 MHz。总结一下调用函数 sys_stm32_clock_init(RCC_PLL_MUL9)之后的关键时钟频率值：

```
SYSCLK(系统时钟)                    = 72 MHz
PLL 主时钟                          = 72 MHz
AHB 总线时钟(HCLK = SYSCLK/1)       = 72 MHz
APB1 总线时钟(PCLK1 = HCLK/2)       = 36 MHz
APB2 总线时钟(PCLK2 = HCLK/1)       = 72 MHz
```

最后来看看函数 HAL_RCC_ClockConfig 第二个入口参数 FLatency 的含义。为了使 FLASH 读/写正确(因为 72 MHz 的时钟比 FLASH 的操作速度 24 MHz 要快得多,操作速度不匹配容易导致 FLASH 操作失败),所以需要设置延时时间。对于 STM32F1 系列,FLASH 延迟配置参数值是通过图 9.7 来确定的,具体可以参考《STM32F10xxx 闪存编程参考手册》中寄存器说明的相关内容。

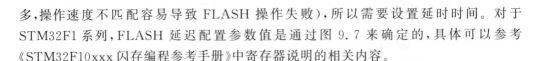

> LATENCY：时延
> 这些位表示SYSCLK(系统时钟)周期与闪存访问时间的比例
> 000：零等待状态，当0< SYSCLK≤24 MHz
> 001：一个等待状态，当24 MHz < SYSCLK≤48 MHz
> 010：2个等待状态，当48 MHz < SYSCLK≤72 MHz

图 9.7　FLASH 推荐的等待状态和编程延迟数

可以看出,设置值为 FLASH_LATENCY_2,即 2WS,也就是 3 个 CPU 周期。这是因为经过上面的配置之后,系统时钟频率达到了最高的 72 MHz,对应的就是 2 个等待状态,所以选择 FLASH_LATENCY_2。

9.2.2　STM32F1 时钟使能和配置

配置好时钟系统之后,如果要使用某些外设,如 GPIO、ADC 等,则还要使能这些外设时钟。注意,如果在使用外设之前没有使能外设时钟,则这个外设是不可能正常运行的。STM32 的外设时钟使能是在 RCC 相关寄存器中配置的。RCC 相关寄存器非常多,有兴趣的读者可以直接参考"STM32F10xxx 参考手册_V10(中文版).pdf"6.3 节。接下来讲解通过 STM32F1 的 HAL 库使能外设时钟的方法。

在 stm32f1 的 HAL 库中,外设时钟使能操作都是在 RCC 相关固件库文件的头文件 stm32f1xx_hal_rcc.h 中定义的。打开 stm32f1xx_hal_rcc.h 头文件可以看到,文件中除了少数几个函数声明之外大部分都是宏定义标识符。外设时钟使能在 HAL 库中都是通过宏定义标识符来实现的。GPIOA 的外设时钟使能宏定义标识符:

```
#define __HAL_RCC_GPIOA_CLK_ENABLE()    do { \
                                   __IO uint32_t tmpreg; \
                                   SET_BIT(RCC->APB2ENR, RCC_APB2ENR_IOPAEN);\
                                   tmpreg = READ_BIT(RCC->APB2ENR, RCC_APB2ENR_IOPAEN);\
                                   UNUSED(tmpreg); \
                                 } while(0U)
```

这段代码主要定义了一个宏定义标识符__HAL_RCC_GPIOA_CLK_ENABLE(),它的核心操作是通过下面这行代码实现的:

```
SET_BIT(RCC->APB2ENR, RCC_APB2ENR_IOPAEN);
```

这行代码的作用是设置寄存器 RCC→APB2ENR 的相关位为 1,至于是哪个位则由宏定义标识符 RCC_APB2ENR_IOPAEN 的值决定,而它的值为:

```
#define RCC_APB2ENR_IOPAEN_Pos             (0U)
#define RCC_APB2ENR_IOPAEN_Msk             (0x1UL << RCC_APB2ENR_IOPAEN_Pos)
#define RCC_APB2ENR_IOPAEN                 RCC_APB2ENR_IOPAEN_Msk
```

这 3 行代码很容易计算出 RCC_APB2ENR_IOPAEN=(0x00000001 << 2),因此

上面代码的作用是设置寄存器 RCC→APB2ENR 寄存器的位 2 为 1。APB2ENR 寄存器位 2 的作用是使用 GPIOA 时钟描述如下：

```
位 0 IOPAEN:I/O 端 A 时钟使能
由软件置'1'或清'0'
0:I/O 端口 A 时钟关闭
1:I/O 端口 A 时钟开启
```

那么只需要在用户程序中调用宏定义标识符就可以实现 GPIOA 时钟使能。使用方法为：

```
__HAL_RCC_GPIOA_CLK_ENABLE();            /* 使能 GPIOA 时钟 */
```

对于其他外设，同样都是在 stm32f1xx_hal_rcc.h 头文件中定义，只需要找到相关宏定义标识符即可。这里列出几个常用使能外设时钟的宏定义标识符使用方法：

```
__HAL_RCC_DMA1_CLK_ENABLE();            /* 使能 DMA1 时钟 */
__HAL_RCC_USART2_CLK_ENABLE();          /* 使能串口 2 时钟 */
__HAL_RCC_TIM1_CLK_ENABLE();            /* 使能 TIM1 时钟 */
```

使用外设的时候需要使能外设时钟，如果不需要使用某个外设，则可以禁止某个外设时钟。禁止外设时钟使用方法和使能外设时钟非常类似，同样通过头文件中定义的宏定义标识符实现。以 GPIOA 为例，宏定义标识符为：

```
#define __HAL_RCC_GPIOA_CLK_DISABLE()  (RCC->APB2ENR) &= ~(RCC_APB2ENR_GPIOAEN)
```

同样，宏定义标识符__HAL_RCC_GPIOA_CLK_DISABLE()的作用是设置 RCC→APB2ENR 寄存器的位 2 为 0，也就是禁止 GPIOA 时钟。这里列出几个常用的禁止外设时钟的宏定义标识符使用方法：

```
__HAL_RCC_DMA1_CLK_DISABLE();            /* 禁止 DMA1 时钟 */
__HAL_RCC_USART2_CLK_DISABLE();          /* 禁止串口 2 时钟 */
__HAL_RCC_TIM1_CLK_DISABLE();            /* 禁止 TIM1 时钟 */
```

第 10 章

SYSTEM 文件夹

SYSTEM 文件夹里面的代码由正点原子提供，是 STM32F1xx 系列的底层核心驱动函数，可以用在 STM32F1xx 系列的各个型号上，方便读者快速构建自己的工程。本章将介绍这些代码的由来及其功能，也希望读者可以灵活使用 SYSTEM 文件夹提供的函数，从而快速构建工程，并实际应用到项目中去。

SYSTEM 文件夹下包含 delay、sys、usart 这 3 个文件夹，分别包含了 delay. c、sys. c、usart. c 及其头文件，它们提供了系统时钟设置、延时和串口 1 调试功能；任何一款 STM32F1 都具备这几个基本外设，所以可以快速将这些设置应用到任意一款 STM32F1 产品上，通过这些驱动文件实现快速移植和辅助开发的效果。

10.1　delay 文件夹代码

delay 文件夹内包含了 delay. c 和 delay. h 共 2 个文件，用来实现系统的延时功能，其中包含 7 个函数：

```
void delay_osschedlock(void);
void delay_osschedunlock(void);
void delay_ostimedly(uint32_t ticks);
void SysTick_Handler(void);
void delay_init(uint16_t sysclk);
void delay_us(uint32_t nus);
void delay_ms(uint16_t nms);
```

前面 4 个函数仅在支持操作系统的时候需要用到，后面 3 个函数则不论是否支持 OS 都需要用到。

介绍这些函数之前先了解一下 delay 延时的编程思想：CM3 内核处理器内部包含了一个 SysTick 定时器，SysTick 是一个 24 位向下递减的计数定时器，当计数值减到 0 时，从 RELOAD 寄存器中自动重装载定时初值，开始新一轮计数。只要不把它在 SysTick 控制及状态寄存器中的使能位清除，就永不停息。这里就是利用 STM32 的内部 SysTick 来实现延时的，这样既不占用中断，也不占用系统定时器。

这里介绍的是正点原子提供的最新版本的延时函数，其支持在任意操作系统下面使用，可以和操作系统共用 SysTick 定时器。

这里以 μC/OS－II 为例介绍如何实现操作系统和 delay 函数共用 SysTick 定时

器。μC/OS 运行需要一个系统时钟节拍(类似心跳),而这个节拍是固定的(由 OS_TICKS_PER_SEC 宏定义设置),比如要求 5 ms 一次(即可设置 OS_TICKS_PER_SEC=200),STM32 一般由 SysTick 提供这个节拍,也就是 SysTick 要设置为 5 ms 中断一次,为 μC/OS 提供时钟节拍,而且这个时钟一般是不能被打断的(否则就不准了)。

因为在 μC/OS 下 systick 不能再随意更改,如果还想利用 systick 来做 delay_us 或者 delay_ms 的延时,就必须想点办法了,这里利用的是时钟摘取法。以 delay_us 为例,比如 delay_us(50),在刚进入 delay_us 的时候先计算好这段延时需要等待的 systick 计数次数,这里为 50×72(假设系统时钟为 72 MHz,在经过 8 分频之后,systick 的频率等于 1/8 系统时钟频率,那么 systick 每增加 1,就是 1/9 μs),然后就一直统计 systick 的计数变化,直到这个值变化了 50×9;一旦检测到变化达到或者超过这个值,则说明延时 50 μs 时间到了。这样只是抓取 SysTick 计数器的变化,并不需要修改 SysTick 的任何状态,完全不影响 SysTick 作为 μC/OS 时钟节拍的功能,这就是实现 delay 和操作系统共用 SysTick 定时器的原理。

10.1.1　操作系统支持宏定义及相关函数

当需要 delay_ms 和 delay_us 支持操作系统时,需要用到 3 个宏定义和 4 个函数。宏定义及函数代码如下:

```
/*
 * 当 delay_us/delay_ms 需要支持 OS 的时候,则需要 3 个与 OS 相关的宏定义和函数来支持
 * 首先是 3 个宏定义
 *     delay_osrunning       :用于表示 OS 当前是否正在运行,以决定是否可以使用相关函数
 *     delay_ostickspersec   :用于表示 OS 设定的时钟节拍,delay_init 将根据这个参数来初
                              始化、systick
 *     delay_osintnesting    :用于表示 OS 中断嵌套级别,因为中断里面不可以调度,delay_ms
                              使用该参数来决定如何运行
 * 然后是 3 个函数
 *     delay_osschedlock     :用于锁定 OS 任务调度,禁止调度
 *     delay_osschedunlock   :用于解锁 OS 任务调度,重新开启调度
 *     delay_ostimedly       :用于 OS 延时,可以引起任务调度
 *
 * 本例程仅作 μC/OS - II 和 μC/OS - III 的支持,其他 OS 自行参考着移植
 */
/* 支持 μC/OS - II */
#ifdef  OS_CRITICAL_METHOD      /* OS_CRITICAL_METHOD 定义了,说明要支持 μC/OS - II */
#define delay_osrunning      OSRunning      /* OS 是否运行标记,0,不运行;1,在运行 */
#define delay_ostickspersec OS_TICKS_PER_SEC      /* OS 时钟节拍,即每秒调度次数 */
#define delay_osintnesting   OSIntNesting         /* 中断嵌套级别,即中断嵌套次数 */
#endif
/* 支持 μC/OS - III */
#ifdef  CPU_CFG_CRITICAL_METHOD  /* CPU_CFG_CRITICAL_METHOD 定义了,说明要支 μC/OS - III */
#define delay_osrunning      OSRunning      /* OS 是否运行标记,0,不运行;1,在运行 */
#define delay_ostickspersec OSCfg_TickRate_Hz    /* OS 时钟节拍,即每秒调度次数 */
#define delay_osintnesting   OSIntNestingCtr     /* 中断嵌套级别,即中断嵌套次数 */
#endif
```

```
/**
 * @brief       μs 级延时时,关闭任务调度(防止打断 μs 级延迟)
 * @param       无
 * @retval      无
 */
static void delay_osschedlock(void)
{
#ifdef CPU_CFG_CRITICAL_METHOD  /* 使用 μC/OS-III */
    OS_ERR err;
    OSSchedLock(&err);          /* μC/OS-III 的方式,禁止调度,防止打断 μs 延时 */
#else                           /* 否则 μC/OS-II */
    OSSchedLock();              /* μC/OS-II 的方式,禁止调度,防止打断 μs 延时 */
#endif
}
/**
 * @brief       μs 级延时时,恢复任务调度
 * @param       无
 * @retval      无
 */
static void delay_osschedunlock(void)
{
#ifdef CPU_CFG_CRITICAL_METHOD     /* 使用 μC/OS-III */
    OS_ERR err;
    OSSchedUnlock(&err);           /* μC/OS-III 的方式,恢复调度 */
#else                              /* 否则 μC/OS-II */
    OSSchedUnlock();               /* μC/OS-II 的方式,恢复调度 */
#endif
}
/**
 * @brief       μs 级延时时,恢复任务调度
 * @param       ticks:延时的节拍数
 * @retval      无
 /
static void delay_ostimedly(uint32_t ticks)
{
#ifdef CPU_CFG_CRITICAL_METHOD
    OS_ERR err;
    OSTimeDly(ticks, OS_OPT_TIME_PERIODIC, &err);  /* μC/OS-III 延时采用周期模式 */
#else
    OSTimeDly(ticks);                              /* μC/OS-II 延时 */
#endif
}
/**
 * @brief       systick 中断服务函数,使用 OS 时用到
 * @param       ticks:延时的节拍数
 * @retval      无
 */
void SysTick_Handler(void)
{
    if (delay_osrunning == 1)     /* OS 开始跑了,才执行正常的调度处理 */
    {
```

```
        OSIntEnter();              /* 进入中断 */
        OSTimeTick();              /* 调用 μC/OS 的时钟服务程序 */
        OSIntExit();               /* 触发任务切换软中断 */
    }
    HAL_IncTick();
}
#endif
```

以上代码仅支持 μC/OS-II 和 μC/OS-III，不过，对于其他 OS 的支持也只需要对以上代码进行简单修改即可实现。

支持 OS 需要用到的 3 个宏定义（以 μC/OS-II 为例）即：

```
#define delay_osrunning   OSRunning            /* OS 是否运行标记,0,不运行;1,在运行 */
#define delay_ostickspersec OS_TICKS_PER_SEC   /* OS 时钟节拍,即每秒调度次数 */
#define delay_osintnesting  OSIntNesting       /* 中断嵌套级别,即中断嵌套次数 */
```

宏定义 delay_osrunning，用于标记 OS 是否正在运行。当 OS 已经开始运行时，该宏定义值为 1；当 OS 还未运行时，该宏定义值为 0。

宏定义 delay_ostickspersec，用于表示 OS 的时钟节拍，即 OS 每秒钟任务调度次数。

宏定义 delay_osintnesting，用于表示 OS 中断嵌套级别，即中断嵌套次数，每进入一个中断，该值加 1；每退出一个中断，该值减 1。

支持 OS 需要用到的 4 个函数，即

函数 delay_osschedlock：用于 delay_us 延时，作用是禁止 OS 进行调度，以防打断 us 级延时，导致延时时间不准。

函数 delay_osschedunlock：同样用于 delay_us 延时，作用是在延时结束后恢复 OS 的调度，继续正常的 OS 任务调度。

函数 delay_ostimedly：调用 OS 自带的延时函数，用于实现延时。该函数的参数为时钟节拍数。

函数 SysTick_Handler：是 systick 的中断服务函数，为 OS 提供时钟节拍，同时可以引起任务调度。

以上就是 delay_ms 和 delay_us 支持操作系统时需要实现的 3 个宏定义和 4 个函数。

10.1.2　delay_init 函数

该函数用来初始化 2 个重要参数：g_fac_us 以及 g_fac_ms；同时把 SysTick 的时钟源选择为外部时钟，如果需要支持操作系统，则只需要在 sys.h 里面设置 SYS_SUPPORT_OS 宏的值为 1 即可，然后，该函数会根据 delay_ostickspersec 宏的设置来配置 SysTick 的中断时间，并开启 SysTick 中断。具体代码如下：

```
/**
 * @brief      初始化延迟函数
 * @param      sysclk:系统时钟频率, 即 CPU 频率(HCLK)
 * @retval     无
```

```
 */
void delay_init(uint16_t sysclk)
{
#if SYS_SUPPORT_OS          /* 如果需要支持 OS */
    uint32_t reload;
#endif
    SysTick->CTRL = 0;  /* 清 Systick 状态,以便下一步重设,如果这里开了中断会关闭其中断 */
    /* SYSTICK 使用内核时钟源 8 分频,因 systick 的计数器最大值只有 2^24 */
    HAL_SYSTICK_CLKSourceConfig(SYSTICK_CLKSOURCE_HCLK_DIV8);
    g_fac_us = sysclk / 8; /* 不论是否使用 OS,g_fac_us 都需要使用,作为 1 μs 的基础时基 */
#if SYS_SUPPORT_OS                                 /* 如果需要支持 OS */
    reload = sysclk / 8;                           /* 每秒钟的计数次数 单位为 M */
    reload* = 1000000/delay_ostickspersec;         /* 根据 delay_ostickspersec 设定溢出时间 */
    g_fac_ms = 1000 / delay_ostickspersec;         /* 代表 OS 可以延时的最小单位 */
    SysTick->CTRL |= 1 << 1;                       /* 开启 SYSTICK 中断 */
    SysTick->LOAD = reload;                        /* 每 1/delay_ostickspersec 秒中断一次 */
    SysTick->CTRL |= 1 << 0;                       /* 开启 SYSTICK */
#endif
}
```

可以看到,delay_init 函数使用了条件编译来选择不同的初始化过程,如果不使用 OS,则只设置一下 SysTick 的时钟源以及确定 g_fac_us 值。如果使用 OS,则进行一些不同的配置。这里的条件编译是根据 SYS_SUPPORT_OS 宏来确定的,该宏在 sys.h 里面定义。

SysTick 是 MDK 定义了的一个结构体(在 core_m3.h 里面),里面包含 CTRL、LOAD、VAL、CALIB 这 4 个寄存器,

SysTick→CTRL(地址:0xE000E010)的各位定义如图 10.1 所示。

位段	名称	类型	复位值	描述
16	COUNTFLAG	R	0	如果在上次读取本寄存器后,SysTick已经数到了0,则该位为1。如果读取该位,该位将自动清零
2	CLKSOURCE	R/W	0	0=外部时钟源(STCLK) 1=内核时钟(FCLK)
1	TICKINT	R/W	0	1=SysTick倒数到0时产生SysTick异常请求 0=数到0时无动作
0	ENABLE	R/W	0	SysTick定时器的使能位

图 10.1 SysTick→CTRL 寄存器各位定义

SysTick→LOAD(地址:0xE000E014)的定义如图 10.2 所示。注意,最大可重装值只有 24 位。

位段	名称	类型	复位值	描述
23:0	RELOAD	R/W	0	当倒数至0时,将被重装载的值

图 10.2 SysTick→LOAD 寄存器各位定义

SysTick→VAL(地址:0xE000E018)的定义如图 10.3 所示。

位段	名称	类型	复位值	描述
23:0	CURRENT	R/W	0	读取时返回当前倒计数的值，写它则使之清0，同时还会清除在SysTick控制及状态寄存器的COUNTFLAG标志

图 10.3　SysTick→VAL 寄存器各位定义

SysTick→CALIB(地址:0xE000E01C)不常用,这里不介绍了。"HAL_SYSTICK_CLKSourceConfig(SYSTICK_CLKSOURCE_HCLK_DIV8);"这句代码把 SysTick 的时钟设置为内核时钟的 1/8。注意,SysTick 的时钟源自 HCLK,假设配置系统时钟为 72 MHz,经过分频器 8 分频后,那么 SysTick 的时钟即为 9 MHz,也就是 SysTick 的计数器 VAL 每减 1,就代表时间过了 1/9 μs。

不使用 OS 的时候,fac_us 为 μs 延时的基数,也就是延时 1 μs,Systick 定时器需要走过的时钟周期数。当使用 OS 的时候,fac_us 还是 μs 延时的基数,不过这个值不会被写到 SysTick→LOAD 寄存器来实现延时,而是通过时钟摘取的办法实现的。而 g_fac_ms 则代表 μC/OS 自带的延时函数所能实现的最小延时时间(如 delay_ostickspersec=200,那么 g_fac_ms 就是 5 ms)。

10.1.3　delay_us 函数

该函数用来延时指定的 μs,其参数 nus 为要延时的微秒数。该函数有使用 OS 和不使用 OS 这 2 个版本。不使用 OS 的实现函数如下:

```
/**
 * @brief     延时 nus
 * @param     nus:要延时的 μs 数
 * @note     注意: nus 的值,不要大于 1 864 135 μs(最大值即 2^24/g_fac_us @g_fac_us = 9)
 * @retval    无
 */
void delay_us(uint32_t nus)
{
    uint32_t temp;
    SysTick ->LOAD = nus * g_fac_us;    /* 时间加载 */
    SysTick ->VAL = 0x00;               /* 清空计数器 */
    SysTick ->CTRL |= 1 << 0 ;          /* 开始倒数 */
    do
    {
        temp = SysTick ->CTRL;
    } while ((temp & 0x01) &&
            !(temp & (1 << 16)));       /* CTRL.ENABLE 位必须为 1, 并等待时间到达 */
    SysTick ->CTRL &= ~(1 << 0) ;       /* 关闭 SYSTICK */
    SysTick ->VAL = 0X00;               /* 清空计数器 */
}
```

不使用 OS 的 delay_us 函数首先结合需要延时的时间 nus 与 μs 延时的基数,得到 SysTick 计数次数,赋值给 SysTick 重装载数值寄存器。对计数器进行清空操作

SysTick→VAL＝0x00。然后对 SysTick→CTRL 寄存器的位 0 赋 1，即使能 SysTick 定时器。当重装载寄存器的值递减到 0 的时候，清除 SysTick→CTRL 寄存器 COUNTFLAG 标志作为判断的条件，等待计数值变为 0，即计时时间到了。

使用 OS 的时候，delay_us 的实现函数使用的是时钟摘取法，只不过使用 delay_osschedlock 和 delay_osschedunlock 这 2 个函数用于调度上锁和解锁。这是为了防止 OS 在 delay_us 的时候打断延时，可能导致延时不准，所以利用这 2 个函数来实现免打断，从而保证延时精度。

使用 OS 的时候 delay_us 的实现函数如下：

```
/**
  * @brief      延时 nus
  * @param      nus:要延时的 μs 数
  * @note       nus 取值范围: 0～477 218 588(最大值即 2^32 / g_fac_us @g_fac_us = 9)
  */
void delay_us(uint32_t nus)
{
    uint32_t ticks;
    uint32_t told, tnow, tcnt = 0;
    uint32_t reload;
    reload = SysTick ->LOAD;      /* LOAD 的值 */
    ticks = nus * g_fac_us;       /* 需要的节拍数 */
    delay_osschedlock();          /* 阻止 OS 调度,防止打断 μs 延时 */
    told = SysTick ->VAL;         /* 刚进入时的计数器值 */
    while (1)
    {
        tnow = SysTick ->VAL;
        if (tnow ! = told)
        {
            if (tnow < told)
            {
                tcnt += told - tnow; /* 这里注意一下 SYSTICK 是一个递减的计数器就可
                                        以了 */
            }
            else
            {
                tcnt += reload - tnow + told;
            }
            told = tnow;
            if (tcnt >= ticks) break;    /* 时间超过/等于要延迟的时间,则退出. */
        }
    };
    delay_osschedunlock();               /* 恢复 OS 调度 */
}
```

这里就利用了前面提到的时钟摘取法，ticks 是延时 nus 需要等待的 SysTick 计数次数(也就是延时时间)，told 用于记录最近一次 SysTick→VAL 值，tnow 是当前的 SysTick→VAL 值，通过对比累加实现 SysTick 计数次数的统计。统计值存放在 tcnt 里面，然后通过对比 tcnt 和 ticks 来判断延时是否到达，从而达到不修改 SysTick 实现

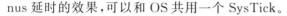

nus 延时的效果，可以和 OS 共用一个 SysTick。

上面的 delay_osschedlock 和 delay_osschedunlock 是 OS 提供的 2 个函数，用于调度上锁和解锁。这里为了防止 OS 在 delay_us 的时候打断延时，可能导致的延时不准，所以利用这 2 个函数来实现免打断，从而保证延时精度。

10.1.4 delay_ms 函数

该函数用来延时指定的 ms 数，其参数 nms 为要延时的毫秒数。该函数有使用 OS 和不使用 OS 共 2 个版本，这里分别介绍。不使用 OS 的时候，实现函数如下：

```
/**
 * @brief     延时 nms
 * @param     nms:要延时的 ms 数 (0 < nms <= 65 535)
 * @retval    无
 */
void delay_ms(uint16_t nms)
{
    uint32_t repeat = nms / 1000;
    uint32_t remain = nms % 1000;
    while (repeat)
    {
        delay_us(1000 * 1000);     /* 利用 delay_us 实现 1 000 ms 延时 */
        repeat--;
    }
    if (remain)
    {
        delay_us(remain * 1000);  /* 利用 delay_us, 把尾数延时(remain ms)给做了 */
    }
}
```

该函数其实就是多次调用 delay_us 函数，从而实现毫秒级延时。做了一些处理使得调用 delay_us 函数的次数减少，这样时间会更加精准。使用 OS 的时候，delay_ms 的实现函数如下：

```
/**
 * @brief     延时 nms
 * @param     nms:要延时的 ms 数 (0 < nms <= 65 535)
 * @retval    无
 */
void delay_ms(uint16_t nms)
{
    /* 如果 OS 已经在跑了,并且不是在中断里面(中断里面不能任务调度) */
    if (delay_osrunning && delay_osintnesting == 0)
    {
        if (nms >= g_fac_ms)                /* 延时的时间大于 OS 的最小时间周期 */
        {
            delay_ostimedly(nms/g_fac_ms); /* OS 延时 */
        }
        nms % = g_fac_ms;      /* OS 已经无法提供这么小的延时了,采用普通方式延时 */
    }
```

```
    delay_us((uint32_t)(nms * 1000));          /* 普通方式延时 */
}
```

该函数中,delay_osrunning 是 OS 正在运行的标志,delay_osintnesting 是 OS 中断嵌套次数,必须 delay_osrunning 为真且 delay_osintnesting 为 0 的时候,才可以调用 OS 自带的延时函数进行延时(可以进行任务调度)。delay_ostimedly 函数就是利用 OS 自带的延时函数实现任务级延时的,其参数代表延时的时钟节拍数(假设 delay_ostickspersec=200,那么 delay_ostimedly(1)就代表延时 5 ms)。

当 OS 还未运行的时候,delay_ms 就是直接由 delay_us 实现的,OS 下的 delay_us 可以实现很长的延时(达到 53 s)而不溢出。所以放心使用 delay_us 来实现 delay_ms,不过由于 delay_us 的时候,任务调度被上锁了,所以建议不要用 delay_us 来延时很长时间,否则影响整个系统的性能。

当 OS 运行的时候,delay_ms 函数先判断延时时长是否大于等于一个 OS 时钟节拍(g_fac_ms),当大于这个值的时候,通过调用 OS 的延时函数来实现(此时任务可以调度);不足一个时钟节拍的时候,直接调用 delay_us 函数实现(此时任务无法调度)。

10.1.5 HAL 库延时函数 HAL_Delay

前面介绍 STM32F1xx_hal.c 文件时已经讲解过 Systick 实现延时相关函数,实际上,HAL 库提供的延时函数只能实现简单的毫秒级别延时,没有实现 μs 级别延时。HAL 库的 HAL_Delay 函数定义:

```
__weakvoid HAL_Delay(uint32_t Delay)
{
  uint32_t tickstart = HAL_GetTick();
  uint32_t wait = Delay;
  /* Add a freq to guarantee minimum wait */
  if (wait < HAL_MAX_DELAY)
  {
    wait += (uint32_t)(uwTickFreq);
  }
  while ((HAL_GetTick() - tickstart) < wait)
  {
  }
}
```

HAL 库实现延时功能非常简单,首先定义了一个 32 位全局变量 uwTick,在 Systick 中断服务函数 SysTick_Handler 中通过调用 HAL_IncTick 实现 uwTick 值不断增加,也就是每隔 1 ms 增加 uwTickFreq,而 uwTickFreq 默认是 1。而 HAL_Delay 函数在进入函数之后先记录当前 uwTick 的值,然后不断在循环中读取 uwTick 当前值进行减运算,得出的就是延时的毫秒数。整个逻辑非常简单也非常清晰。

但是,HAL 库的延时函数在中断服务函数中使用 HAL_Delay 会引起混乱(虽然一般禁止在中断中使用延时函数),因为它通过中断方式实现,而 Systick 的中断优先级是最低的,所以在中断中运行 HAL_Delay 会导致延时出现严重误差。所以推荐使用正点原子提供的延时函数库，但第 7 章介绍 HAL 库时也提到过，不使用操作系统的情况下禁用 Systick 中断会导致部分 HAL 库函数无法超时退出，读者需要特别留意。

HAL 库的 ms 级别的延时函数__weak void HAL_Delay(uint32_t Delay)是弱定义函数，所以用户可以重新定义该函数。例如，在 deley.c 文件可以这样重新定义该函数：

```
/**
  * @brief   HAL 库延时函数重定义
  * @param Delay 要延时的毫秒数
  * @retval None
  */
void HAL_Delay(uint32_t Delay)
{
    delay_ms(Delay);
}
```

10.2 sys 文件夹代码

sys 文件夹内包含了 sys.c 和 sys.h 这 2 个文件。sys.c 主要实现下面的几个函数以及一些汇编函数：

```
/* 函数声明 */
void sys_nvic_set_vector_table(uint32_t baseaddr, uint32_t offset);
void sys_standby(void);
void sys_soft_reset(void);
uint8_t sys_stm32_clock_init(uint32_t plln);
/* 汇编函数 */
void sys_wfi_set(void);
void sys_intx_disable(void);
void sys_intx_enable(void);
void sys_msr_msp(uint32_t addr);
```

sys_nvic_set_vector_table 函数主要用于设置中断向量表偏移地址，sys_standby 函数用于进入待机模式，sys_soft_reset 函数用于系统软复位，sys_stm32_clock_init 函数是系统时钟初始化函数。sys.h 文件中只是对于 sys.c 的函数进行声明。

10.3 usart 文件夹代码

该文件夹下面有 usart.c 和 usart.h 共 2 个文件。我们的工程使用串口 1 和串口调试助手来实现调试功能，可以把单片机的信息通过串口助手显示到电脑屏幕。串口相关知识将在第 17 章讲串口实验的时候详细讲解。本节只讲解 printf 函数支持相关的知识。

学习 C 语言时，可以通过 printf 函数把需要的参数显示到屏幕上，可以做一些简单的调试信息。但对于单片机来说，如果想实现类似的功能而使用 printf 辅助调试，是否有办法呢？有，这就是本节要讲的内容。

标准库下的 printf 为调试属性的函数，如果直接使用，会使单片机进入半主机模式(semihosting)；这是一种调试模式，直接下载代码后出现程序无法运行，但是在连接调试器进行 Debug 时程序反而能正常工作的情况。半主机是 ARM 目标的一种机制，用于将输入/输出请求从应用程序代码通信到运行调试器的主机。例如，此机制可用于允许 C 库中的函数(如 printf()和 scanf())使用主机的屏幕和键盘，而不是在目标系统上设置屏幕和键盘。这很有用，因为开发硬件通常不具有最终系统的所有输入和输出设备，如屏幕、键盘等。半主机是通过一组定义好的软件指令(如 SVC)SVC 指令(以前称为 SWI 指令)来实现的，这些指令通过程序控制生成异常。应用程序调用相应的半主机调用，然后调试代理处理该异常。调试代理(这里的调试代理是仿真器)提供与主机之间的必需通信。也就是说，使用半主机模式必须使用仿真器调试。

如果想在独立环境下运行调试功能的函数，这里使用 printf。printf 对字符 ch 处理后写入文件 f，最后使用 fputc 将文件 f 输出到显示设备。对于 PC 端的设备，fputc 通过复杂的源码，最终把字符显示到屏幕上。那我们需要做的就是把 printf 调用的 fputc 函数重新实现，重定向 fputc 的输出，同时避免进入半主机模式。

要避免半主机模式，现在主要有 2 种方式：一是使用 MicroLib，即微库；另一种方法是确保 ARM 应用程序中没有链接 MicroLib 的半主机相关函数，要取消 ARM 的半主机工作模式，这可以通过代码实现。

先说微库，ARM 的 C 微库 MicroLib 是为嵌入式设备开发的一套类似于标准 C 接口函数的精简代码库，用于替代默认 C 库，是专门针对专业嵌入式应用开发而设计的，特别适合那些对存储空间有特别要求的嵌入式应用程序，这些程序一般不在操作系统下运行。使用微库编写程序要注意其与默认 C 库之间存在的一些差异，如 main 函数不能声明带参数，也无须返回；不支持 stdio，除了无缓冲的 stdin、stdout 和 syderr，微库不支持操作系统函数；微库不支持可选的单或两区存储模式；微库只提供分离的堆和栈两区存储模式等，裁减了很多函数，而且还有很多东西不支持。如果原来用标准库可以跑，选择 MicroLib 后却突然不行了，这是很常见的。与标准的 C 库不一样，微库重新实现了 printf，使用微库的情况下就不会进入半主机模式了。Keil 下使用微库的方法很简单，在 Target 选项卡下选中 Use MicroLib 即可，如图 10.4 所示。

在 Keil5 中，不管是否使用半主机模式，使用 printf、scanf、fopen、fread 等都需要自己填充底层函数。以 printf 为例，需要补充定义 fputc，启用微库后，在初始化和使能串口 1 之后，只需要重新实现 fputc 的功能即可将每个传给 fputc 函数的字符 ch 重定向到串口 1；如果这时接上串口调试助手，则可以看到串口的数据。实现的代码如下：

```
#defineUSART_UX                    USART1
/* 重定义 fputc 函数，printf 函数最终会通过调用 fputc 输出字符串到串口 */
int fputc(int ch, FILE *f)
{
    while ((USART_UX->SR & 0X40) == 0);     /* 等待上一个字符发送完成 */
    USART_UX->DR = (uint8_t)ch;             /* 将要发送的字符 ch 写入到 DR 寄存器 */
```

```
    return ch;
}
```

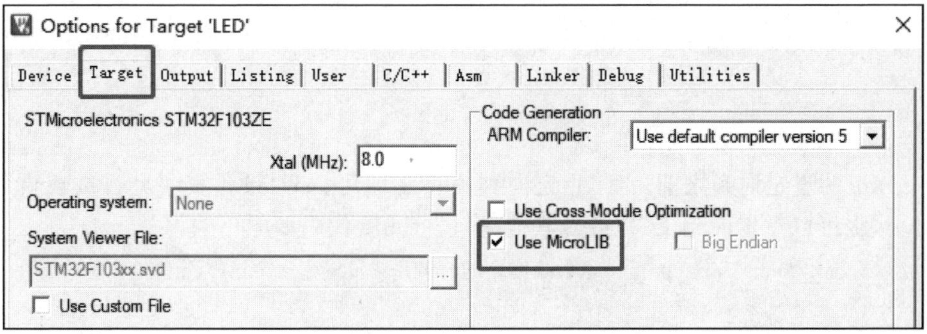

图 10.4 LED 工程下使用微库的方法

上面说到了微库的一些限制，使用时注意某些函数与标准库的区别就不会影响到代码的正常功能。如果不想使用微库，那就要用到第二种方法：取消 ARM 的半主机工作模式，只须在代码中添加不使用半主机的声明即可。对于 AC5 和 AC6 编译器版本，声明半主机的语法不同，为了同时兼容这 2 种语法，这里利用编译器自带的宏__ARMCC_VERSION 判定编译器版本，并根据版本不同选择不同的语法来声明不使用半主机模式，具体代码如下：

```
#if (__ARMCC_VERSION >= 6010050)          /* 使用 AC6 编译器时 */
__asm(".global __use_no_semihosting\n\t"); /* 声明不使用半主机模式 */
__asm(".global __ARM_use_no_argv \n\t");   /* AC6 下需要声明 main 函数为无参数格式，
                                              否则部分例程可能出现半主机模式 */
#else
/* 使用 AC5 编译器时，要在这里定义__FILE 和 不使用半主机模式 */
#pragma import(__use_no_semihosting)
/* 解决 HAL 库使用时，某些情况可能报错的 bug */
struct __FILE
{
    int handle;
};
#endif
```

使用上面代码时，Keil 的编译器不会把标准库的这部分函数链接到我们的代码里。

如果用到原来半主机模式下的调试函数，则需要重新实现它的一些依赖函数接口。对于 printf 函数需要实现的接口，代码中使用如下方法实现如下：

```
/* 不使用半主机模式，至少需要重定义_ttywrch\_sys_exit\_sys_command_string 函数，以同
时兼容 AC6 和 AC5 模式 */
int _ttywrch(int ch)
{
    ch = ch;
    return ch;
}
/* 定义_sys_exit()以避免使用半主机模式 */
```

```
void _sys_exit(int x)
{
    x = x;
}
char * _sys_command_string(char * cmd, int len)
{
    return NULL;
}
```

fputc 的重定向和之前一样,重定向到串口 1 即可;如果硬件资源允许或读者有特殊需求,也可以重定向到 LCD 或者其他串口。fputc 代码如下:

```
/* 重定义 fputc 函数, printf 函数最终会通过调用 fputc 输出字符串到串口 */
int fputc(int ch, FILE * f)
{
    while ((USART_UX->SR & 0X40) == 0);    /* 等待上一个字符发送完成 */
    USART_UX->DR = (uint8_t)ch;            /* 将要发送的字符 ch 写入到 DR 寄存器 */
    return ch;
}
```

第 2 篇　实战篇

本篇将和读者一起来学习 STM32 的基础外设，以便将来更好、更快地完成实际项目开发。

本篇将采取一章一实例的方式介绍 STM32 常用外设的使用，带领读者进入 STM32 的精彩世界。

本篇将分为如下章节：

第 11 章　跑马灯实验
第 12 章　蜂鸣器实验
第 13 章　按键输入实验
第 14 章　外部中断实验
第 15 章　串口通信实验
第 16 章　独立看门狗(IWDG)实验
第 17 章　基本定时器实验
第 18 章　通用定时器实验
第 19 章　电容触摸按键实验
第 20 章　TFTLCD(MCU 屏)实验
第 21 章　RTC 实时时钟实验
第 22 章　低功耗实验
第 23 章　DMA 实验
第 24 章　ADC 实验
第 25 章　内部温度传感器实验
第 26 章　光敏传感器实验
第 27 章　DAC 实验

第11章 跑马灯实验

本章将通过一个经典的跑马灯程序，带读者开启STM32F103之旅。本章将介绍STM32F103的I/O口作为输出使用的方法，并通过代码控制开发板上的LED灯交替闪烁，从而实现类似跑马灯的效果。

11.1 STM32F1 GPIO 简介

GPIO是控制或者采集外部器件的信息的外设，即负责输入输出。它按组分配，每组16个I/O口，组数视芯片而定。STM32F103ZET6芯片是144脚的芯片，具有GPIOA、GPIOB、GPIOC、GPIOD、GPIOE、GPIOF和GPIOG共7组GPIO口，共有112个I/O口可供编程使用。这里重点说一下STM32F103的I/O电平兼容性问题。STM32F103的绝大部分I/O口都兼容5 V，详见《STM32F103xE的数据手册》(注意，是数据手册，不是中文参考手册)表5 大容量STM32F103xx引脚定义，凡是有FT标志的都是兼容5 V电平的I/O口，可以直接接5 V的外设(如果引脚设置的是模拟输入模式，则不能接5 V)；凡是不带FT标志的，就不要接5 V了，可能烧坏MCU。

11.1.1 GPIO 功能模式

GPIO有8种工作模式，分别是输入浮空、输入上拉、输入下拉、模拟功能、开漏输出、推挽输出、开漏式复用功能及推挽式复用功能。

11.1.2 GPIO 基本结构

GPIO的基本结构图如图11.1所示。可以看到右边只有I/O引脚，这个I/O引脚就是可以看到的芯片实物的引脚，其他部分都是GPIO的内部结构。

① 保护二极管：保护二极管共有2个，用于保护引脚外部过高或过低的电压输入。当引脚输入电压高于V_{DD}时，上面的二极管导通；当引脚输入电压低于V_{SS}时，下面的二极管导通，从而使输入芯片内部的电压处于比较稳定的值。虽然有二极管的保护，但这样的保护却很有限，大电压大电流的接入很容易烧坏芯片，所以在实际的设计中要考虑设计引脚的保护电路。

② 上拉、下拉电阻：阻值在30～50 kΩ之间，可以通过上、下2个对应的开关控制，这2个开关由寄存器控制。当引脚外部的器件没有干扰引脚的电压时，即没有外部的

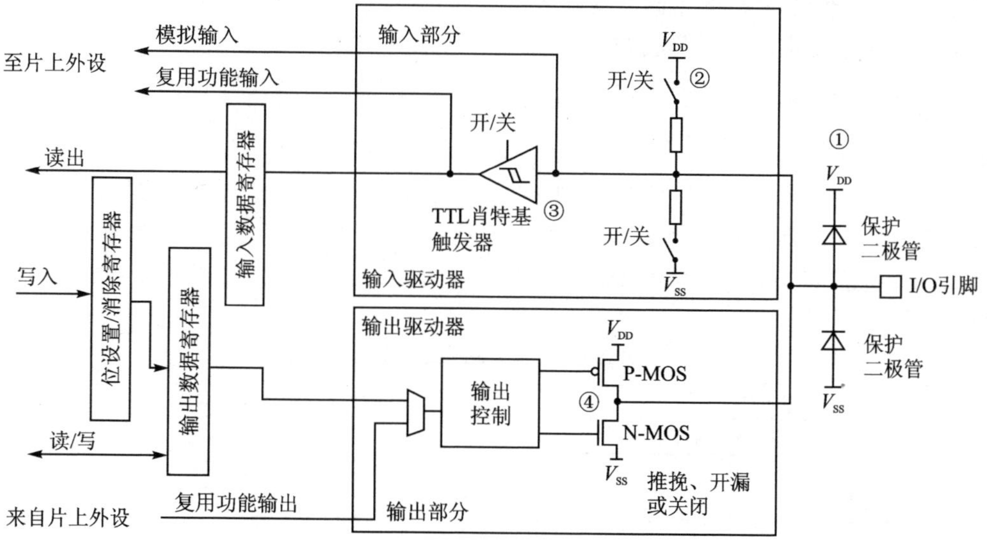

图 11.1　GPIO 的基本结构图

上、下拉电压，引脚的电平由引脚内部上、下拉决定；开启内部上拉电阻工作，引脚电平便设置为高；开启内部下拉电阻工作，则引脚电平设置为低。同样，如果内部上、下拉电阻都不开启，这种情况就是我们所说的浮空模式。浮空模式下，引脚的电平是不可确定的。引脚的电平可以由外部的上、下拉电平决定。需要注意的是，STM32 的内部上拉是一种"弱上拉"，这样的上拉电流很弱，如果要求大电流，则还是得外部上拉。

③ 施密特触发器：对于标准施密特触发器，当输入电压高于正向阈值电压时，输出为高；当输入电压低于负向阈值电压时，输出为低；当输入在正负向阈值电压之间时，输出不改变。也就是说，输出由高电准位翻转为低电准位，或是由低电准位翻转为高电准位对应的阈值电压是不同的。只有当输入电压发生足够的变化时，输出才会变化，因此将这种元件命名为触发器。这种双阈值动作被称为迟滞现象，表明施密特触发器有记忆性。从本质上来说，施密特触发器是一种双稳态多谐振荡器。

施密特触发器可作为波形整形电路，能将模拟信号波形整形为数字电路能够处理的方波波形；而且由于施密特触发器具有滞回特性，所以可用于抗干扰，以及在闭回路正回授/负回授配置中用于实现多谐振荡器。

下面对比比较器与施密特触发器的作用，从而清楚地知道施密特触发器对外部输入信号具有一定抗干扰能力，如图 11.2 所示。

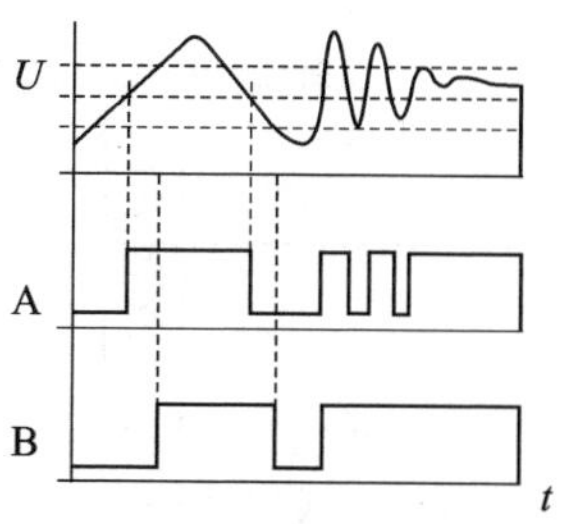

图 11.2　比较器的(A)和施密特触发器(B)作用比较

④ P－MOS 管和 N－MOS 管：这个结构控制 GPIO 的开漏输出和推挽输出 2 种模式。开漏输出：输出端相当于三极管的集电极，要得到高电平状态需要上拉电阻才行。推挽输出：这 2 只对称的 MOS 管每次只有一只

导通，所以导通损耗小、效率高。输出既可以向负载灌电流，也可以从负载拉电流。推拉式输出既能提高电路的负载能力，又能提高开关速度。

下面分别介绍 GPIO 的 8 种工作模式对应结构图的工作情况。

1. 输入浮空

输入浮空模式如图 11.3 所示。上拉/下拉电阻为断开状态，施密特触发器打开，输出被禁止。输入浮空模式下，I/O 口的电平完全由外部电路决定。如果 I/O 引脚没有连接其他的设备，那么检测其输入电平是不确定的。该模式可以用于按键检测等场景。

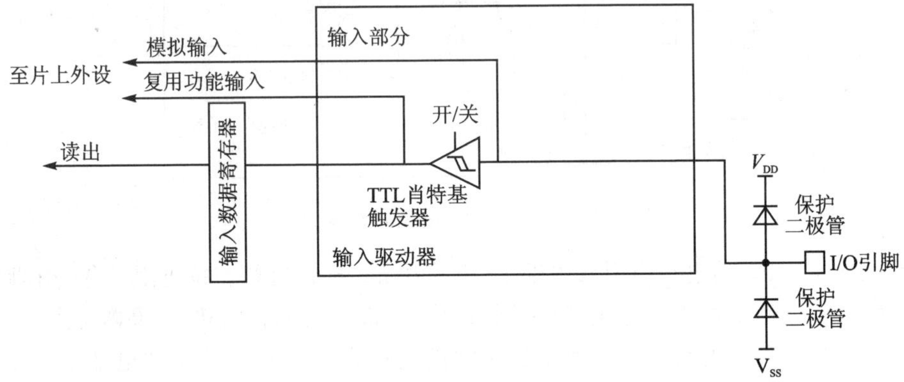

图 11.3 输入浮空模式

2. 输入上拉

输入上拉模式如图 11.4 所示。上拉电阻导通，施密特触发器打开，输出被禁止。在需要外部上拉电阻的时候，可以使用内部上拉电阻，这样可以节省一个外部电阻；但是内部上拉电阻的阻值较大，所以只是“弱上拉”，不适合做电流型驱动。

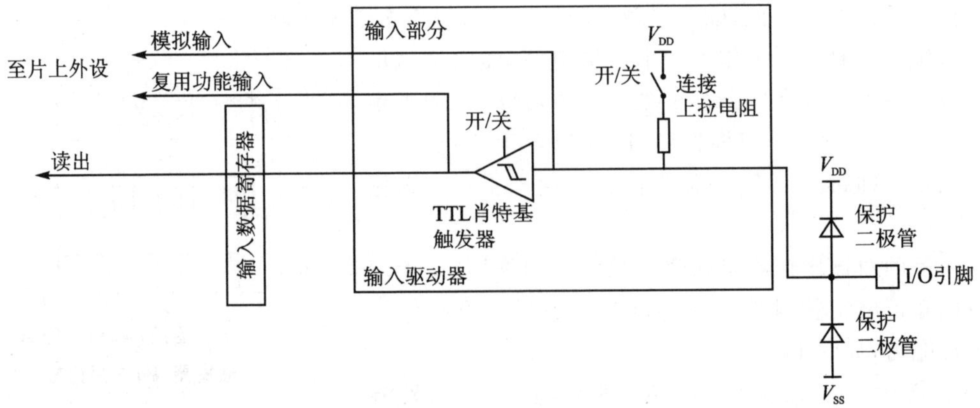

图 11.4 输入上拉模式

3. 输入下拉

输入下拉模式如图 11.5 所示。下拉电阻导通，施密特触发器打开，输出被禁止。在需要外部下拉电阻的时候，可以使用内部下拉电阻，这样可以节省一个外部电阻，但是内部下拉电阻的阻值较大，所以不适合做电流型驱动。

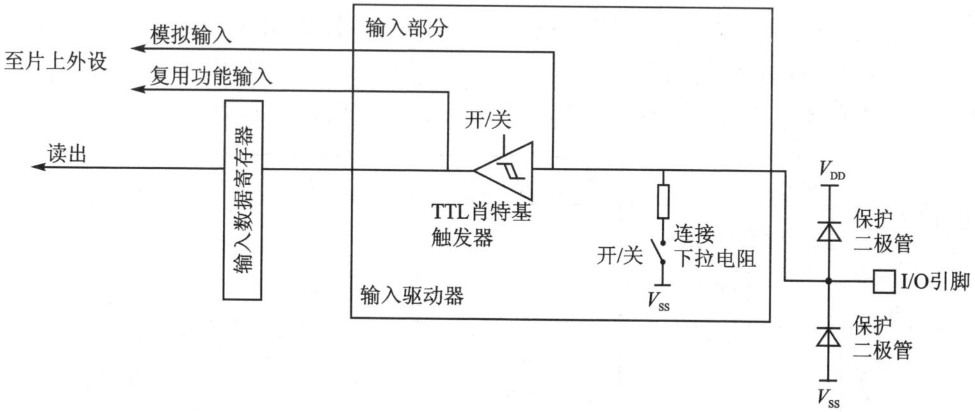

图 11.5　输入下拉模式

4. 模拟功能

模拟功能如图 11.6 所示。上下拉电阻断开，施密特触发器关闭，双 MOS 管也关闭。其他外设可以通过模拟通道输入输出。该模式下需要用到芯片内部的模拟电路单元，用于 ADC、DAC、MCO 这类操作模拟信号的外设。

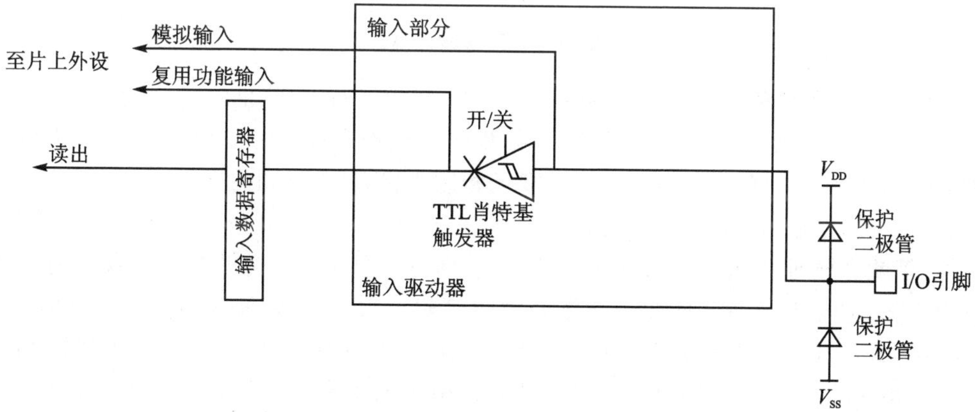

图 11.6　模拟功能

5. 开漏输出

开漏输出模式如图 11.7 所示。STM32 的开漏输出模式是数字电路输出的一种，从结果上看它只能输出低电平 V_{ss} 或者高阻态，常用于 I^2C 通信(IIC_SDA)或其他需要进行电平转换的场景。根据"STM32F10xxx 参考手册_V10(中文版).pdf"第 108 页关

于“GPIO 输出配置”的描述,可以知道开漏模式下,I/O 是这样工作的:

- P-MOS 被“输出控制”控制在截止状态,因此 I/O 的状态取决于 N-MOS 的导通状况;
- 只有 N-MOS 还受控制于输出寄存器,“输出控制”对输入信号进行了逻辑非的操作;
- 施密特触发器是工作的,即可以输入且上下拉电阻都断开了,可以看成浮空输入。

为了理解,我们在“输出控制”部分做了等效处理,如图 11.7 所示。图 11.7 中写入输出数据寄存器①的值怎么对应到 I/O 引脚的输出状态②是我们最关心的。

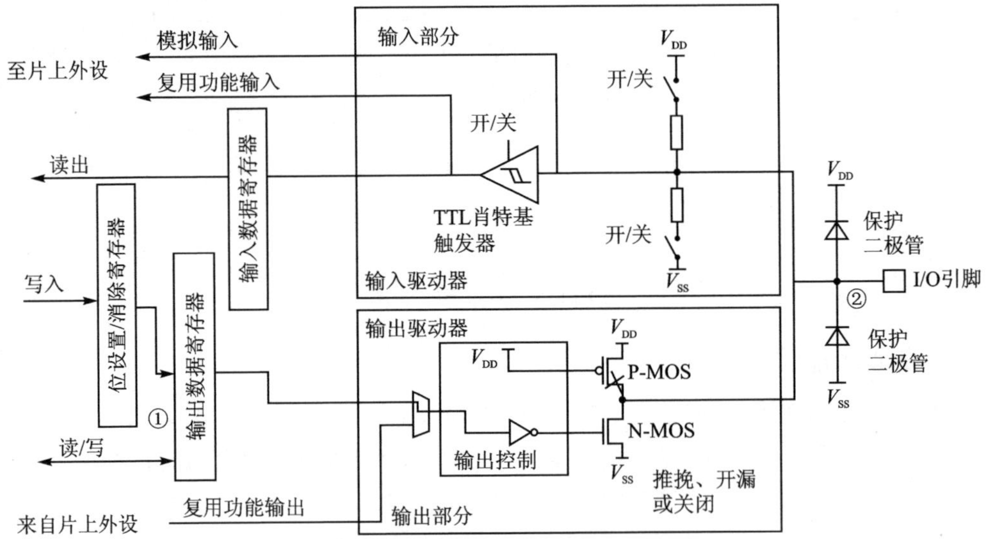

图 11.7　开漏输出模式

根据参考手册的描述:开漏输出模式下 P-MOS 一直在截止状态,即不导通,所以 P-MOS 管的栅极相当于一直接 V_{DD}。如果输出数据寄存器①的值为 0,那么 I/O 引脚的输出状态②为低电平,这是我们需要的控制逻辑,怎么做到的呢?输出数据寄存器的逻辑 0 经过“输出控制”的取反操作后,输出逻辑 1 到 N-MOS 管的栅极,这时 N-MOS 管就会导通,使得 I/O 引脚连接到 V_{SS},即输出低电平。如果输出数据寄存器的值为 1,经过“输出控制”的取反操作后输出逻辑 0 到 N-MOS 管的栅极,这时 N-MOS 管就会截止。又因为 P-MOS 管是一直截止的,使得 I/O 引脚呈现高阻态,既不输出低电平,也不输出高电平。因此,要 I/O 引脚输出高电平就必须接上拉电阻。又由于 F1 系列的开漏输出模式下,内部的上下拉电阻不可用,所以只能通过连接芯片外部上拉电阻的方式,实现开漏输出模式下输出高电平。如果芯片外部不接上拉电阻,那么开漏输出模式下,I/O 无法输出高电平。

在开漏输出模式下,施密特触发器是工作的,所以 I/O 口引脚的电平状态会被采集到输入数据寄存器中;如果对输入数据寄存器进行读访问,可以得到 I/O 口的状态。也就是说,开漏输出模式下,可以读取 I/O 引脚状态。

6. 推挽输出

推挽输出模式如图 11.8 所示。STM32 的推挽输出模式，从结果上看它会输出低电平 V_{SS} 或者高电平 V_{DD}。推挽输出与开漏输出不同的是，推挽输出模式 P－MOS 管和 N－MOS 管都用上。同样，根据参考手册推挽模式的输出描述，可以得到等效原理图，如图 11.8 所示。根据手册描述可以把“输出控制”简单地等效为一个非门。

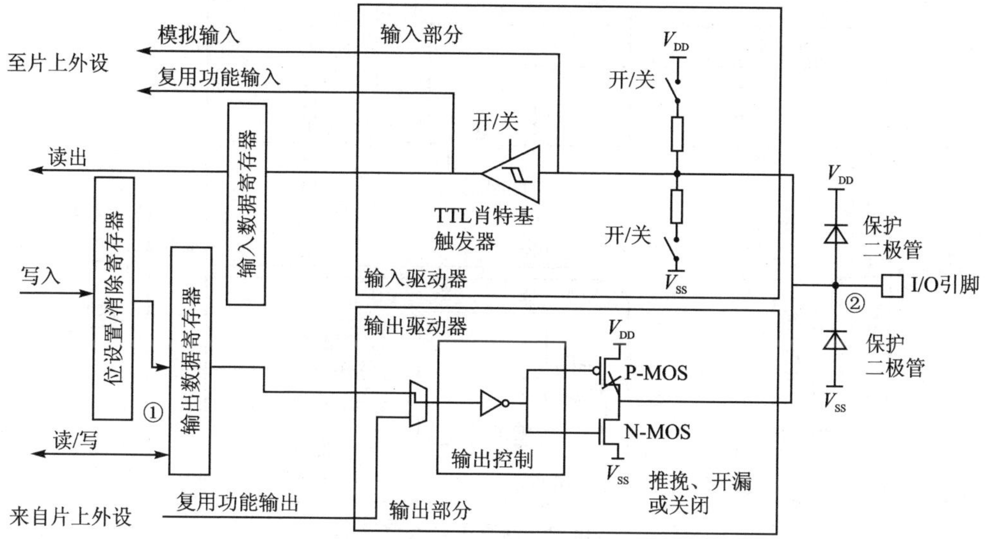

图 11.8 推挽输出模式

如果输出数据寄存器①的值为 0，经过“输出控制”取反操作后，输出逻辑 1 到 P－MOS 管的栅极；这时 P－MOS 管就会截止，同时也会输出逻辑 1 到 N－MOS 管的栅极，这时 N－MOS 管就会导通，使得 I/O 引脚接到 V_{SS}，即输出低电平。

如果输出数据寄存器的值为 1，经过“输出控制”取反操作后，输出逻辑 0 到 N－MOS 管的栅极；这时 N－MOS 管就会截止，同时也会输出逻辑 0 到 P－MOS 管的栅极，这时 P－MOS 管就会导通，使得 I/O 引脚接到 V_{DD}，即输出高电平。

可见，推挽输出模式下，P－MOS 管和 N－MOS 管同一时间只能有一个管是导通的。当 I/O 引脚在做高低电平切换时，2 个管子轮流导通，一个负责灌电流，一个负责拉电流，使其负载能力和开关速度都有较大提高。

在推挽输出模式下，施密特触发器也是打开的，可以读取 I/O 口的电平状态。

由于推挽输出模式下输出高电平是直接连接 V_{DD} 的，所以驱动能力较强，可以做电流型驱动。驱动电流最大可达 25 mA，但是芯片的总电流有限，所以并不建议这样用，最好还是使用芯片外部的电源。

7. 开漏式复用功能

开漏式复用功能如图 11.9 所示。一个 I/O 口可以是通用的 I/O 口功能，还可以是其他外设的特殊功能引脚，这就是 I/O 口的复用功能。一个 I/O 口可以是多个外设的功能引脚,使用时需要选择作为其中一个外设的功能引脚。当选择复用功能时,引脚的状态由对应的外设控制,而不是输出数据寄存器。除了复用功能外,其他的结构分析可参考开漏输出模式。

在开漏式复用功能模式下,施密特触发器也是打开的,可以读取 I/O 口的电平状态,同时外设可以读取 I/O 口的信息。

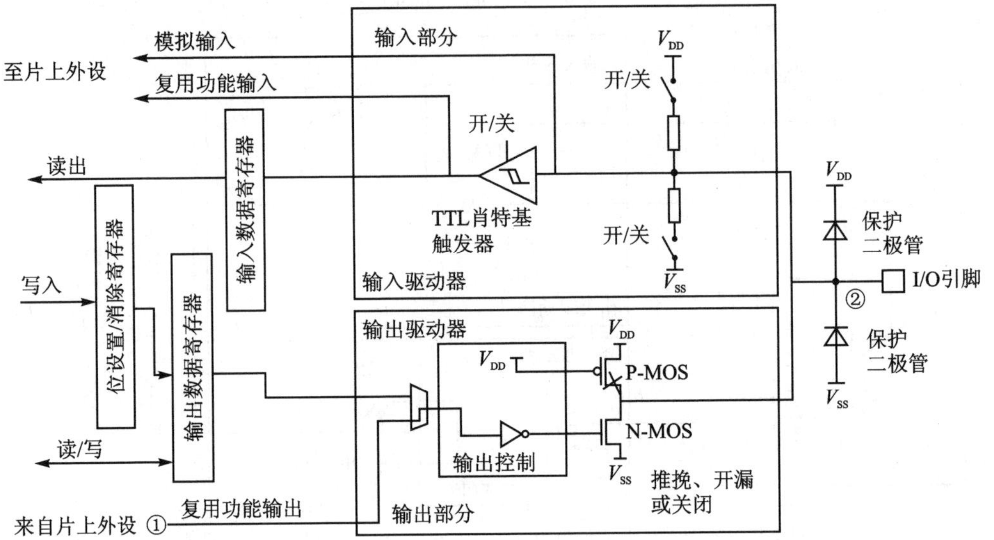

图 11.9　开漏式复用功能

8. 推挽式复用功能

推挽式复用功能(见图 11.10)可参考开漏式复用功能,结构分析可参考推挽输出模式,这里不再赘述。

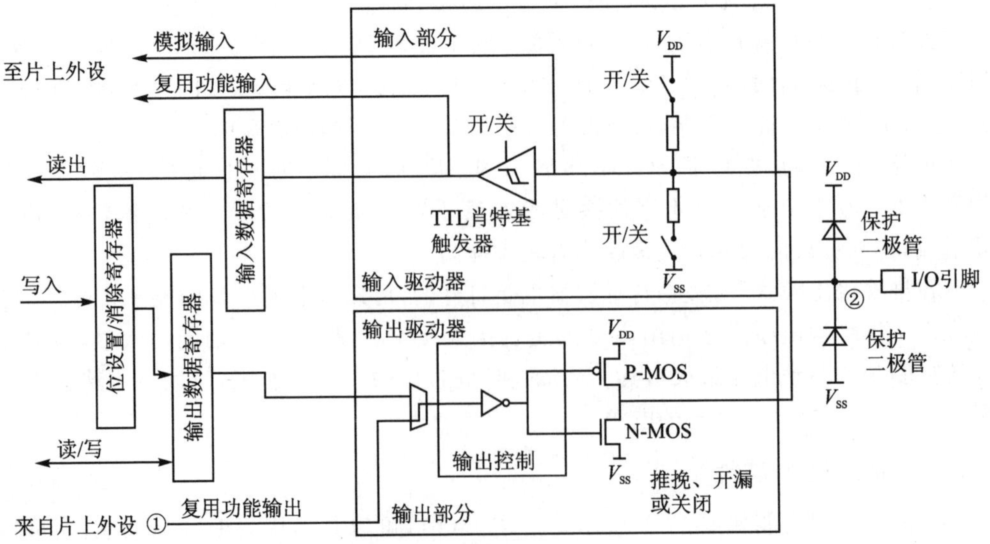

图 11.10　推挽式复用功能

11.1.3　GPIO 寄存器

STM32F1 每组(这里是 A～D)通用 GPIO 口有 7 个 32 位寄存器控制,包括 2 个 32 位端口配置寄存器(CRL 和 CRH)、2 个 32 位端口数据寄存器(IDR 和 ODR)、1 个 32 位端口置位/复位寄存器 (BSRR)、1 个 16 位端口复位寄存器(BRR)及 1 个 32 位端口锁定寄存器(LCKR)。

这里主要教读者学会怎么理解这些寄存器,其他寄存器理解方法是一样的。因为寄存器太多不可能一个个列出来讲,以后基本就只介绍重要的寄存器。下面先看 GPIO 的 2 个 32 位配置寄存器。

1. 端口配置寄存器(GPIOx_CRL 和 GPIO_x_CRH)

这 2 个寄存器都是 GPIO 口配置寄存器,不过 CRL 控制端口的低 8 位,CRH 控制端口的高 8 位。寄存器的作用是控制 GPIO 口的工作模式和工作速度,寄存器描述如图 11.11 和图 11.12 所示。

31	30	29	28	27	26	25	24	23	22	21	20	19	18	17	16
CNF7[1:0]		MODE7[1:0]		CNF6[1:0]		MODE6[1:0]		CNF5[1:0]		MODE5[1:0]		CNF4[1:0]		MODE4[1:0]	
rw	rw	rw	rw	rw	rw	rw	rw	rw	rw	rw	rw	rw	rw	rw	rw

15	14	13	12	11	10	9	8	7	6	5	4	3	2	1	0
CNF3[1:0]		MODE3[1:0]		CNF2[1:0]		MODE2[1:0]		CNF1[1:0]		MODE1[1:0]		CNF0[1:0]		MODE0[1:0]	
rw	rw	rw	rw	rw	rw	rw	rw	rw	rw	rw	rw	rw	rw	rw	rw

位31:30 27:26 23:22 19:18 15:14 11:10 7:6 3:2	CNFy[1:0]：端口x配置位(y=0:7) 软件通过这些位配置相应的I/O端口 在输入模式(MODE[1:0]=00)： 00：模拟输入模式 01：浮空输入模式(复位后的状态) 10：上拉/下拉输入模式 11：保留 在输出模式(MODE[1:0]>00)： 00：通用推挽 输出模式 01：通用开漏输出模式 10：复用功能推挽输出模式 11：复用功能开漏输出模式
位29:28 25:24 21:20 17:16 13:12 9:10, 5:4 1:0	MODEy[1:0]：端口x的模式位(y=0:7) 软件通过这些位配置相应的I/O端口 00：输入模式(复位后的状态) 10：输出模式，最大速度2 MHz 01：输出模式，最大速度10 MHz 11：输出模式，最大速度50 MHz

图 11.11　GPIOx_CRL 寄存器描述

每组 GPIO 下有 16 个 I/O 口,一个寄存器共 32 位,每 4 个位控制一个 I/O,所以才需要 2 个寄存器完成。我们看看这个寄存器的复位值,然后用复位值举例说明一下这样的配置值代表的含义。比如 GPIOA_CRL 的复位值是 0x44444444,4 位为一个单位都是 0100。以寄存器低 4 位为例说明,首先位 1:0为 00 即设置 PA0 为输入模式,位 3:2为 01 即设置为浮空输入模式。所以假如 GPIOA_CRL 的值是 0x44444444,那么 PA0～PA7 都是设置为输入模式,而且是浮空输入模式。

31	30	29	28	27	26	25	24	23	22	21	20	19	18	17	16
CNF15[1:0]		MODE15[1:0]		CNF14[1:0]		MODE14[1:0]		CNF13[1:0]		MODE13[1:0]		CNF12[1:0]		MODE12[1:0]	
rw	rw	rw	rw	rw	rw	rw	rw	rw	rw	rw	rw	rw	rw	rw	rw

15	14	13	12	11	10	9	8	7	6	5	4	3	2	1	0
CNF11[1:0]		MODE11[1:0]		CNF10[1:0]		MODE10[1:0]		CNF9[1:0]		MODE9[1:0]		CNF8[1:0]		MODE8[1:0]	
rw	rw	rw	rw	rw	rw	rw	rw	rw	rw	rw	rw	rw	rw	rw	rw

位31:30 27:26 23:22 19:18 15:14 11:10 7:6 3:2	CNFy[1:0]：端口x配置位(y=8:15) 软件通过这些位配置相应的I/O端口 在输入模式(MODE[1:0]=00)： 00：模拟输入模式 01：浮空输入模式(复位后的状态) 10：上拉/下拉输入模式 11：保留 在输出模式(MODE[1:0]>00)： 00：通用推挽 输出模式 01：通用开漏输出模式 10：复用功能推挽输出模式 11：复用功能开漏输出模式
位29:28 25:24 21:20 17:16 13:12 9:10, 5:4 1:0	MODEy[1:0]：端口x的模式位(y=8:15) 软件通过这些位配置相应的I/O端口 00：输入模式(复位后的状态) 01：输出模式，最大速度10 MHz 10：输出模式，最大速度2 MHz 11：输出模式，最大速度50 MHz

图 11.12　GPIOx_CRH 寄存器描述

上面这 2 个配置寄存器用来配置 GPIO 的相关工作模式和工作速度，它们通过不同的配置组合方法决定 8 种工作模式，如表 11.1 所列。

表 11.1　8 种工作模式

配置模式		CNF1	CNF0	MODE1	MODE0	PxODR 寄存器
通用输出	推挽(Push－Pull)	0	0	01 10 11		0 或 1
	开漏(Open－Drain)		1			0 或 1
复用功能输出	推挽(Push－Pull)	1	0			不使用
	开漏(Open－Drain)		1			不使用
输入	模拟输入	0	0	00		不使用
	浮空输入		1			不使用
	下拉输入	1	0			0
	上拉输入					1

因为本章需要 GPIO 作为输出口使用，所以再来看看端口输出数据寄存器。

2. 端口输出数据寄存器(ODR)

该寄存器用于控制 GPIOx 的输出高电平或者低电平，寄存器描述如图 11.13 所示。

该寄存器低 16 位有效，分别对应每一组 GPIO 的 16 个引脚。当 CPU 写访问该寄存器时，如果对应的某位写 0(ODRy＝0)，则表示设置该 I/O 口输出的是低电平；如果写 1(ODRy＝1)，则表示设置该 I/O 口输出的是高电平，y＝0～15。

31	30	29	28	27	26	25	24	23	22	21	20	19	18	17	16
保留															

15	14	13	12	11	10	9	8	7	6	5	4	3	2	1	0
ODR15	ODR14	ODR13	ODR12	ODR11	ODR10	ODR9	ODR8	ODR7	ODR6	ODR5	ODR4	ODR3	ODR2	ODR1	ODR0
rw	rw	rw	rw	rw	rw	rw	rw	rw	rw	rw	rw	rw	rw	rw	rw

位15:0	ODRy[15:0]：端口输出数据(y=0:15) 这些位可读可写并只能以字(16位)的形式操作。 注：对GPIOx_BSRR(x=A:E)，可以分别对各个ODR位进行独立的设置/清除

图 11.13 GPIOx_ODR 寄存器描述

此外，除了 ODR 寄存器，还有一个寄存器也用于控制 GPIO 输出的，它就是 BSRR 寄存器。

3. 端口置位/复位寄存器(BSRR)

该寄存器也用于控制 GPIOx 的输出高电平或者低电平，寄存器描述如图 11.14 所示。

31	30	29	28	27	26	25	24	23	22	21	20	19	18	17	16
BR15	BR14	BR13	BR12	BR11	BR10	BR9	BR8	BR7	BR6	BR5	BR4	BR3	BR2	BR1	BR0
w	w	w	w	w	w	w	w	w	w	w	w	w	w	w	w

15	14	13	12	11	10	9	8	7	6	5	4	3	2	1	0
BS15	BS14	BS13	BS12	BS11	BS10	BS9	BS8	BS7	BS6	BS5	BS4	BS3	BS2	BS1	BS0
w	w	w	w	w	w	w	w	w	w	w	w	w	w	w	w

位31:16	BRy：清除端口x的位y(y=0:15) 这些位只能写入并只能以字(16位)的形式操作 0：对对应的ODRy位不产生影响　　1：清除对应的ODRy位为0 注：如果同时设置了BSy和BRy的对应位，BSy位起作用
位15:0	BSy：设置端口x的位y(y=0:15) 这些位只能写入并只能以字(16位)的形式操作。 0：对对应的ODRy位不产生影响　　1：设置对应的ODRy位为1

图 11.14 GPIOx_BSRR 寄存器描述

为什么有了 ODR 寄存器，还要这个 BSRR 寄存器呢？先看看 BSRR 的寄存器描述，首先 BSRR 是只写权限，而 ODR 是可读可写权限。BSRR 寄存器 32 位有效，对于低 16 位(0～15)，往相应的位写 1(BSy=1)，那么对应的 I/O 口会输出高电平；往相应的位写 0(BSy=0)，对 I/O 口没有任何影响。高 16 位(16～31)作用刚好相反，对相应的位写 1(BRy=1)会输出低电平，写 0(BRy=0)没有任何影响，y=0～15。

也就是说，对于 BSRR 寄存器，写 0 对 I/O 口电平是没有任何影响的。要设置某个 I/O 口电平，只需要相关位设置为 1 即可。而对于 ODR 寄存器，要设置某个 I/O 口电平，首先需要读出来 ODR 寄存器的值，然后对整个 ODR 寄存器重新赋值来达到设置某个或者某些 I/O 口的目的，而 BSRR 寄存器直接设置即可，这在多任务实时操作系统中作用很大。BSRR 寄存器还有一个好处，就是 BSRR 寄存器改变引脚状态的时候不会被中断打断，而 ODR 寄存器有被中断打断的风险。

11.2 硬件设计

(1) 例程功能

LED0 和 LED1 每过 500 ms 一次交替闪烁，实现类似跑马灯的效果。

(2) 硬件资源

LED 灯：DS0 - PB5、DS1 - PE5。

(3) 原理图

本章用到的硬件有 LED0 和 LED1。电路在开发板上已经连接好了，所以在硬件上不需要动任何东西，直接下载代码就可以测试使用。连接原理图如图 11.15 所示。

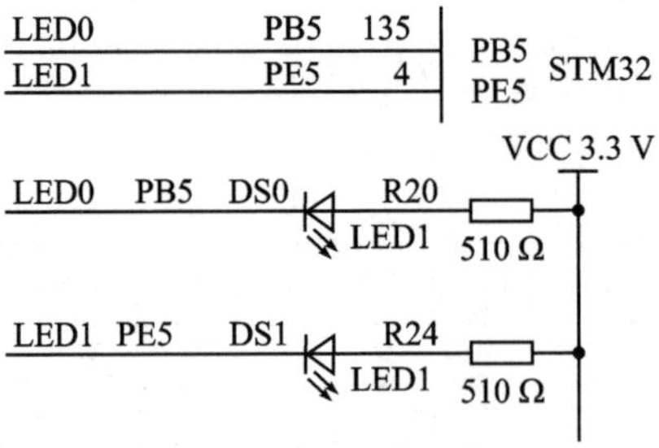

图 11.15 LED 与 STM32F103 连接原理图

11.3 程序设计

11.3.1 GPIO 的 HAL 库驱动分析

HAL 库中关于 GPIO 的驱动程序放在 STM32F1xx_hal_gpio.c 文件及其对应的头文件。

1. HAL_GPIO_Init 函数

要使用一个外设，则首先对它进行初始化，所以先看外设 GPIO 的初始化函数。其声明如下：

```
void  HAL_GPIO_Init(GPIO_TypeDef  *GPIOx, GPIO_InitTypeDef *GPIO_Init);
```

函数描述：用于配置 GPIO 功能模式，还可以设置 EXTI 功能。

函数形参：

形参 1 是端口号，可以有以下的选择：

```
#define GPIOA               ((GPIO_TypeDef *) GPIOA_BASE)
#define GPIOB               ((GPIO_TypeDef *) GPIOB_BASE)
#define GPIOC               ((GPIO_TypeDef *) GPIOC_BASE)
#define GPIOD               ((GPIO_TypeDef *) GPIOD_BASE)
#define GPIOE               ((GPIO_TypeDef *) GPIOE_BASE)
#define GPIOF               ((GPIO_TypeDef *) GPIOF_BASE)
#define GPIOG               ((GPIO_TypeDef *) GPIOG_BASE)
```

这是库里面的选择项,实际上我们的芯片只能选择 GPIOA～GPIOE,因为只有 5 组 I/O 口。

形参 2 GPIO_InitTypeDef 是类型的结构体变量,其定义如下:

```
typedef struct
{
  uint32_t Pin;         /*引脚号*/
  uint32_t Mode;        /*模式设置*/
  uint32_t Pull;        /*上拉下拉设置*/
  uint32_t Speed;       /*速度设置*/
} GPIO_InitTypeDef;
```

该结构体很重要,下面对每个成员进行介绍。

成员 Pin 表示引脚号,范围 GPIO_PIN_0～GPIO_PIN_15,另外还有 GPIO_PIN_All 和 GPIO_PIN_MASK 可选。

成员 Mode 是 GPIO 的模式选择,有以下选择项:

```
#define  GPIO_MODE_INPUT              (0x00000000U)  /*输入模式*/
#define  GPIO_MODE_OUTPUT_PP          (0x00000001U)  /*推挽输出*/
#define  GPIO_MODE_OUTPUT_OD          (0x00000011U)  /*开漏输出*/
#define  GPIO_MODE_AF_PP              (0x00000002U)  /*推挽式复用*/
#define  GPIO_MODE_AF_OD              (0x00000012U)  /*开漏式复用*/
#define  GPIO_MODE_AF_INPUT           GPIO_MODE_INPUT
#define  GPIO_MODE_ANALOG             (0x00000003U)  /*模拟模式*/
#define  GPIO_MODE_IT_RISING          (0x11110000U)  /*外部中断,上升沿触发检测*/
#define  GPIO_MODE_IT_FALLING         (0x11210000U)  /*外部中断,下降沿触发检测*/
/*外部中断,上升和下降双沿触发检测*/
#define  GPIO_MODE_IT_RISING_FALLING (0x11310000U)
#define  GPIO_MODE_EVT_RISING         (0x11120000U)  /*外部事件,上升沿触发检测*/
#define  GPIO_MODE_EVT_FALLING        (0x11220000U)  /*外部事件,下降沿触发检测*/
/*外部事件,上升和下降双沿触发检测*/
#define GPIO_MODE_EVT_RISING_FALLING (0x11320000U)
```

成员 Pull 用于配置上下拉电阻,有以下选择项:

```
#define  GPIO_NOPULL           (0x00000000U)  /*无上下拉*/
#define  GPIO_PULLUP           (0x00000001U)  /*上拉*/
#define  GPIO_PULLDOWN         (0x00000002U)  /*下拉*/
```

成员 Speed 用于配置 GPIO 的速度,有以下选择项:

```
#define  GPIO_SPEED_FREQ_LOW        (0x00000002U)  /*低速*/
#define  GPIO_SPEED_FREQ_MEDIUM     (0x00000001U)  /*中速*/
#define  GPIO_SPEED_FREQ_HIGH       (0x00000003U)  /*高速*/
```

函数返回值:无。

注意事项:HAL 库的 EXTI 外部中断的设置功能整合到此函数里面,而不是单独的一个文件。

2. HAL_GPIO_WritePin 函数

HAL_GPIO_WritePin 函数是 GPIO 口的写引脚函数,其声明如下:

```
void HAL_GPIO_WritePin(GPIO_TypeDef * GPIOx,
uint16_t GPIO_Pin, GPIO_PinState PinState);
```

函数描述:用于设置引脚输出高电平或者低电平,通过 BSRR 寄存器复位或者置位操作。

函数形参:

形参 1 是端口号,可以选择 GPIOA～GPIOG。

形参 2 是引脚号,可以选择 GPIO_PIN_0～GPIO_PIN_15。

形参 3 是要设置输出的状态,是枚举型,有 2 个选择:GPIO_PIN_SET 表示高电平,GPIO_PIN_RESET 表示低电平。

函数返回值:无。

3. HAL_GPIO_TogglePin 函数

HAL_GPIO_TogglePin 函数是 GPIO 口的电平翻转函数,其声明如下:

```
void HAL_GPIO_TogglePin(GPIO_TypeDef * GPIOx, uint16_t GPIO_Pin);
```

函数描述:用于设置引脚的电平翻转,也通过 BSRR 寄存器复位或者置位操作。

函数形参:

形参 1 是端口号,可以选择 GPIOA～GPIOG。

形参 2 是引脚号,可以选择 GPIO_PIN_0～GPIO_PIN_15。

函数返回值:无。

本实验用到上面 3 个函数,其他的 API 函数后面用到再讲解。

GPIO 输出配置步骤如下:

① 使能对应 GPIO 时钟。

STM32 在使用任何外设之前,都要先使能其时钟(下同)。本实验用到 PB5 和 PE5 这 2 个 I/O 口,因此需要先使能 GPIOB 和 GPIOE 的时钟,代码如下:

```
__HAL_RCC_GPIOB_CLK_ENABLE();
__HAL_RCC_GPIOE_CLK_ENABLE();
```

② 设置对应 GPIO 工作模式(推挽输出)。

本实验 GPIO 使用推挽输出模式控制 LED 亮灭,通过函数 HAL_GPIO_Init 设置实现。

③ 控制 GPIO 引脚输出高低电平。

配置好 GPIO 工作模式后就可以通过 HAL_GPIO_WritePin 函数控制 GPIO 引脚输出高低电平,从而控制 LED 的亮灭了。

11.3.2　程序流程图

程序流程图能帮助读者更好地理解一个工程的功能和实现过程，对学习和设计工程有很好的主导作用。本实验的程序流程如图 11.6 所示。

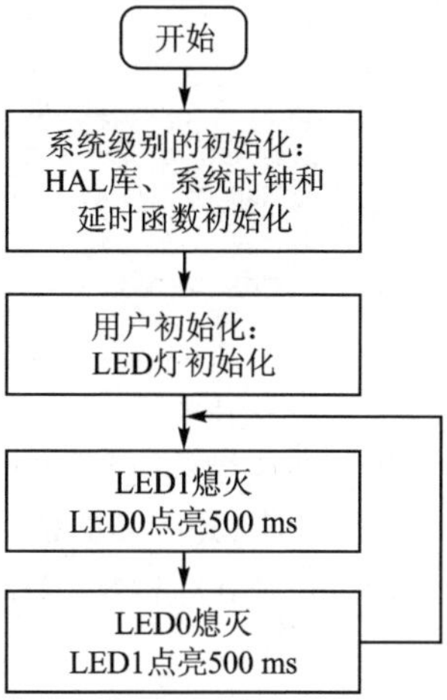

图 11.16　跑马灯实验程序流程图

11.3.3　程序解析

1. led 驱动代码

这里只讲解核心代码，详细的源码可参考配套资料中本实验对应源码。LED 驱动源码包括 2 个文件：led.c 和 led.h（正点原子编写的外设驱动基本都是包含一个.c 文件和一个.h 文件，下同）。

下面先解析 led.h 的程序，分 2 部分功能进行讲解。

(1) LED 灯引脚宏定义

LED 灯在硬件上分别连接到 PB5 和 PE5，再结合 HAL 库，做了下面的引脚定义：

```
/* LED0 引脚定义 */
#define LED0_GPIO_PORT                  GPIOB
#define LED0_GPIO_PIN                   GPIO_PIN_5
#define LED0_GPIO_CLK_ENABLE()          do{ __HAL_RCC_GPIOB_CLK_ENABLE(); }while(0)
/* LED1 引脚定义 */
#define LED1_GPIO_PORT                  GPIOE
#define LED1_GPIO_PIN                   GPIO_PIN_5
#define LED1_GPIO_CLK_ENABLE()          do{ __HAL_RCC_GPIOE_CLK_ENABLE(); }while(0)
```

这样的好处是进一步隔离底层函数操作，移植更加方便，函数命名更亲近实际的开发板。例如，看到 LED0_GPIO_PORT 宏定义就知道这是灯 LED0 的端口号，看到 LED0_GPIO_PIN 宏定义就知道这是灯 LED0 的引脚号，看到 LED0_GPIO_CLK_ENABLE 宏定义就知道这是灯 LED0 的时钟使能函数。学习时间长了就会慢慢熟悉这样的命名方式。

注意，这里的时钟使能函数宏定义使用了 do{ }while(0)结构，是为了避免在某些使用场景出错（下同），详见配套资料中"嵌入式单片机 C 代码规范与风格"第 6 章第 2 点。

__HAL_RCC_GPIOx_CLK_ENABLE 函数是 HAL 库的 I/O 口时钟使能函数，x=A～G。

(2) LED 灯操作函数宏定义

为了后续对 LED 灯进行便捷的操作，这里为 LED 灯操作函数做了下面的定义：

```
/* LED 端口操作定义 */
#define LED0(x)   do{ x ? \
                      HAL_GPIO_WritePin(LED0_GPIO_PORT,LED0_GPIO_PIN, GPIO_PIN_SET) : \
```

```
                  HAL_GPIO_WritePin(LED0_GPIO_PORT,LED0_GPIO_PIN, GPIO_PIN_RESET);\
                      }while(0)          /* LED0 翻转 */
#define LED1(x)   do{ x ? \
                  HAL_GPIO_WritePin(LED1_GPIO_PORT, LED1_GPIO_PIN, GPIO_PIN_SET) : \
                  HAL_GPIO_WritePin(LED1_GPIO_PORT, LED1_GPIO_PIN, GPIO_PIN_RESET);\
                      }while(0)          /* LED1 翻转 */
/* LED 电平翻转定义 */
#define LED0_TOGGLE()    do{ HAL_GPIO_TogglePin(LED0_GPIO_PORT,
                             LED0_GPIO_PIN); }while(0)    /* LED0 = !LED0 */
#define LED1_TOGGLE()    do{ HAL_GPIO_TogglePin(LED1_GPIO_PORT,
                             LED1_GPIO_PIN); }while(0)    /* LED1 = !LED1 */
```

LED0 和 LED1 这 2 个宏定义分别用来控制 LED0 和 LED1 的亮灭。例如，对于宏定义标识符 LED0(x)，它的值是通过条件运算符来确定：

当 x=0 时，宏定义的值为 HAL_GPIO_WritePin(LED0_GPIO_PORT, LED0_GPIO_PIN, GPIO_PIN_RESET)，也就是设置 LED0_GPIO_PORT(PB5)输出低电平。

当 x!=0 时，宏定义的值为 HAL_GPIO_WritePin (LED0_GPIO_PORT, LED0_GPIO_PIN, GPIO_PIN_SET)，也就是设置 LED0_GPIO_PORT(PB5)输出高电平。

根据前述定义，如果要设置 LED0 输出低电平，那么调用宏定义 LED0(0)即可；如果要设置 LED0 输出高电平，调用宏定义 LED0(1)即可。宏定义 LED1(x)同理。

LED0_TOGGLE 和 LED1_TOGGLE 这 2 个宏定义，分别是控制 LED0 和 LED1 的翻转。这里利用 HAL_GPIO_TogglePin 函数实现 I/O 口输出电平翻转操作。

下面再解析 led.c 的程序。这里只有一个函数 led_init，这是 LED 灯的初始化函数，其定义如下：

```
/**
 * @brief     初始化 LED 相关 I/O 口，并使能时钟
 * @param     无
 * @retval    无
 */
void led_init(void)
{
    GPIO_InitTypeDef gpio_init_struct;
    LED0_GPIO_CLK_ENABLE();                              /* LED0 时钟使能 */
    LED1_GPIO_CLK_ENABLE();                              /* LED1 时钟使能 */
    gpio_init_struct.Pin = LED0_GPIO_PIN;                /* LED0 引脚 */
    gpio_init_struct.Mode = GPIO_MODE_OUTPUT_PP;         /* 推挽输出 */
    gpio_init_struct.Pull = GPIO_PULLUP;                 /* 上拉 */
    gpio_init_struct.Speed = GPIO_SPEED_FREQ_HIGH;       /* 高速 */
    HAL_GPIO_Init(LED0_GPIO_PORT, &gpio_init_struct);    /* 初始化 LED0 引脚 */
    gpio_init_struct.Pin = LED1_GPIO_PIN;                /* LED1 引脚 */
    HAL_GPIO_Init(LED1_GPIO_PORT, &gpio_init_struct);    /* 初始化 LED1 引脚 */
    LED0(1);                                             /* 关闭 LED0 */
    LED1(1);                                             /* 关闭 LED1 */
}
```

对 LED 灯的 2 个引脚都设置为中速上拉的推挽输出。最后关闭 LED 灯的输出，

防止没有操作就亮了。

2. main.c 代码

在 main.c 里面编写如下代码：

```
#include "./SYSTEM/sys/sys.h"
#include "./SYSTEM/usart/usart.h"
#include "./SYSTEM/delay/delay.h"
#include "./BSP/LED/led.h"
int main(void)
{
    HAL_Init();                                 /* 初始化 HAL 库 */
    sys_stm32_clock_init(RCC_PLL_MUL9);         /* 设置时钟，72 MHz */
    delay_init(72);                             /* 延时初始化 */
    led_init();                                 /* 初始化 LED */
    while (1)
    {
        LED0(0);                                /* LED0 灭 */
        LED1(1);                                /* LED1 亮 */
        delay_ms(500);
        LED1(1);                                /* LED0 灭 */
        LED0(0);                                /* LED1 亮 */
        delay_ms(500);
    }
}
```

首先是调用系统级别的初始化：初始化 HAL 库、系统时钟和延时函数。接下来，调用 led_init 来初始化 LED 灯。最后在无限循环里面实现 LED0 和 LED1 间隔 500 ms 交替闪烁一次。

11.4 下载验证

编译结果如图 11.17 所示。可以看到 0 错误，0 警告。从编译信息可以看出，代码占用 FLASH 大小为 5 804 字节（5 442＋362＋28），所用的 SRAM 大小为 1 928 字节（28＋1 900）。编译结果里面的几个数据的意义：

➢ Code：表示程序所占用 FLASH 的大小（FLASH）。

➢ RO - data：即 Read Only - data，表示程序定义的常量（FLASH）。

➢ RW - data：即 Read Write - data，表示已被初始化的变量（FLASH＋RAM）。

➢ ZI - data：即 Zero Init - data，表示未被初始化的变量（RAM）。

有了这个就可以知道当前使用的 FLASH 和 RAM 大小了，所以，一定要注意程序的大小不是 .hex 文件的大小，而是编译后的 Code 和 RO - data 之和。接下来就可以下载验证了。这里使用 DAP 仿真器（也可以使用其他调试器）下载。

下载完之后，运行结果如图 11.18 所示，可以看到，LED0 和 LED1 交替亮。

至此，跑马灯实验的学习就结束了。本章介绍了 STM32F103 的 I/O 口的使用及注意事项,是后面学习的基础,希望读者好好理解。

```
Build Output
compiling stm32f1xx_hal_rcc.c...
compiling stm32f1xx_hal_uart.c...
compiling stm32f1xx_hal_usart.c...
compiling led.c...
linking...
Program Size: Code=5442 RO-data=362 RW-data=28 ZI-data=1900
FromELF: creating hex file...
"..\..\Output\atk_f103.axf" - 0 Error(s), 0 Warning(s).
Build Time Elapsed:  00:00:02
```

图 11.17　编译结果

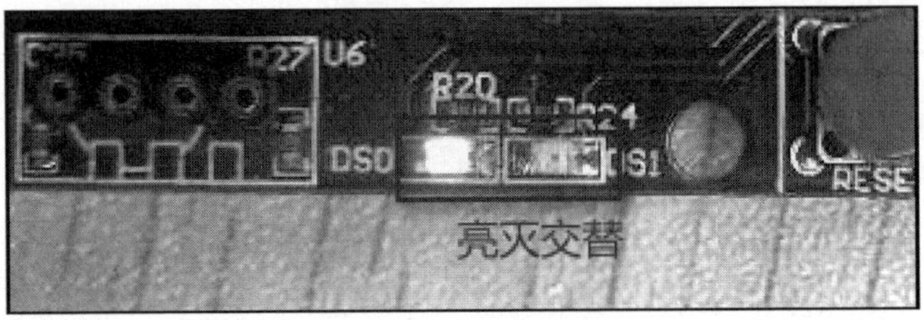

图 11.18　程序运行结果

第 12 章

蜂鸣器实验

本章将通过另外一个例子继续讲述 STM32F1 的 I/O 口用于输出，不同的是本章讲的不是用 I/O 口直接驱动器件，而是通过三极管间接驱动。同时，将利用一个 I/O 口来控制板载的有源蜂鸣器。

12.1 蜂鸣器简介

蜂鸣器是一种一体化结构的电子讯响器，采用直流电压供电，广泛应用于计算机、打印机、复印机、报警器、电子玩具、汽车电子设备、电话机、定时器等电子产品中。蜂鸣器主要分为压电式蜂鸣器和电磁式蜂鸣器 2 种类型。

STM32F103 战舰开发板板载的蜂鸣器是电磁式的有源蜂鸣器，如图 12.1 所示。

图 12.1 有源蜂鸣器

这里的有源不是指电源的源，而是指有没有自带振荡电路，有源蜂鸣器自带了振荡电路，一通电就会发声；无源蜂鸣器则没有自带振荡电路，必须外部提供 2～5 kHz 的方波驱动才能发声。

上一章利用 STM32 的 I/O 口直接驱动 LED 灯，本章的蜂鸣器能否直接用 STM32 的 I/O 口驱动呢？分析一下：STM32F1 的单个 I/O 最大可以提供 25 mA 电流（来自数据手册），而蜂鸣器的驱动电流是 30 mA 左右，两者十分相近，但是全盘考虑，STM32F1 整个芯片的电流最大也就 150 mA，如果用 I/O 口直接驱动蜂鸣器，其他地方用电就得省着点了，所以这里不用 STM32F1 的 I/O 直接驱动蜂鸣器，而是通过三极管扩流后再驱动蜂鸣器，这样 STM32F1 的 I/O 只需要提供不到 1 mA 的电流就足够了。

I/O 口使用虽然简单，但是和外部电路的匹配设计还是要十分讲究的；考虑越多，设计越可靠，可能出现的问题也就越少。

12.2 硬件设计

(1) 例程功能

蜂鸣器每隔 300 ms 响或者停一次。LED0 每隔 300 ms 亮或者灭一次。LED0 亮的时候蜂鸣器不叫，而 LED0 熄灭的时候蜂鸣器叫。

(2) 硬件资源

- LED 灯：LED - PB5；
- 蜂鸣器：BEEP - PB8。

(3) 原理图

蜂鸣器在硬件上直接连接好了，不需要经过任何设置，直接编写代码就可以了。蜂鸣器的驱动信号连接在 STM32F1 的 PB8 上，如图 12.2 所示。

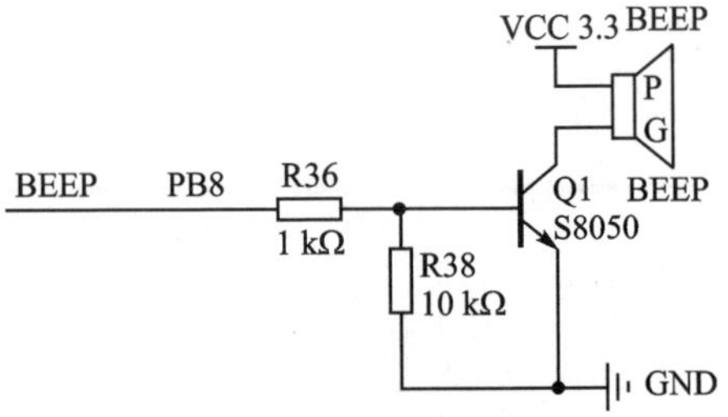

图 12.2 蜂鸣器与 STM32F1 连接原理图

这里用一个 NPN 三极管(S8050)来驱动蜂鸣器，驱动信号通过 R36 和 R38 间的电压获得，芯片上电时默认电平为低电平，故上电时蜂鸣器不会直接响起。当 PB8 输出高电平的时候，蜂鸣器将发声；当 PB8 输出低电平的时候，蜂鸣器停止发声。

12.3 程序设计

本实验只用到 GPIO 外设输出功能，关于 HAL 库的 GPIO 的 API 函数可参考跑马灯实验的介绍。

1. 程序流程图

程序流程如图 12.3 所示。

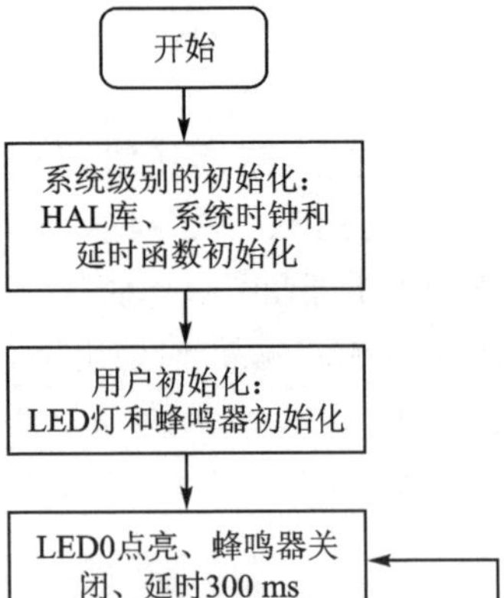

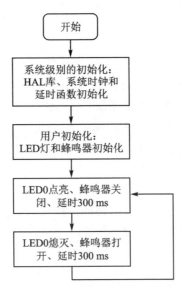

图 12.3 蜂鸣器实验程序流程图

2. 程序解析

(1) 蜂鸣器驱动代码

这里只讲解核心代码,详细的源码可参考配套资料中本实验对应源码。蜂鸣器(BEEP)驱动源码包括2个文件:beep.c 和 beep.h。下面先解析 beep.h 的程序,分2部分功能进行讲解。

1) 蜂鸣器引脚定义

由硬件设计小节可知,驱动蜂鸣器的三极管在硬件上连接到PB8,引脚定义如下:

```
/* 引脚 定义 */
#define BEEP_GPIO_PORT                  GPIOB
#define BEEP_GPIO_PIN                   GPIO_PIN_8
/* PB口时钟使能 */
#define BEEP_GPIO_CLK_ENABLE()          do{ __HAL_RCC_GPIOB_CLK_ENABLE(); }while(0)
```

2) 蜂鸣器操作函数定义

为了后续对蜂鸣器进行便捷的操作,为蜂鸣器操作函数做了下面的定义:

```
/* 蜂鸣器控制 */
#define BEEP(x)             do{ x ? \
            HAL_GPIO_WritePin(BEEP_GPIO_PORT,BEEP_GPIO_PIN,GPIO_PIN_SET):\
            HAL_GPIO_WritePin(BEEP_GPIO_PORT, BEEP_GPIO_PIN,GPIO_PIN_RESET);\
                             }while(0)
/* BEEP状态翻转 */
#define BEEP_TOGGLE()       do{HAL_GPIO_TogglePin(BEEP_GPIO_PORT,BEEP_GPIO_PIN);\
                             }while(0)
```

BEEP(x)宏定义用于控制蜂鸣器的打开和关闭。例如,如果要打开蜂鸣器,那么调用宏定义 BEEP(1)即可;如果要关闭蜂鸣器,那么调用宏定义 BEEP(0)即可。

BEEP_TOGGLE()用于控制蜂鸣器进行翻转。这里也利用 HAL_GPIO_TogglePin 函数实现I/O口输出电平取反操作。

下面再解析 beep.c 的程序,这里只有一个函数 beep_init,这是蜂鸣器的初始化函数,其定义如下:

```
/**
 * @brief     初始化BEEP相关I/O口,并使能时钟
 * @param     无
 * @retval    无
 */
void beep_init(void)
{
    GPIO_InitTypeDef gpio_init_struct;
    BEEP_GPIO_CLK_ENABLE();                                /* BEEP时钟使能 */
    gpio_init_struct.Pin = BEEP_GPIO_PIN;                  /* 蜂鸣器引脚 */
    gpio_init_struct.Mode = GPIO_MODE_OUTPUT_PP;           /* 推挽输出 */
    gpio_init_struct.Pull = GPIO_PULLUP;                   /* 上拉 */
    gpio_init_struct.Speed = GPIO_SPEED_FREQ_HIGH;         /* 高速 */
    HAL_GPIO_Init(BEEP_GPIO_PORT, &gpio_init_struct);      /* 初始化蜂鸣器引脚 */
    BEEP(0);                                               /* 关闭蜂鸣器 */
}
```

对蜂鸣器的控制引脚模式设置为高速上拉的推挽输出。最后关闭关闭蜂鸣器,防止其没有操作就响了。

(2) main. c 代码

在 main. c 里面编写如下代码:

```
#include "./SYSTEM/sys/sys.h"
#include "./SYSTEM/usart/usart.h"
#include "./SYSTEM/delay/delay.h"
#include "./BSP/LED/led.h"
#include "./BSP/BEEP/beep.h"
int main(void)
{
    HAL_Init();                                  /* 初始化 HAL 库 */
    sys_stm32_clock_init(RCC_PLL_MUL9);          /* 设置时钟,72 MHz */
    delay_init(72);                              /* 初始化延时函数 */
    led_init();                                  /* 初始化 LED */
    beep_init();                                 /* 初始化蜂鸣器 */
    while (1)
    {
        LED0(0);
        BEEP(0);
        delay_ms(300);
        LED0(1);
        BEEP(1);
        delay_ms(300);
    }
}
```

首先,初始化 HAL 库、系统时钟和延时函数。接下来,调用 led_init 来初始化 LED 灯,调用 beep_init 函数初始化蜂鸣器。最后,在无限循环里面实现 LED0 和蜂鸣器间隔 300 ms 交替闪烁和打开关闭一次。

12.4 下载验证

下载完之后可以看到,LED0 亮的时候蜂鸣器不叫,而 LED0 熄灭的时候蜂鸣器叫(因为它们的有效信号相反),间隔为 0.3 s 左右,符合预期设计。

至此,本章的学习就结束了。本章进一步学习了 I/O 作为输出的使用方法,同时巩固了前面学习的知识。

第 13 章

按键输入实验

本章将介绍如何使用 STM32F1 的 I/O 口作为输入，将利用板载的 3 个按键来控制板载的 2 个 LED 灯亮灭。

13.1 按键与输入数据寄存器简介

1. 独立按键简介

几乎每个开发板都会板载有独立按键，因为按键用处很多。常态下，独立按键是断开的，按下的时候才闭合。每个独立按键会单独占用一个 I/O 口，通过 I/O 口的高低电平判断按键的状态。但是按键在闭合和断开的时候都存在抖动现象，即按键在闭合时不会马上稳定地连接，断开时也不会马上断开。这是机械触点，无法避免。独立按键抖动波形图如图 13.1 所示。

图中的按下抖动和释放抖动的时间一般为 5～10 ms，如果在抖动阶段采样，则其不稳定状态出现一次按键动作可能被认为是多次按下。为了避免抖动可能带来的误操作，需要做的措施就是给按键消抖（即采样稳定闭合阶段）。消抖方法分为硬件消抖和软件消抖，常采用软件消抖。

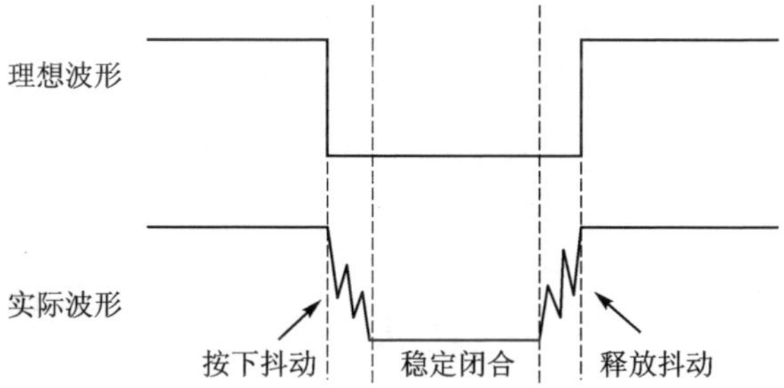

图 13.1　独立按键抖动波形图

软件消抖：方法很多，我们例程中使用最简单的延时消抖。检测到按键按下后，一般进行 10 ms 延时，用于跳过抖动的时间段；如果消抖效果不好，则可以调整这个 10 ms 延时，因为不同类型的按键抖动时间可能有偏差。待延时过后再检测按键状态，如果没有按下，那就判断这是抖动或者干扰造成的；如果还是按下，那么就认为这是按键真的按下了。对按键释放的判断同理。

硬件消抖：利用 RC 电路的电容充放电特性来对抖动产生的电压毛刺进行平滑，从而实现消抖，但是成本会更高一点。

2. GPIO 端口输入数据寄存器(IDR)

本实验会用到GPIO端口输入数据寄存器，该寄存器用于存储GPIOx的输入状态。它连接到施密特触发器上，I/O口外部的电平信号经过触发器后，模拟信号就被转化成0和1这样的数字信号，并存储到该寄存器中。寄存器描述如图13.2所示。

31	30	29	28	27	26	25	24	23	22	21	20	19	18	17	16
保留															

15	14	13	12	11	10	9	8	7	6	5	4	3	2	1	0
IDR15	IDR14	IDR13	IDR12	IDR11	IDR10	IDR9	IDR8	IDR7	IDR6	IDR5	IDR4	IDR3	IDR2	IDR1	IDR0
rw	rw	rw	rw	rw	rw	rw	rw	rw	rw	rw	rw	rw	rw	rw	rw

位15:0	IDRy[15:0]：端口输入数据(y=0:15) 这些位为只读并只能以字(16位)的形式读出。读出的值为对应I/O的状态

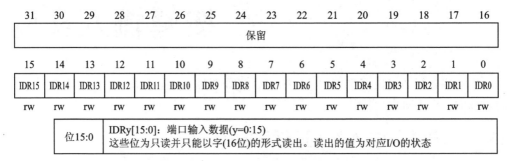

图 13.2　GPIOx IDR 寄存器描述

该寄存器低16位有效，分别对应每一组GPIO的16个引脚。当CPU访问该寄存器时，如果对应的某位为0(IDRy＝0)，则说明该I/O口输入的是低电平；如果是1(IDRy＝1)，则表示输入的是高电平，y＝0～15。

13.2　硬件设计

(1) 例程功能

通过开发板上的4个独立按键控制LED灯：KEY_UP控制蜂鸣器翻转，KEY1控制LED1翻转，KEY2控制LED0翻转，KEY0控制LED0或LED1同时翻转。

(2) 硬件资源

➢ LED灯：LED0－PB5、LED1－PE5。

➢ 独立按键：KEY0－PE4、KEY1－PE3、KEY2－PE2、KEY_UP－PA0。

(3) 原理图

独立按键硬件部分的原理图如图13.3所示。

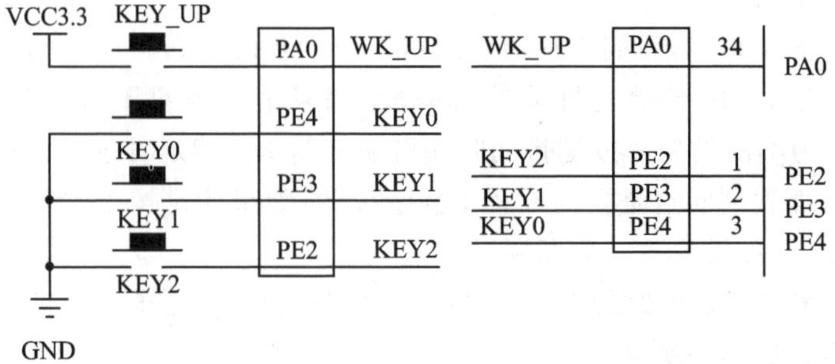

图 13.3　独立按键与 STM32F1 连接原理图

注意，KEY0、KEY1 和 KEY2 是低电平有效，而 KEY_UP 则是高电平有效，并且外部都没有上下拉电阻，所以需要在 STM32F103 内部设置上下拉来实现空闲电平状态。

13.3 程序设计

13.3.1 HAL_GPIO_ReadPin 函数

HAL_GPIO_ReadPin 函数是 GPIO 口的读引脚函数，其声明如下：

```
GPIO_PinState HAL_GPIO_ReadPin(GPIO_TypeDef * GPIOx, uint16_t GPIO_Pin);
```

函数描述：用于读取 GPIO 引脚状态，通过 IDR 寄存器读取。

函数形参：

形参 1 是端口号，可以选择 GPIOA～GPIOG。

形参 2 是引脚号，可以选择 GPIO_PIN_0～GPIO_PIN_15。

函数返回值：引脚状态值 0 或者 1。

GPIO 输入配置步骤如下：

① 使能对应 GPIO 时钟。

本实验用到 PA0 和 PE2/3/4 这 4 个 I/O 口，因此需要先使能 GPIOA 和 GPIOE 的时钟，代码如下：

```
__HAL_RCC_GPIOA_CLK_ENABLE();
__HAL_RCC_GPIOE_CLK_ENABLE();
```

② 设置对应 GPIO 工作模式(上拉/下拉输入)。

本实验 GPIO 使用输入模式(带上拉/下拉)，从而可以读取 I/O 口的状态，实现按键检测。GPIO 模式通过函数 HAL_GPIO_Init 设置实现。

③ 读取 GPIO 引脚电平。

在配置好 GPIO 工作模式后，就可以通过 HAL_GPIO_ReadPin 函数读取 GPIO 引脚的电平，从而实现按键检测了。

13.3.2 程序流程图

程序流程图如图 13.4 所示。

13.3.3 程序解析

1. 按键驱动代码

这里只讲解核心代码，详细的源码可参考配套资料中本实验对应源码。按键(KEY)驱动源码包括 2 个文件：key.c 和 key.h。

下面先解析 key.h 的程序，把它分 2 部分功能进行讲解。

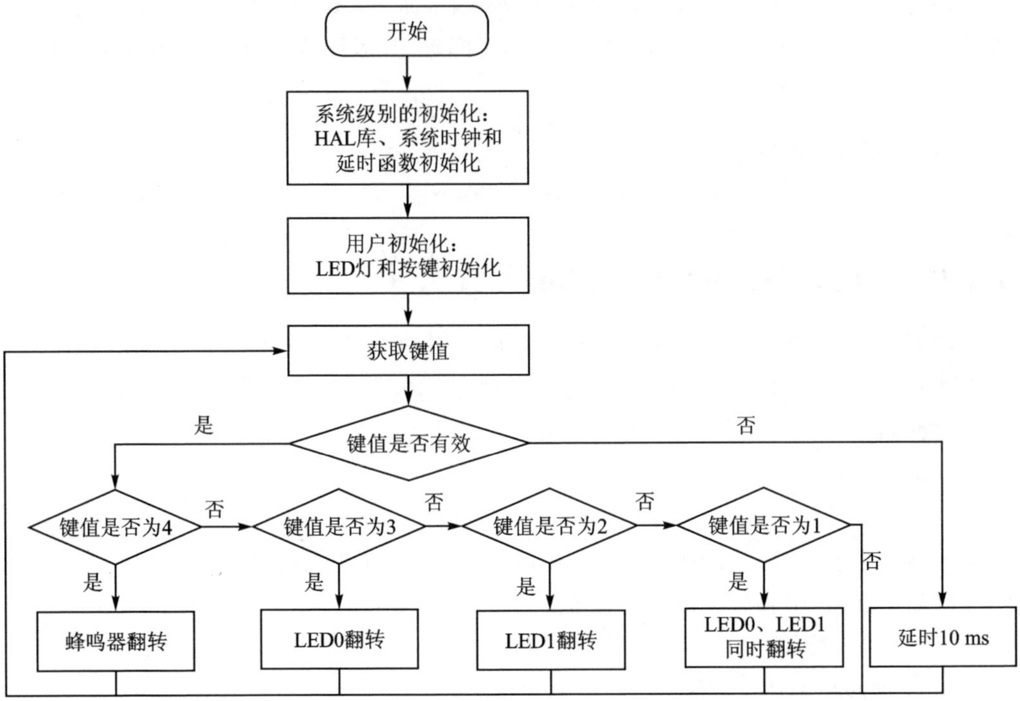

图 13.4　按键输入实验程序流程图

(1) 按键引脚定义

KEY0、KEY1、KEY2 和 KEY_UP 分别连接到 PE4、PE3、PE2 和 PA0 上,引脚定义如下:

```
/* 引脚定义 */
#define KEY0_GPIO_PORT              GPIOE
#define KEY0_GPIO_PIN               GPIO_PIN_4
#define KEY0_GPIO_CLK_ENABLE()      do{ __HAL_RCC_GPIOE_CLK_ENABLE(); }while(0)
#define KEY1_GPIO_PORT              GPIOE
#define KEY1_GPIO_PIN               GPIO_PIN_3
#define KEY1_GPIO_CLK_ENABLE()      do{ __HAL_RCC_GPIOE_CLK_ENABLE(); }while(0)
#define KEY2_GPIO_PORT              GPIOE
#define KEY2_GPIO_PIN               GPIO_PIN_2
#define KEY2_GPIO_CLK_ENABLE()      do{ __HAL_RCC_GPIOE_CLK_ENABLE(); }while(0)
#define WKUP_GPIO_PORT              GPIOA
#define WKUP_GPIO_PIN               GPIO_PIN_0
#defineWKUP_GPIO_CLK_ENABLE()       do{ __HAL_RCC_GPIOA_CLK_ENABLE(); }while(0)
```

(2) 按键操作函数定义

为了便捷操作,为按键操作函数做了下面的定义:

```
#define KEY0   HAL_GPIO_ReadPin(KEY0_GPIO_PORT, KEY0_GPIO_PIN)   /* 读取 KEY0 引脚 */
#define KEY1   HAL_GPIO_ReadPin(KEY1_GPIO_PORT, KEY1_GPIO_PIN)   /* 读取 KEY1 引脚 */
#define KEY2   HAL_GPIO_ReadPin(KEY2_GPIO_PORT, KEY2_GPIO_PIN)   /* 读取 KEY2 引脚 */
#define WK_UP HAL_GPIO_ReadPin(WKUP_GPIO_PORT, WKUP_GPIO_PIN)    /* 读取 WKUP 引脚 */
```

```
#define KEY0_PRES    1              /* KEY0 按下 */
#define KEY1_PRES    2              /* KEY1 按下 */
#define KEY2_PRES    3              /* KEY2 按下 */
#define WKUP_PRES    4              /* KEY_UP 按下(即 WK_UP) */
```

KEY0、KEY1、KEY2 和 WK_UP 分别是读取对应按键状态的宏定义。用 HAL_GPIO_ReadPin 函数实现，该函数的返回值就是 I/O 口的状态，返回值是枚举类型，取值 0 或者 1。

KEY0_PRES、KEY1_PRES、KEY2_PRES 和 WKUP_PRES 是按键对应的 4 个键值宏定义标识符。

下面再解析 key.c 的程序，这里有 2 个函数，先看按键初始化函数，其定义如下：

```
/**
 * @brief    按键初始化函数
 * @param    无
 * @retval   无
 */
void key_init(void)
{
    GPIO_InitTypeDef gpio_init_struct;                    /* GPIO 配置参数存储变量 */
    KEY0_GPIO_CLK_ENABLE();                               /* KEY0 时钟使能 */
    KEY1_GPIO_CLK_ENABLE();                               /* KEY1 时钟使能 */
    KEY2_GPIO_CLK_ENABLE();                               /* KEY2 时钟使能 */
    WKUP_GPIO_CLK_ENABLE();                               /* WKUP 时钟使能 */
    gpio_init_struct.Pin = KEY0_GPIO_PIN;                 /* KEY0 引脚 */
    gpio_init_struct.Mode = GPIO_MODE_INPUT;              /* 输入 */
    gpio_init_struct.Pull = GPIO_PULLUP;                  /* 上拉 */
    gpio_init_struct.Speed = GPIO_SPEED_FREQ_HIGH;        /* 高速 */
    HAL_GPIO_Init(KEY0_GPIO_PORT, &gpio_init_struct);     /* KEY0 引脚模式设置 */
    gpio_init_struct.Pin = KEY1_GPIO_PIN;                 /* KEY1 引脚 */
    gpio_init_struct.Mode = GPIO_MODE_INPUT;              /* 输入 */
    gpio_init_struct.Pull = GPIO_PULLUP;                  /* 上拉 */
    gpio_init_struct.Speed = GPIO_SPEED_FREQ_HIGH;        /* 高速 */
    HAL_GPIO_Init(KEY1_GPIO_PORT, &gpio_init_struct);     /* KEY1 引脚模式设置 */
    gpio_init_struct.Pin = KEY2_GPIO_PIN;                 /* KEY2 引脚 */
    gpio_init_struct.Mode = GPIO_MODE_INPUT;              /* 输入 */
    gpio_init_struct.Pull = GPIO_PULLUP;                  /* 上拉 */
    gpio_init_struct.Speed = GPIO_SPEED_FREQ_HIGH;        /* 高速 */
    HAL_GPIO_Init(KEY2_GPIO_PORT, &gpio_init_struct);     /* KEY2 引脚模式设置 */
    gpio_init_struct.Pin = WKUP_GPIO_PIN;                 /* WKUP 引脚 */
    gpio_init_struct.Mode = GPIO_MODE_INPUT;              /* 输入 */
    gpio_init_struct.Pull = GPIO_PULLDOWN;                /* 下拉 */
    gpio_init_struct.Speed = GPIO_SPEED_FREQ_HIGH;        /* 高速 */
    HAL_GPIO_Init(WKUP_GPIO_PORT, &gpio_init_struct);     /* WKUP 引脚模式设置 */
}
```

注意，KEY0 和 KEY1 是低电平有效的(即一端接地)，所以要设置为内部上拉；而 KEY_UP 是高电平有效的(即一端接电源)，所以要设置为内部下拉。

另一个函数是按键扫描函数，其定义如下：

```
/**
  * @brief    按键扫描函数
  * @note     该函数有响应优先级(同时按下多个按键)：WK_UP > KEY2 > KEY1 > KEY0!!
  * @param    mode:0 / 1,具体含义如下：
  * @arg      0,   不支持连续按(当按键按下不放时，只有第一次调用会返回键值
  *                必须松开以后再次按下才会返回其他键值)
  * @arg      1,   支持连续按(当按键按下不放时，每次调用该函数都会返回键值)
  * @retval   键值，定义如下
  *                KEY0_PRES, 1, KEY0 按下
  *                KEY1_PRES, 2, KEY1 按下
  *                KEY2_PRES, 3, KEY2 按下
  *                WKUP_PRES, 4, WKUP 按下
  */
uint8_t key_scan(uint8_t mode)
{
    static uint8_t key_up = 1;      /* 按键按松开标志 */
    uint8_t keyval = 0;
    if (mode) key_up = 1;           /* 支持连按 */
    if (key_up && (KEY0 == 0 || KEY1 == 0 || KEY2 == 0 || WK_UP == 1))
    { /* 按键松开标志为 1, 且有任意一个按键按下了 */
        delay_ms(10);               /* 去抖动 */
        key_up = 0;
        if (KEY0 == 0)  keyval = KEY0_PRES;
        if (KEY1 == 0)  keyval = KEY1_PRES;
        if (KEY2 == 0)  keyval = KEY2_PRES;
        if (WK_UP == 1) keyval = WKUP_PRES;
    }
    else if (KEY0 == 1 && KEY1 == 1 && KEY2 == 1 && WK_UP == 0)
    {    /* 没有任何按键按下，标记按键松开 */
        key_up = 1;
    }
    return keyval;                  /* 返回键值 */
}
```

key_scan 函数用于扫描这 4 个 I/O 口是否有按键按下，支持 2 种扫描方式，通过 mode 参数来设置。

当 mode 为 0 的时候，key_scan 函数不支持连续按，扫描某个按键，该按键按下之后必须要松开才能第二次触发，否则不会再响应这个按键。这样的好处就是可以防止按一次多次触发，而坏处就是需要长按的时候不合适。

当 mode 为 1 的时候，key_scan 函数将支持连续按。如果某个按键一直按下，则会一直返回这个按键的键值，这样可以方便地实现长按检测。

有了 mode 参数，就可以根据需要选择不同的方式。因为该函数里面有 static 变量，所以该函数不是一个可重入函数，在有 OS 的情况下要留意。可以看到，该函数的消抖延时是 10 ms。该函数的按键扫描是有优先级的，最优先的是 KEY_UP，第二优先的是 KEY0，最后是按键 KEY2。该函数有返回值，如果有按键按下，则返回非 0 值；如果没有或者按键不正确，则返回 0。

2. main.c 代码

在 main.c 里面编写如下代码：

```
int main(void)
{
    uint8_t key;
    HAL_Init();                               /* 初始化 HAL 库 */
    sys_stm32_clock_init(RCC_PLL_MUL9);       /* 设置时钟, 72 MHz */
    delay_init(72);                           /* 延时初始化 */
    led_init();                               /* 初始化 LED */
    beep_init();                              /* 初始化蜂鸣器 */
    key_init();                               /* 初始化按键 */
    LED0(0);                                  /* 先点亮 LED0 */
    while(1)
    {
        key = key_scan(0);                    /* 得到键值 */
        if (key)
        {
            switch (key)
            {
                case WKUP_PRES:               /* 控制蜂鸣器 */
                    BEEP_TOGGLE();            /* BEEP 状态取反 */
                    break;
                case KEY2_PRES:               /* 控制 LED0(RED)翻转 */
                    LED0_TOGGLE();            /* LED0 状态取反 */
                    break;
                case KEY1_PRES:               /* 控制 LED1(GREEN)翻转 */
                    LED1_TOGGLE();            /* LED1 状态取反 */
                    break;
                case KEY0_PRES:               /* 同时控制 LED0, LED1 翻转 */
                    LED0_TOGGLE();            /* LED0 状态取反 */
                    LED1_TOGGLE();            /* LED1 状态取反 */
                    break;
            }
        }
        else
        {
            delay_ms(10);
        }
    }
}
```

首先调用系统级别的初始化：初始化 HAL 库、系统时钟和延时函数。接下来调用 led_init 来初始化 LED 灯，调用 key_init 函数初始化按键。最后在无限循环里面扫描获取键值，接着用键值判断哪个按键按下，有按键按下则翻转相应的灯，没有按键按下则延时 10 ms。

13.4 下载验证

下载好程序后,可以按 KEY0、KEY1、KEY2 和 KEY_UP 来查看 LED 灯的变化,是否和预期的结果一致。

至此,本章的学习就结束了。本章学习了 STM32F103 的 I/O 作为输入的使用方法,在前面的 GPIO 输出的基础上又学习了一种 GPIO 使用模式,读者可以回顾前面跑马灯实验介绍的 GPIO 的 8 种模式类型来巩固 GPIO 的知识。

第14章

外部中断实验

本章将介绍如何把STM32F1的I/O口作为外部中断输入来使用，将以中断的方式实现第15章所实现的功能。

14.1 NVIC和EXTI

14.1.1 NVIC简介

NVIC即嵌套向量中断控制器，全称Nested vectored interrupt controller，它是内核的器件，所以更多描述可以参考《ARM Cortex－M3权威指南》。Cortex－M3内核支持256个中断，其中包含了16个系统中断和240个外部中断，并且具有256级的可编程中断设置。然而芯片厂商一般不会把内核的这些资源全部用完，如STM32F103ZET6的系统中断有10个、外部中断有60个。中断向量表-系统中断部分如表14.1所列。

表14.1 中断向量表-系统中断部分

优先级	优先级类型	名 称	说 明	地 址
—	—	—	保留	0x00000000
－3	固定	Reset	复位	0x00000004
－2	固定	NMI	不可屏蔽中断 RCC时钟安全系统(CSS)连接到NMI向量	0x00000008
－1	固定	硬件失效(HardFault)	所有类型的失效	0x0000000C
0	可设置	存储管理(MemManage)	存储器管理	0x00000010
1	可设置	总线错误(BusFault)	预取指失败，存储器访问失败	0x00000014
2	可设置	错误应用(UsageFault)	未定义的指令或非法状态	0x00000018
—	—	—	保留	0x0000001C～ 0x0000002B
3	可设置	SVCall	通过SWI指令的系统服务调用	0x0000002C
4	可设置	调试监控(DebugMonitor)	调试监控器	0x00000030

续表 14.1

优先级	优先级类型	名　称	说　明	地　址
—	—	—	保留	0x00000034
5	可设置	PendSV	可挂起的系统服务	0x00000038
6	可设置	SysTick	系统嘀嗒定时器	0x0000003C

60 个外部中断部分在“STM32F10xxx 参考手册_V10(中文版).pdf”的 9.1.2 小节有详细列表，这里就不列出来了。STM32F103 的中断向量表在 stm32f103xx.h 文件中被定义。

1. NVIC 寄存器

NVIC 相关的寄存器已经定义了，读者可以在 core_cm3.h 文件中查看。直接通过程序的定义来分析 NVIC 相关的寄存器，其定义如下：

```
typedef struct
{
__IOM uint32_t ISER[8U];                 /* 中断使能寄存器 */
    uint32_t RESERVED0[24U];
__IOM uint32_t ICER[8U];                 /* 中断清除使能寄存器 */
    uint32_t RSERVED1[24U];
__IOM uint32_t ISPR[8U];                 /* 中断使能挂起寄存器 */
    uint32_t RESERVED2[24U];
__IOM uint32_t ICPR[8U];                 /* 中断解挂寄存器 */
    uint32_t RESERVED3[24U];
__IOM uint32_t IABR[8U];                 /* 中断有效位寄存器 */
    uint32_t RESERVED4[56U];
__IOM uint8_t   IP[240U];                /* 中断优先级寄存器(8 bit 位宽) */
    uint32_t RESERVED5[644U];
__OM uint32_t STIR;                      /* 软件触发中断寄存器 */
}  NVIC_Type;
```

STM32F103 的中断在这些寄存器的控制下有序执行。只有了解这些中断寄存器，才能方便地使用 STM32F103 的中断。

ISER[8]：ISER 全称是 Interrupt Set Enable Registers，这是一个中断使能寄存器组。上面说了 Cortex-M3 内核支持 256 个中断，这里用 8 个 32 位寄存器来控制，每个位控制一个中断。但是 STM32F103 的可屏蔽中断最多只有 60 个，所以对我们来说，有用的就是 2 个(ISER[0]和 ISER[1])，总共可以表示 64 个中断。而 STM32F103 只用了其中的 60 个。ISER[0]的 bit0～31 分别对应中断 0～31，ISER[1]的 bit0～27 对应中断 32～59，这样总共 60 个中断就可以分别对应上了。要使能某个中断，必须设置相应的 ISER 位为 1，使该中断被使能(这里仅仅是使能，还要配合中断分组、屏蔽、I/O 口映射等设置才算是一个完整的中断设置)。具体每一位对应哪个中断，可参考 stm32f103xe.h 里面的第 69 行。

ICER[8]：全称是 Interrupt Clear Enable Registers，是一个中断除能寄存器组。该

寄存器组与 ISER 的作用恰好相反,用来清除某个中断的使能。其对应位的功能也和 ICER 一样。这里要专门设置一个 ICER 来清除中断位,而不是向 ISER 写 0 来清除,是因为 NVIC 的这些寄存器都是写 1 有效的,写 0 是无效的。原理可以查看《ARM Cortex-M3 权威指南》第 125 页 NVIC 章节。

ISPR[8]:全称是 Interrupt Set Pending Registers,是一个中断使能挂起控制寄存器组。每个位对应的中断和 ISER 是一样的。通过置 1 可以将正在进行的中断挂起,而执行同级或更高级别的中断。写 0 是无效的。

ICPR[8]:全称是 Interrupt Clear Pending Registers,是一个中断解挂控制寄存器组。其作用与 ISPR 相反,对应位也和 ISER 一样。通过设置 1 可以将挂起的中断解挂,写 0 无效。

IABR[8]:全称是 Interrupt Active Bit Registers,是一个中断激活标志位寄存器组。对应位所代表的中断和 ISER 一样,如果为 1,则表示该位所对应的中断正在被执行。这是一个只读寄存器,通过它可以知道当前在执行的中断是哪一个。在中断执行完成则由硬件自动清零。

IP [240]:全称是 Interrupt Priority Registers,是一个中断优先级控制的寄存器组。这个寄存器组相当重要! STM32F103 的中断分组与这个寄存器组密切相关。IP 寄存器组由 240 个 8 bit 的寄存器组成,每个可屏蔽中断占用 8 bit,这样总共可以表示 240 个可屏蔽中断。而 STM32F103 只用到了其中的 60 个。IP[59]～IP[0]分别对应中断 59～0。而每个可屏蔽中断占用的 8 bit 并没有全部使用,而是只用了高 4 位。这 4 位又分为抢占优先级和子优先级。抢占优先级在前,子优先级在后。而这 2 个优先级各占几个位又要根据 SCB→AIRCR 中的中断分组设置来决定。

2. 中断优先级

STM32 中的中断优先级可以分为:抢占式优先级和响应优先级,响应优先级也称子优先级,每个中断源都需要被指定这 2 种优先级。抢占式优先级和响应优先级的区别:

- 抢占优先级:抢占优先级高的中断可以打断正在执行的抢占优先级低的中断。
- 响应优先级:抢占优先级相同,响应优先级高的中断不能打断响应优先级低的中断。

还有一种情况就是当 2 个或者多个中断的抢占式优先级和响应优先级相同时,那么就遵循自然优先级看中断向量表的中断排序,数值越小,优先级越高。

在 NVIC 中,由 NVIC_IPR0～NVIC_IPR59 共 60 个寄存器控制中断优先级,每个寄存器 8 位,所以就有了 240 个宽度为 8 bit 的中断优先级控制寄存器;原则上每个外部中断可配置的优先级为 0～255,数值越小,优先级越高。但是实际上 Cortex-M3 芯片为了精简设计,只使用了高 4 位[7:4],低 4 位取 0,这样最多只有 16 级中断嵌套,即 $2^4=16$。

对于 NVCI 的中断优先级分组:STM32F103 将中断分为 5 个组,组 0～4。该分组的设置是由 SCB→AIRCR 寄存器的 bit10～8 来定义的。具体的分配关系如表 14.2 所列。

表 14.2 AIRCR 中断分组设置表

优先级分组	AIRCR[10:8]	bit[7:4]分配情况	分配结果
0	111	0:4	0 位抢占优先级,4 位响应优先级
1	110	1:3	1 位抢占优先级,3 位响应优先级
2	101	2:2	2 位抢占优先级,2 位响应优先级
3	100	3:1	3 位抢占优先级,1 位响应优先级
4	011	4:0	4 位抢占优先级,0 位响应优先级

于是可以清楚地看到组 0～4 对应的配置关系,例如,优先级分组设置为 3,那么此时所有的 60 个中断的中断优先寄存器的高 4 位中的最高 3 位是抢占优先级,低 1 位是响应优先级。每个中断可以设置抢占优先级为 0～7,响应优先级为 1 或 0。抢占优先级的级别高于响应优先级,而数值越小所代表的优先级就越高。

结合实例说明一下:假定设置中断优先级分组为 2,然后设置中断 3(RTC_WKUP 中断)的抢占优先级为 2,响应优先级为 1。中断 6(外部中断 0)的抢占优先级为 3,响应优先级为 0。中断 7(外部中断 1)的抢占优先级为 2,响应优先级为 0。那么这 3 个中断的优先级顺序为:中断 7>中断 3>中断 6。

上面例子中的中断 3 和中断 7 都可以打断中断 6 的中断,而中断 7 和中断 3 却不可以相互打断。

3. NVIC 相关函数

ST 公司把 core_cm3.h 文件的 NVIC 相关函数封装到 stm32f1xx_hal_cortex.c 文件中,下面列出较为常用的函数进行介绍。

(1) HAL_NVIC_SetPriorityGrouping 函数

HAL_NVIC_SetPriorityGrouping 是设置中断优先级分组函数,其声明如下:

```
void HAL_NVIC_SetPriorityGrouping(uint32_t PriorityGroup);
```

函数描述:用于设置中断优先级分组。

函数形参:形参是中断优先级分组号,可以选择范围为 NVIC_PRIORITYGROUP_0～NVIC_PRIORITYGROUP_4(共 5 组)。

函数返回值:无。

注意事项:这个函数在一个工程里基本只调用一次,而且是在程序 HAL 库初始化函数里面已经被调用,后续就不会再调用了。因为当后续调用设置成不同的中断优先级分组时,有可能造成前面设置好的抢占优先级和响应优先级不匹配。

(2) HAL_NVIC_SetPriority 函数

HAL_NVIC_SetPriority 是设置中断优先级函数,其声明如下:

```
void HAL_NVIC_SetPriority(IRQn_Type IRQn, uint32_t PreemptPriority,
                          uint32_t SubPriority);
```

函数描述:用于设置中断的抢占优先级和响应优先级(子优先级)。

函数形参:

形参 1 是中断号,可以选择范围为 IRQn_Type 定义的枚举类型,定义在 stm32f103xe.h。

形参 2 是抢占优先级,可以选择范围为 0～15。

形参 3 是响应优先级,可以选择范围为 0～15。

函数返回值:无。

(3) HAL_NVIC_EnableIRQ 函数

HAL_NVIC_EnableIRQ 是中断使能函数,其声明如下:

```
void HAL_NVIC_EnableIRQ(IRQn_Type IRQn);
```

函数描述:用于使能中断。

函数形参:形参 IRQn 是中断号,可以选择 IRQn_Type 定义的枚举类型,定义在 stm32f103xe.h。

函数返回值:无。

(4) HAL_NVIC_DisableIRQ 函数

HAL_NVIC_DisableIRQ 是中断失能函数,其声明如下:

```
void HAL_NVIC_disableIRQ(IRQn_Type IRQn);
```

函数描述:用于中断失能。

函数形参:形参 IRQn 是中断号,可以选择 IRQn_Type 定义的枚举类型,定义在 stm32f103xe.h。

函数返回值:无。

(5) HAL_NVIC_SystemReset 函数

HAL_NVIC_SystemReset 是系统复位函数,其声明如下:

```
void HAL_NVIC_SystemReset(void);
```

函数描述:用于软件复位系统。

函数形参:无形参。

函数返回值:无。

其他的 NVIC 函数用得较少,就不一一列出来了。

14.1.2　EXTI 简介

EXTI 即是外部中断和事件控制器,由 20 个产生事件/中断请求的边沿检测器组成。每一条输入线都可以独立地配置输入类型(脉冲或挂起)和对应的触发事件(上升沿或下降沿或者双边沿都触发)。每个输入线都可以独立被屏蔽。挂起寄存器保持着状态线的中断请求。

EXTI 的功能框图是把有关 EXTI 的知识点连接起来的图,掌握了该图就会对 EXTI 有了一个整体了解,编程时就可以得心应手。EXTI 的功能框图如图 14.1 所示。

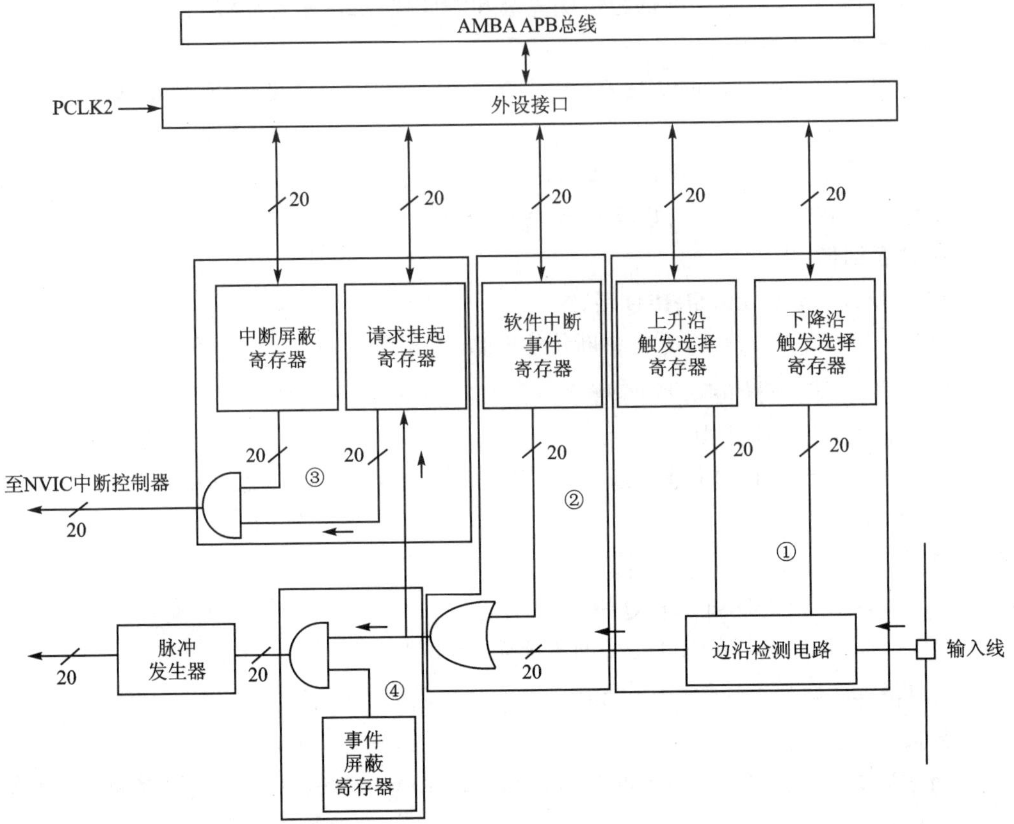

图 14.1　EXTI 功能框图

可以看到有 2 条主线，一条是由输入线到 NVIC 中断控制器，一条是由输入线到脉冲发生器。这恰恰是 EXTI 的 2 大部分功能，产生中断与产生事件，两者从硬件上就存在不同。

下面看一下 EXTI 功能框图的产生中断的线路，最终信号是流入 NVIC 控制器中。输入线是线路的信息输入端，它可以通过配置寄存器设置为任何一个 GPIO 口，或者是一些外设的事件。输入线一般都是存在电平变化的信号。

标号①是一个边沿检测电路，该电路包括边沿检测电路、上升沿触发选择寄存器(EXTI_RTSR)和下降沿触发选择寄存器(EXTI_FTSR)。边沿检测电路以输入线作为信号输入端，如果检测到有边沿跳变，则输出有效信号 1 到标号②部分电路，否则输出无效信号 0。边沿跳变的标准在于开始的时候对于上升沿触发选择寄存器或下降沿触发选择寄存器对应位的设置。

标号②是一个或门电路，该电路的 2 个信号输入端分别是软件中断事件寄存器(EXTI_SWIER)和边沿检测电路的输入信号。或门电路只要输入端有信号 1，就会输出 1，所以就会输出 1 到标号③电路和标号④电路。通过对软件中断事件寄存器的读/写操作就可以启动中断/事件线，即相当于输出有效信号 1 到或门电路输入端。

标号③是一个与门电路，该电路的2个信号输入端分别是中断屏蔽寄存器(EXTI_IMR)和标号②电路输出信号。与门电路要求输入都为1才输出1，这种情况下，如果中断屏蔽寄存器(EXTI_IMR)设置为0，不管从标号②电路输出的信号特性如何，最终标号③电路输出的信号都是0；假如中断屏蔽寄存器(EXTI_IMR)设置为1，最终标号③电路输出的信号才由标号②电路输出信号决定，这样就可以简单控制EXTI_IMR来实现中断的目的。标号④电路输出1就会把请求挂起寄存器(EXTI_PR)对应位置1。

最后，请求挂起寄存器(EXTI_PR)的内容就输出到NVIC内，实现系统中断事件的控制。

接下来看看EXTI功能框图的产生事件的线路。产生事件线路从标号②之后与中断线路有所不同，之前的线路都是共用的。标号④是一个与门，输入端来自标号②电路以及事件屏蔽寄存器(EXTI_EMR)。如果EXTI_EMR寄存器设置为0，那不管标号②电路输出的信号是0还是1，最终标号④输出的是0；如果EXTI_EMR寄存器设置为1，最终标号④电路输出信号就由标号③电路输出的信号决定，这样就可以简单地控制EXTI_EMR来实现是否产生事件。

标号④电路输出有效信号1就会使脉冲发生器电路产生一个脉冲，而无效信号就不会使其产生脉冲信号。脉冲信号产生可以给其他外设电路使用，如定时器、模拟数字转换器等，这样的脉冲信号一般用来触发TIM或者ADC开始转换。

产生中断线路目的是把输入信号输入到NVIC，进一步运行中断服务函数，从而实现功能。而产生事件线路目的是传输一个脉冲信号给其他外设使用，属于硬件级功能。

EXTI支持19个外部中断/事件请求，这些都是信息输入端，具体如下：EXTI线0～15对应外部I/O口的输入中断，EXTI线16连接到PVD输出，EXTI线17连接到RTC闹钟事件，EXTI线18连接到USB唤醒事件，EXTI线19连接到以太网唤醒事件。

可以看出，STM32F1供给I/O口使用的中断线只有16个，但是STM32F1的I/O口却远远不止16个，所以STM32把GPIO引脚GPIOx.0～GPIOx.15(x=A,B,C,D,E,F,G)分别对应中断线0～15。这样每个中断线对应了最多9个I/O口，以线0为例，它对应了GPIOA.0、GPIOB.0、GPIOC.0、GPIOD.0、GPIOE.0、GPIOF.0和GPIOG.0。而中断线每次只能连接到一个I/O口上，这样就需要通过配置决定对应的中断线配置到哪个GPIO上了。

GPIO和中断线映射关系是在寄存器AFIO_EXTICR1～AFIO_EXTICR4中配置的。

AFIO_EXTICR1寄存器(见图14.2)配置EXTI0～EXTI3线，包含的外部中断的引脚包括PAx～PGx，x=0～3。AFIO_EXTICR2寄存器配置EXTI4～EXTI7线，包含的外部中断的引脚包括PAx～PGx，x=4～7。AFIO_EXTICR2寄存器可查看参考手册(这里没有截图出来)。AFIO_EXTICR3和AFIO_EXTICR4依此类推。

注意，配置AFIO相关寄存器前还需要打开AFIO时钟。

15	14	13	12	11	10	9	8	7	6	5	4	3	2	1	0
EXTI3[3:0]				EXTI2[3:0]				EXTI1[3:0]				EXTI0[3:0]			
rw	rw	rw	rw	rw	rw	rw	rw	rw	rw	rw	rw	rw	rw	rw	rw

位15:0	EXTIx[3:0]：EXTIx配置(x=0:3)(EXTI x configuration) 这些位可由软件读写，用于选择EXTIx外部中断的输入源 0000：PA[x]引脚　　0100：PE[x]引脚 0001：PB[x]引脚　　0101：PF[x]引脚 0010：PC[x]引脚　　0110：PG[x]引脚 0011：PD[x]引脚

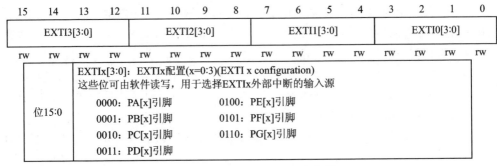

图 14.2　AFIO_EXTICR1 寄存器

14.2　硬件设计

(1) 例程功能

通过外部中断的方式让开发板上的 3 个独立按键控制 LED 灯：KEY_UP 控制 LED0 翻转，KEY1 控制 LED1 翻转，KEY0 控制 LED2 翻转。

(2) 硬件资源

➢ LED 灯：LED0 - PB5、LED1 - PE5。

➢ 独立按键：KEY0 - PE4、KEY1 - PE3、KEY2 - PE2、KEY_UP - PA0。

(3) 原理图

独立按键硬件部分的连接原理如图 14.3 所示。注意，KEY0、KEY1 和 KEY2 设计为采样到按键另一端的低电平为有效；而 KEY_UP 则是采样到高电平才为按键有效，并且外部都没有上下拉电阻，所以需要在 STM32F103 内部设置上下拉以设置空闲电平。

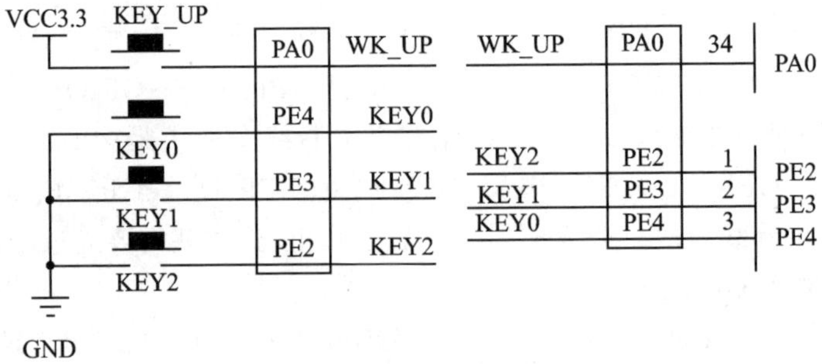

图 14.3　独立按键与 STM32F1 连接原理图

14.3　程序设计

14.3.1　EXTI 的 HAL 库驱动

前面讲解 HAL_GPIO_Init 函数的时候提到过，HAL 库的 EXTI 外部中断的设置功能整合到 HAL_GPIO_Init 函数里面，而不是单独的一个文件。所以外部中断的初始化函数也使用 HAL_GPIO_Init 函数。

既然要用到外部中断，所以 GPIO 的模式要从下面的 3 个模式中选一个：

```
#define GPIO_MODE_IT_RISING         (0x11110000U)/*外部中断上升沿触发检测*/
#define GPIO_MODE_IT_FALLING        (0x11210000U)/*外部中断下降沿触发检测*/
#define GPIO_MODE_IT_RISING_FALLING (0x11310000U)/*外部中断上升和下降双沿触发检测*/
```

KEY0、KEY1 和 KEY2 是低电平有效的，程序设计为按键按下触发中断，所以要选择下降沿触发检测；而 KEY_UP 是高电平有效的，那么就应该选择上升沿触发检测。

EXTI 外部中断配置步骤如下：

① 使能对应 GPIO 口时钟。

本实验用到的 GPIO 和按键输入实验是一样的，因此 GPIO 时钟使能也是一样的，可参考上一章代码。

② 设置 GPIO 工作模式，触发条件，开启 AFIO 时钟，设置 I/O 口与中断线的映射关系。

这些步骤 HAL 库全部封装在 HAL_GPIO_Init 函数里面，只需要设置好对应的参数，再调用 HAL_GPIO_Init 函数即可完成配置。

③ 配置中断优先级(NVIC)，并使能中断。

配置好 GPIO 模式以后，需要设置中断优先级和使能中断。中断优先级使用 HAL_NVIC_SetPriority 函数设置，中断使能使用 HAL_NVIC_EnableIRQ 函数设置。

④ 编写中断服务函数。

每开启一个中断就必须编写其对应的中断服务函数，否则将导致死机(CPU 将找不到中断服务函数)。中断服务函数接口厂家已经在 startup_stm32f103xe.s 中做好了，STM32F1 的 I/O 口外部中断函数只有 7 个，分别为：

```
void EXTI0_IRQHandler();
void EXTI1_IRQHandler();
void EXTI2_IRQHandler();
void EXTI3_IRQHandler();
void EXTI4_IRQHandler();
void EXTI9_5_IRQHandler();
void EXTI15_10_IRQHandler();
```

中断线 0～4 的每个中断线对应一个中断函数，中断线 5～9 共用中断函数 EXTI9_5_IRQHandler，中断线 10～15 共用中断函数 EXTI15_10_IRQHandler。一般情况下，可以把中断控制逻辑直接编写在中断服务函数中，但是 HAL 库把中断处理过程进行了简单封装，请看步骤⑤的讲解。

⑤ 编写中断处理回调函数 HAL_GPIO_EXTI_Callback。

HAL 库为了用户使用方便，提供了一个中断通用入口函数 HAL_GPIO_EXTI_IRQHandler，在该函数内部直接调用回调函数 HAL_GPIO_EXTI_Callback。

HAL_GPIO_EXTI_IRQHandler 函数定义：

```
void HAL_GPIO_EXTI_IRQHandler(uint16_t GPIO_Pin)
{
  if(__HAL_GPIO_EXTI_GET_IT(GPIO_Pin) ! = 0x00U)
  {
    __HAL_GPIO_EXTI_CLEAR_IT(GPIO_Pin);   /* 清中断标志位 */
    HAL_GPIO_EXTI_Callback(GPIO_Pin);     /* 外部中断回调函数 */
  }
}
```

该函数实现的作用非常简单，通过入口参数 GPIO_Pin 判断中断来自哪个 I/O 口，然后清除相应的中断标志位，最后调用回调函数 HAL_GPIO_EXTI_Callback()实现控制逻辑。在所有的外部中断服务函数中直接调用外部中断共用处理函数 HAL_GPIO_EXTI_IRQHandler，然后在回调函数 HAL_GPIO_EXTI_Callback 通过判断中断来自哪个 I/O 口来编写相应的中断服务控制逻辑。因此可以在 HAL_GPIO_EXTI_Callback 里面实现控制逻辑编写，详见配套资料中本实验源码。

14.3.2 程序流程图

本实验的程序流程如图 14.4 所示。主程序初始外设在按键初始化时初始化按键的采样边缘。

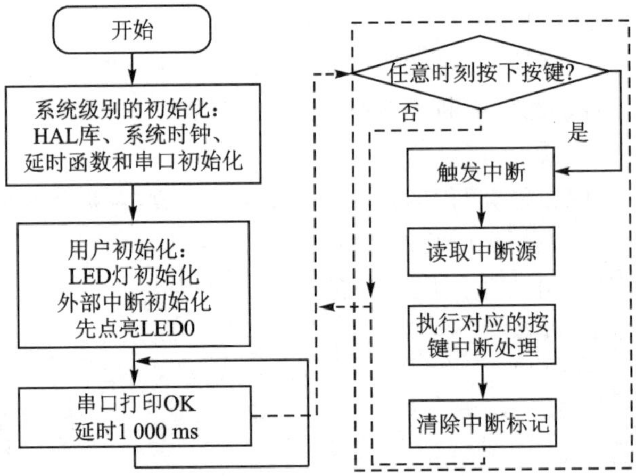

图 14.4 外部中断实验程序流程图

14.3.3 程序解析

1. 外部中断驱动代码

这里只讲解核心代码，详细的源码可参考配套资料中本实验对应源码。外部中断(EXTI)驱动源码包括 2 个文件：exti. c 和 exti. h。下面先解析 exti. h 的程序。

KEY0、KEY1、KEY2 和 KEY_UP 分别来连接到 PE4、PE3、PE2 和 PA0 上，引脚定义如下：

```
/* 引脚 和 中断编号 & 中断服务函数 定义 */
#define KEY0_INT_GPIO_PORT              GPIOE
#define KEY0_INT_GPIO_PIN               GPIO_PIN_4
#define KEY0_INT_GPIO_CLK_ENABLE()      do{ __HAL_RCC_GPIOE_CLK_ENABLE(); }while(0)
#define KEY0_INT_IRQn                   EXTI4_IRQn
#define KEY0_INT_IRQHandler             EXTI4_IRQHandler
#define KEY1_INT_GPIO_PORT              GPIOE
#define KEY1_INT_GPIO_PIN               GPIO_PIN_3
#define KEY1_INT_GPIO_CLK_ENABLE()      do{ __HAL_RCC_GPIOE_CLK_ENABLE(); }while(0)
#define KEY1_INT_IRQn                   EXTI3_IRQn
#define KEY1_INT_IRQHandler             EXTI3_IRQHandler
#define KEY2_INT_GPIO_PORT              GPIOE
#define KEY2_INT_GPIO_PIN               GPIO_PIN_2
#define KEY2_INT_GPIO_CLK_ENABLE()      do{ __HAL_RCC_GPIOE_CLK_ENABLE(); }while(0)
#define KEY2_INT_IRQn                   EXTI2_IRQn
#define KEY2_INT_IRQHandler             EXTI2_IRQHandler
#define WKUP_INT_GPIO_PORT              GPIOA
#define WKUP_INT_GPIO_PIN               GPIO_PIN_0
#define WKUP_INT_GPIO_CLK_ENABLE()      do{ __HAL_RCC_GPIOA_CLK_ENABLE(); }while(0)
#define WKUP_INT_IRQn                   EXTI0_IRQn
#define WKUP_INT_IRQHandler             EXTI0_IRQHandler
```

KEY0、KEY1、KEY2 和 WK_UP 分别连接 PE4、PE3、PE2 和 PA0，即对应了 EXTI4、EXTI3、EXTI2 和 EXTI0 这 3 条外部中断线。注意，EXTI0～EXTI4 都有单独的中断向量，EXTI5～EXTI9 是公用 EXTI9_5_IRQn，EXTI10～EXTI15 是公用 EXTI15_10_IRQn。

下面再解析 exti.c 的程序，先看外部中断初始化函数，定义如下：

```
/**
 * @brief    外部中断初始化程序
 * @param    无
 * @retval   无
 */
void extix_init(void)
{
    GPIO_InitTypeDef gpio_init_struct;
    key_init();
    gpio_init_struct.Pin = KEY0_INT_GPIO_PIN;
    gpio_init_struct.Mode = GPIO_MODE_IT_FALLING;          /* 下升沿触发 */
    gpio_init_struct.Pull = GPIO_PULLUP;
    /* KEY0 配置为下降沿触发中断 */
    HAL_GPIO_Init(KEY0_INT_GPIO_PORT, &gpio_init_struct);
    gpio_init_struct.Pin = KEY1_INT_GPIO_PIN;
    gpio_init_struct.Mode = GPIO_MODE_IT_FALLING;          /* 下升沿触发 */
    gpio_init_struct.Pull = GPIO_PULLUP;
    /* KEY1 配置为下降沿触发中断 */
    HAL_GPIO_Init(KEY1_INT_GPIO_PORT, &gpio_init_struct);
    gpio_init_struct.Pin = KEY2_INT_GPIO_PIN;
    gpio_init_struct.Mode = GPIO_MODE_IT_FALLING;          /* 下升沿触发 */
    gpio_init_struct.Pull = GPIO_PULLUP;
```

```
    /* KEY2 配置为下降沿触发中断 */
    HAL_GPIO_Init(KEY2_INT_GPIO_PORT, &gpio_init_struct);
    gpio_init_struct.Pin = WKUP_INT_GPIO_PIN;
    gpio_init_struct.Mode = GPIO_MODE_IT_RISING;          /* 上升沿触发 */
    gpio_init_struct.Pull = GPIO_PULLDOWN;
    /* WKUP 配置为下降沿触发中断 */
    HAL_GPIO_Init(WKUP_GPIO_PORT, &gpio_init_struct);
    HAL_NVIC_SetPriority(KEY0_INT_IRQn, 0, 2);            /* 抢占 0,子优先级 2 */
    HAL_NVIC_EnableIRQ(KEY0_INT_IRQn);                    /* 使能中断线 1 */
    HAL_NVIC_SetPriority(KEY1_INT_IRQn, 1, 2);            /* 抢占 1,子优先级 2 */
    HAL_NVIC_EnableIRQ(KEY1_INT_IRQn);                    /* 使能中断线 15 */
    HAL_NVIC_SetPriority(KEY2_INT_IRQn, 2, 2);            /* 抢占 2,子优先级 2 */
    HAL_NVIC_EnableIRQ(KEY2_INT_IRQn);                    /* 使能中断线 15 */
    HAL_NVIC_SetPriority(WKUP_INT_IRQn, 3, 2);            /* 抢占 3,子优先级 2 */
    HAL_NVIC_EnableIRQ(WKUP_INT_IRQn);                    /* 使能中断线 0 */
}
```

外部中断初始化函数主要做了 2 件事情,先是调用 I/O 口初始化函数 HAL_GPIO_Init 来初始化 I/O 口,然后设置中断优先级并使能中断线。

4 个外部中断服务函数,用于产生中断事件时进行处理,其定义如下:

```
/**
 * @brief       KEY0 外部中断服务程序
 */
void KEY0_INT_IRQHandler(void)
{
/* 调用中断处理公用函数 清除 KEY0 所在中断线的中断标志位 */
HAL_GPIO_EXTI_IRQHandler(KEY0_INT_GPIO_PIN);
/* HAL 库默认先清中断再处理回调,退出时再清一次中断,避免按键抖动误触发 */
__HAL_GPIO_EXTI_CLEAR_IT(KEY0_INT_GPIO_PIN);
}
/**
 * @brief       KEY1 外部中断服务程序
 /
void KEY1_INT_IRQHandler(void)
{
/* 调用中断处理公用函数清除 KEY1 所在中断线的中断标志位 */
HAL_GPIO_EXTI_IRQHandler(KEY1_INT_GPIO_PIN);
/* HAL 库默认先清中断再处理回调,退出时再清一次中断,避免按键抖动误触发 */
__HAL_GPIO_EXTI_CLEAR_IT(KEY1_INT_GPIO_PIN);
}
/**
 * @brief       KEY2 外部中断服务程序
 */
void KEY2_INT_IRQHandler(void)
{
/* 调用中断处理公用函数清除 KEY2 所在中断线的中断标志位 */
HAL_GPIO_EXTI_IRQHandler(KEY2_INT_GPIO_PIN);
/* HAL 库默认先清中断再处理回调,退出时再清一次中断,避免按键抖动误触发 */
__HAL_GPIO_EXTI_CLEAR_IT(KEY2_INT_GPIO_PIN);
}
```

```
/**
  * @brief        WK_UP 外部中断服务程序
  */
void WKUP_INT_IRQHandler(void)
{
/* 调用中断处理公用函数清除 KEY_UP 所在中断线的中断标志位 */
HAL_GPIO_EXTI_IRQHandler(WKUP_INT_GPIO_PIN);
/* HAL 库默认先清中断再处理回调,退出时再清一次中断,避免按键抖动误触发 */
__HAL_GPIO_EXTI_CLEAR_IT(WKUP_INT_GPIO_PIN);
}
```

所有的外部中断服务函数里都只调用了同样一个函数 HAL_GPIO_EXTI_IRQHandler,该函数是外部中断共用入口函数,函数内部会进行中断标志位清零,并且调用中断处理共用回调函数 HAL_GPIO_EXTI_Callback。但是它们的形参不同,回调函数也根据形参去判断是哪个 I/O 口的外部中断线被触发。

外部中断回调函数定义如下:

```
/**
  * @brief        中断服务程序中需要做的事情
                  在 HAL 库中所有的外部中断服务函数都会调用此函数
  * @param        GPIO_Pin:中断引脚号
  */
void HAL_GPIO_EXTI_Callback(uint16_t GPIO_Pin)
{
    delay_ms(20);        /* 消抖 */
    switch(GPIO_Pin)
    {
        case KEY0_INT_GPIO_PIN:
            if (KEY0 == 0)
                LED0_TOGGLE();  /* LED0 状态取反 */
                LED1_TOGGLE();  /* LED1 状态取反 */
            break;
        case KEY1_INT_GPIO_PIN:
            if (KEY1 == 0) LED0_TOGGLE();   /* LED0 状态取反 */
            break;
        case KEY2_INT_GPIO_PIN:
            if (KEY2 == 0)LED1_TOGGLE();    /* LED1 状态取反 */
            break;
        case WKUP_INT_GPIO_PIN:
            if (WK_UP == 1)BEEP_TOGGLE();   /* 蜂鸣器状态取反 */
            break;
    }
}
```

前面中断函数的处理过程中都调用了 HAL_GPIO_EXTI_IRQHandler()接口,用来进行寄存器操作、清除中断事件;清除完中断源后,调用中断回调函数 HAL_GPIO_EXTI_Callback。这是一个__weak 的接口,通过重新实现这个函数来实现真正的外部中断控制逻辑。在该函数内部,通过判断 I/O 引脚号来确定中断来自哪个 I/O 口,也就是哪个中断线,然后编写相应的控制逻辑。所以在该函数内部通过 switch 语句判断

I/O 口来源，如来自 GPIO_PIN_0，那么一定是来自 PA0。因为中断线一次只能连接一个 I/O 口，而 3 个 I/O 口中引脚号为 0 的 I/O 口只有 PA0，所以中断线 0 一定是连接 PA0，也就是外部中断由 PA0 触发。其他的引脚号的逻辑类似。

2. main.c 代码

在 main.c 里面编写如下代码：

```
int main(void)
{
    HAL_Init();                              /* 初始化 HAL 库 */
    sys_stm32_clock_init(RCC_PLL_MUL9);      /* 设置时钟，72 MHz */
    delay_init(72);                          /* 延时初始化 */
    usart_init(115200);                      /* 串口初始化为 115 200 */
    led_init();                              /* 初始化 LED */
    beep_init();                             /* 初始化蜂鸣器 */
    extix_init();                            /* 初始化外部中断输入 */
    LED0(0);                                 /* 先点亮 LED0 */
    while (1)
    {
        printf("OK\r\n");
        delay_ms(1000);
    }
}
```

首先是调用系统级别的初始化：初始化 HAL 库、系统时钟和延时函数。接下来，调用串口初始化函数，调用 led_init 来初始化 LED 灯，调用 extix_init 函数初始化外部中断，点亮红灯。最后在无限循环里面执行打印后延时 1 000 ms 的重复动作。逻辑控制代码都在中断回调函数中完成。

14.4 下载验证

下载好程序后，可以按 KEY0、KEY1、KEY2 和 KEY_UP 来查看 LED 灯以及蜂鸣器的变化是否和预期的结果一致。

至此，本章的学习就结束了。

第 15 章

串口通信实验

本章将学习 STM32F1 的串口，教读者如何使用 STM32F1 的串口来发送和接收数据。本章将实现如下功能：通过串口和上位机的对话，STM32F1 在收到上位机发过来的字符串后，原原本本地返回给上位机。

15.1 串口简介

学习串口前先来了解一下数据通信的一些基础概念。

15.1.1 数据通信的基础概念

在单片机的应用中，数据通信是必不可少的一部分，比如单片机和上位机、单片机和外围器件之间，它们都有数据通信的需求。由于设备之间的电气特性、传输速率、可靠性要求各不相同，于是就有了各种通信类型、通信协议，最常的有 USART、I^2C、SPI、CAN、USB 等。

1. 数据通信方式

按数据通信方式分类，可分为串行通信和并行通信 2 种，如图 15.1 所示。

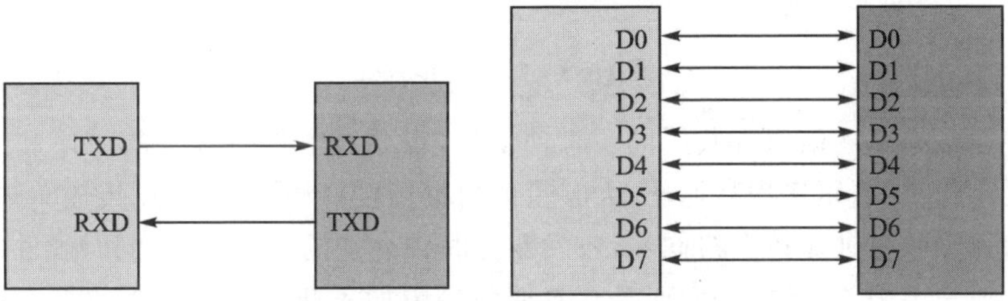

(a) 串行通信　　(b) 并行通信

图 15.1　数据传输方式

串行通信的基本特征是数据逐位顺序依次传输，优点是传输线少、布线成本低、灵活度高等，一般用于近距离人机交互，特殊处理后也可以用于远距离；缺点就是传输速率低。

而并行通信是数据各位可以通过多条线同时传输，优点是传输速率高；缺点就是布线成本高，抗干扰能力差，因而适用于短距离、高速率的通信。

2. 数据传输方向

根据数据传输方向,通信又可分为全双工、半双工和单工通信,如图 15.2 所示。

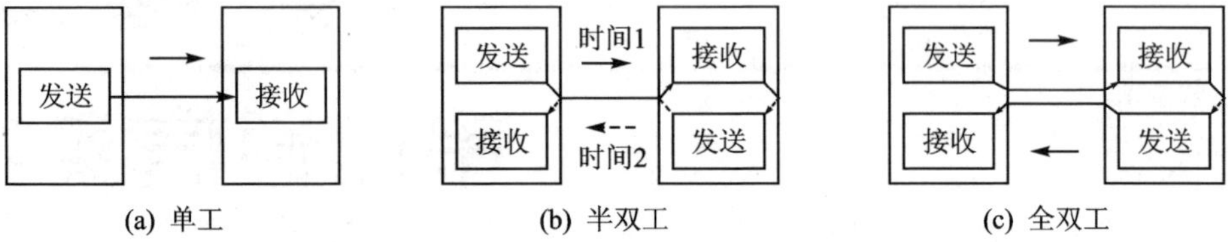

图 15.2　数据传输方式

单工是指数据传输仅能沿一个方向,不能实现反方向传输,如校园广播。半双工是指数据传输可以沿着 2 个方向,但是需要分时进行,如对讲机。全双工是指数据可以同时进行双向传输,日常的打电话属于这种情形。

这里注意全双工和半双工通信的区别:半双工通信是共用一条线路实现双向通信;而全双工是利用 2 条线路,一条用于发送数据,另一条用于接收数据。

3. 数据同步方式

根据数据同步方式,通信又可分为同步通信和异步通信,如图 15.3 所示。

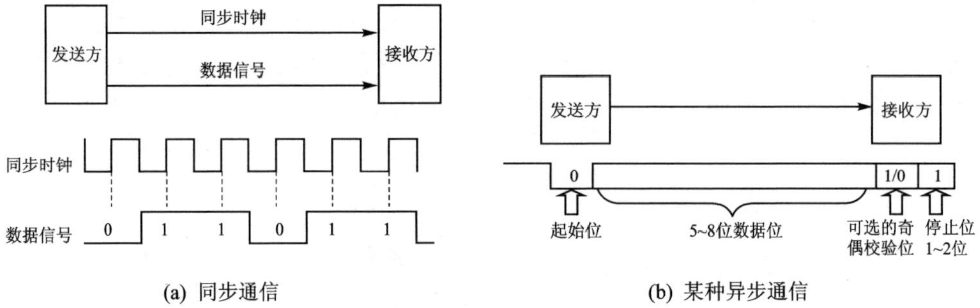

图 15.3　数据同步方式

同步通信要求通信双方共用同一时钟信号,在总线上保持统一的时序和周期完成信息传输。优点:可以实现高速率、大容量的数据传输,以及点对多点传输。缺点:要求发送时钟和接收时钟保持严格同步,收发双方时钟允许的误差较小,同时硬件复杂。

异步通信不需要时钟信号,而是在数据信号中加入开始位和停止位等一些同步信号,以使接收端能够正确地将每一个字符接收下来,某些通信中还需要双方约定传输速率。优点:没有时钟信号硬件简单,双方时钟可允许一定误差。缺点:通信速率较低,只适用点对点传输。

4. 通信速率

在数字通信系统中,通信速率(传输速率)指数据在信道中传输的速度,分为 2 种:传信率和传码率。

传信率：每秒钟传输的信息量，即每秒钟传输的二进制位数，单位为 bit/s（即比特每秒），因而又称为比特率。

传码率：每秒钟传输的码元个数，单位为 Baud（即波特每秒），因而又称为波特率。

比特率和波特率这 2 个概念又常常被人们混淆。比特率很好理解。而波特率被传输的是码元，码元是信号被调制后的概念，每个码元都可以表示一定 bit 的数据信息量。举个例子，在 TTL 电平标准的通信中，用 0 V 表示逻辑 0，5 V 表示逻辑 1，这时候这个码元就可以表示 2 种状态。如果电平信号 0 V、2 V、4 V 和 6 V 分别表示二进制数 00、01、10、11，这时候每一个码元就可以表示 4 种状态。

由上述可以看出，码元携带一定的比特信息，所以比特率和波特率也是有一定的关系的。

比特率和波特率的关系可以用以下式子表示：

$$比特率=波特率 \cdot \log_2 M$$

其中，M 表示码元承载的信息量。也可以理解 M 为码元的进制数。

举个例子：波特率为 100 Baud，即每秒传输 100 个码元，如果码元采用十六进制编码（即 $M=16$，代入上述式子），那么这时候的比特率就是 400 bit/s。如果码元采用二进制编码（即 $M=2$，代入上述式子），那么这时候的比特率就是 100 bit/s。

可以看出，采用二进制的时候波特率和比特率数值上相等。注意，它们的相等只是数值相等，意义上不同，看波特率和波特率单位就知道。由于数字系统都是二进制的，所以有部分人久而久之就直接把波特率和比特率混淆了。

15.1.2　串口通信协议简介

串口通信是一种设备间常用的串行通信方式，串口按位（bit）发送和接收字节。尽管比特字节（byte）的串行通信慢，但是串口可以在使用一根线发送数据的同时用另一根线接收数据。串口通信协议是指规定了数据包的内容，内容包含了起始位、主体数据、校验位及停止位，双方需要约定一致的数据包格式才能正常收发数据的有关规范。在串口通信中，常用的协议包括 RS-232、RS-422 和 RS-485 等。

随着科技的发展，RS-232 在工业上还有广泛的应用，但是在商业技术上，已经慢慢使用 USB 转串口取代了 RS-232 串口。只需要在电路中添加一个 USB 转串口芯片，就可以实现 USB 通信协议和标准 UART 串行通信协议的转换，而本书开发板上的 USB 转串口芯片是 CH340C 芯片。

下面来学习串口通信协议，这里主要学习串口通信的协议层。

串口通信的数据包由发送设备的 TXD 接口传输到接收设备的 RXD 接口。串口通信的协议层中规定了数据包的内容，它由起始位、主体数据、校验位以及停止位组成，通信双方的数据包格式要约定一致才能正常收发数据，其组成如图 15.4 所示。

串口通信协议数据包组成可以分为波特率和数据帧格式两部分。

1. 波特率

本章主要讲解的是串口异步通信，异步通信是不需要时钟信号的，但是这里需要约

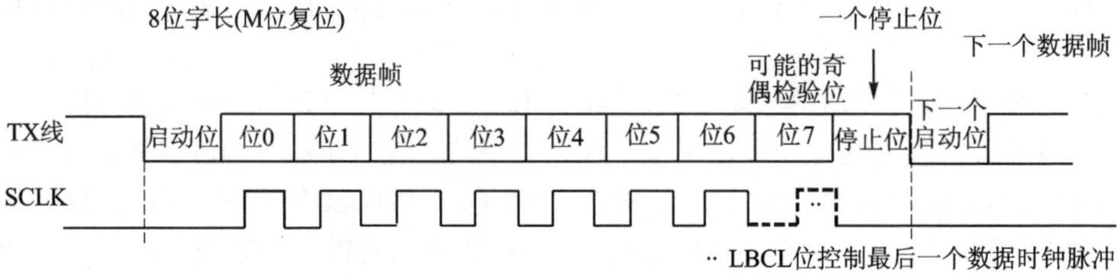

图 15.4　串口通信协议数据帧格式

定好 2 个设备的波特率。波特率表示每秒钟传送的码元符号的个数，所以它决定了数据帧里面每一个位的时间长度。2 个要通信的设备的波特率一定要设置相同，常见的波特率是 4 800、9 600、115 200 等。

2. 数据帧格式

数据帧格式需要提前约定好，串口通信的数据帧包括起始位、停止位、有效数据位以及校验位。

1) 起始位和停止位

串口通信的一个数据帧从起始位开始，直到停止位。数据帧中的起始位是由一个逻辑 0 的数据位表示，而数据帧的停止位可以是 0.5、1、1.5 或 2 个逻辑 1 的数据位表示，只要双方约定一致即可。

2) 有效数据位

数据帧的起始位之后接着是数据位，也称有效数据位，这就是真正需要的数据，有效数据位通常被约定为 5、6、7 或者 8 个位长。有效数据位是低位（LSB）在前，高位（MSB）在后。

3) 校验位

校验位可以认为是一个特殊的数据位。校验位一般用来判断接收的数据位有无错误，检验方法有奇检验、偶检验、0 检验、1 检验以及无检验。

奇校验是指有效数据为和校验位中 1 的个数为奇数，例如，一个 8 位长的有效数据为 10101001，总共有 4 个 1，为达到奇校验效果，校验位设置为 1，最后传输的数据是 8 位的有效数据加上 1 位的校验位总共 9 位。

偶校验与奇校验要求刚好相反，要求帧数据和校验位中 1 的个数为偶数。例如，数据帧为 11001010，此时数据帧 1 的个数为 4 个，所以偶校验位为 0。

0 校验是指不管有效数据中的内容是什么，校验位总为 0，1 校验时校验位总为 1。无校验是指数据帧中不包含校验位。

本书一般是使用无校验的情况。

15.1.3　STM32F1 的串口简介

STM32F103 的串口资源相当丰富，功能也相当强劲。STM32F103ZET6 最多可提供 5 路串口，有分数波特率发生器、支持同步单线通信和半双工单线通信、支持 LIN、支持调制解调器操作、智能卡协议和 IrDA SIR ENDEC 规范、具有 DMA 等。

STM32F1 的串口分为 2 种：USART（即通用同步异步收发器）和 UART（即通用异步收发器）。UART 是在 USART 基础上裁减掉了同步通信功能，只剩下异步通信功能。简单区分同步和异步就是看通信时需不需要对外提供时钟输出，平时用串口通信基本都是异步通信。

STM32F1 有 3 个 USART 和 2 个 UART，其中，USART1 的时钟源来自于 APB2 时钟，其最大频率为 72 MHz；其他 4 个串口的时钟源可以来于 APB1 时钟，其最大频率为 36 MHz。

STM32 的串口输出的是 TTL 电平信号，如果需要 RS－232 标准的信号，则可使用 MAX3232 芯片进行转换，本实验通过 USB 转串口芯片 CH340C 来与电脑的上位机进行通信。

1. USART 框图

USART 框图如图 15.5 所示。

为了方便大家理解，这里把整个框图分成几个部分来介绍。

① USART 信号引脚

- TX：发送数据输出引脚；
- RX：接收数据输入引脚；
- SCLK：发送器时钟输出，适用于同步传输；
- SW_RX：数据接收引脚，属于内部引脚，用于智能卡模式；
- IrDA_RDI：IrDA 模式下的数据输入；
- IrDA_TDO：IrDA 模式下的数据输出；
- nRTS：发送请求，若是低电平，则表示 USART 准备好接收数据；
- nCTS：清除发送，若是高电平，则在当前数据传输结束时阻断下一次数据发送。

② 数据寄存器

USART_DR 包含了已发送或接收到的数据。由于它本身就由 2 个寄存器组成，一个专门用于发送（TDR），一个专门用于接收用（RDR），该寄存器具备读和写的功能。TDR 寄存器提供了内部总线和输出移位寄存器之间的并行接口。RDR 寄存器提供了输入移位寄存器和内部总线之间的并行接口。当进行数据发送操作时，往 USART_DR 中写入数据会自动存储在 TDR 内；当进行读取操作时，向 USART_DR 读取数据会自动提取 RDR 数据。

USART 数据寄存器（USART_DR）低 9 位数据有效，其他数据位保留。USART_DR 的第 9 位数据是否有效与 USART_CR1 的 M 位设置有关，当 M 位为 0 时，表示 8 位数据字长；当 M 位为 1 时，表示 9 位数据字长，一般使用 8 位数据字长。

当使能校验位（USART_CR1 中 PCE 位被置位）进行发送时，写到 MSB 的值（根据数据的长度不同，MSB 是第 7 位或者第 8 位）会被后来的校验位取代。

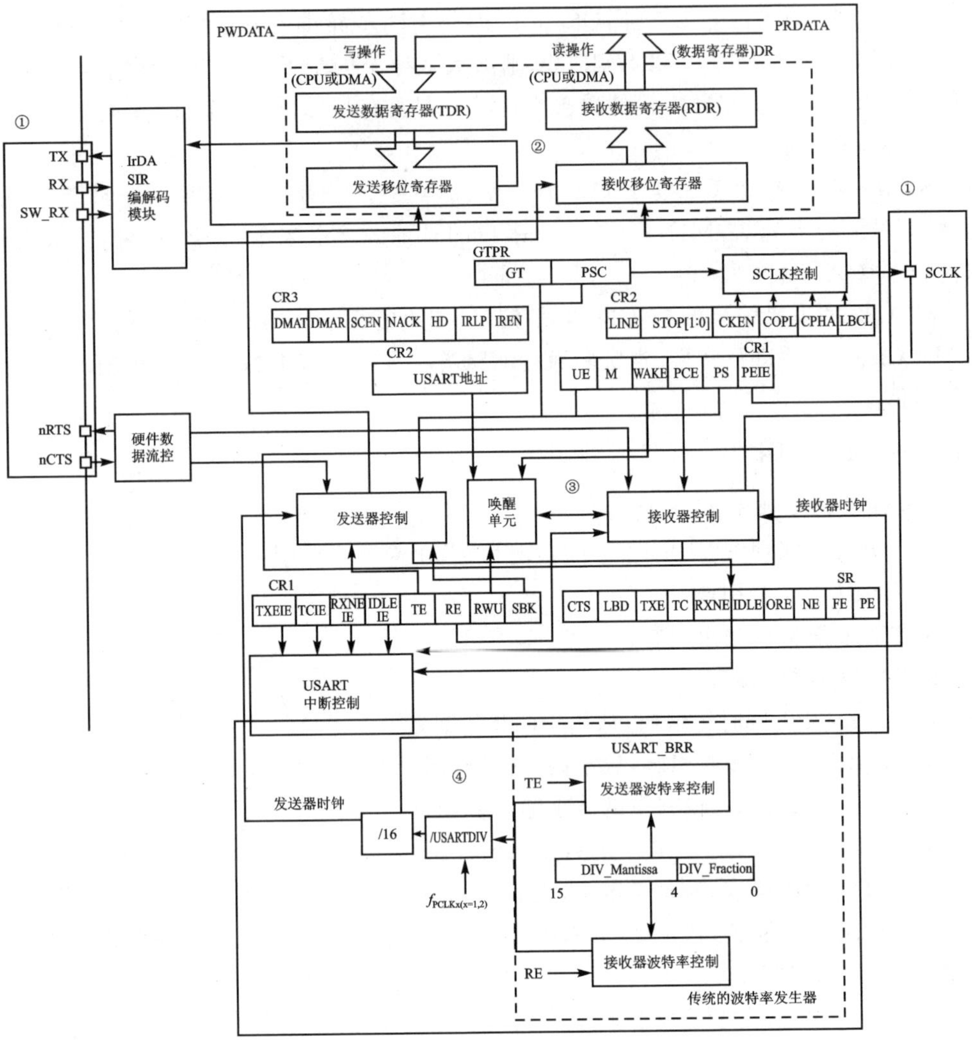

USARTDIV=DIV_Mantissa+(DIV_Fraction/16)

图 15.5 USART 框图

③ 控制器

USART 有专门控制发送的发送器、控制接收的接收器、唤醒单元、中断控制等，具体在后面讲解 USART 寄存器的时候细讲。

④ 时钟与波特率

这部分的主要功能就是为 USART 提供时钟以及配置波特率。

波特率，即每秒传输的码元个数，在二进制系统中(串口的数据帧就是二进制的形式)，波特率与波特率的数值相等，所以今后把串口波特率理解为每秒钟传输的二进制位数。

波特率通过以下公式得出：

$$\text{baud}=\frac{f_{\text{ck}}}{16 \cdot \text{USARTDIV}}$$

f_{ck} 是给串口的时钟（USART2～5 的时钟源为 PCLK1，USART1 的时钟源为 PCLK2）；USARTDIV 是一个无符号的定点数，存放在波特率寄存器（USART_BRR）的低 16 位，DIV_Mantissa[11:0]存放的是 USARTDIV 的整数部分，DIV_Fractionp[3:0]存放的是 USARTDIV 的小数部分。

下面举个例子。当串口 1 设置需要得到 115 200 的波特率，$f_{\text{ck}}=72$ MHz，那么可得：

$$115\ 200=\frac{72\ 000\ 000}{16 \cdot \text{USARTDIV}}$$

得到 USARTDIV＝39.062 5，分离 USARTDIV 的整数部分与小数部分，整数部分为 39，即 0x27，那么 DIV_Mantissa＝0x27；小数部分为 0.0625，转化为十六进制即 0.062 5×16＝1，所以 DIV_Fractionp＝0x1，USART_BRR 寄存器应该赋值为 0x271，成功设置波特率为 115 200。

注意，USARTDIV 是允许有余数的，用四舍五入进行取整，这样会导致波特率有所偏差，而这样的小误差是可以被允许的。

2. USART 寄存器

使用 STM32F103 的 USART 的配置步骤详见“STM32F10xxx 参考手册_V10(中文版).pdf”，这里引用手册中的配置步骤：

① 通过在 USART_CR1 寄存器上置位 UE 位来激活 USART。

② 编程 USART_CR1 的 M 位来定义字长。

③ 在 USART_CR2 中编程停止位的位数。

④ 如果采用多缓冲器通信，则配置 USART_CR3 中的 DMA 使能位(DMAT)。按多缓冲器通信中的描述配置 DMA 寄存器。

⑤ 利用 USART_BRR 寄存器选择要求的波特率。

⑥ 设置 USART_CR1 中的 TE 位，发送一个空闲帧作为第一次数据发送。

⑦ 把要发送的数据写进 USART_DR 寄存器(此动作清除 TXE 位)。在只有一个缓冲器的情况下，对每个待发送的数据重复步骤⑦。

⑧ 在 USART_DR 寄存器中写入最后一个数据字后，要等待 TC＝1，它表示最后一个数据帧的传输结束。当需要关闭 USART 或需要进入停机模式之前，需要确认传输结束，避免破坏最后一次传输。

按照上面的步骤配置就可以使用 STM32F103 的串口了，只要你开启了串口时钟，并设置相应 I/O 口的模式，然后配置波特率、数据位长度、奇偶校验位等信息就可以使用了。总结地来说，要学会配置 USART 对应的寄存器就可以使用串口功能了。下面就简单介绍这几个与串口基本配置直接相关的寄存器。

(1) 串口时钟使能

串口作为 STM32F103 的一个外设，其时钟由外设时钟使能寄存器控制，这里使用的串口 1 是 APB2ENR 寄存器的第 14 位。

注意，除了串口 1 的时钟使能在 APB2ENR 寄存器，其他串口的时钟使能位都在 APB1ENR 寄存器，而 APB2(72 MHz)的频率一般是 APB1(36 MHz)的一倍。

(2) 串口复位

一般系统刚开始配置外设的时候，都会先执行复位该外设的操作，可以使外设的对应寄存器恢复到默认值，方便配置。串口 1 的复位就是通过配置 APB2RSTR 寄存器的第 14 位来实现的。APB2RSTR 寄存器的描述如图 15.6 所示。

31	30	29	28	27	26	25	24	23	22	21	20	19	18	17	16
保留		DACRST	PWR RST	BKP RST	CAN2 RST	CAN1 RST	保留		I2C2 RST	I2C1 RST	UART5R ST	UART4R ST	USART3 RST	USART2 RST	保留
		rw	rw	rw	rw	rw			rw	rw	rw	rw	rw	rw	

15	14	13	12	11	10	9	8	7	6	5	4	3	2	1	0
SPI3 RST	SPI2 RST	保留		WWDG RST	保留					TIM7 RST	TIM6 RST	TIM5 RST	TIM4 RST	TIM3 RST	TIM2 RST
rw	rw			rw						rw	rw	rw	rw	rw	rw

图 15.6 RCC_APB2RSTR 寄存器

(3) 串口波特率设置

每个串口都有一个自己独立的波特率寄存器 USART_BRR，通过设置该寄存器就可以达到配置不同波特率的目的。为了更好了解波特率寄存器，截取 USART_BRR 寄存器图如图 15.7 所示。

31	30	29	28	27	26	25	24	23	22	21	20	19	18	17	16
保留															

15	14	13	12	11	10	9	8	7	6	5	4	3	2	1	0
DIV_Mantissa[11:0]												DIV_Fraction[3:0]			
rw	rw	rw	rw	rw	rw	rw	rw	rw	rw	rw	rw	rw	rw	rw	rw

位15:4	DIV_Mantissa[11:0]：USARTDIV的整数部分 这12位定义了USART分频器除法因子(USARTDIV)的整数部分
位3:0	DIV_Fraction[3:0]：USARTDIV的小数部分 这4位定义了USART分频器除法因子(USARTDIV)的小数部分

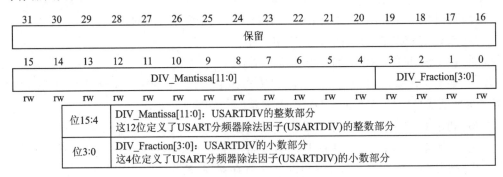

图 15.7 USART_BRR 寄存器

(4) 串口控制

STM32F103 每个串口都有 3 个控制寄存器 USART_CR1～3，串口的很多配置都是通过这 3 个寄存器来设置的。USART_CR1 寄存器的描述如图 15.8 所示。

该寄存器的高 18 位没有用到，低 14 位用于串口的功能设置。这里只介绍需要用到的一些位，其他位可以参考"STM32F10xxx 参考手册_V10(中文版). pdf"。UE 为串口使能位，通过该位置 1 来使能串口。M 为字长，当该位为 0 的时候，设置串口为 8 个字长外加 n 个停止位；停止位的个数(n)是根据 USART_CR2 的[13:12]位设置来决

31	30	29	28	27	26	25	24	23	22	21	20	19	18	17	16
保留															

15	14	13	12	11	10	9	8	7	6	5	4	3	2	1	0
保留		UE	M	WAKE	PCE	PS	PEIE	TXEIE	TCIE	RXNE IE	IDLE IE	TE	RE	RWU	SBK
res		rw	rw	rw	rw	rw	rw	rw	rw	rw	rw	rw	rw	rw	rw

图 15.8　USART_CR1 寄存器

定的，默认为 0。PCE 为校验使能位，设置为 0，即禁止校验，否则使能校验。PS 为校验位选择，设置为 0 表示偶校验，否则奇校验。TXIE 为发送缓冲区空中断使能位，设置该位为 1；当 USART_SR 中的 TXE 位为 1 时，将产生串口中断。TCIE 为发送完成中断使能位，设置该位为 1；当 USART_SR 中的 TC 位为 1 时，将产生串口中断。RXNEIE 为接收缓冲区非空中断使能，设置该位为 1；当 USART_SR 中的 ORE 或者 RXNE 位为 1 时，将产生串口中断。TE 为发送使能位，设置为 1，将开启串口的发送功能。RE 为接收使能位，用法同 TE。

(5) 数据发送与接收

STM32 的发送与接收是通过数据寄存器 USART_DR 来实现的，这是一个双寄存器，包含了 TDR 和 RDR。当向该寄存器写数据的时候，串口就会自动发送；当收到数据的时候，也存在该寄存器内。寄存器各位描述如图 15.9 所示。

31	30	29	28	27	26	25	24	23	22	21	20	19	18	17	16
保留															

15	14	13	12	11	10	9	8	7	6	5	4	3	2	1	0
保留							DR[8:0]								
							rw	rw	rw	rw	rw	rw	rw	rw	rw

位8:0	DR[8:0]：数据值 包含了发送或接收的数据。由于它是由2个寄存器组成的，一个给发送用(TDR)，一个给接收用(RDR)，该寄存器兼具读和写的功能。TDR寄存器提供了内部总线和输出移位寄存器之间的并行接口。RDR寄存器提供了输入移位寄存器和内部总线之间的并行接口。 当使能校验位(USART_CR1中PCE位被置位)进行发送时，写到MSB的值(根据数据的长度不同，MSB是第7位或者第8位)会被后来的校验位取代。 当使能校验位进行接收时，读到的MSB位是接收到的校验位

图 15.9　USART_DR 寄存器

(6) 串口状态

串口状态通过状态寄存器 USART_SR 读取。USART_SR 的各位描述如图 15.10 所示。这里关注第 5、6 位 RXNE 和 TC。

RXNE(读数据寄存器非空)：当该位被置 1 的时候，就是提示已经有数据被接收到，并且可以读出来了。这时候要做的就是尽快去读取 USART_DR，通过读 USART_DR 可以将该位清 0；也可以向该位写 0，直接清除。

TC(发送完成)：当该位被置位的时候，表示 USART_DR 内的数据已经被发送完

31	30	29	28	27	26	25	24	23	22	21	20	19	18	17	16
保留															

15	14	13	12	11	10	9	8	7	6	5	4	3	2	1	0
保留						CTS	LBD	TXE	TC	RXNE	IDLE	ORE	NE	FE	PE
						rc w0	rc w0	r	rc w0	rc w0	r	r	r	r	r

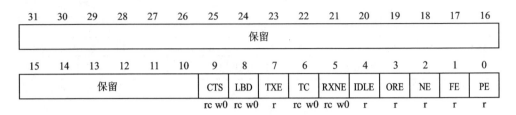

图 15.10 USART_SR 寄存器

成。如果设置了这个位的中断,则会产生中断。该位也有 2 种清 0 方式:

① 读 USART_SR,写 USART_DR。

② 直接向该位写 0。

通过以上一些寄存器的操作再加上 I/O 口的配置,就可以达到串口最基本的配置了。串口更详细的介绍可参考“STM32F10xxx 参考手册_V10(中文版).pdf”关于通用同步异步收发器这一章的相关知识。

15.1.4 GPIO 引脚复用功能

芯片有许多外设,而引脚的资源是很有限的,解决这个问题的方法就是引脚复用。这样引脚除了作为普通的 I/O 口之外,还会与一些外设关联起来,作为第二功能使用;而且一个引脚不单单只有一种复用功能,而是拥有多个第二功能,但是一次只允许一个外设的复用功能,以确保共用同一个 I/O 引脚的外设之间不会产生冲突。

AFIO 寄存器的作用就是复用功能 I/O 和调试配置的。STM32F103ZET6 共有 6 个 AFIO 的寄存器,即事件控制寄存器 AFIO_EVCR、复用重映射和调试 I/O 配置寄存器 AFIO_MAPR、外部中断配置寄存器 AFIO_EXTICR1、外部中断配置寄存器 AFIO_EXTICR2、外部中断配置寄存器 AFIO_EXTICR3 和外部中断配置寄存器 AFIO_EXTICR4。对这些寄存器进行读/写操作前,应先打开 AFIO 时钟,该时钟在 RCC_APB2ENR 寄存器的位 0 上配置,在位 0 上置 0 表示辅助功能 I/O 时钟关闭,在位 0 上置 1 表示辅助功能 I/O 时钟开启。

事件控制寄存器 AFIO_EVCR,用得比较少这里不过多介绍。AFIO_EXTICRx 寄存器在中断章节再来详细讲解,本章节不涉及这些寄存器的配置。

复用重映射和调试 I/O 配置寄存器 AFIO_MAPR 寄存器描述如图 15.11 所示。

在对 AFIO_MAPR 寄存器某些位进行写入实现引脚的重新映射时,复用功能不再映射到它们原始分配上。例如,AFIO_MAPR 寄存器位 2 是对 USART1 的重映射,置 0 表示没有重映像(TX/PA9,RX/PA10);置 1 表示重映像(TX/PB6,RX/PB7)。默认情况下,PA9 和 PA10 作为串口 1 的引脚使用,假如 PA9 和 PA10 被用作其他地方,但还是需要用到串口 1,那么就可以在 AFIO_MAPR 的位 2 置 1,把串口 1 的引脚重映射到 PB6 和 PB7。这个串口初始化的过程就有点变化,需要初始化 AFIO 时钟和对 AFIO_MAPR 的第 2 位进行置 1 操作,其他与普通串口配置没有区别。

31	30	29	28	27	26	25	24	23	22	21	20	19	18	17	16
保留					SWJ_CFG[2:0]			保留			ADC2_ETRGREG_REMAP	ADC2_ETRGINJ_REMAP	ADC1_ETRGREG_REMAP	ADC1_ETRGINJ_REMAP	TIM5CH4_IREMAP
					w	w	w								

15	14	13	12	11	10	9	8	7	6	5	4	3	2	1	0
PD01_REMAP	CAN_REMAP[1:0]		TIM4_REMAP	TIM3_REMAP[1:0]		TIM2_REMAP[1:0]		TIM1_REMAP[1:0]		USART3_REMAP[1:0]		USART2_REMAP	USART1_REMAP	I2C1_REMAP	SPI1_REMAP
rw	rw	rw	rw	rw	rw	rw	rw	rw	rw	rw	rw	rw	rw	rw	rw

位2	USART1_REMAP：USART1的重映像 该位可由软件置1或置0，控制USART1的TX和RX复用功能在GPIO端口的映像。 0：没有重映像(TX/PA9，RX/PA10)；　　1：重映像(TX/PB6，RX/PB7)

图 15.11　AFIO_MAPR 寄存器

HAL 库关于端口复用相关的代码在 stm32f1xx_hal_gpio_ex.h 文件中可以找到。USART1 重映射操作代码如下：

```
#define __HAL_AFIO_REMAP_USART1_ENABLE()\
                                AFIO_REMAP_ENABLE(AFIO_MAPR_USART1_REMAP)
#define __HAL_AFIO_REMAP_USART1_DISABLE()\
                                AFIO_REMAP_DISABLE(AFIO_MAPR_USART1_REMAP)
```

15.2　硬件设计

(1) 例程功能

LED0 闪烁提示程序在运行。STM32 通过串口 1 和上位机对话，在收到上位机发过来的字符串(以回车换行结束)后返回给上位机。同时，每隔一定时间通过串口 1 输出一段信息到电脑。

(2) 硬件资源

- LED 灯：LED0 - PB5；
- 串口 1 (PA9、PA10 连接在板载 USB 转串口芯片 CH340C 上面)，需要跳线帽连接。

(3) 原理图

USB 转串口硬件部分的原理图如图 15.12 所示。

注意，图中的 P4 的 RXD 和 PA9 用跳线帽连接，TXD 和 PA10 也用跳线帽连接，如图 15.13 所示。

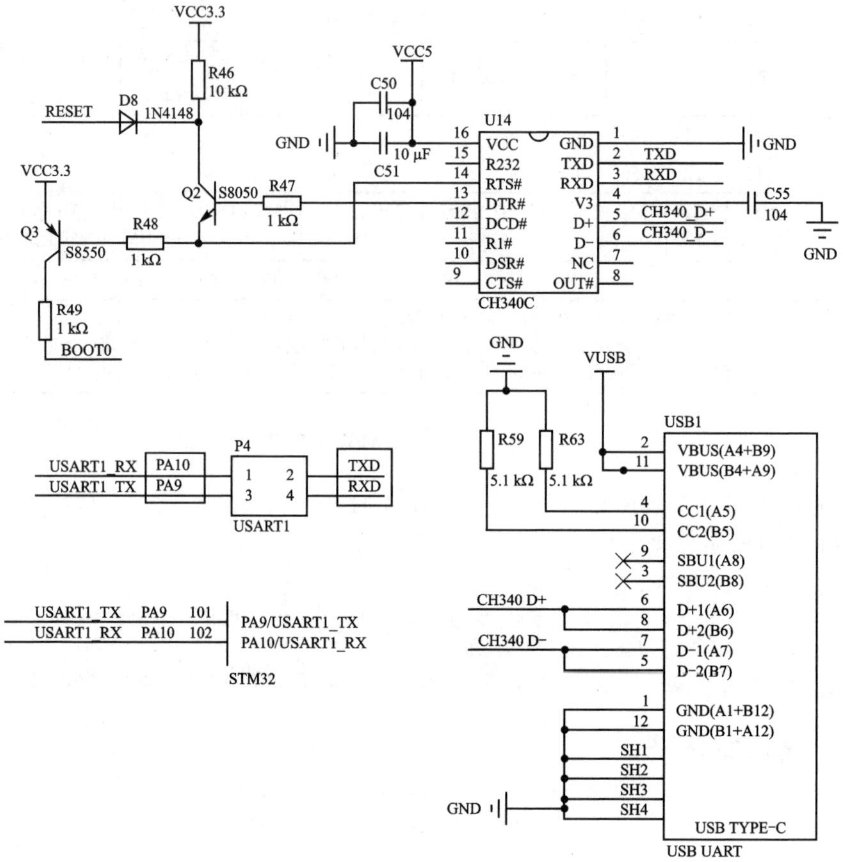

图 15.12　USB 转串口原理图

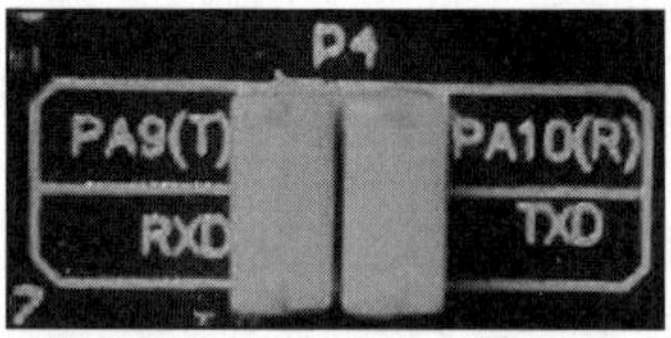

图 15.13　短路帽连接

15.3　程序设计

15.3.1　USART 的 HAL 库驱动

HAL 库中关于串口的驱动程序比较多,先来学习本章需要用到的,其余的后续用到再讲解。因为现在只是用到异步收发器功能,所以只需要 stm32f1xx_hal_uart.c 文件(及其头文件)的驱动代码,stm32f1xx_hal_usart.c 是通用同步异步收发器,暂时没有用到,可以暂时不看。用到外设的第一个函数就应该是其初始化函数。

1. HAL_UART_Init 函数

要使用一个外设,首先要对它进行初始化,所以先看串口的初始化函数,其声明如下:

```
HAL_StatusTypeDef HAL_UART_Init(UART_HandleTypeDef * huart);
```

函数描述:用于初始化异步模式的收发器。

函数形参:形参是串口的句柄,结构体类型是 UART_HandleTypeDef,其定义如下:

```
typedef struct
{
    USART_TypeDef                   * Instance;        /* UART 寄存器基地址 */
    UART_InitTypeDef                Init;              /* UART 通信参数 */
    uint8_t                         * pTxBuffPtr;      /* 指向 UART 发送缓冲区 */
    uint16_t                        TxXferSize;        /* UART 发送数据的大小 */
    __IO uint16_t                   TxXferCount;       /* UART 发送数据的个数 */
    uint8_t                         * pRxBuffPtr;      /* 指向 UART 接收缓冲区 */
    uint16_t                        RxXferSize;        /* UART 接收数据大小 */
    __IO uint16_t                   RxXferCount;       /* UART 接收数据的个数 */
    DMA_HandleTypeDef               * hdmatx;          /* UART 发送参数设置(DMA) */
    DMA_HandleTypeDef               * hdmarx;          /* UART 接收参数设置(DMA) */
    HAL_LockTypeDef                 Lock;              /* 锁定对象 */
    __IO HAL_UART_StateTypeDef      gState;            /* UART 发送状态结构体 */
    __IO HAL_UART_StateTypeDef      RxState;           /* UART 接收状态结构体 */
    __IOuint32_t                    ErrorCode;         /* UART 操作错误信息 */
}UART_HandleTypeDef;
```

Instance:指向 UART 寄存器基地址。实际上这个基地址 HAL 库已经定义好了,可以选择范围为 USART1～USART3、UART4、UART5。

Init:UART 初始化结构体,用于配置通信参数,如波特率、数据位数、停止位等。

pTxBuffPtr、TxXferSize、TxXferCount:分别是指向发送数据缓冲区的指针、发送数据的大小、发送数据的个数。

pRxBuffPtr、RxXferSize、RxXferCount:分别是指向接收数据缓冲区的指针、接收数据的大小、接收数据的个数;

hdmatx、hdmarx:配置串口发送接收数据的 DMA 具体参数。

Lock:对资源操作增加操作锁保护功能,可选 HAL_UNLOCKED 或者 HAL_LOCKED 这 2 个参数。如果 gState 的值等于 HAL_UART_STATE_RESET,则可认为串口未被初始化,此时,分配锁资源,并且调用 HAL_UART_MspInit 函数来对串口的 GPIO 和时钟进行初始化。

gState、RxState:分别是 UART 的发送状态、工作状态的结构体和 UART 接收状态的结构体。HAL_UART_StateTypeDef 是一个枚举类型,列出串口在工作过程中的状态值,有些值只适用于 gState,如 HAL_UART_STATE_BUSY。

ErrorCode:串口错误操作信息,主要用于存放串口操作的错误信息。

UART_InitTypeDef 结构体类型用于配置 UART 的各个通信参数,包括波特率、停止位等,具体说明如下:

```
typedef struct
{
  uint32_t BaudRate;          /* 波特率 */
  uint32_t WordLength;        /* 字长 */
  uint32_t StopBits;          /* 停止位 */
  uint32_t Parity;            /* 校验位 */
  uint32_t Mode;              /* UART 模式 */
  uint32_t HwFlowCtl;         /* 硬件流设置 */
  uint32_t OverSampling;      /* 过采样设置 */
}UART_InitTypeDef;
```

BaudRate:波特率设置,一般设置为 2 400、9 600、19 200、115 200。

WordLength:数据帧字长,可选 8 位或 9 位。这里设置为 8 位字长数据格式。

StopBits:停止位设置,可选 0.5 个、1 个、1.5 个和 2 个停止位,一般选择 1 个停止位。

Parity:奇偶校验控制选择,这里设定为无奇偶校验位。

Mode:UART 模式选择,可以设置为只收模式、只发模式或者收发模式。这里设置为全双工收发模式。

HwFlowCtl:硬件流控制选择,这里设置为无硬件流控制。

OverSampling:过采样选择,选择 8 倍过采样或者 16 过采样,一般选择 16 过采样。

函数返回值:HAL_StatusTypeDef 枚举类型的值,有 4 个,分别是 HAL_OK 表示成功、HAL_ERROR 表示错误、HAL_BUSY 表示忙碌、HAL_TIMEOUT 表示超时。后续遇到该结构体也是一样的。

2. HAL_UART_Receive_IT 函数

HAL_UART_Receive_IT 函数是开启串口接收中断函数,其声明如下:

```
HAL_StatusTypeDef HAL_UART_Receive_IT(UART_HandleTypeDef *huart,
                                      uint8_t *pData, uint16_t Size);
```

函数描述:用于开启以中断的方式接收指定字节。数据接收在中断处理函数里面实现。

函数形参:

形参 1 UART_HandleTypeDef 是结构体指针类型的串口句柄。

形参 2 是要接收的数据地址。

形参 3 是要接收的数据大小,以字节为单位。

函数返回值:HAL_StatusTypeDef 枚举类型的值。

3. HAL_UART_IRQHandler 函数

HAL_UART_IRQHandler 函数是 HAL 库中断处理公共函数,其声明如下:

```
void HAL_UART_IRQHandler(UART_HandleTypeDef *huart);
```

函数描述：该函数是 HAL 库中断处理公共函数，在串口中断服务函数中被调用。

函数形参：形参 UART_HandleTypeDef 是结构体指针类型的串口句柄。

函数返回值：无。

注意事项：该函数在 HAL 库已经定义好，用户一般不能随意修改。如果要在中断中实现自己的逻辑代码，可以直接在函数 HAL_UART_IRQHandler 的前面或者后面添加新代码；也可以直接在 HAL_UART_IRQHandler 调用的各种回调函数里面执行，这些回调都是弱定义的，方便用户直接在其他文件里面重定义。串口回调函数主要有下面几个：

```
__weak void HAL_UART_TxCpltCallback(UART_HandleTypeDef * huart)
__weak void HAL_UART_TxHalfCpltCallback(UART_HandleTypeDef * huart)
__weak void HAL_UART_RxCpltCallback(UART_HandleTypeDef * huart)
__weak void HAL_UART_RxHalfCpltCallback(UART_HandleTypeDef * huart)
__weak void HAL_UART_ErrorCallback(UART_HandleTypeDef * huart)
__weak void HAL_UART_AbortCpltCallback(UART_HandleTypeDef * huart)
__weak void HAL_UART_AbortTransmitCpltCallback(UART_HandleTypeDef * huart)
__weak void HAL_UART_AbortReceiveCpltCallback(UART_HandleTypeDef * huart)
```

本实验用到的是接收回调函数 HAL_UART_RxCpltCallback，就是在接收回调函数里面编写接收逻辑代码。

串口通信配置步骤如下：

① 串口参数初始化(波特率、字长、奇偶校验等)。

HAL 库通过调用串口初始化函数 HAL_UART_Init 完成对串口参数初始化，详见配套资料中例程源码。注意，该函数会调用 HAL_UART_MspInit 函数来完成对串口底层的初始化，包括串口及 GPIO 时钟使能、GPIO 模式设置、中断设置等。

② 使能串口和 GPIO 口时钟。本实验用到 USART1 串口，使用 PA9 和 PA10 作为串口的 TX 和 RX 脚，因此需要先使能 USART1 和 GPIOA 时钟。参考代码如下：

```
__HAL_RCC_USART1_CLK_ENABLE();              /* 使能 USART1 时钟 */
__HAL_RCC_GPIOA_CLK_ENABLE();               /* 使能 GPIOA 时钟 */
```

③ GPIO 模式设置(速度、上下拉、复用功能等)。

GPIO 模式设置通过调用 HAL_GPIO_Init 函数实现，详见配套资料中本例程源码。

④ 开启串口相关中断，配置串口中断优先级。

本实验使用串口中断来接收数据。这里使用 HAL_UART_Receive_IT 函数开启串口中断接收，并设置接收 buffer 及其长度。通过 HAL_NVIC_EnableIRQ 函数使能串口中断，通过 HAL_NVIC_SetPriority 函数设置中断优先级。

⑤ 编写中断服务函数。

串口 1 中断服务函数为 USART1_IRQHandler，当发生中断的时候，程序就会执行中断服务函数。为了使用方便，HAL 库提供了一个串口中断通用处理函数 HAL_UART_IRQHandler，该函数在串口接收完数据后又会调用回调函数 HAL_UART_RxCpltCallback，用于给用户处理串口接收到的数据。

因此,需要在 HAL_UART_RxCpltCallback 函数实现数据接收处理。

⑥ 串口数据接收和发送。

最后可以通过读/写 USART_DR 寄存器完成串口数据的接收和发送,HAL 库也提供了 HAL_UART_Receive 和 HAL_UART_Transmit 这 2 个函数用于串口数据的接收和发送。

读者可以根据实际情况选择使用以上介绍的方式来收发串口数据。

15.3.2 程序流程图

程序流程如图 15.14 所示。

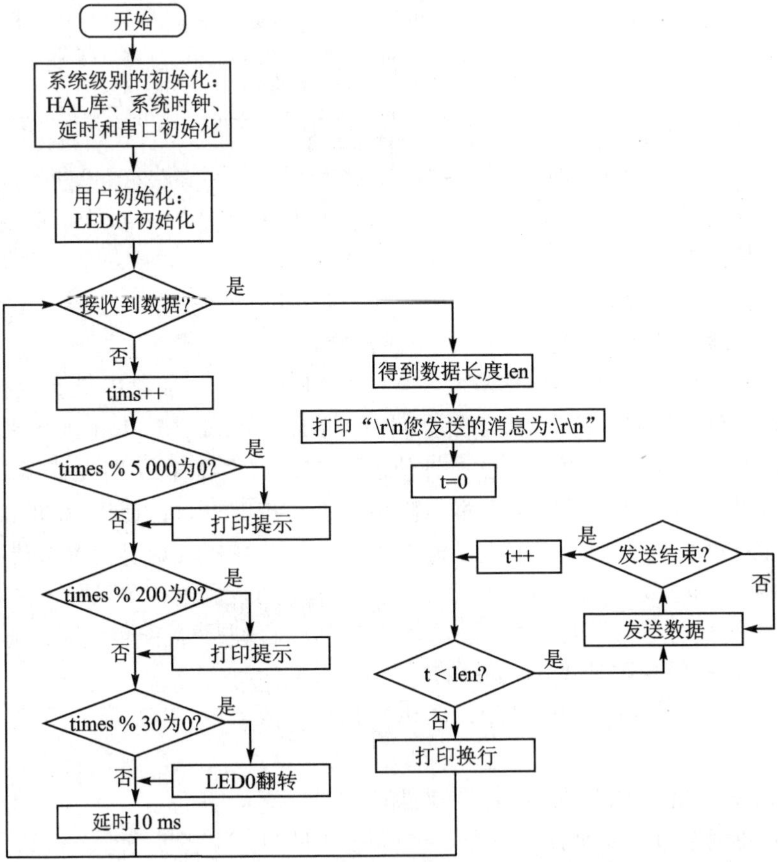

图 15.14 串口通信实验程序流程图

15.3.3 程序解析

1. 串口 1 驱动代码

这里只讲解核心代码,详细的源码可参考配套资料中本实验对应源码。串口 1(USART1)驱动源码包括 2 个文件:usart. c 和 usart. h。

下面先解析 usart.h 的程序。PA9 和 PA10 分别被复用为串口 1 的发送和接收引脚，引脚定义如下：

```
/* 串口 1 的 GPIO */
#define USART_TX_GPIO_PORT              GPIOA
#define USART_TX_GPIO_PIN               GPIO_PIN_9
/* 发送引脚时钟使能 */
#define USART_TX_GPIO_CLK_ENABLE()      do{ __HAL_RCC_GPIOA_CLK_ENABLE(); }while(0)
#define USART_RX_GPIO_PORT              GPIOA
#define USART_RX_GPIO_PIN               GPIO_PIN_10
/* 接收引脚时钟使能 */
#define USART_RX_GPIO_CLK_ENABLE()      do{ __HAL_RCC_GPIOA_CLK_ENABLE(); }while(0)
#define USART_UX                        USART1
#define USART_UX_IRQn                   USART1_IRQn
#define USART_UX_IRQHandler             USART1_IRQHandler
/* USART1 时钟使能 */
#define USART_UX_CLK_ENABLE()           do{ __HAL_RCC_USART1_CLK_ENABLE(); }while(0)
```

USART1_IRQn 也就是中断向量表的 37 号中断，USART1_IRQHandler 是串口 1 的中断服务函数。每个串口都有自己的中断函数，但是最终都是通过回调函数去实现逻辑代码，当然也可在中断函数里实现逻辑代码。

另外还定义了 3 个宏，具体如下：

```
#define USART_REC_LEN      200          /* 定义最大接收字节数 200 */
#define USART_EN_RX        1            /* 使能(1)/禁止(0)串口 1 接收 */
#define RXBUFFERSIZE       1            /* 缓存大小 */
```

可以看到，USART_REC_LEN 表示最大接收字节数，这里定义的是 200 个字节；后续如果需要发送更大的数据包，可以改大这个值，这里不改太大是避免浪费太多内存。USART_EN_RX 用于使能串口 1 的接收数据。RXBUFFERSIZE 是缓冲大小。

下面再解析 usart.c 的程序，先看串口 1 的初始化函数，其定义如下：

```
/**
 * @brief       串口 X 初始化函数
 * @param       baudrate:波特率，根据自己需要设置波特率值
 * @note        注意：必须设置正确的时钟源，否则串口波特率就会设置异常
 *              这里的 USART 的时钟源在 sys_stm32_clock_init()函数中已经设置过了
 */
void usart_init(uint32_t baudrate)
{
    uartx_handle.Instance = USART_UX;                        /* USART1 */
    uartx_handle.Init.BaudRate = baudrate;                   /* 波特率 */
    uartx_handle.Init.WordLength = UART_WORDLENGTH_8B;       /* 字长为 8 位数据格式 */
    uartx_handle.Init.StopBits = UART_STOPBITS_1;            /* 一个停止位 */
    uartx_handle.Init.Parity = UART_PARITY_NONE;             /* 无奇偶校验位 */
    uartx_handle.Init.HwFlowCtl = UART_HWCONTROL_NONE;       /* 无硬件流控 */
    uartx_handle.Init.Mode = UART_MODE_TX_RX;                /* 收发模式 */
    HAL_UART_Init(&uartx_handle);                       /* HAL_UART_Init()会使能 UART1 */
    /* 该函数会开启接收中断:标志位 UART_IT_RXNE,并且设置接收缓冲以及接收缓冲接收最
       大数据量 */
    HAL_UART_Receive_IT(&uartx_handle, (uint8_t *)aRxbuffer, RXBUFFERSIZE);
}
```

uartx_handle 是结构体 UART_HandleTypeDef 类型的全局变量。波特率直接赋值给 uartx_handle.Init.BaudRate 这个成员，可以看出很方便。注意，最后一行代码调用函数 HAL_UART_Receive_IT，作用是开启接收中断，同时设置接收的缓存区以及接收的数据量。

上面的初始化函数只是串口初始化的其中一部分，还有一部分初始化需要 HAL_UART_MspInit 函数去完成。HAL_UART_MspInit 是 HAL 库定义的弱定义函数，这里做重定义以实现我们的初始化需求。HAL_UART_MspInit 函数在 HAL_UART_Init 函数中被调用，其定义如下：

```
/**
 * @brief       UART 底层初始化函数
 * @param       huart: UART 句柄类型指针
 * @note        此函数会被 HAL_UART_Init()调用
 *              完成时钟使能，引脚配置，中断配置
 */
void HAL_UART_MspInit(UART_HandleTypeDef * huart)
{
    GPIO_InitTypeDef gpio_init_struct;
    if(huart->Instance == USART1)                /* 如果是串口 1，进行串口 1 MSP 初始化 */
    {
        USART_UX_CLK_ENABLE();                           /* USART1 时钟使能 */
        USART_TX_GPIO_CLK_ENABLE();                      /* 发送引脚时钟使能 */
        USART_RX_GPIO_CLK_ENABLE();                      /* 接收引脚时钟使能 */
        gpio_init_struct.Pin = USART_TX_GPIO_PIN;        /* TX 引脚 */
        gpio_init_struct.Mode = GPIO_MODE_AF_PP;         /* 复用推挽输出 */
        gpio_init_struct.Pull = GPIO_PULLUP;             /* 上拉 */
        gpio_init_struct.Speed = GPIO_SPEED_FREQ_HIGH;/* 高速 */
        HAL_GPIO_Init(USART_TX_GPIO_PORT, &gpio_init_struct);  /* 初始化发送引脚 */
        gpio_init_struct.Pin = USART_RX_GPIO_PIN;        /* RX 引脚 */
        gpio_init_struct.Mode = GPIO_MODE_AF_INPUT;
        HAL_GPIO_Init(USART_RX_GPIO_PORT, &gpio_init_struct);  /* 初始化接收引脚 */
#if USART_EN_RX
        HAL_NVIC_EnableIRQ(USART_UX_IRQn);               /* 使能 USART1 中断通道 */
        HAL_NVIC_SetPriority(USART_UX_IRQn, 3, 3);       /* 抢占优先级 3，子优先级 3 */
#endif
    }
}
```

该函数主要实现底层的初始化，事实上这个函数的代码还可以直接放到 usart_init 函数里面，但是 HAL 库为了代码的功能分层初始化，定义这个函数方便用户使用。所以这里也按照 HAL 库的这个结构来初始化外设。这个函数首先是调用 if(huart→Instance==USART1)判断要初始化哪个串口，因为每个串口初始化都会调用 HAL_UART_MspInit 函数，所以需要判断是哪个串口要初始化才做相应的处理。HAL 库这样的结构机制有好处，自然也有坏处。

首先就是使能串口以及 PA9、PA10 的时钟。PA9 和 PA10 需要用作复用功能，复用功能模式有 2 个选择：GPIO_MODE_AF_PP 推挽式复用和 GPIO_MODE_AF_OD

开漏式复用。这里选择的是推挽式复用，因为 PA9 是一个发送引脚，所以模式设置为复用推挽输出；而 PA10 是一个接收引脚，所以它的模式设置为浮空输入即可，GPIO_MODE_AF_INPUT 实质就是一个 GPIO_MODE_INPUT 浮空输入模式。选择了推挽式复用。然后就是调用 HAL_GPIO_Init 函数进行 I/O 口的初始化。

最后，因为用到串口中断，所以还需要中断相关的配置。HAL_NVIC_EnableIRQ 函数使能串口 1 复用通道。HAL_NVIC_SetPriority 函数配置串口中断的抢占优先级以及响应优先级。串口初始化由上述 2 个函数完成，下面就该讲到串口中断服务函数了，其定义如下：

```
/**
 * @brief       串口 X 中断服务函数
                注意，读取 USARTx->SR 能避免莫名其妙的错误
 */
void USART_UX_IRQHandler(void)
{
#if SYSTEM_SUPPORT_OS                               /* 使用 OS */
    OSIntEnter();
#endif
    HAL_UART_IRQHandler(&uartx_handler);    /* 调用 HAL 库中断处理公用函数 */
    while (HAL_UART_Receive_IT(&uartx_handler, (uint8_t *)aRxBuffer,
    RXBUFFERSIZE) != HAL_OK) /* 一次处理完成之后，重新开启中断并设置 RxXferCount 为 1 */
    {/* 如果出错会卡死在这里 */
    }
#if SYSTEM_SUPPORT_OS                               /* 使用 OS */
    OSIntExit();
#endif
}
```

可以看出，在中断服务函数内部通过调用 HAL_UART_GetState 函数获取串口状态、计数处理时间是否超时等；然后完成一次传输后，调用 UART_Receive_IT 函数重新开启中断。UART_Receive_IT 函数的作用就是把每次中断接收到的字符保存在串口句柄的缓存指针 pRxBuffPtr 中，同时每次接收一个字符，其计数器 RxXferCount 减 1，直到接收完成 RxXferSize 个字符之后 RxXferCount 设置为 0，同时调用接收回调函数 HAL_UART_RxCpltCallback 进行处理。HAL_MAX_DELAY 最大延时时间在 stm32f1xx_hal_def.h 中定义。

串口接收中断的一般流程如图 15.15 所示。

串口接收回调函数定义如下：

```
/**
 * @brief       UART 数据接收回调接口
                数据处理在这里进行
 * @param       huart:串口句柄
 */
void HAL_UART_RxCpltCallback(UART_HandleTypeDef *huart)
{
    if(huart->Instance == USART_UX)             /* 如果是串口 1 */
    {
```

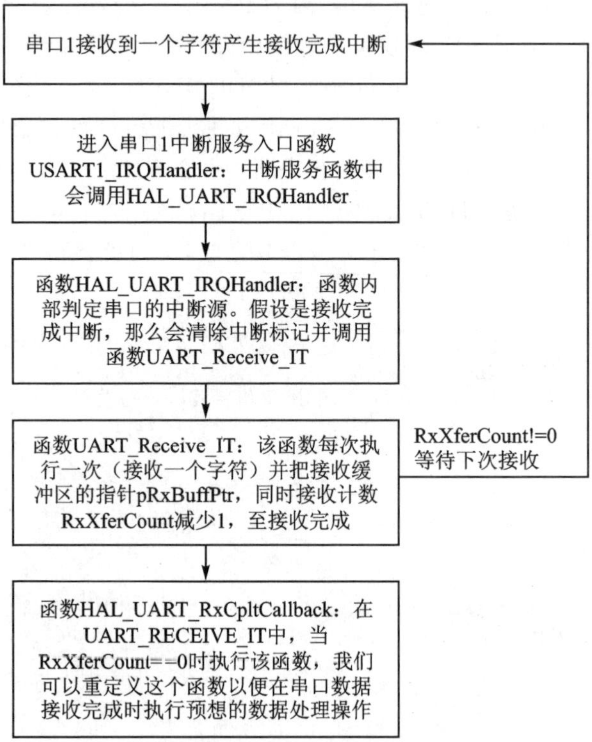

图 15.15　串口接收中断执行流程图

```
    if((g_usart_rx_sta & 0x8000) == 0)   /* 接收未完成 */
    {
        if(g_usart_rx_sta & 0x4000)      /* 接收到了 0x0d(即回车键) */
        {
            if(aRxBuffer[0] != 0x0a)     /* 接收到的不是 0x0a(即不是换行键) */
            {
                g_usart_rx_sta = 0;      /* 接收错误,重新开始 */
            }
            else                         /* 接收到的是 0x0a(即换行键) */
            {
                g_usart_rx_sta |= 0x8000; /* 接收完成了 */
            }
        }
        else                             /* 还没收到 0X0D(即回车键) */
        {
            if (aRxBuffer[0] == 0x0d)
                g_usart_rx_sta |= 0x4000;
            else
            {
                g_usart_rx_buf[g_usart_rx_sta & 0X3FFF] = aRxBuffer[0];
                g_usart_rx_sta++;
                if (g_usart_rx_sta > (USART_REC_LEN - 1))
                {
```

```
                    g_usart_rx_sta = 0;          /* 接收数据错误,重新开始接收 */
                }
            }
        }
    }
}
```

因为设置了串口句柄成员变量 RxXferSize 为 1,那么每当串口 1 接收到一个字符后触发接收完成中断,便会在中断服务函数中引导执行该回调函数。当串口接收到一个字符后,它会保存在缓存 g_rx_buffer 中;由于设置了缓存大小为 1,而且 RxXferSize＝1,所以每次接收一个字符,则直接保存到 RxXferSize[0]中,直接通过读取 RxXferSize[0]的值就是本次接收到的字符。这里设计了一个小小的接收协议:通过这个函数,配合一个数组 g_usart_rx_buf、一个接收状态寄存器 g_usart_rx_sta(此寄存器其实就是一个全局变量,由读者自行添加,由于它起到类似寄存器的功能,这里暂且称之为寄存器)实现对串口数据的接收管理。数组 g_usart_rx_buf 的大小由 USART_REC_LEN 定义,也就是一次接收的数据最大不能超过 USART_REC_LEN 个字节。g_usart_rx_sta 是一个接收状态寄存器,其各位定义如表 15.1 所列。

表 15.1　接收状态寄存器位定义表

位	bit15	bit14	bit13～0
说　明	接收完成标志	接收到 0X0D 标志	接收到的有效字节个数

设计思路如下:当接收到从电脑发过来的数据时,把接收到的数据保存在数组 g_usart_rx_buf 中,同时,接收状态寄存器(g_usart_rx_sta)中开始计数接收到的有效数据个数,当收到回车(回车的表示由 2 个字节组成:0x0D 和 0x0A)的第一个字节 0x0D 时,计数器将不再增加,等待 0x0A 的到来;而如果 0x0A 没有来到,则认为这次接收失败,重新开始下一次接收。如果顺利接收到 0x0A,则标记 g_usart_rx_sta 的第 15 位,这样完成一次接收,并等待该位被其他程序清除,从而开始下一次的接收;而如果迟迟没有收到 0x0D,那么在接收数据超过 USART_REC_LEN 的时候,则会丢弃前面的数据,重新接收。

学到这里会发现,HAL 库定义的串口中断逻辑确实非常复杂,并且因为处理过程繁琐所以效率不高。这里需要说明的是,在中断服务函数中,也可以不调用 HAL_UART_IRQHandler 函数,而是直接编写自己的中断服务函数。串口实验之所以遵循 HAL 库写法,是为了让读者对 HAL 库有一个更清晰的理解。

2. main.c 代码

在 main.c 里面编写如下代码:

```
int main(void)
{
    uint8_t len;
    uint16_t times = 0;
```

```
    HAL_Init();                                     /* 初始化 HAL 库 */
    sys_stm32_clock_init(RCC_PLL_MUL9);             /* 设置时钟为 72 MHz */
    delay_init(72);                                 /* 延时初始化 */
    usart_init(115200);                             /* 串口初始化为 115 200 */
    led_init();                                     /* 初始化 LED */
    while (1)
    {
        if (g_usart_rx_sta & 0x8000)                /* 接收到了数据？ */
        {
            len = g_usart_rx_sta & 0x3fff;          /* 得到此次接收到的数据长度 */
            printf("\r\n 您发送的消息为:\r\n");
            HAL_UART_Transmit(&uartx_handler,(uint8_t *)g_usart_rx_buf,len,1000);
            while(__HAL_UART_GET_FLAG(&uartx_handler,UART_FLAG_TC) != SET);
            printf("\r\n\r\n");                     /* 插入换行 */
            g_usart_rx_sta = 0;
        }
        else
        {
            times ++ ;
            if (times % 5000 == 0)
            {
                printf("\r\n 正点原子 STM32 开发板 串口实验\r\n");
                printf("正点原子@ALIENTEK\r\n\r\n\r\n");
            }
            if (times % 200 == 0) printf("请输入数据,以回车键结束\r\n");
            if (times % 30 == 0) LED0_TOGGLE(); /* 闪烁 LED,提示系统正在运行. */
            delay_ms(10);
        }
    }
}
```

无限循环里面的逻辑为：首先判断全局变量 g_usart_rx_sta 的最高位是否为 1，如果为 1，那么代表前一次数据接收已经完成，接下来就是把自定义接收缓冲的数据发送到串口，在上位机显示。这里比较重点的 2 条语句是：第一条是调用 HAL 串口发送函数 HAL_UART_Transmit 来发送一段字符到串口；第二条是发送一个字节之后，要检测这个数据是否已经被发送完成了。如果全局变量 g_usart_rx_sta 的最高位为 0，则执行一段时间往上位机发送提示字符，以及让 LED0 每隔一段时间翻转，提示系统正在运行。

15.4 下载验证

下载好程序后，可以看到板子上的 LED0 开始闪烁，说明程序已经在跑了。串口调试助手用 XCOM，配套资料中提供了该软件，无需安装，可以直接运行，但是需要电脑安装了.NET Framework 4.0(Windows 自带了)或以上版本的环境，该软件的详细介绍参考 http://www.openedv.com/posts/list/22994.htm。

接着打开 XCOM(正点原子的串口调试助手，位于配套资料的 A 盘→6，软件资料

→1,软件→串口调试助手→XCOM),设置串口为开发板的 USB 转串口(CH340 虚拟串口,须根据自己的电脑选择,笔者的电脑是 COM15,注意,波特率是 115 200)。因为在程序上面设置了必须输入回车,串口才认可接收到的数据,所以必须在发送数据后再发送一个回车符。这里 XCOM 提供的发送方法是通过选中“发送新行”实现,只要选中了这个选项,每次发送数据后 XCOM 都会自动多发一个回车(0X0D+0X0A)。然后,再在发送区输入想要发送的文字,然后单击“发送”按钮,可以看到如图 15.16 所示信息。

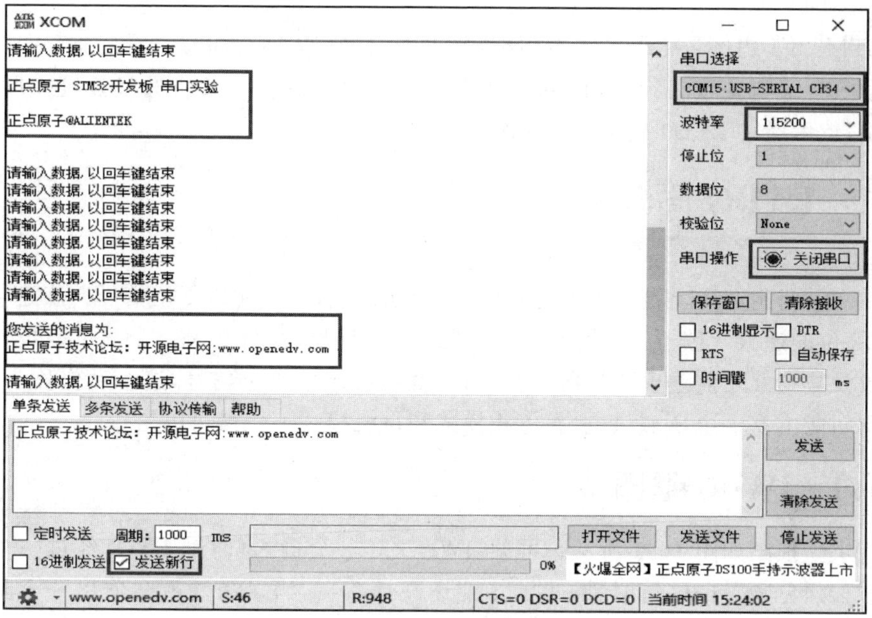

图 15.16　串口助手

可以看到,发送的消息被发送回来了。读者可以试试,如果不发送回车(取消“发送新行”选项),输入内容之后直接单击“发送”按钮是什么结果。

第 16 章

独立看门狗(IWDG)实验

STM32F1 内部自带了 2 个看门狗:独立看门狗(IWDG)和窗口看门狗(WWDG)。这一章只介绍独立看门狗,窗口看门狗将在下一章介绍。本章将通过按键 KEY_UP 来喂狗,然后通过 LED0 提示复位状态。

16.1 IWDG 简介

独立看门狗本质上是一个定时器,有一个输出端,可以输出复位信号。该定时器是一个 12 位的递减计数器,当计数器的值减到 0 的时候,就会产生一个复位信号。如果在计数没减到 0 之前重置计数器的值,那么就不会产生复位信号,这个动作称为喂狗。看门狗功能由 V_{DD} 电压域供电,在停止模式和待机模式下仍然可以工作。

16.1.1 IWDG 框图

IWDG 框图如图 16.1 所示。可见,IWDG 有一个输入(时钟 LSI),经过一个 8 位的可编程预分频器提供给时钟一个 12 位递减计数器,满足条件就会输出一个复位信号。IWDG 内部输入/输出信号如表 16.1 所列。

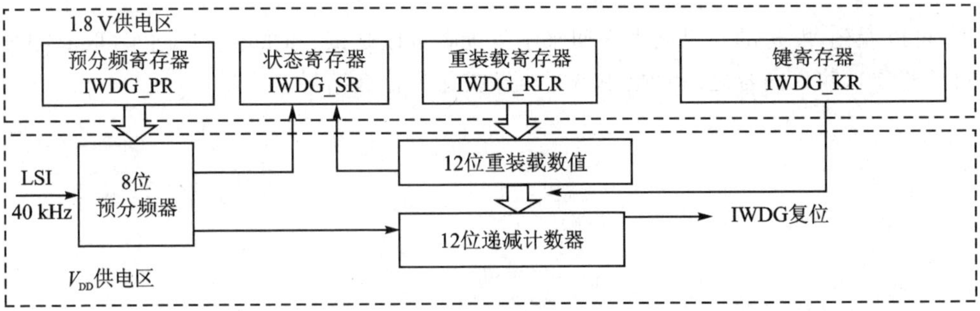

图 16.1 IWDG 框图

表 16.1 IWDG 内部输入/输出信号

信号名称	信号类型	说　明
LSI	数字信号	LSI 时钟
IWDG 复位	数字信号	IWDG 复位信号输出

STM32F103 的独立看门狗由内部专门的 40 kHz 低速时钟(LSI)驱动，即使主时钟发生故障，它也仍然有效。注意，独立看门狗的时钟是一个内部 RC 时钟，所以并不是准确的 40 kHz，而是在 30～60 kHz 之间的一个可变化的时钟，只是估算时以40 kHz 的频率来计算，看门狗对时间的要求不太精确，所以，时钟有些偏差都是可以接受的。

16.1.2　IWDG 寄存器

IWDG 的框图很简单，用到的寄存器也不多，这里主要用到其中 3 个寄存器。

1. 关键字寄存器(IWDG_KR)

关键字寄存器可以看作独立看门狗的控制寄存器，其描述如图 16.2 所示。

15	14	13	12	11	10	9	8	7	6	5	4	3	2	1	0
KEY[15:0]															
w	w	w	w	w	w	w	w	w	w	w	w	w	w	w	w

位15:0	KEY[15:0]：键盘(只写寄存器，读出值为0x000) 软件必须以一定的间隔写入0xAAAA，否则，当计数器为0时，看门狗会产生复位。 写入0x55555表示允许访问IWDG_PR和IWDG_RLR寄存器。 写入0xCCCC，启动看门狗工作(若选择了硬件看门狗，则不受此命令字限制)

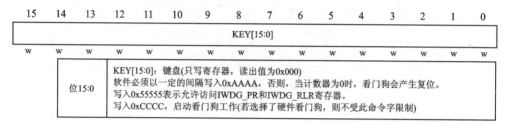

图 16.2　IWDG_KR 寄存器

在 IWDG_KR 中写入 0xCCCC，开始启用独立看门狗，此时计数器开始从其复位值 0xFFF 递减计数。当计数器计数到末尾 0x000 时，则产生一个复位信号(IWDG_RESET)。无论何时，只要 IWDG_KR 中被写入 0xAAAA，IWDG_RLR 中的值就会被重新加载到计数器中，从而避免产生看门狗复位。

IWDG_PR 和 IWDG_RLR 寄存器具有写保护功能。要修改这 2 个寄存器的值，必须先向 IWDG_KR 寄存器中写入 0x5555。将其他值写入这个寄存器将会打乱操作顺序，寄存器将重新被保护。重装载操作(即写入 0xAAAA)也会启动写保护功能。

2. 预分频寄存器(IWDG_PR)

预分频寄存器描述如图 16.3 所示。该寄存器用来设置看门狗时钟(LSI)的分频

15	14	13	12	11	10	9	8	7	6	5	4	3	2	1	0
保留													PR[2:0]		
													rw	rw	rw

位2:0	PR[2:0]：预分频因子 这些位具有写保护设置，通过设置这些位来选择计数器时钟的预分频因子。要改变预分频因子，IWDG_SR寄存器的PVU位必须为0。 000：预分频因子=4　　100：预分频因子=64 001：预分频因子=8　　101：预分频因子=128 010：预分频因子=16　　110：预分频因子=256 011：预分频因子=32　　111：预分频因子=256 注意：对此寄存器进行读操作，将从V_{DD}电压域返回预分频值。如果写操作正在进行，则读回的值可能是无效的。因此，只有当IWDG_SR寄存器的PVU位为0，读出的值才有效

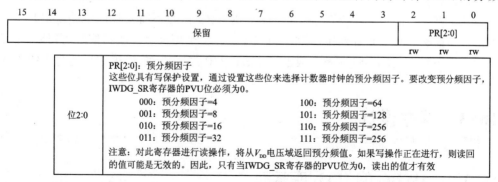

图 16.3　IWDG_PR 寄存器

系数,最低为 4,最高位 256。该寄存器是一个 32 位的寄存器,但是这里只用了最低 3 位,其他都是保留位。

3. 重载寄存器(IWDG_RLR)

重载寄存器描述如图 16.4 所示。该寄存器用来保存重装载到计数器中的值。该寄存器也是一个 32 位寄存器,只有低 12 位是有效的。

15	14	13	12	11	10	9	8	7	6	5	4	3	2	1	0
保留				RL[11:0]											
				rw	rw	rw	rw	rw	rw	rw	rw	rw	rw	rw	rw

位11:0	RL[11:0]：看门狗计数器重装载值 这些位具有写保护功能，用于定义看门狗计数器的重装载值。每当向IWDG_KR寄存器写入OxAAAA时，重装载值会被传送到计数器中。随后计数器从这个值开始递减计数。 看门狗超时周期可通过此重装载值和时钟预分频值来计算。 只有当IWDG_SR寄存器中的RVU位为0时，才能对此寄存器进行修改。 注：对此寄存器进行读操作，将V_{DD}电压域返回预分频值。如果写操作正在进行，则读回的值可能是无效的。因此，只有当IWDG_SR寄存器的RVU位为0时，读出的值才有效

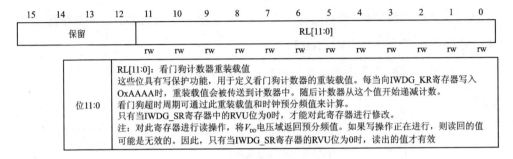

图 16.4 IWDG_RLR 寄存器

16.2 硬件设计

(1) 例程功能

在配置看门狗后,LED0 将常亮,如果 KEY_UP 按键按下,则喂狗。只要 KEY_UP 不停地按,看门狗就一直不会产生复位,保持 LED0 常亮;一旦超过看门狗定溢出时间(T_{out})还没按,那么程序重启,这将导致 LED0 熄灭一次。

(2) 硬件资源

- LED 灯:LED0 - PB5;
- 独立按键:WK_UP - PA0;
- 独立看门狗。

(3) 原理图

独立看门狗实验的核心在 STM32F103 内部进行,并不需要外部电路。但是考虑到指示当前状态和喂狗等操作,需要 2 个 I/O 口,一个用来触发喂狗信号,另外一个用来指示程序是否重启。喂狗采用板上的 KEY_UP 键来操作,程序重启通过 LED0 来指示。

16.3 程序设计

16.3.1 IWDG 的 HAL 库驱动

IWDG 在 HAL 库中的驱动代码在 stm32f1xx_hal_iwdg.c 文件(及其头文件)中。

1. HAL_IWDG_Init 函数

IWDG 的初始化函数，其声明如下：

```
HAL_StatusTypeDef HAL_IWDG_Init(IWDG_HandleTypeDef * hiwdg);
```

函数描述：用于初始化 IWDG。

函数形参：形参是 IWDG 句柄，IWDG_HandleTypeDef 结构体类型，其定义如下：

```
typedef struct
{
  IWDG_TypeDef                  * Instance;     /* IWDG 寄存器基地址 */
  IWDG_InitTypeDef              Init;           /* IWDG 初始化参数 */
} IWDG_HandleTypeDef;
```

Instance：指向 IWDG 寄存器基地址。

Init：IWDG 初始化结构体，用于配置计数器的相关参数。

IWDG_InitTypeDef 结构体类型定义如下：

```
typedef struct
{
  uint32_t Prescaler;   /* 预分频系数 */
  uint32_t Reload;      /* 重装载值 */
} IWDG_InitTypeDef;
```

Prescaler：预分频系数，范围为 IWDG_PRESCALER_4～IWDG_PRESCALER_256。

Reload：重装载值，范围为 0～0x0FFF。

Window：窗口值。

函数返回值：HAL_StatusTypeDef 枚举类型的值。

2. HAL_IWDG_Refresh 函数

HAL_IWDG_Refresh 函数是独立看门狗的喂狗函数，其声明如下：

```
HAL_StatusTypeDef HAL_IWDG_Refresh(IWDG_HandleTypeDef * hiwdg);
```

函数描述：用于把重装载寄存器的值重载到计数器中喂狗，防止 IWDG 复位。

函数形参：形参 IWDG_HandleTypeDef 是结构体指针类型的 IWDG 句柄。

函数返回值：HAL_StatusTypeDef 枚举类型的值。

独立看门狗配置步骤如下：

① 取消寄存器写保护，设置看门狗预分频系数和重装载值。

首先必须取消 IWDG_PR 和 IWDG_RLR 寄存器的写保护，这样才可以设置寄存器 IWDG_PR 和 IWDG_RLR 的值。取消写保护、设置预分频系数以及重装载值在 HAL 库中是通过函数 HAL_IWDG_Init 实现的。

通过该函数设置看门狗的分频系数和重装载的值。看门狗的喂狗时间（也就是看门狗溢出时间）的计算方式为：

$$T_{out}=4\times 2^{prer}\times rlr/40$$

其中，T_{out} 为看门狗溢出时间（单位为 ms）；prer 为看门狗时钟预分频值（IWDG_

PR 值),范围为 0～7;rlr 为看门狗的重装载值(IWDG_RLR 的值)。

比如设定 prer 值为 4(4 代表的是 64 分频,HAL 库中可以使用宏定义标识符 IWDG_PRESCALER_64),定时值为 1 s,那么就可以得到 $T_{out}=64\times rlr/40\ kHz=1\ s$,这样得到看门狗的溢出时间要为 1 s 需要设置 rlr 为 625;只要在一秒钟之内有一次写入 0xAAAA 到 IWDG_KR,就不会导致看门狗复位(当然写入多次也是可以的)。注意,看门狗的时钟不是准确的 40 kHz,所以在喂狗的时候最好不要太晚了,否则有可能发生看门狗复位。

② 重载计数值喂狗(向 IWDG_KR 写入 0xAAAA)。

HAL 中重载计数值的函数是 HAL_IWDG_Refresh,该函数的作用是把值 0xAAAA 写入到 IWDG_KR 寄存器,从而触发计数器重载,即实现独立看门狗的喂狗操作。

③ 启动看门狗(向 IWDG_KR 写入 0xCCCC)。

HAL 库函数里面启动独立看门狗是通过宏定义标识符来实现的:

```
#define __HAL_IWDG_START(__HANDLE__)
        WRITE_REG((__HANDLE__)->Instance->KR, IWDG_KEY_ENABLE);
```

所以只需要调用宏定义标识符__HAL_IWDG_START 即可实现看门狗使能。实际上,当调用了看门狗初始化函数 HAL_IWDG_Init 之后,在内部已经调用了该宏启动看门狗。

16.3.2 程序流程图

本实验的程序流程如图 16.5 所示。

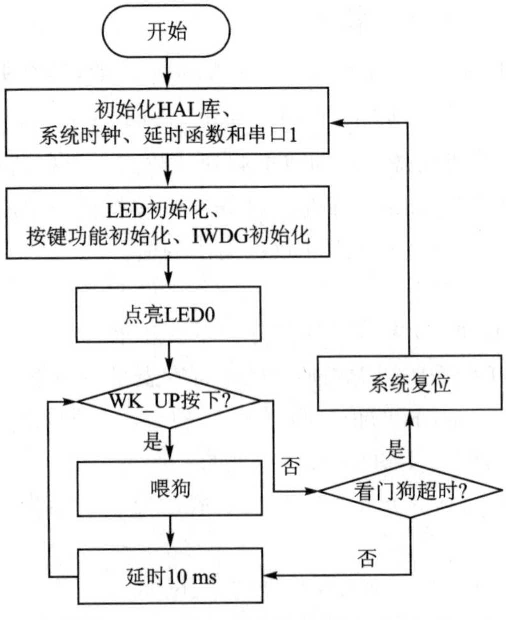

图 16.5 独立看门狗实验程序流程图

16.3.3 程序解析

1. IWDG 驱动代码

这里只讲解核心代码,详细的源码可参考配套资料中本实验对应源码。独立看门狗(IWDG)驱动源码包括 2 个文件:wdg.c 和 wdg.h。wdg.h 头文件只有函数的声明,就不解释了。下面直接解析 wdg.c 的程序,IWDG 的初始化函数定义如下:

```
/**
 * @brief       初始化独立看门狗
 * @param       prer: IWDG_PRESCALER_4~IWDG_PRESCALER_256,对应 4~256 分频
 * @arg         分频因子 = 4 * 2^prer. 但最大值只能是 256
 * @param       rlr:自动重装载值,0~0XFFF.
 * @note        时间计算(大概):Tout = ((4 * 2^prer) * rlr)/40 (ms)
 */
void iwdg_init(uint8_t prer, uint16_t rlr)
{
    g_iwdg_handle.Instance = IWDG1;
    g_iwdg_handle.Init.Prescaler = prer;                  /* 设置 IWDG 分频系数 */
    g_iwdg_handle.Init.Reload = rlr;                      /* 重装载值 */
    g_iwdg_handle.Init.Window = IWDG_WINDOW_DISABLE;      /* 关闭窗口功能 */
    HAL_IWDG_Init(&g_iwdg_handle);
}
```

iwdg_init 是独立看门狗初始化函数,主要用于设置预分频数和重装载寄存器的值。通过这 2 个寄存器就可以大概知道看门狗复位的时间周期了。

```
/**
 * @brief     喂独立看门狗
 * @param     无
 * @retval    无
 */
void iwdg_feed(void)
{
    HAL_IWDG_Refresh(&g_iwdg_handle);  /* 重装载计数器 */
}
```

iwdg_feed 函数用来喂狗,在该函数内部只须调用 HLA 库函数 HAL_IWDG_Refresh。

2. main.c 代码

在 main.c 里面编写如下代码:

```
int main(void)
{
    HAL_Init();                              /* 初始化 HAL 库 */
    sys_stm32_clock_init(RCC_PLL_MUL9);      /* 设置时钟, 72 MHz */
    delay_init(72);                          /* 延时初始化 */
    usart_init(115200);                      /* 串口初始化为 115 200 */
    led_init();                              /* 初始化 LED */
```

```
    key_init();                          /* 初始化按键 */
    delay_ms(100);                       /* 延时 100 ms 再初始化看门狗,LED0 的变化"可见" */
    iwdg_init(IWDG_PRESCALER_64,625);    /* 预分频数 64,重载值为 625,溢出时间约为 1 s */
    LED0(0);                             /* 点亮 LED0(红灯) */
    while (1)
    {
        if (key_scan(1) == WKUP_PRES)    /* 如果 WK_UP 按下,则喂狗 */
        {
            iwdg_feed();                 /* 喂狗 */
        }
        delay_ms(10);
    }
}
```

在 main 函数里,先初始化系统和用户的外设代码,然后先点亮 LED0,在无限循环里开始获取按键的键值,并判断是不是按键 WK_UP 按下,是就喂狗,不是则延时 10 ms,继续上述操作。若 1 s 后都没测到按键 WK_UP 按下,IWDG 就会产生一次复位信号,系统复位,可以看到,LED0 因系统复位熄灭一次再亮。反之,当按下按键 WK_UP 后,1 s 内再按下按键 WK_UP 就会及时喂狗,结果就是系统不会复位,LED0 也就不会闪烁。

"iwdg_init(IWDG_PRESCALER_64, 625);"中的第一个形参直接使用 HAL 库自定义的 IWDG_PRESCALER_64,即预分频系数为 64,重装载值是 625,所以可由公式得到 T_{out}=1 000 ms,即溢出时间就是 1 s。只要在 1 s 之内有一次写 0xAAAA 到 IWDG_KR,就不会导致看门狗复位(当然写入多次也是可以的)。注意,看门狗的时钟不是准确的 40 kHz,所以在喂狗的时候最好不要太晚,否则有可能发生看门狗复位。

16.4 下载验证

下载代码后,可以看到 LED0 不停闪烁,证明系统在不停复位,否则 LED0 常亮。这时试试不停地按 KEY_UP 按键,可以看到 LED0 常亮了,不会再闪烁,说明我们的实验设计成功了。

第17章 基本定时器实验

STM32F103 有众多的定时器，其中包括 2 个基本定时器（TIM6 和 TIM7）、4 个通用定时器（TIM2～TIM5）、2 个高级控制定时器（TIM1 和 TIM8），这些定时器彼此完全独立，不共享任何资源。本章将介绍如何使用 STM32F103 的基本定时器中断，使用 TIM6 的定时器中断来控制 LED1 的翻转，在主函数用 LED0 的翻转来提示程序正在运行。

17.1 基本定时器简介

STM32F103 有 2 个基本定时器 TIM6 和 TIM7，功能完全相同，资源是完全独立的，可以同时使用。主要特性如下：16 位自动重载递增计数器，16 位可编程预分频器，预分频系数 1～65 536，用于对计数器时钟频率进行分频，还可以触发 DAC 的同步电路以及生成中断/DMA 请求。

17.1.1 基本定时器框图

下面先来学习基本定时器框图如图 17.1 所示。

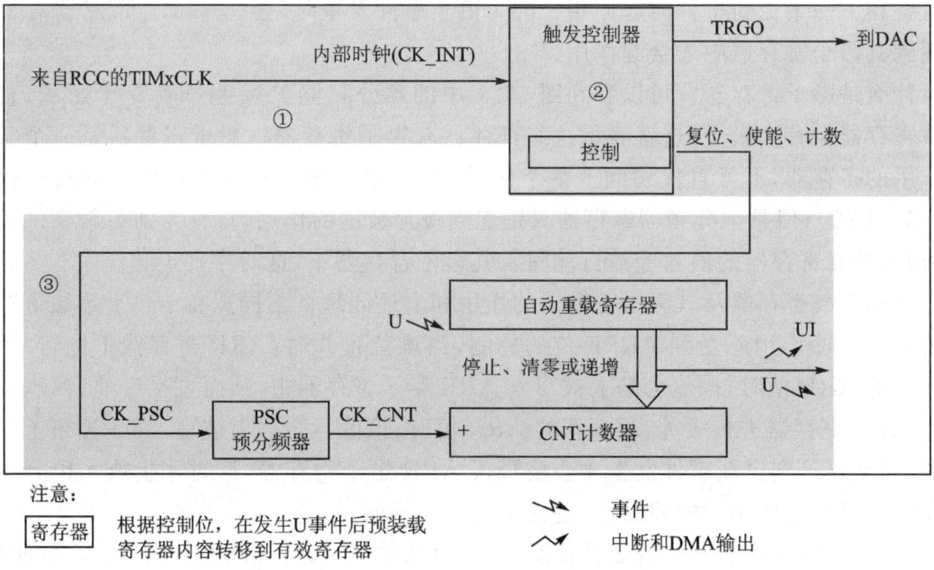

图 17.1 基本定时器框图

① 时钟源

定时器的核心就是计算器,要实现计数功能,首先要给它一个时钟源。基本定时器时钟挂载在 APB1 总线,所以它的时钟来自于 APB1 总线,但是基本定时器时钟不直接由 APB1 总线提供,而是先经过一个倍频器。当 APB1 的预分频器系数为 1 时,这个倍频器系数为 1,即定时器的时钟频率等于 APB1 总线时钟频率;当 APB1 的预分频器系数≥2 分频时,这个倍频器系数就为 2,即定时器的时钟频率等于 APB1 总线时钟频率的 2 倍。sys_stm32_clock_init 时钟设置函数中已经设置 APB1 总线时钟频率为 36 MHz,APB1 总线的预分频器分频系数是 2,所以挂载在 APB1 总线的定时器时钟频率为 72 MHz。

② 控制器

控制器除了控制定时器复位、使能、计数等功能之外,还可以用于触发 DAC 转换。

③ 时基单元

时基单元包括计数器寄存器(TIMx_CNT)、预分频器寄存器(TIMx_PSC)、自动重载寄存器(TIMx_ARR)。基本定时器的这 3 个寄存器都是 16 位有效数字,即可设置值范围是 0～65 535。

时基单元中的预分频器 PSC 有一个输入和一个输出。输入 CK_PSC 来源于控制器部分,实际上就来自于内部时钟(CK_INT),即 2 倍的 APB1 总线时钟频率(72 MHz)。输出 CK_CNT 是分频后的时钟,它是计数器实际的计数时钟,通过设置预分频器寄存器(TIMx_PSC)的值可以得到不同频率 CK_CNT,计算公式如下:

$$f_{CK\_CNT} = f_{CK\_PSC} / (PSC[15:0]+1)$$

其中,PSC[15:0]是写入预分频器寄存器(TIMx_PSC)的值。

另外,预分频器寄存器(TIMx_PSC)可以在运行过程中修改它的数值,新的预分频数值将在下一个更新事件时起作用。因为更新事件发生时,会把 TIMx_PSC 寄存器值更新到其影子寄存器中才会起作用。

什么是影子寄存器?可以看到图 17.1 中的预分频器 PSC 后面有一个影子,自动重载寄存器也有个影子,这就表示这些寄存器有影子寄存器。影子寄存器是一个实际起作用的寄存器,不可直接访问。举个例子:可以把预分频系数写入预分频器寄存器(TIMx_PSC),但是预分频器寄存器只是起到缓存数据的作用,只有等到更新事件发生时,预分频器寄存器的值才会被自动写入其影子寄存器中,这时才真正起作用。

自动重载寄存器及其影子寄存器的作用和上述同理。不同点在于自动重载寄存器是否具有缓冲作用还受到 ARPE 位的控制,当该位置 0 时,ARR 寄存器不进行缓冲,写入新的 ARR 值时,该值会马上被写入 ARR 影子寄存器中,从而直接生效;当该位置 1 时,ARR 寄存器进行缓冲,写入新的 ARR 值时,该值不会马上被写入 ARR 影子寄存器中,而是要等到更新事件发生才会被写入 ARR 影子寄存器,这时才生效。预分频器寄存器则没有这样相关的控制位,这就是它们的不同点。

注意,更新事件的产生有 2 种情况,一是由软件产生,将 TIMx_EGR 寄存器的 UG 位置 1,产生更新事件后,硬件自动将 UG 位清 0。二是由硬件产生,满足以下条件即可:计数器的值等于自动重装载寄存器影子寄存器的值。

基本定时器的计数器(CNT)是一个递增的计数器,当寄存器(TIMx_CR1)的 CEN 位置 1 时,即使能定时器,每来一个 CK_CNT 脉冲,TIMx_CNT 的值就会递增加 1。当 TIMx_CNT 值与 TIMx_ARR 的设定值相等时,TIMx_CNT 的值就会被自动清 0 并且会生成更新事件(如果开启相应的功能,就会产生 DMA 请求、产生中断信号或者触发 DAC 同步电路),然后下一个 CK_CNT 脉冲到来,TIMx_CNT 的值就会递增加 1,如此循环。在此过程中,TIMx_CNT 等于 TIMx_ARR 时,称为定时器溢出,因为是递增计数,故而又称为定时器上溢。定时器溢出就伴随着更新事件的发生。

只要设置预分频寄存器和自动重载寄存器的值,就可以控制定时器更新事件发生的时间。自动重载寄存器(TIMx_ARR)用于存放一个与计数器作比较的值,当计数器的值等于自动重载寄存器的值时就会生成更新事件,硬件自动置位相关更新事件的标志位,如更新中断标志位。

下面举个例子来学习如何设置预分频寄存器和自动重载寄存器的值,从而得到想要的定时器上溢事件发生的时间周期。比如需要一个 500 ms 周期的定时器更新中断,一般思路是先设置预分频寄存器,然后才是自动重载寄存器。因为设置的 CK_INT 为 72 MHz,把预分频系数设置为 7 200,即写入预分频寄存器的值为 7 199,那么 f_{CK_CNT} = 72 MHz/7 200=10 kHz。这样就得到计数器的计数频率为 10 kHz,即计数器 1 秒钟可以计 10 000 个数。这里需要 500 ms 的中断周期,所以使计数器计数 5 000 个数就能满足要求,即需要设置自动重载寄存器的值为 4 999;另外还要把定时器更新中断使能位 UIE 置 1,CEN 位也要置 1。

17.1.2　TIM6/TIM7 寄存器

1. 控制寄存器 1(TIMx_CR1)

TIM6/TIM7 的控制寄存器 1 描述如图 17.2 所示。

15	14	13	12	11	10	9	8	7	6	5	4	3	2	1	0
保留								ARPE	保留			OPM	URS	UDIS	CEN
res								rw	res			rw	rw	rw	rw

位7	ARPE：自动重装载预装载使能 0：TIMx_ARR寄存器没有缓冲　1：TIMx_ARR寄存器具有缓冲
位0	CEN：计数器使能 0：关闭计数器　1：使能计数器 注：门控模式只能在软件已经设置了CEN位时有效，而触发模式可以自动地由硬件设置CEN位。 在单脉冲模式下，当产生更新事件时CEN被自动清除

图 17.2　TIMx_CR1 寄存器

该寄存器位 0(CEN)用于使能或者禁止计数器,该位置 1 计数器开始工作,置 0 则停止。位 7(APRE)用于控制自动重载寄存器 ARR 是否具有缓冲作用,如果 ARPE 位置1,ARR起缓冲作用,即只有在更新事件发生时才会把ARR的值写入其影子寄存器里;如果ARPE位置0,那么修改自动重载寄存器的值时,该值马上被写入其影子寄存器中,从而立即生效。

2. DMA/中断使能寄存器(TIMx_DIER)

DMA/中断使能寄存器(TIMx_DIER)如图17.3所示。该寄存器位0(UIE)用于使能或者禁止更新中断,因为本实验用到中断,所以该位需要置1。位8(UDE)用于使能或者禁止更新DMA请求,暂且用不到,置0即可。

15	14	13	12	11	10	9	8	7	6	5	4	3	2	1	0
保留							UDE	保留							UIE
res							rw	res							rw

位8	UDE:更新DMA请求使能 0:禁止更新DMA请求　1:使能更新DMA请求
位0	UIE:更新中断使能 0:禁止更新中断　1:使能更新中断

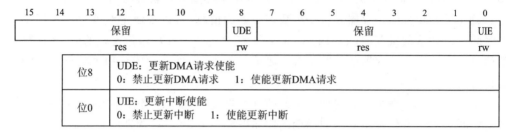

图17.3 TIMx_DIER寄存器

3. 状态寄存器(TIMx_SR)

TIM6/TIM7的状态寄存器描述如图17.4所示。该寄存器位0(UIF)是中断更新的标志位,当发生中断时由硬件置1,然后就会执行中断服务函数,需要软件去清0,所以必须在中断服务函数里把该位清0。如果中断到来后不把该位清0,那么系统就会一直进入中断服务函数,这显然不是我们想要的。

15	14	13	12	11	10	9	8	7	6	5	4	3	2	1	0
保留															UIF
res															rc w0

位0	UIF:更新中断标志 硬件在更新中断时设置该位,它由软件清除。 0:没有产生更新。 1:产生了更新中断。下述情况下由硬件设置该位。 - 计数器产生上溢或下溢并且TIMx_CR1中的UDIS=0; - 如果TIMx_CR1中的URS=0并且UDIS=0,当使用TIMx_EGR寄存器的UG位重新初始化计数器CNT时

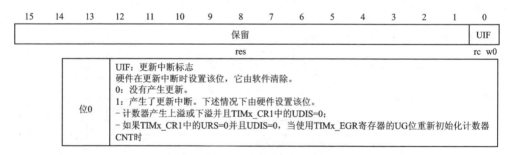

图17.4 TIMx_SR寄存器

4. 计数器寄存器(TIMx_CNT)

TIM6/TIM7的计数器寄存器描述如图17.5所示。该寄存器位[15:0]就是计数器的实时的计数值。

5. 预分频寄存器(TIMx_PSC)

TIM6/TIM7的预分频寄存器描述如图17.6所示。该寄存器是TIM6/TIM7的预分频寄存器,比如要7 200分频,就往该寄存器写入7 199。注意,这是16位的寄存

15	14	13	12	11	10	9	8	7	6	5	4	3	2	1	0
CNT[15:0]															
rw															

位15:0	CNT[15:0]：计数器值

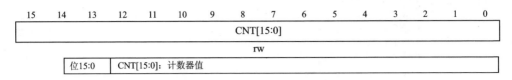

图 17.5 TIMx_CNT 寄存器

器，写入的数值范围是 0～65 535，分频系数范围为 1～65 536。

15	14	13	12	11	10	9	8	7	6	5	4	3	2	1	0
PSC[15:0]															
rw															

位15:0	PSC[15:0]：预分频器数值 计数器的时钟频率CK_CNT等于f_{CK_PSC}/(PSC[15:0]+1)。 在每一次更新事件时，PSC的数值被传送到实际的预分频寄存器中

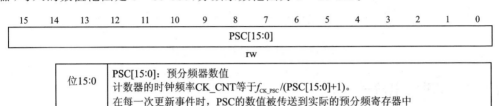

图 17.6 TIMx_PSC 寄存器

6. 自动重载寄存器(TIMx_ARR)

TIM6/TIM7 的自动重载寄存器描述如图 17.7 所示。

15	14	13	12	11	10	9	8	7	6	5	4	3	2	1	0
ARR[15:0]															
rw															

位15:0	ARR[15:0]：自动重装载数值 ARR的数值将传送到实际的自动重装载寄存器中。 如果自动重装载数值为0，则计数器停止

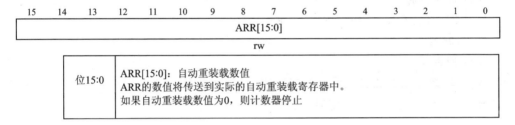

图 17.7 TIMx_ARR 寄存器

该寄存器可以由 APRE 位设置是否进行缓冲。计数器的值会和 ARR 寄存器影子寄存器进行比较，当两者相等时，定时器就会溢出，从而发生更新事件；如果打开更新中断，还会发生更新中断。

17.1.3 基本定时器中断应用

本实验主要配置定时器产生周期性溢出，从而在定时器更新中断中做周期性操作，如周期性翻转 LED 灯。假设计数器计数模式为递增计数模式，那么实现周期性更新中断原理示意图如图 17.8 所示。

CNT 计数器从 0 开始计数，当 CNT 的值和 ARR 相等时(t1)，产生一个更新中断，然后 CNT 复位(清 0)，然后继续递增计数，依次循环。图中的 t1、t2、t3 就是定时器更新中断产生的时刻。

通过修改 ARR 的值，可以改变定时时间。另外，通过修改 PSC 的值，使用不同的计数频率(改变图中 CNT 的斜率)，也可以改变定时时间。

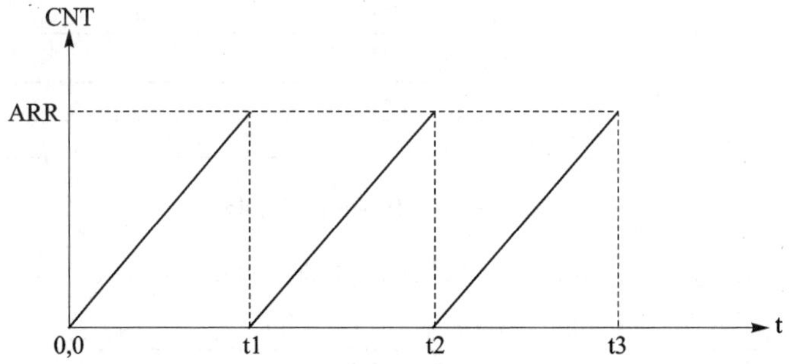

图 17.8　基本定时器中断示意图

17.2　硬件设计

(1) 例程功能

LED0 用来指示程序运行,每 200 ms 翻转一次。在更新中断中将 LED1 的状态取反。LED1 用于指示定时器发生更新事件的频率,500 ms 取反一次。

(2) 硬件资源

➢ LED 灯:LED0 - PB5、LED1 - PE5;

➢ 定时器 6。

(3) 原理图

定时器属于 STM32F103 的内部资源,只需要软件设置好即可正常工作。通过 LED1 来指示 STM32F103 的定时器进入中断的频率。

17.3　程序设计

17.3.1　定时器的 HAL 库驱动

定时器在 HAL 库中的驱动代码在 STM32F1xx_hal_tim.c 和 STM32F1xx_hal_tim_ex.c 文件(以及它们的头文件)中。

1. HAL_TIM_Base_Init 函数

定时器的初始化函数,其声明如下:

```
HAL_StatusTypeDef HAL_TIM_Base_Init(TIM_HandleTypeDef * htim);
```

函数描述:用于初始化定时器。

函数形参:形参 TIM_HandleTypeDef 是结构体类型指针变量(亦称定时器句柄),结构体定义如下:

```
typedef struct
{
```

```
    TIM_TypeDef                  * Instance;            /* 外设寄存器基地址 */
    TIM_Base_InitTypeDef         Init;                  /* 定时器初始化结构体 */
    HAL_TIM_ActiveChannel        Channel;               /* 定时器通道 */
    DMA_HandleTypeDef            * hdma[7];             /* DMA 管理结构体 */
    HAL_LockTypeDef              Lock;                  /* 锁定资源 */
    __IO HAL_TIM_StateTypeDef    State;                 /* 定时器状态 */
}TIM_HandleTypeDef;
```

Instance：指向定时器寄存器基地址。

Init：定时器初始化结构体，用于配置定时器的相关参数。

Channel：定时器的通道选择，基本定时器没有该功能。

hdma[7]：用于配置定时器的 DMA 请求。

Lock：ADC 锁资源。

State：定时器工作状态。

TIM_Base_InitTypeDef 结构体类型定义：

```
typedef struct
{
    uint32_t Prescaler;                 /* 预分频系数 */
    uint32_t CounterMode;               /* 计数模式 */
    uint32_t Period;                    /* 自动重载值 ARR */
    uint32_t ClockDivision;             /* 时钟分频因子 */
    uint32_t RepetitionCounter;         /* 重复计数器 */
    uint32_t AutoReloadPreload;         /* 自动重载预装载使能 */
} TIM_Base_InitTypeDef;
```

Prescaler：预分频系数，即写入预分频寄存器的值，范围为 0～65 535。

CounterMode：计数器计数模式，这里基本定时器只能向上计数。

Period：自动重载值，即写入自动重载寄存器的值，范围为 0～65 535。

ClockDivision：时钟分频因子，也就是定时器时钟频率 CK_INT 与数字滤波器所使用的采样时钟之间的分频比，基本定时器没有此功能。

RepetitionCounter：设置重复计数器寄存器的值，用在高级定时器中。

AutoReloadPreload：自动重载预装载使能，即控制寄存器 1（TIMx_CR1）的 ARPE 位。

函数返回值：HAL_StatusTypeDef 枚举类型的值。

2. HAL_TIM_Base_Start_IT 函数

HAL_TIM_Base_Start_IT 函数是更新定时器中断和使能定时器的函数，其声明如下：

```
HAL_StatusTypeDef HAL_TIM_Base_Start_IT(TIM_HandleTypeDef * htim);
```

函数描述：该函数调用了__HAL_TIM_ENABLE_IT 和__HAL_TIM_ENABLE 这 2 个函数宏定义，分别是更新定时器中断和使能定时器的宏定义。

函数形参：形参 TIM_HandleTypeDef 是结构体类型指针变量，即定时器句柄。

函数返回值：HAL_StatusTypeDef 枚举类型的值。

注意事项：下面分别列出单独使能/关闭定时器中断和使能/关闭定时器方法：

```
__HAL_TIM_ENABLE_IT(htim, TIM_IT_UPDATE);      /* 使能句柄指定的定时器更新中断 */
__HAL_TIM_DISABLE_IT(htim, TIM_IT_UPDATE);     /* 关闭句柄指定的定时器更新中断 */
__HAL_TIM_ENABLE(htim);                        /* 使能句柄 htim 指定的定时器 */
__HAL_TIM_DISABLE(htim);                       /* 关闭句柄 htim 指定的定时器 */
```

定时器中断配置步骤如下：

① 开启定时器时钟。

HAL 中定时器使能是通过宏定义标识符来实现对相关寄存器操作的，方法如下：

```
__HAL_RCC_TIMx_CLK_ENABLE(); /* x = 1～8 */
```

② 初始化定时器参数，设置自动重装值、分频系数、计数方式等。

定时器的初始化参数是通过定时器初始化函数 HAL_TIM_Base_Init 实现的。

注意，该函数会调用 HAL_TIM_Base_MspInit 函数，可以通过后者存放定时器时钟和中断等初始化的代码。

③ 使能定时器更新中断，开启定时器计数，配置定时器中断优先级。

通过 HAL_TIM_Base_Start_IT 函数使能定时器更新中断和开启定时器计数。通过 HAL_NVIC_EnableIRQ 函数使能定时器中断，通过 HAL_NVIC_SetPriority 函数设置中断优先级。

④ 编写中断服务函数。

定时器中断服务函数为 TIMx_IRQHandler 等，当发生中断的时候，程序就会执行中断服务函数。HAL 库提供了一个定时器中断公共处理函数 HAL_TIM_IRQHandler，该函数又会调用 HAL_TIM_PeriodElapsedCallback 等一些回调函数，需要用户根据中断类型选择重定义对应的中断回调函数来处理中断程序。

17.3.2 程序流程图

程序流程如图 17.9 所示。程序开始先进行一系列初始化，然后在 main 中让 LED0 每过 200 ms 翻转一次，用于指示系统代码正在运行。LED1 的翻转将在定时器更新中断里进行。

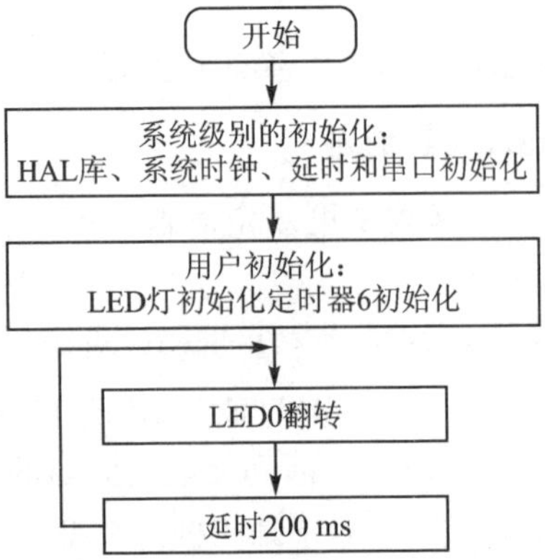

图 17.9 基本定时器中断实验程序流程图

17.3.3　程序解析

1. 基本定时器中断驱动代码

这里只讲解核心代码，详细的源码可参考配套资料中本实验对应源码。基本定时器驱动代码包括 2 个文件：btim.c 和 btim.h。

首先看 btim.h 头文件的几个宏定义：

```
#define BTIM_TIMX_INT                     TIM6
#define BTIM_TIMX_INT_IRQn                TIM6_DAC_IRQn
#define BTIM_TIMX_INT_IRQHandler          TIM6_DAC_IRQHandler
#define BTIM_TIMX_INT_CLK_ENABLE()        do{ __HAL_RCC_TIM6_CLK_ENABLE(); }while(0)
```

通过修改这 4 个宏定义可以支持 TIM1～TIM8 任意一个定时器。

下面解析 btim.c 的程序，先看定时器的初始化函数，其定义如下：

```
/**
 * @brief    基本定时器 TIMX 定时中断初始化函数
 * @note
 *           基本定时器的时钟来自 APB1，当 PPRE1≥2 分频的时候
 *           基本定时器的时钟为 APB1 时钟的 2 倍，而 APB1 为 36 MHz，所以定时器时钟 = 72 MHz
 *           定时器溢出时间计算方法：Tout = ((arr + 1) * (psc + 1))/Ft
 *           Ft = 定时器工作频率，单位：MHz
 * @param    arr：自动重装值
 * @param    psc：时钟预分频数
 */
void btim_timx_int_init(uint16_t arr, uint16_t psc)
{
    g_timx_handle.Instance = BTIM_TIMX_INT;                        /* 定时器 x */
    g_timx_handle.Init.Prescaler = psc;                            /* 预分频 */
    g_timx_handle.Init.CounterMode = TIM_COUNTERMODE_UP;           /* 递增计数器 */
    g_timx_handle.Init.Period = arr;                               /* 自动装载值 */
    HAL_TIM_Base_Init(&g_timx_handle);
    HAL_TIM_Base_Start_IT(&g_timx_handle);   /* 使能定时器 x 和定时器 x 更新中断 */
}
```

btim_timx_int_init 函数用来初始化定时器，可以通过修改宏定义 BTIM_TIMX_INT 来初始化 TIM1～TIM8 中的任意一个，本章是初始化基本定时器 6。该函数的 2 个形参：arr 设置自动重载寄存器(TIMx_ARR)，psc 设置预分频器寄存器(TIMx_PSC)。HAL_TIM_Base_Init 函数初始化定时器后，再调用 HAL_TIM_Base_Start_IT 函数使能定时器和更新定时器中断。

因为 sys_stm32_clock_init 函数里面已经初始化 APB1 的时钟为 HCLK 的 2 分频，所以 APB1 的时钟为 36 MHz。而从 STM32F1 的内部时钟树图得知：当 APB1 的时钟分频数为 1 的时候，TIM2～7 的时钟为 APB1 的时钟；而如果 APB1 的时钟分频数不为 1，那么 TIM2～7 的时钟频率将为 APB1 时钟的 2 倍。因此，TIM6 的时钟为 72 MHz，再根据 arr 和 psc 的值，就可以计算中断时间了。计算公式如下：

$$T_{out}=(arr+1)(psc+1)/T_{clk}$$

其中，T_{out} 为定时器溢出时间（单位为 s），T_{clk} 为定时器的时钟源频率（单位为 MHz），arr 为自动重装寄存器（TIMx_ARR）的值，psc 为预分频器寄存器（TIMx_PSC）的值。

定时器底层驱动初始化函数如下：

```
/**
 * @brief      定时器底层驱动，开启时钟，设置中断优先级
               此函数会被 HAL_TIM_Base_Init()函数调用
 */
void HAL_TIM_Base_MspInit(TIM_HandleTypeDef *htim)
{
    if (htim->Instance == BTIM_TIMX_INT)
    {
        BTIM_TIMX_INT_CLK_ENABLE();                          /* 使能 TIMx 时钟 */
        HAL_NVIC_SetPriority(BTIM_TIMX_INT_IRQn, 1, 3);
        HAL_NVIC_EnableIRQ(BTIM_TIMX_INT_IRQn);              /* 开启 ITMx 中断 */
    }
}
```

HAL_TIM_Base_MspInit 函数用于存放 GPIO、NVIC 和时钟相关的代码，这里首先判断定时器的寄存器基地址，满足条件后设置使能定时器的时钟，然后设置定时器中断的抢占优先级为 1，响应优先级为 3，最后开启定时器中断。这里没有用到 I/O 引脚，所以不用初始化 GPIO。

接着是定时器中断服务函数的定义，这里用的是宏名，其定义如下：

```
/**
 * @brief       定时器中断服务函数
 */
void BTIM_TIMX_INT_IRQHandler(void)
{
    HAL_TIM_IRQHandler(&timx_handle);
}
```

这个函数实际上调用 HAL 库的定时器中断公共处理函数 HAL_TIM_IRQHandler。HAL 库的中断公共处理函数会根据中断标志位调用各个中断回调函数，中断要处理的逻辑代码就写到这个回调函数中。比如这里使用到的是更新中断，定义的更新中断回调函数如下：

```
/**
 * @brief       定时器更新中断回调函数
 * @param       htim:定时器句柄指针
 */
void HAL_TIM_PeriodElapsedCallback(TIM_HandleTypeDef *htim)
{
    if (htim->Instance == BTIM_TIMX_INT)
    {
        LED1_TOGGLE();
    }
}
```

更新中断回调函数是所有定时器公用的，所以需要在更新中断回调函数中对定时器寄存器基地址进行判断。只有符合对应定时器发生的更新中断，才能进行相应处理，从而避免多个定时器同时使用到更新中断，导致更新中断代码的逻辑混乱。这里使用定时器 6 的更新中断，所以进入更新中断回调函数后，先判断是不是定时器 6 的寄存器基地址；当然这里使用宏的形式，BTIM_TIMX_INT 的原型就是 TIM6，执行的逻辑代码是翻转 LED1。

2. main.c 代码

在 main.c 里面编写如下代码：

```
int main(void)
{
    HAL_Init();                                  /* 初始化 HAL 库 */
    sys_stm32_clock_init(RCC_PLL_MUL9);          /* 设置时钟，72 MHz */
    delay_init(72);                              /* 延时初始化 */
    usart_init(115200);                          /* 串口初始化为 115 200 */
    led_init();                                  /* 初始化 LED */
    btim_timx_int_init(5000 - 1, 7200 - 1); /* 10 kHz 的计数频率，计数 5K 次为 500 ms */
    while (1)
    {
        LED0_TOGGLE();
        delay_ms(200);
    }
}
```

在 main 函数里，先初始化系统和用户的外设代码，然后在 wilhe(1)里每 200 ms 翻转一次 LED0。由前面的内容知道，定时器 6 的时钟频率为 72 MHz，而调用 btim_timx_int_init 初始化函数之后，就相当于写入预分频寄存器的值为 7 199，写入自动重载寄存器的值为 4 999。由公式得：

$$T_{out}=(4\,999+1)\times(7\,199+1)/72\,000\,000=0.5\text{ s}=500\text{ ms}$$

17.4　下载验证

下载代码后，可以看到 LED0 不停闪烁（每 400 ms 一个周期），而 LED1 也不停闪烁，但是闪烁时间较 LED0 慢（每秒一个周期）。

第 18 章 通用定时器实验

STM32F103 有 4 个通用定时器(TIM2～TIM5),这些定时器彼此完全独立,不共享任何资源。本章将通过 4 个实验来学习通用定时器的各个功能,分别是通用定时器中断实验、通用定时器 PWM 输出实验、通用定时器输入捕获实验和通用定时器脉冲计数实验。

18.1 通用定时器简介

STM32F103 的通用定时器有 4 个,各定时器的特性如表 18.1 所列。

表 18.1 定时器基本特性表

定时器类型	定时器	计数器位数	计数模式	预分频系数(整数)	产生 DMA 请求	捕获/比较通道	互补输出
基本定时器	TIM6 TIM7	16	递增	1～65 536	可以	0	无
通用定时器	TIM2 TIM3 TIM4 TIM5	16	递增、递减、中央对齐	1～65 536	可以	4	无
高级定时器	TIM1 TIM8	16	递增、递减、中央对齐	1～65 536	可以	4	有

可见,该 STM32 芯片的计数器都是 16 位的。通用定时器和高级定时器其实也就是在基本定时器的基础上添加了一些其他功能,如输入捕获、输出比较、输出 PWM 和单脉冲模式等。而通用定时器数量较多,特性也有一些差异,但是基本原理都一样。

通用定时器框图如图 18.1 所示。可见,通用定时器的框图比基本定时器的框图复杂许多,为了方便介绍,这里将其分成 6 个部分讲解。

① 时钟源

通用定时器时钟可以选择下面 4 类时钟源之一:

➢ 内部时钟(CK_INT);

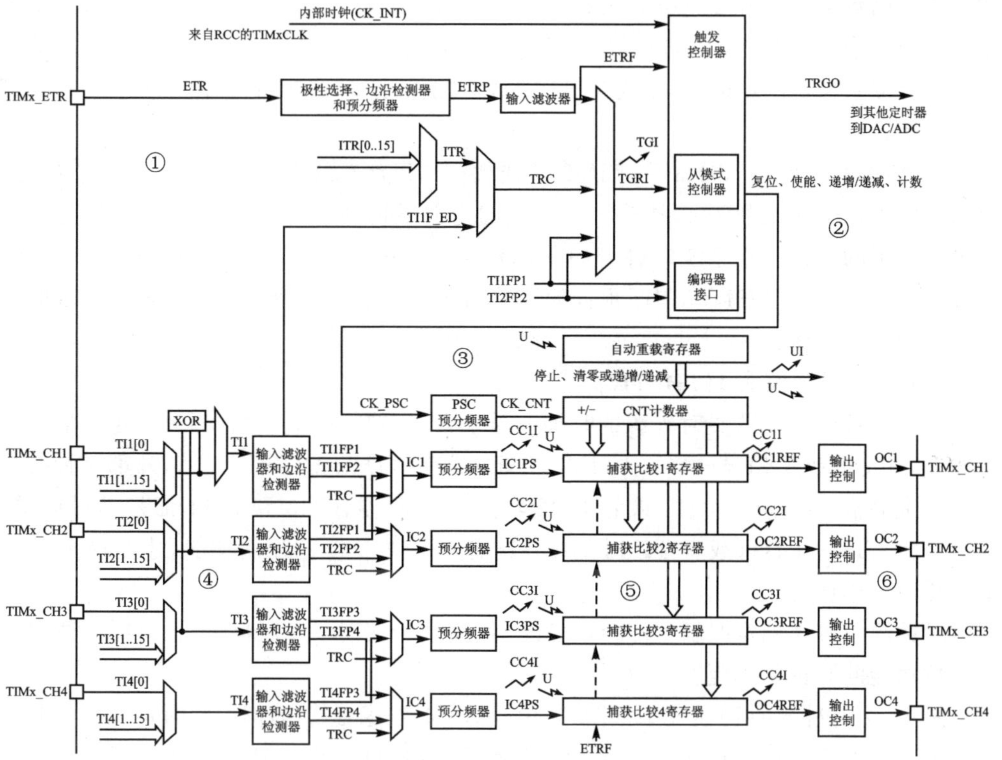

图 18.1 通用定时器框图

- 外部时钟模式 1：外部输入引脚（TIx），x=1，2（即只能来自于通道 1 或者通道 2）；
- 外部时钟模式 2：外部触发输入（ETR）；
- 内部触发输入（ITRx）：使用一个定时器作为另一定时器的预分频器。

通用定时器时钟源的设置方法如表 18.2 所列。

表 18.2 通用定时器时钟源设置方法

定时器时钟类型	设置方法
内部时钟（CK_INT）	设置 TIMx_SMCR 的 SMS=0000
外部时钟模式 1：外部输入引脚（TIx）	设置 TIMx_SMCR 的 SMS=1111
外部时钟模式 2：外部触发输入（ETR）	设置 TIMx_SMCR 的 ECE=1
内部触发输入（ITRx）	设置可参考“STM32F10xxx 参考手册_V10（中文版）.pdf” 14.3.15 小节

(1) 内部时钟（CK_INT）

STM32F1 系列的定时器 TIM2～TIM7 都挂载在 APB1 总线上，这些定时器的内部时钟实际上来自于 APB1 总线提供的时钟。但是这些定时器时钟不由 APB1 总线直接提供，而是要先经过一个倍频器。在 HAL 库版本例程源码的 sys.c 文件中，系统时钟初始化函数 sys_stm32_clock_init 已经设置 APB1 总线时钟频率为 36 MHz,APB1 预分频器的预分频系数为 2,所以这些定时器时钟源频率为 72 MHz。当 APB1 预分频器的预分频系数≥2 分频时,挂载在 APB1 总线上的定时器时钟频率是该总线时钟频率的 2 倍。

另外,高级定时器 TIM1 和 TIM8 是挂载在 APB2 总线上的。由图 9.1 可以知道,如果 APB2 预分频系数为 1,挂载在该总线的定时器时钟频率不变;否则,频率是该总线时钟频率的 2 倍。在系统时钟初始化函数 sys_stm32_clock_init 中已经设置 APB2 总线时钟频率为 72 MHz,APB2 预分频器的预分频系数为 1,所以 TIM1 和 TIM8 时钟源频率为 72 MHz。

(2) 外部时钟模式 1(TI1、TI2)

外部时钟模式 1 这类时钟源的时钟信号来自于芯片外部。时钟源进入定时器的流程如下:外部时钟源信号→I/O→TIMx_CH1(或者 TIMx_CH2)。注意,外部时钟模式 1 下,时钟源信号只能从 CH1 或者 CH2 输入到定时器,CH3 和 CH4 都是不可以的。从 I/O 到 TIMx_CH1(或者 TIMx_CH2)就需要配置 I/O 的复用功能,才能使 I/O 和定时器通道相连通。

时钟源信号来到定时器 CH1 或 CH2 后,需要经过什么"关卡"才能到达计数器用作计数功能的时钟频率呢?

图 18.2 是外部时钟模式 1 框图,其中是以 CH2(通道 2)为例的。时钟源信号到达 CH2 后,这里把这个时钟源信号用 TI2 表示;因为它只是个信号,来到定时器内部,那就按定时器内部的信号来命名。

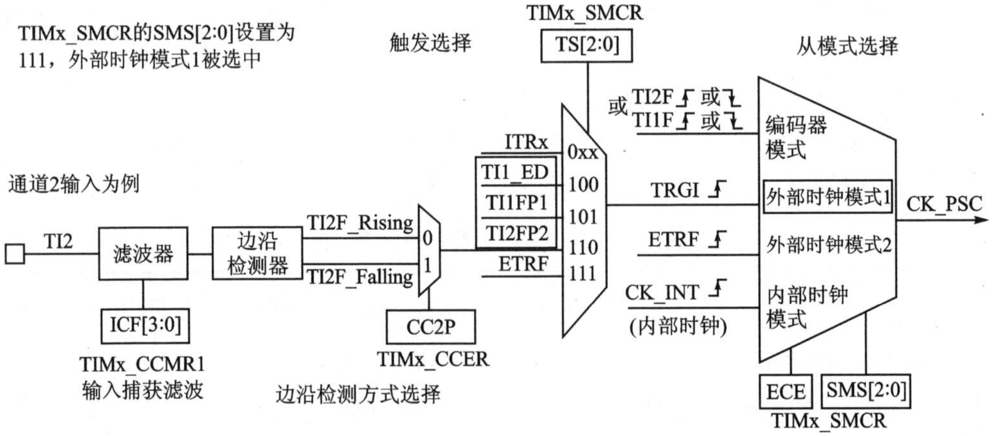

图 18.2 外部时钟模式 1 框图

TI2 首先经过一个滤波器,由 ICF[3:0]位来设置滤波方式,也可以设置不使用滤波器。接着经过边沿检测器,由 CC2P 位来设置检测的边沿,可以上升沿或者下降沿检测。

然后经过触发输入选择器,由 TS[4:0]位来选择 TRGI(触发输入信号)的来源。

图 18.2 中框出了 TI1F_ED、TI1FP1 和 TI2FP2 这 3 个触发输入信号(TRGI)。TI1F_ED 表示来自于 CH1,并且没有经过边沿检测器过滤的信号,所以它是 CH1 的双边沿信号,即上升沿或者下降沿都是有效的。TI1FP1 表示来自于 CH1 并经过边沿检测器后的信号,可以是上升沿或者下降沿。TI2FP2 表示来自于 CH2 并经过边沿检测器后的信号,可以是上升沿或者下降沿。这里以 CH2 为例,那只能选择 TI2FP2。如果是 CH1 为例,那就可以选择 TI1F_ED 或者 TI1FP1。

最后经过从模式选择器,由 ECE 位和 SMS[2:0]位来选择定时器的时钟源。这里介绍的是外部时钟模式 1,所以 ECE 位置 0,SMS[2:0]=111 即可。CK_PSC 需要经过定时器的预分频器分频后,最终就能到达计数器进行计数了。

(3) 外部时钟模式 2(ETR)

外部时钟模式 2 的时钟信号来自于芯片外部。时钟源进入定时器的流程如下:外部时钟源信号→I/O→TIMx_ETR。从 I/O 到 TIMx_ETR,就需要配置 I/O 的复用功能,才能使 I/O 和定时器连通。

图 18.3 是外部时钟模式 2 框图,可以看到在外部时钟模式 2 下,定时器时钟信号首先从 ETR 引脚进来。接着经过外部触发极性选择器,由 ETP 位来设置上升沿有效还是下降沿有效,选择下降沿有效时信号会经过反相器。然后经过外部触发预分频器,由 ETPS[1:0]位来设置预分频系数,系数范围可选 1、2、4、8。紧接着经过滤波器,由 ETF[3:0]位来设置滤波方式,也可以设置不使用滤波器。f_{DTS} 由 TIMx_CR1 寄存器的 CKD 位设置。最后经过从模式选择器,由 ECE 位和 SMS[2:0]位来选择定时器的时钟源。这里介绍的是外部时钟模式 2,直接把 ECE 位置 1 即可。CK_PSC 需要经过定时器的预分频器分频后,最终就能到达计数器进行计数了。

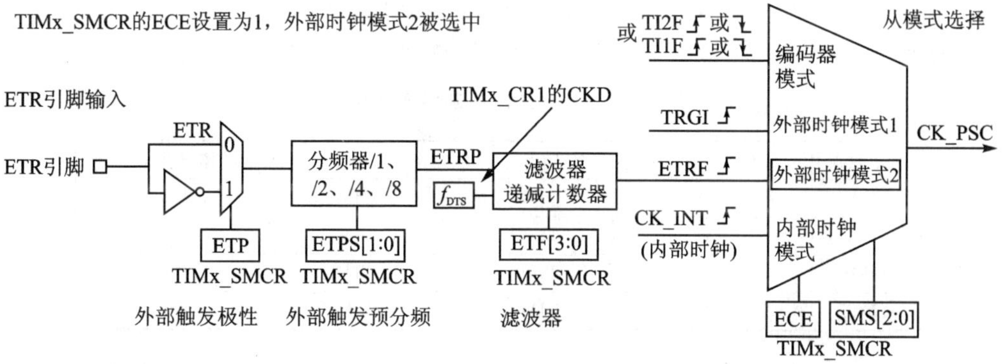

图 18.3　外部时钟模式 2 框图

(4) 内部触发输入(ITRx)

内部触发输入使用一个定时器作为另一个定时器的预分频器,即实现定时器的级联。下面以 TIM1 作为 TIM2 的预分频器为例来介绍。

图 18.4 是 TIM1 作为 TIM2 的预分频器框图,图中,TIM1 作为 TIM2 的预分频器,需要完成的配置步骤如下:

① TIM1_CR2 寄存器的 MMS[2:0]位设置为 010,即 TIM1 的主模式选择为更新(选择更新事件作为触发输出（TRGO)）。

② TIM2_SMCR 寄存器的 TS[2:0]位设置为 000,即使用 ITR1 作为内部触发。TS[2:0]位用于配置触发选择,除了 ITR1,还有其他的选择,如图 18.5 所示。

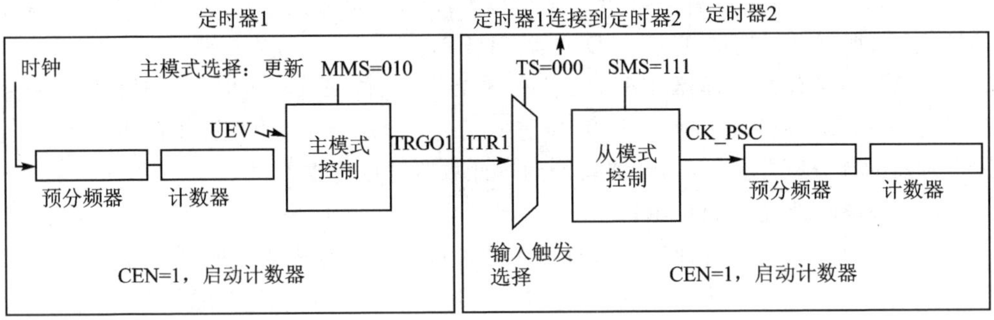

图 18.4　TIM1 作为 TIM2 的预分频器框图

位6:4	TS[2:0]：触发选择 这3位选择用于同步计数器的触发输入。 000：内部触发0(ITR0)，TIM1　　100：TI1的边沿检测器(TI1F_ED) 001：内部触发1(ITR1)，TIM2　　101：滤波后的定时器输入1(TI1FP1) 010：内部触发2(ITR0)，TIM3　　110：滤波后的定时器输入2(TI2FP2) 011：内部触发3(ITR3)，TIM4　　111：外部触发输入(ETRF) 注：这些位只能在未用到(如SMS=000)时被改变，以避免在改变时产生错误的边沿检测

图 18.5　触发选择

图 18.5 中的触发选择中提到内部触发,这代表什么意思呢？打开“STM32F10xxx 参考手册_V10(中文版).pdf”的 285 页,就可以找到表 18.3。

表 18.3　TIMx 内部触发连接

从定时器	ITR0(TS=000)	ITR1(TS=001)	ITR2(TS=010)	ITR3(TS=011)
TIM2	TIM1	TIM8	TIM3	TIM4
TIM3	TIM1	TIM2	TIM5	TIM4
TIM4	TIM1	TIM2	TIM3	TIM8
TIM5	TIM2	TIM3	TIM4	TM8

在步骤②中 TS[2:0]位设置为 000,使用 ITR1 作为内部触发,这个 ITR1 什么意思？由表 18.3 可以知道,当从模式定时器为 TIM2 时,ITR1 表示主模式定时器就是 TIM1。这里只是 TIM2～5 的内部触发连接情况,其他定时器可查看参考手册的相应章节。

③ TIM2_SMCR 寄存器的 SMS[2:0]位设置为 111,即从模式控制器选择外部时钟模式 1。

④ TIM1 和 TIM2 的 CEN 位都要置 1,即启动计数器。

定时器的时钟源这部分内容是非常重要的,因为这是计数器工作的基础。虽然定时器有4类时钟源,但是最常用的还是内部时钟。

② 控制器

控制器包括从模式控制器、编码器接口和触发控制器(TRGO)。从模式控制器可以控制计数器复位、启动、递增/递减、计数。编码器接口针对编码器计数。触发控制器用来提供触发信号给别的外设,比如为其他定时器提供时钟或者为DAC/ADC的触发转换提供信号。

③ 时基单元

时基单元包括计数器寄存器(TIMx_CNT)、预分频器寄存器(TIMx_PSC)、自动重载寄存器(TIMx_ARR)。这部分内容和基本定时器一样。

不同点是:通用定时器的计数模式有3种,即递增计数模式、递减计数模式和中心对齐模式;TIM2和TIM5的计数器是32位的。递增计数模式在讲解基本定时器的时候已经讲过了,那么对应到递减计数模式就很好理解了,就是来了一个计数脉冲,计数器就减1,直到计数器寄存器的值减到0时定时器溢出。由于是递减计数,故而称为定时器下溢,定时器溢出就会伴随着更新事件的发生。然后计数器又从自动重载寄存器影子寄存器的值开始继续递减计数,如此循环。最后是中心对齐模式。该模式下,计数器先从0开始递增计数,直到计数器的值等于自动重载寄存器影子寄存器的值减1时,定时器上溢,同时生成更新事件,然后从自动重载寄存器影子寄存器的值开始递减计算,直到计数值等于1时,定时器下溢,同时生成更新事件,然后又从0开始递增计数,依次循环。每次定时器上溢或下溢都会生成更新事件。计数器的计数模式的设置可参考TIMx_CR1寄存器的位CMS和位DIR。

下面通过图18.6来展示定时器工作在不同计数模式下,更新事件发生的情况。纵轴表示计数器的计数值,横轴表示时间,ARR表示自动重载寄存器的值,小圆点就是更新事件发生的时间点。举个例子,递增计数模式下,当计数值等于ARR时,计数器的值被复位为0,定时器溢出,并伴随着更新事件的发生,后面继续递增计数。

前面的描述属于硬件更新事件发生条件,还可以通过UG位产生软件更新事件。

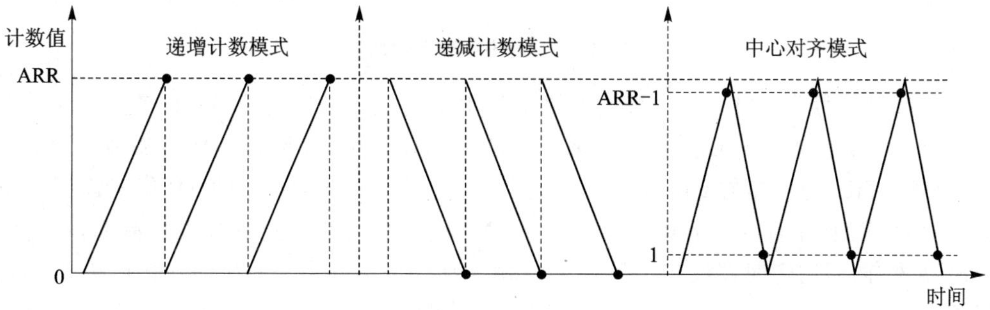

图 18.6 更新事件发生条件

④ 输入捕获

图 18.1 中的第④部分是输入捕获，一般要和第⑤部分一起完成测量功能。TIMx_CH1～TIMx_CH4 表示定时器的 4 个通道，这 4 个通道都是可以独立工作的。I/O 端口通过复用功能与这些通道相连。配置好 I/O 端口的复用功能后，将需要测量的信号输入到相应的 I/O 端口，输入捕获部分可以对输入信号的上升沿、下降沿或者双边沿进行捕获。常见的测量有测量输入信号的脉冲宽度、测量 PWM 输入信号的频率和占空比等。

测量高电平脉冲宽度的工作原理：一般先要设置输入捕获的边沿检测极性，如设置上升沿检测，那么当检测到上升沿时，定时器会把计数器 CNT 的值锁存到相应的捕获/比较寄存器 TIMx_CCRy 里，y=1～4。然后再设置边沿检测为下降沿检测，当检测到下降沿时，定时器会把计数器 CNT 的值再次锁存到相应的捕获/比较寄存器 TIMx_CCRy 里。最后，将前后 2 次锁存的 CNT 值相减，就可以算出高电平脉冲期间内计数器的计数个数，再根据定时器的计数频率就可以计算出这个高电平脉冲的时间。如果要测量的高电平脉宽时间长度超过定时器的溢出时间周期，就会发生溢出，这时候还需要做定时器溢出的额外处理。低电平脉冲捕获同理。

上面的描述是第④部分输入捕获整体上的一个应用情况，下面我们来看第④部分的细节。当需要测量的信号进入通道后，需要经过哪些“关卡”？图 18.7 是图 18.1 第④部分通道 1 的“放大版”，这里以通道 1 输入捕获为例进行介绍，其他通道同理。

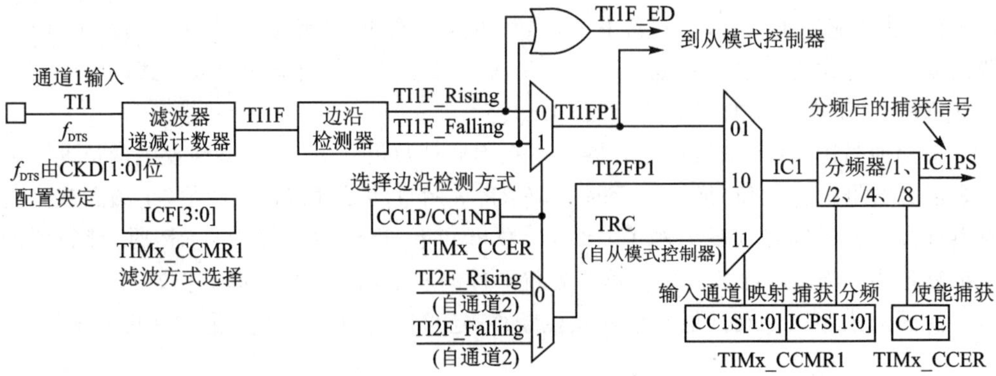

图 18.7 通道 1 输入阶段

待测量信号到达 TIMx_CH1 后，那么这里把这个待测量信号用 TI1 表示。TI1 首先经过一个滤波器，由 ICF[3:0]位来设置滤波方式，也可以设置不使用滤波器。f_{DTS} 由 TIMx_CR1 寄存器的 CKD 位设置。接着经过边沿检测器，由 CC1P 位来设置检测的边沿，可以上升沿或者下降沿检测。CC1NP 是配置互补通道的边沿检测的，在高级定时器才有，通用定时器没有。然后经过输入捕获映射选择器，由 CC1S[1:0]位来选择把 IC1 映射到 TI1、TI2 还是 TRC。这里的待测量信号从通道 1 进来，所以选择 IC1 映射到 TI1 上即可。紧接着经过输入捕获 1 预分频器，由 ICPS[1:0]位来设置预分频系数，可选 1、2、4、8。最后需要把 CC1E 位置 1，使能输入捕获，IC1PS 就是分频后的捕获信号。这个信号将会到达图 18.1 的第⑤部分。

图 18.1 的第⑤部分的“放大版”，如图 18.8 所示。图中，灰色阴影部分是输出比较功能部分，讲到第⑥部分输出比较的时候再介绍。左边没有阴影部分就是输入捕获功能部分了。

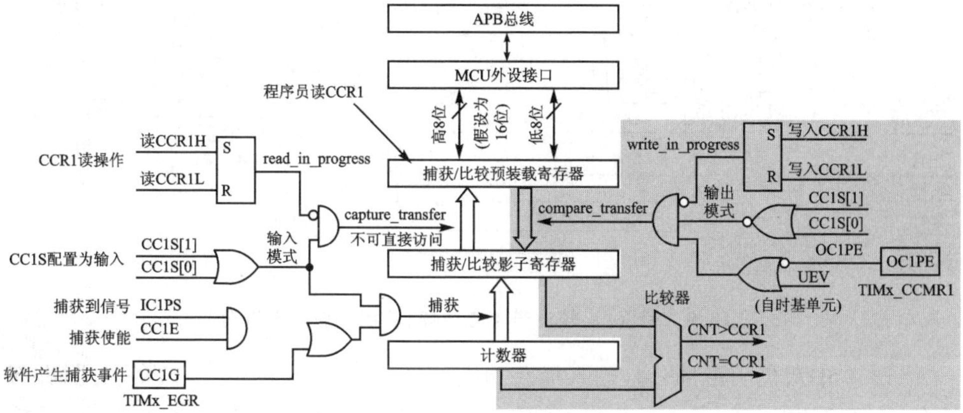

图 18.8　捕获/比较通道 1 主电路(输入捕获功能部分)

首先看到捕获/比较预装载寄存器，以通道 1 为例，那么它就是 CCR1 寄存器，通道 2、通道 3、通道 4 就分别对应 CCR2、CCR3、CCR4。在图 18.1 中可以看到 CCR1～4 是有影子寄存器的，所以这里就可以看到图 18.8 中有捕获/比较影子寄存器，该寄存器不可直接访问。

图 18.8 左下角的 CC1G 位可以产生软件捕获事件，那么硬件捕获事件是如何产生的？这里还是以通道 1 输入为例，CC1S[1:0]=01，即 IC1 映射到 TI1 上；CC1E 位置 1，使能输入捕获；比如不滤波、不分频，ICF[3:0]=00，ICPS[1:0]=00；比如检测上升沿，CC1P 位置 0；接着就是等待测量信号的上升沿到来。当上升沿到来时，IC1PS 信号就会触发输入捕获事件发生，计数器的值就会被锁存到捕获/比较影子寄存器里。当 CCR1 寄存器没有被进行读操作的时候，捕获/比较影子寄存器里的值就会锁存到 CCR1 寄存器中，那么程序员就可以读取 CCR1 寄存器，得到计数器的计数值。检测下降沿同理。

⑤ 输入捕获和输出比较公用部分

该部分需要结合第④部分或者第⑥部分共同完成相应功能。

⑥ 输出比较

图 18.1 中的第⑥部分是输出比较，一般应用是要和第⑤部分一起完成定时器输出功能。TIMx_CH1～TIMx_CH4 表示定时器的 4 个通道，这 4 个通道都是可以独立工作的。I/O 端口通过复用功能与这些通道相连。

下面按照输出信号产生过程顺序介绍定时器如何实现输出功能。首先看到第⑤部分的“放大版”图，如图 18.9 所示。

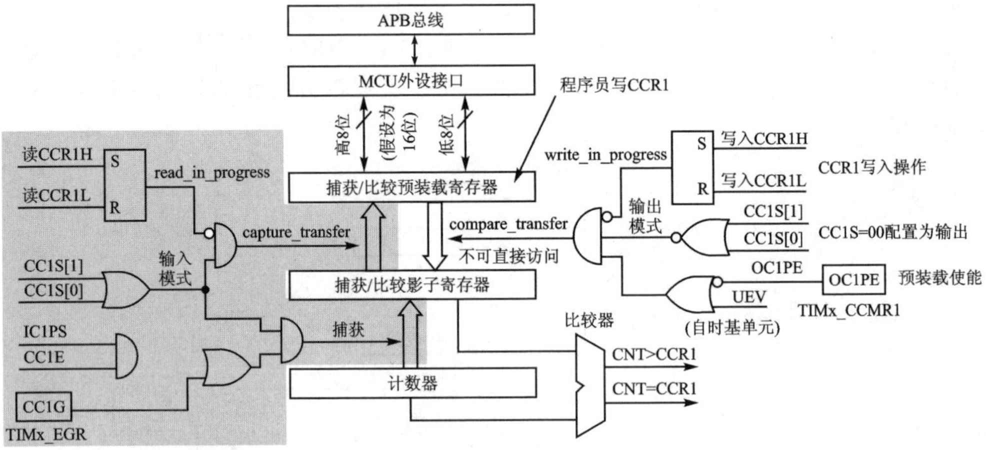

图 18.9　捕获/比较通道 1 主电路(输出比较功能部分)

图 18.9 中灰色阴影部分是输入捕获功能部分，前面已经讲过。右边没有阴影部分就是输出比较功能部分了。下面以通道 1 输出比较功能为例介绍定时器如何实现输出功能的。

首先写 CCR1 寄存器，即写入比较值，这个比较值需要转移到对应的捕获/比较影子寄存器后才会真正生效。什么条件下才能转移？图 18.9 中可以看到 compare_transfer 旁边的与门，需要满足 3 个条件：CCR1 不在写入操作期间、CC1S[1:0]＝0 配置为输出、OC1PE 位置 0(或者 OC1PE 位置 1，并且需要发生更新事件，这个更新事件可以软件产生或者硬件产生)。

当 CCR1 寄存器的值转移到其影子寄存器后，新的值就会和计数器的值进行比较，它们的比较结果将会通过第⑥部分影响定时器的输出。

下面来看看第⑥部分通道 1 的“放大版”，如图 18.10 所示。可以看到，输出模式控制器由 OC1M[2:0]位配置输出比较模式，该位的描述可参考“STM32F10xxx 参考手册_V10(中文版).pdf”相关定时器章节的 TIMx_CCMR1 寄存器。F1 系列有 8 种输出比较模式，后面用到再来介绍。

oc1ref 是输出参考信号，高电平有效，为高电平时称之为有效电平，为低电平时称之为无效电平。它的高低电平受到 3 个方面的影响：OC1M[3:0]位配置的输出比较模式、第⑤部分比较器的比较结果、OC1CE 位配置的 ETRF 信号。ETRF 信号可以将 Oc1ref 电平强制清 0，该信号来自 I/O 外部。

一般来说，当计数器的值和捕获/比较寄存器的值相等时，输出参考信号 oc1ref 的极性就会根据选择的输出比较模式而改变。如果开启了比较中断，还会发生比较中断。

CC1P 位用于选择通道输出极性。CC1E 位置 1 使能通道输出。OC1 信号就会从 TIMx_CH1 输出到 I/O 端口，再到 I/O 外部。下面分别通过实验来学习通用定时器的功能。

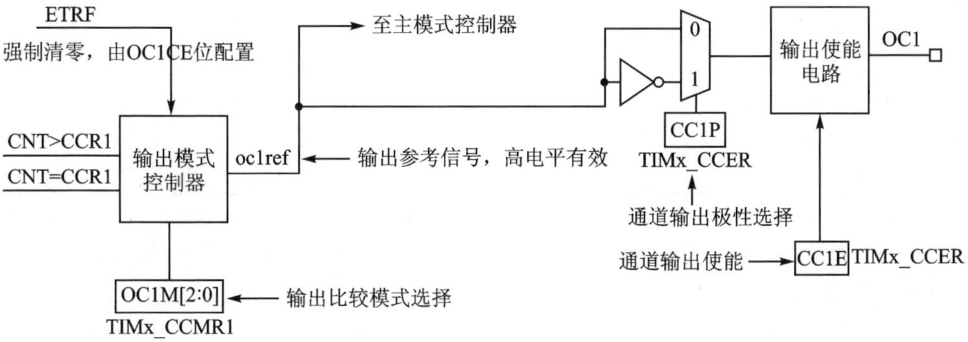

图 18.10　通道 1 输出阶段

18.2　通用定时器 PWM 输出实验

本节来学习使用通用定时器的 PWM 输出模式。脉冲宽度调制（PWM），是英文 Pulse Width Modulation 的缩写，简称脉宽调制，是利用微处理器的数字输出来对模拟电路进行控制的一种非常有效的技术。可以让定时器产生 PWM，在计数器频率固定时，PWM 频率或者周期由自动重载寄存器（TIMx_ARR）的值决定，其占空比由捕获/比较寄存器（TIMx_CCRx）的值决定。PWM 产生原理示意图如图 18.11 所示。

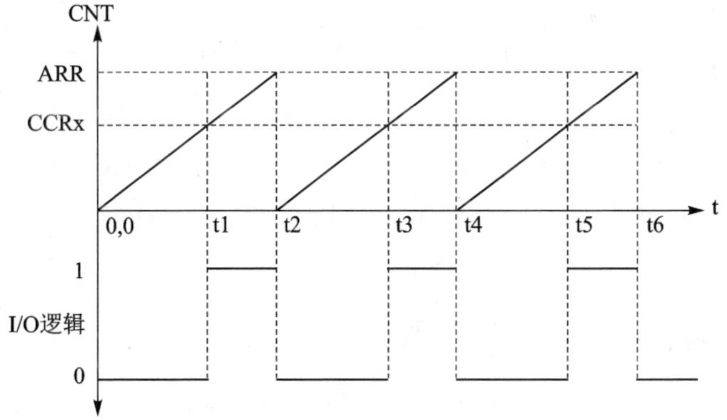

图 18.11　PWM 生成示意图

图 18.11 中，定时器工作在递增计数模式，纵轴是计数器的计数值 CNT，横轴表示时间。当 CNT<CCRx 时，I/O 输出低电平（逻辑 0）；当 CNT≥CCRx 时，I/O 输出高电平（逻辑 1）；当 CNT=ARR 时，定时器溢出，CNT 的值被清 0，然后继续递增，依次循环。在这个循环中，改变 CCRx 的值就可以改变 PWM 的占空比，改变 ARR 的值就可以改变 PWM 的频率，这就是 PWM 输出的原理。

定时器产生 PWM 的方式有许多种，下面以边沿对齐模式（即递增计数模式/递减计数模式）为例，PWM 模式 1 或者 PWM 模式 2 产生 PWM 的示意如图 18.12 所示。

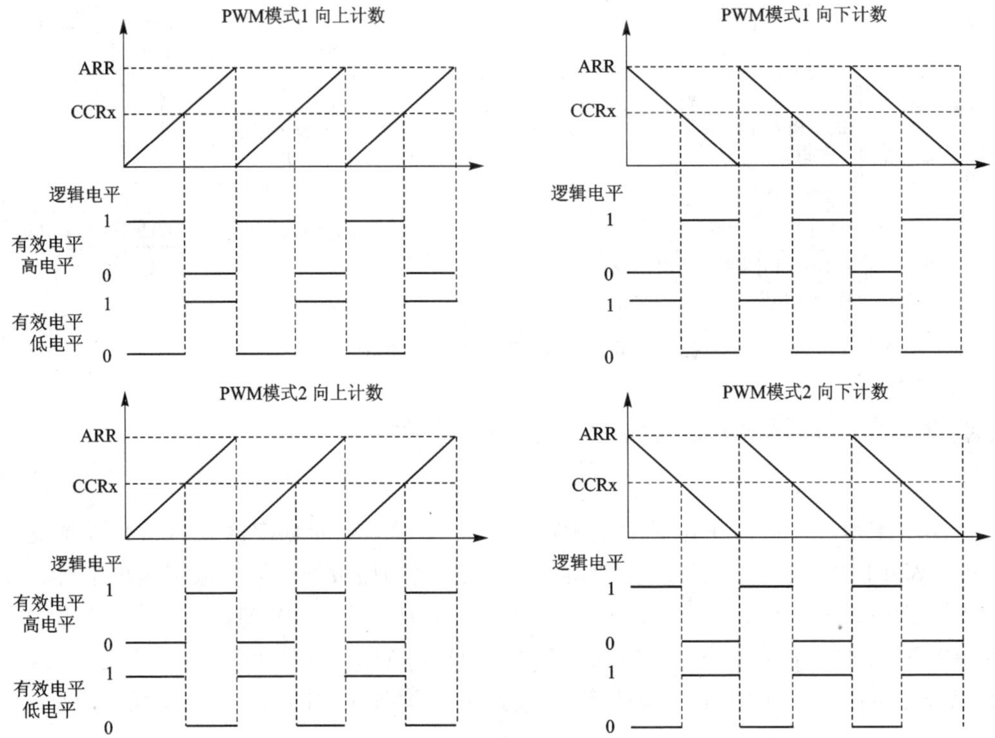

图 18.12 产生 PWM 示意图

STM32F103 的定时器除了 TIM6 和 TIM7,其他的定时器都可以用来产生 PWM 输出。其中,高级定时器 TIM1 和 TIM8 可以同时产生 7 路 PWM 输出,而通用定时器也能同时产生 4 路 PWM 输出。本实验以使用 TIM3 的 CH2 产生一路 PWM 输出为例进行学习。

18.2.1 TIM2～TIM5 寄存器

要使 STM32F103 的通用定时器 TIMx 产生 PWM 输出,除了前面介绍的寄存器外,还会用到 3 个寄存器来控制 PWM。这 3 个寄存器分别是捕获/比较模式寄存器(TIMx_CCMR1/2)、捕获/比较使能寄存器(TIMx_CCER)、捕获/比较寄存器(TIMx_CCR1～4)。

1. 捕获/比较模式寄存器 1/2(TIMx_CCMR1/2)

TIM2～TIM5 的捕获/比较模式寄存器(TIMx_CCMR1/2)一般有 2 个:TIMx_CCMR1 和 TIMx_CCMR2。TIMx_CCMR1 控制 CH1 和 CH2,而 TIMx_CCMR2 控制 CH3 和 CH4。TIMx_CCMR1 寄存器描述如图 18.13 所示。

该寄存器的有些位在不同模式下功能不一样,现在只用到输出比较,输入捕获后面通道可用于输入(捕获模式)或输出(比较模式)，通道的方向由相应的CCxS定义。该寄存器其他位的作用在输入和输出模式下不同。OCxx描述了通道在输出模式下的功能，ICxx描述了通道在输出模式下的功能。因此必须注意，同一个位在输出模式和输入模式下的功能是不同的。

15	14	13	12	11	10	9	8	7	6	5	4	3	2	1	0
OC2CE	OC2CM[2:0]			OC2PE	OC2FE	CC2S[1:0]		OC1CE	OC1M[2:0]			OC1PE	OC1FE	CC1S[1:0]	
IC2F[3:0]				IC2PSC[1:0]				IC1F[3:0]				IC1PSC[1:0]			
rw	rw	rw	rw	rw	rw	rw	rw	rw	rw	rw	rw	rw	rw	rw	rw

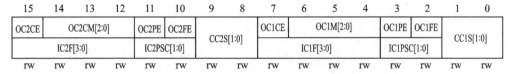

图 18.13　TIMx_CCMR1 寄存器

的实验再讲解。关于该寄存器的详细说明可参考“STM32F10xxx 参考手册_V10(中文版).pdf”第 288 页的 14.4.7 小节。比如要以 TIM3 的 CH2 输出 PWM 波为例进行介绍，该寄存器的模式设置位 OC2M[2:0]就对应着通道 2 的模式设置，此部分由 3 位组成。总共可以配置成 8 种模式，这里使用的是 PWM 模式，所以这 3 位必须设置为 110 或者 111，分别对应 PWM 模式 1 和 PWM 模式 2。这 2 种 PWM 模式的区别就是输出有效电平的极性相反。位 OC2PE 控制输出比较通道 2 的预装载使能，实际就是控制 CCR2 寄存器是否进行缓冲。因为 CCR2 寄存器也是有影子寄存器的，影子寄存器才是真正起作用的寄存器。CC2S[1:0]用于设置通道 2 的方向(输入/输出)默认设置为 0，就是设置通道作为输出使用。

2. 捕获/比较使能寄存器(TIMx_CCER)

TIM2～TIM5 的捕获/比较使能寄存器，控制着各个输入/输出通道的开关和极性。TIMx_CCER 寄存器描述如图 18.14 所示。

15	14	13	12	11	10	9	8	7	6	5	4	3	2	1	0
保留		CC4P	CC4E	保留		CC3P	CC3E	保留		CC2P	CC2E	保留		CC1P	CC1E
		rw	rw			rw	rw			rw	rw			rw	rw

图 18.14　TIMx_CCER 寄存器

该寄存器比较简单，要让 TIM3 的 CH2 输出 PWM 波，这里要使能 CC2E 位，该位是通道 2 输入/输出使能位；要想 PWM 从 I/O 口输出，这个位必须设置为 1。CC2P 位是设置通道 2 的输出极性，默认设置 0。

3. 捕获/比较寄存器 1～4(TIMx_CCR1～4)

捕获/比较寄存器(TIMx_CCR1～4)总共有 4 个，对应 4 个通道 CH1～CH4。这里使用的是通道 2，所以来看看 TIMx_CCR2 寄存器，描述如图 18.15 所示。

在输出模式下，捕获/比较寄存器影子寄存器的值与 CNT 的值比较，根据比较结果产生相应动作。利用这点，通过修改这个寄存器的值就可以控制 PWM 的占空比了。

15	14	13	12	11	10	9	8	7	6	5	4	3	2	1	0
CCR2[15:0]															
rw	rw	rw	rw	rw	rw	rw	rw	rw	rw	rw	rw	rw	rw	rw	rw

位15:0	CCR2[15:0]：捕获/比较2的值 若CC2通道配置为输出： CCR2包含了装入当前捕获/比较2寄存器的值(预装载值)。 如果在TIMx_CCMR2寄存器(OC2PE位)中未选择预装载特性，写入的数值会被立即传输至当前寄存器中。否则只有当更新事件发生时，此预装载值才传输至当前捕获/比较2寄存器中。 当前捕获/比较寄存器参与同计数器TIMx_CNT的比较，并在OC2端口上产生输出信号。 若CC2通道配置为输入： CCR2包含了由上一次输入捕获2事件(IC2)传输的计数器值

图 18.15 TIMx_CCR2 寄存器

18.2.2 硬件设计

(1) 例程功能

使用 TIM3 通道 2(由 PB5 复用)输出 PWM，PB5 引脚连接了 LED0，从而实现 PWM 输出控制 LED0 亮度。

(2) 硬件资源

➢ LED 灯：LED0 - PB5；

➢ 定时器 3 输出通道 2(由 PB5 复用)。

(3) 原理图

定时器属于 STM32F103 的内部资源，只需要软件设置好即可正常工作。我们通过 LED0 来间接指示定时器的 PWM 输出情况。

18.2.3 程序设计

1. 定时器的 HAL 库驱动

定时器在 HAL 库中的驱动代码在前面介绍基本定时器时已经介绍了部分，这里再介绍几个本实验用到的函数。

(1) HAL_TIM_PWM_Init 函数

定时器的 PWM 输出模式初始化函数，其声明如下：

```
HAL_StatusTypeDef HAL_TIM_PWM_Init(TIM_HandleTypeDef * htim);
```

函数描述：用于初始化定时器的 PWM 输出模式。

函数形参：形参 TIM_HandleTypeDef 是结构体类型指针变量，基本定时器的时候已经介绍。

函数返回值：HAL_StatusTypeDef 枚举类型的值。

注意事项：该函数实现的功能以及使用方法和 HAL_TIM_Base_Init 类似，作用都是初始化定时器的 ARR 和 PSC 等参数。为什么 HAL 库要提供这个函数而不直接让我们使用 HAL_TIM_Base_Init 函数呢？这是因为 HAL 库为定时器针对 PWM 输出定义了单独的 MSP 回调函数 HAL_TIM_PWM_MspInit，所以调用 HAL_TIM_PWM

_Init 进行 PWM 初始化之后，该函数内部会调用 MSP 回调函数 HAL_TIM_PWM_MspInit。当使用 HAL_TIM_Base_Init 初始化定时器参数的时候，它内部调用的回调函数是 HAL_TIM_Base_MspInit，这里要注意区分。

(2) HAL_TIM_PWM_ConfigChannel 函数

定时器的 PWM 通道设置初始化函数，其声明如下：

```
HAL_StatusTypeDef HAL_TIM_PWM_ConfigChannel(TIM_HandleTypeDef * htim,
                                            TIM_OC_InitTypeDef * sConfig, uint32_t Channel);
```

函数描述：该函数用于设置定时器的 PWM 通道。

函数形参：

形参 1 TIM_HandleTypeDef 是结构体类型指针变量，用于配置定时器基本参数。

形参 2 TIM_OC_InitTypeDef 是结构体类型指针变量，用于配置定时器的输出比较参数。

TIM_OC_InitTypeDef 结构体指针类型定义如下：

```
typedef struct
{
  uint32_t OCMode;          /* 输出比较模式选择，寄存器的时候说过了，共 8 种模式 */
  uint32_t Pulse;           /* 设置比较值 */
  uint32_t OCPolarity;      /* 设置输出比较极性 */
  uint32_t OCNPolarity;     /* 设置互补输出比较极性 */
  uint32_t OCFastMode;      /* 使能或失能输出比较快速模式 */
  uint32_t OCIdleState;     /* 选择空闲状态下的非工作状态(OC1 输出) */
  uint32_t OCNIdleState;    /* 设置空闲状态下的非工作状态(OC1N 输出) */
} TIM_OC_InitTypeDef;
```

其中，成员变量 OCMode 用来设置模式，这里设置为 PWM 模式 1。成员变量 Pulse 用来设置捕获比较值。成员变量 TIM_OCPolarity 用来设置输出极性。其他成员 TIM_OutputNState、TIM_OCNPolarity、TIM_OCIdleState 和 TIM_OCNIdleState 后面用到再介绍。

形参 3 是定时器通道，范围为 TIM_CHANNEL_1～TIM_CHANNEL_4。这里使用的是定时器 3 的通道 2，所以取值为 TIM_CHANNEL_2 即可。

函数返回值：HAL_StatusTypeDef 枚举类型的值。

(3) HAL_TIM_PWM_Start 函数

定时器的 PWM 输出启动函数，其声明如下：

HAL_StatusTypeDef HAL_TIM_PWM_Start(TIM_HandleTypeDef * htim, uint32_t Channel);

函数描述：用于使能通道输出和启动计数器，即启动 PWM 输出。

函数形参：

形参 1 TIM_HandleTypeDef 是结构体类型指针变量。

形参 2 是定时器通道，范围为 TIM_CHANNEL_1～TIM_CHANNEL_4。

函数返回值：HAL_StatusTypeDef 枚举类型的值。

注意事项:对于单独使能定时器的方法前面已经讲解过,实际上,HAL 库也同样提供了单独使能定时器的输出通道函数,函数为:

```
void TIM_CCxChannelCmd(TIM_TypeDef * TIMx, uint32_t Channel,
                       uint32_t ChannelState);
```

HAL_TIM_PWM_Start 函数内部也调用了该函数。

(4) HAL_TIM_ConfigClockSource 函数

配置定时器时钟源函数,其声明如下:

```
HAL_StatusTypeDef HAL_TIM_ConfigClockSource(TIM_HandleTypeDef * htim,
                                            TIM_ClockConfigTypeDef * sClockSourceConfig);
```

函数描述:用于配置定时器时钟源。

函数形参:

形参 1 TIM_HandleTypeDef 是结构体类型指针变量。

形参 2 TIM_ClockConfigTypeDef 是结构体类型指针变量,用于配置定时器时钟源参数。

TIM_ClockConfigTypeDef 定义如下:

```
typedef struct
{
  uint32_t ClockSource;          /* 时钟源 */
  uint32_t ClockPolarity;        /* 时钟极性 */
  uint32_t ClockPrescaler;       /* 定时器预分频器 */
  uint32_t ClockFilter;          /* 时钟过滤器 */
} TIM_ClockConfigTypeDef;
```

函数返回值:HAL_StatusTypeDef 枚举类型的值。

注意事项:该函数主要配置 TIMx_SMCR 寄存器。默认情况下,定时器的时钟源是内部时钟。本实验使用内部时钟,所以不用对时钟源进行初始化,默认即可。这里只是让读者知道有这个函数可以设定时器的时钟源。比如用 HAL_TIM_ConfigClockSource 初始化选择内部时钟,方法如下:

```
TIM_HandleTypeDef timx_handle;              /* 定时器 x 句柄 */
TIM_ClockConfigTypeDef sClockSourceConfig = {0};
sClockSourceConfig.ClockSource = TIM_CLOCKSOURCE_INTERNAL;      /* 选择内部时钟 */
HAL_TIM_ConfigClockSource(&timx_handle, &sClockSourceConfig);
```

后面的定时器初始化凡是用到内部时钟的都没有初始化,系统默认即可。

定时器 PWM 输出模式配置步骤如下:

① 开启 TIMx 和通道输出的 GPIO 时钟,配置该 I/O 口的复用功能输出。

首先开启 TIMx 的时钟,然后配置 GPIO 为复用功能输出。本实验默认用到定时器 3 通道 2,对应 I/O 是 PB5,它们的时钟开启方法如下:

```
__HAL_RCC_TIM3_CLK_ENABLE();          /* 使能定时器 3 */
__HAL_RCC_GPIOB_CLK_ENABLE();         /* 开启 GPIOB 时钟 */
```

I/O 口复用功能是通过函数 HAL_GPIO_Init 来配置的。

② 初始化 TIMx,设置 TIMx 的 ARR 和 PSC 等参数。

使用定时器的 PWM 输出功能时，通过 HAL_TIM_PWM_Init 函数初始化定时器 ARR 和 PSC 等参数。注意，该函数会调用 HAL_TIM_PWM_MspInit 函数，可以通过后者存放定时器和 GPIO 时钟使能、GPIO 初始化、中断使能以及优先级设置等代码。

③ 设置 TIMx_CHy 的 PWM 模式，输出比较极性、比较值等参数。

在 HAL 库中，通过 HAL_TIM_PWM_ConfigChannel 函数来设置定时器为 PWM1 模式或者 PWM2 模式，根据需求设置输出比较的极性、设置比较值(控制占空比)等。

④ 使能 TIMx，使能 TIMx 的 CHy 输出。

在 HAL 库中，通过调用 HAL_TIM_PWM_Start 函数来使能 TIMx 的某个通道输出 PWM。

⑤ 修改 TIM3_CCR2 来控制占空比。

在经过以上设置之后，PWM 其实已经开始输出了，只是其占空比和频率都是固定的，而这里通过修改比较值来控制 PWM 的输出占空比。HAL 库中提供一个修改占空比的宏定义：

```
__HAL_TIM_SET_COMPARE (__HANDLE__, __CHANNEL__, __COMPARE__)
```

__HANDLE__是 TIM_HandleTypeDef 结构体类型指针变量，__CHANNEL__对应 PWM 的输出通道，__COMPARE__则是要写到捕获/比较寄存器(TIMx_CCR1/2/3/4)的值。实际上该宏定义最终还是往对应的捕获/比较寄存器写入比较值来控制 PWM 波的占空比。

比如要修改定时器 3 通道 2 的输出比较值(控制占空比)，寄存器操作方法：

```
TIM3 ->CCR2 = ledrpwmval;   /* ledrpwmval 是比较值,并且动态变化的,
                               所以要周期性调用这条语句,已到达及时修改 PWM 的占空比 */
```

__HAL_TIM_SET_COMPARE 宏定义函数最终也是调用这个寄存器操作的，所以说使用 HAL 库的函数其实就是间接操作寄存器。

2. 程序流程图

程序流程如图 18.16 所示。

3. 程序解析

这里只讲解核心代码，详细的源码可参考配套资料中本实验对应源码。通用定时器驱动源码包括 2 个文件：gtim.c 和 gtim.h。

首先看 gtim.h 头文件的几个宏定义：

```
#define GTIM_TIMX_PWM_CHY_GPIO_PORT            GPIOB
#define GTIM_TIMX_PWM_CHY_GPIO_PIN             GPIO_PIN_5
#define GTIM_TIMX_PWM_CHY_GPIO_CLK_ENABLE()    do{__HAL_RCC_GPIOB_CLK_ENABLE();\
                                                 }while(0)
#define GTIM_TIMX_PWM_CHY_GPIO_REMAP()   do{__HAL_RCC_AFIO_CLK_ENABLE();\
                                            __HAL_AFIO_REMAP_TIM3_PARTIAL();\
                                          }while(0)
```

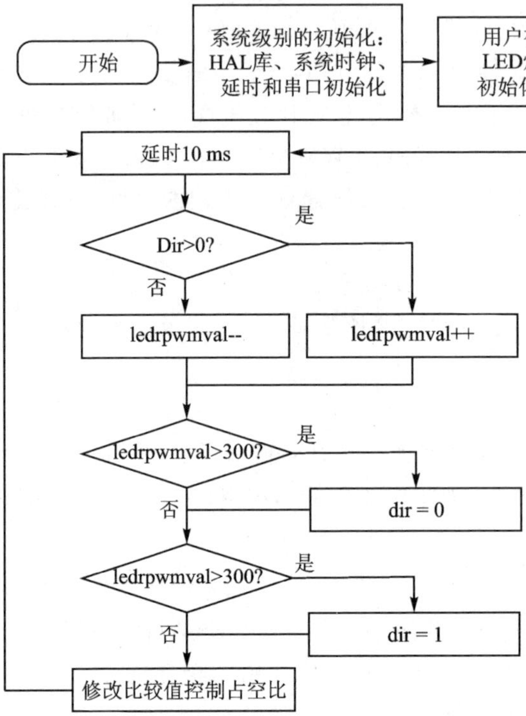

图 18.16 通用定时器 PWM 输出实验程序流程图

```
#define GTIM_TIMX_PWM                     TIM3
#define GTIM_TIMX_PWM_CHY                 TIM_CHANNEL_2   /* 通道 Y,  1 <= Y <= 4 */
#define GTIM_TIMX_PWM_CHY_CCRX            TIM3->CCR2      /* 通道 Y 的输出比较寄存器 */
#define GTIM_TIMX_PWM_CHY_CLK_ENABLE() do{ __HAL_RCC_TIM3_CLK_ENABLE();\
                                  }while(0)       /* TIM3 时钟使能 */
```

可以把上面的宏定义分成三部分，第一部分是定时器 3 输出通道 2 对应的 I/O 口的宏定义。第二部分是定时器 3 的部分重映射功能的宏定义，第三部分则是定时器 3 输出通道 2 的相应宏定义。下面看 gtim.c 的程序，首先是通用定时器 PWM 输出初始化函数。

```
/**
 * @brief       通用定时器 TIMX 通道 Y PWM 输出 初始化函数(使用 PWM 模式 1)
 * @note
 *              通用定时器的时钟来自 APB1,当 D2PPRE1≥2 分频的时候
 *              通用定时器的时钟为 APB1 时钟的 2 倍，而 APB1 为 36 MHz，所以定时器时钟 = 72 MHz
 *              定时器溢出时间计算方法：Tout = ((arr + 1) * (psc + 1))/Ft
 *              Ft = 定时器工作频率,单位：MHz
 * @param       arr：自动重装值
 * @param       psc：时钟预分频数
 */
void gtim_timx_pwm_chy_init(uint16_t arr,uint16_t psc)
{
```

```
    g_timx_pwm_chy_handle.Instance = GTIM_TIMX_PWM;            /* 定时器 x */
    g_timx_pwm_chy_handle.Init.Prescaler = psc;                /* 定时器分频 */
    g_timx_pwm_chy_handle.Init.CounterMode = TIM_COUNTERMODE_UP;/* 递增计数模式 */
    g_timx_pwm_chy_handle.Init.Period = arr;                   /* 自动重装载值 */
    HAL_TIM_PWM_Init(&g_timx_pwm_chy_handle);                  /* 初始化 PWM */
    g_timx_oc_pwm_chy_handle.OCMode = TIM_OCMODE_PWM1;         /* 模式选择 PWM1 */
    /* 设置比较值,此值用来确定占空比,默认比较值为自动重装载值的一半,即占空比为 50% */
    g_timx_oc_pwm_chy_handle.Pulse = arr/2;
    g_timx_oc_pwm_chy_handle.OCPolarity = TIM_OCPOLARITY_LOW;/* 输出比较极性为低 */
    HAL_TIM_PWM_ConfigChannel(&g_timx_pwm_chy_handle, &g_timx_oc_pwm_chy_handle,
                              GTIM_TIMX_PWM_CHY);              /* 配置 TIMx 通道 y */
    HAL_TIM_PWM_Start(&g_timx_pwm_chy_handle, GTIM_TIMX_PWM_CHY); /* 开启 PWM 通道 */
}
```

HAL_TIM_PWM_Init 初始化 TIM3 并设置 TIM3 的 ARR 和 PSC 等参数,其次通过调用函数 HAL_TIM_PWM_ConfigChannel 设置 TIM3_CH2 的 PWM 模式以及比较值等参数,最后通过调用函数 HAL_TIM_PWM_Start 来使能 TIM3 以及 PWM 通道 TIM3_CH2 输出。

本实验使用 PWM 的 MSP 初始化回调函数 HAL_TIM_PWM_MspInit 来存放时钟、GPIO 的初始化代码,其定义如下:

```
/**
 * @brief       定时器底层驱动,时钟使能,引脚配置
                此函数会被 HAL_TIM_PWM_Init()调用
 * @param       htim:定时器句柄
 */
void HAL_TIM_PWM_MspInit(TIM_HandleTypeDef *htim)
{
    if (htim->Instance == GTIM_TIMX_PWM)
    {
        GPIO_InitTypeDef gpio_init_struct;
        GTIM_TIMX_PWM_CHY_GPIO_CLK_ENABLE();              /* 开启通道 y 的 GPIO 时钟 */
        GTIM_TIMX_PWM_CHY_CLK_ENABLE();
        gpio_init_struct.Pin = GTIM_TIMX_PWM_CHY_GPIO_PIN;  /* 通道 y 的 GPIO 口 */
        gpio_init_struct.Mode = GPIO_MODE_AF_PP;          /* 复用推挽输出 */
        gpio_init_struct.Pull = GPIO_PULLUP;              /* 上拉 */
        gpio_init_struct.Speed = GPIO_SPEED_FREQ_HIGH;    /* 高速 */
        HAL_GPIO_Init(GTIM_TIMX_PWM_CHY_GPIO_PORT, &gpio_init_struct);
        GTIM_TIMX_PWM_CHY_GPIO_REMAP();               /* I/O 口 REMAP 设置,设置重映射 */
    }
}
```

该函数首先判断定时器寄存器基地址,符合条件后,开启对应的 GPIO 时钟和定时器时钟,并且初始化 GPIO。上面是使用 HAL 库标准的做法,也可把 HAL_TIM_PWM_MspInit 函数里面的代码直接放到 gtim_timx_pwm_chy_init 函数里。这样做的好处是当一个项目中用到多个定时器时,代码的移植性、可读性好,方便管理。

在 main.c 里面编写如下代码:

```
int main(void)
{
    uint16_t ledrpwmval = 0;
    uint8_t dir = 1;
    HAL_Init();                             /* 初始化 HAL 库 */
    sys_stm32_clock_init(RCC_PLL_MUL9);     /* 设置时钟, 72 MHz */
    delay_init(72);                         /* 延时初始化 */
    usart_init(115200);                     /* 串口初始化为 115 200 */
    led_init();                             /* 初始化 LED */
    /* 72 MHz/72 = 1 MHz 的计数频率,自动重装载为 500,那么 PWM 频率为 1 MHz/500 = 2 kHz */
    gtim_timx_pwm_chy_init(500 - 1, 72 - 1);
    while (1)
    {
        delay_ms(10);
        if (dir)ledrpwmval ++ ;             /* dir == 1 ledrpwmval 递增 */
        else ledrpwmval -- ;                /* dir == 0 ledrpwmval 递减 */
        if (ledrpwmval > 300)dir = 0;       /* ledrpwmval 到达 300 后,方向为递减 */
        if (ledrpwmval == 0)dir = 1;        /* ledrpwmval 递减到 0 后,方向改为递增 */
        /* 修改比较值控制占空比 */
        __HAL_TIM_SET_COMPARE(&g_timx_pwm_chy_handle, GTIM_TIMX_PWM_CHY,
                              ledrpwmval);
    }
}
```

本小节开头就说,PWM 波频率由自动重载寄存器(TIMx_ARR)的值决定,其占空比则由捕获/比较寄存器(TIMx_CCRx)的值决定。下面结合实际看看具体怎么计算。

定时器 3 的时钟源频率为 2 倍 APB1 总线时钟频率,即频率为 72 MHz,而调用 gtim_timx_pwm_chy_init 初始化函数之后,就相当于写入预分频寄存器的值为 71,写入自动重载寄存器的值为 499。定时器溢出公式:

$$T_{out}=(arr+1)(psc+1)/T_{clk}=(499+1)\times(71+1)/72\ 000\ 000=0.000\ 5\ s$$

再由频率是周期的倒数关系得到,PWM 的频率为 2 000 Hz。

占空比怎么计算的呢?结合图 18.11,分 2 种情况分析,输出比较极性为低和输出比较极性为高,它们的情况正好相反。因为在 main 函数中的比较值是动态变化的,不利于计算占空比,这里假设比较值固定为 200,在本实验中可以调用如下语句得到。

```
__HAL_TIM_SET_COMPARE(&g_timx_pwm_chy_handle, GTIM_TIMX_PWM_CHY, 200);
```

因为 LED0 是低电平有效,所以在 gtim_timx_pwm_chy_init 函数中设置了输出比较极性为低。那么当比较值固定为 200 时,占空比=((arr+1)-CCR1)/(arr+1)=(500-200)/500=60%。其中,arr 是写入自动重载寄存器(TIMx_ARR)的值,CCR2 就是写入捕获/比较寄存器 2(TIMx_CCR2)的值。注意,占空比是指在一个周期内,高电平时间相对于总时间所占的比例。

另外一种情况:设置了输出比较极性为高,那么当比较值固定为 200 时,占空比=CCR2/(arr+1)=200/500=40%。可以看到,输出比较极性为低和输出比较极性为高的占空比正好反过来。

这里也用了 DS100 示波器进行验证,效果图如图 18.17 所示。

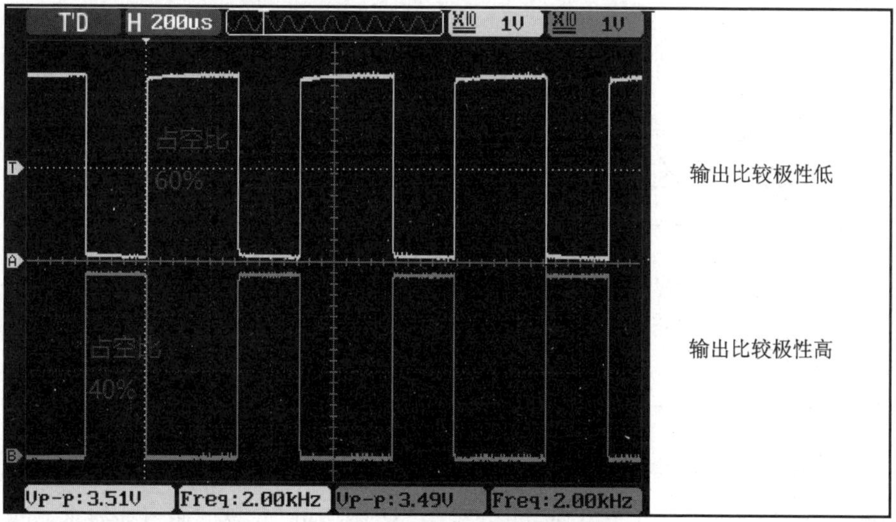

图 18.17 验证效果图

这里把输出比较极性低和输出比较极性高的 PWM 波形都显示出来了。本实验默认设置 PWM 模式 1、输出比较极性低,当 CCR2 寄存器的值设置为 200 时,对应的 PWM 波形如图 18.17 上半部分的黄色波形图。如果把输出比较极性设置为高,对应的波形图就是图 18.17 下半部分的绿色波形图了。

18.2.4 下载验证

下载代码后,定时器 3 通道 2 输出 PWM 信号到 PB5 口。可以看到,LED0 不停地由暗变到亮,然后又从亮变到暗。

18.3 通用定时器输入捕获实验

本节介绍通用定时器的输入捕获模式的使用。输入捕获模式可以用来测量脉冲宽度或者测量频率。这里以测量脉宽为例,用一个简图来说明输入捕获脉宽测量原理,如图 18.18 所示。

图 18.18 中,$t_1 \sim t_2$ 的时间段就是需要测量的高电平时间。测量方法如下:假如定时器工作在递增计数模式,首先设置定时器通道 x 为上升沿捕获,这样在 t_1 时刻上升沿到来时,就会发生捕获事件。这里还会打开捕获中断,所以捕获事件发生就意味着捕获中断也会发生。在捕获中断里将计数器值清 0,并设置通道 x 为下降沿捕获,这样 t_2 时刻下降沿到来时就会发生捕获事件和捕获中断。捕获事件发生时,计数器的值会被锁存到捕获/比较寄存器中(比如通道 1 对应的是 CCR1 寄存器)。那么在捕获中断里,读取捕获/比较寄存器就可以获取到高电平脉冲时间内计数器计数的个数,从而可以算出高电平脉冲的时间。这里是以定时器没有溢出为前提的。

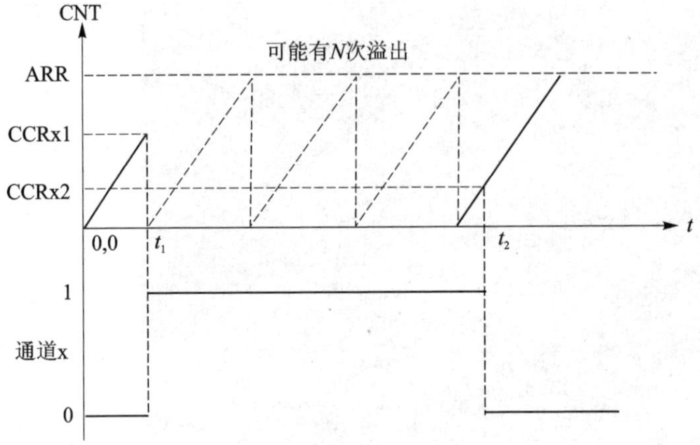

图 18.18　输入捕获脉宽测量原理

实际上，$t_1 \sim t_2$ 时间段，定时器可能会产生 N 次溢出，这就需要对定时器溢出做相应的处理，防止高电平太长而导致测量出错。在 $t_1 \sim t_2$ 时间段，假设定时器溢出 N 次，那么高电平脉冲时间内，计数器计数的个数计算方法为：N(ARR＋1)＋CCRx2。其中，CCRx2 表示 t_2 时间点捕获/比较寄存器的值。经过计算得到高电平脉宽时间内计数器计数个数后，用个数乘以计数器的计数周期就可得到高电平持续的时间。这就是输入捕获测量高电平脉宽时间的整个过程。

STM32F103 的定时器除了 TIM6 和 TIM7，其他定时器都有输入捕获功能。输入捕获，简单说就是通过检测 TIMx_CHy 上的边沿信号，在边沿信号发生跳变（比如上升沿/下降沿）时会发生捕获事件，将当前定时器的值（TIMx_CNT）锁存到对应通道的捕获/比较寄存器（TIMx_CCRy）里，完成一次捕获。同时，还可以配置捕获事件发生时是否触发捕获中断/DMA。另外，还要考虑测量的过程中是否可能发生定时器溢出，如果可能溢出，则还要做溢出处理。

18.3.1　TIM2～TIM5 寄存器

通用定时器输入捕获实验需要用到的寄存器有 TIMx_ARR、TIMx_PSC、TIMx_CCMR1、TIMx_CCER、TIMx_DIER、TIMx_CR1、TIMx_CCR1，这些寄存器前面的章节都有提到，这里只需针对性地介绍。

1. 捕获/比较模式寄存器 1/2(TIMx_CCMR1/2)

该寄存器在 PWM 输出实验时讲解了它作为输出功能的配置，现在重点学习输入捕获模式的配置。因为本实验用到定时器 5 通道 1 输入，所以要看 TIMx_CCMR1 寄存器，其描述如图 18.19 所示。

该寄存器在输入模式和输出模式下，功能是不一样，所以需要看准不同模式的描述。TIMx_CCMR1 寄存器对应于通道 1 和通道 2 的设置，CCMR2 寄存器对应通道 3 和通道 4。例如，TIMx_CCMR1 寄存器位[7:0]用于捕获/比较通道 1 的控制，而位

15	14	13	12	11	10	9	8	7	6	5	4	3	2	1	0
OC2CE	OC2CM[2:0]			OC2PE	OC2FE	CC2S[1:0]		OC1CE	OC1M[2:0]			OC1PE	OC1FE	CC1S[1:0]	
IC2F[3:0]				IC2PSC[1:0]				IC1F[3:0]				IC1PSC[1:0]			
rw	rw	rw	rw	rw	rw	rw	rw	rw	rw	rw	rw	rw	rw	rw	rw

位7:4	IC1F[3:0]：输入捕获1滤波器 这几位定义了TI1输入的采样频率及数字滤波器长度。数字滤波器由一个事件计数器组成，它记录到N个事件后产生一个输出的跳变： 0000：无滤波器，以f_{DTS}采样 0001：采样频率$f_{SAMPLING}=f_{CK_INT}$，$N=2$ 0010：采样频率$f_{SAMPLING}=f_{CK_INT}$，$N=4$ 0011：采样频率$f_{SAMPLING}=f_{CK_INT}$，$N=8$ 0100：采样频率$f_{SAMPLING}=f_{DTS}/2$，$N=6$ 0101：采样频率$f_{SAMPLING}=f_{DTS}/2$，$N=8$ 0110：采样频率$f_{SAMPLING}=f_{DTS}/4$，$N=6$ 0111：采样频率$f_{SAMPLING}=f_{DTS}/4$，$N=8$ 1000：采样频率$f_{SAMPLING}=f_{DTS}/8$，$N=6$ 1001：采样频率$f_{SAMPLING}=f_{DTS}/8$，$N=8$ 1010：采样频率$f_{SAMPLING}=f_{DTS}/16$，$N=5$ 1011：采样频率$f_{SAMPLING}=f_{DTS}/16$，$N=6$ 1100：采样频率$f_{SAMPLING}=f_{DTS}/16$，$N=8$ 1101：采样频率$f_{SAMPLING}=f_{DTS}/32$，$N=5$ 1110：采样频率$f_{SAMPLING}=f_{DTS}/32$，$N=6$ 1111：采样频率$f_{SAMPLING}=f_{DTS}/32$，$N=8$ 注：在现在的芯片版本中，当ICxF[3:0]=1、2或3时，公式中的f_{DTS}由CK_ INT替代
位3:2	IC1PSC[1:0]：输入/捕获1预分频器 这2位定义了CC1输入(IC1)的预分频系数。 一旦CC1E=0(TIMx_CCER寄存器中)，则预分频器复位。 00：无预分频器，捕获输入口上检测到的每一个边沿都触发一次捕获； 01：每2个事件触发一次捕获； 10：每4个事件触发一次捕获； 11：每8个事件触发一次捕获
位1:0	CC1S[1:0]：捕获/比较1选择 这2位定义通道的方向(输入/输出)及输入脚的选择； 00：CC1通道被配置为输出； 01：CC1通道被配置为输入，IC1映射在TI1上； 10：CC1通道 被配置为输入，IC1映射在TI2上； 11：CC1通道被配置为输入，IC1映射在TRC上。此模式仅工作在内部触发器输入被选中时(由TIMx_SMCR寄存器的TS位选择)。 注：CC1S仅在通道关闭时(TIMx_CCER寄存器的CC1E='0')才是可写的

图 18.19　TIMx_CCMR1 寄存器

[15:8]则用于捕获/比较通道 2 的控制。这里用到定时器 5 通道 1 输入，所以需要配置 TIMx_CCMR1 的位[7:0]。

其中，CC1S[1:0]位用于 CCR1 的通道配置，这里设置 IC1S[1:0]=01，也就是配置 IC1 映射在 TI1 上。

输入捕获 1 预分频器 IC1PSC[1:0]比较好理解。这里是一次边沿就触发一次捕获，所以选择 00 就行了。

输入捕获 1 滤波器 IC1F[3:0]用来设置输入采样频率和数字滤波器长度。其中，f_{CK_INT} 是定时器时钟源频率，按照例程的配置为 72 MHz；而 f_{DTS} 则是根据 TIMx_CR1 的 CKD[1:0]来确定的，如果 CKD[1:0]设置为 00，那么 $f_{DTS}=f_{CK\_INT}$。N 值表示采样次数。举个简单的例子：假设 IC1F[3:0]=0011，并设置 IC1 映射到 TI1 上。以 f_{CK_INT} 为采样频率，当连续 8 次都采样到 TI1 为高电平或者低电平时，滤波器才输出一个有效输出边沿。当 8 次采样中有高有低时,则保持原来的输出,这样可以滤除高频干扰信号,从而达到滤波的效果。这里不做滤波处理,所以设置 IC1F[3:0]=0000。

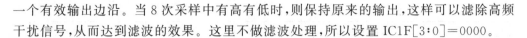

2. 捕获/比较使能寄存器(TIMx_CCER)

TIM2~TIM5 的捕获/比较使能寄存器控制着各个输入/输出通道的开关和极性。TIMx_CCER 寄存器描述如图 18.20 所示。

15	14	13	12	11	10	9	8	7	6	5	4	3	2	1	0
保留		CC4P	CC4E	保留		CC3P	CC3E	保留		CC2P	CC2E	保留		CC1P	CC1E
		rw	rw			rw	rw			rw	rw			rw	rw

位1	CC1P：输入/捕获1输出极性 CC1通道配置为输出： 0：OC1高电平有效　　1：OC1低电平有效 CC1通道配置为输入： 该位选择是IC1还是IC1的反相信号作为触发或捕获信号。 0：不反相，捕获发生在IC1的上升沿；当用作外部触发器时，IC1不反相。 1：反相，捕获发生在IC1的下降沿；当用作外部触发器时，IC1反相
位0	CC1E：输入/捕获1输出使能 CC1通道配置为输出： 0：关闭—OC1禁止输出。　　1：开启—OC1信号输出到对应的输出引脚。 CC1通道配置为输入： 该位决定了计数器的值是否能捕获入TIMx_CCR1寄存器。 0：捕获禁止；　　1:捕获使能

图 18.20　TIMx_CCER 寄存器

这里要用到这个寄存器的最低 2 位,CC1E 和 CC1P 位。要使能输入捕获,则必须设置 CC1E=1,而 CC1P 则根据自己的需要来配置。这里保留默认设置值 0,即高电平触发捕获。

本小节需要用到中断来处理捕获数据,所以必须开启通道 1 的捕获比较中断,即 CC1IE 设置为 1。同时,还需要在定时器溢出中断中累计定时器溢出的次数,所以还需要使能定时器的更新中断,即 UIE 置 1。

控制寄存器 TIMx_CR1,这里只用到了它的最低位,也就是用来使能定时器。

最后再来看看捕获/比较寄存器 1:TIMx_CCR1。该寄存器用来存储发生捕获事件时 TIMx_CNT 的值。从 TIMx_CCR1 就可以读出通道 1 捕获事件发生时刻的 TIMx_CNT 值,通过 2 次捕获(一次上升沿捕获,一次下降沿捕获)的差值就可以计算出高电平脉冲的宽度(注意,高电平脉宽太长时,还要计算定时器溢出的次数)。

18.3.2　硬件设计

(1) 例程功能

① 使用 TIM5_CH1 来做输入捕获,捕获 PA0 上的高电平脉宽,并将脉宽时间通过串口打印出来,然后通过按 WK_UP 按键模拟输入高电平。例程中能测试的最长高电平脉宽时间为 4 194 303 μs。

② LED0 闪烁指示程序运行。

(2) 硬件资源

➢ LED灯：LED0 - PB5；

➢ 独立按键：WK_UP - PA0；

➢ 定时器5，使用 TIM5 通道1，将 PA0 复用为 TIM5_CH1。

(3) 原理图

定时器属于 STM32F103 的内部资源，只需要软件设置好即可正常工作。这里借助 WK_UP 做输入脉冲源，并通过串口上位机来监测定时器输入捕获的情况。

18.3.3 程序设计

1. 定时器的 HAL 库驱动

定时器在 HAL 库中的驱动代码前面已经介绍了一部分，这里再介绍几个本实验用到的函数。

(1) HAL_TIM_IC_Init 函数

HAL_TIM_IC_Init 函数为定时器的输入捕获模式初始化函数，其声明如下：

```
HAL_StatusTypeDef HAL_TIM_IC_Init(TIM_HandleTypeDef * htim);
```

函数描述：用于初始化定时器的输入捕获模式。

函数形参：形参 TIM_HandleTypeDef 是结构体类型指针变量。

函数返回值：HAL_StatusTypeDef 枚举类型的值。

注意事项：与 PWM 输出实验一样，当使用定时器做输入捕获功能时，在 HAL 库中并不使用定时器初始化函数 HAL_TIM_Base_Init 来实现，而是使用输入捕获特定的定时器初始化函数 HAL_TIM_IC_Init。该函数内部还会调用输入捕获初始化回调函数 HAL_TIM_IC_MspInit 来初始化输入通道对应的 GPIO(复用)，以及输入捕获相关的配置。

(2) HAL_TIM_IC_ConfigChannel 函数

HAL_TIM_IC_ConfigChannel 函数是定时器的输入捕获通道设置初始化函数，声明如下：

```
HAL_StatusTypeDef HAL_TIM_IC_ConfigChannel(TIM_HandleTypeDef * htim,
                                            TIM_IC_InitTypeDef * sConfig, uint32_t Channel);
```

函数描述：该函数用于设置定时器的输入捕获通道。

函数形参：

形参1 TIM_HandleTypeDef 是结构体类型指针变量，用于配置定时器基本参数。

形参2 TIM_IC_InitTypeDef 是结构体类型指针变量，用于配置定时器的输入捕获参数。

TIM_IC_InitTypeDef 结构体指针类型定义如下：

```
typedef struct
{
```

```
    uint32_t ICPolarity;      /* 输入捕获触发方式选择,比如上升、下降和双边沿捕获 */
    uint32_t ICSelection;     /* 输入捕获选择,用于设置映射关系 */
    uint32_t ICPrescaler;     /* 输入捕获分频系数 */
    uint32_t ICFilter;        /* 输入捕获滤波器设置 */
} TIM_IC_InitTypeDef;
```

成员变量 ICPolarity 用来设置输入信号的有效捕获极性,取值为 TIM_ICPOLARITY_RISING(上升沿捕获)、TIM_ICPOLARITY_FALLING(下降沿捕获)或 TIM_ICPOLARITY_BOTHEDGE(双边沿捕获)。成员变量 ICSelection 用来设置映射关系,这里配置 IC1 直接映射在 TI1 上,选择 TIM_ICSELECTION_DIRECTTI(另外还有 2 个输入通道 TIM_ICSELECTION_INDIRECTTI 和 TIM_ICSELECTION_TRC)。成员变量 ICPrescaler 用来设置输入捕获分频系数,可以设置为 TIM_ICPSC_DIV1(不分频)、TIM_ICPSC_DIV2(2 分频)、TIM_ICPSC_DIV4(4 分频)以及 TIM_ICPSC_DIV8(8 分频);本实验需要设置为不分频,所以选择 TIM_ICPSC_DIV1。成员变量 ICFilter 用来设置滤波器长度,这里不使用滤波器,所以设置为 0。

形参 3 是定时器通道,范围为 TIM_CHANNEL_1～TIM_CHANNEL_4。

函数返回值:HAL_StatusTypeDef 枚举类型的值。

(3) HAL_TIM_IC_Start_IT 函数

启动定时器输入捕获模式函数,其声明如下:

```
HAL_StatusTypeDef HAL_TIM_IC_Start_IT(TIM_HandleTypeDef *htim,
                                      uint32_t Channel);
```

函数描述:用于启动定时器的输入捕获模式,且开启输入捕获中断。

函数形参:

形参 1 TIM_HandleTypeDef 是结构体类型指针变量。

形参 2 是定时器通道,范围为 TIM_CHANNEL_1～TIM_CHANNEL_4。

函数返回值:HAL_StatusTypeDef 枚举类型的值。

注意事项:如果不需要开启输入捕获中断,只是开启输入捕获功能,则 HAL 库函数为:

```
HAL_StatusTypeDef HAL_TIM_IC_Start(TIM_HandleTypeDef *htim, uint32_t Channel);
```

定时器输入捕获模式配置步骤如下:

① 开启 TIMx 和输入通道的 GPIO 时钟,配置该 I/O 口的复用功能输入。

首先开启 TIMx 的时钟,然后配置 GPIO 为复用功能输出。本实验默认用到定时器 5 通道 1,对应 I/O 是 PA0,它们的时钟开启方法如下:

```
__HAL_RCC_TIM5_CLK_ENABLE();          /* 使能定时器 5 */
__HAL_RCC_GPIOA_CLK_ENABLE();         /* 开启 GPIOA 时钟 */
```

I/O 口复用功能是通过函数 HAL_GPIO_Init 来配置的。

② 初始化 TIMx,设置 TIMx 的 ARR 和 PSC 等参数。

使用定时器的输入捕获功能时,调用 HAL_TIM_IC_Init 函数来初始化定时器 ARR 和 PSC 等参数。注意,该函数会调用 HAL_TIM_IC_MspInit 函数,可以通过后者存放定时器和 GPIO 时钟使能、GPIO 初始化、中断使能以及优先级设置等代码。

③ 设置 TIMx_CHy 的输入捕获模式，开启输入捕获。

在 HAL 库中，定时器的输入捕获模式通过 HAL_TIM_IC_ConfigChannel 函数来设置定时器某个通道为输入捕获通道，包括映射关系、输入滤波和输入分频等。

④ 使能定时器更新中断，开启捕获功能以及捕获中断，配置定时器中断优先级。

通过__HAL_TIM_ENABLE_IT 函数使能定时器更新中断。通过 HAL_TIM_IC_Start_IT 函数使能定时器并开启捕获功能以及捕获中断。通过 HAL_NVIC_EnableIRQ 函数使能定时器中断。通过 HAL_NVIC_SetPriority 函数设置中断优先级。

因为要捕获的是高电平信号的脉宽，所以，第一次捕获是上升沿，第二次捕获是下降沿，必须在捕获上升沿之后设置捕获边沿为下降沿；同时，如果脉宽比较长，那么定时器就会溢出，对溢出必须做处理，否则结果就不准了。

⑤ 编写中断服务函数。

定时器 5 中断服务函数为：TIM5_IRQHandler，当发生中断的时候，程序就会执行中断服务函数。HAL 库为了使用方便，提供了一个定时器中断通用处理函数 HAL_TIM_IRQHandler，该函数会调用一些定时器相关的回调函数，用于给用户处理定时器中断到了之后需要处理的程序。本实验除了用到更新（溢出）中断回调函数 HAL_TIM_PeriodElapsedCallback 外，还要用到捕获中断回调函数 HAL_TIM_IC_CaptureCallback。

2. 程序流程图

程序流程如图 18.21 所示。

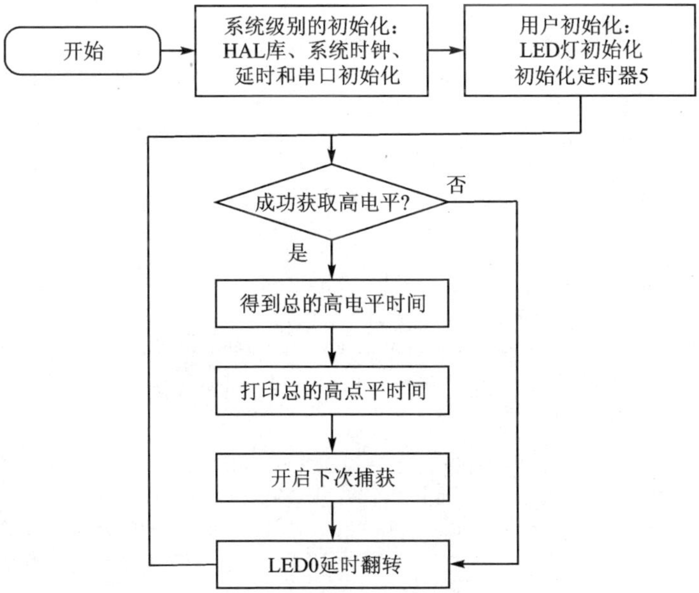

图 18.21　通用定时器输入捕获实验程序流程图

3. 程序解析

这里只讲解核心代码，详细的源码可参考配套资料中本实验对应源码。通用定时器驱动源码包括 2 个文件：gtim.c 和 gtim.h。

首先看 gtim.h 头文件的几个宏定义：

```
#define GTIM_TIMX_CAP_CHY_GPIO_PORT            GPIOA
#define GTIM_TIMX_CAP_CHY_GPIO_PIN             GPIO_PIN_0
#define GTIM_TIMX_CAP_CHY_GPIO_CLK_ENABLE()    do{ __HAL_RCC_GPIOA_CLK_ENABLE();\
                                               }while(0)    /* PA 口时钟使能 */
#define GTIM_TIMX_CAP                          TIM5
#define GTIM_TIMX_CAP_IRQn                     TIM5_IRQn
#define GTIM_TIMX_CAP_IRQHandler               TIM5_IRQHandler
#define GTIM_TIMX_CAP_CHY                      TIM_CHANNEL_1
/* 通道 Y,  1 <= Y <= 4 */
#define GTIM_TIMX_CAP_CHY_CCRX                 TIM5->CCR1
/* 通道 Y 的输出比较寄存器 */
#define GTIM_TIMX_CAP_CHY_CLK_ENABLE()  do{ __HAL_RCC_TIM5_CLK_ENABLE();\
                                        }while(0)    /* TIM5 时钟使能 */
```

可以把上面的宏定义分成两部分，第一部分是定时器 5 输入通道 1 对应的 I/O 口的宏定义，第二部分则是定时器 5 输入通道 1 的相应宏定义。

下面看 gtim.c 的程序，首先是通用定时器输入捕获初始化函数。

```
/**
 * @brief   通用定时器 TIMX 通道 Y 输入捕获 初始化函数
 * @note
 *          通用定时器的时钟来自 APB1,当 PPRE1≥2 分频的时候
 *          通用定时器的时钟为 APB1 时钟的 2 倍, 而 APB1 为 36 MHz, 所以定时器时钟 = 72 MHz
 *          定时器溢出时间计算方法: Tout = ((arr + 1) * (psc + 1))/Ft
 *          Ft = 定时器工作频率,单位: MHz
 *
 * @param     arr:自动重装值
 * @param     psc:时钟预分频数
 */
void gtim_timx_cap_chy_init(uint16_t arr, uint16_t psc)
{
    TIM_IC_InitTypeDef timx_ic_cap_chy = {0};
    g_timx_cap_chy_handle.Instance = GTIM_TIMX_CAP;              /* 定时器 5 */
    g_timx_cap_chy_handle.Init.Prescaler = psc;                  /* 定时器分频 */
    g_timx_cap_chy_handle.Init.CounterMode = TIM_COUNTERMODE_UP;  /* 递增计数模式 */
    g_timx_cap_chy_handle.Init.Period = arr;                     /* 自动重装载值 */
    HAL_TIM_IC_Init(&g_timx_cap_chy_handle);
    timx_ic_cap_chy.ICPolarity = TIM_ICPOLARITY_RISING;          /* 上升沿捕获 */
    timx_ic_cap_chy.ICSelection = TIM_ICSELECTION_DIRECTTI;  /* 映射到 TI1 上 */
    timx_ic_cap_chy.ICPrescaler = TIM_ICPSC_DIV1;                /* 配置输入分频,不分频 */
    timx_ic_cap_chy.ICFilter = 0;                              /* 配置输入滤波器,不滤波 */
    HAL_TIM_IC_ConfigChannel(&g_timx_cap_chy_handle, &timx_ic_cap_chy,
                             GTIM_TIMX_CAP_CHY);                 /* 配置 TIM5 通道 1 */
    __HAL_TIM_ENABLE_IT(&g_timx_cap_chy_handle, TIM_IT_UPDATE);  /* 使能更新中断 */
    /* 使能通道输入以及使能捕获中断 */
```

```
    HAL_TIM_IC_Start_IT(&g_timx_cap_chy_handle, GTIM_TIMX_CAP_CHY);
}
```

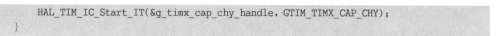

以上代码中,第一部分是 HAL_TIM_IC_Init 初始化定时器的基础工作参数,如 ARR 和 PSC 等;第二部分是调用 HAL_TIM_IC_ConfigChannel 函数配置输入捕获通道映射关系、滤波和分频等。最后是使能更新中断、使能通道输入以及定时器捕获中断。通道对应的 I/O、时钟开启和 NVIC 的初始化都在 HAL_TIM_IC_MspInit 函数里编写,其定义如下:

```
/**
 * @brief     通用定时器输入捕获初始化接口
              HAL 库调用的接口,用于配置不同的输入捕获
 * @param     htim:定时器句柄
 * @note      此函数会被 HAL_TIM_IC_Init()调用
 * @retval    无
 */
void HAL_TIM_IC_MspInit(TIM_HandleTypeDef *htim)
{
    if (htim->Instance == GTIM_TIMX_CAP)/                        *输入通道捕获*/
    {
        GPIO_InitTypeDef gpio_init_struct;
        GTIM_TIMX_CAP_CHY_CLK_ENABLE();                         /*使能 TIMx 时钟*/
        GTIM_TIMX_CAP_CHY_GPIO_CLK_ENABLE();                    /*开启捕获 I/O 的时钟*/
        gpio_init_struct.Pin = GTIM_TIMX_CAP_CHY_GPIO_PIN;      /*输入捕获的 GPIO 口*/
        gpio_init_struct.Mode = GPIO_MODE_AF_PP;                /*复用推挽输出*/
        gpio_init_struct.Pull = GPIO_PULLDOWN;                  /*下拉*/
        gpio_init_struct.Speed = GPIO_SPEED_FREQ_HIGH;          /*高速*/
        HAL_GPIO_Init(GTIM_TIMX_CAP_CHY_GPIO_PORT, &gpio_init_struct);
        HAL_NVIC_SetPriority(GTIM_TIMX_CAP_IRQn, 1, 3);        /*抢占 1,子优先级 3*/
        HAL_NVIC_EnableIRQ(GTIM_TIMX_CAP_IRQn);                 /*开启 ITMx 中断*/
    }
}
```

该函数中调用了 HAL_GPIO_Init 函数初始化定时器输入通道对应的 I/O,并且开启 GPIO 时钟,使能定时器。注意,I/O 口复用功能的选择一定要选对了。最后,配置中断抢占优先级、响应优先级,以及打开定时器中断。

通过上面的 2 个函数输入捕获的初始化就完成了,下面先来介绍 2 个变量。

```
/*输入捕获状态(g_timxchy_cap_sta)
 * [7]  :0,没有成功的捕获;1,成功捕获到一次
 * [6]  :0,还没捕获到高电平;1,已经捕获到高电平了
 * [5:0]:捕获高电平后溢出的次数,最多溢出 63 次,所以最长捕获值 = 63*65 536 + 65 535
         = 4 194 303
 *注意:为了通用,默认 ARR 和 CCRy 都是 16 位寄存器,对于 32 位的定时器(如:TIM5)
 *       也只按 16 位使用
 *       按 1 μs 的计数频率,最长溢出时间为 4 194 303 μs, 约 4.19 s
 *       (说明一下:正常 32 位定时器来说,1 μs 计数器加 1,溢出时间:4 294 s)
 */
uint8_t    g_timxchy_cap_sta = 0;     /*输入捕获状态*/
uint16_t  g_timxchy_cap_val = 0;     /*输入捕获值*/
```

这 2 个变量用于辅助实现高电平捕获。其中,g_timxchy_cap_sta 用来记录捕获状态,这里把它当成一个寄存器那样来使用。描述如表 18.4 所列。

表 18.4 g_timxchy_cap_sta 各位描述

位	bit7	bit6	bit5～0
说　明	捕获完成标志	捕获到高电平标志	捕获高电平后定时器溢出的次数

变量 g_timxchy_cap_sta 的位[5:0]用于记录捕获高电平定时器溢出次数,总共 6 位,所以最多可以记录溢出的次数为 2^6-1 次,即 63 次。变量 g_timxchy_cap_val 用来记录捕获到下降沿的时候 TIM5_CNT 寄存器的值。

下面开始看中断服务函数的逻辑程序。HAL_TIM_IRQHandler 函数会调用下面 2 个回调函数,逻辑代码就放在回调函数里,函数定义如下:

```
/**
 * @brief       定时器输入捕获中断处理回调函数
 * @param       htim:定时器句柄指针
 * @note        该函数在 HAL_TIM_IRQHandler 中会被调用
 */
void HAL_TIM_IC_CaptureCallback(TIM_HandleTypeDef * htim)
{
    if ((g_timxchy_cap_sta & 0X80) == 0)      /* 还没成功捕获 */
    {
        if (g_timxchy_cap_sta & 0X40)              /* 捕获到一个下降沿 */
        {
            g_timxchy_cap_sta |= 0X80;            /* 标记成功捕获到一次高电平脉宽 */
            g_timxchy_cap_val = HAL_TIM_ReadCapturedValue(&g_timx_cap_chy_handler,
                                  GTIM_TIMX_CAP_CHY); /* 获取当前的捕获值 */
            TIM_RESET_CAPTUREPOLARITY(&g_timx_cap_chy_handler,
                                  GTIM_TIMX_CAP_CHY);/* 一定要先清除原来的设置 */
            TIM_SET_CAPTUREPOLARITY(&g_timx_cap_chy_handler, GTIM_TIMX_CAP_CHY,
                            TIM_ICPOLARITY_RISING);/* 配置 TIM5 通道 1 上升沿捕获 */
        }
        else                                        /* 还未开始,第一次捕获上升沿 */
        {
            g_timxchy_cap_sta = 0;                /* 清空 */
            g_timxchy_cap_val = 0;
            g_timxchy_cap_sta |= 0X40;        /* 标记捕获到了上升沿 */
            __HAL_TIM_DISABLE(&g_timx_cap_chy_handler);   /* 关闭定时器 5 */
            __HAL_TIM_SET_COUNTER(&g_timx_cap_chy_handler,0); /* 计数器清零 */
            TIM_RESET_CAPTUREPOLARITY(&g_timx_cap_chy_handler,
                                  GTIM_TIMX_CAP_CHY); /* 一定要先清除原来的设置!! */
            TIM_SET_CAPTUREPOLARITY(&g_timx_cap_chy_handler, GTIM_TIMX_CAP_CHY,
                          TIM_ICPOLARITY_FALLING);/* 定时器 5 通道 1 设置为下降沿捕获 */
            __HAL_TIM_ENABLE(&g_timx_cap_chy_handler);    /* 使能定时器 5 */
        }
    }
}
/**
 * @brief       定时器更新中断回调函数
 * @param       htim:定时器句柄指针
```

```
  * @note        此函数会被定时器中断函数共同调用的
  */
void HAL_TIM_PeriodElapsedCallback(TIM_HandleTypeDef * htim)
{
    if (htim->Instance == GTIM_TIMX_CAP)
    {
        if ((g_timxchy_cap_sta & 0X80) == 0)                /* 还没成功捕获 */
        {
            if (g_timxchy_cap_sta & 0X40)                   /* 已经捕获到高电平了 */
            {
                if ((g_timxchy_cap_sta & 0X3F) == 0X3F)    /* 高电平太长了 */
                {
                    TIM_RESET_CAPTUREPOLARITY(&g_timx_cap_chy_handle,
                              GTIM_TIMX_CAP_CHY);  /* 一定要先清除原来的设置 */
                    /* 配置 TIM5 通道 1 上升沿捕获 */
                    TIM_SET_CAPTUREPOLARITY(&g_timx_cap_chy_handle,
                              GTIM_TIMX_CAP_CHY, TIM_ICPOLARITY_RISING);
                    g_timxchy_cap_sta |= 0X80;              /* 标记成功捕获了一次 */
                    g_timxchy_cap_val = 0XFFFF;
                }
                else                                        /* 累计定时器溢出次数 */
                {
                    g_timxchy_cap_sta++;
                }
            }
        }
    }
}
```

捕获高电平脉宽的思路：首先，设置 TIM5_CH1 捕获上升沿，然后等待上升沿中断到来。当捕获到上升沿中断时，如果 g_timxchy_cap_sta 的第 6 位为 0，则表示还没有捕获到新的上升沿，就先把 g_timxchy_cap_sta、g_timxchy_cap_val 和 TIM5_CNT 寄存器等清 0；然后设置 g_timxchy_cap_sta 的第 6 位为 1，标记捕获到高电平；最后设置为下降沿捕获，等待下降沿到来。如果等待下降沿到来期间定时器发生了溢出，则用 g_timxchy_cap_sta 变量对溢出次数进行计数，当最大溢出次数来到的时候，则强制标记捕获完成，并配置定时器通道上升沿捕获。当下降沿到来的时候，先设置 g_timxchy_cap_sta 的第 7 位为 1，标记成功则捕获一次高电平，然后读取此时的定时器值到 g_timxchy_cap_val 里面，最后设置为上升沿捕获，回到初始状态。

这样就完成一次高电平捕获了。只要 g_timxchy_cap_sta 的第 7 位一直为 1，那么就不会进行第二次捕获。在 main 函数处理完捕获数据后，将 g_timxchy_cap_sta 置零就可以开启第二次捕获。

在 main.c 里面编写如下代码：

```
int main(void)
{
    uint32_t temp = 0;
    uint8_t t = 0;
    HAL_Init();                                         /* 初始化 HAL 库 */
```

```
    sys_stm32_clock_init(RCC_PLL_MUL9);             /* 设置时钟, 72 MHz */
    delay_init(72);                                 /* 延时初始化 */
    usart_init(115200);                             /* 串口初始化为 115 200 */
    led_init();                                     /* 初始化 LED */
    key_init();                                     /* 初始化按键 */
    gtim_timx_cap_chy_init(0XFFFF, 72 - 1);        /* 以 1 MHz 的频率计数捕获 */
    while (1)
    {
        if (g_timxchy_cap_sta & 0X80)               /* 成功捕获到了一次高电平 */
        {
            temp = g_timxchy_cap_sta & 0X3F;
            temp *= 65536;                          /* 溢出时间总和 */
            temp += g_timxchy_cap_val;              /* 得到总的高电平时间 */
            printf("HIGH: %d us\r\n", temp);        /* 打印总的高点平时间 */
            g_timxchy_cap_sta = 0;                  /* 开启下一次捕获 */
        }
        t++;
        if (t > 20)                                 /* 200 ms 进入一次 */
        {
            t = 0;
            LED0_TOGGLE();                          /* LED0 闪烁,提示程序运行 */
        }
        delay_ms(10);
    }
}
```

"gtim_timx_cap_chy_init(0XFFFF, 72－1)"语句中 2 个形参分别设置自动重载寄存器的值为 65 535 以及预分频器寄存器的值为 71。定时器 5 是 16 位的计数器,这里设置为最大值 65 535。预分频系数设置为 72 分频,定时器 5 的时钟频率是 2 倍的 APB1 总线时钟频率,即 72 MHz,可以得到计数器的计数频率是 1 MHz,即 1 μs 计数一次,所以捕获时间精度是 1 μs。这里可以知道定时器的溢出时间是 65 536 μs。

while(1)无限循环通过判断 g_timxchy_cap_sta 的第 7 位来获知有没有成功捕获到一次高电平,如果成功捕获,则先计算总的高电平时间,再通过串口传输到电脑。

18.3.4 下载验证

下载代码后可以看到 LED0 在闪烁,说明程序已经正常在跑了。打开串口调试助手,选择对应的串口端口,笔者的电脑是 COM15,然后按 KEY_UP 按键,可以看到串口打印的高电平持续时间,如图 18.22 所示。

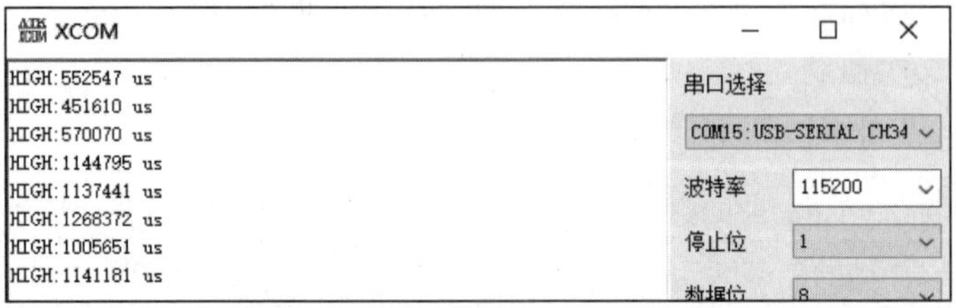

图 18.22　打印捕获到的高电平时间

第 19 章

电容触摸按键实验

上一章介绍了 STM32F1 的输入捕获功能及其使用。这一章将介绍如何通过输入捕获功能来做一个电容触摸按键。本章将用 TIM5 的通道 2(PA1)来做输入捕获，并实现一个简单的电容触摸按键，通过该按键控制 DS1 的亮灭。

19.1 电容触摸按键简介

前面学习过了机械按键，这节介绍另一种人机交互设备：电容触摸按键。电容式触摸按键已经广泛应用在家用电器、消费电子市场，其主要优势有无机械装置，使用寿命长；非接触式感应，面板不需要开孔；产品更加美观简洁；防水可以做到很好。

战舰 F103 上的触摸按键 TPAD 其实就是一小块覆铜区域，其形状就是正点原子的 logo，如图 19.1 所示。

与机械按键不同，这里使用的是检测电容充放电时间的方法来判断是否有触摸，图 19.2 右侧中的 A、B 分别表示有无人体按下时电容的充放电曲线。其中，R 是外接的电容充电电阻；C_s 是没有触摸按下时 TPAD 与 PCB 之间的杂散电容；而 C_x 则是有手指按下的时候，手指与 TPAD 之间形成的电容。图中的开关是电容放电开关(实际使用时，由 STM32F1 的 I/O 代替)。

图 19.1 电容按键 TPAD 外观

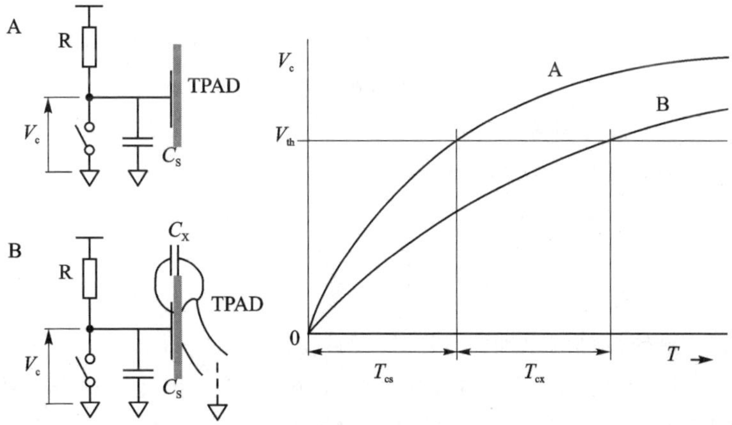

图 19.2 电容按键 TPAD 外

先用开关将 C_s(或 C_s+C_x)上的电放尽，然后断开开关，让 R 给 C_s(或 C_s+C_x)充电；当没有手指触摸的时候，C_s 的充电曲线如图 19.2 右侧 A 曲线。而当有手指触摸的时候，手指和 TPAD 之间引入了新的电容 C_x，此时 C_s+C_x 的充电曲线如图 19.2 右侧中的 B 曲线。可以看出，A、B 这 2 种情况下，V_c 达到 V_{th} 的时间分别为 T_{cs} 和 $T_{cs}+T_{cx}$。

除了 C_s 和 C_x 需要计算，其他都是已知的，根据电容充放电公式：

$$V_c = V_0 \times (1 - e^{-\frac{t}{RC}})$$

其中，V_c 为电容电压，V_0 为充电电压，R 为充电电阻值，C 为电容容值，e 为自然底数，t 为充电时间。根据这个公式就可以计算出 C_s 和 C_x；还可以把战舰开发板作为一个简单的电容计，直接用来测电容容量。

这里只要能够区分 T_{cs} 和 $T_{cs}+T_{cx}$，就已经可以实现触摸检测了。当充电时间在 T_{cs} 附近时，可以认为没有触摸；而当充电时间大于 $T_{cs}+T_x$ 时，则认为有触摸按下(T_x 为检测阈值)。

本章使用 PA1(TIM5_CH2)来检测 TPAD 是否有触摸，在每次检测之前，先配置 PA1 为推挽输出，将电容 C_s(或 C_s+C_x)放电；然后配置 PA1 为浮空输入，利用外部上拉电阻给电容 C_s(C_s+C_x)充电；同时，开启 TIM5_CH2 的输入捕获检测上升沿，当检测到上升沿的时候，就认为电容充电完成了，完成一次捕获检测。

在 MCU 每次复位重启的时候，我们执行一次捕获检测(可以认为没触摸)，记录此时的值，记为 tpad_default_val，作为判断的依据。后续的捕获检测就通过与 tpad_default_val 的对比来判断是不是有触摸发生。

19.2 硬件设计

(1) 例程功能

LED0 用来指示程序运行，150 ms 变换一次状态，即约 300 ms 一次闪烁。不断扫描按键的状态，如果判定了电容触摸按键按下，则把 LED1 的状态翻转一次。

(2) 硬件资源

- LED 灯：LED0 - PB5、LED1 - PE5；
- 定时器 TIM5；
- GPIO：PA1，用于控制触摸按键 TPAD。

(3) 原理图

触摸按键的原理图 TPAD 设计如图 19.3 所示。

设计时 PA1 不直接连接到电容触摸按键，而是引到了插针上，这里需要通过跳线帽把 P10 上标为 ADC 的引脚与标号为 TPAD 的引脚连接到一起，连接如图 19.4 所示。

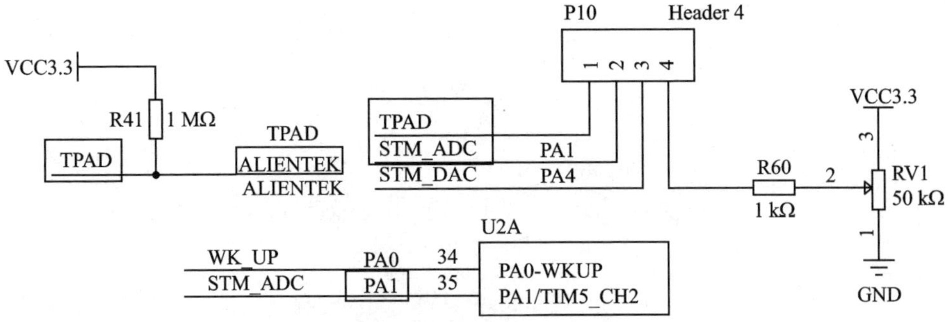

图 19.3　电容按键 TPAD 连接原理图

图 19.4　用跳线帽连接电容按键 TPAD 和 PA1

19.3　程序设计

前面已经学习过定时器的输入捕获功能，这里可以类似地用定时器 5 来实现这对 TPAD 引脚上的电平状态进行捕获的功能。

1. 程序流程图

程序流程如图 19.5 所示。

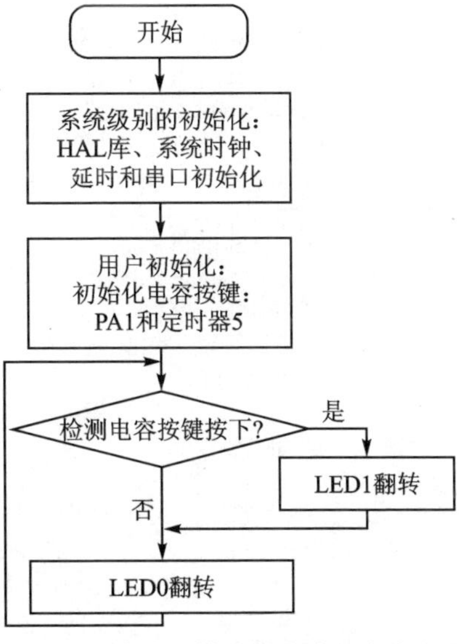

图 19.5　电容触摸按键实验程序流程图

2. 程序解析

TPAD 可以看作配套资料中“实验 9-3 通用定时器输入捕获实验”的一个应用案例，相关的 HAL 库函数在定时器章节已经介绍过了，这里就不重复了。

(1) TPAD 驱动代码

这里只讲解核心代码，详细的源码可参考配套资料中本实验对应源码。TPAD 的驱动主要包括 2 个文件：tpad.c 和 tpad.h。

首先看 tpad.h 头文件的几个宏定义：

```
/* TPAD 引脚 及 定时器 定义 */
#define TPAD_GPIO_PORT                  GPIOA
#define TPAD_GPIO_PIN                   GPIO_PIN_1
/* PA 口时钟使能 */
#define TPAD_GPIO_CLK_ENABLE()   do{ __HAL_RCC_GPIOA_CLK_ENABLE(); }while(0)
#define TPAD_TIMX_CAP                   TIM5
#define TPAD_TIMX_CAP_CHY               TIM_CHANNEL_2   /* 通道 Y,  1 <= Y <= 4 */
#define TPAD_TIMX_CAP_CHY_CCRX          TIM5 ->CCR2     /* 通道 Y 的捕获/比较寄存器 */
#define TPAD_TIMX_CAP_CHY_CLK_ENABLE()   \
        do{ __HAL_RCC_TIM5_CLK_ENABLE();   }while(0)     /* TIM5 时钟使能 */
```

PA1 是定时器 5 的 PWM 通道 2，如果使用其他定时器及其对应的捕获通道的其他 I/O，则只需要修改上面的宏即可。

利用前面描述的触摸按键的原理，上电时检测 TPAD 上电容的充放电时间，并以此为基准，每次需要重新检测 TPAD 时，通过比较充放电的时长来检测当前是否有按下。所以需要用定时器的输入捕获来监测低 TPAD 上低电平的时间。编写 tpad_timx_cap_init()函数如下：

```
/**
 * @brief       触摸按键输入捕获设置
 * @param       arr:自动重装值
 * @param       psc:时钟预分频数
 */
static void tpad_timx_cap_init(uint16_t arr, uint16_t psc)
{
    GPIO_InitTypeDef gpio_init_struct;
    TIM_IC_InitTypeDef timx_ic_cap_chy;
    TPAD_GPIO_CLK_ENABLE();                                   /* TPAD 引脚 时钟使能 */
    TPAD_TIMX_CAP_CHY_CLK_ENABLE();                           /* 定时器 时钟使能 */
    gpio_init_struct.Pin = TPAD_GPIO_PIN;                     /* 输入捕获的 GPIO 口 */
    gpio_init_struct.Mode = GPIO_MODE_INPUT;                  /* 复用推挽输出 */
    gpio_init_struct.Pull = GPIO_PULLDOWN;                    /* 下拉 */
    gpio_init_struct.Speed = GPIO_SPEED_FREQ_MEDIUM;          /* 中速 */
    HAL_GPIO_Init(TPAD_GPIO_PORT, &gpio_init_struct);         /* TPAD 引脚浮空输入 */
    g_timx_cap_chy_handle.Instance = TPAD_TIMX_CAP;           /* 定时器 5 */
    g_timx_cap_chy_handle.Init.Prescaler = psc;               /* 定时器分频 */
    g_timx_cap_chy_handle.Init.CounterMode = TIM_COUNTERMODE_UP;   /* 向上计数模式 */
    g_timx_cap_chy_handle.Init.Period = arr;                  /* 自动重装载值 */
    g_timx_cap_chy_handle.Init.ClockDivision = TIM_CLOCKDIVISION_DIV1;   /* 不分频 */
    HAL_TIM_IC_Init(&g_timx_cap_chy_handle);
    timx_ic_cap_chy.ICPolarity = TIM_ICPOLARITY_RISING;   /* 上升沿捕获 */
    timx_ic_cap_chy.ICSelection = TIM_ICSELECTION_DIRECTTI;   /* 映射 TI1 */
    timx_ic_cap_chy.ICPrescaler = TIM_ICPSC_DIV1;             /* 配置输入不分频 */
    timx_ic_cap_chy.ICFilter = 0;                             /* 配置输入滤波器,不滤波 */
    HAL_TIM_IC_ConfigChannel(&g_timx_cap_chy,
             &timx_ic_cap_chy, TPAD_TIMX_CAP_CHY);            /* 配置 TIM5 通道 2 */
    HAL_TIM_IC_Start(&g_timx_cap_chy_handle,TPAD_TIMX_CAP_CHY);   /* 使能输入捕获 */
}
```

接下来通过控制变量法每次先给 TPAD 放电（STM32 输出低电平）相同时间，然后释放，监测 V_{CC} 每次给 TPAD 的充电时间，由此可以得到一个充电时间。操作的代码如下：

```
/**
 * @brief     复位 TPAD
 * @note      将 TPAD 按键看作一个电容，当手指按下/不按下时容值有变化
 *            该函数将 GPIO 设置成推挽输出，然后输出 0，进行放电，然后再设置
 *            GPIO 为浮空输入，等待外部大电阻慢慢充电
 */
static void tpad_reset(void)
{
    GPIO_InitTypeDef gpio_init_struct;
    gpio_init_struct.Pin = TPAD_GPIO_PIN;                   /* 输入捕获的 GPIO 口 */
    gpio_init_struct.Mode = GPIO_MODE_OUTPUT_PP;            /* 复用推挽输出 */
    gpio_init_struct.Pull = GPIO_PULLUP;                    /* 上拉 */
    gpio_init_struct.Speed = GPIO_SPEED_FREQ_MEDIUM;        /* 中速 */
    HAL_GPIO_Init(TPAD_GPIO_PORT, &gpio_init_struct);
    /* TPAD 引脚输出 0，放电 */
    HAL_GPIO_WritePin(TPAD_GPIO_PORT, TPAD_GPIO_PIN, GPIO_PIN_RESET);
    delay_ms(5);
    g_timx_cap_chy_handle.Instance ->SR = 0;                /* 清除标记 */
    g_timx_cap_chy_handle.Instance ->CNT = 0;               /* 归零 */
    gpio_init_struct.Pin = TPAD_GPIO_PIN;                   /* 输入捕获的 GPIO 口 */
    gpio_init_struct.Mode = GPIO_MODE_INPUT;                /* 复用推挽输出 */
    gpio_init_struct.Pull = GPIO_NOPULL;                    /* 浮空 */
    gpio_init_struct.Speed = GPIO_SPEED_FREQ_MEDIUM;        /* 中速 */
    HAL_GPIO_Init(TPAD_GPIO_PORT, &gpio_init_struct);       /* TPAD 引脚浮空输入 */
}
/**
 * @brief     得到定时器捕获值
 * @note      如果超时，则直接返回定时器的计数值
 *            我们定义超时时间为：TPAD_ARR_MAX_VAL - 500
 * @param     无
 * @retval    捕获值/计数值（超时的情况下返回）
 */
static uint16_t tpad_get_val(void)
{
    uint32_t flag = (TPAD_TIMX_CAP_CHY == TIM_CHANNEL_1)? TIM_FLAG_CC1:\
                    (TPAD_TIMX_CAP_CHY == TIM_CHANNEL_2)? TIM_FLAG_CC2:\
                    (TPAD_TIMX_CAP_CHY == TIM_CHANNEL_3)? TIM_FLAG_CC3:TIM_FLAG_CC4;
    tpad_reset();
    while (__HAL_TIM_GET_FLAG(&g_timx_cap_chy_handle, flag) == RESET)
    {    /* 等待通道 CHY 捕获上升沿 */
        if (g_timx_cap_chy_handler.Instance ->CNT > TPAD_ARR_MAX_VAL - 500)
        {
            return g_timx_cap_chy_handle.Instance ->CNT; /* 超时了，直接返回 CNT 的值 */
        }
    }
    return TPAD_TIMX_CAP_CHY_CCRX;          /* 返回捕获/比较值 */
```

```
}
/**
 * @brief       读取 n 次，取最大值
 * @param       n       :连续获取的次数
 * @retval      n 次读数里面读到的最大读数值
 */
static uint16_t tpad_get_maxval(uint8_t n)
{
    uint16_t temp = 0;
    uint16_t maxval = 0;
    while (n--)
    {
        temp = tpad_get_val();   /* 得到一次值 */
        if (temp >> maxval)maxval = temp;
    }
    return maxval;
}
```

得到充电时间后，接下来要做的就是获取没有按下 TPAD 时的充电时间，并把它作为基准来确认后续有无按下操作。这里定义全局变量 g_tpad_default_val 来保存这个值，通过多次平均的滤波算法来减小误差。编写的初始化函数 tpad_init 代码如下：

```
/**
 * @brief       初始化触摸按键
 * @param       psc     :分频系数(值越小，越灵敏，最小值为：1)
 * @retval      0，初始化成功；1，初始化失败
 */
uint8_t tpad_init(uint16_t psc)
{
    uint16_t buf[10];
    uint16_t temp;
    uint8_t j, i;
    tpad_timx_cap_init(TPAD_ARR_MAX_VAL, psc - 1); /* 以 72/(psc - 1)MHz 的频率计数 */
    for (i = 0; i < 10; i++)           /* 连续读取 10 次 */
    {
        buf[i] = tpad_get_val();
        delay_ms(10);
    }
    for (i = 0; i < 9; i++)            /* 排序 */
    {
        for (j = i + 1; j < 10; j++)
        {
            if (buf[i] > buf[j])       /* 升序排列 */
            {
                temp = buf[i];
                buf[i] = buf[j];
                buf[j] = temp;
            }
        }
    }
    temp = 0;
```

```
    for (i = 2; i < 8; i++)           /* 取中间的 6 个数据进行平均 */
    {
        temp += buf[i];
    }
    g_tpad_default_val = temp / 6;
    printf("g_tpad_default_val: %d\r\n", g_tpad_default_val);
    if (g_tpad_default_val > TPAD_ARR_MAX_VAL / 2)
    {
        return 1;    /* 初始化遇到超过 TPAD_ARR_MAX_VAL/2 的数值,不正常! */
    }
    return 0;
}
```

得到初始值后须编写一个按键扫描函数，以方便在需要监控 TPAD 的地方调用，代码如下：

```
/**
  * @brief      扫描触摸按键
  * @param      mode    :扫描模式
  * @arg        0, 不支持连续触发(按下一次必须松开才能按下一次)
  * @arg        1, 支持连续触发(可以一直按下)
  * @retval     0, 没有按下; 1, 有按下
  */
uint8_t tpad_scan(uint8_t mode)
{
    static uint8_t keyen = 0;      /* 0, 可以开始检测;   > 0, 还不能开始检测; */
    uint8_t res = 0;
    uint8_t sample = 3;            /* 默认采样次数为 3 次 */
    uint16_t rval;
    if (mode)
    {
        sample = 6;       /* 支持连按的时候,设置采样次数为 6 次 */
        keyen = 0;        /* 支持连按, 每次调用该函数都可以检测 */
    }
    rval = tpad_get_maxval(sample);
    if (rval > (g_tpad_default_val  +  TPAD_GATE_VAL))
    {   /* 大于 tpad_default_val + TPAD_GATE_VAL,有效 */
        if (keyen == 0)
        {
            res = 1;    /* keyen == 0, 有效 */
        }
        keyen = 3;        /* 至少要再过 3 次之后才能按键有效 */
    }
    if (keyen)keyen-- ;
    return res;
}
```

TPAD 函数到此就编写完了，接下来通过 main 函数编写测试代码来验证一下 TPAD 的逻辑是否正确。

(2) main.c 代码

在 main.c 里面编写如下代码：

```
int main(void)
{
    uint8_t t = 0;
    HAL_Init();                                  /* 初始化 HAL 库 */
    sys_stm32_clock_init(RCC_PLL_MUL9);          /* 设置时钟, 72 MHz */
    delay_init(72);                              /* 延时初始化 */
    usart_init(115200);                          /* 串口初始化为 115 200 */
    led_init();                                  /* 初始化 LED */
    tpad_init(6);                                /* 初始化触摸按键 */
    while (1)
    {
        if (tpad_scan(0)) /* 成功捕获到了一次上升沿(此函数执行时间至少 15 ms) */
        {
            LED1_TOGGLE();                       /* LED1 取反 */
        }
        t++;
        if (t == 15)
        {
            t = 0;
            LED0_TOGGLE();                       /* LED0 取反 */
        }
        delay_ms(10);
    }
}
```

初始化必要的外设后,通过循环来实现代码操作。这里在扫描函数中定义了电容按触摸发生后的状态,通过判断返回值来判断是否符合按下的条件,按下则翻转一次 LED1。LED0 通过累计延时次数的方法既能保证扫描的频率,又能达到定时翻转的目的。

19.4 下载验证

下载代码后可以看到 LED0 不停闪烁(每 300 ms 闪烁一次),用手指按下电容按键时,LED1 的状态发生改变(亮灭交替一次)。注意,TPAD 引脚和 PA1 都连接到开发板上的排针上,开始测试前需要连接好,否则测试就不准了;如果下载代码前没有连接好,则连接后复位重新测试即可。

第 20 章

TFTLCD(MCU 屏)实验

前面介绍了 OLED 模块及其显示,但是该模块只能显示单色/双色,不能显示彩色,而且尺寸也较小。本章将介绍正点原子的 TFTLCD 模块(MCU 屏),该模块采用 TFTLCD 面板,可以显示 16 位色的真彩图片。本章将使用开发板底板上的 TFTLCD 接口(仅支持 MCU 屏,本章仅介绍 MCU 屏的使用)来点亮 TFTLCD,实现 ASCII 字符和彩色的显示等功能,并在串口打印 LCD 控制器 ID,同时在 LCD 上面显示。

20.1 TFTLCD

本章将通过 STM32F103 的 FSMC 外设来控制 TFTLCD 的显示,这样就可以用 STM32 输出一些信息到显示屏上了。

20.1.1 TFTLCD 简介

液晶显示器,即 Liquid Crystal Display,利用液晶导电后透光性可变的特性,配合显示器光源、彩色滤光片和电压控制等工艺,最终可以在液晶阵列上显示彩色的图像。目前,液晶显示技术以 TN、STN、TFT 这 3 种技术为主,TFTLCD 即采用了 TFT (Thin Film Transistor)技术的液晶显示器,也叫薄膜晶体管液晶显示器。

TFTLCD 与无源 TNLCD、STNLCD 的简单矩阵不同的是,它在液晶显示屏的每一个像素都设置有一个薄膜晶体管(TFT),可有效地克服非选通时的串扰,使显示液晶屏的静态特性与扫描线数无关,因此大大提高了图像质量。TFT 式显示器具有很多优点:高响应度,高亮度,高对比度等。TFT 式屏幕的显示效果非常出色,广泛应用于手机屏幕、笔记本电脑和台式机显示器上。

由于液晶本身不会发光,加上液晶本身的特性等原因,使得液晶屏的成像角受限,从屏幕的一侧可能无法看清液晶的显示内容。液晶显示器的成像角的大小也是评估一个液晶显示器优劣的指标,目前,规格较好的液晶显示器成像角一般在 120°～160°之间。

正点原子 TFTLCD 模块(MCU 屏)有如下特点:

➢ 2.8、3.5、4.3、7 寸这 4 种大小的屏幕可选。

➢ 320×240 的分辨率(3.5 寸分辨率为 320×480,4.3 寸和 7 寸分辨率为 800×480)。

➢ 16 位真彩显示。

➢ 自带触摸屏,可以用来作为控制输入。

本章以正点原子 2.8 寸(此处的寸是代表英寸,下同)的 TFTLCD 模块为例介绍(其他尺寸的 LCD 可参考具体的 LCD 型号的资料),该模块支持 65K 色显示,显示分辨率为 320×240,接口为 16 位的 8080 并口,自带触摸功能。该模块的外观如图 20.1 所示。

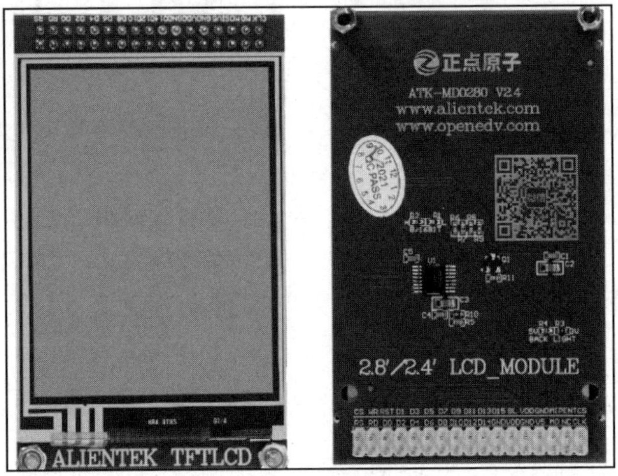

图 20.1　正点原子 2.8 寸 TFTLCD 外观图

模块原理图如图 20.2 所示。

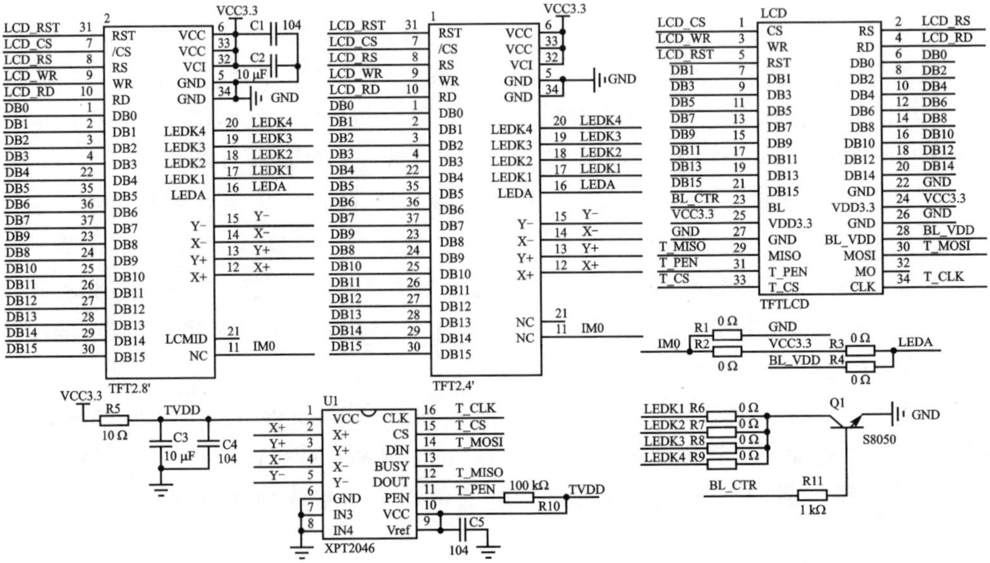

图 20.2　正点原子 TFTLCD 模块原理图

TFTLCD 模块采用 2×17 的 2.54 公排针与外部连接,即图中 TFTLCD 部分。从图 20.2 可以看出,正点原子 TFTLCD 模块采用 16 位的并口方式与外部连接。图 20.2

还列出了触摸控制的接口，但触摸控制是在显示的基础上叠加的一个控制功能，不配置也不会对显示造成影响。该模块与显示功能的相关的信号线如表 20.1 所列。

表 20.1　TFTLCD 接口信号线

名　称	功　能
CS	TFTLCD 片选信号
WR	向 TFTLCD 写入数据
RD	从 TFTLCD 读取数据
DB[15:0]	16 位双向数据线
RST	硬复位 TFTLCD
RS	命令/数据标志(0，读/写命令；1，读写数据)
BL	背光控制

表 20.1 所列的接口线实际是对应到液晶显示控制器上的，这个芯片位于液晶屏的下方，所以从外观图上看不到。控制 LCD 显示的过程就是按其显示驱动芯片的时序，把色彩和位置信息正确地写入对应的寄存器。

20.1.2　液晶显示控制器

正点原子提供的 2.8、3.5、4.3、7 寸这 4 种不同尺寸和分辨率的 TFTLCD 模块，驱动芯片为 ILI9341、ST7789、NT35310、NT35510、SSD1963 等(具体的型号可以下载本章实验代码，通过串口或者 LCD 显示查看)，这里仅以 ILI9341 控制器为例进行介绍，其他的控制基本类似。

ILI9341 液晶控制器自带显存，可配置支持 8、9、16、18 位的总线中的一种，可以通过 3/4 线串行协议或 8080 并口驱动。正点原子的 TFTLCD 模块上的电路配置为 8080 并口方式，其显存总大小为 172 800(240×320×18/8)，即 18 位模式(26 万色)下的显存量。在 16 位模式下，ILI9341 采用 RGB565 格式存储颜色数据，此时 ILI9341 的 18 位显存与 MCU 的 16 位数据线以及 RGB565 的对应关系如图 20.3 所示。

9341 显存	B17	B16	B15	B14	B13	B12	B11	B10	B9	B8	B7	B6	B5	B4	B3	B2	B1	B0
RGB565 GRAM	R[4]	R[3]	R[2]	R[1]	R[0]	NC	G[5]	G[4]	G[3]	G[2]	G[1]	G[0]	B[4]	B[3]	B[2]	B[1]	B[0]	NC
9341数据线	DB15	DB14	DB13	DB12	DB11		DB10	DB9	DB8	DB7	DB6	DB5	DB4	DB3	DB2	DB1	DB0	
MCU 数据线	D15	D14	D13	D12	D11		D10	D9	D8	D7	D6	D5	D4	D3	D2	D1	D0	

图 20.3　位数据与显存对应关系图

可以看出，ILI9341 在 16 位模式下面，18 位显存的 B0 和 B12 并没有用到，对外的数据线使用 DB0～DB15 连接 MCU 的 D0～D15 实现 16 位颜色的传输(使用 8080 MCU 16 bit I 型接口，详见 9341 数据手册 7.1.1 小节)。

这样 MCU 的 16 位数据中，最低 5 位代表蓝色，中间 6 位为绿色，最高 5 位为红色。数值越大，表示该颜色越深。注意，ILI9341 所有的指令都是 8 位的(高 8 位无效)，且参数除了读/写 GRAM 的时候是 16 位，其他操作参数都是 8 位的。

知道了屏幕的显色信息后，如何驱动它呢？OLED 的章节已经描述过 8080 方式操作的时序,这里通过学习“ILI9341_DS.pdf”来深入理解在 8080 并口方式下如何操作这个芯片。

以写周期为例,8080 方式下的操作时序如图 20.4 所示。

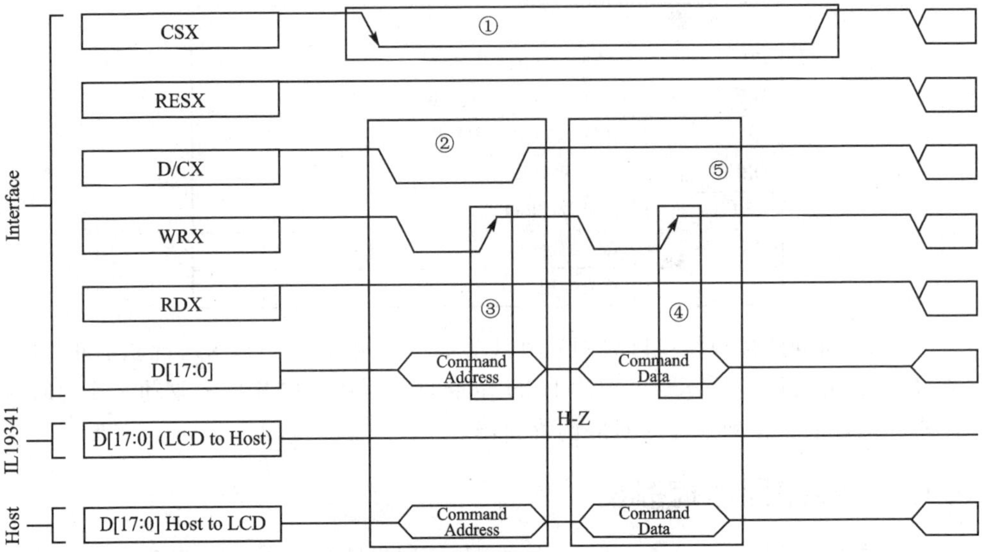

图 20.4 8080 方式下对液晶控制器的写操作

图中的各个控制线与表 20.1 提到的命名有些差异,这里因为在原理图时往往为了方便记忆会对命名进行微调。为了方便读者对照,把图 20.4 中列出的引脚与 TFTLCD 模块的对应关系列在表 20.2 中。

表 20.2 TFTLCD 引脚与液晶控制器的对应关系

TFTLCD 名称	ILI9341	功 能
CS	CSX	TFTLCD 片选信号
WR	WRX	向 TFTLCD 写入数据
RD	RDX	从 TFTLCD 读取数据
D[15:0]	D[15:0]	16 位双向数据线
RS	D/CX	命令/数据标志(0,读/写命令;1,读写数据)

再来分析一下图 20.4 所示的写操作的时序。控制液晶的主机在整个写周期内需要控制片选 CSX 拉低(标注为①),之后对其他控制线的电平才有效。在标号②表示的这个写命令周期中,D/CX 被位低(参考 ILI9341 的引脚定义),同时把命令码通过数据线 D[17:0](实际只用了 16 个引脚)按位编码。注意,③处需要数据线在写入电平拉高后再保持一段时间,以便数据被正确采样。

图 20.4 中⑤表示写数据操作,与前面描述的写命令操作只有 D/CX 的操作不同,读者可以尝试自己分析一下。更多的关于 ILI9341 的读/写操作时序可参考“ILI9341_DS.pdf”。

通过前述的时序分析可知,对于 ILI9341 来说,控制命令有命令码、数据码之分,接下来介绍 ILI9341 的几个重要命令。ILI9341 的命令很多,这里就不全部介绍了,有兴趣的读者可以查看 ILI9341 的 datasheet。这里将介绍 0xD3、0x36、0x2A、0x2B、0x2C、0x2E 这 6 条指令。

指令 0xD3 是读 ID4 指令,用于读取 LCD 控制器的 ID,如表 20.3 所列。

表 20.3 0xD3 指令描述

顺 序	控 制			各位描述									HEX
	RS	RD	WR	D15～D8	D7	D6	D5	D4	D3	D2	D1	D0	
指令	0	1	↑	XX	1	1	0	1	0	0	1	1	D3H
参数 1	1	↑	1	XX	X	X	X	X	X	X	X	X	X
参数 2	1	↑	1	XX	0	0	0	0	0	0	0	0	00H
参数 3	1	↑	1	XX	1	0	0	1	0	0	1	1	93H
参数 4	1	↑	1	XX	0	1	0	0	0	0	0	1	41H

可以看出,0xD3 指令后面跟了 4 个参数,最后 2 个参数读出来是 0x93 和 0x41,刚好是控制器 ILI9341 的数字部分。所以,通过该指令,即可判别所用 LCD 驱动器的型号,这样,代码就可以根据控制器的型号去执行对应驱动 IC 的初始化代码,从而兼容不同驱动 IC 的屏,使得一个代码支持多款 LCD。

指令 0x36 是存储访问控制指令,可以控制 ILI9341 存储器的读/写方向。简单说,就是在连续写 GRAM 的时候,可以控制 GRAM 指针的增长方向,从而控制显示方式(读 GRAM 也是一样)。该指令如表 20.4 所列。

表 20.4 0x36 指令描述

顺 序	控 制			各位描述									HEX
	RS	RD	WR	D15～D8	D7	D6	D5	D4	D3	D2	D1	D0	
指令	0	1	↑	XX	0	0	1	1	0	1	1	0	36H
参数	1	1	↑	XX	MY	MX	MV	ML	BGR	MH	0	0	0

可以看出,0x36 指令后面紧跟一个参数,这里主要关注 MY、MX、MV 这 3 个位。通过这 3 个位的设置可以控制整个 ILI9341 的全部扫描方向,如表 20.5 所列。

这样,在利用 ILI9341 显示内容的时候就有很大灵活性了,比如显示 BMP 图片、BMP 解码数据,就是从图片的左下角开始,慢慢显示到右上角。如果设置 LCD 扫描方向为从左到右、从下到上,那么只需要设置一次坐标,然后就不停地往 LCD 填充颜色数据即可,这样可以大大提高显示速度。实验中默认使用从左到右,从上到下的扫描方式。

指令 0x2A 是列地址设置指令,在从左到右、从上到下的扫描方式(默认)下面,该指令用于设置横坐标(x 坐标)。该指令如表 20.6 所列。

表 20.5　MY、MX、MV 设置与 LCD 扫描方向关系表

控制位			效果
MY	MX	MV	LCD 扫描方向(GRAM 自增方式)
0	0	0	从左到右,从上到下
1	0	0	从左到右,从下到上
0	1	0	从右到左,从上到下
1	1	0	从右到左,从下到上
0	0	1	从上到下,从左到右
0	1	1	从上到下,从右到左
1	0	1	从下到上,从左到右
1	1	1	从下到上,从右到左

表 20.6　0x2A 指令描述

顺　序	控　制			各位描述									HEX
	RS	RD	WR	D15～D8	D7	D6	D5	D4	D3	D2	D1	D0	
指令	0	1	↑	XX	0	0	1	0	1	0	1	0	2AH
参数 1	1	1	↑	XX	SC15	SC14	SC13	SC12	SC11	SC10	SC9	SC8	SC
参数 2	1	1	↑	XX	SC7	SC6	SC5	SC4	SC3	SC2	SC1	SC0	
参数 3	1	1	↑	XX	EC15	EC14	EC13	EC12	EC11	EC10	EC9	EC8	EC
参数 4	1	1	↑	XX	EC7	EC6	EC5	EC4	EC3	EC2	EC1	EC0	

在默认扫描方式时,该指令用于设置 x 坐标。该指令带有 4 个参数,实际上是 2 个坐标值:SC 和 EC,即列地址的起始值和结束值;SC 必须小于等于 EC,且 0≤SC/EC≤239。一般在设置 x 坐标的时候,只需要带 2 个参数即可,也就是设置 SC 即可,因为如果 EC 没有变化,只需要设置一次即可(在初始化 ILI9341 的时候设置),从而提高速度。

指令 0x2B 是页地址设置指令,在从左到右、从上到下的扫描方式(默认)下面,该指令用于设置纵坐标(y 坐标)。该指令如表 20.7 所列。

表 20.7　0x2B 指令描述

顺　序	控　制			各位描述									HEX
	RS	RD	WR	D15～D8	D7	D6	D5	D4	D3	D2	D1	D0	
指令	0	1	↑	XX	0	0	1	0	1	0	1	1	2BH
参数 1	1	1	↑	XX	SP15	SP14	SP13	SP12	SP11	SP10	SP9	SP8	SP
参数 2	1	1	↑	XX	SP7	SP6	SP5	SP4	SP3	SP2	SP1	SP0	
参数 3	1	1	↑	XX	EP15	EP14	EP13	EP12	EP11	EP10	EP9	EP8	EP
参数 4	1	1	↑	XX	EP7	EP6	EP5	EP4	EP3	EP2	EP1	EP0	

在默认扫描方式时,该指令用于设置 y 坐标。该指令带有 4 个参数,实际上是 2 个坐标值:SP 和 EP,即页地址的起始值和结束值;SP 必须小于等于 EP,且 0≤SP/EP≤

319。一般在设置 y 坐标的时候，只需要带 2 个参数即可，也就是设置 SP 即可，因为如果 EP 没有变化，只需要设置一次即可(在初始化 ILI9341 的时候设置)，从而提高速度。

指令 0x2C 是写 GRAM 指令，发送该指令之后便可以往 LCD 的 GRAM 里面写入颜色数据了，该指令支持连续写。指令描述如表 20.8 所列。

表 20.8　0x2C 指令描述

顺　序	控　制			各位描述									HEX
	RS	RD	WR	D15～D8	D7	D6	D5	D4	D3	D2	D1	D0	
指令	0	1	↑	XX	0	0	1	0	1	1	0	0	2CH
参数 1	1	1	↑	D1[15:0]									XX
……	1	1	↑	D2[15:0]									XX
参数 n	1	1	↑	Dn[15:0]									XX

由表 20.8 可知，在收到指令 0x2C 之后，数据有效位宽变为 16 位，可以连续写入 LCD GRAM 值，而 GRAM 的地址将根据 MY/MX/MV 设置的扫描方向进行自增。例如，假设设置的是从左到右、从上到下的扫描方式，那么设置好起始坐标(通过 SC，SP 设置)后，每写入一个颜色值，GRAM 地址将会自动自增 1(SC＋＋)；如果碰到 EC，则回到 SC，同时 SP＋＋，一直到坐标：EC，EP 结束，期间无须再次设置的坐标，从而大大提高写入速度。

指令 0x2E 是读 GRAM 指令，用于读取 ILI9341 的显存(GRAM)。该指令在 ILI9341 的数据手册上面的描述是有误的，真实的输出情况如表 20.9 所列。

表 20.9　0x2E 指令描述

顺　序	控　制			各位描述 D[15:0]										HEX
	RS	RD	WR	15～11	10～8	7	6	5	4	3	2	1	0	
指令	0	1	↑	XX		0	0	1	0	1	1	1	0	2EH
参数 1	1	↑	1	XX										dummy
参数 2	1	↑	1	R1[4:0]	XX	G1[5:0]						XX		R1G1
参数 3	1	↑	1	B1[4:0]	XX	R2[4:0]					XX			B1R2
参数 4	1	↑	1	G2[5:0]	XX	B2[4:0]					XX			G2B2
参数 5	1	↑	1	R3[4:0]	XX	G3[5:0]						XX		R3G3
参数 N	1	↑	1	按以上规律输出										

该指令用于读取 GRAM。ILI9341 在收到该指令后，第一次输出的是 dummy 数据，也就是无效的数据，第二次开始，读取到的才是有效的 GRAM 数据(从坐标：SC，SP 开始)，输出规律为每个颜色分量占 8 个位，一次输出 2 个颜色分量。例如，第一次输出是 R1G1，随后的规律为 B1R2→G2B2→R3G3→B3R4→G4B4→R5G5…依此类推。如果只需要读取一个点的颜色值，那么只需要接收到参数 3 即可；如果要连续读取(利用 GRAM 地址自增，方法同上)，那么就按照上述规律去接收颜色数据。

以上就是操作 ILI9341 常用的几个指令,通过这几个指令便可以很好地控制 ILI9341 显示内容了。

20.1.3 FSMC 简介

ILI9341 的 8080 通信接口时序可以由 STM32 使用 GPIO 接口进行模拟,但效率太低,STM32 提供了一种更高效的控制方法——使用 FSMC 接口实现 8080 时序;但 FSMC 是 STM32 片上外设的一种,并非所有的 STM32 都拥有这种硬件接口,使用何种方式驱动需要在芯片选型时就确定好。本书使用的开发板支持 FSMC 接口,下面来了解一下这个接口的功能。

FSMC,即灵活的静态存储控制器,能够与同步或异步存储器和 16 位 PC 存储器卡连接,FSMC 接口可以通过地址信号快速地找到存储器对应存储块上的数据。STM32F1 的 FSMC 接口支持 SRAM、NAND FLASH、NOR FLASH 和 PSRAM 等存储器。F1 系列的大容量型号,且引脚数目在 100 脚及以上的 STM32F103 芯片都带有 FSMC 接口,正点原子战舰 STM32F103 的主芯片为 STM32F103ZET6,是带有 FSMC 接口的。

FSMC 接口的结构如图 20.5 所示。可以看出,STM32 的 FSMC 可以驱动 NOR/PSRAM、NAND、PC 卡这 3 类设备,它们具有不同的 CS 以区分不同的设备。本部分要用到的是 NOR/PSRAM 的功能。表 20.5 中标号①是 FSMC 的总线和时钟源,标号

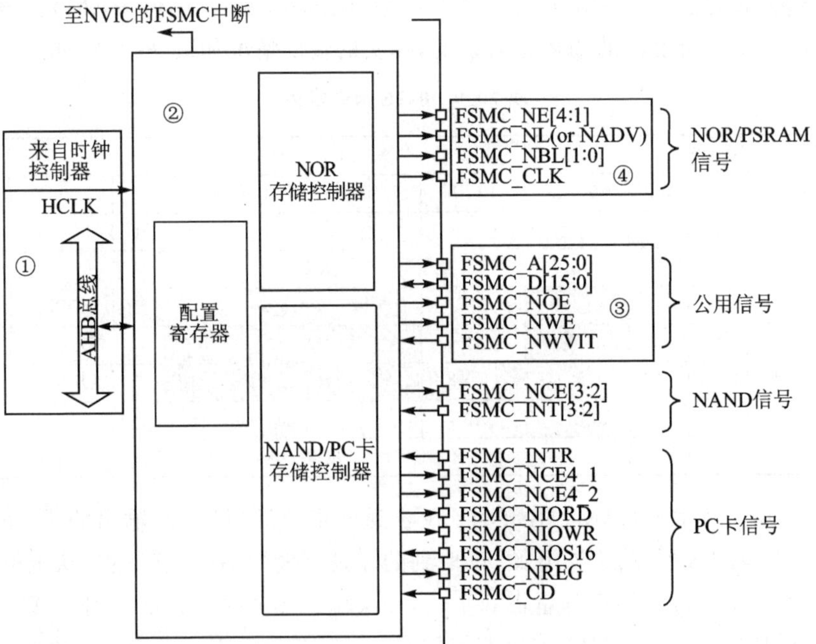

图 20.5 FSMC 框图

②是 STM32 内部的 FSMC 控制单元，标号③是连接硬件的引脚，这里的“公共信号”表示不论驱动前面提到的 3 种设备中的哪种，这些 I/O 是共享的，所以若要用到多种功能的情况，程序上还要考虑分时复用。标号④是 NOR/PSRAM 会使用到的信号控制线，③和④这些信号比较重要，它们的功能如表 20.10 所列。

表 20.10　FSMC 信号线的功能

FSMC 信号名称	信号方向	功　能
FSMC_NE[x]	输出	STM32F1 有 4 个片选引脚，x=1～4，每个对应不同的内存块
FSMC_CLK	输出	时钟(同步突发模式使用)
FSMC_A[25:0]	输出	地址总线
FSMC_D[15:0]	输入/输出	双向数据总线
FSMC_NOE	输出	输出使能
FSMC_NWE	输出	写使能
FSMC_NWAIT	输入	NOR 闪存要求 FSMC 等待的信号
FSMC_NADV	输出	地址、数据线复用时作锁存信号

存储器是可以存储数据的器件。复杂的存储器为了存储更多的数据，常常通过地址线来管理数据存储的位置，这样只要先找到需要读/写数据的位置，就可对进行数据读/写的操作。由于存储器的这种数据和地址对应关系，采用 FSMC 这种专门硬件接口就能加快对存储器的数据访问。

STM32F1 的 FSMC 将外部存储器划分为固定大小为 256 MB 的 4 个存储块，FSMC 的外部设备地址映像如图 20.6 所示。可以看出，FSMC 总共管理 1 GB 空间，拥有 4 个存储块(Bank)。FSMC 各 Bank 配置寄存器如表 20.11 所列。

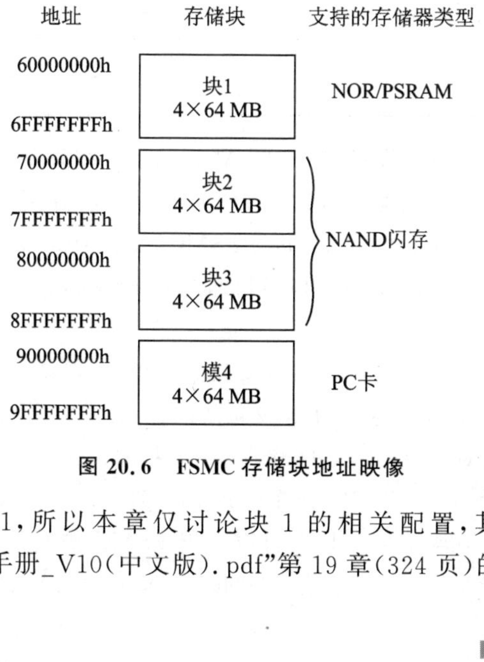

图 20.6　FSMC 存储块地址映像

本章用到的是块 1，所以本章仅讨论块 1 的相关配置，其他块的配置可参考“STM32F10xxx 参考手册_V10(中文版).pdf”第 19 章(324 页)的相关介绍。

表 20.11 FSMC 各 Bank 配置寄存器表

内部控制器	存储块	管理的地址范围	支持的设备类型	配置寄存器
NOR FLASH 控制器	Bank1	0x60000000～0x6FFFFFFF	SRAM/ROM	FSMC_BCR1/2/3/4
			NOR FLASH	FSMC_BTR1/2/2/3
			PSRAM	FSMC_BWTR1/2/3/4
NAND FLASH PC CARD 控制器	Bank2	0x70000000～0x7FFFFFFF	NAND FLASH	FSMC_PCR2/3/4 FSMC_SR2/3/4 FSMC_PMEM2/3/4 FSMC_PATT2/3/4 FSMC_PIO4
	Bank3	0x80000000～0x8FFFFFFF		
	Bank4	0x90000000～0x9FFFFFFF	PC Card	

STM32F1 的 FSMC 存储块 1(Bank1)被分为 4 个区，每个区管理 64 MB 空间，每个区都有独立的寄存器对所连接的存储器进行配置。Bank1 的 256 MB 空间可以通过 28 根地址线(HADDR[27:0])寻址后访问。这里 HADDR 是内部 AHB 地址总线，其中，HADDR[25:0]来自外部存储器地址 FSMC_A[25:0]，而 HADDR[26:27]对 4 个区进行寻址，如表 20.12 所列。其中要特别注意 HADDR[25:0]的对应关系：

➢ 当 Bank1 接的是 16 位宽度存储器的时候，HADDR[25:1]→FSMC_A[24:0]。

➢ 当 Bank1 接的是 8 位宽度存储器的时候，HADDR[25:0] →FSMC_A[25:0]。

表 20.12 Bank1 存储区选择表

Bank1 所选区	片选信号	地址范围	HADDR	
			[27:26]	[25:0]
第 1 区	FSMC_NE1	0x60000000～63FFFFFF	00	FSMC_A[25:0]
第 2 区	FSMC_NE2	0x64000000～67FFFFFF	01	
第 3 区	FSMC_NE3	0x68000000～6BFFFFFF	10	
第 4 区	FSMC_NE4	0x6C000000～6FFFFFFF	11	

不论外部接 8 位/16 位宽设备，FSMC_A[0]永远接在外部设备地址 A[0]。这里，TFTLCD 使用的是 16 位数据宽度，所以 HADDR[0]并没有用到，只有 HADDR[25:1]是有效的，对应关系变为 HADDR[25:1]→FSMC_A[24:0]，相当于右移了一位。具体来说，比如地址 0x7E 对应二进制是 01111110，此时 FSMC_A6 是 0 而不是 1，因为要右移一位，这里要特别注意。

另外，HADDR[27:26]的设置是不需要我们干预的，例如，当选择使用 Bank1 的第 3 个区，即使用 FSMC_NE3 来连接外部设备的时候，即对应了 HADDR[27:26]=10，我们要做的就是配置对应第 3 区的寄存器组来适应外部设备即可。对于 NOR FLASH 控制器，主要是通过 FSMC_BCRx、FSMC_BTRx 和 FSMC_BWTRx 寄存器的设置(其中 x=1～4，对应 4 个区)，从而可以设置 FSMC 访问外部存储器的时序参数，拓宽了可选用外部存储器的速度范围。FSMC 的 NOR FLASH 控制器支持同步和异步突发 2 种访问方式。选用同步突发访问方式时,FSMC 将 HCLK(系统时钟)分频后,发送给外部存储器作为同步时钟信号 FSMC_CLK。此时需要的设置的时间参数有 2 个:

① HCLK 与 FSMC_CLK 的分频系数(CLKDIV),可以为 2~16 分频;

② 同步突发访问中获得第一个数据所需要的等待延迟(DATLAT)。

对于异步突发访问方式,FSMC 主要设置 3 个时间参数:地址建立时间(ADDSET)、数据建立时间(DATAST)和地址保持时间(ADDHLD)。FSMC 综合了 SRAM/ROM、PSRAM 和 NOR FLASH 产品的信号特点,定义了 4 种不同的异步时序模型。选用不同的时序模型时,需要设置不同的时序参数,如表 20.13 所列。

表 20.13　NOR FLASH 控制器支持的时序模型

时序模型		简单描述	时间参数
异步	Mode1	SRAM/CRAM 时序	DATAST、ADDSET
	ModeA	SRAM/CRAM OE 选通型时序	DATAST、ADDSET
	Mode2/B	NOR FLASH 时序	DATAST、ADDSET
	ModeC	NOR FLASH OE 选通型时序	DATAST、ADDSET
	ModeD	延长地址保持时间的异步时序	DATAST、ADDSET、ADDHLK
同步突发		根据同步时钟 FSMC_CK 读取多个顺序单元的数据	CLKDIV、DATLAT

在实际扩展时,根据选用存储器的特征确定时序模型,从而确定各时间参数与存储器读/写周期参数指标之间的计算关系;利用该计算关系和存储芯片数据手册中给定的参数指标,可计算出 FSMC 所需要的各时间参数,从而对时间参数寄存器进行合理的配置。

模式 A 支持独立的读/写时序控制。这对驱动 TFTLCD 非常有用,因为 TFTLCD 在读的时候一般比较慢,而在写的时候可以比较快,如果读/写用一样的时序,那么只能以读的时序为基准,从而导致写的速度变慢;或者在读数据的时候,重新配置 FSMC 的延时,在读操作完成的时候再配置回写的时序,这样虽然也不会降低写的速度,但是频繁配置,比较麻烦。而如果有独立的读/写时序控制,那么只要初始化的时候配置好,之后就不用再配置,既可以满足速度要求,又不需要频繁改配置。模式 A 的写操作及读操作时序分别如图 20.7 和图 20.8 所示。其中,ADDSET 与 DATAST 是通过不同的寄存器设置的。

以图 20.7 所示的写操作时序为例,该图表示一个存储器操作周期由地址建立周期(ADDSET)、数据建立周期(DATAST)组成。在地址建立周期中,数据建立周期期间 NWE 信号拉低发出写信号,接着 FSMC 把数据通过数据线传输到存储器中。注意,NEW 拉高后的那一个 HCLK 是必要的,以保证数据线上的信号被准确采样。

读操作模式时序类似,区别是它的一个存储器操作周期由地址建立周期(ADDSET)、数据建立周期(DATAST)以及 2 个 HCLK 周期组成,且在数据建立周期

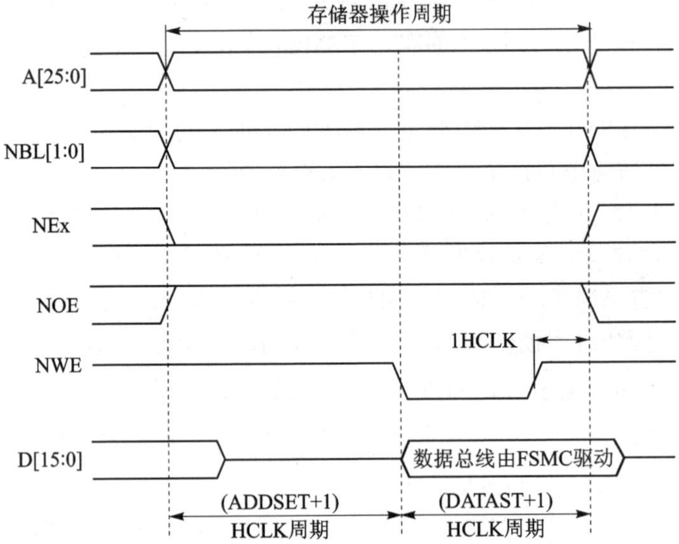

图 20.7　模式 A 写操作时序

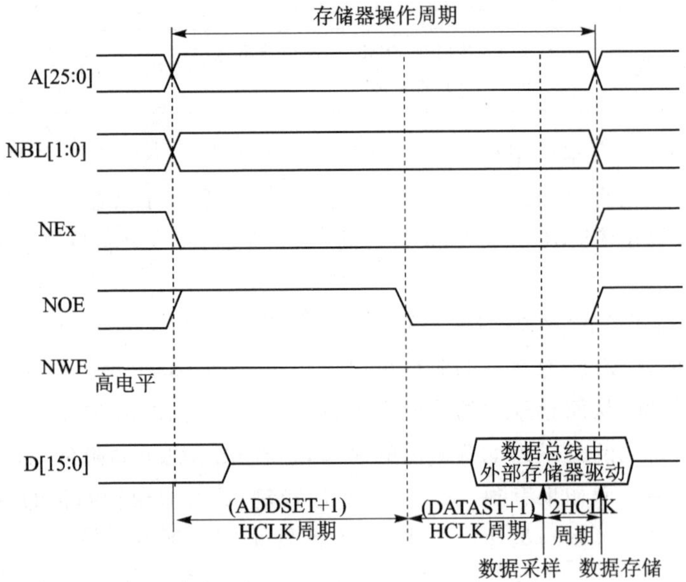

图 20.8　模式 A 读操作时序图

期间地址线发出要访问的地址，数据掩码信号线指示出要读取地址的高、低字节部分，片选信号使能存储器芯片；地址建立周期结束后读使能信号线发出读使能信号，接着存储器通过数据信号线把目标数据传输给 FSMC，FSMC 把它交给内核。

当 FSMC 外设被配置成正常工作，并且外部接了 PSRAM 时，若向 0x60000000 地址写入数据(如 0xABCD)，FSMC 会自动在各信号线上产生相应的电平信号，写入数据。FSMC 会控制片选信号 NE1 输出低电平，相应的 PSRAM 芯片被片选激活，然后使用地址线 A[25:0]输出 0x60000000,在 NWE 写使能信号线上发出低电平的写使能信号,而要写入的数据信号 0xABCD 则从数据线 D[15:0]输出,然后数据就被保存到 PSRAM 中了。

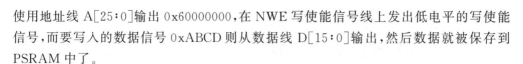

到这里读者发现没有,之前讲的液晶控制器的 8080 并口模式与 FSMC 接口很像,区别是 FSMC 通过地址访问设备数据,并且可以自动控制相应电平,而 8080 方式则是直接控制,且没有地址线。对比图 20.4 和图 20.7 可以发现它们的相似点,概括如表 20.14 所列。

表 20.14　FSMC(NOR/PSRAM)方式和 8080 并口对比

FSMC(NOR/PSRAM)	功　能	8080 信号线	功　能
FSMC_NEx	片选信号	CSX	片选信号
FSMC_NWR	写使能	WRX	写使能
FSMC_NOE	读使能	RDX	读使能
FSMC_D[15:0]	数据信号	D[17:0]	数据信号
FSMC_A[25:0]	地址信号	D/CX	数据/命令选择

如果能用某种方式把 FSMC 的地址线和 8080 方式下的等效起来,那就可以直接用 FSMC 等效 8080 方式操作 LCD 屏的显存了。FSMC 利用地址线访问数据,并自动设置地址线和相关控制信号线的电平。如果对命令操作和数据操作采用不同的地址来访问,同时使得操作数据时地址线上一个引脚的电平为高,则操作命令时,同一个引脚的电平为低就可以完美解决这个问题了。

战舰 STM32 开发板把 TFTLCD 的 FSMC_NE4 用作片选,把 RS 连接在 A10 上面。这里分析一下通过地址自动切换命令和数据的实现方式。

首先 NOR/PSRAM 储块地址范围为 0x60000000～0x6FFFFFFF,基地址是 0x60000000,每个存储块是 64 MB,那么这时候访问 LCD 的地址应该是第 4 个存储块,编号从 1 开始,访问 LCD 的起始地址就是 0x60000000＋(0x4000000(x－1))＝0x6C000000,即从 0x6C000000 起的 64 MB 内存地址都可以去访问 LCD。

FSMC_A10 对应地址值:$2^{10}\times 2=$0x800(16 位模式时,参考表 20.12 及之后对 HADDR 和 FSMC 地址线对应关系的描述:HADDR[25:1]→FSMC_A[24:0],所以这里计算时还需要乘 2),则写命令时的地址为 0x6C000000$+2^{10}\times 2=$0x6C000800。写数据的地址就是使 FSMC_A10 为 0 的其他任意地址。(注意,不要被地址访问的思路带进去了,以为接下来就是用 FSMC 的地址偏移来操作显存,实际显存的操作还是归 MCU 屏管理。使能 FSMC 功能后就可以直接在我们设置的地址读/写数据。实际上这里只用到了 2 个固定的地址:一个地址把 FSMC_A10 位置 1,另一个把该位置 0,但要保证这 2 个地址在各个 BANK 的管理范围内。)

STM32F1 的 FSMC 支持 8/16 位数据宽度,这里用到的 LCD 是 16 位宽度的,所以在设置的时候选择 16 位宽就可以了。向这 2 个地址写的 16 进制数据会被直接送到数据线上,根据地址自动解析为命令或者数据,通过这样一个过程就完成了用 FSMC

模拟 8080 并口的操作，最终完成对液晶控制器的控制。

20.1.4 FSMC 关联寄存器简介

首先介绍 SRAM/NOR 闪存片选控制寄存器：FSMC_BCRx(x=1～4)，该寄存器各位描述如图 20.9 所示。该寄存器中本章用到的设置有 EXTMOD、WREN、MWID、MTYP 和 MBKEN，这里逐个介绍。

31~20	19	18~15	14	13	12	11	10	9	8	7	6	5~4	3~2	1	0
保留	CBURSTRW	保留	EXTMOD	WAITEN	WREN	WAITCFG	WRAPMOD	WAITPOL	BURSTEN	保留	FACCEN	MWID	MTYP	MUXEN	MBKEN
res	rw	res	rw	rw	rw	rw	rw	rw	rw	res	rw	rw	rw	rw	rw

位14	EXTMOD：扩展模式使能 该位允许FSMC使用FSMC_BWTR寄存器，即允许读和写使用不同的时序。 0：不使用FSMC_BWTR寄存器，这是复位后的默认状态。 1：FSMC使用FSMC_BWTR寄存器
位12	WREN：写使能位 该位指示FSMC是否允许/禁止对存储器的写操作。 0：禁止FSMC对存储器的写操作，否则产生一个AHB错误。 1：允许FSMC对存储器的写操作；这是复位后的默认状态
位5:4	MWID：存储器数据总线宽度 定义外部存储器总线的宽度，适用于所有类型的存储器。 00：8位　01：16位(复位后的默认状态) 10：保留，不能用　11：保留，不能用
位3:2	MTYP：存储器类型 定义外部存储器的类型： 00：SRAM、ROM(存储器块2~4在复位后的默认值)　01：PSRAM(Cellular RAM: CRAM) 10：NOR闪存(存储器块1在复位后的默认值)　11：保留
位0	MBKEN：存储器块使能位 开启对应的存储器块。复位后存储器块1是开启的，其他所有存储器块为禁用。访问一个禁用的存储器块将在AHB总线上产生一个错误。 0：禁用对应的存储器块　1：启用对应的存储器块

图 20.9　FSMC_BCRx 寄存器各位描述

EXTMOD：扩展模式使能位，也就是是否允许读/写不同的时序。本章需要读/写不同的时序，故该位需要设置为 1。

WREN：写使能位。需要向 TFTLCD 写数据，故该位必须设置为 1。

MWID[1:0]：存储器数据总线宽度。TFTLCD 是 16 位数据线，所以设置该值为 01。

MTYP[1:0]：存储器类型。这里把 TFTLCD 当成 SRAM 用，所以需要设置该值为 00。

MBKEN：存储块使能位。这里需要用到该存储块控制 TFTLCD，当然要使能这个存储块了。

接下来看看 SRAM/NOR 闪存片选时序寄存器：FSMC_BTRx(x=1～4)，该寄存器各位描述如图 20.10 所示。这个寄存器包含了每个存储器块的控制信息，可以用于 SRAM、ROM 和 NOR 闪存存储器。如果 FSMC_BCRx 寄存器中设置了 EXTMOD

位,则有 2 个时序寄存器分别对应读(本寄存器)和写操作(FSMC_BWTRx 寄存器)。因为要求读/写分开时序控制,所以 EXTMOD 是使能了的。该寄存器是读操作时序寄存器,用于控制读操作的相关时序。本章要用到的设置有 ACCMOD、DATAST 和 ADDSET 这 3 个。

31 30	29 28	27 26 25 24	23 22 21 20	19 18 17 16	15 14 13 12 11 10 9 8	7 6 5 4	3 2 1 0
保留	ACCMOD	DATLAT	CLKDIV	BUSTURN	DATAST	ADDHILD	ADDSET
res	rw	rw	rw	rw	rw	rw	rw

位29:28	ACCMOD：访问模式 定义异步访问模式。这2位只在FSMC_BCRx寄存器的EXTMOD位为1时起作用。 00：访问模式A　01：访问模式B　10：访问模式C　11：访问模式D
位15:8	DATAST：数据保持时间 这些位定义数据的保持时间，适用于SRAM、ROM和异步总线复用模式的NOR闪存操作。 0000 0000：保留 0000 0001：DATAST保持时间=2个HCL K时钟周期 0000 0010：DATAST 保持时间=3个HCLK时钟周期 …… 1111 1111：DATAST保持时间=256个HCLK时钟周期(这是复位后的默认数值) 对于每一种存储器类型和访问方式的数据保持时间，请参考对应的图表 例如：模式1、读操作、DATAST=1：数据保持时间=DATAST+3=4个HCL K时钟周期
位3:0	ADDSET：地址建立时间 这些位定义地址的建立时间，适用于SRAM、ROM和异步总线复用模式的NOR闪存操作 0000：ADDSET建立时间=1个HCLK时钟周期 …… 1111：ADDSET建立时间=16个HCLK时钟周期(这是复位后的默认数值)。 对于每一种存储器类型和访问方式的地址建立时间，请参考对应的图表。 例如：模式2、读操作、ADDSET=1：地址建立时间=ADDSET+1=2个HCL K时钟周期 注：在同步操作中，这个参数不起作用，地址建立时间始终是一个存储器时钟周期

图 20.10　FSMC_BTRx 寄存器各位描述

ACCMOD[1:0]:访问模式。本章用到模式 A,故设置为 00。

DATAST[7:0]:数据保持时间。对 ILI9341 来说,其实就是 RD 低电平持续时间,一般为 355 ns。而一个 HCLK 时钟周期为 13.9 ns 左右(1/72 MHz),为了兼容其他屏,这里设置 DATAST 为 15,也就是 16 个 HCLK 周期,时间大约是 222 ns(未计算数据存储的 2 个 HCLK 时间,对 9341 来说超频了,但是实际上是可以正常使用的)。

ADDSET[3:0]:地址建立时间。其建立时间为 ADDSET 个 HCLK 周期,最大为 15 个 HCLK 周期。对 ILI9341 来说,这里相当于 RD 高电平持续时间,为 90 ns;本来这里应该设置和 DATAST 一样,但是由于 STM32F103 FSMC 的性能问题,就算设置 ADDSET 为 0,RD 的高电平持续时间也超过 90 ns。所以这里可以设置 ADDSET 为较小的值,本章设置 ADDSET 为 1,即 2 个 HCLK 周期。

最后再来看看 SRAM/NOR 闪写时序寄存器:FSMC_BWTRx(x=1～4),该寄存器各位描述如图 20.11 所示。该寄存器在本章用作写操作时序控制寄存器,需要用到的设置同样是 ACCMOD、DATAST 和 ADDSET 这 3 个。这 3 个设置的方法同 FSMC_BTRx 一模一样,只是这里对应的是写操作的时序,ACCMOD 设置同 FSMC_BTRx

一模一样，同样是选择模式 A；另外 DATAST 和 ADDSET 对应低电平和高电平持续时间，对 ILI9341 来说，这 2 个时间只需要 15 ns 就够了，比读操作快得多。所以这里设置 DATAST 为 1，即 2 个 HCLK 周期，时间约为 28 ns。然后 ADDSET（也存在性能问题）设置为 0，即一个 HCLK 周期，实际 WR 高电平时间就可以满足。

31 30	29 28	27 26 25 24	23 22 21 20	19 18 17 16	15 14 13 12 11 10 9 8	7 6 5 4	3 2 1 0
保留	ACCMOD	DATLAT	CLKDIV	保留	DATAST	ADDHILD	ADDSET
res	rw	rw	rw	res	rw	rw	rw

位29:28	ACCMOD：访问模式 定义异步访问模式。这2位只在FSMC_BCRx寄存器的EXTMOD位为1时起作用 00：访问模式A　01：访问模式B　10：访问模式C　11：访问模式D
位15:8	DATAST：数据保持时间 这些位定义数据的保持时间，适用于SRAM、ROM和异步总线复用模式的NOR闪存操作 0000 0000：保留 0000 0001：DATAST保持时间=2个HCL K时钟周期 0000 0010：DATAST 保持时间=3个HCLK时钟周期 …… 1111 1111：DATAST保持时间=256个HCLK时钟周期(这是复位后的默认数值)
位3:0	ADDSET：地址建立时间 这些位以HCLK周期数定义地址的建立时间，适用于SRAM、ROM和异步总线复用模式的NOR闪存操作 0000：ADDSET建立时间=1个HCLK时钟周期 …… 1111：ADDSET建立时间=16个HCLK时钟周期(这是复位后的默认数值) 注：在同步NOR操作中，这个参数不起作用，地址建立时间始终是一个存储器时钟周期

图 20.11　FSMC_BWTRx 寄存器各位描述

至此，对 STM32F1 的 FSMC 介绍就差不多了，接下来就可以开始写 LCD 的驱动代码了。注意，在 MDK 的寄存器定义里面并没有定义 FSMC_BCRx、FSMC_BTRx、FSMC_BWTRx 等这些单独的寄存器，而是将它们进行了组合。

FSMC_BCRx 和 FSMC_BTRx 组合成 BTCR[8]寄存器组，它们的对应关系如下：BTCR[0]对应 FSMC_BCR1，BTCR[1]对应 FSMC_BTR1，BTCR[2]对应 FSMC_BCR2，BTCR[3]对应 FSMC_BTR2，BTCR[4]对应 FSMC_BCR3，BTCR[5]对应 FSMC_BTR3，BTCR[6]对应 FSMC_BCR4，BTCR[7]对应 FSMC_BTR4。

FSMC_BWTRx 则组合成 BWTR[7]，它们的对应关系如下：BWTR[0]对应 FSMC_BWTR1，BWTR[2]对应 FSMC_BWTR2，BWTR[4]对应 FSMC_BWTR3，BWTR[6]对应 FSMC_BWTR4，BWTR[1]、BWTR[3]和 BWTR[5]保留，没有用到。

20.2　硬件设计

(1) 例程功能

使用开发板的 MCU 屏接口连接正点原子 TFTLCD 模块（仅限 MCU 屏模块），实现 TFTLCD 模块的显示。把 LCD 模块插入底板上的 TFTLCD 模块接口，按下复位之后，就可以看到 LCD 模块不停地显示一些信息并不断切换底色。同时，该实验会显示 LCD 驱动器的 ID，并且会在串口打印(按复位一次，打印一次)。LED0 闪烁用于提示程序正在运行。

(2) 硬件资源

- LED 灯：LED0 - PB5；
- 串口 1(PA9、PA10 连接在板载 USB 转串口芯片 CH340 上面)；
- 正点原子 TFTLCD 模块(仅限 MCU 屏，16 位 8080 并口驱动)。

(3) 原理图

TFTLCD 模块的电路如图 20.2 所示，而开发板的 LCD 接口和正点原子 TFTLCD 模块可以直接对插(见图 20.12)，开发板上的 LCD 接口如图 20.13 所示。

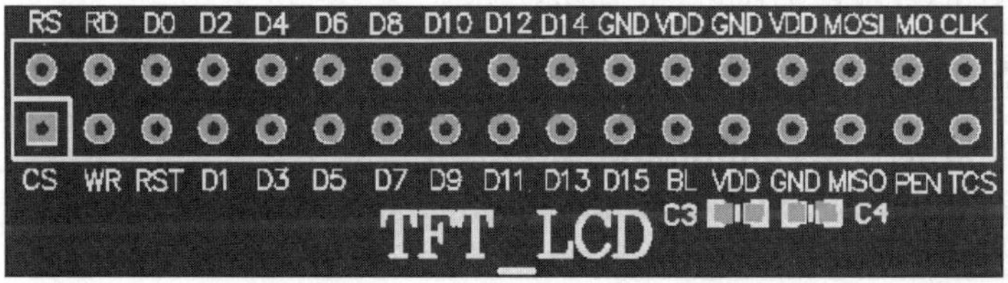

图 20.12　TFTLCD 模块与开发板对接的 LCD 接口示意图

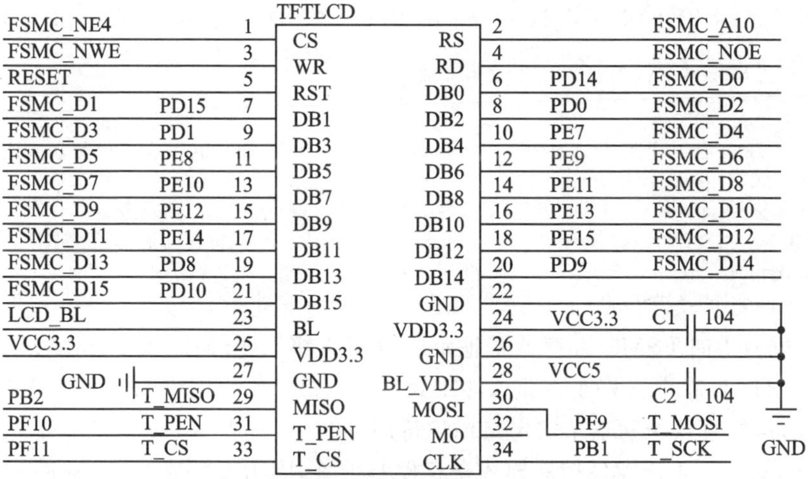

图 20.13　TFTLCD 模块与开发板的连接原理图

在硬件上，TFTLCD 模块与开发板的 I/O 口对应关系如下：LCD_BL(背光控制)对应 PB0，LCD_CS 对应 PG12 即 FSMC_NE4，LCD_RS 对应 PG0 即 FSMC_A10，LCD_WR 对应 PD5 即 FSMC_NWE，LCD_RD 对应 PD4 即 FSMC_NOE，LCD _D[15:0]则直接连接在 FSMC_D15～FSMC_D0。

这些线的连接在开发板的内部已经连接好了，只需要将 TFTLCD 模块插上去就可以了。

需要说明的是，开发板上设计的 TFTLCD 模块插座已经把模块的 RST 信号线直接接到我们开发板的复位脚上，所以不需要软件控制，这样可以省下来一个 I/O 口。另外还需要一个背光控制线来控制 LCD 的背光灯，因为 LCD 不会自发光，没有背光灯的情况下就看不到 LCD 上显示的内容。所以，总共需要的 I/O 口数目为 22 个。

20.3 程序设计

20.3.1 FSMC 和 SRAM 的 HAL 库驱动

SRAM 和 FMC 在 HAL 库中的驱动代码在 stm32f1xx_ll_fsmc. c/stm32f1xx_hal_sram. c 以及 stm32f1xx_ll_fsmc. h/ stm32f1xx_hal_sram. h 中。

1. HAL_SRAM_Init 函数

SRAM 的初始化函数，其声明如下：

```
HAL_StatusTypeDef HAL_SRAM_Init(SRAM_HandleTypeDef *hsram,
    FSMC_NORSRAM_TimingTypeDef *Timing, FSMC_NORSRAM_TimingTypeDef *ExtTiming);
```

函数描述：用于初始化 SRAM。注意，这个函数不限制一定是 SRAM，只要时序类似，均可使用。前面说过，这里把 LCD 当作 SRAM 使用，因为它们时序类似。

函数形参：形参 1 SRAM_HandleTypeDef 是结构体类型指针变量，其定义如下：

```
typedef struct
{
  FSMC_NORSRAM_TypeDef            *Instance;       /* 寄存器基地址 */
  FSMC_NORSRAM_EXTENDED_TypeDef   *Extended;       /* 扩展模式寄存器基地址 */
  FSMC_NORSRAM_InitTypeDef        Init;            /* SRAM 初始化结构体 */
  HAL_LockTypeDef                 Lock;            /* SRAM 锁对象结构体 */
  __IO HAL_SRAM_StateTypeDef      State;           /* SRAM 设备访问状态 */
  DMA_HandleTypeDef               *hdma;           /* DMA 结构体 */
} SRAM_HandleTypeDef;
```

Instance：指向 FSMC 寄存器基地址。这里直接写 FSMC_NORSRAM_DEVICE 即可，因为 HAL 库定义好了宏定义 FSMC_NORSRAM_DEVICE，也就是说，如果是 SRAM 设备，则直接填写这个宏定义标识符即可。

Extended：指向 FSMC 扩展模式寄存器基地址，因为要配置的读/写时序是不一样的。前面讲的 FSMC_BCRx 寄存器的 EXTMOD 位会配置为 1 允许读/写不同的时序，所以还要指定写操作时序寄存器地址，也就是通过参数 Extended 来指定的，这里设置为 FSMC_NORSRAM_EXTENDED_DEVICE。

Init：用于对 FSMC 的初始化配置，这个比较重要，后面再讲解。

Lock：用于配置锁状态。

State：SRAM 设备访问状态。

hdma：在使用 DMA 时候再详细介绍。

成员变量 Init 是 FSMC_NORSRAM_InitTypeDef 结构体指针类型，该变量才真正用来设置 SRAM 控制接口参数。这个结构体定义如下：

```
typedef struct
{
  uint32_t NSBank;                    /* 存储区块号 */
  uint32_t DataAddressMux;            /* 地址/数据复用使能 */
  uint32_t MemoryType;                /* 存储器类型 */
  uint32_t MemoryDataWidth;           /* 存储器数据宽度 */
  uint32_t BurstAccessMode;           /* 突发模式配置 */
  uint32_t WaitSignalPolarity;        /* 设置等待信号的极性 */
  uint32_t WrapMode;                  /* 突发下存储器传输使能 */
  uint32_t WaitSignalActive;          /* 等待状态之前或等待状态期间 */
  uint32_t WriteOperation;            /* 存储器写使能 */
  uint32_t WaitSignal;                /* 使能或者禁止通过等待信号来插入等待状态 */
  uint32_t ExtendedMode;              /* 使能或者禁止使能扩展模式 */
  uint32_t AsynchronousWait;          /* 用于异步传输期间,使能或者禁止等待信号 */
  uint32_t WriteBurst;                /* 用于使能或者禁止异步的写突发操作 */
  uint32_t PageSize;                  /* 设置页大小 */
}FSMC_NORSRAM_InitTypeDef;
```

其中,NSBank 用来指定使用到的存储块区号,这里硬件设计时使用的是存储块区号 4,所以选择值为 FSMC_NORSRAM_BANK4。DataAddressMux 用来设置是否使能地址/数据复用,仅对 NOR/PSRAM 有效,所以这里选择不使能地址/数据复用值 FSMC_DATA_ADDRESS_MUX_DISABLE 即可。MemoryType 用来设置存储器类型,这里把 LCD 当 SRAM 使用,所以设置为 FSMC_MEMORY_TYPE_SRAM 即可。MemoryDataWidth 用来设置存储器数据总线宽度,可选 8 位或 16 位,这里选择 16 位数据宽度 FSMC_NORSRAM_MEM_BUS_WIDTH_16。WriteOperation 用来设置存储器写使能,也就是是否允许写入。这里设置为 FSMC_WRITE_OPERATION_ENABLE。ExtendedMode 用来设置是否使能扩展模式,也就是是否允许读/写使用不同时序,这里设置为使能值 FSMC_EXTENDED_MODE_ENABLE。其他参数 WriteBurst、BurstAccessMode、WaitSignalPolarity、WaitSignalActive、WaitSignal、AsynchronousWait 等用在突发访问和异步时序情况下,这里不做过多讲解。

形参 2 Timing 和形参 3 ExtTiming 都是 FSMC_NORSRAM_TimingTypeDef 结构体类型指针变量,其定义如下：

```
typedef struct
{
  uint32_t AddressSetupTime;              /* 地址建立时间 */
  uint32_t AddressHoldTime;               /* 地址保持时间 */
  uint32_t DataSetupTime;                 /* 数据建立时间 */
  uint32_t BusTurnAroundDuration;         /* 总线周转阶段的持续时间 */
  uint32_t CLKDivision;                   /* CLK 时钟输出信号的周期 */
  uint32_t DataLatency;                   /* 同步突发 NOR FLASH 的数据延迟 */
  uint32_t AccessMode;                    /* 异步模式配置 */
}FSMC_NORSRAM_TimingTypeDef;
```

对于本实验,读速度比写速度慢得多,因此读/写时序不一样,所以 Timing 和 ExtTiming 要设置不同的值。其中,Timing 设置写时序参数,ExtTiming 设置读时序参数。

下面解析一下结构体的成员变量。AddressSetupTime 用来设置地址建立时间,可以理解为 RD/WR 的高电平时间。AddressHoldTime 用来设置地址保持时间,模式 A 并没有用到。DataSetupTime 用来设置数据建立时间,可以理解为 RD/WR 的低电平时间。BusTurnAroundDuration 用来配置总线周转阶段的持续时间,NOR FLASH 用到。CLKDivision 用来配置 CLK 时钟输出信号的周期,以 HCLK 周期数表示。若控制异步存储器,该参数无效。DataLatency 用来设置同步突发 NOR FLASH 的数据延迟。若控制异步存储器,该参数无效。AccessMode 用来设置异步模式,HAL 库允许其取值范围为 FSMC_ACCESS_MODE_A、FSMC_ACCESS_MODE_B、FSMC_ACCESS_MODE_C 和 FSMC_ACCESS_MODE_D,这里用异步模式 A,所以取值为 FSMC_ACCESS_MODE_A。

函数返回值:HAL_StatusTypeDef 枚举类型的值。

注意事项:和其他外设一样,HAL 库也提供了 SRAM 的初始化 MSP 回调函数,函数声明如下:

```
void HAL_SRAM_MspInit(SRAM_HandleTypeDef * hsram) ;
```

2. FSMC_NORSRAM_Extended_Timing_Init 函数

FSMC_NORSRAM_Extended_Timing_Init 函数是初始化扩展时序模式函数,其声明如下:

```
HAL_StatusTypeDef  FSMC_NORSRAM_Extended_Timing_Init(
    FSMC_NORSRAM_EXTENDED_TypeDef * Device, FSMC_NORSRAM_TimingTypeDef  * Timing,
    uint32_t Bank, uint32_t ExtendedMode);
```

函数描述:该函数用于初始化扩展时序模式。

函数形参:

形参 1 FSMC_NORSRAM_EXTENDED_TypeDef 是结构体类型指针变量,扩展模式寄存器基地址选择。

形参 2 FSMC_NORSRAM_TimingTypeDef 是结构体类型指针变量,可以是读或者写时序结构体。

形参 3 是储存区块号。

形参 4 是使能或者禁止扩展模式。

函数返回值:HAL_StatusTypeDef 枚举类型的值。

注意事项:该函数用于重新配置写或者读时序。

FSMC 驱动 LCD 显示配置步骤如下:

① 使能 FSMC 和相关 GPIO 时钟,并设置好 GPIO 工作模式。

通过 FSMC 控制 LCD,所以需要先使能 FSMC 以及相关 GPIO 口的时钟,并设置好 GPIO 的工作模式。

② 设置 FSMC 参数。

这里需要设置 FSMC 的相关访问参数(数据位宽、访问时序、工作模式等),以匹配液晶驱动 IC，这里通过 HAL_SRAM_Init 函数完成 FSMC 参数配置。

③ 初始化 LCD。

由于例程中兼容了很多种液晶驱动 IC，所以先要读取对应 IC 的驱动型号，然后根据不同的 IC 型号来调用不同的初始化函数，从而完成对 LCD 的初始化。

注意，这些初始化函数里面的代码都由 LCD 厂家提供，一般不需要改动，也不需要深究，直接照抄即可。

④ 实现 LCD 画点 & 读点函数。

在初始化 LCD 完成以后就可以控制 LCD 显示了，而最核心的一个函数就是画点和读点函数。只要实现这 2 个函数，后续的各种 LCD 操作函数都可以基于这 2 个函数实现。

⑤ 实现其他 LCD 操作函数。

在完成画点和读点 2 个最基础的 LCD 操作函数以后，就可以基于这 2 个函数实现各种 LCD 操作函数了，比如画线、画矩形、显示字符、显示字符串、显示数字等，不够用还可以根据需要来添加。

20.3.2　程序流程图

程序流程如图 20.14 所示。

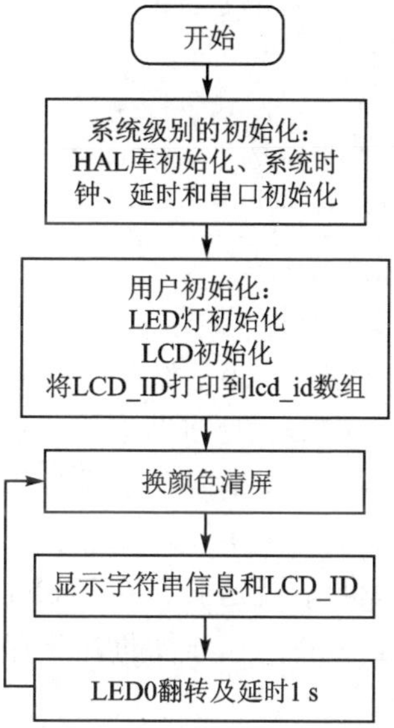

图 20.14　TFTLCD(MCU 屏)实验程序流程图

20.3.3　程序解析

1. LCD 驱动代码

这里只讲解核心代码，详细的源码可参考配套资料中本实验对应源码。LCD 驱动源码包括 4 个文件：lcd.c、lcd.h、lcd_ex.c 和 lcdfont.h。

其中，lcd.c 和 lcd.h 文件包含驱动函数、引脚接口宏定义以及函数声明等。lcd_ex.c 存放各个 LCD 驱动 IC 的寄存器初始化部分代码，是 lcd.c 文件的补充文件，起到简化 lcd.c 文件的作用。lcdfont.h 头文件存放了 4 种字体大小不一样的 ASCII 字符集(12×12、16×16、24×24 和 32×32)。这个与 oledfont.h 头文件一样，只是这里多了 32×32 的 ASCII 字符集，制作方法请回顾 OLED 实验。

下面还是先介绍 lcd.h 文件，首先是 LCD 的引脚定义：

```
#define LCD_WR_GPIO_PORT              GPIOD
#define LCD_WR_GPIO_PIN               GPIO_PIN_5
#define LCD_WR_GPIO_CLK_ENABLE()      do{ __HAL_RCC_GPIOD_CLK_ENABLE(); }while(0)
#define LCD_RD_GPIO_PORT              GPIOD
```

```
#define LCD_RD_GPIO_PIN              GPIO_PIN_4
#define LCD_RD_GPIO_CLK_ENABLE()     do{ __HAL_RCC_GPIOD_CLK_ENABLE();}while(0)
#define LCD_BL_GPIO_PORT             GPIOB
#define LCD_BL_GPIO_PIN              GPIO_PIN_0
#define LCD_BL_GPIO_CLK_ENABLE()     do{ __HAL_RCC_GPIOB_CLK_ENABLE();}while(0)
/* LCD_CS(需要根据 LCD_FSMC_NEX 设置正确的 I/O 口)和 LCD_RS(需要根据 LCD_FSMC_AX 设置正
   确的 I/O 口) 引脚 定义 */
#define LCD_CS_GPIO_PORT             GPIOG
#define LCD_CS_GPIO_PIN              GPIO_PIN_12
#defineLCD_CS_GPIO_CLK_ENABLE()      do{ __HAL_RCC_GPIOG_CLK_ENABLE();}while(0)
#define LCD_RS_GPIO_PORT             GPIOG
#define LCD_RS_GPIO_PIN              GPIO_PIN_0
#define LCD_RS_GPIO_CLK_ENABLE()     do{ __HAL_RCC_GPIOG_CLK_ENABLE();}while(0)
```

第一部分的宏定义是 LCD WR、RD、BL、CS、RS、DATA 引脚定义，注意，LCD 的 RST 引脚和系统复位脚连接在一起，所以不单独使用一个 I/O 口(节省一个 I/O 口)。而 DATA 引脚直接用的是 FSMC_D[x]引脚。

下面介绍 lcd.h 里面定义的一个重要的结构体：

```
typedef struct
{
    uint16_t width;          /* LCD 宽度 */
    uint16_t height;         /* LCD 高度 */
    uint16_t id;             /* LCD ID */
    uint8_t dir;             /* 横屏还是竖屏控制:0,竖屏;1,横屏。 */
    uint16_t wramcmd;        /* 开始写 gram 指令 */
    uint16_t setxcmd;        /* 设置 x 坐标指令 */
    uint16_t setycmd;        /* 设置 y 坐标指令 */
} _lcd_dev;
extern _lcd_dev lcddev;      /* 管理 LCD 重要参数 */
extern uint32_t  g_point_color;     /* 默认红色 */
extern uint32_t  g_back_color;      /* 背景颜色.默认为白色 */
```

该结构体用于保存一些 LCD 重要参数信息，比如 LCD 的长宽、LCD ID(驱动 IC 型号)、LCD 横竖屏状态等。这个结构体虽然占用了十几个字节的内存，但是却可以让驱动函数支持不同尺寸的 LCD，同时可以实现 LCD 横竖屏切换等重要功能，所以利大于弊。最后声明_lcd_dev 结构体类型变量 lcddev，lcddev 在 lcd.c 中定义。

紧接着就是 g_point_color 和 g_back_color 变量的声明，它们也是在 lcd.c 中被定义。g_point_color 变量用于保存 LCD 的画笔颜色，g_back_color 则是保存 LCD 的背景色。

下面是 LCD 背光控制 I/O 口的宏定义：

```
#define LCD_BL(x)   do{ x ? \
        HAL_GPIO_WritePin(LCD_BL_GPIO_PORT, LCD_BL_GPIO_PIN, GPIO_PIN_SET) : \
        HAL_GPIO_WritePin(LCD_BL_GPIO_PORT, LCD_BL_GPIO_PIN, GPIO_PIN_RESET); \
                    }while(0)
```

本实验用到 FSMC 驱动 LCD，通过前面的介绍知道，TFTLCD 的 RS 接在 FSMC 的 A10 上面，CS 接在 FSMC_NE4 上，并且是 16 位数据总线。即这里使用的是 FSMC

存储器 1 的第 4 区,定义如下 LCD 操作结构体(在 lcd.h 里面定义):

```
/ * LCD 地址结构体 * /
typedef struct
{
    volatile uint16_t LCD_REG;
    volatile uint16_t LCD_RAM;
} LCD_TypeDef;
/ * LCD_BASE 的详细解算方法
 * 一般使用 FSMC 的块 1(BANK1)来驱动 TFTLCD 液晶屏(MCU 屏),块 1 地址范围总大小为 256 MB,
   均分成 4 块
 * 存储块 1(FSMC_NE1)地址范围: 0X6000 0000～0X63FF FFFF
 * 存储块 2(FSMC_NE2)地址范围: 0X6400 0000～0X67FF FFFF
 * 存储块 3(FSMC_NE3)地址范围: 0X6800 0000～0X6BFF FFFF
 * 存储块 4(FSMC_NE4)地址范围: 0X6C00 0000～0X6FFF FFFF
 *
 * 需要根据硬件连接方式选择合适的片选(连接 LCD_CS)和地址线(连接 LCD_RS)
 * 战舰 F103 开发板使用 FSMC_NE4 连接 LCD_CS,FSMC_A10 连接 LCD_RS,16 位数据线,计算方法如下
 * 首先 FSMC_NE4 的基地址为: 0X6C00 0000; NEx 的基址为(x = 1/2/3/4): 0X6000 0000 +
   (0X400 0000 * (x - 1))
 * FSMC_A10 对应地址值: 2^10 * 2 = 0X800;  FSMC_Ay 对应的地址为(y = 0～25): 2^y * 2
 *
 * LCD ->LCD_REG,对应 LCD_RS = 0(LCD 寄存器); LCD ->LCD_RAM,对应 LCD_RS = 1(LCD 数据)
 * 则 LCD ->LCD_RAM 的地址为:  0X6C00 0000 + 2^10 * 2 = 0X6C00 0800
 *   LCD ->LCD_REG 的地址可以为 LCD ->LCD_RAM 之外的任意地址.
 * 由于我们使用结构体管理 LCD_REG 和 LCD_RAM(REG 在前,RAM 在后,均为 16 位数据宽度)
 * 因此结构体的基地址(LCD_BASE) = LCD_RAM - 2 = 0X6C00 0800 - 2
 *
 * 更加通用的计算公式为((片选脚 FSMC_NEx)x = 1/2/3/4, (RS 接地址线 FSMC_Ay)y = 0～25):
 *          LCD_BASE = (0X6000 0000 + (0X400 0000 * (x - 1))) | (2^y * 2 - 2)
 *          等效于(使用移位操作)
 *          LCD_BASE = (0X6000 0000 + (0X400 0000 * (x - 1))) | ((1 << y) * 2 - 2)
 * /
#define LCD_BASE (uint32_t)((0X60000000 + (0X4000000 * (LCD_FSMC_NEX - 1))) |
                         (((1 << LCD_FSMC_AX) * 2) - 2))
#define LCD           ((LCD_TypeDef * ) LCD_BASE)
```

其中,LCD_BASE 必须根据外部电路的连接来确定,这里使用 BANK1 存储块 4 的寻址范围为 0x6C000000～0x6FFFFFFF,需要在这个地址范围内找到 2 个地址,从而实现对 RS 位(FSMC_A10 位)的 0 和 1 的控制。为了方便控制和节省内存,我们使这 2 个地址变成相邻的 2 个 16 进制指针,这样就可以用前面定义的 LCD_TypeDef 来管理这 2 个地址了。

根据算法和定义,将这个地址强制转换为 LCD_TypeDef 结构体地址,那么可以得到 LCD→LCD_REG 的地址就是 0x6C0007FE,对应 A10 的状态为 0(即 RS=0);而 LCD→LCD_RAM 的地址就是 0x6C000800(结构体地址自增),对应 A10 的状态为 1(即 RS=1)。

所以,有了这个定义,要往 LCD 写命令/数据的时候,可以这样写:

```
LCD->LCD_REG = CMD;          /* 写命令 */
LCD->LCD_RAM = DATA;         /* 写数据 */
```

而读的时候反过来操作就可以了，如下所示：

```
CMD = LCD->LCD_REG;          /* 读 LCD 寄存器 */
DATA = LCD->LCD_RAM;         /* 读 LCD 数据 */
```

其中，CS、WR、RD 和 I/O 口方向都由 FSMC 硬件自动控制，不需要手动设置。

最后是一些其他的宏定义，包括 LCD 扫描方向、颜色以及 SSD1963 相关配置参数。

下面开始对 lcd.c 文件介绍，先看 LCD 初始化函数，其定义如下：

```
/**
 * @brief      初始化 LCD
 * @note       该初始化函数可以初始化各种型号的 LCD(详见本.c 文件最前面的描述)
 * @param      无
 * @retval     无
 */
void lcd_init(void)
{
    GPIO_InitTypeDef gpio_init_struct;
    FSMC_NORSRAM_TimingTypeDef fsmc_read_handle;
    FSMC_NORSRAM_TimingTypeDef fsmc_write_handle;
    LCD_CS_GPIO_CLK_ENABLE();    /* LCD_CS 脚时钟使能 */
    LCD_WR_GPIO_CLK_ENABLE();    /* LCD_WR 脚时钟使能 */
    LCD_RD_GPIO_CLK_ENABLE();    /* LCD_RD 脚时钟使能 */
    LCD_RS_GPIO_CLK_ENABLE();    /* LCD_RS 脚时钟使能 */
    LCD_BL_GPIO_CLK_ENABLE();    /* LCD_BL 脚时钟使能 */
    gpio_init_struct.Pin = LCD_CS_GPIO_PIN;
    gpio_init_struct.Mode = GPIO_MODE_AF_PP;                 /* 推挽复用 */
    gpio_init_struct.Pull = GPIO_PULLUP;                     /* 上拉 */
    gpio_init_struct.Speed = GPIO_SPEED_FREQ_HIGH;           /* 高速 */
    HAL_GPIO_Init(LCD_CS_GPIO_PORT, &gpio_init_struct); /* 初始化 LCD_CS 引脚 */
    gpio_init_struct.Pin = LCD_WR_GPIO_PIN;
    HAL_GPIO_Init(LCD_WR_GPIO_PORT, &gpio_init_struct); /* 初始化 LCD_WR 引脚 */
    gpio_init_struct.Pin = LCD_RD_GPIO_PIN;
    HAL_GPIO_Init(LCD_RD_GPIO_PORT, &gpio_init_struct); /* 初始化 LCD_RD 引脚 */
    gpio_init_struct.Pin = LCD_RS_GPIO_PIN;
    HAL_GPIO_Init(LCD_RS_GPIO_PORT, &gpio_init_struct); /* 初始化 LCD_RS 引脚 */
    gpio_init_struct.Pin = LCD_BL_GPIO_PIN;
    gpio_init_struct.Mode = GPIO_MODE_OUTPUT_PP;
    HAL_GPIO_Init(LCD_BL_GPIO_PORT, &gpio_init_struct); /* 初始化 LCD_BL 引脚 */
    g_sram_handle.Instance = FSMC_NORSRAM_DEVICE;
    g_sram_handle.Extended = FSMC_NORSRAM_EXTENDED_DEVICE;
    g_sram_handle.Init.NSBank = FSMC_NORSRAM_BANK4;          /* 使用 NE4 */
    /* 地址/数据线不复用 */
    g_sram_handle.Init.DataAddressMux = FSMC_DATA_ADDRESS_MUX_DISABLE;
    /* 16 位数据宽度 */
    g_sram_handle.Init.MemoryDataWidth = FSMC_NORSRAM_MEM_BUS_WIDTH_16;
    /* 是否使能突发访问,仅对同步突发存储器有效,此处未用到 */
    g_sram_handle.Init.BurstAccessMode = FSMC_BURST_ACCESS_MODE_DISABLE;
```

```
/* 等待信号的极性,仅在突发模式访问下有用 */
g_sram_handle.Init.WaitSignalPolarity = FSMC_WAIT_SIGNAL_POLARITY_LOW;
/* 存储器是在等待周期之前的一个时钟周期还是等待周期期间使能 NWAIT */
g_sram_handle.Init.WaitSignalActive = FSMC_WAIT_TIMING_BEFORE_WS;
/* 存储器写使能 */
g_sram_handle.Init.WriteOperation = FSMC_WRITE_OPERATION_ENABLE;
/* 等待使能位,此处未用到 */
g_sram_handle.Init.WaitSignal = FSMC_WAIT_SIGNAL_DISABLE;
/* 读写使用不同的时序 */
g_sram_handle.Init.ExtendedMode = FSMC_EXTENDED_MODE_ENABLE;
/* 是否使能同步传输模式下的等待信号,此处未用到 */
g_sram_handle.Init.AsynchronousWait = FSMC_ASYNCHRONOUS_WAIT_DISABLE;
g_sram_handle.Init.WriteBurst = FSMC_WRITE_BURST_DISABLE;  /* 禁止突发写 */
/* FSMC 读时序控制寄存器 */
/* 地址建立时间(ADDSET)为 1 个 HCLK 1/72M = 13.9ns */
fsmc_read_handle.AddressSetupTime = 0;
fsmc_read_handle.AddressHoldTime = 0;
/* 数据保存时间(DATAST)为 16 个 HCLK  13.9 * 16 = 222.4ns */
fsmc_read_handle.DataSetupTime = 15; /* 部分液晶驱动 IC 读数据时,速度不能太快 */
fsmc_read_handle.AccessMode = FSMC_ACCESS_MODE_A;  /* 模式 A */
/* FSMC 写时序控制寄存器 */
/* 地址建立时间(ADDSET)为 1 个 HCLK 13.9ns */
fsmc_write_handle.AddressSetupTime = 0;
fsmc_write_handle.AddressHoldTime = 0;
/* 数据保存时间(DATAST)为 2 个 HCLK 13.9 * 2 = 27.8ns */
fsmc_write_handle.DataSetupTime = 1;
fsmc_write_handle.AccessMode = FSMC_ACCESS_MODE_A;  /* 模式 A */
HAL_SRAM_Init(&g_sram_handle, &fsmc_read_handle, &fsmc_write_handle);
delay_ms(50);
/* 尝试 9341 ID 的读取 */
lcd_wr_regno(0XD3);
lcddev.id = lcd_rd_data();                    /* dummy read */
lcddev.id = lcd_rd_data();                    /* 读到 0X00 */
lcddev.id = lcd_rd_data();                    /* 读取 93 */
lcddev.id <<= 8;
lcddev.id |= lcd_rd_data();                   /* 读取 41 */
if (lcddev.id != 0X9341)                      /* 不是 9341,尝试看看是不是 ST7789 */
{
    lcd_wr_regno(0X04);
    lcddev.id = lcd_rd_data();                /* dummy read */
    lcddev.id = lcd_rd_data();                /* 读到 0X85 */
    lcddev.id = lcd_rd_data();                /* 读取 0X85 */
    lcddev.id <<= 8;
    lcddev.id |= lcd_rd_data();               /* 读取 0X52 */
    if (lcddev.id == 0X8552)                  /* 将 8552 的 ID 转换成 7789 */
    {
        lcddev.id = 0x7789;
    }
    if (lcddev.id != 0x7789)                  /* 也不是 ST7789,尝试是不是 NT35310 */
    {
        lcd_wr_regno(0XD4);
```

```
            lcddev.id = lcd_rd_data();      /* dummy read */
            lcddev.id = lcd_rd_data();      /* 读回 0X01 */
            lcddev.id = lcd_rd_data();      /* 读回 0X53 */
            lcddev.id <<= 8;
            lcddev.id |= lcd_rd_data();     /* 这里读回 0X10 */
            if (lcddev.id != 0X5310)        /* 也不是 NT35310,尝试看看是不是 NT35510 */
            {
                /* 发送秘钥(厂家提供,照搬即可) */
                lcd_write_reg(0xF000, 0x0055);
                lcd_write_reg(0xF001, 0x00AA);
                lcd_write_reg(0xF002, 0x0052);
                lcd_write_reg(0xF003, 0x0008);
                lcd_write_reg(0xF004, 0x0001);
                lcd_wr_regno(0xC500);      /* 读取 ID 高 8 位 */
                lcddev.id = lcd_rd_data();/* 读回 0X55 */
                lcddev.id <<= 8;
                lcd_wr_regno(0xC501);      /* 读取 ID 低 8 位 */
                lcddev.id |= lcd_rd_data();/* 读回 0X10 */
                delay_ms(5);
                if (lcddev.id != 0X5510)  /* 也不是 NT5510,尝试看看是不是 SSD1963 */
                {
                    lcd_wr_regno(0XA1);
                    lcddev.id = lcd_rd_data();
                    lcddev.id = lcd_rd_data();          /* 读回 0X57 */
                    lcddev.id <<= 8;
                    lcddev.id |= lcd_rd_data();         /* 读回 0X61 */
                    /* SSD1963 读回的 ID 是 5761H,为方便区分,我们强制设置为 1963 */
                    if (lcddev.id == 0X5761)lcddev.id = 0X1963;
                }
            }
        }
    }
    /* 特别注意，如果在 main 函数里面屏蔽串口 1 初始化，则会卡死在 printf
     * 里面(卡死在 f_putc 函数)，所以，必须初始化串口 1，或者屏蔽掉下面
     * 这行 printf 语句 !!!!!!!
     */
    printf("LCD ID:%x\r\n", lcddev.id); /* 打印 LCD ID */
    if (lcddev.id == 0X7789)
    {
        lcd_ex_st7789_reginit();    /* 执行 ST7789 初始化 */
    }
    else if (lcddev.id == 0X9341)
    {
        lcd_ex_ili9341_reginit();   /* 执行 ILI9341 初始化 */
    }
    else if (lcddev.id == 0x5310)
    {
        lcd_ex_nt35310_reginit();   /* 执行 NT35310 初始化 */
    }
    else if (lcddev.id == 0x5510)
    {
```

```
        lcd_ex_nt35510_reginit();    /* 执行 NT35510 初始化 */
    }
    else if (lcddev.id == 0X1963)
    {
        lcd_ex_ssd1963_reginit();    /* 执行 SSD1963 初始化 */
        lcd_ssd_backlight_set(100); /* 背光设置为最亮 */
    }
    lcd_display_dir(0);  /* 默认为竖屏 */
    LCD_BL(1);           /* 点亮背光 */
    lcd_clear(WHITE);
}
```

该函数先对 FSMC 相关 I/O 进行初始化，然后使用 HAL_SRAM_Init 函数初始化 FSMC 控制器，同时使用 HAL_SRAM_MspInit 回调函数来初始化相应的 I/O 口，最后读取 LCD 控制器的型号，根据控制 IC 的型号执行不同的初始化代码，这样提高了整个程序的通用性。为了简化 lcd.c 的初始化程序，不同控制 IC 芯片对应的初始化程序(如 lcd_ex_st7789_reginit()、lcd_ex_ili9341_reginit()等)放在 lcd_ex.c 文件中，这些初始化代码完成对 LCD 寄存器的初始化，由 LCD 厂家提供，一般不需要做任何修改，直接调用就可以了。

下面是 6 个简单但是很重要的函数：

```
/**
 * @brief    LCD 写数据
 * @param    data: 要写入的数据
 * @retval   无
 */
void lcd_wr_data(volatile uint16_t data)
{
    data = data;             /* 使用 -O2 优化的时候,必须插入的延时 */
    LCD->LCD_RAM = data;
}
/**
 * @brief    LCD 写寄存器编号/地址函数
 * @param    regno: 寄存器编号/地址
 * @retval   无
 */
void lcd_wr_regno(volatile uint16_t regno)
{
    regno = regno;           /* 使用 -O2 优化的时候,必须插入的延时 */
    LCD->LCD_REG = regno;   /* 写入要写的寄存器序号 */
}
/**
 * @brief    LCD 写寄存器
 * @param    regno:寄存器编号/地址
 * @param    data:要写入的数据
 */
void lcd_write_reg(uint16_t regno, uint16_t data)
{
    LCD->LCD_REG = regno;   /* 写入要写的寄存器序号 */
```

```
    LCD ->LCD_RAM = data;    /* 写入数据 */
}
/**
 * @brief     LCD 延时函数,仅用于部分在 mdk -O1 时间优化时需要设置的地方
 * @param     t:延时的数值
 */
static void lcd_opt_delay(uint32_t i)
{
    while (i--);   /* 使用 AC6 时空循环可能被优化,可使用 while(1) __asm volatile
(""); */
}
/**
 * @brief     LCD 读数据
 * @retval    读取到的数据
 */
static uint16_t lcd_rd_data(void)
{
    volatile uint16_t ram;    /* 防止被优化 */
    lcd_opt_delay(2);
    ram = LCD ->LCD_RAM;
    return ram;
}
/**
 * @brief     准备写 GRAM
 * @param     无
 * @retval    无
 */
void lcd_write_ram_prepare(void)
{
    LCD ->LCD_REG = lcddev.wramcmd;
}
```

因为 FSMC 自动控制了 WR、RD、CS 等这些信号,所以这 6 个函数实现起来都非常简单。上面有几个函数添加了一些对 MDK -O2 优化的支持,去掉则在-O2 优化的时候会出问题。通过这几个简单函数的组合,就可以对 LCD 进行各种操作了。

下面要介绍的函数是坐标设置函数,该函数代码如下:

```
/**
 * @brief     设置光标位置(对 RGB 屏无效) * @param     x,y: 坐标
 */
void lcd_set_cursor(uint16_t x, uint16_t y)
{
    if (lcddev.id == 0X1963)
    {
        if (lcddev.dir == 0)    /* 竖屏模式, x 坐标需要变换 */
        {
            x = lcddev.width - 1 - x;
            lcd_wr_regno(lcddev.setxcmd);
            lcd_wr_data(0);
            lcd_wr_data(0);
```

```
            lcd_wr_data(x >> 8);
            lcd_wr_data(x & 0XFF);
        }
        else                        /* 横屏模式 */
        {
            lcd_wr_regno(lcddev.setxcmd);
            lcd_wr_data(x >> 8);
            lcd_wr_data(x & 0XFF);
            lcd_wr_data((lcddev.width - 1) >> 8);
            lcd_wr_data((lcddev.width - 1) & 0XFF);
        }
        lcd_wr_regno(lcddev.setycmd);
        lcd_wr_data(y >> 8);
        lcd_wr_data(y & 0XFF);
        lcd_wr_data((lcddev.height - 1) >> 8);
        lcd_wr_data((lcddev.height - 1) & 0XFF);
    }
    else if (lcddev.id == 0X5510)
    {
        lcd_wr_regno(lcddev.setxcmd);
        lcd_wr_data(x >> 8);
        lcd_wr_regno(lcddev.setxcmd + 1);
        lcd_wr_data(x & 0XFF);
        lcd_wr_regno(lcddev.setycmd);
        lcd_wr_data(y >> 8);
        lcd_wr_regno(lcddev.setycmd + 1);
        lcd_wr_data(y & 0XFF);
    }
    else    /* 9341/5310/7789 等设置坐标 */
    {
        lcd_wr_regno(lcddev.setxcmd);
        lcd_wr_data(x >> 8);
        lcd_wr_data(x & 0XFF);
        lcd_wr_regno(lcddev.setycmd);
        lcd_wr_data(y >> 8);
        lcd_wr_data(y & 0XFF);
    }
}
```

该函数实现将 LCD 的当前操作点设置到指定坐标(x,y)。因为 9341、5310、1963、5510 等的设置有些不太一样,所以进行了区别对待。

接下来介绍画点函数,其定义如下:

```
/**
 * @brief       画点
 * @param       x,y: 坐标
 * @param       color: 点的颜色(32 位颜色,方便兼容 LTDC)
 * @retval      无
 */
void lcd_draw_point(uint16_t x, uint16_t y, uint32_t color)
{
```

```
    lcd_set_cursor(x, y);        /* 设置光标位置 */
    lcd_write_ram_prepare();     /* 开始写入 GRAM */
    LCD->LCD_RAM = color;
}
```

该函数实现比较简单,就是先设置坐标,然后往坐标写颜色。lcd_draw_point 函数虽然简单,但是至关重要,其他几乎所有上层函数都是通过调用这个函数实现的。

下面介绍读点函数,用于读取 LCD 的 GRAM。这里说明一下,为什么 OLED 模块没做读 GRAM 的函数,而这里做了。因为 OLED 模块是单色的,所需要全部 GRAM 也就 1 KB,而 TFTLCD 模块为彩色的,点数也比 OLED 模块多很多,以 16 位色计算,一款 320×240 的液晶,需要 320×240×2 个字节来存储颜色值,也就是需要 150 KB,这对任何一款单片机来说都不是一个小数目了。而且在图形叠加的时候,可以先读回原来的值,然后写入新的值,在完成叠加后又恢复原来的值。这样在做一些简单菜单的时候是很有用的。这里读取 TFTLCD 模块数据的函数为 LCD_ReadPoint,该函数直接返回读到的 GRAM 值。该函数使用之前要先设置读取的 GRAM 地址,通过 lcd_set_cursor 函数来实现。lcd_read_point 的代码如下:

```
/**
 * @brief     读取某个点的颜色值
 * @param     x,y:坐标
 * @retval    此点的颜色(32 位颜色,方便兼容 LTDC)
 */
uint32_t lcd_read_point(uint16_t x, uint16_t y)
{
    uint16_t r = 0, g = 0, b = 0;
    if (x >= lcddev.width || y >= lcddev.height)return 0; /* 超过了范围,直接返回 */
    lcd_set_cursor(x, y);                /* 设置坐标 */
    if (lcddev.id == 0X5510)
    {
        lcd_wr_regno(0X2E00);            /* 5510 发送读 GRAM 指令 */
    }
    else
    {
        lcd_wr_regno(0X2E);              /* 9341/5310/1963/7789 等发送读 GRAM 指令 */
    }
    r = lcd_rd_data();                   /* 假读(dummy read) */
    if (lcddev.id == 0X1963)return r;    /* 1963 直接读就可以 */
    r = lcd_rd_data();                   /* 实际坐标颜色 */
    /* 9341/5310/5510/7789 要分 2 次读出 */
    b = lcd_rd_data();
    /* 对于 9341/5310/5510/7789,第一次读取的是 RG 的值,R 在前,G 在后,各占 8 位 */
    g = r & 0XFF;
    g <<= 8;
    /* 9341/5310/5510/7789 需要公式转换一下 */
    return (((r >> 11) << 11) | ((g >> 10) << 5) | (b >> 11));
}
```

在 lcd_read_point 函数中,因为我们的代码不只支持一种 LCD 驱动器,所以,根据不同的 LCD 驱动器(lcddev.id)型号执行不同的操作,以实现对各个驱动器兼容,提高函数的通用性。

接下来要介绍的是字符显示函数 lcd_show_char,该函数同前面 OLED 模块的字符显示函数差不多,但是这里的字符显示函数多了一个功能,就是可以以叠加方式或者非叠加方式显示。叠加方式显示多用于在显示的图片上再显示字符。非叠加方式一般用于普通的显示。该函数实现代码如下:

```
/**
 * @brief     在指定位置显示一个字符
 * @param     x,y: 坐标
 * @param     chr: 要显示的字符:" "--->"~"
 * @param     size: 字体大小 12/16/24/32
 * @param     mode: 叠加方式(1); 非叠加方式(0);
 */
void lcd_show_char(uint16_t x, uint16_t y, char chr, uint8_t size,
                   uint8_t mode, uint16_t color)
{
    uint8_t temp, t1, t;
    uint16_t y0 = y;
    uint8_t csize = 0;
    uint8_t *pfont = 0;
    /* 得到字体一个字符对应点阵集所占的字节数 */
    csize = (size / 8 + ((size % 8) ? 1 : 0)) * (size / 2);
    /* 得到偏移后的值(ASCII 字库是从空格开始取模,所以 -' '就是对应字符的字库) */
    chr = chr - ' ';
    switch (size)
    {
        case 12:
            pfont = (uint8_t *)asc2_1206[chr];  /* 调用 1206 字体 */
            break;
        case 16:
            pfont = (uint8_t *)asc2_1608[chr];  /* 调用 1608 字体 */
            break;
        case 24:
            pfont = (uint8_t *)asc2_2412[chr];  /* 调用 2412 字体 */
            break;
        case 32:
            pfont = (uint8_t *)asc2_3216[chr];  /* 调用 3216 字体 */
            break;
        default:
            return ;
    }
    for (t = 0; t < csize; t++)
    {
        temp = pfont[t];                /* 获取字符的点阵数据 */
        for (t1 = 0; t1 < 8; t1++)      /* 一个字节 8 个点 */
        {
            if (temp & 0x80)            /* 有效点,需要显示 */
            {
```

```
                    lcd_draw_point(x, y, color);          /* 画点出来,要显示这个点 */
                }
                else if (mode == 0)     /* 无效点,不显示 */
                {
                    /* 画背景色,相当于这个点不显示(注意背景色由全局变量控制) */
                    lcd_draw_point(x, y, g_back_color);
                }
                temp <<= 1;     /* 移位, 以便获取下一个位的状态 */
                y++;
                if (y >= lcddev.height)return;        /* 超区域了 */
                if ((y - y0) == size)        /* 显示完一列了? */
                {
                    y = y0;         /* y 坐标复位 */
                    x++;            /* x 坐标递增 */
                    if (x >= lcddev.width)return;        /* x 坐标超区域了 */
                    break;
                }
            }
        }
    }
```

在 lcd_show_char 函数里面用到了 4 个字符集点阵数据数组 asc2_1206、asc2_1608、asc2_2412 和 asc2_3216。

2. main.c 代码

在 main.c 里面编写如下代码：

```
int main(void)
{
    uint8_t x = 0;
    uint8_t lcd_id[12];
    HAL_Init();                                 /* 初始化 HAL 库 */
    sys_stm32_clock_init(RCC_PLL_MUL9);         /* 设置时钟, 72 MHz */
    delay_init(72);                             /* 延时初始化 */
    usart_init(115200);                         /* 串口初始化为 115 200 */
    led_init();                                 /* 初始化 LED */
    lcd_init();                                 /* 初始化 LCD */
    g_point_color = RED;
    sprintf((char *)lcd_id, "LCD ID: %04X", lcddev.id); /* 将 id 打印到 lcd_id 数组 */
    while (1)
    {
        switch (x)
        {
            case 0: lcd_clear(WHITE);   break;
            case 1: lcd_clear(BLACK);   break;
            case 2: lcd_clear(BLUE);    break;
            case 3: lcd_clear(RED);     break;
            case 4: lcd_clear(MAGENTA); break;
            case 5: lcd_clear(GREEN);   break;
            case 6: lcd_clear(CYAN);    break;
            case 7: lcd_clear(YELLOW);  break;
```

```
            case 8: lcd_clear(BRRED);    break;
            case 9: lcd_clear(GRAY);     break;
            case 10: lcd_clear(LGRAY);   break;
            case 11: lcd_clear(BROWN);   break;
        }
        lcd_show_string(10, 40, 240, 32, 32, "STM32", RED);
        lcd_show_string(10, 80, 240, 24, 24, "TFTLCD TEST", RED);
        lcd_show_string(10, 110, 240, 16, 16, "ATOM@ALIENTEK", RED);
        lcd_show_string(10, 130, 240, 16, 16,(char *)lcd_id, RED); /* 显示 LCD_ID */
        x++;
        if (x == 12)
            x = 0;
        LED0_TOGGLE();    /* 红灯闪烁 */
        delay_ms(1000);
    }
}
```

main 函数功能主要用于显示一些固定的字符，字体大小包括 32×16、24×12、16×8 和 12×6 这 4 种，同时显示 LCD 驱动 IC 的型号，然后不停地切换背景颜色，每秒切换一次。而 LED0 也会不停闪烁，指示程序已经在运行了。其中，这里用到一个 sprintf 函数，该函数用法同 printf，只是 sprintf 把打印内容输出到指定的内存区间上，最终在死循环中通过 lcd_show_strinig 函数进行屏幕显示。

注意，usart_init 函数不能去掉，因为在 lcd_init 函数里面调用了 printf，一旦去掉这个初始化就会死机。实际上，只要代码用到 printf，就必须初始化串口，否则都会死机，停在 usart.c 里面的 fputc 函数出不来。

20.4　下载验证

下载代码后，LED0 不停闪烁，提示程序已经在运行了。同时可以看到 TFTLCD 模块的显示背景色不停切换，如图 20.15 所示。

此外，为了让读者能直观地了解 LCD 屏的扫描方式，这里额外编写了 2 个 main.c 文件（main1.c 和 main2.c，放到 User 文件夹中），方便读者编译下载，观察现象。

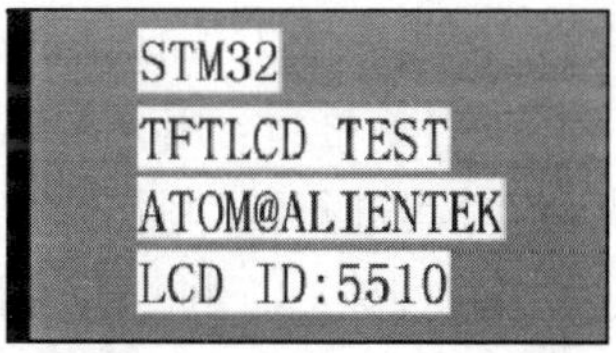

图 20.15　TFTLCD 显示效果图

使用方法：关闭工程后先把原实验中的 main.c 改成其他名字，然后把 main1.c 重命名为 main.c，双击 keilkill.bat 清理编译的中间文件，最后打开工程重新编译下载，就可以观察实验现象。观察了 main1.c，可以再观察 main2.c，main2.c 文件的操作方法类似。

第 21 章

RTC 实时时钟实验

本章将介绍 STM32F103 的内部实时时钟(RTC)。这里将使用 LCD 模块来显示日期和时间,实现一个简单的实时时钟,并可以设置闹铃;另外,还将介绍 BKP 的使用。

21.1 RTC 时钟简介

STM32F103 的实时时钟(RTC)是一个独立的定时器。STM32 的 RTC 模块拥有一组连续计数的计数器,在对应的软件配置下可提供时钟日历的功能。修改计数器的值可以重新设置系统的当前时间和日期。

RTC 模块和时钟配置系统(RCC_BDCR 寄存器)在后备区域(BKP),即在系统复位或从待机模式唤醒后,RTC 的设置和时间维持不变;只要后备区域供电正常,那么 RTC 可以一直运行。但是在系统复位后会自动禁止访问后备寄存器和 RTC,以防止对后备区域的意外写操作。所以在要设置时间之前,先要取消备份区域写保护。

21.1.1 RTC 框图

RTC 的框图如图 21.1 所示。

讲解 RTC 架构之前先说明一下图中灰色的部分,它属于备份域,在 V_{DD} 掉电时可在 V_{BAT} 的驱动下继续工作,这部分包括 RTC 的分频器、计数器以及闹钟控制器。下面把 RTC 框图分成以下 2 个部分讲解。

① APB1 接口:用来和 APB1 总线相连。通过 APB1 总线可以访问 RTC 相关的寄存器,对其进行读/写操作。

② RTC 核心:由一组可编程计数器组成,主要分成 2 个模块。第一个是 RTC 的预分频模块,它可编程产生 1 s 的 RTC 时间基准 TR_CLK。RTC 的预分频模块包括了一个 20 位的可编程分频器(RTC 预分频器)。如果在 RTC_CR 寄存器中设置相对应的允许位,则在每个 TR_CLK 周期中 RTC 产生一个中断(秒中断)。第二个模块是一个 32 位的可编程计数器,可被初始化为当前的系统时间,一个 32 位的时钟计数器,按秒钟计算,可以记录 4 294 967 296 s,约合 136 年,作为一般应用足够了。

RTC 还有一个闹钟寄存器 RTC_ALR,用于产生闹钟。系统时间按 TR_CLK 周期累加并与存储在 RTC_ALR 寄存器中的可编程时间相比较,如果 RTC_CR 控制寄存器中设置了相应允许位,比较匹配时将产生一个闹钟中断。

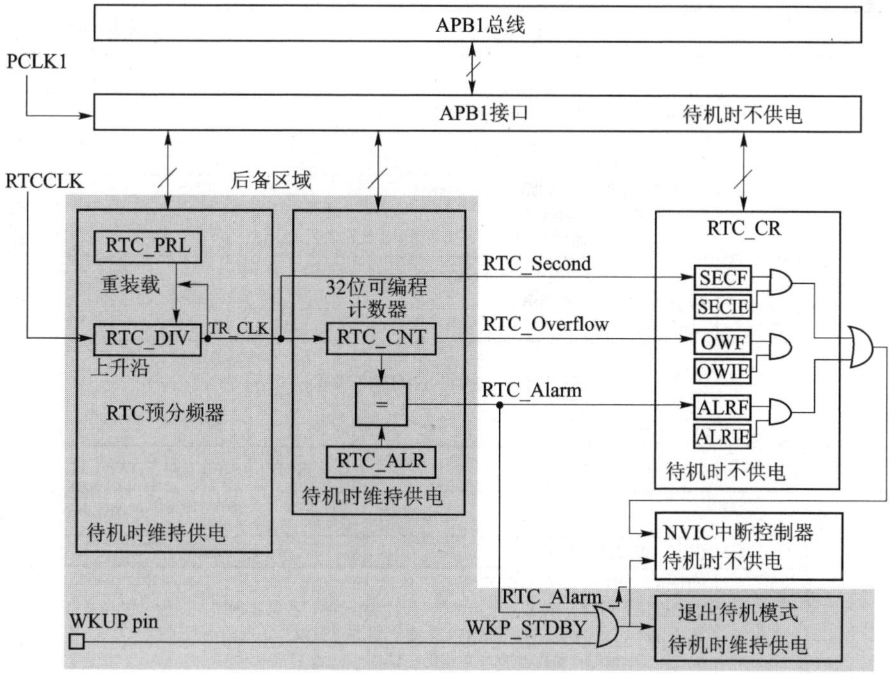

图 21.1 RTC 框图

由于备份域的存在，所以 RTC 内核可以完全独立于 RTC APB1 接口，而软件通过 APB1 接口访问 RTC 的预分频值、计数器值和闹钟值。但是相关可读寄存器只在 RTC APB1 时钟进行重新同步的 RTC 时钟的上升沿被更新，RTC 标志也是如此。这就意味着，APB1 接口刚刚被开启之后、在第一次的内部寄存器更新之前，从 APB1 上读取的 RTC 寄存器值可能被破坏了(通常读到 0)。因此，若需读取 RTC 寄存器曾经被禁止的 RTC APB1 接口，则软件首先必须等待 RTC_CRL 寄存器的 RSF 位(寄存器同步标志位，bit3)被硬件置 1。

21.1.2 RTC 寄存器

1. RTC 控制寄存器(RTC_CRH/CRL)

RTC 控制寄存器共有 2 个控制寄存器 RTC_CRH 和 RTC_CRL，它们都是 16 位的。

RTC 控制寄存器高位 RTC_CRH 描述如图 21.2 所示。该寄存器在 RTC 控制寄存器高位，本章将用到秒钟中断，所以该寄存器必须设置最低位为 1，以允许秒钟中断。

RTC 控制寄存器低位 RTC_CRL 描述如图 21.3 所示。该寄存器是 RTC 控制寄存器低位，本章用到的是该寄存器的 0、3～5 位，第 0 位是秒钟标志位，在进入闹钟中断的时候，通过判断这位来决定是不是发生了秒钟中断。然后必须通过软件将该位清 0(写 0)。第 3 位为寄存器同步标志位，在修改控制寄存器 RTC_CRH/RTC_CRL 之前，

15	14	13	12	11	10	9	8	7	6	5	4	3	2	1	0
保留													OWIE	ALRIE	SECIE
													rw	rw	rw

位2	OWIE：允许溢出中断位(Overflow interrupt enalbe) 0：屏蔽(不允许)溢出中断 1：允许溢出中断
位1	ALRIE：允许闹钟中断(Alarm interrupt enable) 0：屏蔽(不允许)闹钟中断 1：允许闹钟中断
位0	SECIE：允许秒中断(Second interrupt enable) 0：屏蔽(不允许)秒中断 1：允许秒中断

图 21.2　RTC_CRH 寄存器

15	14	13	12	11	10	9	8	7	6	5	4	3	2	1	0
保　留										RTOFF	CNF	RSF	OWF	ALRF	SECF
										r	rw	rc w0	rc w0	rc w0	rc w0

位15:6	保留，被硬件强制为0
位5	RTOFF：RTC操作关闭(RTC operation OFF) RTC模块利用这位来指示对其寄存器进行的最后一次操作的状态，指示操作是否完成。若此位为0，则表示无法对任何的RTC寄存器进行写操作。此位为只读位 0：上一次对RTC寄存器的写操作仍在进行 1：上一次对RTC寄存器的写操作已经完成
位4	CNF：配置标志(Configuration flag) 此位必须由软件置1以进入配置模式，从而允许向RTC_CNT、RTC_ALR或RTC_PRL寄存器写入数据。只有当此位在被置1并重新由软件清0后，才会执行写操作 0：退出配置模式(开始更新RTC寄存器) 1：进入配置模式
位3	RSF：寄存器同步标志(Registers synchronized flag) 每当RTC_CNT寄存器和RTC_DIV寄存器由软件更新或清0时，此位由硬件置1。在APB1复位后，或APB1时钟停止后，此位必须由软件清0。要进行任何的读操作之前，用户程序必须等待这位被硬件置1，以确保RTC_CNT、RTC_ALR或RTC_PRL已经被同步 0：寄存器尚未被同步 1：寄存器已经被同步
位2	OWF：溢出标志(Overflow flag) 当32位可编程计数器溢出时，此位由硬件置1。如果RTC_CRH寄存器中OWIE=1，则产生中断。此位只能由软件清0。对此位写1是无效的 0：无溢出 1：32位可编程计数器溢出
位1	ALRF：闹钟标志(Alarm flag) 当32位可编程计数器达到RTC_ALR寄存器所设置的预定值，此位由硬件置1。如果RTC_CRH寄存器中ALRIE=1，则产生中断。此位只能由软件清0。对此位写1是无效的 0：无闹钟 1：有闹钟
位0	SECF：秒标志(Second flag) 当32位可编程预分频器溢出时，此位由硬件置1同时RTC计数器加1。因此，此标志为分辨率可编程的RTC计数器提供一个周期性的信号(通常为1 s)。如果RTC_CRH寄存器中SECIE=1，则产生中断。此位只能由软件清除。对此位写1是无效的 0：秒标志条件不成立 1：秒标志条件成立

图 21.3　RTC_CRL 寄存器

必须先判断该位是否已经同步了，没有则需要等待同步，在没同步的情况下修改 RTC_CRH/RTC_CRL 的值是不行的。第 4 位为配置标志位，在软件修改 RTC_CNT/RTC_PRL 值的时候，必须先软件置位该位，以允许进入配置模式。第 5 位为 RTC 操作位，该位由硬件操作，软件只读；通过该位可以判断上次对 RTC 寄存器的操作是否完成，如果没有，则必须等待上一次操作结束才能开始下一次操作。

2. RTC 预分频装载寄存器(RTC_PRLH/RTC_PRLL)

RTC 预分频装载寄存器由 2 个寄存器组成，RTC_PRLH 和 RTC_PRLL。这 2 个寄存器用来配置 RTC 时钟的分频数，比如使用外部 32.768 kHz 的晶振作为时钟的输入频率，那么要设置这 2 个寄存器的值为 32 767，从而得到 1 s 的计数频率。

RTC 预分频装载寄存器高位描述如图 21.4 所示。该寄存器是 RTC 预分频装载寄存器高位，低 4 位有效用来存放 PRL 的 19～16 位。PRL 的其余位则存放在 RTC_PRLL 寄存器。

15	14	13	12	11	10	9	8	7	6	5	4	3	2	1	0
保留												PRL[19:16]			
												w	w	w	w

位3:0	PRL[19:16]：RTC预分频装载值高位 根据以下公式，这些位用来定义计数器的时钟频率 $f_{TR\_CLK}=f_{RTCCLK}/(PRL[19:0]+1)$ 注：不推荐使用0值，否则无法正确地产生RTC中断和标志位

图 21.4　RTC_PRLH 寄存器

RTC 预分频装载寄存器低位描述如图 21.5 所示。该寄存器是 RTC 预分频装载寄存器低位，用于存放 RTC 预分频装载值低位。如果输入时钟是 32.768 kHz，这个预分频寄存器中写入 0x7FFF 可获得周期为 1 s 的信号。

15	14	13	12	11	10	9	8	7	6	5	4	3	2	1	0
PRL[15:0]															
w	w	w	w	w	w	w	w	w	w	w	w	w	w	w	w

位15:0	PRL[15:0]：RTC预分频装载值低位 根据以下公式，这些位用来定义计数器的时钟频率，公式如下： $f_{TR\_CLK}=f_{RTCCLK}/(PRL[19:0]+1)$

图 21.5　RTC_PRLL 寄存器

3. RTC 预分频余数寄存器(RTC_DIVH/RTC_DIVL)

RTC 预分频余数寄存器是用来获得比秒钟更加准确的时钟，比如可以得到 0.1 s，甚至 0.01 s 等，该寄存器的值是自减的，用于保存还需要多少时钟周期获得一个秒信号。在一次秒钟更新后，由硬件重新装载。这 2 个寄存器和 RTC 预分频装载寄存器的各位一样，这里就不列出来了。

4. RTC 计数器寄存器(RTC_CNTH/RTC_CNTL)

RTC 计数器寄存器 RTC_CNT 由 2 个 16 位寄存器组成 RTC_CNTH 和 RTC_

CNTL,总共 32 位,用来记录秒钟值。注意,修改这 2 个寄存器的时候要先进入配置模式。RTC_CNT 描述如图 21.6 所示。

RTC计数器寄存器高位(RTC_CNTH)

15	14	13	12	11	10	9	8	7	6	5	4	3	2	1	0
RTC_CNT[31:16]															
rw	rw	rw	rw	rw	rw	rw	rw	rw	rw	rw	rw	rw	rw	rw	rw

位15:0	RTC_CNT[31:16]：RTC计数器高位 可通过读RTC_CNTH寄存器来获得RTC计数器当前值的高位部分。要对此寄存器进行写操作前，必须先进入配置模式

RTC计数器寄存器低位(RTC_CNTL)

15	14	13	12	11	10	9	8	7	6	5	4	3	2	1	0
RTC_CNT[15:0]															
rw	rw	rw	rw	rw	rw	rw	rw	rw	rw	rw	rw	rw	rw	rw	rw

位15:0	RTC_CNT[15:0]：RTC计数器低位 可通过读RTC_CNTL寄存器来获得RTC计数器当前值的低位部分。要对此寄存器进行写操作，必须先进入配置模式

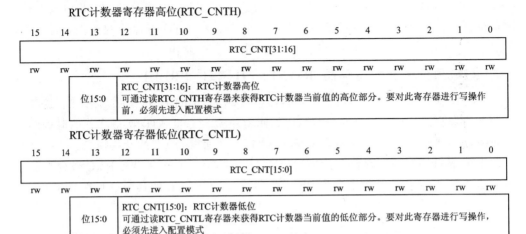

图 21.6　RTC_CNT 寄存器

5. RTC 闹钟寄存器(RTC_ALRH/RTC_ALRL)

RTC 闹钟寄存器也由 2 个 16 位的寄存器组成 RTC_ALRH 和 RTC_ALRL,总共 32 位,用来标记闹钟产生的时间(以秒为单元)。对于 STM32F1 系列的芯片来说,RTC 外设没有专门的年用日寄存器来分别存放这些信息,全部日期信息以秒的格式存储在这 2 个寄存器中,后面编程时会对时间进行特殊处理。如果 RTC_CNT 的值与 RTC_ALR 的值相等,并使能了中断,则产生一个闹钟中断。注意,该寄存器的修改也要进入配置模式才能进行。

RTC 闹钟寄存器描述如图 21.7 所示。

RTC闹钟寄存器高位(RTC_ALRH)

15	14	13	12	11	10	9	8	7	6	5	4	3	2	1	0
RTC_ALR[31:16]															
w	w	w	w	w	w	w	w	w	w	w	w	w	w	w	w

位15:0	RTC_ALR[31:16]：RTC闹钟值高位 此寄存器用来保存由软件写入的闹钟时间的高位部分。要对此寄存器进行写操作，必须先进入配置模式

RTC闹钟寄存器低位(RTC_ALRL)

15	14	13	12	11	10	9	8	7	6	5	4	3	2	1	0
RTC_ALR[15:0]															
w	w	w	w	w	w	w	w	w	w	w	w	w	w	w	w

位15:0	RTC_ALR[15:0]：RTC闹钟值低位 此寄存器用来保存由软件写入的闹钟时间的低位部分。要对此寄存器进行写操作，必须先进入配置模式

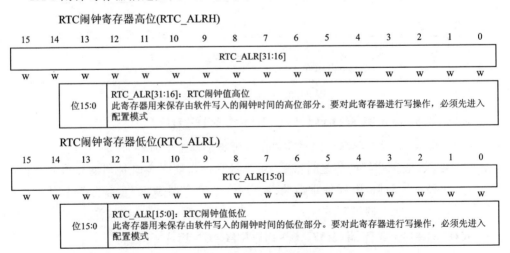

图 21.7　RTC_ALR 寄存器

6. 备份数据寄存器(BKP_DRx)

备份数据寄存器描述如图 21.8 所示。该寄存器是一个 16 位寄存器,可以用来存储用户数据,可在 V_{DD} 电源关闭时通过 V_{BAT} 保持上电状态。备份数据寄存器不会在系统复位、电源复位、从待机模式唤醒时复位。

15	14	13	12	11	10	9	8	7	6	5	4	3	2	1	0
D[15:0]															
rw	rw	rw	rw	rw	rw	rw	rw	rw	rw	rw	rw	rw	rw	rw	rw

位15:0	D[15:0]:备份数据 这些位可以用来写入用户数据 注意,BKP_DRx寄存器不会被系统复位、电源复位、从待机模式唤醒所复位。它们可以由备份域复位来复位或(如果侵入检测引脚TAMPER功能被开启)由侵入引脚事件复位

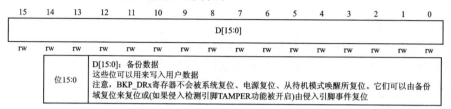

图 21.8 BKP_DRx 寄存器

在 MCU 复位后,对 RTC 和备份数据寄存器的写访问就被禁止,需要执行以下操作才可以对 RTC 及备份数据寄存器进行写访问:

① 通过设置寄存器 RCC_APB1ENR 的 PWREN 和 BKPEN 位来打开电源和后备接口时钟。

② 电源控制寄存器(PWR_CR)的 DBP 位来使能对后备寄存器和 RTC 访问。

7. 备份区域控制寄存器(RCC_BDCR)

备份区域控制寄存器描述如图 21.9 所示。RTC 的时钟源选择及使能设置都是通

31	30	29	28	27	26	25	24	23	22	21	20	19	18	17	16
保留															BDRST
															rw

15	14	13	12	11	10	9	8	7	6	5	4	3	2	1	0
RTC EN	保 留					RTCSEL[1:0]		保留					LSE BYP	LSE RDY	LSEON
rw						rw	rw						rw	r	rw

位16	BDRST:备份域软件复位 由软件置1或清0 0:复位未激活; 1:复位整个备份域
位15	RTCEN:RTC时钟使能 由软件置1或清0 0:RTC时钟关闭; 1:RTC时钟开启
位9:8	RTCSEL[1:0]:RTC时钟源选择 由软件设置来选择RTC时钟源。一旦RTC时钟源被选定,直到下次后备域被复位,它不能再改变。可通过设置BDRST位来清除 00:无时钟; 01:LSE振荡器作为RTC时钟; 10:LSI振荡器作为RTC时钟; 11:HSE振荡器在128分频后作为RTC时钟
位2	LSEBYP:外部低速时钟振荡器旁路 在调试模式下由软件置1或清0来旁路LSE。只有在外部32 kHz振荡器关闭时,才能写入该位 0:LSE时钟未被旁路; 1:LSE时钟被旁路
位1	LSERDY:外部低速LSE就绪 由硬件置1或清0来指示外部32 kHz振荡器是否就绪。在LSEON被清0后,该位需要6个外部低速振荡器的周期才被清0 0:外部32 kHz振荡器未就绪; 1:外部32 kHz振荡器就绪
位0	LSEON:外部低速振荡器使能 由软件置1或清0 0:外部32 kHz振荡器关闭; 1:外部32 kHz振荡器开启

图 21.9 RCC_BDCR 寄存器

过这个寄存器来实现的,所以在 RTC 操作之前先要通过这个寄存器选择 RTC 的时钟源,然后才能开始其他的操作。

21.2 硬件设计

(1) 例程功能

本实验通过 LCD 显示 RTC 时间,并可以通过 USMART 设置 RTC 时间,从而调节时间或设置 RTC 闹钟,还可以写入或者读取 RTC 后备区域 SRAM。LED0 闪烁,提示程序运行。

(2) 硬件资源

- LED 灯:LED0 - PE5、LED1 - PB5;
- 串口 1(PA9、PA10 连接在板载 USB 转串口芯片 CH340 上面);
- RTC(实时时钟);
- 正点原子 TFTLCD 模块(仅限 MCU 屏,16 位 8080 并口驱动)。

(3) 原理图

RTC 属于 STM32F103 内部资源,通过软件设置好就可以了。不过 RTC 不能断电,否则数据就丢失了。要想让时间在断电后还可以继续走,那么必须确保开发板的电池有电。

21.3 程序设计

21.3.1 RTC 的 HAL 库驱动

RTC 在 HAL 库中的驱动代码在 stm32f1xx_hal_rtc.c 文件(及其头文件)中。下面介绍几个重要的 RTC 函数,其他没有介绍的可参考源码。

HAL_RTC_Init 函数是 RTC 的初始化函数,其声明如下:

```
HAL_StatusTypeDef HAL_RTC_Init(RTC_HandleTypeDef *hrtc);
```

函数描述:用于初始化 RTC。

函数形参:形参 RTC_HandleTypeDef 是结构体类型指针变量,其定义如下:

```
typedef struct
{
  RTC_TypeDef                 *Instance;        /* 寄存器基地址 */
  RTC_InitTypeDef             Init;             /* RTC 配置结构体 */
  RTC_DateTypeDef             DataToUpdata;     /* RTC 日期结构体 */
  HAL_LockTypeDef             Lock;             /* RTC 锁定对象 */
  __IO HAL_RTCStateTypeDef    State;            /* RTC 设备访问状态 */
}RTC_HandleTypeDef;
```

Instance 指向 RTC 寄存器基地址。

Init 是真正的 RTC 初始化结构体,其结构体类型 RTC_InitTypeDef 定义如下:

```
typedef struct
{
  uint32_t AsynchPrediv;         /* 异步预分频系数 */
  uint32_t OutPut;               /* 选择连接到 RTC_ALARM 输出的标志 */
}RTC_InitTypeDef;
```

AsynchPrediv 用来设置 RTC 的异步预分频系数，也就是设置 2 个预分频重载寄存器的相关位。因为异步预分频系数是 19 位，所以最大值为 0x7FFFF，不能超过这个值。

OutPut 用来选择 RTC 输出到 Tamper 引脚的信号，取值为 RTC_OUTPUTSOURCE_NONE（没有输出）、RTC_OUTPUTSOURCE_CALIBCLOCK（RTC 时钟经过 64 分频输出到 TAMPER）、RTC_OUTPUTSOURCE_ALARM（闹钟脉冲信号输出）和 RTC_ OUTPUTSOURCE_SECOND（秒脉冲信号输出）。本实验选择没有输出，不配置即为默认值 RTC_OUTPUTSOURCE_NONE。

DataToUpdata：日期结构体。

Lock：用于配置锁状态。

State：RTC 设备访问状态。

函数返回值：HAL_StatusTypeDef 枚举类型的值。

注意，实验中没有使用 HAL 库自带的设置 RTC 时间的函数 HAL_RTC_SetTime、设置 RTC 日期的函数 HAL_RTC_SetDate、获取当前 RTC 日期的函数 HAL_RTC_GetTime。这是因为此版本的 HAL 库函数不满足同时更新年月日时分秒的要求，且在实测中发现写时间会覆盖日期，写日期亦然，所以直接通过操作寄存器的方式去编写功能更加全面的函数。

RTC 配置步骤如下：

① 使能电源时钟，并使能 RTC 及 RTC 后备寄存器写访问。

要访问 RTC 和 RTC 备份区域就必须先使能电源时钟，然后使能 RTC 即后备区域访问。电源时钟使能通过 RCC_APB1ENR 寄存器来设置，RTC 及 RTC 备份寄存器的写访问通过 PWR_CR 寄存器的 DBP 位设置。HAL 库设置方法为：

```
__HAL_RCC_PWR_CLK_ENABLE();  /* 使能电源时钟 PWR */
__HAL_RCC_BKP_CLK_ENABLE();  /* 使能备份时钟 */
HAL_PWR_EnableBkUpAccess();  /* 取消备份区域写保护 */
```

② 开启外部低速振荡器 LSE，选择 RTC 时钟，并使能。

调用 HAL_RCC_OscConfig 函数配置开启 LSE。调用 HAL_RCCEx_PeriphCLKConfig 函数选择 RTC 时钟源。使能 RTC 时钟函数为__HAL_RCC_RTC_ENABLE。

③ 初始化 RTC，设置 RTC 的分频以及配置 RTC 参数。

在 HAL 中，通过函数 HAL_RTC_Init 配置 RTC 分频系数以及 RTC 的工作参数。

注意，该函数会调用 HAL_RTC_MspInit 函数来完成对 RTC 的底层初始化，包括

RTC 时钟使能、时钟源选择等。

④ 设置 RTC 的日期和时间。根据前面的说明，这里使用操作寄存器的方式重新定义了设置 RTC 日期和时间的函数 rtc_set_time，使用该函数就可以设置年月日时分秒。

⑤ 获取 RTC 当前日期和时间。

同样的，获取 RTC 当前日期和时间的函数 rtc_get_time，这里也直接重新定义。该函数不直接返回时间，而是把时间保存在这里定义的时间结构体里。

通过以上 5 个步骤就完成了对 RTC 的配置，RTC 即可正常工作，这些操作不是每次上电都必须执行的，须视情况而定。

21.3.2 程序流程图

程序流程如图 21.10 所示。

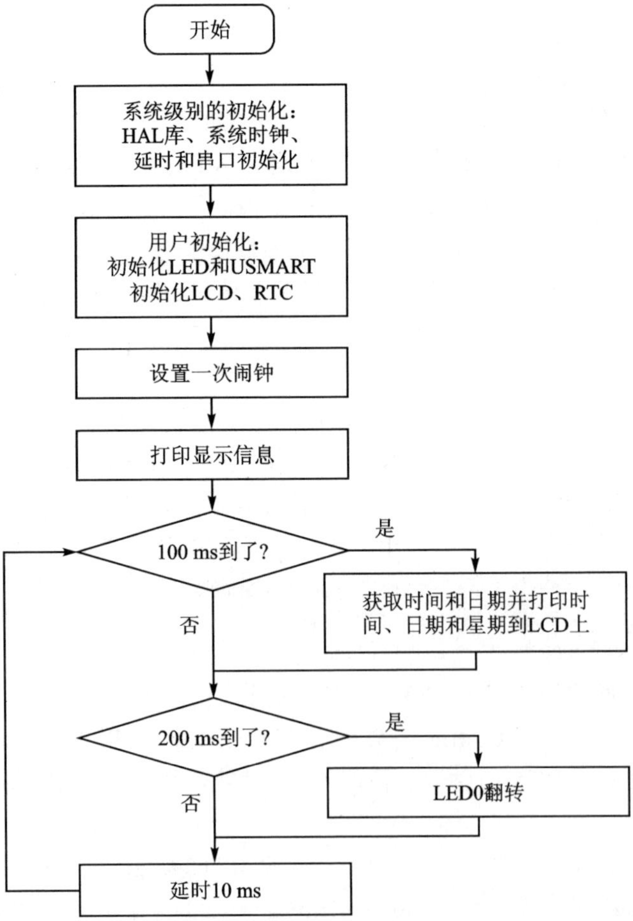

图 21.10 RTC 实时时钟实验程序流程图

21.3.3　程序解析

1. RTC 驱动代码

这里只讲解核心代码，详细的源码可参考配套资料中本实验对应源码。RTC 驱动源码包括 2 个文件：rtc.c 和 rtc.h。

限于篇幅，rtc.c 中的代码不全部贴出了，只针对几个重要的函数进行介绍。

rtc.h 头文件只有函数的声明，下面直接介绍 rtc.c 的程序。先看 RTC 的初始化函数，其定义如下：

```
/**
 * @brief       RTC 初始化
 * @note        默认尝试使用 LSE,当 LSE 启动失败后,切换为 LSI
 *              通过 BKP 寄存器 0 的值,可以判断 RTC 使用的是 LSE/LSI
 *              当 BKP0 == 0X5050 时,使用的是 LSE
 *              当 BKP0 == 0X5051 时,使用的是 LSI
 *              注意:切换 LSI/LSE 将导致时间/日期丢失,切换后需重新设置
 * @retval      0,成功
 *              1,进入初始化模式失败
 */
uint8_t rtc_init(void)
{
    /* 检查是不是第一次配置时钟 */
    uint16_t bkpflag = 0;
    __HAL_RCC_PWR_CLK_ENABLE();        /* 使能电源时钟 */
    __HAL_RCC_BKP_CLK_ENABLE();        /* 使能备份时钟 */
    HAL_PWR_EnableBkUpAccess();        /* 取消备份区写保护 */
    bkpflag = rtc_read_bkr(0);         /* 读取 BKP0 的值 */
    g_rtc_handle.Instance = RTC;
    /* 时钟周期设置,理论值:32767, 这里也可以用 RTC_AUTO_1_SECOND */
    g_rtc_handle.Init.AsynchPrediv = 32767;
    if (HAL_RTC_Init(&g_rtc_handle) != HAL_OK)
    {
        return 1;
    }
    /* 之前未初始化过,重新配置 */
    if ((bkpflag != 0x5050) && (bkpflag != 0x5051))
    {
        rtc_set_time(2020, 4, 26, 9, 22, 35);                  /* 设置时间 */
    }
    __HAL_RTC_ALARM_ENABLE_IT(&g_rtc_handle, RTC_IT_SEC);   /* 允许秒中断 */
    HAL_NVIC_SetPriority(RTC_IRQn, 0x2, 0);                 /* 优先级设置 */
    HAL_NVIC_EnableIRQ(RTC_IRQn);                           /* 使能 RTC 中断通道 */
    rtc_get_time();   /* 更新时间 */
    return 0;
}
```

该函数用来初始化 RTC 配置以及日期和时钟，但是只在第一次的时候设置时间，重新上电、复位都不会再进行时间设置了（前提是备份电池有电）。在第一次配置的时

候，按照上面介绍的 RTC 初始化步骤调用函数 HAL_RTC_Init 来实现。

通过读取 BKP 寄存器 0 的值来判断是否需要进行时间的设置，对 BKP 寄存器 0 的写操作是在 HAL_RTC_MspInit 回调函数中实现的。第一次未对 RTC 进行初始化时，BKP 寄存器 0 的值为非 0x5050 或 0x5051；当进行 RTC 初始化时，BKP 寄存器 0 的值就是 0x5050 或 0x5051，所以以上代码操作确保时间只会设置一次，复位时不会重新设置时间。电池正常供电时，设置的时间不会因复位或者断电而丢失。

读取后备寄存器的函数其实还是调用 HAL 库提供的函数接口，写后备寄存器函数同样也是。这 2 个函数如下：

```
uint32_t HAL_RTCEx_BKUPRead(RTC_HandleTypeDef *hrtc, uint32_t BackupRegister);
void HAL_RTCEx_BKUPWrite(RTC_HandleTypeDef *hrtc, uint32_t BackupRegister,
                         uint32_t Data);
```

使用方法非常简单，分别用来读和写 BKR 寄存器的值。

这里设置时间和日期是通过 rtc_set_time 函数来实现的，未采用 HAL 库自带的设置时间和日期的函数，原因前面已经提到了。rtc_set_time 是直接操作寄存器，也可以为 USMART 调用，十分方便调试时使用。

接下来用 HAL_RTC_MspInit 函数来编写 RTC 时钟配置等代码，其定义如下：

```
void HAL_RTC_MspInit(RTC_HandleTypeDef *hrtc)
{
    uint16_t retry = 200;
    __HAL_RCC_RTC_ENABLE();         /* RTC 时钟使能 */
    RCC_OscInitTypeDef rcc_oscinitstruct;
    RCC_PeriphCLKInitTypeDef rcc_periphclkinitstruct;
    /* 使用寄存器的方式去检测 LSE 是否可以正常工作 */
    RCC->BDCR |= 1 << 0;        /* 开启外部低速振荡器 LSE */
    while (retry && ((RCC->BDCR & 0X02) == 0))   /* 等待 LSE 准备好 */
    {
        retry--;
        delay_ms(5);
    }
    if (retry == 0)         /* LSE 起振失败，使用 LSI */
    {   /* 选择要配置的振荡器 */
        rcc_oscinitstruct.OscillatorType = RCC_OSCILLATORTYPE_LSI;
        rcc_oscinitstruct.LSEState = RCC_LSI_ON;            /* LSI 状态：开启 */
        rcc_oscinitstruct.PLL.PLLState = RCC_PLL_NONE;   /* PLL 无配置 */
        HAL_RCC_OscConfig(&rcc_oscinitstruct);
        /* 选择要配置的外设 RTC */
        rcc_periphclkinitstruct.PeriphClockSelection = RCC_PERIPHCLK_RTC;
        /* RTC 时钟源选择 LSI */
        rcc_periphclkinitstruct.RTCClockSelection = RCC_RTCCLKSOURCE_LSI;
        HAL_RCCEx_PeriphCLKConfig(&rcc_periphclkinitstruct);
        rtc_write_bkr(0, 0X5051);
    }
    else
    {
        rcc_oscinitstruct.OscillatorType = RCC_OSCILLATORTYPE_LSE ;
```

```
            rcc_oscinitstruct.LSEState = RCC_LSE_ON;/ * LSE 状态:开启 * /
            rcc_oscinitstruct.PLL.PLLState = RCC_PLL_NONE;/ * PLL 不配置 * /
            rcc_periphclkinitstruct.PeriphClockSelection = RCC_PERIPHCLK_RTC;
            rcc_periphclkinitstruct.RTCClockSelection = RCC_RTCCLKSOURCE_LSE;
            HAL_RCCEx_PeriphCLKConfig(&rcc_periphclkinitstruct);
            rtc_write_bkr(0, 0X5050);
        }
    }
```

再来介绍一下 rtc_set_time 函数,代码如下:

```
    /**
     * @brief       设置时间,包括年月日时分秒
     *   @note      以 1970 年 1 月 1 日为基准,往后累加时间
     *              合法年份范围为:1970~2105 年
                    HAL 默认为年份起点为 2000 年
     * @param       syear:年份
     * @param       smon:月份
     * @param       sday:日期
     * @param       hour:小时
     * @param       min:分钟
     * @param       sec:秒钟
     * @retval      0,成功;1,失败;
     */
    uint8_t rtc_set_time(uint16_t syear, uint8_t smon, uint8_t sday, uint8_t hour, uint8_t
min, uint8_t sec)
    {
        uint32_t seccount = 0;
        /* 将年月日时分秒转换成总秒钟数 */
        seccount = rtc_date2sec(syear, smon, sday, hour, min, sec);
        __HAL_RCC_PWR_CLK_ENABLE();        /* 使能电源时钟 */
        __HAL_RCC_BKP_CLK_ENABLE();        /* 使能备份域时钟 */
        HAL_PWR_EnableBkUpAccess();        /* 取消备份域写保护 */
        /* 上面三步是必须的! */
        RTC->CRL |= 1 << 4;                /* 进入配置模式 */
        RTC->CNTL = seccount & 0xffff;
        RTC->CNTH = seccount >> 16;
        RTC->CRL &= ~(1 << 4);             /* 退出配置模式 */
        /* 等待 RTC 寄存器操作完成,即等待 RTOFF == 1 */
        while (!__HAL_RTC_ALARM_GET_FLAG(&g_rtc_handle, RTC_FLAG_RTOFF));
        return 0;
    }
```

该函数用于设置时间,把输入的时间转换为以 1970 年 1 月 1 日 0 时 0 分 0 秒作为起始时间的秒钟信号,后续的计算都以这个时间为基准。由于 STM32 的秒钟计数器可以保存 136 年的秒钟数据,这样就可以计时到 2106 年。

接着介绍 rtc_set_alarma 函数,该函数用于设置闹钟时间,同 rtc_set_time 函数几乎一样,主要区别就是将 RTC→CNTL 和 RTC→CNTH 换成了 RTC→ALRL 和 RTC→ALRH,用于设置闹钟时间。RTC 其实是有闹钟中断的,这里没有用到,本实验用到了秒中断,所以在秒中断里顺带处理闹钟中断的事情。

特别提醒:假如只使用 HAL 库的__HAL_RTC_ALARM_ENABLE_IT 函数来使能闹钟中断,但是没有设置闹钟相关的 NVIC 和 EXTI,则实际上不会产生闹钟中断,只会产生闹钟标志(RTC→CRL 的 ALRL 置位)。可以通过读取闹钟标志来判断是否发生闹钟事件。

接着介绍 rtc_get_time 函数,其定义如下:

```
/**
 * @brief       得到当前的时间
 * @note        该函数不直接返回时间,时间数据保存在 calendar 结构体里面
 * @param       无
 * @retval      无
 */
void rtc_get_time(void)
{
    static uint16_t daycnt = 0;
    uint32_t seccount = 0;
    uint32_t temp = 0;
    uint16_t temp1 = 0;
    /* 平年的月份日期表 */
    const uint8_t month_table[12] = {31,28,31,30,31,30,31,31,30,31,30,31};
    seccount = RTC->CNTH;                        /* 得到计数器中的值(秒钟数) */
    seccount <<= 16;
    seccount += RTC->CNTL;
    temp = seccount / 86400;                     /* 得到天数(秒钟数对应的) */
    if (daycnt != temp)                          /* 超过一天了 */
    {
        daycnt = temp;
        temp1 = 1970;                            /* 从 1970 年开始 */
        while (temp >= 365)
        {
            if (rtc_is_leap_year(temp1))         /* 是闰年 */
            {
                if (temp >= 366)
                {
                    temp -= 366;                 /* 闰年的秒钟数 */
                }
                else
                {
                    break;
                }
            }
            else
            {
                temp -= 365;                     /* 平年 */
            }
            temp1++;
        }
        calendar.year = temp1;                   /* 得到年份 */
        temp1 = 0;
        while (temp >= 28)                       /* 超过了一个月 */
```

```
            {
                /* 当年是不是闰年/2 月份 */
                if (rtc_is_leap_year(calendar.year) && temp1 == 1)
                {
                    if (temp >= 29)
                    {
                        temp -= 29;         /* 闰年的秒钟数 */
                    }
                    else
                    {
                        break;
                    }
                }
                else
                {
                    if (temp >= month_table[temp1])
                    {
                        temp -= month_table[temp1]; /* 平年 */
                    }
                    else
                    {
                        break;
                    }
                }
                temp1 ++ ;
            }
            calendar.month = temp1 + 1;     /* 得到月份 */
            calendar.date = temp + 1;       /* 得到日期 */
        }
        temp = seccount % 86400;                        /* 得到秒钟数 */
        calendar.hour = temp / 3600;                    /* 小时 */
        calendar.min = (temp % 3600) / 60;              /* 分钟 */
        calendar.sec = (temp % 3600) % 60;              /* 秒钟 */
        /* 获取星期 */
        calendar.week = rtc_get_week(calendar.year, calendar.month, calendar.date);
}
```

该函数其实就是将存储在秒钟寄存器 RTC→CNTL 和 RTC→CNTH 中的秒钟数据转换为真正的时间和日期。该代码还用到了一个 calendar 的结构体，calendar 是 rtc.h 里面将要定义的一个时间结构体，用来存放时钟的年月日时分秒等信息。因为 STM32 的 RTC 只有秒钟计数器，而年月日时分秒则需要软件计算。把计算好的值保存在 calendar 里面，方便其他函数调用。

接着介绍使用最多的函数 rtc_date2sec，该函数代码如下：

```
/**
 * @brief      将年月日时分秒转换成秒钟数
 * @note       以 1970 年 1 月 1 日为基准，1970 年 1 月 1 日 0 时 0 分 0 秒表示第 0 秒钟
 *             最大表示到 2105 年，因为 uint32_t 最大表示 136 年的秒钟数(不包括闰年)!
 *             本代码参考只 linux mktime 函数，原理说明见：
 *             http://www.openedv.com/thread-63389-1-1.html
```

```
 * @param        syear：年份
 * @param        smon：月份
 * @param        sday：日期
 * @param        hour：小时
 * @param        min：分钟
 * @param        sec：秒钟
 * @retval       转换后的秒钟数
 */
static long rtc_date2sec(uint16_t syear, uint8_t smon, uint8_t sday,
                         uint8_t hour, uint8_t min, uint8_t sec)
{
    uint32_t Y, M, D, X, T;
    signed char monx = smon;      /* 将月份转换成带符号的值，方便后面运算 */
    if (0 >= (monx -= 2))         /* 1..12 ->11,12,1..10 */
    {
        monx += 12;               /* Puts Feb last since it has leap day */
        syear -= 1;
    }
    /* 公元元年 1 到现在的闰年数 */
    Y = (syear - 1) * 365 + syear / 4 - syear / 100 + syear / 400;
    M = 367 * monx / 12 - 30 + 59;
    D = sday - 1;
    X = Y + M + D - 719162;                          /* 减去公元元年到 1970 年的天数 */
    T = ((X * 24 + hour) * 60 + min) * 60 + sec; /* 总秒钟数 */
    return T;
}
```

该函数参考了 Linux 的 mktime 函数，用于将年月日时分秒转化成秒钟数，进而被其他函数使用。例如，rtc_set_time 和 rtc_set_alarm 这 2 个函数的形参需要使用 rtc_date2sec 函数获取秒钟数，进而操作寄存器的方法把总秒数写入特定的寄存器完成相对应的功能。

前面介绍的函数 rtc_init 中存在 RTC 中断使能操作，那么这里必定有中断服务函数。接下来看中断服务函数，代码如下：

```
/**
 * @brief        RTC 时钟中断
 * @note         秒钟中断服务函数，顺带处理闹钟标志
 *               根据 RTC_CRL 寄存器的 SECF 和 ALRF 位区分是哪个中断
 */
void RTC_IRQHandler(void)
{
    if (__HAL_RTC_ALARM_GET_FLAG(&g_rtc_handle, RTC_FLAG_SEC) != RESET) /* 秒中断 */
    {
        rtc_get_time(); /* 更新时间 */
        __HAL_RTC_ALARM_CLEAR_FLAG(&g_rtc_handle, RTC_FLAG_SEC); /* 清除秒中断 */
        //printf("sec: %d\r\n", calendar.sec);   /* 打印秒钟 */
    }
    /* 顺带处理闹钟标志 */
    if (__HAL_RTC_ALARM_GET_FLAG(&g_rtc_handle, RTC_FLAG_ALRAF) != RESET)
    {
```

```
        __HAL_RTC_ALARM_CLEAR_FLAG(&g_rtc_handle, RTC_FLAG_ALRAF); /* 清除闹钟标志 */
        printf("Alarm Time: %d-%d-%d %d:%d:%d\n", calendar.year, calendar.month,
                calendar.date, calendar.hour, calendar.min, calendar.sec);
    }
    __HAL_RTC_ALARM_CLEAR_FLAG(&g_rtc_handle, RTC_FLAG_OW); /* 清除溢出中断标志 */
    /* 等待 RTC 寄存器操作完成，即等待 RTOFF == 1 */
    while (!__HAL_RTC_ALARM_GET_FLAG(&g_rtc_handle, RTC_FLAG_RTOFF));
}
```

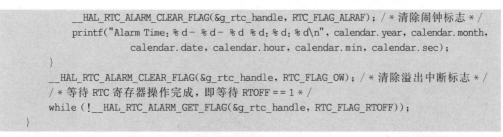

RTC_IRQHandle 中断服务函数用于 RTC 秒中断，由于在 rtc_init 中已经配置好了时钟周期(为 1 s)，所以每秒都会跳进 RTC 中断服务函数。在函数中，判断秒中断是否触发，由于每次都是秒中断触发，所以可以先更新时间，然后把 printf 的注释去掉看一下是不是每秒打印一下。接着判断闹钟标志是否置位，这个闹钟标志与 rtc_set_alarm 函数有关。假设到了闹钟设置的时间，则跳进该秒中断顺带处理闹钟标志，执行函数体的指令。执行完上述的任务之后，还需要在最后清除溢出中断标志。

2. main.c 代码

在 main.c 里面编写如下代码：

```
/* 定义字符数组用于显示周 */
char* weekdays[]={"Sunday","Monday","Tuesday","Wednesday",
                 "Thursday","Friday","Saterday"};
int main(void)
{
    uint8_t tbuf[40];
    uint8_t t = 0;
    HAL_Init();                             /* 初始化 HAL 库 */
    sys_stm32_clock_init(RCC_PLL_MUL9);     /* 设置时钟, 72 MHz */
    delay_init(72);                         /* 延时初始化 */
    usart_init(115200);                     /* 串口初始化为 115 200 */
    usmart_dev.init(72);                    /* 初始化 USMART */
    led_init();                             /* 初始化 LED */
    lcd_init();                             /* 初始化 LCD */
    rtc_init();                             /* 初始化 RTC */
    rtc_set_alarm(2020, 4, 26, 9, 23, 45);  /* 设置一次闹钟 */
    lcd_show_string(30, 50, 200, 16, 16, "STM32", RED);
    lcd_show_string(30, 70, 200, 16, 16, "RTC TEST", RED);
    lcd_show_string(30, 90, 200, 16, 16, "ATOM@ALIENTEK", RED);
    while (1)
    {
        t++;
        if ((t % 10) == 0)                  /* 每 100 ms 更新一次显示数据 */
        {
            rtc_get_time();
            sprintf((char *)tbuf, "Time:%02d:%02d:%02d", calendar.hour,
                    calendar.min, calendar.sec);
            lcd_show_string(30, 120, 210, 16, 16, (char *)tbuf, RED);
            sprintf((char *)tbuf, "Date:%04d-%02d-%02d", calendar.year,
                    calendar.month, calendar.date);
```

```
                lcd_show_string(30, 140, 210, 16, 16, (char *)tbuf, RED);
                sprintf((char *)tbuf, "Week: %s", weekdays[calendar.week]);
                lcd_show_string(30, 160, 210, 16, 16, (char *)tbuf, RED);
            }
            if ((t % 20) == 0)
            {
                LED0_TOGGLE();                    /* 每 200 ms,翻转一次 LED0 */
            }
            delay_ms(10);
        }
    }
```

在无限循环中每 100 ms 读取 RTC 的时间和日期(一次),并显示在 LCD 上。每 200 ms 翻转一次 LED0。

为方便 RTC 相关函数的调用验证,在 usmart_config.c 里面修改了 usmart_nametab:

```
/* 函数名列表初始化(用户自己添加)
 * 用户直接在这里输入要执行的函数名及其查找串
 */
struct _m_usmart_nametab usmart_nametab[] =
{
#if USMART_USE_WRFUNS == 1          /* 如果使能了读写操作 */
    (void *)read_addr, "uint32_t read_addr(uint32_t addr)",
    (void *)write_addr, "void write_addr(uint32_t addr,uint32_t val)",
#endif
    (void *)delay_ms, "void delay_ms(uint16_t nms)",
    (void *)delay_us, "void delay_us(uint32_t nus)",
    (void *)rtc_read_bkr, "uint16_t rtc_read_bkr(uint32_t bkrx)",
    (void *)rtc_write_bkr, "void rtc_write_bkr(uint32_t bkrx, uint16_t data)",
    (void *)rtc_get_week, "uint8_t rtc_get_week(uint16_t year, uint8_t month, uint8_t day)",
    (void *)rtc_set_time, "uint8_t rtc_set_time(uint16_t syear, uint8_t smon,
                      uint8_t sday, uint8_t hour, uint8_t min, uint8_t sec)",
    (void *)rtc_set_alarm, "uint8_t rtc_set_alarm(uint16_t syear, uint8_t smon,
                      uint8_t sday, uint8_t hour, uint8_t min, uint8_t sec)",
};
```

将 RTC 的一些相关函数加入 USMART,这样通过串口就可以直接设置 RTC 时间、闹钟。至此,RTC 的软件设计就完成了,接下来就检验一下程序是否正确。

21.4 下载验证

将程序下载到开发板后可以看到 LED0 不停地闪烁,提示程序已经在运行了。然后,可以看到 LCD 开始显示时间,实际显示效果如图 21.11 所示。

如果时间不正确,则可以利用前面介绍的 USMART 工具,通过串口来设置,也可以设置闹钟时间等,如图 21.12 所示。

按照图中编号①、②顺序设置闹钟和时间,然后等待设置的时间到来后,串口打印“Alarm Time:2020-9-15 12:30:45”字符串,则证明闹钟程序正常运行了。

图 21.11 RTC 实验测试图

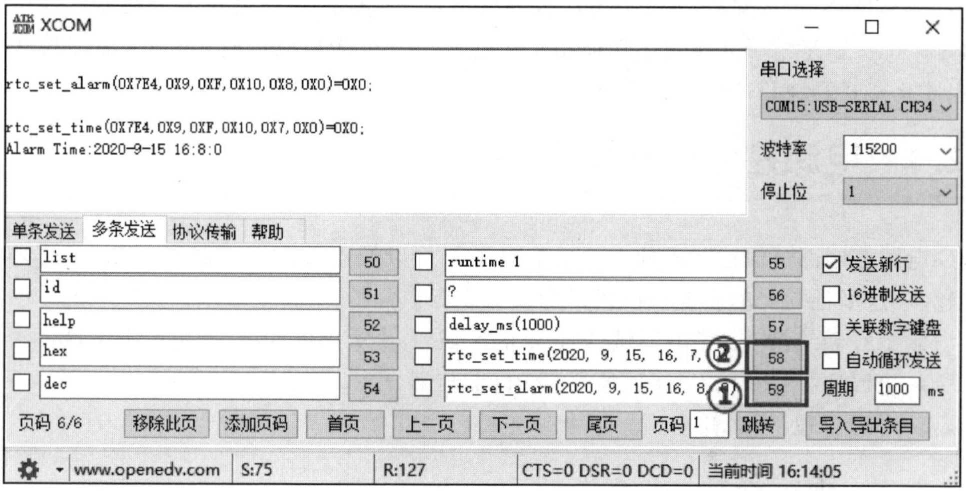

图 21.12 通过 USMART 设置时间并测试闹钟

第22章

低功耗实验

本章将介绍 STM32F103 的电源控制(PWR),实现低功耗模式相关功能。这里将通过 4 个实验来学习并实现低功耗相关功能,分别是 PVD 电压监控实验、睡眠模式实验、停止模式实验和待机模式实验。

22.1 电源控制(PWR)简介

电源控制部分概述了不同电源域的电源架构以及电源配置控制器。PWR 的内容比较多,这里把它们的主要特性概括为以下 3 点:

- 电源系统:V_{DDA} 供电区域、V_{DD} 供电区域、1.8 V 供电区域、后备供电区域。
- 电源监控:POR/PDR 监控器、PVD 监控器。
- 电源管理:低功耗模式。

22.1.1 电源系统

为了方便对电源系统进行管理,设计者把 STM32 的内核和外设等器件根据功能划分了不同的电源区域,具体如图 22.1 所示。

电源概述框图中划分了 3 个区域①②③,分别是独立的 ADC 供电和参考电压、电压调节器、电池备份区域。

① 独立的 ADC 供电和参考电压(V_{DDA} 供电区域)

V_{DDA} 供电区域,主要是 ADC 电源以及参考电压。STM32 的 ADC 模块配备独立的供电方式,使用 V_{DDA} 引脚作为输入,使用 V_{SSA} 引脚作为独立连接,V_{REF} 引脚为提供给 ADC 的参考电压。

② 电压调节器(V_{DD}/1.8 V 供电区域)

电压调节器是 STM32 电源系统中最核心部分,连接 V_{DD} 供电区域和 1.8 V 供电区域。V_{DD} 给 I/O 电路以及待机电路供电。电压调节器主要为备份域以及待机电路以外的所有数字电路供电,其中包括内核、数字外设以及 RAM;调节器的输出电压约为 1.8 V,因此由调压器供电的区域称为 1.8 V 供电区域。

电压调节器根据应用方式不同有 3 种不同的工作模式。在运行模式下,调节器以正常工作模式为内核、内存和外设提供 1.8 V 电源;在停止模式下,调节器以低功耗模式提供 1.8 V 电源,以保存寄存器和 SRAM 的内容。在待机模式下,调节器停止供电,

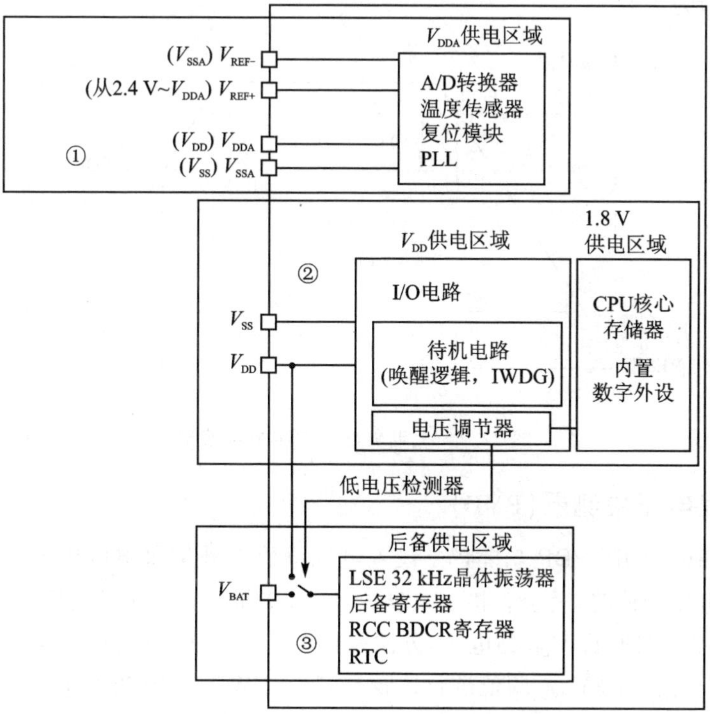

图 22.1 电源概述框图

除了备用电路和备份域外，寄存器和 SRAM 的内容全部丢失。

③ 电池备份区域(后备供电区域)

电池备份区域也就是后备供电区域，使用电池或者其他电源连接到 V_{BAT} 脚上；当 V_{DD} 断电时，可以保存备份寄存器的内容和维持 RTC 的功能。同时，V_{BAT} 引脚也为 RTC 和 LSE 振荡器供电，这保证了主要电源被切断时 RTC 能够继续工作。切换到 V_{BAT} 供电后由复位模块中的掉电复位功能控制。

22.1.2 电源监控

电源监控的部分主要关注 PVD 监控器，此外还需要知道上电复位(POR)/掉电复位(PDR)。其他内容可参考"STM32F10xxx 参考手册_V10(中文版).pdf"第 4.2 节(38 页)。

1. 上电复位(POR)/掉电复位(PDR)

上电时，当 V_{DD} 低于指定 V_{POR} 阈值时，系统无需外部复位电路便会保持复位模式。一旦 V_{DD} 电源电压高于 V_{POR} 阈值，系统便会退出复位状态，芯片正常工作。掉电时，当 V_{DD} 低于指定 V_{PDR} 阈值时，系统就会保持复位模式。图 22.2 是上电复位或掉电复位波形，其中，RESET 为上电复位信号。

注意，POR 与 PDR 的复位电压阈值是固定的，V_{POR} 阈值(典型值)为 1.92 V，V_{PDR}

阈值(典型值)为 1.88 V。

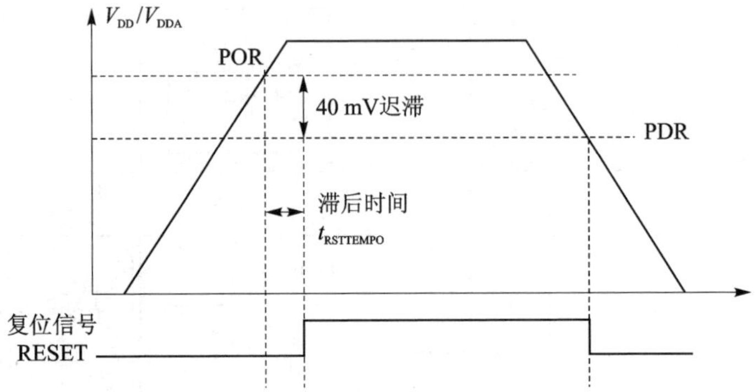

图 22.2　上电复位或掉电复位波形

2. 可编程电压检测器(PVD)

上面介绍的 POR、PDR 功能都是设置电压阈值与外部供电电压 V_{DD} 比较，当 V_{DD} 低于设置的电压阈值时，就会直接进入复位状态，从而防止电压不足导致的误操作。

PVD 可以实时监视 V_{DD} 的电压，方法是将 V_{DD} 与 PWR 控制寄存器(PWR_CR)中的 PLS[2:0]位所选的 V_{PVD} 阈值进行比较。其中，PWR_CSR 寄存器中的 PVDO 位决定了 V_{DD} 是高于 V_{PVD} 还是低于 V_{PVD}，本实验中配置的是 V_{DD} 低于 V_{PVD} 阈值这个条件。当检测到电压低于 V_{PVD} 阈值时，如果使能 EXTI16 线中断，即使能 PVD 中断，则可以产生 PVD 中断，具体取决于 EXTI16 线配置为检测上升还是下降沿；然后复位前，在中断服务程序中执行紧急关闭系统等任务。PVD 阈值检测波形，如图 22.3 所示。

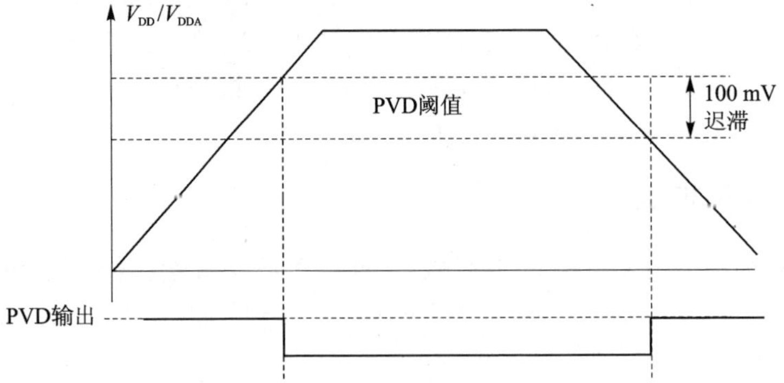

图 22.3　PVD 检测波形

PVD 阈值有 8 个等级，有上升沿和下降沿的区别，具体由 PWR_CSR 寄存器中的 PVDO 位决定。PVD 阈值等级表具体如图 22.4 所列。

Symbol	Parameter	Conditions	Min	Typ	Max
V_{PVD}	Programmable voltage detector level selection	PLS[2:0]=000 (rising edge)	2.1	2.18	2.26
		PLS[2:0]=000 (falling edge)	2	2.08	2.16
		PLS[2:0]=001 (rising edge)	2.19	2.28	2.37
		PLS[2:0]=001 (falling edge)	2.09	2.18	2.27
		PLS[2:0]=010 (rising edge)	2.28	2.38	2.48
		PLS[2:0]=010 (falling edge)	2.18	2.28	2.38
		PLS[2:0]=011 (rising edge)	2.38	2.48	2.58
		PLS[2:0]=011 (falling edge)	2.28	2.38	2.48
		PLS[2:0]=100 (rising edge)	2.47	2.58	2.69
		PLS[2:0]=100 (falling edge)	2.37	2.48	2.59
		PLS[2:0]=101 (rising edge)	2.57	2.68	2.79
		PLS[2:0]=101 (falling edge)	2.47	2.58	2.69
		PLS[2:0]=110 (rising edge)	2.66	2.78	2.9
		PLS[2:0]=110 (falling edge)	2.56	2.68	2.8
		PLS[2:0]=111 (rising edge)	2.76	2.88	3
		PLS[2:0]=111 (falling edge)	2.66	2.78	2.9

图 22.4 PVD 阈值等级

22.1.3 电源管理

电源管理的部分要关注低功耗模式。STM32 的正常工作中具有 4 种工作模式，即运行、睡眠、停止以及待机。上电复位后，STM32 处于运行状态时，若内核不需要继续运行，就可以选择进入后面的 3 种模式降低功耗。这 3 种低功耗模式的电源消耗、唤醒时间和唤醒源都不同，要根据自身的需要选择合适的低功耗模式。

低功耗模式汇总如表 22.1 所列。

表 22.1 低功耗模式汇总

<table>
<tr><th>模 式</th><th>进 入</th><th>唤 醒</th><th>对 1.8 V 区域时钟的影响</th><th>对 V_{DD} 区域时钟的影响</th><th>电压调节器</th></tr>
<tr><td rowspan="2">睡眠
(SLEEP-NOW 或 SLEEP-ON-EXIT)</td><td>WFI</td><td>任意中断</td><td rowspan="2">CPU 时钟关，对其他时钟和 ADC 时钟无影响</td><td rowspan="2">无</td><td rowspan="2">开</td></tr>
<tr><td>WFE</td><td>唤醒事件</td></tr>
<tr><td>停机</td><td>PDDS 和 LPDS 位
+SLEEPDEEP 位
+WFI 或 WFE</td><td>任意外部中断(在外部中断寄存器中设置)</td><td rowspan="2">关闭所有 1.8 V 区域的时钟</td><td rowspan="2">HSI 和 HSE 的振荡器关闭</td><td>开启或处于低功耗模式(依据电源控制寄存器(PWR_CR)的设定)</td></tr>
<tr><td>待机</td><td>PDDS 位
+SLEEPDEEP 位
+WFI 或 WFE</td><td>WKUP 引脚的上升沿、RTC 闹钟事件、NRST 引脚上的外部复位、IWDG 复位</td><td>关</td></tr>
</table>

1. 睡眠模式

进入睡眠模式时，Cortex－M3内核停止，但所有外设包括Cortex－M3核心的外设，如NVIC、系统时钟(SysTick)等仍在运行，有2种进入睡眠模式的模式，即WFI和WFE。WFI(Wait for interrupt)和WFE(Wait for event)是内核指令，会调用一些汇编指令，学会使用即可，更详细的描述可以查看《ARM Cortex－M3权威指南》。睡眠后唤醒的方式即由等待"中断"唤醒和"事件"唤醒，具体如表22.2所列。

表22.2 睡眠模式进入及退出方法

睡眠模式	说 明
进入模式	立即睡眠：在执行WFI或WFE指令时立刻进入睡眠模式 触发条件：内核寄存器SLEEPDEEP位置0，调用WFI或WFE指令立刻进入睡眠模式
	退出时睡眠：在退出优先级最低的中断服务程序后才进入睡眠模式 触发条件：内核寄存器SLEEPONEXIT位置1，从中断服务程序返回后立刻睡眠，这种情况下，处理器的所有工作就只是响应中断了，其他时间在睡眠
退出模式	如果执行WFI进入睡眠模式，则可使用任意中断唤醒；如果执行WFE进入睡眠模式，可使用事件唤醒
唤醒延迟	无延时

2. 停止模式

进入停止模式时，所有的时钟都关闭，外设也就停止了工作。但是V_{DD}电源是没有关闭的，所以内核的寄存器和内存信息都保留下来，重新开启时钟时就可以从上次停止的地方继续执行程序。

注意，当电压调节器处于低功耗模式下，系统从停止模式退出时，则将会有一段额外的启动延时。如果在停止模式期间保持内部调节器开启，则退出启动时间会缩短，但相应的功耗会增加。具体如表22.3所列。

表22.3 停止模式进入及退出方法

停止模式	说 明
进入模式	内核寄存器的SLEEPDEEP位置1，PWR_CR寄存器的PDDS置0，然后调用WFI或WFE指令即可进入停止模式 注意，PWR_CR寄存器LPDS＝0时，调压器工作在正常模式；LPDS＝1时工作在低功耗模式
退出模式	如果执行WFI进入停止模式，则设置任一外部中断线为中断模式进行中断唤醒；如果执行WFE进入停止模式，则设置任一外部中断线为事件模式进行中断唤醒
唤醒延迟	HSI RC唤醒时间＋电压调节器从低功耗唤醒的时间

3. 待机模式

待机模式可实现最低功耗。该模式是在Cortex－M3睡眠模式时关闭电压调节器,整个1.8 V供电区域被断电。PLL、HSI和HSE振荡器也被断电。除备份域(RTC寄存器、RTC备份寄存器和备份SRAM)和待机电路中的寄存器外,SRAM和其他寄存器内容都将丢失。不过如果使能了备份区域(备份SRAM、RTC、LSE),那么待机模式下的功耗,将达到3.8 μA左右。

那么如何进入待机模式呢?很简单,只要按表22.4所列的步骤执行就可以了。

表22.4 待机模式进入及退出方法

待机模式	说 明
进入模式	进入待机模式步骤如下: ① 设置Cortex-M3系统控制寄存器中的SLEEPDEEP位置1; ② 设置电源控制寄存器(PWR_CR)中PDDS位置1; ③ 设置电源控制寄存器(PWR_CR)中的WUF位置0; ④ 调用WFI或WFE指令即可进入待机模式
退出模式	退出条件分别如下: ① WKUP引脚的上升沿; ② RTC闹钟事件的上升沿; ③ NRST引脚上外部复位; ④ IWDG复位
唤醒延迟	复位阶段时电压调节器的启动

22.2 待机模式实验

22.2.1 PWR寄存器

本实验先对相关的电源控制寄存器配置待机模式的参数,然后通过WFI指令进入待机模式,使用WKUP引脚的上升沿来唤醒(这是特定的唤醒源)。

下面主要介绍本实验用到的寄存器,系统控制寄存器的部分与上一实验一致,就不介绍了。

1. PWR控制寄存器(PWR_CR)

PWR的控制寄存器描述如图22.5所示。这里通过设置PDDS位使CPU进入深度睡眠时进入待机模式,同时,需要通过CWUF位清除之前的唤醒位。

2. 电源控制/状态寄存器(PWR_CSR)

电源控制/状态寄存器描述如图22.6所示。该寄存器只关心EWUP位,设置EWUP为1即WKUP引脚作为待机模式的唤醒源。

31	30	29	28	27	26	25	24	23	22	21	20	19	18	17	16
保留															

15	14	13	12	11	10	9	8	7	6	5	4	3	2	1	0
保留							DBP	PLS[2:0]			PVDE	CSBF	CWUF	PDDS	LPDS
							rw	rw	rw	rw	rw	rc_w1	rc_w1	rw	rw

位2	CWUF：清除唤醒位 始终读出为0 0：无功效　　1：2个系统时钟周期后清除WUF唤醒位(写)
位1	PDDS：掉电深睡眠 与LPDS位协同操作 0：当CPU进入深睡眠时进入停机模式，调压器的状态由LPDS位控制 1：CPU进入深睡眠时进入待机模式

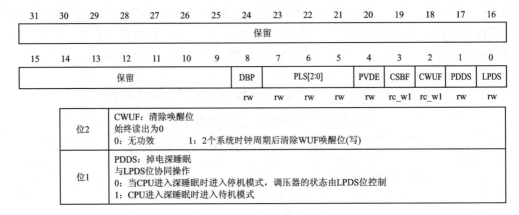

图 22.5　PWR_CR 寄存器

31	30	29	28	27	26	25	24	23	22	21	20	19	18	17	16
保留															

15	14	13	12	11	10	9	8	7	6	5	4	3	2	1	0
保留							EWUP	保留					PVDO	SBF	WUF
							rw						r	r	r

位8	EWUP：使能WKUP引脚 0：WKUP引脚为通用I/O。WKUP引脚上的事件不能将CPU从待机模式唤醒 1：WKUP引脚用于将CPU从待机模式唤醒，WKUP引脚被强置为输入下拉的配置(WKUP引脚的上升沿将系统从待机模式唤醒) 注：在系统复位时清除这一位

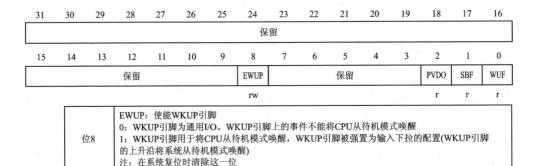

图 22.6　PWR_CSR 寄存器

22.2.2　硬件设计

(1) 例程功能

LED0 闪烁,表明代码正在运行。按下按键 KEY0 后进入待机模式,这时大部分引脚处于高阻态,所以说这时候 LED0 会熄灭,TFTLCD 也会熄灭。按下 WK_UP 按键后,退出待机模式(相当于复位操作),程序重新执行,LED0 继续闪烁,TFTLCD 屏点亮。

(2) 硬件资源

- LED 灯:LED0 - PB5;
- 独立按键:KEY0 - PE4、WK_UP - PA0;
- 电源管理(低功耗模式-待机模式);
- 正点原子 TFTLCD 模块(仅限 MCU 屏,16 位 8080 并口驱动)。

(3) 原理图

PWR 属于 STM32F103 的内部资源,只需要软件设置好即可正常工作。通过 KEY0 让 CPU 进入待机模式,再通过 WK_UP 上升沿来唤醒 CPU。LED0 用于指示程序是否执行。

22.2.3 程序设计

1. PWR 的 HAL 库驱动

(1) HAL_PWR_EnableWakeUpPin 函数

使能唤醒引脚函数,其声明如下:

void HAL_PWR_EnableWakeUpPin (uint32_t WakeUpPinPolarity);

函数描述:用于使能唤醒引脚。

函数形参:形参值取自 PWR_WAKEUP_PIN1。

函数返回值:无。

注意事项:禁止某个唤醒引脚使用的函数如下:

```
void HAL_PWR_DisableWakeUpPin (uint32_t WakeUpPinPolarity);
```

(2) HAL_PWR_EnterSTANDBYMode 函数

进入待机模式函数,其声明如下:

```
void HAL_PWR_EnterSTANDBYMode (void);
```

函数描述:用于使 CPU 进入待机模式。首先要设置 SLEEPDEEP 位,接着通过 PWR_CR 设置 PDDS 位,使得 CPU 进入深度睡眠时进入待机模式,最后执行 WFI 指令开始进入待机模式,并等待 WK_UP 上升沿的到来。

函数形参:无。

函数返回值:无。

待机模式配置步骤如下:

① 进入 CPU 待机模式。

在进入待机模式之前需要做一些准备:涉及操作 PWR 寄存器的内容,所以首先进行 PWR 时钟的初始化,用__HAL_RCC_PWR_CLK_ENABLE 函数实现。通过 HAL_PWR_EnableWakeUpPin 函数使能 WKUP 的唤醒功能。通过__HAL_PWR_CLEAR_FLAG 函数清除唤醒标记。通过 HAL_PWR_EnterSTANDBYMode 函数进入待机模式。

② 通过 WKUP 引脚上升沿触发唤醒睡眠模式。

本实验通过按下 KEY0 按键进入待机模式,然后通过按下 WK_UP 按键,使用待机模式中的 WKUP 引脚上升沿的唤醒信号,而不是普通的外部中断,唤醒待机模式。

2. 程序流程图

程序流程如图 22.7 所示。

3. 程序解析

这里只讲解核心代码,详细的源码可参考配套资料中本实验对应源码。PWR 源码包括 2 个文件:pwr.c 和 pwr.h。待机模式实验代码在停止模式实验源码后追加。

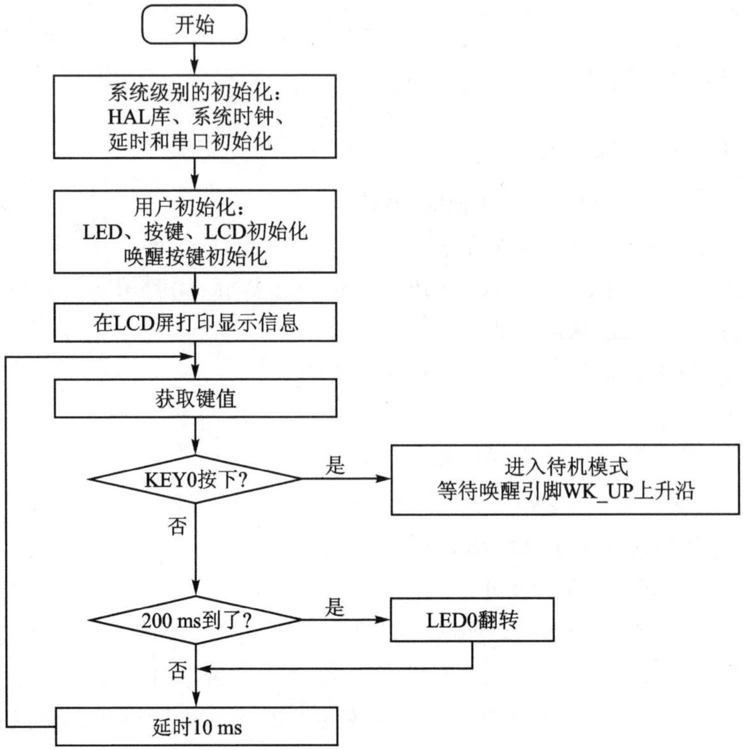

图 22.7 待机模式实验程序流程图

pwr.h 头文件上的宏定义没有用到，这里使用的是特定唤醒源，与外部中断无关。下面是 pwr.c 文件，主要介绍进入待机模式函数，其定义如下：

```
void pwr_enter_standby(void)
{
    __HAL_RCC_PWR_CLK_ENABLE();                    /* 使能电源时钟 */
    HAL_PWR_EnableWakeUpPin(PWR_WAKEUP_PIN1);      /* 使能 KEY_UP 引脚的唤醒功能 */
    __HAL_PWR_CLEAR_FLAG(PWR_FLAG_WU);             /* 需要清此标记，否则将保持唤醒状态 */
    HAL_PWR_EnterSTANDBYMode();                    /* 进入待机模式 */
}
```

该函数首先调用__HAL_RCC_PWR_CLK_ENABLE 来使能 PWR 时钟，然后调用函数 HAL_PWR_EnableWakeUpPin 来设置 WK_UP 引脚作为唤醒源。在进入待机模式前，还得调用__HAL_PWR_CLEAR_FLAG 函数清除唤醒标志，否则会保持唤醒状态。最后调用函数 HAL_PWR_EnterSTANDBYMode 进入待机模式。

最后在 main.c 里面编写如下代码：

```
int main(void)
{
    uint8_t t = 0;
    uint8_t key = 0;
    HAL_Init();                                    /* 初始化 HAL 库 */
    sys_stm32_clock_init(RCC_PLL_MUL9);            /* 设置时钟, 72 MHz */
```

```
    delay_init(72);                             /* 延时初始化 */
    usart_init(115200);                         /* 串口初始化为 115 200 */
    led_init();                                 /* 初始化 LED */
    lcd_init();                                 /* 初始化 LCD */
    key_init();                                 /* 初始化按键 */
    pwr_wkup_key_init();                        /* 唤醒按键初始化 */
    lcd_show_string(30, 50, 200, 16, 16, "STM32", RED);
    lcd_show_string(30, 70, 200, 16, 16, "STANDBY TEST", RED);
    lcd_show_string(30, 90, 200, 16, 16, "ATOM@ALIENTEK", RED);
    lcd_show_string(30, 110, 200, 16, 16, "KEY0:Enter STANDBY MODE", RED);
    lcd_show_string(30, 130, 200, 16, 16, "KEY_UP:Exit STANDBY MODE", RED);
    while (1)
    {
        key = key_scan(0);
        if (key == KEY0_PRES)
        {
            pwr_enter_standby();                /* 进入待机模式 */
        }
        if ((t % 20) == 0)
        {
            LED0_TOGGLE();                      /* 每 200 ms,翻转一次 LED0 */
        }
        delay_ms(10);
        t++;
    }
}
```

经过一系列初始化后，判断到 KEY0 按下就调用 pwr_enter_standby 函数进入待机模式，然后等待按下 WK_UP 按键产生 WKUP 上升沿唤醒 CPU。注意，待机模式唤醒后系统会进行复位。

22.2.4　下载验证

下载代码后，LED0 闪烁，表明代码正在运行。按下按键 KEY0 后，TFTLCD 屏熄灭，此时 LED0 不再闪烁，说明已经进入待机模式。按下按键 WK_UP 后，TFTLCD 屏点亮，LED0 闪烁，说明系统从待机模式中唤醒相当于复位。

第 23 章

DMA 实验

本章将介绍 STM32F103 的 DMA。这里将利用 DMA 来实现串口数据传送，并在 LCD 模块上显示当前的传送进度。

23.1 DMA 简介

DMA，全称为 Direct Memory Access，即直接存储器访问。DMA 传输方式无需 CPU 直接控制传输，也没有像中断处理方式那样保留现场和恢复现场的过程，通过硬件为 RAM 与 I/O 设备开辟一条直接传送数据的通路，能使 CPU 的效率大为提高。

STM32F103 内部有 2 个 DMA 控制器（DMA2 仅存大容量产品中），DMA1 有 7 个通道。DMA2 有 5 个通道。每个通道专门用来管理来自于一个或多个外设对存储器访问的请求。还有一个仲裁器来协调各个 DMA 请求的优先权。

STM32F103 的 DMA 有以下一些特性：

- 每个通道都直接连接专用的硬件 DMA 请求，都同样支持软件触发。这些功能通过软件来配置。
- 在 7 个请求间的优先权可以通过软件编程设置（共有 4 级，即很高、高、中等和低），假如在相等优先权时由硬件决定（请求 0 优先于请求 1，依此类推）。
- 独立的源和目标数据区的传输宽度（字节、半字、全字），模拟打包和拆包的过程。源和目标地址必须按数据传输宽度对齐。
- 支持循环的缓冲器管理。
- 每个通道都有 3 个事件标志（DMA 半传输、DMA 传输完成和 DMA 传输出错），这 3 个事件标志逻辑或成为一个单独的中断请求。
- 存储器和存储器间的传输。
- 外设和存储器、存储器和外设的传输。
- 闪存、SRAM、外设的 SRAM、APB1、APB2 和 AHB 外设均可作为访问的源和目标。
- 可编程的数据传输数目：最大为 65 536。

23.1.1 DMA 框图

STM32F103ZET6 有 2 个 DMA 控制器，DMA1 和 DMA2，本章仅介绍 DMA1。

STM32F103 的 DMA 控制器框图如图 23.1 所示。图中标记了 3 处位置。

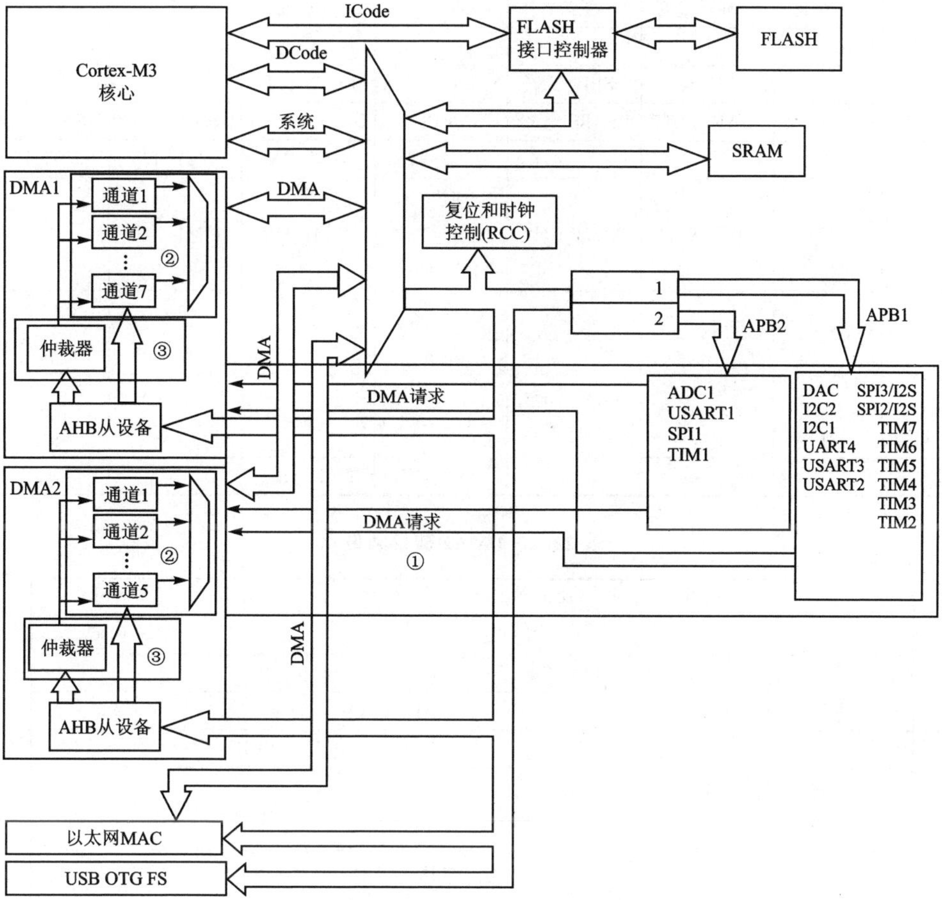

图 23.1 DMA 控制器框图

① DMA 请求

如果外设想要通过 DMA 来传输数据，必须先给 DMA 控制器发送 DMA 请求，DMA 收到请求信号之后，控制器会给外设一个应答信号；当外设应答后且 DMA 控制器收到应答信号之后，就会启动 DMA 的传输，直到传输完毕。

STM32F103 共有 DMA1 和 DMA2 这 2 个控制器，DMA1 有 7 个通道，DMA2 有 5 个通道，不同 DMA 控制器的通道对应着不同的外设请求，这决定了软件编程上该怎么设置，具体如表 23.1 和表 23.2 所列的 DMA 请求映像表。

② 通道

DMA 具有 12 个独立可编程的通道，其中，DMA1 有 7 个通道，DMA2 有 5 个通道，每个通道对应不同外设的 DMA 请求。虽然每个通道可以接收多个外设的请求，但是同一时间只能接收一个，不能同时接收多个。

表 23.1 DMA1 请求映像表

外 设	通道 1	通道 2	通道 3	通道 4	通道 5	通道 6	通道 7
ADC1	ADC1						
SPI/I²S		SPI1_RX	SPI1_TX	SPI/I2S2_RX	SPI/I2S2_TX		
USART		USART3_TX	USART3_RX	USART1_TX	USART1_RX	USART2_RX	USART2_TX
I²C				I2C2_TX	I2C2_RX	I2C1_TX	I2C1_RX
TIM1		TIM1_CH1	TIM1_CH2	TIM1_TX4 TIM1_TRIG TIM1_COM	TIM1_UP	TIM1_CH3	
TIM2	TIM2_CH3	TIM2_UP			TIM2_CH1		TIM2_CH2 TIM2_CH4
TIM3		TIM3_CH3	TIM3_CH4 TIM3_UP			TIM3_ CH1 TIM3_ TRIG	
TIM4	TIM4_CH1			TIM4_CH2	TIM4_CH3		TIM4_UP

表 23.2 DMA2 请求映像

外 设	通道 1	通道 2	通道 3	通道 4	通道 5
ADC3(1)					ADC3
SPI/I2S3	SPII2S3_RX	SPII2S3_TX			
UART4			UART4_RX		UART4_TX
SDIO(1)				SDIO	
TIM5	TIM5_CH4 TIM5_TRIG	TIM5_CH3 TIM5_UP		TIM5_CH2	TIM5_CH1
TIM6/ DAC 通道 1			TIM6_ UP/ DAC 通道 1		
TIM7/ DAC 通道 2				TIM7_ UP/ DAC 通道 2	
TIM8(1)	TIM8_CH3 TIM8_UP	TIM8_CH4 TIM8_TRIG TIM8_ COM	TIM8_CH1		TIM8_ CH2

③ 仲裁器

当发生多个 DMA 通道请求时,意味着有先后响应处理的顺序问题,这就由仲裁器管理。仲裁器管理 DMA 通道请求分为 2 个阶段。第一阶段属于软件阶段,可以在 DMA_CCRx 寄存器中设置,有 4 个等级,即非常高、高、中和低。第二阶段属于硬件阶段,如果 2 个或以上的 DMA 通道请求设置的优先级一样,则它们的优先级取决于通道编号,编号越低优先权越高,比如通道 0 高于通道 1。在大容量产品和互联型产品中,DMA1 控制器拥有高于 DMA2 控制器的优先级。

23.1.2　DMA寄存器

1. DMA中断状态寄存器(DMA_ISR)

DMA 中断状态寄存器描述如图 23.2 所示。

31	30	29	28	27	26	25	24	23	22	21	20	19	18	17	16
保留				TEIF7	HTIF7	TCIF7	GIF7	TEIF6	HTIF6	TCIF6	GIF6	TEIF5	HTIF5	TCIF5	GIF5
				r	r	r	r	r	r	r	r	r	r	r	r

15	14	13	12	11	10	9	8	7	6	5	4	3	2	1	0
TEIF4	HTIF4	TCIF4	GIF4	TEIF3	HTIF3	TCIF3	GIF3	TEIF2	HTIF2	TCIF2	GIF2	TEIF1	HTIF1	TCIF1	GIF1
r	r	r	r	r	r	r	r	r	r	r	r	r	r	r	r

位27、23、19、15、11、7、3	TEIFx：通道x的传输错误标志(x=1:7) 硬件设置这些位。在DMA_IFCR寄存器的相应位写入1可以清除这里对应的标志位。 0：在通道x没有传输错误(TE)；　1：在通道x发生了传输错误(TE)
位26、22、18、14、10、6、2	HTIFx：通道x的半传输标志(x=1:7) 硬件设置这些位。在DMA_IFCR寄存器的相应位写入1可以清除这里对应的标志位。 0：在通道x没有半传输事件(HT)；　1：在通道x发生了半传输事件(HT)
位25、21、17、13、9、5、1	TCIFx：通道x的传输完成标志(x=1:7) 硬件设置这些位。在DMA_IFCR寄存器的相应位写入1可以清除这里对应的标志位。 0：在通道x没有传输完成事件(TC)；　1：在通道x发生了传输完成事件(TC)
位24、20、16、12、8、4、0	GIFx：通道x的全局中断标志(x=1:7) 硬件设置这些位。在DMA_IFCR寄存器的相应位写入1可以清除这里对应的标志位。 0：在通道x没有TE、HT或TC事件；　1：在通道x发生了TE、HT或TC事件

图 23.2　DMA_ISR 寄存器

该寄存器用于查询当前 DMA 传输的状态，常用的是 TCIFx 位，即通道 DMA 传输完成与否的标志。注意，此寄存器为只读寄存器，所以在这些位被置位之后，只能通过其他的操作来清除。

2. DMA中断标志清除寄存器(DMA_IFCR)

DMA 中断标志清除寄存器描述如图 23.3 所示。该寄存器用来清除 DMA_ISR 的对应位，通过写 0 清除。在 DMA_ISR 被置位后，必须通过向该寄存器对应的位写 0 来清除。

3. DMA通道x传输数量寄存器(DMA_CNDTRx)

DMA 通道 x 传输数量寄存器描述如图 23.4 所示。该寄存器控制着 DMA 通道 x 的每次传输所要传输的数据量，其设置范围为 0～65 535。并且该寄存器的值随着传输的进行而减少，当该寄存器的值为 0 的时候，则代表此次数据传输已经全部发送完成。因此，可以通过这个寄存器的值来获取当前 DMA 传输的进度。

4. DMA通道x配置寄存器(DMA_CCRx)

DMA 通道 x 配置寄存器描述如图 23.5 所示。该寄存器控制着 DMA 很多相关信息，包括数据宽度、外设及存储器宽度、通道优先级、增量模式、传输方向、中断允许、使

31	30	29	28	27	26	25	24	23	22	21	20	19	18	17	16
保留				CTEIF7	CHTIF7	CTCIF7	CGIF7	CTEIF6	CHTIF6	CTCIF6	CGIF6	CTEIF5	CHTIF5	CTCIF5	CGIF5
				rw	rw	rw	rw	rw	rw	rw	rw	rw	rw	rw	rw

15	14	13	12	11	10	9	8	7	6	5	4	3	2	1	0
CTEIF4	CHTIF4	CTCIF4	CGIF4	CTEIF3	CHTIF3	CTCIF3	CGIF3	CTEIF2	CHTIF2	CTCIF2	CGIF2	CTEIF1	CHTIF1	CTCIF1	CGIF1
rw	rw	rw	rw	rw	rw	rw	rw	rw	rw	rw	rw	rw	rw	rw	rw

位27、23、19、15、11、7、3	CTEIFx：清除通道x的传输错误标志(x=1:7) 这些位由软件设置和清除。 0：不起使用　　1：清除DMA_ISR寄存器中的对应TEIF标志
位26、22、18、14、10、6、2	CHTIFx：清除通道x的半传输标志(x=1:7) 这些位由软件设置和清除。 0：不起使用　　1：清除DMA_ISR寄存器中的对应HTIF标志
位25、21、17、13、9、5、1	CTCIFx：清除通道x的传输完成标志(x=1:7) 这些位由软件设置和清除。 0：不起使用　　1：清除DMA_ISR寄存器中的对应TCIF标志
位24、20、16、12、8、4、0	CGIFx：清除通道x的全局中断标志(x=1:7) 这些位由软件设置和清除。 0：不起使用　　1：清除DMA_ISR寄存器中的对应GIF、TEIF、HTIF和TCIF标志

图 23.3　DMA_IFCR 寄存器

31	30	29	28	27	26	25	24	23	22	21	20	19	18	17	16
保留															

15	14	13	12	11	10	9	8	7	6	5	4	3	2	1	0
NDT[15:0]															
rw	rw	rw	rw	rw	rw	rw	rw	rw	rw	rw	rw	rw	rw	rw	rw

位15:0	NDT[15:0]：数据传输数量 数据传输数量为0~65 535。这个寄存器只能在通道不工作(DMA_CCRx的EN=0)时写入。通道开启后该寄存器变为只读，指示剩余的待传输字节数目。寄存器内容在每次DMA传输后递减。 数据传输结束后，寄存器的内容或者变为0；或者当该通过配置为自动重加载模式时，寄存器的内容将被自动重新加载为之前配置时的数值。 当寄存器的内容为0时，无论通道是否开启，都不会发生任何数据传输

图 23.4　DMA_CNDTR 寄存器

能等，所以说 DMA_CCRx 是 DMA 传输的核心控制寄存器。

5. DMA 通道 x 外设地址寄存器(DMA_CPARx)

DMA 通道 x 外设地址寄存器描述如图 23.6 所示。该寄存器是用来存储 STM32 外设的地址，比如平常使用串口 1，那么该寄存器必须写入 0x40013804(其实就是 &USART1_DR)。其他外设就可以修改成其他对应外设地址就可以了。

6. DMA 通道 x 存储器地址寄存器(DMA_CMARx)

DMA 通道 x 存储器地址寄存器用来存放存储器的地址，该寄存器和 DMA_CPARx 差不多，所以就不列出来了。举个应用的例子，在程序中用到一个 g_sendbuf[5200]数组来做存储器，那么在 DMA_CMARx 中写入 &g_sendbuf 即可。

31	30	29	28	27	26	25	24	23	22	21	20	19	18	17	16
保留															

15	14	13	12	11	10	9	8	7	6	5	4	3	2	1	0
保留	MEM2MEM	PL[1:0]		MSIZE[1:0]		PSIZE[1:0]		MINC	PINC	CIRC	DIR	TEIE	HTIE	TCIE	EN
	rw	rw	rw	rw	rw	rw	rw	rw	rw	rw	rw	rw	rw	rw	rw

位14	MEM2MEM：存储器到存储器模式 该位由软件设置和清除。 0：非破除到存储器模式；　　1：启动存储器到存储器模式
位13:12	PL[1:0]：通道优先级 这些位由软件设置和清除。 00：低　01：中　10：高　11：最高
位11:10	MSIZE[1:0]：存储器数据宽度 这些位由软件设置和清除。 00：8位　01：16位　10：32位　11：保留
位9:8	PSIZE[1:0]：外设数据宽度 这些位由软件设置和清除。 00：8位　01：16位　10：32位　11：保留
位7	MINC：存储器地址增量模式 该位由软件设置和清除。 0：不执行存储器地址增量操作　1：执行存储器地址增量操作
位6	PINC：外设地址增量模式 该位由软件设置和清除。 0：不执行外设地址增量操作　1：执行外设地址增量操作
位5	CIRC：循环模式 该位由软件设置和清除。 0：不执行循环操作　1：执行循环操作
位4	DIR：数据传输方向 该位由软件设置和清除。 0：从外设读　1：从存储器读
位3	TEIE：允许传输错误中断 该位由软件设置和清除。 0：禁止TE中断　1：允许TE中断
位2	HTIE：允许半传输中断 该位由软件设置和清除。 0：禁止HT中断　1：允许HT中断
位1	TCIE：允许传输完成中断 该位由软件设置和清除。 0：禁止TC中断　1：允许TC中断
位0	EN：通道开启 该位由软件设置和清除。 0：通道不工作　1：通道开启

图 23.5　DMA_CCRx 寄存器

31	30	29	28	27	26	25	24	23	22	21	20	19	18	17	16	15	14	13	12	11	10	9	8	7	6	5	4	3	2	1	0
PA[31:0]																															
rw	rw	rw	rw	rw	rw	rw	rw	rw	rw	rw	rw	rw	rw	rw	rw	rw	rw	rw	rw	rw	rw	rw	rw	rw	rw	rw	rw	rw	rw	rw	rw

位31:0	PA[31:0]：外设地址 外设数据寄存器的基地址，作为数据传输的源或目标 当PSIZE='01'(16位)，不使用PA[0]位。操作自动地与半字地址对齐 当PSIZE='10'(32位)，不使用PA[1:0]位。操作自动地与字地址对齐

图 23.6　DMA_CPARx 寄存器

23.2　硬件设计

(1) 例程功能

每按下按键 KEY0,串口 1 就会以 DMA 方式发送数据,同时在 LCD 上面显示传送进度。打开串口调试助手,可以收到 DMA 发送的内容。LED0 闪烁用于提示程序正在运行。

(2) 硬件资源

- LED 灯:LED0 - PB5;
- 独立按键　KEY0 - PE4;
- 串口 1(PA9、PA10 连接在板载 USB 转串口芯片 CH340 上面);
- 正点原子 TFTLCD 模块(仅限 MCU 屏,16 位 8080 并口驱动)。

(3) 原理图

DMA 属于 STM32F103 内部资源,通过软件设置好就可以了。

23.3　程序设计

23.3.1　DMA 的 HAL 库驱动

DMA 在 HAL 库中的驱动代码在 stm32f1xx_hal_dma.c 文件(及其头文件)中。

HAL_DMA_Init 函数是 DMA 的初始化函数,其声明如下:

```
HAL_StatusTypeDef HAL_DMA_Init(DMA_HandleTypeDef * hdma);
```

函数描述:用于初始化 DMA1、DMA2。

函数形参:形参 DMA_HandleTypeDef 是结构体类型指针变量,其定义如下:

```
typedef struct __DMA_HandleTypeDef
{
    void                          * Instance;   /* 寄存器基地址 */
    DMA_InitTypeDef               Init;         /* DAM 通信参数 */
    HAL_LockTypeDef               Lock;         /* DMA 锁对象 */
    __IO HAL_DMA_StateTypeDef     State;        /* DMA 传输状态 */
```

```
    void                        * Parent;     /* 父对象状态,HAL 库处理的中间变量 */
    void (* XferCpltCallback)(struct __DMA_HandleTypeDef * hdma);/* DMA 传输完成回调 */
    /* DMA 一半传输完成回调 */
    void (* XferHalfCpltCallback)(struct __DMA_HandleTypeDef * hdma);
    /* DMA 传输完整的 Memory1 回调 */
    void (* XferM1CpltCallback)(struct __DMA_HandleTypeDef * hdma);
    /* DMA 传输半完全内存回调 */
    void (* XferM1HalfCpltCallback)(struct __DMA_HandleTypeDef * hdma);
    /* DMA 传输错误回调 */
    void (* XferErrorCallback)(struct __DMA_HandleTypeDef * hdma);
    /* DMA 传输中止回调 */
    void (* XferAbortCallback)(struct __DMA_HandleTypeDef * hdma);
    __IO uint32_t                 ErrorCode;          /* DMA 存取错误代码 */
    DMA_TypeDef                   * DmaBaseAddress;   /* DMA 通道基地址 */
    uint32_t                      ChannelIndex;       /* DMA 通道索引 */
}DMA_HandleTypeDef;
```

这个结构体内容比较多,上面注释已进行中文翻译,下面列出几个成员说明一下。

Instance:是用来设置寄存器基地址,例如,要设置的对象是串口 1 的发送,那么就要参考表 23.1,需要用到的是 DMA1 的通道 4,即 DMA1_Channel4。

Parent:是 HAL 库处理中间变量,用来指向 DMA 通道外设句柄。

XferCpltCallback(传输完成回调函数)、XferHalfCpltCallback(半传输完成回调函数)、XferM1CpltCallback(Memory1 传输完成回调函数)和 XferErrorCallback(传输错误回调函数)是 4 个函数指针,用来指向回调函数入口地址。

其他成员变量是 HAL 库处理过程状态标识变量,这里就不做过多讲解。接下来重点介绍 Init,它是 DMA_InitTypeDef 结构体类型变量,该结构体定义如下:

```
typedef struct
{
  uint32_t Direction;           /* 传输方向,例如存储器到外设 DMA_MEMORY_TO_PERIPH */
  uint32_t PeriphInc;           /* 外设(非)增量模式,非增量模式 DMA_PINC_DISABLE */
  uint32_t MemInc;              /* 存储器(非)增量模式,增量模式 DMA_MINC_ENABLE */
  uint32_t PeriphDataAlignment; /* 外设数据大小:8/16/32 位 */
  uint32_t MemDataAlignment;    /* 存储器数据大小:8/16/32 位 */
  uint32_t Mode;                /* 模式:循环模式/普通模式 */
  uint32_t Priority;            /* DMA 优先级:低/中/高/非常高 */
}DMA_InitTypeDef;
```

该结构体成员变量非常多,但每个成员变量的配置基本都是 DMA_CCRx 寄存器的相关位。

函数返回值:HAL_StatusTypeDef 枚举类型的值。

以 DMA 的方式传输串口数据的配置步骤如下:

① 使能 DMA 时钟。

DMA 的时钟使能是通过 AHB1ENR 寄存器来控制的,这里要先使能时钟,才可以配置 DMA 相关寄存器。HAL 库方法为:

```
__HAL_RCC_DMA1_CLK_ENABLE();    /* DMA1 时钟使能 */
__HAL_RCC_DMA2_CLK_ENABLE();    /* DMA2 时钟使能 */
```

② 初始化 DMA。

调用 HAL_DMA_Init 函数初始化 DMA 的相关参数,包括配置通道、外设地址、存储器地址、传输数据量等。

HAL 库为了处理各类外设的 DMA 请求,在调用相关函数之前,需要调用一个宏定义标识符来连接 DMA 和外设句柄。例如,要使用串口 DMA 发送,所以方式为:

```
__HAL_LINKDMA(&g_uart1_handler, hdmatx, g_dma_handle);
```

其中,g_uart1_handler 是串口初始化句柄,在 usart.c 中定义过了。g_dma_handle 是 DMA 初始化句柄。hdmatx 是外设句柄结构体的成员变量,这里实际就是 g_uart1_handler 的成员变量。在 HAL 库中,任何一个可以使用 DMA 的外设的初始化结构体句柄都会有一个 DMA_HandleTypeDef 指针类型的成员变量,是 HAL 库用来做相关指向的。hdmatx 就是 DMA_HandleTypeDef 结构体指针类型。

这句话的含义就是把 g_uart1_handler 句柄的成员变量 hdmatx 和 DMA 句柄 g_dma_handle 连接起来,是纯软件处理,没有任何硬件操作。

要想详细了解 HAL 库指向关系,可查看本实验宏定义标识符__HAL_LINKDMA 的定义和调用方法。

③ 使能串口的 DMA 发送,启动传输。

串口 1 的 DMA 发送实际是串口控制寄存器 CR3 的位 7 来控制的,在 HAL 库中操作该寄存器来使能串口 DMA 发送的函数为 HAL_UART_Transmit_DMA。

注意,调用该函数后会开启相应的 DMA 中断,本章实验通过查询的方法获取数据传输状态,所以并没有做中断相关处理,也没有编写中断服务函数。

HAL 库还提供了对串口的 DMA 发送的停止、暂停、继续等操作函数:

```
HAL_StatusTypeDef HAL_UART_DMAStop(UART_HandleTypeDef * huart);     /* 停止 */
HAL_StatusTypeDef HAL_UART_DMAPause(UART_HandleTypeDef * huart);    /* 暂停 */
HAL_StatusTypeDef HAL_UART_DMAResume(UART_HandleTypeDef * huart);   /* 恢复 */
```

④ 查询 DMA 传输状态。

在 DMA 传输过程中,要查询 DMA 传输通道的状态,使用的方法是通过检测 DMA 寄存器的相关位实现。

```
__HAL_DMA_GET_FLAG(&g_dma_handle, DMA_FLAG_TC4);
```

获取当前传输剩余数据量:

```
__HAL_DMA_GET_COUNTER(&g_dma_handle);
```

同样,也可以设置对应的 DMA 数据流传输的数据量大小,函数为:

```
__HAL_DMA_SET_COUNTER (&g_dma_handle,1000);
```

⑤ DMA 中断使用方法。

DMA 中断对于每个通道都有一个中断服务函数,比如 DMA1_Channel4 的中断服务函数为 DMA1_Channel4_IRQHandler。HAL 库提供了通用 DMA 中断处理函数 HAL_DMA_IRQHandler,在该函数内部会对 DMA 传输状态进行分析,然后调用相应的中断处理回调函数:

```
void HAL_UART_TxCpltCallback(UART_HandleTypeDef * huart);      /* 发送完成回调函数 */
void HAL_UART_TxHalfCpltCallback(UART_HandleTypeDef * huart);  /* 发送一半回调函数 */
void HAL_UART_RxCpltCallback(UART_HandleTypeDef * huart);      /* 接收完成回调函数 */
void HAL_UART_RxHalfCpltCallback(UART_HandleTypeDef * huart);  /* 接收一半回调函数 */
void HAL_UART_ErrorCallback(UART_HandleTypeDef * huart);       /* 传输出错回调函数 */
```

23.3.2 程序流程图

程序流程如图 23.7 所示。

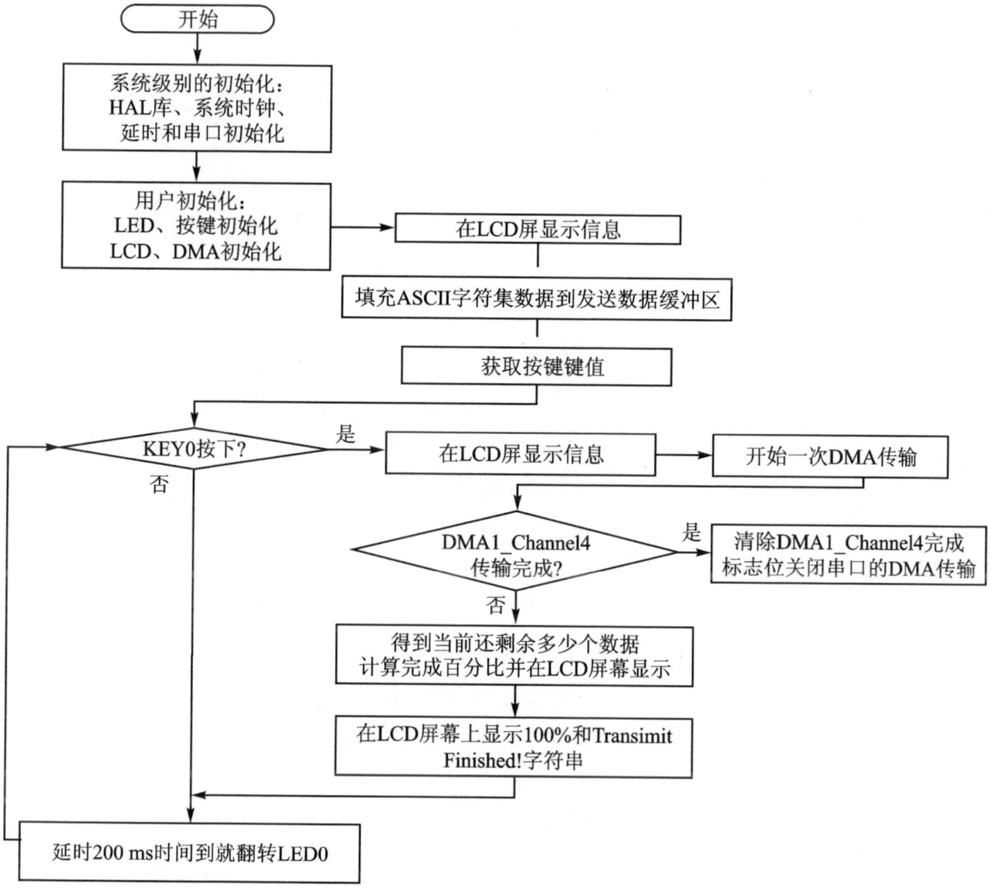

图 23.7 DMA 实验程序流程图

23.3.3 程序解析

1. DMA 驱动代码

这里只讲解核心代码,详细的源码可参考配套资料中本实验对应源码。DMA 驱动源码包括 2 个文件:dma.c 和 dma.h。

dma.h 头文件中只有函数的声明,就不解释了,直接介绍 dma.c 的程序。下面是与 DMA 初始化相关的函数，其定义如下：

```
/**
 * @brief      串口 TX DMA 初始化函数
 * @note       这里的传输形式是固定的，这点要根据不同的情况来修改
 *             从存储器 ->外设模式/8 位数据宽度/存储器增量模式
 * @param      dmax_chy：DMA 的通道，DMA1_Channel1～7，DMA2_Channel1～5
 *             某个外设对应哪个 DMA、哪个通道，可参考《STM32 中文参考手册》10.3.7 小节
 *             必须设置正确的 DMA 及通道，才能正常使用
 * @retval     无
 */
void dma_init(DMA_Channel_TypeDef * DMAx_CHx)
{  /* 大于 DMA1_Channel7，则为 DMA2 的通道了 */
    if ((uint32_t)DMAx_CHx > (uint32_t)DMA1_Channel7)
    {
        __HAL_RCC_DMA2_CLK_ENABLE();                          /* DMA2 时钟使能 */
    }
    else
    {
        __HAL_RCC_DMA1_CLK_ENABLE();                          /* DMA1 时钟使能 */
    }
    /* 将 DMA 与 USART1 联系起来(发送 DMA) */
    __HAL_LINKDMA(&g_uart1_handle, hdmatx, g_dma_handle);
    /* Tx DMA 配置 */
    g_dma_handle.Instance = DMAx_CHx;/* USART1_TX 的 DMA 通道：DMA1_Channel4 */
    g_dma_handle.Init.Direction = DMA_MEMORY_TO_PERIPH; /* 存储器到外设模式 */
    g_dma_handle.Init.PeriphInc = DMA_PINC_DISABLE;      /* 外设非增量模式 */
    g_dma_handle.Init.MemInc = DMA_MINC_ENABLE;          /* 存储器增量模式 */
    g_dma_handle.Init.PeriphDataAlignment = DMA_PDATAALIGN_BYTE; /* 外设位宽 */
    g_dma_handle.Init.MemDataAlignment = DMA_MDATAALIGN_BYTE;    /* 存储器位宽 */
    g_dma_handle.Init.Mode = DMA_NORMAL;                  /* DMA 模式：正常模式 */
    g_dma_handle.Init.Priority = DMA_PRIORITY_MEDIUM;     /* 中等优先级 */
    HAL_DMA_Init(&g_dma_handle);
}
```

该函数是一个通用的 DMA 配置函数，DMA1、DMA2 的所有通道都可以利用该函数配置，不过有些固定参数可能要适当修改(比如位宽、传输方向等)。该函数在外部只能修改 DMA 数据通道，更多的其他设置只能在该函数内部修改。

2. main.c 代码

在 main.c 里面编写如下代码：

```
const uint8_t TEXT_TO_SEND[] = {"正点原子 STM32 DMA 串口实验"};/* 要循环发送的字符串 */
#define SEND_BUF_SIZE        (sizeof(TEXT_TO_SEND) + 2) * 200/* 发送数据长度 */
uint8_t g_sendbuf[SEND_BUF_SIZE];    /* 发送数据缓冲区 */
int main(void)
{
    uint8_t  key = 0;
    uint16_t i, k;
    uint16_t len;
    uint8_t  mask = 0;
```

```
    float pro = 0;                              /* 进度 */
    HAL_Init();                                 /* 初始化 HAL 库 */
    sys_stm32_clock_init(RCC_PLL_MUL9);         /* 设置时钟，72 MHz */
    delay_init(72);                             /* 延时初始化 */
    usart_init(115200);                         /* 串口初始化为 115 200 */
    led_init();                                 /* 初始化 LED */
    lcd_init();                                 /* 初始化 LCD */
    key_init();                                 /* 初始化按键 */
    dma_init(DMA1_Channel4);                    /* 初始化串口 1 TX DMA */
    lcd_show_string(30, 50, 200, 16, 16, "STM32", RED);
    lcd_show_string(30, 70, 200, 16, 16, "DMA TEST", RED);
    lcd_show_string(30, 90, 200, 16, 16, "ATOM@ALIENTEK", RED);
    lcd_show_string(30, 110, 200, 16, 16, "KEY0:Start", RED);
    len = sizeof(TEXT_TO_SEND);
    k = 0;
    for (i = 0; i < SEND_BUF_SIZE; i++)         /* 填充 ASCII 字符集数据 */
    {
        if (k >= len)                           /* 入换行符 */
        {
            if (mask)
            {
                g_sendbuf[i] = 0x0a;
                k = 0;
            }
            else
            {
                g_sendbuf[i] = 0x0d;
                mask++;
            }
        }
        else                                    /* 复制 TEXT_TO_SEND 语句 */
        {
            mask = 0;
            g_sendbuf[i] = TEXT_TO_SEND[k];
            k++;
        }
    }
    i = 0;
    while (1)
    {
        key = key_scan(0);
        if (key == KEY0_PRES)                   /* KEY0 按下 */
        {
            printf("\r\nDMA DATA:\r\n");
            lcd_show_string(30, 130, 200, 16, 16, "Start Transimit....", BLUE);
            lcd_show_string(30, 150, 200, 16, 16, "   %", BLUE);    /* 显示百分号 */
            HAL_UART_Transmit_DMA(&g_uart1_handle, g_sendbuf, SEND_BUF_SIZE);
            while (1)
            {
```

```
                /* 等待 DMA1_Channel4 传输完成 */
                if ( __HAL_DMA_GET_FLAG(&g_dma_handle, DMA_FLAG_TC4))
                {
                    __HAL_DMA_CLEAR_FLAG(&g_dma_handle, DMA_FLAG_TC4);
                    HAL_UART_DMAStop(&uartx_handler);/* 传输完成以后关闭串口 DMA */
                    break;
                }
                pro = __HAL_DMA_GET_COUNTER(&g_dma_handle);
                len = SEND_BUF_SIZE;            /* 总长度 */
                pro = 1 - (pro / len);          /* 得到百分比 */
                pro * = 100;                    /* 扩大 100 倍 */
                lcd_show_num(30, 150, pro, 3, 16, BLUE);
            }
            lcd_show_num(30, 150, 100, 3, 16, BLUE);     /* 显示 100% */
            lcd_show_string(30, 130, 200, 16, 16, "Transimit Finished!", BLUE);
        }
        i++;
        delay_ms(10);
        if (i == 20)
        {
            LED0_TOGGLE();   /* LED0 闪烁,提示系统正在运行 */
            i = 0;
        }
    }
}
```

main 函数的流程大致是:先初始化发送数据缓冲区 g_sendbuf 的值,然后通过 KEY0 开启串口 DMA 发送;在发送过程中,通过__HAL_DMA_GET_COUNTER(&g_dma_handle)获取当前还剩余的数据量来计算传输百分比;最后在传输结束之后清除相应标志位,提示已经传输完成。

23.4 下载验证

将程序下载到开发板后,可以看到 LED0 不停闪烁,提示程序已经在运行了。LCD 显示的内容如图 23.8 所示。

打开串口调试助手,然后按 KEY0,可以看到串口显示如图 23.9 所示的内容。可以看到串口收到了开发板发送过来的数据,同时 TFTLCD 上显示了进度等信息,如图 23.10 所示。

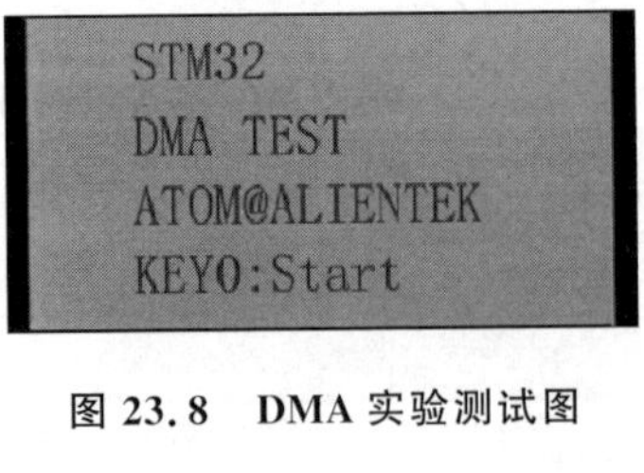

图 23.8 DMA 实验测试图

至此,整个 DMA 实验就结束了。DMA 是个非常好的功能,不但能减轻 CPU 负担,还能提高数据传输速度,合理地应用 DMA 往往能让程序设计变得简单。

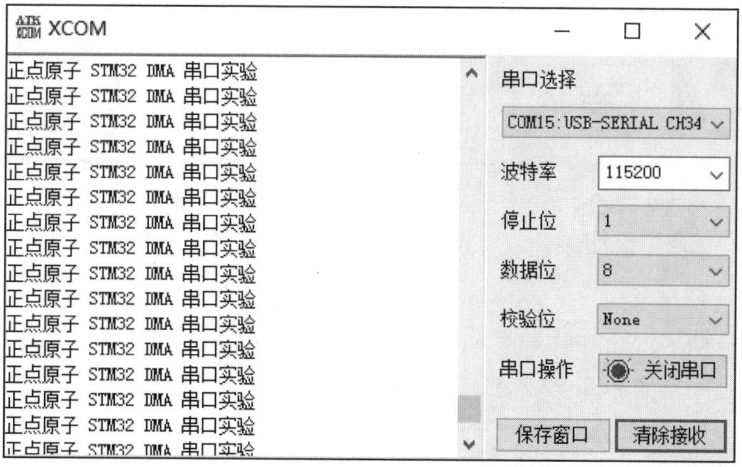

图 23.9 串口收到的数据内容

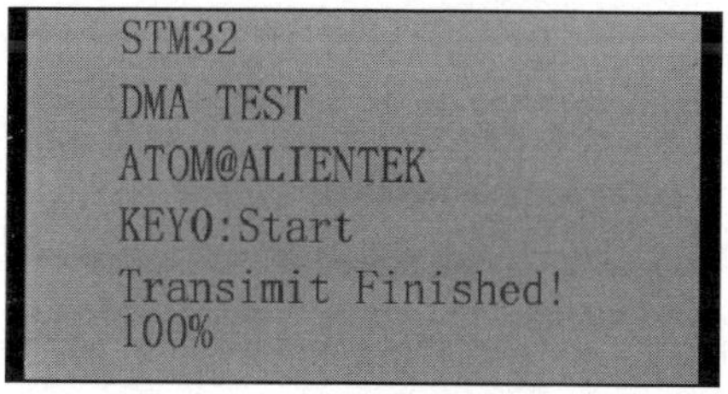

图 23.10 DMA 串口数据传输中

第 24 章 ADC 实验

本章将介绍 STM32F103 的 ADC(Analog - to - digital converters,模数转换器)功能。这里通过 4 个实验来学习 ADC,分别是单通道 ADC 采集实验、单通道 ADC 采集(DMA 读取)实验、多通道 ADC 采集(DMA 读取)实验和单通道 ADC 过采样(16 位分辨率)实验。

24.1 ADC 简介

ADC 即模拟数字转换器,全称 Analog - to - digital converter,可以将外部的模拟信号转换为数字信号。

STM32F103 系列芯片拥有 3 个 ADC(C8T6 只有 2 个),都可以独立使用,其中,ADC1 和 ADC2 还可以组成双重模式(提高采样率)。STM32 的 ADC 是 12 位逐次逼近型的模拟数字转换器。它有 18 个通道,可测量 16 个外部和 2 个内部信号源。其中,根据 CPU 引脚的不同,ADC3 通道数也不同,一般有 8 个外部通道。ADC 中各个通道的 A/D 转换可以单次、连续、扫描或间断模式执行。ADC 的结果可以以左对齐或者右对齐存储在 16 位数据寄存器中。

STM32F103 的 ADC 主要特性我们可以总结为以下几条:

- 12 位分辨率;
- 转换结束、注入转换结束和发生模拟看门狗事件时产生中断;
- 单次和连续转换模式;
- 自校准;
- 带内嵌数据一致性的数据对齐;
- 采样间隔可以按通道分别编程;
- 规则转换和注入转换均有外部触发选项;
- 间断模式;
- 双重模式(带 2 个或以上 ADC 的器件);
- ADC 转换时间:时钟为 72 MHz 为 1.17 μs;
- ADC 供电要求:2.4～3.6 V;
- ADC 输入范围:$V_{REF-} \leqslant V_{IN} \leqslant V_{REF+}$;
- 规则通道转换期间有 DMA 请求产生。

ADC 的框图如图 24.1 所示。图中按照 ADC 的配置流程标记了 7 处位置。

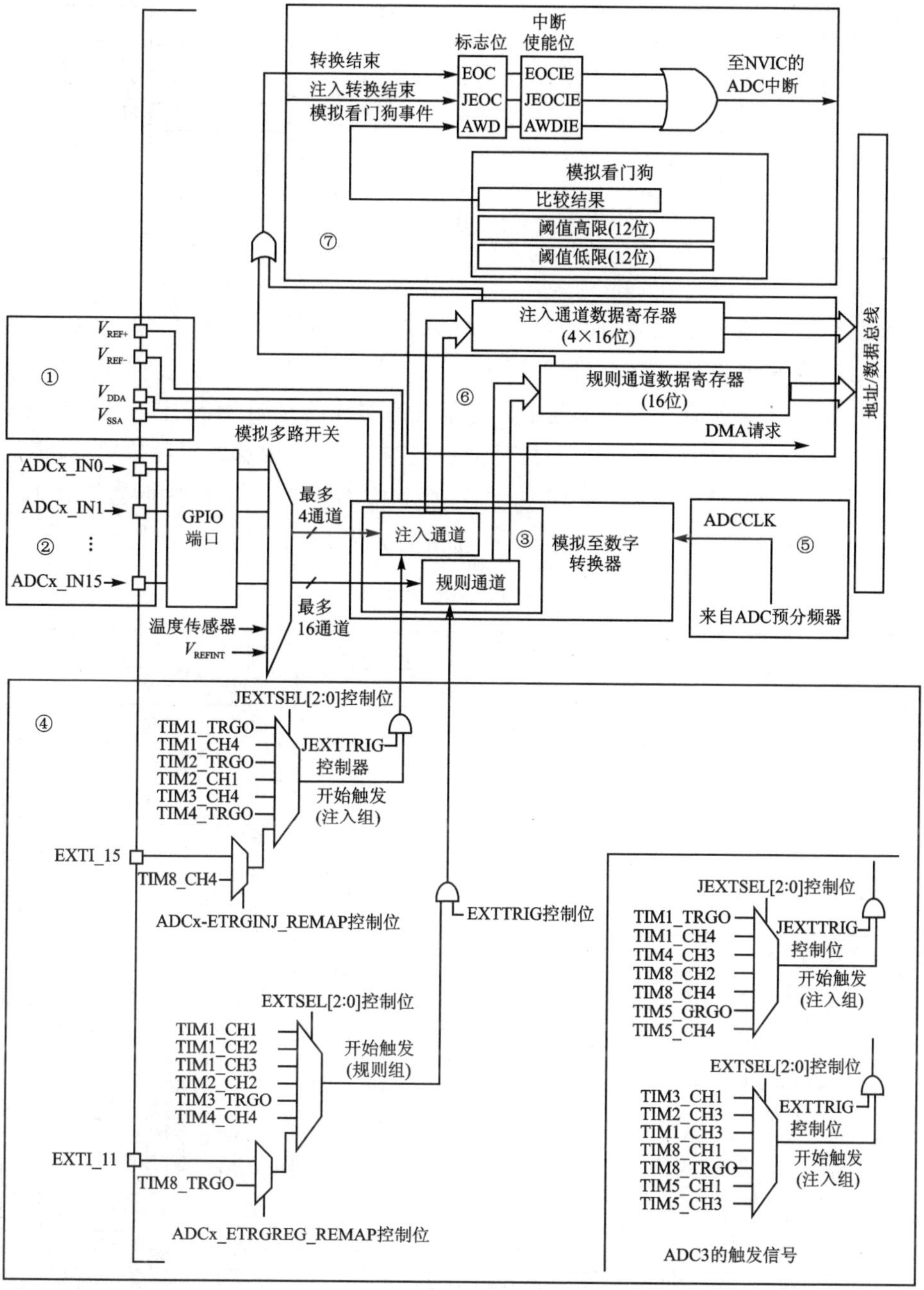

图 24.1 ADC 框图

① 输入电压

ADC 输入范围 $V_{REF-} \leqslant V_{IN} \leqslant V_{REF+}$，由 V_{REF-}、V_{REF+}、V_{DDA} 和 V_{SSA} 决定的。下面看一下这几个参数的关系，如图 24.2 所示。可以知道，V_{DDA} 和 V_{REF+} 接 VCC3.3，而 V_{SSA} 和 V_{REF-} 是接地，所以 ADC 的输入范围为 0～3.3 V。

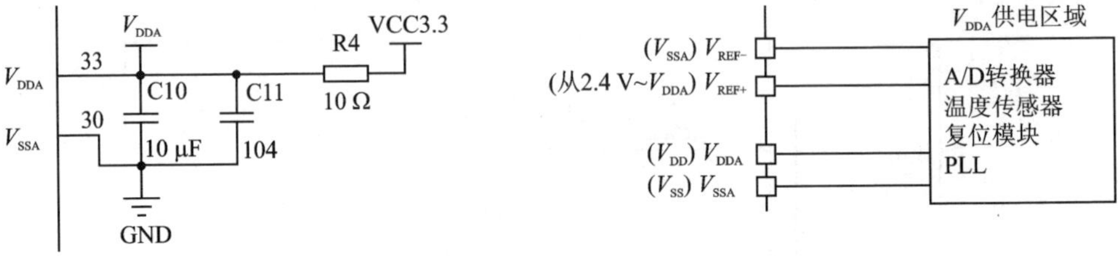

图 24.2　参数关系图

② 输入通道

确定好 ADC 输入电压后，如何把外部输入的电压输送到 ADC 转换器中呢？这里引入了 ADC 的输入通道，前面也提及到了 ADC1 和 ADC2 都有 16 个外部通道和 2 个内部通道，而 ADC3 就有 8 个外部通道。外部通道对应的是图 24.1 中的 ADCx_IN0～ADCx_IN15。ADC1 的通道 16 就是内部通道，连接到芯片内部的温度传感器；通道 17 连接到 V_{REFINT}。而 ADC2 的通道 16 和 17 连接到内部的 V_{SS}。ADC3 的通道 9、14、15、16 和 17 连接到内部的 V_{SS}。具体的 ADC 通道表如表 24.1 所列。

表 24.1　ADC 通道表

ADC1	I/O	ADC2	I/O	ADC3	I/O
通道 0	PA0	通道 0	PA0	通道 0	PA0
通道 1	PA1	通道 1	PA1	通道 1	PA1
通道 2	PA2	通道 2	PA2	通道 2	PA2
通道 3	PA3	通道 3	PA3	通道 3	PA3
通道 4	PA4	通道 4	PA4	通道 4	PF6
通道 5	PA5	通道 5	PA5	通道 5	PF7
通道 6	PA6	通道 6	PA6	通道 6	PF8
通道 7	PA7	通道 7	PA7	通道 7	PF9
通道 8	PB0	通道 8	PB0	通道 8	PF10
通道 9	PB1	通道 9	PB1	通道 9	连接内部 V_{SS}
通道 10	PC0	通道 10	PC0	通道 10	PC0
通道 11	PC1	通道 11	PC1	通道 11	PC1
通道 12	PC2	通道 12	PC2	通道 12	PC2
通道 13	PC3	通道 13	PC3	通道 13	PC3
通道 14	PC4	通道 14	PC4	通道 14	连接内部 V_{SS}
通道 15	PC5	通道 15	PC5	通道 15	连接内部 V_{SS}
通道 16	连接内部温度传感器	通道 16	连接内部 V_{SS}	通道 16	连接内部 V_{SS}
通道 17	连接内部 V_{REFINT}	通道 17	连接内部 V_{SS}	通道 17	连接内部 V_{SS}

③ 转换顺序

当 ADC 的多个通道以任意顺序进行转换时就诞生了成组转换，这里有 2 种成组转换类型，即规则组和注入组。规则组就是图 24.1 中的规则通道，注入组就是图 24.1 中的注入通道。为了避免混淆，后面规则通道以规则组来代称，注入通道以注入组来代称。

规则组最多允许 16 个输入通道进行转换，而注入组最多允许 4 个输入通道进行转换。

1）规则组(规则通道)

规则组，按字面理解，“规则”就是按照一定的顺序，相当于正常运行的程序，平常用到最多也是规则组。

2）注入组(注入通道)

注入组，按字面理解，“注入”就是打破原来的状态，相当于中断。当程序执行的时候，中断可以打断程序的执行。同这个类似，注入组转换可以打断规则组的转换。假如在规则组转换过程中注入组启动，那么注入组被转换完成之后，规则组才得以继续转换。

为了便于理解，看一下规则组和注入组的执行优先级对比图，如图 24.3 所示。

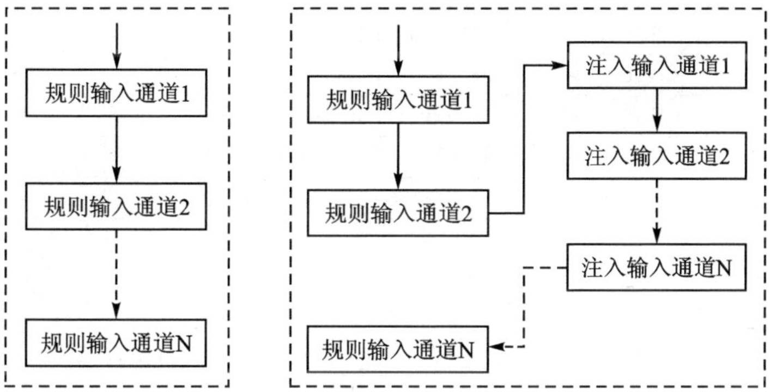

图 24.3　规则组和注入组的执行优先级对比图

下面来看看它们的转换顺序，即转换序列，转换序列可以分为规则序列和注入序列。

3）规则序列

规则组最多允许 16 个输入通道进行转换，那么就需要设置通道转换的顺序，即规则序列。规则序列寄存器有 3 个，分别为 SQR1、SQR2 和 SQR3。SQR3 控制规则序列中的第 1～6 个转换，SQR2 控制规则序列中第 7～12 个转换，SQR1 控制规则序列中第 13～16 个转换。规则序列寄存器控制关系汇总如表 24.2 所列。

可以知道，想设置 ADC 的某个输入通道在规则序列的第一个转换时，只需要把相应的输入通道号的值写入 SQR3 寄存器中的 SQ1[4:0]位即可。例如，想让输入通道 5 先进行转换，那么就可以把 5 这个数值写入 SQ1[4:0]位。如果还想让输入通道 8 在第 2 个转换，那么就可以把 8 这个数值写入 SQ2[4:0]位。最后还要设置这个规则序列的输入通道个数，只须把输入通道个数写入 SQR1 的 SQL[3:0]位。注意，写入 0 到 SQL[3:0]位表示这个规则序列有一个输入通道的意思，而不是 0 个输入通道。

表 24.2 规则序列寄存器控制关系汇总表

寄存器	寄存器位	功 能	取 值
SQR3	SQ1 [4:0]	设置第一个转换的通道	通道 0～17
	SQ2 [4:0]	设置第 2 个转换的通道	通道 0～17
	SQ3 [4:0]	设置第 3 个转换的通道	通道 0～17
	SQ4 [4:0]	设置第 4 个转换的通道	通道 0～17
	SQ5 [4:0]	设置第 5 个转换的通道	通道 0～17
	SQ6 [4:0]	设置第 6 个转换的通道	通道 0～17
SQR2	SQ7 [4:0]	设置第 7 个转换的通道	通道 0～17
	SQ8 [4:0]	设置第 8 个转换的通道	通道 0～17
	SQ9 [4:0]	设置第 9 个转换的通道	通道 0～17
	SQ10 [4:0]	设置第 10 个转换的通道	通道 0～17
	SQ11 [4:0]	设置第 11 个转换的通道	通道 0～17
	SQ12 [4:0]	设置第 12 个转换的通道	通道 0～17
SQR1	SQ13 [4:0]	设置第 13 个转换的通道	通道 0～17
	SQ14 [4:0]	设置第 14 个转换的通道	通道 0～17
	SQ15 [4:0]	设置第 15 个转换的通道	通道 0～17
	SQ16 [4:0]	设置第 16 个转换的通道	通道 0～17
	SQL [3:0]	设置规则序列要转换的通道数	0～15

4）注入序列

注入序列，与规则序列差不多，决定的是注入组的顺序。注入组最大允许 4 个通道输入，它的注入序列由 JSQR 寄存器配置。注入序列寄存器 JSQR 控制关系如表 24.3 所列。

表 24.3 注入序列寄存器控制关系汇总表

寄存器位	功 能	取 值
JSQ1 [4:0]	设置第一个转换的通道	通道 0～17
JSQ2 [4:0]	设置第 2 个转换的通道	通道 0～17
JSQ3 [4:0]	设置第 3 个转换的通道	通道 0～17
JSQ4 [4:0]	设置第 4 个转换的通道	通道 0～17
JL [1:0]	设置注入序列要转换的通道数	0～3

注入序列有多少个输入通道，只需要把输入通道个数写入到 JL[1:0]位即可，范围是 0～3。注意，写入 0 表示这个注入序列有一个输入通道，而不是 0 个输入通道。这个内容很简单。编程时容易犯错的是注入序列的转换顺序问题，下面进行讲解。

如果 JL[1: 0]位的值小于 3，即设置注入序列要转换的通道个数小于 4，则注入序列的转换顺序是从 JSQx[4:0](x=4－JL[1:0])开始。例如，JL[1:0]=10、JSQ4[4:0]=00100、JSQ3[4:0]=00011、JSQ2[4:0]=00111、JSQ1[4:0]=00010，意味着这个注入序列的转换顺序是 7、3、4，而不是 2、7、3。如果 JL[1:0]=00，那么转换顺序从 JSQ4

[4:0]开始。

④ 触发源

在配置好输入通道以及转换顺序后，就可以进行触发转换了。ADC 的触发转换有 2 种方法，分别是通过 ADON 位或外部事件触发转换。

1）ADON 位触发转换

当 ADC_CR2 寄存器的 ADON 位为 1 时，再独立给 ADON 位写 1(其他位不能一起改变，这是为了防止误触发)，这时会启动转换。这种控制 ADC 启动转换的方式非常简单。

2）外部触发转换

另一种方法是通过外部事件触发转换，如定时器捕获、EXTI 线和软件触发，可以分为规则组外部触发和注入组外部触发。

规则组外部触发使用方法是将 EXTTRIG 位置 1，并且通过 EXTSET[2:0]位选择规则组启动转换的触发源。如果 EXTSET[2:0]位设置为 111，那么可以通过 SW-START 来启动 ADC 转换，相当于软件触发。

注入组外部触发使用方法是将 JEXTTRIG 位置 1，并且通过 JEXTSET[2:0]位选择注入组启动转换的触发源。如果 JEXTSET[2:0]位设置为 111，那么可以通过 JSW-START 启动 ADC 转换，相当于软件触发。

ADC1 和 ADC2 的触发源是一样的，ADC3 的触发源和 ADC1/2 有所不同，这个需要注意。

⑤ 转换时间

1）ADC 时钟

在学习转换时间之前先来了解 ADC 时钟。从图 22.1 中标号⑤框出来部分可以看到，ADC 时钟是要经过 ADC 预分频器的，那么 ADC 的时钟源是什么？ADC 预分频器的分频系数可以设置的范围又是多少？ADC 时钟频率的最大值又是多少？

ADC 的输入时钟是由 PCLK2 经过分频产生的，分频系数是由 RCC_CFGR 寄存器的 ADCPRE[1:0]位设置的，可选择 2、4、8、16 分频。注意，ADC 的输入时钟频率最大值是 14 MHz，超过这个值将会导致 ADC 的转换结果准确度下降。

一般设置 PCLK2 为 72 MHz。为了不超过 ADC 的最大输入时钟频率 14 MHz，设置 ADC 的预分频器分频系数为 6，就可以得到 ADC 的输入时钟频率为 72 MHz/6，即 12 MHz。例程中也是如此设置的。

2）转换时间

STM32F103 的 ADC 总转换时间的计算公式如下：

$$T_{\mathrm{CONV}}=\text{采样时间}+12.5\ \text{个周期}$$

采样时间可通过 ADC_SMPR1 和 ADC_SMPR2 寄存器中的 SMPx[2:0]位设置，x=0～17。ADC_SMPR1 控制的是通道 0～9，ADC_SMPR2 控制的是通道 10～17。每个输入通道都支持通过编程来选择不同的采样时间，采样时间可选的范围如下：

➢ SMP=000：1.5 个 ADC 时钟周期；

➢ SMP=001:7.5个ADC时钟周期;
➢ SMP=010:13.5个ADC时钟周期;
➢ SMP=011:28.5个ADC时钟周期;
➢ SMP=100:41.5个ADC时钟周期;
➢ SMP=101:55.5个ADC时钟周期;
➢ SMP=110:71.5个ADC时钟周期;
➢ SMP=111:239.5个ADC时钟周期。

可以看出,采样时间最少是1.5个时钟周期,设置为这个值可以得到最短的转换时间。下面以例程的ADC时钟配置为例计算ADC的最短转换时间,计算过程如下:

$$T_{\mathrm{CONV}}=1.5\text{个ADC时钟周期}+12.5\text{个ADC时钟周期}=14\text{个ADC时钟周期}$$

例程中,PCLK2的时钟是72 MHz,经过ADC时钟预分频器的6分频后,ADC时钟频率为12 MHz。代入上式可得到:

$$T_{\mathrm{CONV}}=14\text{个ADC时钟周期}=\left(\frac{1}{12\ 000\ 000}\right)\times 14\ \mathrm{s}=1.17\ \mu\mathrm{s}$$

⑥ 数据寄存器

根据转换组的不同,规则组完成转换的数据输出到ADC_DR寄存器,注入组完成转换的数据输出到ADC_JDRx寄存器。假如使用双重模式,规则组的数据也存放在ADC_DR寄存器。

1) ADC规则数据寄存器(ADC_DR)

ADC规则组数据寄存器ADC_DR是一个32位的寄存器,独立模式时只使用到该寄存器低16位来保存ADC1、2、3的规则转换数据。在双ADC模式下,高16位用于保存ADC2转换的数据,低16位用于保存ADC1转换的数据。

因为ADC的精度是12位的,ADC_DR寄存器无论高16位还是低16位,存放数据的位宽都是16位的,所以允许选择数据对齐方式。由ADC_CR2寄存器的ALIGN位设置数据对齐方式,可选择右对齐或者左对齐。

细心的读者可能发现,规则组最多有16个输入通道,而ADC规则数据寄存器只有一个,如果一个规则组用到好几个通道,数据怎么读取?如果使用多通道转换,那么这些通道的数据也会存放在DR里面,按照规则组的顺序,上一个通道转换的数据会被下一个通道转换的数据覆盖掉,所以通道转换完成后要及时把数据取走。比较常用的方法是使用DMA模式。当规则组的通道转换结束时,就会产生DMA请求,这样就可以及时把转换的数据搬运到用户指定的目的地址存放。注意,只有ADC1和ADC3可以产生DAM请求,而由ADC2转换的数据可以通过双ADC模式利用ADC1的DMA功能传输。

2) ADC注入数据寄存器x(ADC_JDRx)(x=1~4)

ADC注入数据寄存器有4个,注入组最多有4个输入通道,刚好每个通道都有自己对应的数据寄存器。ADC_JDRx寄存器是32位的,低16位有效,高16位保留,数据也同样需要选择对齐方式。也是由ADC_CR2寄存器的ALIGN位设置数据对齐方式,可选择右对齐或者左对齐。

⑦ 中断

ADC 中断可分为 3 种:规则组转换结束中断、注入组转换结束中断、设置了模拟看门狗状态位中断。它们都有独立的中断使能位,分别由 ADC_CR 寄存器的 EOCIE、JEOCIE、AWDIE 位设置,对应的标志位分别是 EOC、JEOC、AWD。

1) 模拟看门狗中断

模拟看门狗中断发生条件:首先通过 ADC_LTR 和 ADC_HTR 寄存器设置低阈值和高阈值,然后开启模拟看门狗中断,当被 ADC 转换的模拟电压低于低阈值或者高于高阈值时,就会产生中断。例如,这里设置高阈值是 3.0 V,那么模拟电压超过 3.0 V 的时候就会产生模拟看门狗中断,低阈值的情况类似。

2) DMA 请求

规则组和注入组的转换结束后,除了可以产生中断外,还可以产生 DMA 请求,我们利用 DMA 及时把转换好的数据传输到指定的内存里,防止数据被覆盖。

注意,只有 ADC1 和 ADC3 可以产生 DAM 请求。

⑧ 单次转换模式和连续转换模式

单次转换模式和连续转换模式在图 24.1 中没有标号,为了更好地学习后续的内容,这里简单介绍一下。

1) 单次转换模式

通过将 ADC_CR2 寄存器的 CONT 位置 0 选择单次转换模式。该模式下,ADC 只执行一次转换,由 ADC_CR2 寄存器的 ADON 位启动(只适用于规则组),也可以通过外部触发启动(适用于规则组或注入组)。

如果规则组的一个输入通道被转换,那么转换的数据被储存在 16 位 ADC_DR 寄存器中、EOC(转换结束)标志位被置 1、设置了 EOCIE 位,则产生中断,然后 ADC 停止。

如果注入组的一个输入通道被转换,那么转换的数据被储存在 16 位 ADC_DRJx 寄存器中、JEOC(转换结束)标志位被置 1、设置了 JEOCIE 位,则产生中断,然后 ADC 停止。

2) 连续转换模式

通过将 ADC_CR2 寄存器的 CONT 位置 1 选择连续转换模式。该模式下,ADC 完成上一个通道的转换后会马上自动地启动下一个通道的转换,由 ADC_CR2 寄存器的 ADON 位启动,也可以通过外部触发启动。

如果规则组的一个输入通道被转换,那么转换的数据被储存在 16 位 ADC_DR 寄存器中、EOC(转换结束)标志位被置 1、设置了 EOCIE 位,则产生中断。

如果注入组的一个输入通道被转换,那么转换的数据被储存在 16 位 ADC_DRJx 寄存器中、JEOC(转换结束)标志位被置 1、设置了 JEOCIE 位,则产生中断。

⑨ 扫描模式

扫描模式在图 24.1 中没有标号,为了更好地学习后续的内容,这里也简单介绍。

可以通过 ADC_CR1 寄存器的 SCAN 位配置是否使用扫描模式。如果选择扫描模式,则 ADC 会扫描所有被 ADC_SQRx 寄存器或 ADC_JSQR 选中的通道,并对规则组或者注入组的每个通道执行单次转换,然后停止转换。但如果还设置了 CONT 位,即选择连续转换模式,那么转换不会在选择组的最后一个通道上停止,而是再次从选择组的第一个通道继续转换。

如果设置了 DMA 位,在每次 EOC 后, DMA 控制器把规则组通道的转换数据传输到 SRAM 中。而注入通道转换的数据总是存储在 ADC_JDRx 寄存器中。

到这里基本上介绍了 ADC 的大多数基础知识点,其他知识后面用到会继续补充,还有不懂的内容可参考"STM32F10xxx 参考手册_V10(中文版). pdf"的第 11 章。

24.2 单通道 ADC 采集实验

本实验使用规则组单通道的单次转换模式,并且通过软件触发,即由 ADC_CR2 寄存器的 SWSTART 位启动。

24.2.1 ADC 寄存器

这里只介绍本实验用到的寄存器的关键位,其他寄存器后续用到会继续介绍。

1. ADC 控制寄存器 1(ADC_CR1)

ADC 控制寄存器 1 描述如图 24.4 所示。SCAN 位用于选择是否使用扫描模式。本实验使用单通道采集,所以没必要选择扫描模式,该位置 0 即可。

31	30	29	28	27	26	25	24	23	22	21	20	19	18	17	16
保留								AWDEN	JAWDEN	保留		DUALMOD[3:0]			
								rw	rw			rw	rw	rw	rw

15	14	13	12	11	10	9	8	7	6	5	4	3	2	1	0
DISCNUM[2:0]			JDISCEN	DISCEN	JAUTO	AWDSGL	SCAN	JEOCIE	AWDIE	EOCIE	AWDCH[4:0]				
rw	rw	rw	rw	rw	rw	rw	rw	rw	rw	rw	rw	rw	rw	rw	rw

位19:16	DUALMOD[3:0]：双模式选择 软件使用这些位选择操作模式 0000：独立模式　　0001：混合的同步规则+注入同步模式 0010：混合的同步规则+交替触发模式　　0011：混合同步注入+快速交叉模式 0100：混合同步注入+慢速交叉模式　　0101：注入同步模式 0110：规则同步模式　　0111：快速交叉模式 1000：慢速交叉模式　　1001：交替触发模式 注：在ADC2和ADC3中这些位为保留位 在双模式中，改变通道的配置会产生一个重新开始的条件，这将导致同步丢失。建议在进行任何配置改变前关闭双模式
位8	SCAN：扫描模式 该位由软件设置和清除，用于开启或关闭扫描模式。在扫描模式中，转换由ADC_SQRx或ADC_JSQRx寄存器选中的通道 0：关闭扫描模式　　1：使用扫描模式 注：如果分别设置了EOCIE或JEOCIE位，则只在最后一个通道转换完毕后才会产生EOC或JEOC中断

图 24.4　ADC_CR1 寄存器

DUALMOD[3:0]位用来设置 ADC 的操作模式，例程中 ADC 相关的实验都使用独立模式，所以设置为 0000 即可。

2. ADC 控制寄存器 2(ADC_CR2)

ADC 控制寄存器 2 描述如图 24.5 所示。ADON 位用于打开或关闭 ADC，还可以用于触发 ADC 转换。CONT 位用于设置单次转换模式还是连续转换模式，本实验使用单次转换模式，所以 CONT 位置 0 即可。CAL 位用于开启 A/D 校准。RSTCAL 位

31	30	29	28	27	26	25	24	23	22	21	20	19	18	17	16
保留								TS VREFE	SW START	JSW START	EXT TRIG	EXTSEL[2:0]			保留
								rw	rw	rw	rw	rw	rw	rw	

15	14	13	12	11	10	9	8	7	6	5	4	3	2	1	0
JEXT TRIG	JEXTSEL[2:0]			ALIGN	保留		DMA	保留				RST CAL	CAL	CONT	ADON
rw	rw	rw	rw	rw			rw					rw	rw	rw	rw

位20	EXTTRIG：规则通道的外部触发转换模式 该位由软件设置和清除，用于开启或禁止可以启动规则通道组转换的外部触发事件 0：不用外部事件启动转换　　1：使用外部事件启动转换
位19:17	EXSEL[2:0]：选择启动规则通道组转换的外部事件 这些位选择用于启动规则通道组转换的外部事件 ADC1和ADC2的触发配置如下 000：定时器1的CC1事件　　100：定时器3的TRGO事件 001：定时器1的CC2事件　　101：定时器4的CC4事件 010：定时器1的CC3事件　　110：EXTI线11/TIM8_TRGO事件，仅大容量产品具有TIM8_TRGO功能 011：定时器2的CC2事件　　111：SWSTART ADC3的触发配置如下 000：定时器3的CC1事件　　100：定时器8的TRGO事件 001：定时器2的CC3事件　　101：定时器5的CC1事件 010：定时器1的CC3事件　　110：定时器5的CC3事件 011：定时器8的CC1事件　　111：SWSTART
位11	ALIGN：数据对齐 该位由软件设置和清除。 0：右对齐；　　1：左对齐
位3	RSTCAL：复位校准 该位由软件设置，并由硬件清除。在校准寄存器被初始化后该位将被清除 0：校准寄存器已初始化；　　1：初始化校准寄存器 注：如果正在进行转换时设置RSTCAL，清除校准寄存器需要额外的周期
位2	CAL：A/D校准 该位由软件设置以开始校准，并在校准结束时由硬件清除 0：校准完成；　　1：开始校准
位1	CONT：连续转换 该位由软件设置和清除。如果设置了此位，则转换将连续进行直到该位被清除。 0：单次转换模式；　　1：连续转换模式
位0	ADON：开/关ADC 该位由软件设置和清除。当该位为0时，写入1将把ADC从断电模式下唤醒。 当该位为1时，写入1将启动转换。应用程序时注意，在转换器上电至转换开始有一个延迟t_{STAB} 0：关闭ADC转换/校准，并进入断电模式；　　1：开启ADC并启动转换 注：如果在这个寄存器中与ADON一起还有其他位被改变，则转换不被触发。这是为了防止触发错误的转换

图 24.5　ADC_CR2 存器

用于判断校准寄存器是否已初始化。ALIGN 用于设置数据对齐，这里使用右对齐，所以该位置 0。EXTSEL[2:0]位用于选择规则组启动转换的外部事件触发源，本实验使用的是软件触发(SWSTART)，所以这 3 个位置为 111。EXTTRIG 位必须置 1，EXTSEL[2:0]位才能选择软件触发(SWSTART)，别漏了这步，否则设置软件触发会不成功。SWSTART 位用于启动一次规则组通道的转换，即软件触发转换。

3. ADC 采样事件寄存器 1(ADC_SMPR1)

ADC 采样事件寄存器 1 描述如图 24.6 所示。

31	30	29	28	27	26	25	24	23	22	21	20	19	18	17	16
保留								SMP17[2:0]			SMP16[2:0]			SMP15[2:0]	
					rw	rw	rw	rw	rw	rw	rw	rw	rw	rw	rw

15	14	13	12	11	10	9	8	7	6	5	4	3	2	1	0
SMP 15_0	SMP14[2:0]			SMP13[2:0]			SMP12[2:0]			SMP11[2:0]			SMP10[2:0]		
rw	rw	rw	rw	rw	rw	rw	rw	rw	rw	rw	rw	rw	rw	rw	rw

位23:0	SMPx[2:0]：选择通道x的采样时间 这些位用于独立地选择每个通道的采样时间。在采样周期中通道选择位必须保持不变 000：1.5周期　　100：41.5周期 001：7.5周期　　101：55.5周期 010：13.5周期　　110：71.5周期 011：28.5周期　　100：239.5周期 注：ADC1的模拟输入通道16和通道17在芯片内部分别连到了温度传感器和V_{REFINT} ADC2的模拟输入通道16和通道17在芯片内部连到V_{SS} ADC3模拟输入通道14、15、16、17与V_{SS}相连

图 24.6　ADC_SMPR1 寄存器

4. ADC 采样事件寄存器 2(ADC_SMPR2)

ADC 采样事件寄存器 2 描述如图 24.7 所示。

31	30	29	28	27	26	25	24	23	22	21	20	19	18	17	16
保留								SMP17[2:0]			SMP16[2:0]			SMP15[2:1]	
					rw	rw	rw	rw	rw	rw	rw	rw	rw	rw	rw

15	14	13	12	11	10	9	8	7	6	5	4	3	2	1	0
SMP 15_0	SMP14[2:0]			SMP13[2:0]			SMP12[2:0]			SMP11[2:0]			SMP10[2:0]		
rw	rw	rw	rw	rw	rw	rw	rw	rw	rw	rw	rw	rw	rw	rw	rw

位23:0	SMPx[2:0]：选择通道x的采样时间 这些位用于独立地选择每个通道的采样时间。在采样周期中通道选择位必须保持不变 000：1.5周期　　100：41.5周期 001：7.5周期　　101：55.5周期 010：13.5周期　　110：71.5周期 011：28.5周期　　111：239.5周期 注：ADC1的模拟输入通道16和通道17在芯片内部分别连到了温度传感器和V_{REFINT} ADC2的模拟输入通道16和通道17在芯片内部了V_{SS} ADC3模拟输入通道14、15、16、17与V_{SS}相连

图 24.7　ADC_SMPR2 寄存器

ADC 采样时间需要由 2 个寄存器设置，ADC_SMPR1 和 ADC_SMPR1，分别设置通道 10～17 和通道 0～9 的采样时间，每个通道用 3 个位设置。可以看出，ADC 每个通道的采样时间是支持单独设置的。

对于每个要转换的通道，采样时间建议尽量长一点，以获得较高的准确度，但是这样会降低 ADC 的转换速率，看怎么衡量选择了。本实验设置采样时间是 239.5 个周期。结合前面介绍过的转换时间公式：

$$T_{\mathrm{CONV}} = 采样时间 + 12.5 个周期$$

例程中，PCLK2 的时钟是 72 MHz，经过 ADC 时钟预分频器的 6 分频后，ADC 时钟频率为 12 MHz。代入上式可得到：

$$T_{\mathrm{CONV}} = 239.5 + 12.5 个 ADC 时钟周期 = \left(\frac{1}{12\ 000\ 000}\right) \times 252\ \mathrm{s} = 21\ \mu\mathrm{s}$$

由上式可得，ADC 的转换时间是 21 μs。

5. ADC 规则序列寄存器 1

ADC 规则序列寄存器共有 3 个，功能差不多，这里仅介绍 ADC 规则序列寄存器 1（ADC_SQR1），描述如图 24.8 所示。

31	30	29	28	27	26	25	24	23	22	21	20	19	18	17	16
保留								L[3:0]				SQ16[4:1]			
								rw	rw	rw	rw	rw	rw	rw	rw

15	14	13	12	11	10	9	8	7	6	5	4	3	2	1	0
SQ16_0	SQ15[4:0]					SQ14[4:0]					SQ13[4:0]				
rw	rw	rw	rw	rw	rw	rw	rw	rw	rw	rw	rw	rw	rw	rw	rw

位23:20	L[3:0]：规则通道序列长度 这些位由软件定义在规则通道转换序理中的通道数目 0000：1个转换 0001：2个转换 …… 1111：16个转换
位19:15	SQ16[4:0]：规则序列中的第16个转换 这些位由软件定义转换序列中的第16个转换通道的编号(0~7)
位14:10	SQ15[4:0]：规则序列中的第15个转换
位9:5	SQ14[4:0]：规则序列中的第14个转换
位4:0	SQ13[4:0]：规则序列中的第13个转换

图 24.8　ADC_SQR1 寄存器

L[3:0]用于设置规则组序列的长度，取值范围为 0～15，表示规则组的长度是 1～16。本实验只用了一个输入通道，所以 L[3:0]位设置为 0000 即可。

SQ13[4:0]～SQ16[4:0]位设置规则组序列的第 13～16 个转换编号，第 1～12 个转换编号的设置可查看 ADC_SQR2 和 ADC_SQR3 寄存器。

本实验使用单通道，ADC1 通道 14，所以规则组序列里只有一个输入通道，将 ADC_SQR3 寄存器的 SQ1[4:0]位的值设置为 14 即可。

6. ADC 规则数据寄存器(ADC_DR)

ADC 规则数据寄存器描述如图 24.9 所示。

31	30	29	28	27	26	25	24	23	22	21	20	19	18	17	16
ADC2DATA[15:0]															
r	r	r	r	r	r	r	r	r	r	r	r	r	r	r	r

15	14	13	12	11	10	9	8	7	6	5	4	3	2	1	0
DATA[15:0]															
r	r	r	r	r	r	r	r	r	r	r	r	r	r	r	r

位31:16	ADC2DATA[15:0]：ADC2转换的数据 -在ADC1中：双模式下，这些位包含了ADC2转换的规则通道数据 -在ADC2和ADC3中：不使用这些位
位15:0	DATA[15:0]：规则转换的数据 这些位为只读，包含了规则通道的转换结果

图 24.9　ADC_DR 寄存器

在规则序列中 ADC 转换结果都存在这个寄存器里，而注入通道的转换结果被保存在 ADC_JDRx 里面。该寄存器的数据可以通过 ADC_CR2 的 ALIGN 位设置左对齐还是右对齐。读取数据的时候要注意。

7. ADC 状态寄存器(ADC_SR)

ADC 状态寄存器描述如图 24.10 所示。该寄存器保存了 ADC 转换时的各种状态。本实验通过 EOC 位的状态来判断 ADC 转换是否完成，如果查询到 EOC 位被硬件置 1，则可以从 ADC_DR 寄存器中读取转换结果，否则需要等待转换完成。

31	30	29	28	27	26	25	24	23	22	21	20	19	18	17	16
保留															

15	14	13	12	11	10	9	8	7	6	5	4	3	2	1	0
保留											STRT	JSTRT	JEOC	EOC	AWD
											rc w0	rc w0	rc w0	rc w0	rc w0

位4	STRT：规则通道开始位 该位由硬件在规则通道转换开始时设置，由软件清除。 0：规则通道转换未开始；　　1：规则通道转换已开始
位3	JSTRT：注入通道开始位 该位由硬件在规则通道组转换开始时设置，由软件清除 0：注入通道组转换未开始；　　1：注入通道组转换已开始
位2	JEOC：注入通道开始结束位 该位由硬件在所有注入通道组转换结束时设置，由软件清除 0：转换未完成；　　1：转换完成
位1	EOC：转换结束位 该位由硬件在(规则或注入)通道组转换开始时设置，由软件清除或由读取ADC_DR时清除 0：转换未完成；　　1：转换完成
位0	AWD：模拟看门狗标志位 该位由硬件在转换的电压值超出了ADC_LTR和ADC_HTR寄存器定义的范围时设置，由软件清除 0：没有发生模拟看门狗事件；　　1：发生模拟看门狗事件

图 24.10　ADC_SR 寄存器

至此，本实验要用到的 ADC 关键寄存器全部介绍完了，未介绍的部分可参考"STM32F10xxx 参考手册_V10(中文版).pdf"第 11 章相关内容。

24.2.2　硬件设计

(1) 例程功能

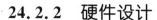

采集 ADC1 通道 1(PA1)上面的电压,并在 LCD 模块上面显示 ADC 规则数据寄存器 12 位的转换值以及将该值换算成电压后的电压值。使用杜邦线将 ADC 和 RV1 排针连接,使得 PA1 连接到电位器上,然后将 ADC 采集到的数据和转换后的电压值在 TFTLCD 屏中显示。用户可以通过调节电位器的旋钮改变电压值。LED0 闪烁,提示程序运行。

(2) 硬件资源

- LED 灯:LED0 - PB5;
- 串口 1(PA9、PA10 连接在板载 USB 转串口芯片 CH340 上面);
- 正点原子 TFTLCD 模块(仅限 MCU 屏,16 位 8080 并口驱动);
- ADC1:通道 1 - PA1。

(3) 原理图

ADC 属于 STM32F103 内部资源,实际上只需要软件设置就可以正常工作;另外还需要将待测量的电压源连接到 ADC 通道上,以便 ADC 测量。本实验通过 ADC1 的通道 1(PA1)来采集外部电压值,开发板有一个电位器,可调节的电压范围是 0～3.3 V。可以通过杜邦线将 PA1 与电位器连接,如图 24.11 所示。

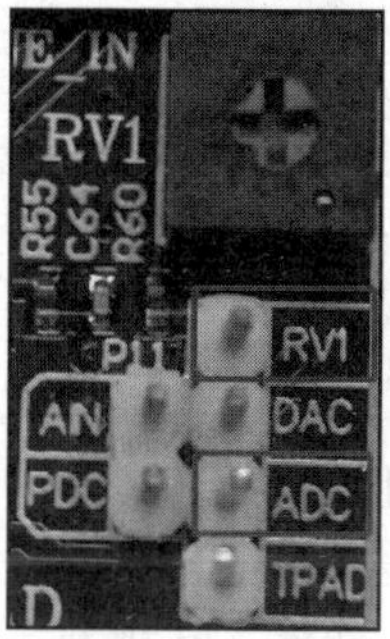

图 24.11　PA1(对应 ADC 排针)与电位器示意图

使用杜邦线将 ADC 和 RV1 排针连接好后,并下载程序,就可以用螺丝刀调节电位器变换多种电压值进行测量。

还想测量其他地方的电压值时,只需要一根杜邦线一端接到 ADC 排针上,另外一端就接要测试的电压点。注意,一定要保证测试点的电压在 0～3.3 V 的电压范围,否则可能烧坏 ADC,甚至是整个主控芯片。

24.2.3　程序设计

1. ADC 的 HAL 库驱动

ADC 在 HAL 库中的驱动代码在 stm32f1xx_hal_adc.c 和 stm32f1xx_hal_adc_ex.c 文件(及其头文件)中。

(1) HAL_ADC_Init 函数

ADC 的初始化函数,其声明如下:

```
HAL_StatusTypeDef HAL_ADC_Init(ADC_HandleTypeDef * hadc);
```

函数描述:用于初始化 ADC。

函数形参：形参 ADC_HandleTypeDef 是结构体类型指针变量，其定义如下：

```
typedef struct
{
  ADC_TypeDef              * Instance;        /* ADC 寄存器基地址 */
  ADC_InitTypeDef          Init;              /* ADC 参数初始化结构体变量 */
  DMA_HandleTypeDef        * DMA_Handle;      /* DMA 配置结构体 */
  HAL_LockTypeDef          Lock;              /* ADC 锁定对象 */
  __IO uint32_t            State;             /* ADC 工作状态 */
  __IO uint32_t            ErrorCode;         /* ADC 错误代码 */
}ADC_HandleTypeDef;
```

该结构体定义和其他外设比较类似，这里着重看第二个成员变量 Init 含义，它是结构体 ADC_InitTypeDef 类型。结构体 ADC_InitTypeDef 定义为：

```
typedef struct {
  uint32_t DataAlign;                          /* 设置数据的对齐方式 */
  uint32_t ScanConvMode;                       /* 扫描模式 */
  FunctionalState ContinuousConvMode;          /* 开启连续转换模式否则就是单次转换模式 */
  uint32_t NbrOfConversion;                    /* 设置转换通道数目 */
  FunctionalState DiscontinuousConvMode;/* 是否使用规则通道组间断模式 */
  uint32_t NbrOfDiscConversion;                /* 配置间断模式的规则通道个数 */
  uint32_t ExternalTrigConv;                   /* ADC 外部触发源选择 */
} ADC_InitTypeDef;
```

DataAlign：用于设置数据的对齐方式，这里可以选择右对齐或者是左对齐，该参数可选 ADC_DATAALIGN_RIGHT 和 ADC_DATAALIGN_LEFT。

ScanConvMode：配置是否使用扫描。如果是单通道转换使用 ADC_SCAN_DISABLE，且是多通道转换，则使用 ADC_SCAN_ENABLE。

ContinuousConvMode：可选参数为 ENABLE 和 DISABLE，配置自动连续转换还是单次转换。使用 ENABLE 配置为使能自动连续转换；使用 DISABLE 配置为单次转换，转换一次后停止需要手动控制才重新启动转换。

NbrOfConversion：指定规则组转换通道数目，范围是 1～16。

DiscontinuousConvMode：配置是否使用规则通道组间断模式，比如要转换的通道有 1、2、5、7、8、9，那么第一次触发会进行通道 1 和 2，下次触发就是转换通道 5 和 7，这样不连续地转换，依次类推。此参数只有将 ScanConvMode 使能、ContinuousConvMode 失能的情况下才有效，不可同时使能。

NbrOfDiscConversion：配置间断模式的通道个数，禁止规则通道组间断模式后，此参数忽略。

ExternalTrigConv：外部触发方式的选择，如果使用软件触发，那么外部触发会关闭。

函数返回值：HAL_StatusTypeDef 枚举类型的值。

(2) HAL_ADCEx_Calibration_Start 函数

ADC 的自校准函数，其声明如下：

```
HAL_StatusTypeDef HAL_ADCEx_Calibration_Start(ADC_HandleTypeDef * hadc);
```

函数描述:调用 HAL_ADC_Init 函数配置了相关的功能后,再调用此函数进行 ADC 自校准功能。

函数形参:ADC_HandleTypeDef 结构体类型指针变量。

函数返回值:HAL_StatusTypeDef 枚举类型的值。

(3) HAL_ADC_ConfigChannel 函数

ADC 通道配置函数,其声明如下:

```
HAL_StatusTypeDef HAL_ADC_ConfigChannel(ADC_HandleTypeDef * hadc,
                                        ADC_ChannelConfTypeDef * sConfig);
```

函数描述:调用了 HAL_ADC_Init 函数配置相关的功能后,就可以调用此函数配置 ADC 具体通道。

函数形参:

形参 1 ADC_HandleTypeDef 是结构体类型指针变量。

形参 2 ADC_ChannelConfTypeDef 是结构体类型指针变量,用于配置 ADC 采样时间、使用的通道号、单端或者差分方式的配置等。该结构体定义如下:

```
typedef struct {
  uint32_t Channel;                /* ADC 转换通道 */
  uint32_t Rank;                   /* ADC 转换顺序 */
  uint32_t SamplingTime;           /* ADC 采样周期 */
} ADC_ChannelConfTypeDef;
```

Channel:ADC 转换通道,范围为 0～19。

Rank:在常规转换中的常规组的转换顺序,可以选择 1～16。

SamplingTime:ADC 的采样周期,最大 810.5 个 ADC 时钟周期,要求尽量大以减少误差。

函数返回值:HAL_StatusTypeDef 枚举类型的值。

(4) HAL_ADC_Start 函数

ADC 转换启动函数,其声明如下:

```
HAL_StatusTypeDef HAL_ADC_Start(ADC_HandleTypeDef * hadc);
```

函数描述:当配置好 ADC 的基础的功能后,就调用此函数启动 ADC。

函数形参:ADC_HandleTypeDef 是结构体类型指针变量。

函数返回值:HAL_StatusTypeDef 枚举类型的值。

(5) HAL_ADC_PollForConversion 函数

等待 ADC 规则组转换完成函数,其声明如下:

```
HAL_StatusTypeDef HAL_ADC_PollForConversion(ADC_HandleTypeDef * hadc,
                                            uint32_t Timeout);
```

函数描述:一般先调用 HAL_ADC_Start 函数启动转换,再调用该函数等待转换完成,然后再调用 HAL_ADC_GetValue 函数来获取当前的转换值。

函数形参:

形参 1 ADC_HandleTypeDef 是结构体类型指针变量。

形参 2 是等待转换的等待时间,单位是毫秒(ms)。

函数返回值:HAL_StatusTypeDef 枚举类型的值。

(6) HAL_ADC_GetValue 函数

获取常规组 ADC 转换值函数,其声明如下:

```
uint32_t HAL_ADC_GetValue(ADC_HandleTypeDef * hadc);
```

函数描述:一般先调用 HAL_ADC_Start 函数启动转换,再调用 HAL_ADC_PollForConversion 函数等待转换完成,然后再调用 HAL_ADC_GetValue 函数来获取当前的转换值。

函数形参:形参 ADC_HandleTypeDef 是结构体类型指针变量。

函数返回值:当前的转换值,uint32_t 类型数据。

单通道 ADC 采集配置步骤如下:

① 开启 ADCx 和 ADC 通道对应的 I/O 时钟,并配置该 I/O 为模拟功能。

首先开启 ADCx 的时钟,然后配置 GPIO 为模拟模式。本实验默认用到 ADC1 通道 1,对应 I/O 是 PA1,它们的时钟开启方法如下:

```
__HAL_RCC_ADC1_CLK_ENABLE();            /* 使能 ADC1 时钟 */
__HAL_RCC_GPIOA_CLK_ENABLE();           /* 开启 GPIOA 时钟 */
```

② 初始化 ADCx, 配置其工作参数。

通过 HAL_ADC_Init 函数来设置 ADCx 时钟分频系数、分辨率、模式、扫描方式、对齐方式等信息。

注意,该函数会调用 HAL_ADC_MspInit 回调函数来存放 ADC 及 GPIO 时钟使能、GPIO 初始化等代码。

③ 配置 ADC 通道并启动 ADC。

在 HAL 库中,通过 HAL_ADC_ConfigChannel 函数来选择要配置 ADC 的通道,并设置规则序列、采样时间等。配置好 ADC 通道之后,通过 HAL_ADC_Start 函数启动 ADC。

④ 读取 ADC 值。

这里选择查询方式读取,在读取 ADC 值之前需要调用 HAL_ADC_PollForConversion 等待上一次转换结束。然后就可以通过 HAL_ADC_GetValue 来读取 ADC 值。

2. 程序流程图

程序流程如图 24.12 所示。

3. 程序解析

这里只讲解核心代码,详细的源码可参考配套资料中本实验对应源码。ADC 驱动源码包括 2 个文件:adc.c 和 adc.h。本章有 4 个实验,每一个实验的代码都是在上一个实验后面追加的。

adc.h 文件针对 ADC 及通道引脚定义了一些宏定义,具体如下:

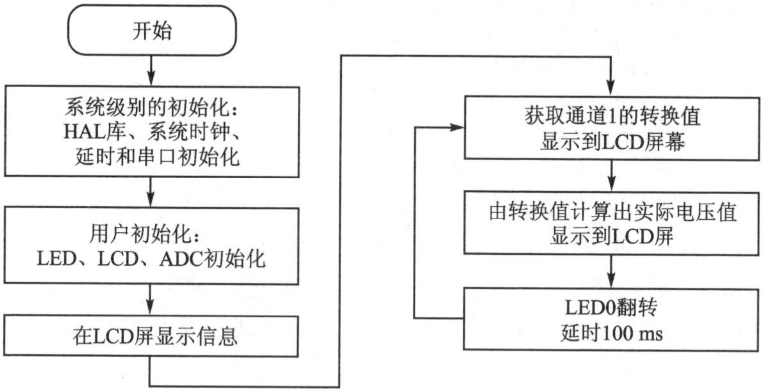

图 24.12　单通道 ADC 采集实验程序流程图

```
/* ADC 及引脚 定义 */
#define ADC_ADCX_CHY_GPIO_PORT              GPIOA
#define ADC_ADCX_CHY_GPIO_PIN               GPIO_PIN_1
#define ADC_ADCX_CHY_GPIO_CLK_ENABLE()      do{ __HAL_RCC_GPIOC_CLK_ENABLE();\
                                            }while(0)     /* PA 口时钟使能 */
#define ADC_ADCX                            ADC1
#define ADC_ADCX_CHY                        ADC_CHANNEL_1 /* 通道 Y,  0 <= Y <= 16 */
#define ADC_ADCX_CHY_CLK_ENABLE()           do{ __HAL_RCC_ADC1_CLK_ENABLE();}while(0)
```

ADC 的通道与引脚的对应关系在“STM32F103ZET6.pdf”数据手册可以查到，这里使用 ADC1 的通道 1，在数据手册中的表格如图 24.13 所示。

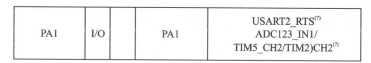

PA1	I/O		PA1	USART2_RTS(7) ADC123_IN1/ TIM5_CH2/TIM2)CH2(7)

图 24.13　ADC 通道 1 对应引脚查看表

下面直接开始介绍 adc.c 的程序，首先是 ADC 初始化函数。

```
/**
 * @brief    ADC 初始化函数
 * @note     本函数支持 ADC1/ADC2 任意通道，但是不支持 ADC3
 *           我们使用 12 位精度，ADC 采样时钟 = 12 MHz，转换时间为：采样周期 + 12.5
             个 ADC 周期
 *           设置最大采样周期：239.5，则转换时间 = 252 个 ADC 周期 = 21 μs
 */
void adc_init(void)
{
    g_adc_handle.Instance = ADC_ADCX;                          /* 选择哪个 ADC */
    g_adc_handle.Init.DataAlign = ADC_DATAALIGN_RIGHT;         /* 数据对齐方式：右对齐 */
    g_adc_handle.Init.ScanConvMode = ADC_SCAN_DISABLE;         /* 非扫描模式 */
    g_adc_handle.Init.ContinuousConvMode = DISABLE;            /* 关闭连续转换模式 */
    g_adc_handle.Init.NbrOfConversion = 1;   /* 范围是 1~16，这里用到 1 个规则通道 */
    g_adc_handle.Init.DiscontinuousConvMode = DISABLE;   /* 禁止规则通道组间断模式 */
```

```
    /* 配置间断模式的规则通道个数,禁止规则通道组间断模式后,此参数忽略 */
    g_adc_handle.Init.NbrOfDiscConversion = 0;
    g_adc_handle.Init.ExternalTrigConv = ADC_SOFTWARE_START;   /* 软件触发 */
    HAL_ADC_Init(&g_adc_handle);                               /* 初始化 */
    HAL_ADCEx_Calibration_Start(&g_adc_handle);                /* 校准 ADC */
}
```

该函数主要调用了 2 个 HAL 库函数,HAL_ADC_Init 函数配置了选择哪个 ADC、数据对齐方式、是否使用扫描模式等参数,HAL_ADCEx_Calibration_Start 函数用于校准 ADC。另外 HAL_ADC_Init 函数会调用它的 MSP 回调函数 HAL_ADC_MspInit,用来存放使能 ADC 和通道对应 I/O 的时钟和初始化 I/O 口等代码,其定义如下:

```
/**
 * @brief       ADC 底层驱动,引脚配置,时钟使能
                此函数会被 HAL_ADC_Init()调用
 * @param       hadc:ADC 句柄
 */
void HAL_ADC_MspInit(ADC_HandleTypeDef * hadc)
{
    if(hadc->Instance == ADC_ADCX)
    {
        GPIO_InitTypeDef gpio_init_struct;
        RCC_PeriphCLKInitTypeDef adc_clk_init = {0};
        ADC_ADCX_CHY_CLK_ENABLE();                              /* 使能 ADCx 时钟 */
        ADC_ADCX_CHY_GPIO_CLK_ENABLE();                         /* 开启 GPIO 时钟 */
        /* 设置 ADC 时钟 */
        adc_clk_init.PeriphClockSelection = RCC_PERIPHCLK_ADC; /* ADC 外设时钟 */
        /* 分频系数为 6,所以 ADC 的时钟为 72 MHz/6 = 12 MHz */
        adc_clk_init.AdcClockSelection = RCC_ADCPCLK2_DIV6;
        HAL_RCCEx_PeriphCLKConfig(&adc_clk_init);               /* 设置 ADC 时钟 */
        /* 设置 AD 采集通道对应 I/O 引脚工作模式 */
        gpio_init_struct.Pin = ADC_ADCX_CHY_GPIO_PIN;           /* ADC 通道 I/O 引脚 */
        gpio_init_struct.Mode = GPIO_MODE_ANALOG;               /* 模拟 */
        HAL_GPIO_Init(ADC_ADCX_CHY_GPIO_PORT, &gpio_init_struct);
    }
}
```

可以看到,在 HAL_ADC_MspInit 函数中,除了使能 ADC 和通道对应 I/O 时钟、初始化 I/O 外,还配置了 ADC 的时钟预分频系数。ADC 的时钟源是 PCLK2(72 MHz),经过 6 分频后得到 ADC 的输入时钟是 12 MHz。

接下来要介绍的函数是 adc_channel_set,其定义如下:

```
/**
 * @brief     设置 ADC 通道采样时间
 * @param     adcx: adc 句柄指针,ADC_HandleTypeDef
 * @param     ch: 通道号, ADC_CHANNEL_0~ADC_CHANNEL_17
 * @param     stime: 采样时间  0~7, 对应关系为:
 * @arg       ADC_SAMPLETIME_1CYCLE_5, 1.5 个 ADC 时钟周
              ADC_SAMPLETIME_7CYCLES_5, 7.5 个 ADC 时钟周期
```

```
  * @arg    ADC_SAMPLETIME_13CYCLES_5, 13.5 个 ADC 时钟周期
            ADC_SAMPLETIME_28CYCLES_5, 28.5 个 ADC 时钟周期
  * @arg    ADC_SAMPLETIME_41CYCLES_5, 41.5 个 ADC 时钟周期
            ADC_SAMPLETIME_55CYCLES_5, 55.5 个 ADC 时钟周期
  * @arg    ADC_SAMPLETIME_71CYCLES_5, 71.5 个 ADC 时钟周期
            ADC_SAMPLETIME_239CYCLES_5, 239.5 个 ADC 时钟周期
  * @param  rank: 多通道采集时需要设置的采集编号,
            假设定义 channle1 的 rank = 1,channle2 的 rank = 2
            那么对应在 DMA 缓存空间的变量数组 AdcDMA[0] 就是 channle1 的转换结果,Adc-
            DMA[1]就是通道 2 的转换结果
            单通道 DMA 设置为 ADC_REGULAR_RANK_1
  *   @arg  编号 1～16:ADC_REGULAR_RANK_1～ADC_REGULAR_RANK_16
  */
void adc_channel_set(ADC_HandleTypeDef *adc_handle, uint32_t ch,uint32_t rank,  uint32
_t stime)
{
    ADC_ChannelConfTypeDef adc_ch_conf;
    adc_ch_conf.Channel = ch;                                   /* 通道 */
    adc_ch_conf.Rank = rank;                                    /* 序列 */
    adc_ch_conf.SamplingTime = stime;                           /* 采样时间 */
    HAL_ADC_ConfigChannel(adc_handle, &adc_ch_conf);            /* 通道配置 */
}
```

该函数主要通过 HAL_ADC_ConfigChannel 函数选择要配置的 ADC 规则组通道,并设置通道的序列号和采样时间。

下面要介绍的是获得 ADC 转换后的结果函数,其定义如下:

```
/**
  * @brief    获得 ADC 转换后的结果
  * @param    ch:通道值 0～17,取值范围为:ADC_CHANNEL_0～ADC_CHANNEL_17
  * @retval   无
  */
uint32_t adc_get_result(uint32_t ch)
{
    adc_channel_set(&g_adc_handle, ch, ADC_REGULAR_RANK_1,
                    ADC_SAMPLETIME_239CYCLES_5);        /* 设置通道/序列和采样时间 */
    HAL_ADC_Start(&g_adc_handle);                       /* 开启 ADC */
    HAL_ADC_PollForConversion(&g_adc_handle, 10);       /* 等待转换结束 */
    /* 返回最近一次 ADC1 规则组的转换结果 */
    return (uint16_t)HAL_ADC_GetValue(&g_adc_handle);
}
```

该函数先调用自定义的 adc_channel_set 函数选择 ADC 通道、设置转换序列号和采样时间等,接着调用 HAL_ADC_Start 启动转换,然后调用 HAL_ADC_PollForConversion 函数等待转换完成,最后调用 HAL_ADC_GetValue 函数获取转换结果。

接下来要介绍的函数是获取 ADC 某通道多次转换结果平均值函数,函数定义如下:

```
/**
  * @brief    获取通道 ch 的转换值,取 times 次,然后平均
  * @param    ch: 通道号, 0～17
```

```
 * @param     times：获取次数
 * @retval    通道 ch 的 times 次转换结果平均值
 */
uint32_t adc_get_result_average(uint32_t ch, uint8_t times)
{
    uint32_t temp_val = 0;
    uint8_t t;
    for (t = 0; t < times; t++)       /* 获取 times 次数据 */
    {
        temp_val += adc_get_result(ch);
        delay_ms(5);
    }
    return temp_val / times;          /* 返回平均值 */
}
```

该函数用于获取 ADC 多次转换结果的平均值，从而提高准确度。

最后在 main 函数里面编写如下代码：

```
int main(void)
{
    uint16_t adcx;
    float temp;
    sys_stm32_clock_init(RCC_PLL_MUL9);    /* 设置时钟，72 MHz */
    delay_init(72);                        /* 延时初始化 */
    usart_init(115200);                    /* 串口初始化为 115 200 */
    led_init();                            /* 初始化 LED */
    lcd_init();                            /* 初始化 LCD */
    adc_init();                            /* 初始化 ADC */
    lcd_show_string(30, 50, 200, 16, 16, "STM32", RED);
    lcd_show_string(30, 70, 200, 16, 16, "ADC TEST", RED);
    lcd_show_string(30, 90, 200, 16, 16, "ATOM@ALIENTEK", RED);
    lcd_show_string(30, 110, 200, 16, 16, "ADC1_CH1_VAL:", BLUE);
    lcd_show_string(30, 130, 200, 16, 16, "ADC1_CH1_VOL:0.000V", BLUE);
    while (1)
    {
        /* 获取通道 5 的转换值，10 次取平均 */
        adcx = adc_get_result_average(ADC_ADCX_CHY, 10);
        lcd_show_xnum(134, 110, adcx, 5, 16, 0, BLUE); /* 显示 ADCC 采样后的原始值 */
        temp = (float)adcx * (3.3/4096);/* 获取计算后的带小数的实际电压值，比如 3.1111 */
        adcx = temp;                /* 赋值整数部分给 adcx 变量，因为 adcx 为 u16 整形 */
        /* 显示电压值的整数部分，3.1111 的话，这里就是显示 3 */
        lcd_show_xnum(134, 130, adcx, 1, 16, 0, BLUE);
        temp -= adcx;/* 把已经显示的整数部分去掉，留下小数部分，比如 3.1111 - 3 = 0.1111 */
        temp *= 1000;/* 小数部分乘以 1000，例如：0.1111 就转换为 111.1，相当于保留三位小数 */
        /* 显示小数部分（前面转换为了整形显示），这里显示的就是 111. */
        lcd_show_xnum(150, 130, temp, 3, 16, 0X80, BLUE);
        LED0_TOGGLE();
        delay_ms(100);
    }
}
```

此部分代码在 TFTLCD 模块上显示一些提示信息后，将每隔 100 ms 读取一次

ADC 通道 1 的转换值，并显示读到的 ADC 值（数字量）以及其转换成模拟量后的电压值。同时控制 LED0 闪烁，以提示程序正在运行。ADC 值的显示：首先在液晶固定位置显示了小数点，先计算出整数部分在小数点前面显示，然后计算出小数部分在小数点后面显示。这样就能在液晶上面显示转换结果的整数和小数部分。

24.2.4　下载验证

下载代码后，可以看到 LCD 显示如图 24.14 所示。图中使用杜邦线将 ADC 和 RV1 排针连接，使得 PA1 连接到电位器上测试的是电位器的电压，并可以通过螺丝刀调节电位器改变电压值，范围为 0～3.3 V。LED0 闪烁，提示程序运行。

图 24.14　单通道 ADC 采集实验测试图

也可以用杜邦线将 ADC 排针接到其他待测量的电压点，看看测量到的电压值是否准确。注意，一定要保证测试点的电压在 0～3.3 V，否则可能烧坏 ADC，甚至是整个主控芯片。

24.3　单通道 ADC 采集(DMA 读取)实验

本实验使用规则组单通道的连续转换模式，并且通过软件触发，即由 ADC_CR2 寄存器的 SWSTART 位启动。由于使用连续转换模式，所以这里使用 DMA 读取转换结果的方式。

24.3.1　ADC & DMA 寄存器

本实验很多设置和单通道 ADC 采集实验一样，所以下面介绍寄存器的时候就针对性地选择与单通道 ADC 采集实验不同设置的 ADC_CR2 寄存器，其他的配置基本一样。因为用到 DMA 读取数据，所以还会介绍如何配置相关 DMA 的寄存器。

1. ADC 配置寄存器(ADC_CR2)

ADCx 配置寄存器描述如图 24.15 所示。

DMA 位用于配置使用 DMA 模式，本实验将该位置 1。在单通道 ADC 采集实验中，默认设置为 0，即不使用 DMA 模式，规则组转换的结果存储在 ADC_DR 寄存器，然后通过手动读取 ADC_DR 寄存器的方式得到转换结果。本实验使用 ADC 的连续转换模式，并通过 DMA 读取转换结果，这样 DMA 就自动在 ADC_DR 寄存器中读取转换结果。

CONT 位用于设置是单次转换模式还是连续转换模式，本实验使用连续转换模式，所以 CONT 位置 1 即可。

31	30	29	28	27	26	25	24	23	22	21	20	19	18	17	16
保留								TS VREFE	SW START	JSW START	EXT TRIG	EXTSEL[2:0]			保留
								rw	rw	rw	rw	rw	rw	rw	

15	14	13	12	11	10	9	8	7	6	5	4	3	2	1	0
JEXT TRIG	JEXTSEL[2:0]			ALIGN	保留		DMA	保留				RST CAL	CAL	CONT	ADON
rw	rw	rw	rw	rw			rw					rw	rw	rw	rw

位8	DMA：直接存储器访问模式 该位由软件设置和清除。 0：不使用DMA模式；　　1：使用DMA模式。 注：只有ADC1和ADC3能产生DMA请求
位1	CONT：连续转换 该项位由软件设置和清除。如果设置了此位，则转换将连续进行直到该项位被清除。 0：单次转换模式；　　1：连续转换模式

图 24.15　ADC_CR2 寄存器

2. DMA 通道 x 外设地址寄存器(DMA_CPARx)(x=1:7)

DMA 通道 x 外设地址寄存器描述如图 24.16 所示。该寄存器存放的是 DMA 通道 x 外设地址。本实验需要通过 DMA 读取 ADC 转换后存放在 ADC 规则数据寄存器(ADC_DR)的结果数据。所以需要给 DMA_CPARx 寄存器写入 ADC_DR 寄存器的地址。这样配置后,DMA 就会从 ADC_DR 寄存器的地址读取 ADC 转换后的数据到某个内存空间。这个内存空间地址需要通过 DMA_CMARx 寄存器来设置,比如定义一个变量,把这个变量的地址值写入该寄存器。

31	30	29	28	27	26	25	24	23	22	21	20	19	18	17	16	15	14	13	12	11	10	9	8	7	6	5	4	3	2	1	0
PA[31:0]																															
rw	rw	rw	rw	rw	rw	rw	rw	rw	rw	rw	rw	rw	rw	rw	rw	rw	rw	rw	rw	rw	rw	rw	rw	rw	rw	rw	rw	rw	rw	rw	rw

位31:0	PA[31:0]：外设地址 外设数据寄存器的基地址，作为数据传输的源或目标。 当PSZE=‘01’(16位)，不使用PA[0]位。操作自动地与半字地址对齐。 当PSZE=‘10’(32位)，不使用PA[0]位。操作自动地与字地址对齐

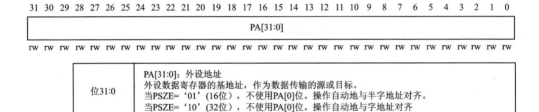

图 24.16　DMA_CPARx 寄存器

注意,DMA_CPARx 寄存器受到写保护,只有 DMA_CCRx 寄存器中的 EN 为 0 时才可以写入,即先要禁止通道开启才可以写入。

3. DMA 通道 x 存储器地址寄存器(DMA_CMARx)(x=1:7)

DMA 通道 x 存储器地址寄存器描述如图 24.17 所示。该寄存器存放的是 DMA 通道 x 存储器地址。同样的,该寄存器也受写保护,只有当 DMA_CCRx 的 EN 位为 0 时才可以写入。

4. DMA 通道 x 传输数量寄存器(DMA_CNDTRx)(x=1:7)

DMA 通道 x 传输数量寄存器描述如图 24.18 所示。该寄存器控制着 DMA 通道

31	30	29	28	27	26	25	24	23	22	21	20	19	18	17	16	15	14	13	12	11	10	9	8	7	6	5	4	3	2	1	0
MA[31:0]																															
rw	rw	rw	rw	rw	rw	rw	rw	rw	rw	rw	rw	rw	rw	rw	rw	rw	rw	rw	rw	rw	rw	rw	rw	rw	rw	rw	rw	rw	rw	rw	rw

位31:0	MA[31:0]：存储器地址 存储器地址作为数据传输的源或目标

图 24.17　DMA_CMARx 寄存器

x 每次所要传输的数据量，其设置范围为 0～65 535。并且该寄存器的值随着传输的进行而减少，当该寄存器的值为 0 的时候就代表此次数据传输已经全部发送完成。所以可以通过这个寄存器的值来获取当前 DMA 传输的进度。

31	30	29	28	27	26	25	24	23	22	21	20	19	18	17	16
保留															
15	14	13	12	11	10	9	8	7	6	5	4	3	2	1	0
NDT[15:0]															
rw	rw	rw	rw	rw	rw	rw	rw	rw	rw	rw	rw	rw	rw	rw	rw

位15:0	NDT[15:0]：数据传输数量 数据传输数量为0~65 535。这个寄存器只能在通道不工作(DMA_CCRx的EN=0)时写入。通道开启后该寄存器变为只读，指示剩余的待传输字节数目。寄存器内容在每次DMA传输后递减 数据传输结束后，寄存器的内容或者变为0；或者当该通过配置为自动重加载模式时，寄存器的内容将被自动重新加载为之前配置时的数值 当寄存器的内容为0时，无论通道是否开启，都不会发生任何数据传输

图 24.18　DMA_CNDTRx

24.3.2　硬件设计

(1) 例程功能

使用 ADC 采集(DMA 读取)通道 1(PA1)上面的电压，在 LCD 模块上面显示 ADC 转换值以及换算成电压后的电压值。使用短路帽将 ADC 和 RV1 排针连接，使得 PA1 连接到电位器上，然后将 ADC 采集到的数据和转换后的电压值在 TFTLCD 屏中显示。用户可以通过调节电位器的旋钮改变电压值。LED0 闪烁，提示程序运行。

(2) 硬件资源

➢ LED 灯：LED0 - PB5；

➢ 串口 1(PA9、PA10 连接在板载 USB 转串口芯片 CH340 上面)；

➢ 正点原子 TFTLCD 模块(仅限 MCU 屏，16 位 8080 并口驱动)；

➢ ADC：通道 1 - PA1；

➢ DMA(DMA1 通道 1)。

(3) 原理图

ADC 属于 STM32F103 内部资源，实际上只需要软件设置就可以正常工作；另外，还需要将待测量的电压源连接到 ADC 通道上，以便 ADC 测量。本实验通过 ADC1 的通道 1(PA1)来采集外部电压值,开发板有一个电位器,可调节的电压范围是 0~3.3 V。可以通过杜邦线将 PA1 与电位器连接,如图 24.19 所示。

使用杜邦线将 ADC 和 RV1 排针连接好后,下载程序,可以用螺丝刀调节电位器变换多种电压值进行测量。

要想测量其他地方的电压值,则只需要一根杜邦线,一端接到 ADC 排针上,另外一端接要测试的电压点。注意,一定要保证测试点的电压在 0~3.3 V 的范围,否则可能烧坏 ADC,甚至是整个主控芯片。

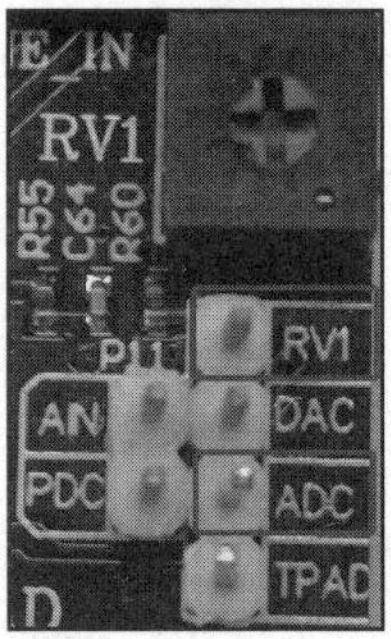

图 24.19 PA1(对应 ADC 排针)与电位器示意图

24.3.3 程序设计

1. ADC & DMA 的 HAL 库驱动

单通道 ADC 采集实验已经介绍了一部分 ADC 的 HAL 库 API 函数,这里要介绍的是 HAL_DMA_Start_IT 和 HAL_ADC_Start_DMA 函数。

(1) HAL_DMA_Start_IT 函数

启动 DMA 传输并开启相关中断函数,其声明如下:

```
HAL_StatusTypeDef HAL_DMA_Start_IT(DMA_HandleTypeDef * hdma,
                    uint32_t SrcAddress, uint32_t DstAddress, uint32_t DataLength);
```

函数描述:用于启动 DMA 传输,并开启相关中断,DMA1 和 DMA2 都用的是这个函数。

函数形参:

形参 1 DMA_HandleTypeDef 是结构体类型指针变量。

形参 2 是 DMA 传输的源地址。

形参 3 是 DMA 传输的目的地址。

形参 4 是要传输的数据项数目。

函数返回值:HAL_StatusTypeDef 枚举类型的值。

(2) HAL_ADC_Start_DMA 函数

HAL_ADC_Start_DMA 函数是启动 ADC(DMA 传输)方式函数,其声明如下:

```
HAL_StatusTypeDef HAL_ADC_Start_DMA(ADC_HandleTypeDef * hadc,
                                    uint32_t * pData, uint32_t Length);
```

函数描述:用于启动 ADC(DMA 传输)方式的函数。

函数形参:

形参 1 ADC_HandleTypeDef 是结构体类型指针变量。

形参 2 是 ADC 采样数据传输的目的地址。

形参 3 是要传输的数据项数目。

函数返回值:HAL_StatusTypeDef 枚举类型的值。

单通道 ADC 采集(DMA 读取)配置步骤如下:

① 开启 ADCx 和 ADC 通道对应的 I/O 时钟,并配置该 I/O 为模拟功能。

首先开启 ADCx 的时钟,然后配置 GPIO 为模拟模式。本实验默认用到 ADC1 通道 1,对应 I/O 是 PA1,它们的时钟开启方法如下:

```
__HAL_RCC_ADC1_CLK_ENABLE();            /* 使能 ADC1 时钟 */
__HAL_RCC_GPIOA_CLK_ENABLE();           /* 开启 GPIOA 时钟 */
```

② 初始化 ADCx,配置其工作参数。

通过 HAL_ADC_Init 函数来设置 ADCx 时钟分频系数、分辨率、模式、扫描方式、对齐方式等信息。注意,该函数会调用 HAL_ADC_MspInit 回调函数来存放 ADC 及 GPIO 时钟使能、GPIO 初始化等代码。也可以不存放在这个函数里,本实验就没用到这个 MSP 回调函数。

③ 配置 ADC 通道并启动 ADC。

在 HAL 库中,通过 HAL_ADC_ConfigChannel 函数来选择要配置 ADC 的通道,并设置规则序列、采样时间等。

④ 初始化 DMA。通过 HAL_DMA_Init 函数初始化 DMA,包括配置通道、外设地址、存储器地址、传输数据量等。

HAL 库为了处理各类外设的 DMA 请求,在调用相关函数之前,需要调用一个宏定义标识符,从而连接 DMA 和外设句柄。这个宏定义为__HAL_LINKDMA。

⑤ 使能 DMA 对应数据流中断,配置 DMA 中断优先级并开启中断,启动 ADC 和 DMA。

通过 HAL_ADC_Start_DMA 函数开启 ADC,通过 DMA 传输结果。通过 HAL_DMA_Start_IT 函数启动 DMA 读取,使能 DMA 中断。通过 HAL_NVIC_EnableIRQ 函数使能 DMA 数据流中断。通过 HAL_NVIC_SetPriority 函数设置中断优先级。

⑥ 编写中断服务函数。

DMA 的每个数据流几乎都有一个中断服务函数,比如 DMA1_Channel1 的中断服务函数为 DMA1_Channel1_IRQHandler。简单的做法就是在对应的中断服务函数里面,通过判断相关中断标志位的方式完成中断逻辑代码,最后清除该中断标志位。本实验的做法就是如此。

还可以通过调用 HAL 库提供的 DMA 中断公用处理函数 HAL_DMA_IRQHandler,然后重新定义相关的中断回调处理函数。

2. 程序流程图

程序流程如图 24.20 所示。

3. 程序解析

由于本实验用到 DMA,所以在 adc.h 头文件定义了以下一些宏定义:

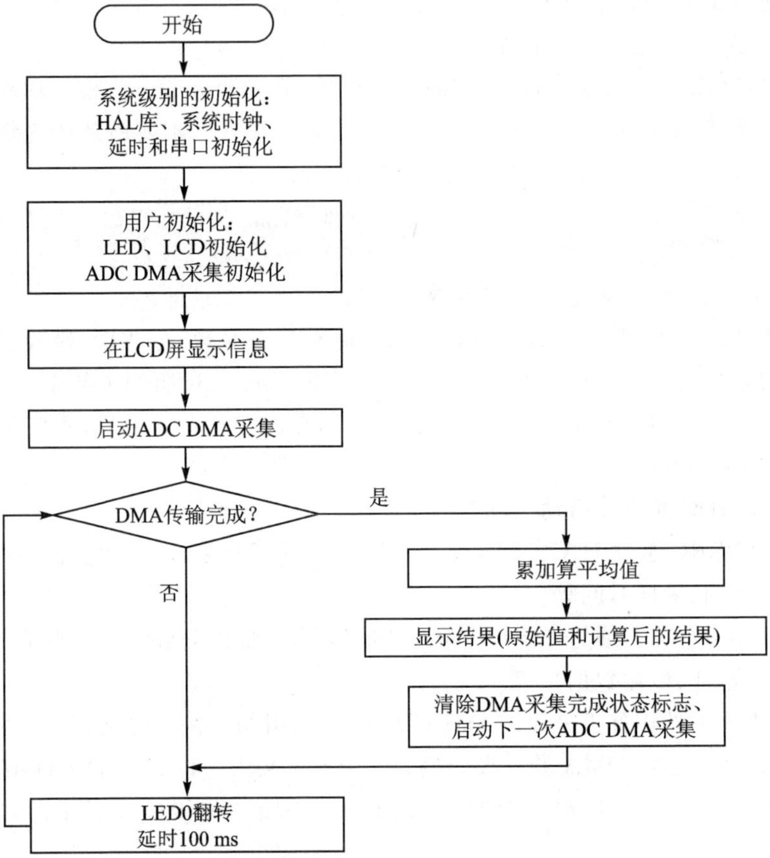

图 24.20　单通道 ADC 采集(DMA 读取)实验程序流程图

```
#define ADC_ADCX_DMACx                    DMA1_Channel1
#define ADC_ADCX_DMACx_IRQn               DMA1_Channel1_IRQn
#define ADC_ADCX_DMACx_IRQHandler         DMA1_Channel1_IRQHandler
/* 判断 DMA1_Channel1 传输完成标志，是一个假函数形式，不能当函数使用，只能用在 if 等语句里面 */
#define ADC_ADCX_DMACx_IS_TC()                (DMA1->ISR & (1 << 1))
/* 清除 DMA1_Channel1 传输完成标志 */
#define ADC_ADCX_DMACx_CLR_TC()               do{ DMA1->IFCR |= 1 << 1; }while(0)
```

下面介绍 adc.c 文件里面的函数，首先是 ADC DMA 读取初始化函数。

```
/**
 * @brief       ADC DMA 读取 初始化函数
 * @param       mar：存储器地址
 * @retval      无
 */
void adc_dma_init(uint32_t mar)
{
    GPIO_InitTypeDef gpio_init_struct;
    RCC_PeriphCLKInitTypeDef adc_clk_init = {0};
```

```
    ADC_ChannelConfTypeDef adc_ch_conf = {0};
    ADC_ADCX_CHY_CLK_ENABLE();                              /* 使能 ADCx 时钟 */
    ADC_ADCX_CHY_GPIO_CLK_ENABLE();                         /* 开启 GPIO 时钟 */
    /* 大于 DMA1_Channel7，则为 DMA2 的通道了 */
    if ((uint32_t)ADC_ADCX_DMACx > (uint32_t)DMA1_Channel7)
    {
        __HAL_RCC_DMA2_CLK_ENABLE();                        /* DMA2 时钟使能 */
    }
    else
    {
        __HAL_RCC_DMA1_CLK_ENABLE();                        /* DMA1 时钟使能 */
    }
    /* 设置 ADC 时钟 */
    adc_clk_init.PeriphClockSelection = RCC_PERIPHCLK_ADC; /* ADC 外设时钟 */
    /* 分频因子 6 时钟为 72 MHz/6 = 12 MHz */
    adc_clk_init.AdcClockSelection = RCC_ADCPCLK2_DIV6;
    HAL_RCCEx_PeriphCLKConfig(&adc_clk_init);               /* 设置 ADC 时钟 */
    /* 设置 A/D 采集通道对应 I/O 引脚工作模式 */
    gpio_init_struct.Pin = ADC_ADCX_CHY_GPIO_PIN;           /* ADC 通道对应的 I/O 引脚 */
    gpio_init_struct.Mode = GPIO_MODE_ANALOG;               /* 模拟 */
    HAL_GPIO_Init(ADC_ADCX_CHY_GPIO_PORT, &gpio_init_struct);
    /* 初始化 DMA */
    g_dma_adc_handle.Instance = ADC_ADCX_DMACx;             /* 设置 DMA 通道 */
    g_dma_adc_handle.Init.Direction = DMA_PERIPH_TO_MEMORY; /* 从外设到存储器模式 */
    g_dma_adc_handle.Init.PeriphInc = DMA_PINC_DISABLE;     /* 外设非增量模式 */
    g_dma_adc_handle.Init.MemInc = DMA_MINC_ENABLE;         /* 存储器增量模式 */
    /* 外设数据长度:16 位 */
    g_dma_adc_handle.Init.PeriphDataAlignment = DMA_PDATAALIGN_HALFWORD;
    /* 存储器数据长度:16 位 */
    g_dma_adc_handle.Init.MemDataAlignment = DMA_MDATAALIGN_HALFWORD;
    g_dma_adc_handle.Init.Mode = DMA_NORMAL;                /* 外设流控模式 */
    g_dma_adc_handle.Init.Priority = DMA_PRIORITY_MEDIUM;   /* 中等优先级 */
    HAL_DMA_Init(&g_dma_adc_handle);
    /* 将 DMA 与 adc 联系起来 */
    __HAL_LINKDMA(&g_adc_dma_handle, DMA_Handle, g_dma_adc_handle);
    g_adc_dma_handle.Instance = ADC_ADCX;                        /* 选择哪个 ADC */
    g_adc_dma_handle.Init.DataAlign = ADC_DATAALIGN_RIGHT;/* 数据对齐方式:右对齐 */
    g_adc_dma_handle.Init.ScanConvMode = ADC_SCAN_DISABLE;/* 非扫描模式 */
    g_adc_dma_handle.Init.ContinuousConvMode = ENABLE;       /* 使能连续转换模式 */
    g_adc_dma_handle.Init.NbrOfConversion = 1;/* 范围是 1～16,这里用到 1 个规则序列 */
    g_adc_dma_handle.Init.DiscontinuousConvMode = DISABLE;/* 禁止规则组间断模式 */
    /* 配置间断模式的规则通道个数,禁止规则通道组间断模式后,此参数忽略 */
    g_adc_dma_handle.Init.NbrOfDiscConversion = 0;
    g_adc_dma_handle.Init.ExternalTrigConv = ADC_SOFTWARE_START; /* 软件触发 */
    HAL_ADC_Init(&g_adc_dma_handle);                              /* 初始化 */
    HAL_ADCEx_Calibration_Start(&g_adc_dma_handle);               /* 校准 ADC */
    /* 配置 ADC 通道 */
    adc_ch_conf.Channel = ADC_ADCX_CHY;                              /* 通道 */
    adc_ch_conf.Rank = ADC_REGULAR_RANK_1;                           /* 序列 */
    /* 采样时间,设置最大采样周期:239.5 个 ADC 周期 */
    adc_ch_conf.SamplingTime = ADC_SAMPLETIME_239CYCLES_5;
```

```
    HAL_ADC_ConfigChannel(&g_adc_dma_handle, &adc_ch_conf);          /* 通道配置 */
    /* 配置 DMA 数据流请求中断优先级 */
    HAL_NVIC_SetPriority(ADC_ADCX_DMACx_IRQn, 3, 3);
    HAL_NVIC_EnableIRQ(ADC_ADCX_DMACx_IRQn);
    /* 启动 DMA,并开启中断 */
    HAL_DMA_Start_IT(&g_dma_adc_handle, (uint32_t)&ADC1->DR, mar, 0);
    HAL_ADC_Start_DMA(&g_adc_dma_handle, &mar, 0); /* 开启 ADC,通过 DMA 传输结果 */
}
```

adc_dma_init 函数包含了输出通道对应 I/O 的初始代码、NVIC、使能时钟、ADC 时钟预分频系数、ADC 工作参数和 ADC 通道配置等代码。下面来看看该函数的代码内容。

第一部分使能 ADC、DMA 和 GPIO 的时钟。第二部分配置 ADC 时钟预分频系数为 6,得到 ADC 的输入时钟频率是 12 MHz。第三部分设置 ADC 采集通道对应 I/O 引脚工作模式。第四部分初始化 DMA,并通过__HAL_LINKDMA 宏定义将 DMA 相关的配置关联到 ADC 的句柄中。第五部分初始化 ADC,并校准 ADC。第六部分配置 ADC 通道。第七部分配置 DMA 数据流请求中断优先级,并使能该中断。第八部分启动 DMA 并开启 DMA 中断,以及启动 ADC 并通过 DMA 传输转换结果。

为了方便代码的管理和移植性等,这里就没有使用 HAL_ADC_MspInit 函数来存放使能时钟、GPIO、NVIC 的相关代码,而全部存放在 adc_dma_init 函数中。

接下来介绍使能一次 ADC DMA 传输函数,其定义如下:

```
/**
 * @brief      使能一次 ADC DMA 传输
 * @note       该函数用寄存器来操作,防止用 HAL 库操作对其他参数有修改,也为了兼容性
 * @param      ndtr: DMA 传输的次数
 */
void adc_dma_enable(uint16_t cndtr)
{
    ADC_ADCX->CR2 &= ~(1 << 0);                       /* 先关闭 ADC */
    ADC_ADCX_DMACx->CCR &= ~(1 << 0);                 /* 关闭 DMA 传输 */
    while (ADC_ADCX_DMACx->CCR & (1 << 0));           /* 确保 DMA 可以被设置 */
    ADC_ADCX_DMACx->CNDTR = cndtr;                    /* DMA 传输数据量 */
    ADC_ADCX_DMACx->CCR |= 1 << 0;                    /* 开启 DMA 传输 */
    ADC_ADCX->CR2 |= 1 << 0;                          /* 重新启动 ADC */
    ADC_ADCX->CR2 |= 1 << 22;                         /* 启动规则转换通道 */
}
```

该函数用寄存器来操作,防止用 HAL 库相关宏操作会对其他参数进行修改,同时也是为了兼容后面的实验。HAL_DMA_Start_IT 函数已经配置好了 DMA 传输的源地址和目标地址,本函数只需要调用“ADC_ADCX_DMACx→CNDTR=cndtr;”语句给 DMA_CNDTRx 寄存器写入要传输的数据量,然后启动 DMA 就可以传输了。

下面介绍 ADC DMA 采集中断服务函数,函数定义如下:

```
void ADC_ADCX_DMACx_IRQHandler(void)
{
```

```
    if (ADC_ADCX_DMACx_IS_TC())
    {
        g_adc_dma_sta = 1;              /* 标记 DMA 传输完成 */
        ADC_ADCX_DMACx_CLR_TC();        /* 清除 DMA1 通道 1 传输完成中断 */
    }
}
```

该函数里先判断 DMA 传输完成标志位是否是 1,是 1 就给 g_adc_dma_sta 变量赋值为 1,标记 DMA 传输完成,最后清除 DMA 的传输完成标志位。main.c 里面编写如下代码:

```
#define ADC_DMA_BUF_SIZE          100        /* ADC DMA 采集 BUF 大小 */
uint16_t g_adc_dma_buf[ADC_DMA_BUF_SIZE];    /* ADC DMA BUF */
extern uint8_t g_adc_dma_sta;                /* DMA 传输状态标志,0,未完成;1,已完成 */
int main(void)
{
    uint16_t i;
    uint16_t adcx;
    uint32_t sum;
    float temp;
    HAL_Init();                              /* 初始化 HAL 库 */
    sys_stm32_clock_init(RCC_PLL_MUL9);      /* 设置时钟, 72 MHz */
    delay_init(72);                          /* 延时初始化 */
    usart_init(115200);                      /* 串口初始化为 115 200 */
    led_init();                              /* 初始化 LED */
    lcd_init();                              /* 初始化 LCD */
    adc_dma_init((uint32_t)&g_adc_dma_buf);  /* 初始化 ADC DMA 采集 */
    lcd_show_string(30, 50, 200, 16, 16, "STM32", RED);
    lcd_show_string(30, 70, 200, 16, 16, "ADC DMA TEST", RED);
    lcd_show_string(30, 90, 200, 16, 16, "ATOM@ALIENTEK", RED);
    lcd_show_string(30, 110, 200, 16, 16, "ADC1_CH1_VAL:", BLUE);
    lcd_show_string(30, 130, 200, 16, 16, "ADC1_CH1_VOL:0.000V", BLUE);
    adc_dma_enable(ADC_DMA_BUF_SIZE);    /* 启动 ADC DMA 采集 */
    while (1)
    {
        if (g_adc_dma_sta == 1)
        {
            sum = 0;
            for (i = 0; i < ADC_DMA_BUF_SIZE; i++)   /* 累加 */
            {
                sum += g_adc_dma_buf[i];
            }
            adcx = sum / ADC_DMA_BUF_SIZE;      /* 取平均值 */
            lcd_show_xnum(134, 110, adcx, 4, 16, 0,BLUE); /* 显示 ADCC 采样后的原始值 */
            temp = (float)adcx * (3.3/4096);/* 获取计算后带小数的实际电压值,比如 3.111 1 */
            adcx = temp;            /* 赋值整数部分给 adcx 变量,因为 adcx 为 u16 整型 */
            /* 显示电压值的整数部分,3.111 1 时这里就是显示 3 */
            lcd_show_xnum(134, 130, adcx, 1, 16, 0, BLUE);
            temp -= adcx;/* 把已经显示的整数部分去掉,留下小数部分,比如 3.111 1 - 3
            = 0.111 1 */
```

```
            temp *= 1000; /* 小数部分乘以 1 000,例如:0.111 1 就转换为 111.1,相当于保
            留 3 位小数 */
            /* 显示小数部分(前面转换为了整形显示),这里显示的就是 111. */
            lcd_show_xnum(150, 130, temp, 3, 16, 0X80, BLUE);
            g_adc_dma_sta = 0;                      /* 清除 DMA 采集完成状态标志 */
            adc_dma_enable(ADC_DMA_BUF_SIZE); /* 启动下一次 ADC DMA 采集 */
        }
        LED0_TOGGLE();
        delay_ms(100);
    }
}
```

此部分代码和单通道 ADC 采集实验十分相似,只是这里使能了 DMA 传输数据。DMA 传输的数据存放在 g_adc_dma_buf 数组里,这里对数组的数据取平均值,从而减少误差。在 LCD 屏显示结果的处理和单通道 ADC 采集实验一样。首先在液晶固定位置显示了小数点,计算出整数部分并在小数点前面显示,然后计算出小数部分,在小数点后面显示,这样就能在液晶上面显示转换结果的整数和小数部分。

24.3.4 下载验证

下载代码后,可以看到 LCD 显示如图 24.21 所示。图中使用短路帽将 ADC 和 RV1 排针连接,使得 PA1 连接到电位器上,测试电位器的电压;并可以通过螺丝刀调节电位器改变电压值,范围为 0~3.3 V。LED0 闪烁,提示程序运行。

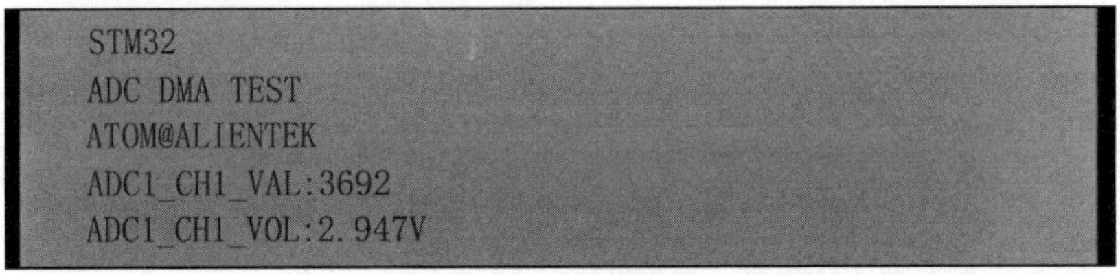

图 24.21　单通道 ADC 采集(DMA 读取)实验测试图

也可以用杜邦线将 ADC 排针接到其他待测量的电压点,看看测量到的电压值是否准确。注意,一定要保证测试点的电压在 0~3.3 V 的电压范围,否则可能烧坏 ADC,甚至是整个主控芯片。

第 25 章

内部温度传感器实验

本章将介绍 STM32F103 的内部温度传感器，并使用它来读取温度值，然后在 LCD 模块上显示出来。

25.1 内部温度传感器简介

STM32 有一个内部的温度传感器，可以用来测量 CPU 及周围的温度(内部温度传感器更适合检测温度的变化，需要测量精确温度时应使用外置传感器)。对于 STM32F103 来说，该温度传感器在内部和 ADC1_IN16 输入通道相连接，此通道把传感器输出的电压转换成数字值。温度传感器模拟输入推荐采样时间是 17.1 μs。STM32F103 内部温度传感器支持的温度范围为－40～125 ℃，精度为±1.5 ℃左右。

STM32 内部温度传感器的使用很简单，只要设置一下内部 ADC，并激活其内部温度传感器通道就差不多了。接下来介绍和温度传感器设置相关的 2 个地方。

第一个地方，要使用 STM32 的内部温度传感器，必须先激活 ADC 的内部通道，这里通过 ADC_CR2 的 AWDEN 位(bit23)设置。设置该位为 1，则启用内部温度传感器。

第二个地方，STM32 的内部温度传感器固定地连接在 ADC1 的通道 16 上，所以，在设置好 ADC1 之后只要读取通道 16 的值，就是温度传感器返回的电压值了。根据这个值就可以计算出当前温度，计算公式如下：

$$T(℃)=\frac{\mathrm{V25}-\mathrm{Vsense}}{\mathrm{Avg\_Slope}}+25$$

式中，V25 为 Vsense 在 25 ℃时的数值(典型值为 1.43)，Avg_Slope 为温度与 Vsense 曲线的平均斜率(单位为 mV/℃或 uV/℃)(典型值为 4.3 mV/℃)。

利用以上公式就可以方便地计算出当前温度传感器的温度了。

25.2 硬件设计

(1) 例程功能

通过 ADC 的通道 16 读取 STM32F103 内部温度传感器的电压值，并将其转换为温度值，显示在 TFTLCD 屏上。LED0 闪烁用于提示程序正在运行。

(2) 硬件资源

- LED 灯:LED0 - PB5;
- 串口 1(PA9、PA10 连接在板载 USB 转串口芯片 CH340 上面);
- 正点原子 TFTLCD 模块(仅限 MCU 屏,16 位 8080 并口驱动);
- ADC1 通道 16;
- 内部温度传感器。

(3) 原理图

ADC 和内部温度传感器都属于 STM32F103 内部资源,实际上只需要软件设置就可以正常工作,这里需要用到 TFTLCD 模块显示结果。

25.3 程序设计

25.3.1 ADC 的 HAL 库驱动

本实验用到的 ADC 的 HAL 库 API 函数前面都介绍过,具体调用情况可参考程序解析部分。下面介绍读取 STM32 内部温度传感器 ADC 值的配置步骤。

① 开启 ADC 时钟。

通过__HAL_RCC_ADC1_CLK_ENABLE 函数开启 ADC1 的时钟。

② 设置 ADC,开启内部温度传感器。调用 HAL_ADC_Init 函数来设置 ADC1 时钟分频系数、分辨率、模式、扫描方式等参数。注意,该函数会调用 HAL_ADC_MspInit 回调函数来完成对 ADC 底层的初始化,包括 ADC1 时钟使能、ADC1 时钟源的选择等。

③ 配置 ADC 通道并启动 ADC。调用 HAL_ADC_ConfigChannel()函数配置 ADC1 通道 16,根据需求设置通道、规则序列、采样时间等;然后通过 HAL_ADC_Start 函数启动 ADC。

④ 读取 ADC 值,计算温度。这里选择查询方式读取,在读取 ADC 值之前需要调用 HAL_ADC_PollForConversion 等待上一次转换结束;然后就可以通过 HAL_ADC_GetValue 来读取 ADC 值;最后根据上面介绍的公式计算出温度传感器的温度值。

25.3.2 程序流程图

程序流程如图 25.1 所示。

25.3.3 程序解析

1. ADC 驱动代码

这里只讲解核心代码,详细的源码可参考配套资料中本实验对应源码。内部温度传感器驱动源码包括 2 个文件:adc.c 和 adc.h。本实验和 ADC 章节实验用同一个 adc.c 和 adc.h 代码。

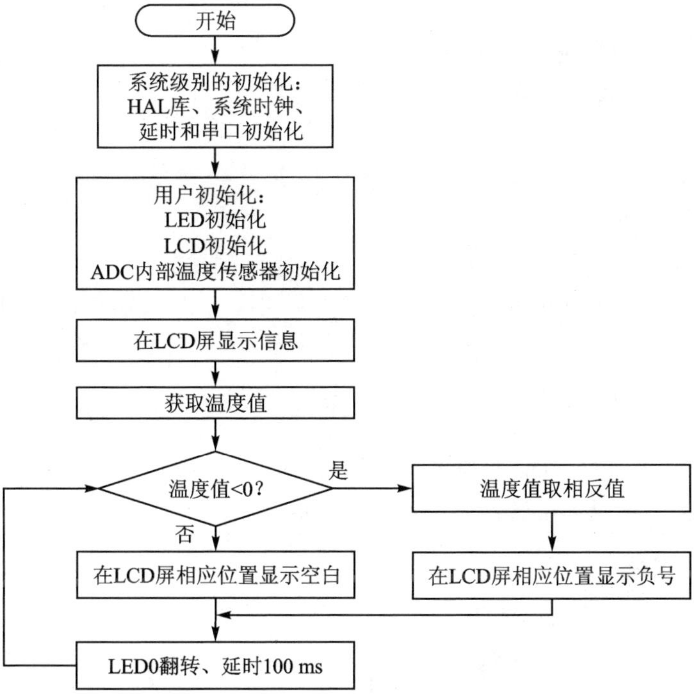

图 25.1　内部温度传感器实验程序流程图

在 adc.h 头文件加入温度传感器的相关宏定义，该宏定义如下：

```
/* ADC 温度传感器通道的定义 */
#define ADC_TEMPSENSOR_CHX                              ADC_CHANNEL_16
```

ADC_CHANNEL_16 就是 ADC 通道 16 连接内部温度传感器的通道 16 的宏定义，将其定义为 ADC_TEMPSENSOR_CHX，可以让读者更容易理解这个宏定义的含义。

下面直接介绍与内部温度传感器相关的 adc.c 的程序。首先是 ADC 内部温度传感器初始化函数，其定义如下：

```
void adc_temperature_init(void)
{
    adc_init(); /* 先初始化 ADC */
    /* TSVREFE = 1,启用内部温度传感器和 Vrefint */
    SET_BIT(g_adc_handle.Instance->CR2, ADC_CR2_TSVREFE);
}
```

该函数调用 adc_init 函数配置了 ADC 的基础功能参数，由于前面实验中的 adc_init 实验是对 ADC_CHANNEL_1 进行配置的，而这里对内部温度传感器的初始化步骤与普通 ADC 类似，为了不重复编写代码，用位操作函数修改 ADC 通道，把 ADC_CR2 的 TSVREFE 位置 1，即"SET_BIT(g_adc_handle.Instance->CR2, ADC_CR2_TSVREFE);"就可以完成对内部温度传感器通道的初始化工作。adc_init 的实现代码可以回顾以下 ADC 章节内容。

获取内部温度传感器温度值函数定义如下：

```
short adc_get_temperature(void)
{
    uint32_t adcx;
    short result;
    double temperature;
    /* 读取内部温度传感器通道,10 次取平均 */
    adcx = adc_get_result_average(ADC_TEMPSENSOR_CHX, 20);
    temperature = (float)adcx * (3.3 / 4096);              /* 转化为电压值 */
    temperature = (1.43 - temperature) / 0.0043 + 25;     /* 计算温度 */
    result = temperature * = 100;                          /* 扩大 100 倍 */
    return result;
}
```

该函数先调用前面 ADC 实验章节写好的 adc_get_result_average 函数来获取通道 ch 的转换值,然后通过温度转换公式返回温度值。

2. main.c 代码

在 main.c 里面编写如下代码：

```
int main(void)
{
    short temp;
    HAL_Init();                                    /* 初始化 HAL 库 */
    sys_stm32_clock_init(RCC_PLL_MUL9);            /* 设置时钟, 72 MHz */
    delay_init(72);                                /* 延时初始化 */
    usart_init(115200);                            /* 串口初始化为 115 200 */
    led_init();                                    /* 初始化 LED */
    lcd_init();                                    /* 初始化 LCD */
    adc_temperature_init();                        /* 初始化 ADC 内部温度传感器采集 */
    lcd_show_string(30,  50, 200, 16, 16, "STM32", RED);
    lcd_show_string(30,  70, 200, 16, 16, "Temperature TEST", RED);
    lcd_show_string(30,  90, 200, 16, 16, "ATOM@ALIENTEK", RED);
    lcd_show_string(30, 120, 200, 16, 16, "TEMPERATE: 00.00C", BLUE);
    while (1)
    {
        temp = adc_get_temperature();              /* 得到温度值 */
        if (temp < 0)
        {
            temp = - temp;
            lcd_show_string(30 + 10 * 8, 120, 16, 16, 16, "-", BLUE); /* 显示负号 */
        }
        else
        {
            lcd_show_string(30 + 10 * 8, 120, 16, 16, 16, " ", BLUE); /* 无符号 */
        }
        lcd_show_xnum(30 + 11 * 8, 120,temp/100, 2, 16, 0, BLUE); /* 显示整数部分 */
        lcd_show_xnum(30 + 14 * 8, 120,temp % 100, 2, 16,0X80, BLUE);/* 显示小数部分 */
        LED0_TOGGLE();  /* LED0 闪烁,提示程序运行 */
```

```
            delay_ms(250);
        }
    }
```

该部分的代码逻辑很简单，先得到温度值，再根据温度值判断正负值，从而显示温度符号，再显示整数和小数部分。

25.4　下载验证

将程序下载到开发板后，可以看到 LED0 不停地闪烁，提示程序已经在运行了。LCD 显示的内容如图 25.2 所示。读者可以看看你的温度值与实际是否相符合（因为芯片会发热，所以一般会比实际温度偏高）。

图 25.2　内部温度传感器实验测试图

第 26 章

光敏传感器实验

本章将介绍如何使用 STM32 开发板板载的一个光敏传感器。这里还是要使用到 ADC 采集，通过 ADC 采集电压获取光敏传感器的电阻变化，从而得出环境光线的变化，并在 TFTLCD 上面显示出来。

26.1 光敏传感器简介

光敏传感器是最常见的传感器之一，它的种类繁多，主要有光电管、光电倍增管、光敏电阻、光敏三极管、太阳能电池、红外线传感器、紫外线传感器、光纤式光电传感器、色彩传感器、CCD 和 CMOS 图像传感器等。光传感器是目前产量最多、应用最广的传感器之一，在自动控制和非电量电测技术中占有非常重要的地位。

光敏传感器是利用光敏元件将光信号转换为电信号的传感器，它的敏感波长在可见光波长附近，包括红外线波长和紫外线波长。光传感器不只局限于对光的探测，它还可以作为探测元件组成其他传感器，对许多非电量进行检测，只要将这些非电量转换为光信号的变化即可。

STM32F103 战舰开发板板载了一个光敏二极管（光敏电阻）作为光敏传感器，它对光的变化非常敏感。光敏二极管也叫光电二极管，与半导体二极管在结构上是类似的，其管芯是一个具有光敏特征的 PN 结，具有单向导电性，因此工作时须加上反向电压。无光照时，有很小的饱和反向漏电流，即暗电流，此时光敏二极管截止。当受到光照时，饱和反向漏电流大大增加，形成光电流，且随入射光强度的变化而变化。当光线照射 PN 结时，可以使 PN 结中产生电子一空穴对，使少数载流子的密度增加。这些载流子在反向电压下漂移，使反向电流增加。因此，可以利用光照强弱来改变电路中的电流。

利用这个电流变化，我们串接一个电阻，就可以转换成电压的变化，从而通过 ADC 读取电压值判断外部光线的强弱。

本章利用 ADC3 的通道 6（PF8）来读取光敏二极管电压的变化，从而得到环境光线的变化，并将得到的光线强度显示在 TFTLCD 上面。

26.2 硬件设计

(1) 例程功能

通过 ADC3 的通道 6(PF8)读取光敏传感器(LS1)的电压值,并转换为 0～100 的光线强度值,显示在 LCD 模块上面。光线越亮,值越大;光线越暗,值越小。可以用手指遮挡 LS1 和用手电筒照射 LS1,从而查看光强变化。LED0 闪烁用于提示程序正在运行。

(2) 硬件资源

- LED 灯:LED0 - PB5;
- 串口 1(PA9、PA10 连接在板载 USB 转串口芯片 CH340 上面);
- 正点原子 TFTLCD 模块(仅限 MCU 屏,16 位 8080 并口驱动);
- ADC3:通道 6 - PF8;
- 光敏传感器。

(3) 原理图

光敏传感器和开发板的连接如图 26.1 所示。图中,LS1 是光敏二极管,外观与贴片 LED 类似(战舰位于 OLED 插座旁边,LS1),R34 为其提供反向电压。当环境光线变化时,LS1 两端的电压也会随之改变,通过 ADC3_IN6 通道读取 LIGHT_SENSOR(PF8)上面的电压,即可得到环境光线的强弱。光线越强,电压越低;光线越暗,电压越高。

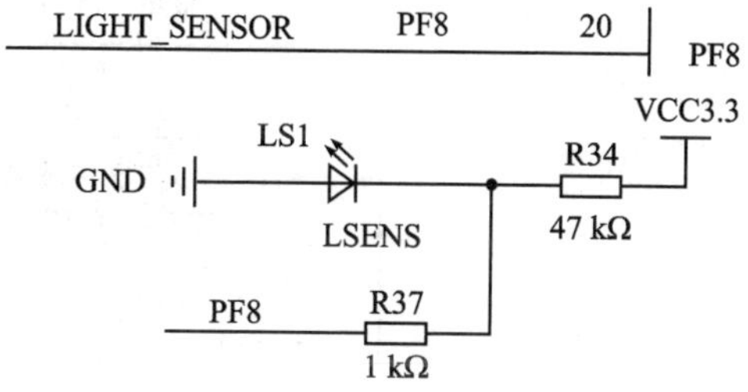

图 26.1 光敏传感器与开发板连接示意图

26.3 程序设计

26.3.1 ADC 的 HAL 库驱动

读取光敏传感器 ADC 值配置步骤如下:

① 开启 ADCx 和 ADC 通道对应的 I/O 时钟,并配置该 I/O 为模拟功能。

首先开启 ADCx 的时钟,然后配置 GPIO 为模拟模式。本实验默认用到 ADC3 通道 6,对应 I/O 是 PF8,它们的时钟开启方法如下:

```
__HAL_RCC_ADC3_CLK_ENABLE();          /* 使能 ADC3 时钟 */
__HAL_RCC_GPIOF_CLK_ENABLE();         /* 开启 GPIOF 时钟 */
```

② 设置 ADC3,开启内部温度传感器。

调用 HAL_ADC_Init 函数来设置 ADC3 时钟分频系数、分辨率、模式、扫描方式、对齐方式等信息。注意,该函数会调用 HAL_ADC_MspInit 回调函数来完成对 ADC 底层的初始化,包括 ADC3 时钟使能、ADC3 时钟源的选择等。

③ 配置 ADC 通道并启动 ADC。

调用 HAL_ADC_ConfigChannel()函数配置 ADC3 通道 6,根据需求设置通道、序列、采样时间和校准配置单端输入模式或差分输入模式等;然后通过 HAL_ADC_Start 函数启动 ADC。

④ 读取 ADC 值,转换为光线强度值。

这里选择查询方式读取,在读取 ADC 值之前需要调用 HAL_ADC_PollForConversion 等待上一次转换结束;然后就可以通过 HAL_ADC_GetValue 来读取 ADC 值。最后把得到的 ADC 值转换为 0~100 的光线强度值。

26.3.2 程序流程图

程序流程如图 26.2 所示。

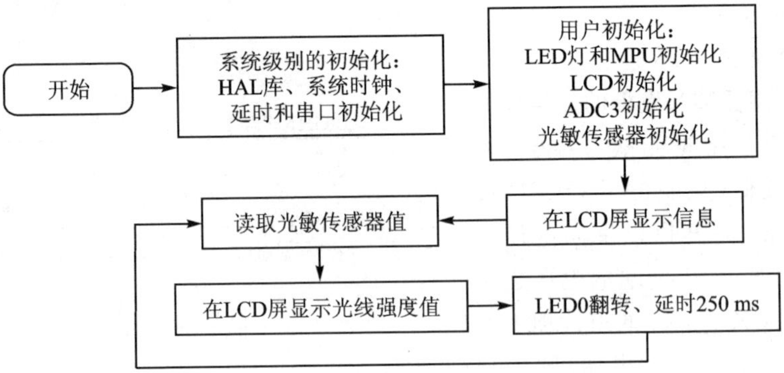

图 26.2 光敏传感器实验程序流程图

26.3.3 程序解析

1. LSENS 驱动代码

这里只讲解核心代码,详细的源码可参考配套资料中本实验对应源码。LSENS 驱动源码包括 2 个文件:lsens.c 和 lsens.h。本实验还要用到 adc3.c 和 adc3.h 文件的驱动代码。adc3.c\h 文件的代码和单通道 ADC 采集实验的 adc.c\h 文件的代码几乎一样,这里就不再赘述了。

lsens.h 头文件定义了一些宏定义和一些函数的声明,该宏定义如下:

```
/* 光敏传感器对应 ADC3 的输入引脚和通道 定义 */
#define LSENS_ADC3_CHX_GPIO_PORT                GPIOF
#define LSENS_ADC3_CHX_GPIO_PIN                 GPIO_PIN_8
#define LSENS_ADC3_CHX_GPIO_CLK_ENABLE()        do{ __HAL_RCC_GPIOF_CLK_ENABLE();\
                                                }while(0)      /* PF 口时钟使能 */
#define LSENS_ADC3_CHX                      ADC_CHANNEL_6    /* 通道 Y,  0 <= Y <= 17 */
```

这些宏定义分别是 PF8 及其时钟使能的宏定义、ADC3 通道 6 的宏定义。

下面介绍 lsens.c 的函数，首先是光敏传感器初始化函数，其定义如下：

```
void lsens_init(void)
{
    GPIO_InitTypeDef gpio_init_struct;
    LSENS_ADC3_CHX_GPIO_CLK_ENABLE();      /* I/O 口时钟使能 */
    /* 设置 AD 采集通道对应 I/O 引脚工作模式 */
    gpio_init_struct.Pin = LSENS_ADC3_CHX_GPIO_PIN;
    gpio_init_struct.Mode = GPIO_MODE_ANALOG;
    HAL_GPIO_Init(LSENS_ADC3_CHX_GPIO_PORT, &gpio_init_struct);
    adc3_init();                            /* 初始化 ADC */
}
```

该函数初始化 PF8 为模拟功能，然后通过 adc3_init 函数初始化 ADC3。

最后读取光敏传感器值，函数定义如下：

```
/**
 * @brief     读取光敏传感器值
 * @retval    0~100:0,最暗;100,最亮
 */
uint8_t lsens_get_val(void)
{
    uint32_t temp_val = 0;
    temp_val = adc3_get_result_average(LSENS_ADC3_CHX, 10); /* 读取平均值 */
    temp_val/ = 40;
    if (temp_val > 100)temp_val = 100;
    return (uint8_t)(100 - temp_val);
}
```

lsens_get_val 函数用于获取当前光照强度，通过 adc3_get_result_average 函数得到通道 6 转换的电压值，经过简单量化后，处理成 0～100 的光强值。0 对应最暗，100 对应最亮。

2. main.c 代码

在 main.c 里编写如下代码：

```
int main(void)
{
    short adcx;
    HAL_Init();                              /* 初始化 HAL 库 */
    sys_stm32_clock_init(RCC_PLL_MUL9);      /* 设置时钟, 72 MHz */
    delay_init(72);                          /* 延时初始化 */
    usart_init(115200);                      /* 串口初始化为 115 200 */
    led_init();                              /* 初始化 LED */
    lcd_init();                              /* 初始化 LCD */
    lsens_init();                            /* 初始化光敏传感器 */
    lcd_show_string(30, 50, 200, 16, 16, "STM32", RED);
    lcd_show_string(30, 70, 200, 16, 16, "LSENS TEST", RED);
    lcd_show_string(30, 90, 200, 16, 16, "ATOM@ALIENTEK", RED);
    lcd_show_string(30, 110, 200, 16, 16, "LSENS_VAL:", BLUE);
    while (1)
    {
```

```
        adcx = lsens_get_val();
        lcd_show_xnum(30 + 10 * 8, 110, adcx, 3, 16, 0, BLUE); /* 显示光线强度值 */
        LED0_TOGGLE();  /* LED0 闪烁,提示程序运行 */
        delay_ms(250);
    }
}
```

该部分的代码逻辑很简单，初始化各个外设之后进入死循环，通过 lsens_get_val 获取光敏传感器得到的光强值(0～100)，并显示在 TFTLCD 上面。

26.4 下载验证

将程序下载到开发板后，可以看到 LED0 不停闪烁，提示程序已经在运行了。LCD 显示的内容如图 26.3 所示。

图 26.3　光敏传感器实验测试图

可以通过给 LS1 不同的光照强度来观察 LSENS_VAL 值的变化，光照越强，该值越大，光照越弱，该值越小，LSENS_VAL 值的范围是 0～100。

第 27 章 DAC 实验

本章将介绍 STM32F103 的 DAC(Digital - to - analog converters,数模转换器)功能。这里通过 3 个实验来学习 DAC,分别是 DAC 输出实验、DAC 输出三角波实验和 DAC 输出正弦波实验。

27.1 DAC 简介

STM32F103 的 DAC 模块(数字/模拟转换模块)是 12 位数字输入、电压输出型的 DAC。DAC 可以配置为 8 位或 12 位模式,也可以与 DMA 控制器配合使用。DAC 工作在 12 位模式时,数据可以设置成左对齐或右对齐。DAC 模块有 2 个输出通道,每个通道都有单独的转换器。在双 DAC 模式下,2 个通道可以独立地进行转换,也可以同时进行转换并同步地更新 2 个通道的输出。DAC 可以通过引脚输入参考电压 V_{REF+} 以获得更精确的转换结果。

STM32 的 DAC 模块主要特点有:

➢ 2 个 DAC 转换器:每个转换器对应一个输出通道;

➢ 8 位或者 12 位单调输出;

➢ 12 位模式下数据左对齐或者右对齐;

➢ 同步更新功能;

➢ 噪声/三角波形生成;

➢ 双 DAC 双通道同时或者分别转换;

➢ 每个通道都有 DMA 功能。

DAC 通道框图如图 27.1 所示。图中 V_{DDA} 和 V_{SSA} 为 DAC 模块模拟部分的供电,而 V_{REF+} 则是 DAC 模块的参考电压。DAC_OUTx 就是 DAC 的 2 个输出通道(对应 PA4 或者 PA5 引脚)。ADC 的这些输入/输出引脚信息如表 27.1 所列。

表 27.1 DAC 输入/输出引脚

引脚名称	信号类型	说 明
V_{REF+}	正模拟参考电压输入	DAC 高/正参考电压,$V_{REF+} \leqslant V_{DDA}$(3.3 V)
V_{DDA}	模拟电源输入	模拟电源
V_{SSA}	模拟电源地输入	模拟电源地
DAC_OUTx	模拟输出信号	DAC 通道 x 模拟输出,x=1、2

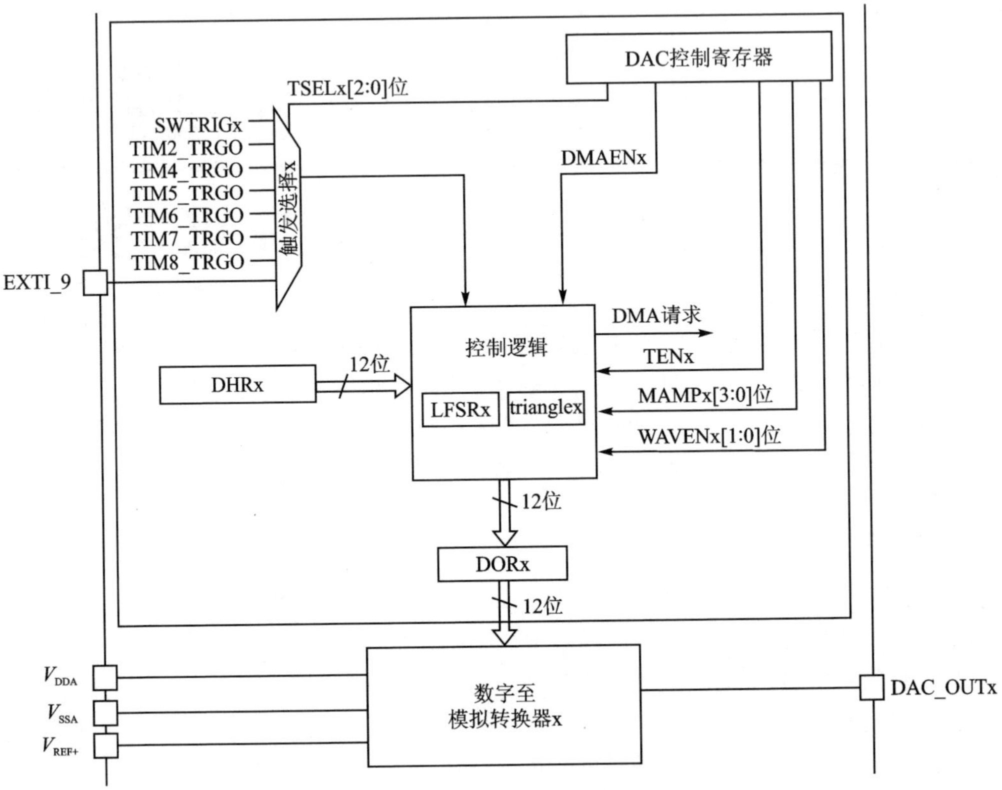

图 27.1　DAC 通道框图

从图 27.1 可以看出，DAC 输出是受 DORx(x=1/2，下同)寄存器直接控制的，但是不能直接往 DORx 寄存器写入数据，而是通过 DHRx 间接地传给 DORx 寄存器，从而实现对 DAC 输出的控制。

前面提到，STM32F103 的 DAC 支持 8 位和 12 位模式，8 位模式的时候是固定的右对齐，而 12 位模式又可以设置左对齐/右对齐。DAC 单通道模式下的数据寄存器对齐方式总共有 3 种情况，如图 27.2 所示。

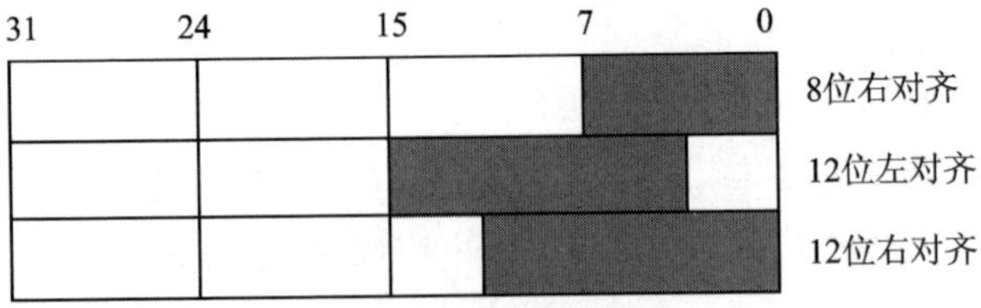

图 27.2　DAC 单通道模式下的数据寄存器对齐方式

① 8 位数据右对齐：用户将数据写入 DAC_DHR8Rx[7:0]位(实际是存入 DHRx[11:4]位)。

② 12 位数据左对齐：用户将数据写入 DAC_DHR12Lx[15:4]位(实际是存入 DHRx[11:0]位)。

③ 12 位数据右对齐：用户将数据写入 DAC_DHR12Rx[11:0]位（实际存入 DHRx[11:0]位）。

本章实验中使用的都是单通道模式下的 DAC 通道 1，采用 12 位右对齐格式，所以采用第③种情况。另外 DAC 还具有双通道转换功能。

DAC 双通道（可用时）也有 3 种可能的方式，如图 27.3 所示。

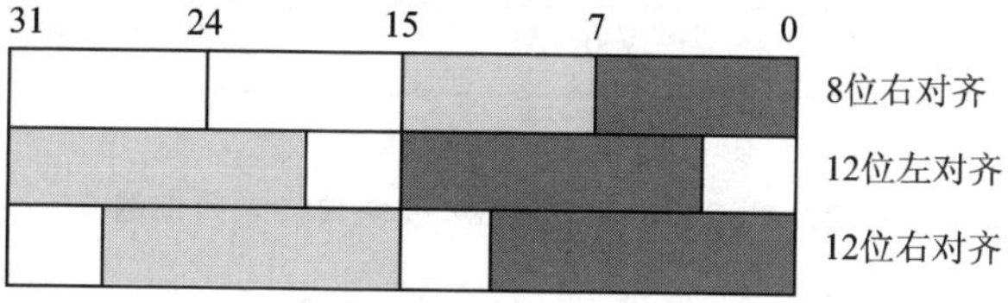

图 27.3 DAC 双通道模式下的数据寄存器对齐方式

① 8 位数据右对齐：用户将 DAC 通道 1 的数据写入 DAC_DHR8RD[7:0]位（实际存入 DHR1[11:4]位），将 DAC 通道 2 的数据写入 DAC_DHR8RD[15:8]位（实际存入 DHR2[11:4]位）。

② 12 位数据左对齐：用户将 DAC 通道 1 的数据写入 DAC_DHR12LD[15:4]位（实际存入 DHR1[11:0]位），将 DAC 通道 2 的数据写入 DAC_DHR12LD[31:20]位（实际存入 DHR2[11:0]位）。

③ 12 位数据右对齐：用户将 DAC 通道 1 的数据写入 DAC_DHR12RD[11:0]位（实际存入 DHR1[11:0]位），将 DAC 通道 2 的数据写入 DAC_DHR12RD[27:16]位（实际存入 DHR2[11:0]位）。

DAC 可以通过软件或者硬件触发转换，通过配置 TENx 控制位来决定。

如果没有选中硬件触发（寄存器 DAC_CR 的 TENx 位置 0），则存入寄存器 DAC_DHRx 的数据会在一个 APB1 时钟周期后自动传至寄存器 DAC_DORx。如果选中硬件触发（寄存器 DAC_CR 的 TENx 位置 1），数据传输在触发发生以后 3 个 APB1 时钟周期后完成。一旦数据从 DAC_DHRx 寄存器装入 DAC_DORx 寄存器，在经过时间 $t_{SETTLING}$ 之后输出即有效，这段时间的长短依电源电压和模拟输出负载的不同会有所变化。从“STM32F103ZET6.pdf”数据手册查到 $t_{SETTLING}$ 的典型值为 3 μs，最大是 4 μs，所以 DAC 的转换频率最快是 333 kHz 左右。

不使用硬件触发（TEN=0）时，其转换的时间框图如图 27.4 所示。

当 DAC 的参考电压为 V_{REF+} 的时候，DAC 的输出电压是线性的、从 $0 \sim V_{REF+}$。12 位模式下 DAC 输出电压与 V_{REF+} 以及 DORx 的计算公式如下：

$$\text{DACx 输出电压} = V_{REF+}(\text{DORx}/4\,096)$$

如果使用硬件触发（TENx=1），则可通过外部事件（定时计数器、外部中断线）触发 DAC 转换。由 TSELx[2:0]控制位来决定选择 8 个触发事件中的一个来触发转换。触发事件如表 27.2 所列。原表见“STM32F10xxx 参考手册_V10（中文版）.pdf”第 185 页表 71。

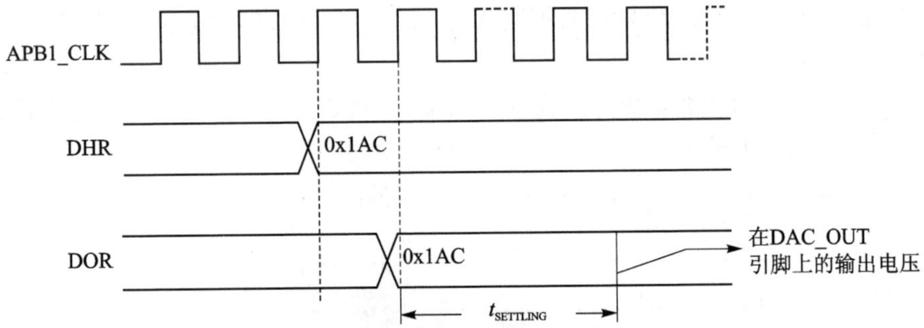

图 27.4 TEN=0 时 DAC 模块转换时间框图

表 27.2 DAC 触发选择

触发源	类 型	TSELx[2:0]
定时器 6 TRGO 事件	来自片上定时器的内部信号	000
互联型产品为定时器 3 TRGO 事件 或大容量产品为定时器 8TRGO 事件		001
定时器 7 TRGO 事件		010
定时器 5 TRGO 事件		011
定时器 2 TRGO 事件		100
定时器 4 TRGO 事件		101
EXTI 线路 9	外部引脚	110
SWTRIG(软件触发)	软件控制位	111

每个 DAC 通道都有 DMA 功能,2 个 DMA 通道分别用于处理 2 个 DAC 通道的 DMA 请求。如果 DMAENx 位置 1,则发生外部触发(而不是软件触发)时,就会产生一个 DMA 请求,然后 DAC_DHRx 寄存器的数据被转移到 DAC_NORx 寄存器。

27.2 DAC 输出实验

1. DAC 寄存器

下面介绍要实现 DAC 的通道 1 输出时需要用到的一些 DAC 寄存器。

(1) DAC 控制寄存器(DAC_CR)

DAC 控制寄存器描述如图 27.5 所示。

DAC_CR 的低 16 位用于控制通道 1,高 16 位用于控制通道 2。下面介绍本实验需要设置的一些位。

EN1 位用于 DAC 通道 1 的使能,需要用到 DAC 通道 1 的输出时该位必须设置为 1。

BOFF1 位用于 DAC 输出缓存控制。这里 STM32 的 DAC 输出缓存做得有些不好,如果使能,虽然输出能力强一点,但是输出没法到 0,这是个很严重的问题。所以本章的 3 个实验都不使用输出缓存,即该位设置为 1。

31	30	29	28	27	26	25	24	23	22	21	20	19	18	17	16
保留			DMAEN2	MAMP2[3:0]				WAVE2[2:0]		TSEL2[2:0]			TEN2	BOFF2	EN2
			rw	rw	rw	rw	rw	rw	rw	rw	rw	rw	rw	rw	rw

15	14	13	12	11	10	9	8	7	6	5	4	3	2	1	0
保留			DMAEN1	MAMP1[3:0]				WAVE1[2:0]		TSEL1[2:0]			TEN1	BOFF1	EN1
			rw	rw	rw	rw	rw	rw	rw	rw	rw	rw	rw	rw	rw

位7:6	WAVE1[1:0]：DAC通道1噪声/三角波生成使能 该2位由软件设置和清除。00：关闭波形生成； 10：使能噪声波形发生器；　　1x：使能三角波生器
位5:3	TSEL[2:0]：DAC通道1触发选择 该位用于选择DAC通道1的外部触发事件。 000：TIM6 TRGO事件； 001：对于互联型产品是TIM3 TRGO事件，对于大容量产品是TIM8 TRGO事件； 010：TIM7 TRGO事件；　　011：TIM5 TRGO事件； 100：TIM2 TRGO事件；　　101：TIM4 TRGO事件； 110：外部中断线9；　　111：软件触发 注意：该位只能在TEN1=1(DAC通道1触发使能)时设置
位2	TEN1：DAC通道1触发使能 该位由软件设置和清除，用来使能/关闭DAC通道1的触发。 0：关闭DAC通道1触发，写入寄存器DAC_DHRx的数据在1个APB1时钟周期后传入寄存器DAC_DOR1； 1：使能DAC通道1触发，写入寄存器DAC_DHRx的数据在3个APB1时钟周期后传入寄存器DAC_DOR1 注意：如果选择软件触发，写入寄存器DAC_DHRx的数据只需要1个APB1时钟周期就可以传入寄存器DAC_DOR1
位1	BOFF1：关闭DAC通道1输出缓存 该位由软件设置和清除，用来使能/关闭DAC通道1的输出缓存 0：使能DAC通道1输出缓存；　　1：关闭DAC通道1输出缓存
位0	EN1：DAC通道1使能 该位由软件设置和清除，用来使能/失能DAC通道1 0：关闭DAC通道1；　　1：使能DAC通道1

图 27.5　DACx_CR 寄存器

TEN1 位用于 DAC 通道 1 的触发使能，设置该位为 0，不使用硬件触发。写入 DHR1 的值会在一个 APB1 周期后传送到 DOR1，然后输出到 PA4 口上。

TSEL1[2:0]位用于选择 DAC 通道 1 的触发方式，这里没有用到外部触发，所以这几位设置为 0 即可。

WAVE1[1:0]位用于控制 DAC 通道 1 的噪声/波形输出功能，这里没用到波形发生器，所以默认设置为 00，不使能噪声/波形输出。

MAMP[3:0]位是屏蔽/幅值选择器，用于在噪声生成模式下选择屏蔽位，在三角波生成模式下选择波形的幅值。本实验没有用到波形发生器，所以设置为 0 即可。

DMAEN1 位用于 DAC 通道 1 的 DMA 使能，本实验没有用到 DMA 功能，所以设置为 0。

(2) DAC 通道 1 的 12 位右对齐数据保持寄存器(DAC_DHR12R1)

DAC 通道 1 的 12 位右对齐数据保持寄存器描述如图 27.6 所示。该寄存器用来设置 DAC 输出，通过写入 12 位数据到该寄存器，就可以在 DAC 输出通道 1(PA4)得到我们所要的结果。

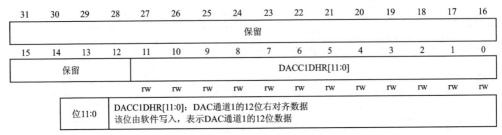

31	30	29	28	27	26	25	24	23	22	21	20	19	18	17	16
保留															

15	14	13	12	11	10	9	8	7	6	5	4	3	2	1	0
保留				DACC1DHR[11:0]											
				rw	rw	rw	rw	rw	rw	rw	rw	rw	rw	rw	rw

位11:0	DACC1DHR[11:0]：DAC通道1的12位右对齐数据 该位由软件写入，表示DAC通道1的12位数据

图 27.6　DAC0_ DHR12R1 寄存器

2. 硬件设计

(1) 例程功能

使用 KEY1、KEY_UP 这 2 个按键，控制 STM32 内部 DAC 的通道 1 输出电压大小，然后通过 ADC2 的通道 14 采集 DAC 输出的电压，在 LCD 模块上面显示 ADC 采集到的电压值以及 DAC 的设定输出电压值等信息。也可以通过 USMART 调用 dac_set_voltage 函数来直接设置 DAC 输出电压。LED0 闪烁提示程序运行。

(2) 硬件资源

- LED 灯：LED0 – PB5；
- 串口 1(PA9、PA10 连接在板载 USB 转串口芯片 CH340 上面)；
- 正点原子 TFTLCD 模块(仅限 MCU 屏，16 位 8080 并口驱动)；
- 独立按键：KEY1 – PE3、WK_UP – PA0；
- ADC3：通道 1 – PA1；
- DAC1：通道 1 – PA4。

(3) 原理图

我们来看看原理图上 ADC3 通道 1(PA1)和 DAC1 通道 1(PA4)引出来的引脚，如图 27.7 所示。

只需要通过跳线帽连接 ADC 和 DAC，就可以将 ADC3 通道 1(PA1)和 DAC1 通道 1(PA4)连接起来。对应的硬件连接如图 27.8 所示。

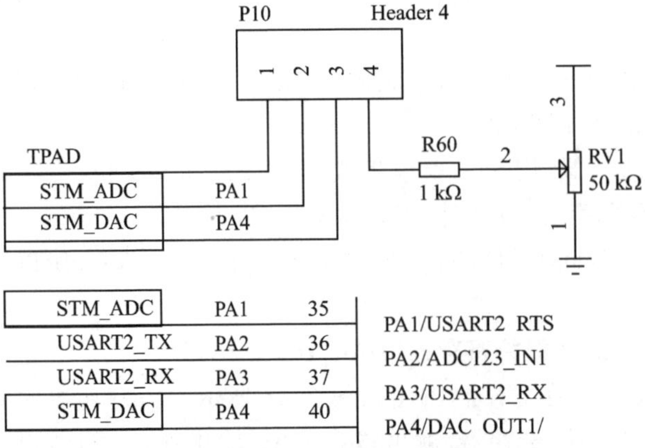

图 27.7　ADC 和 DAC 在开发板上的连接关系原理图

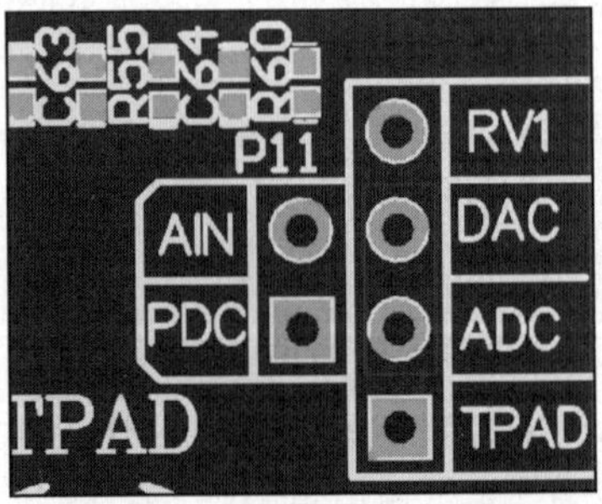

图 27.8　硬件连接示意图

3. 程序设计

(1) DAC 的 HAL 库驱动

DAC 在 HAL 库中的驱动代码在 stm32f1xx_hal_dac.c 和 stm32f1xx_hal_dac_ex.c 文件(及其头文件)中。

1) HAL_DAC_Init 函数

DAC 的初始化函数，其声明如下：

```
HAL_StatusTypeDef HAL_DAC_Init(DAC_HandleTypeDef * hdac);
```

函数描述：用于初始化 DAC。

函数形参：形参 DAC_HandleTypeDef 是结构体类型指针变量，其定义如下：

```
typedef struct
{
  DAC_TypeDef                  * Instance;         /* DAC 寄存器基地址 */
  __IO HAL_DAC_StateTypeDef    State;              /* DAC 工作状态 */
  HAL_LockTypeDef              Lock;               /* DAC 锁定对象 */
  DMA_HandleTypeDef            * DMA_Handle1;      /* 通道 1 的 DMA 处理句柄指针 */
  DMA_HandleTypeDef            * DMA_Handle2;      /* 通道 2 的 DMA 处理句柄指针 */
  __IOuint32_t                 ErrorCode;          /* DAC 错误代码 */
} DAC_HandleTypeDef;
```

从该结构体看到，该函数并没有设置任何 DAC 相关寄存器，即没有对 DAC 进行任何配置，它只是 HAL 库提供用来在软件上初始化 DAC，为后面 HAL 库操作 DAC 做好准备。

函数返回值：HAL_StatusTypeDef 枚举类型的值。

注意事项：DAC 的 MSP 初始化函数 HAL_DAC_MspInit，该函数声明如下：

```
void HAL_DAC_MspInit(DAC_HandleTypeDef * hdac);
```

2) HAL_DAC_ConfigChannel 函数

DAC 的通道参数初始化函数，声明如下：

```
HAL_StatusTypeDef HAL_DAC_ConfigChannel(DAC_HandleTypeDef * hdac,
                                        DAC_ChannelConfTypeDef * sConfig,uint32_t Channel);
```

函数描述：该函数用来配置 DAC 通道的触发类型以及输出缓冲。

函数形参：

形参 1 DAC_HandleTypeDef 是结构体类型指针变量。

形参 2 DAC_ChannelConfTypeDef 是结构体类型指针变量，其定义如下：

```
typedef struct
{
  uint32_t DAC_Trigger;                    /* DAC 触发源的选择 */
  uint32_t DAC_OutputBuffer;               /* 启用或者禁用 DAC 通道输出缓冲区 */
} DAC_ChannelConfTypeDef;
```

形参 2 用于选择要配置的通道，可选择 DAC_CHANNEL_1 或者 DAC_CHANNEL_2。

函数返回值: HAL_StatusTypeDef 枚举类型的值。

3) HAL_DAC_Start 函数

使能启动 DAC 转换通道函数,其声明如下:

```
HAL_StatusTypeDef HAL_DAC_Start(DAC_HandleTypeDef * hdac,uint32_t Channel);
```

函数描述: 使能启动 DAC 转换通道。

函数形参:

形参 1 DAC_HandleTypeDef 是结构体类型指针变量。

形参 2 用于选择要启动的通道,可选择 DAC_CHANNEL_1 或者 DAC_CHANNEL_2。

函数返回值: HAL_StatusTypeDef 枚举类型的值。

4) HAL_DAC_SetValue 函数

DAC 的通道输出值函数,声明如下:

```
HAL_StatusTypeDef HAL_DAC_SetValue(DAC_HandleTypeDef * hdac,uint32_t Channel,
                                   uint32_t Alignment, uint32_t Data);
```

函数描述: 配置 DAC 的通道输出值。

函数形参:

形参 1 DAC_HandleTypeDef 是结构体类型指针变量。

形参 2 用于选择要输出的通道,可选择 DAC_CHANNEL_1 或者 DAC_CHANNEL_2。

形参 3 用于指定数据对齐方式。

形参 4 设置要加载到选定数据保存寄存器中的数据。

函数返回值:

HAL_StatusTypeDef 枚举类型的值。

5) HAL_DAC_GetValue 函数

DAC 读取通道输出值函数,其声明如下:

```
uint32_t HAL_DAC_GetValue(DAC_HandleTypeDef * hdac, uint32_t Channel);
```

函数描述: 获取所选 DAC 通道的最后一个数据输出值。

函数形参:

形参 1 DAC_HandleTypeDef 是结构体类型指针变量。

形参 2 用于选择要读取的通道,可选择 DAC_CHANNEL_1 或者 DAC_CHANNEL_2。

函数返回值: 获取到的输出值。

DAC 输出配置步骤如下:

① 开启 DACx 和 DAC 通道对应的 I/O 时钟,并配置该 I/O 为模拟功能。

首先开启 DACx 的时钟,然后配置 GPIO 为模拟模式。本实验默认用到 DAC1 通道 1,对应 I/O 是 PA4,它们的时钟开启方法如下:

```
__HAL_RCC_DAC_CLK_ENABLE();                /* 使能 DAC1 时钟 */
__HAL_RCC_GPIOA_CLK_ENABLE();              /* 开启 GPIOA 时钟 */
```

② 初始化 DACx。

通过 HAL_DAC_Init 函数来设置需要初始化的 DAC。该函数并没有设置任何 DAC 相关寄存器，也就是说没有对 DAC 进行任何配置，它只是 HAL 库提供用来在软件上初始化 DAC。

注意，该函数会调用 HAL_DAC_MspInit 函数来存放 DAC 和对应通道的 I/O 时钟使能和初始化 I/O 等代码。

③ 配置 DAC 通道并启动 DAC。

在 HAL 库中，通过 HAL_DAC_ConfigChannel 函数来设置配置 DAC 的通道，根据需求设置触发类型以及输出缓冲。

配置好 DAC 通道之后，通过 HAL_DAC_Start 函数启动 DAC。

④ 设置 DAC 的输出值。

通过 HAL_DAC_SetValue 函数设置 DAC 的输出值。

(2) 程序流程图

程序流程如图 27.9 所示。

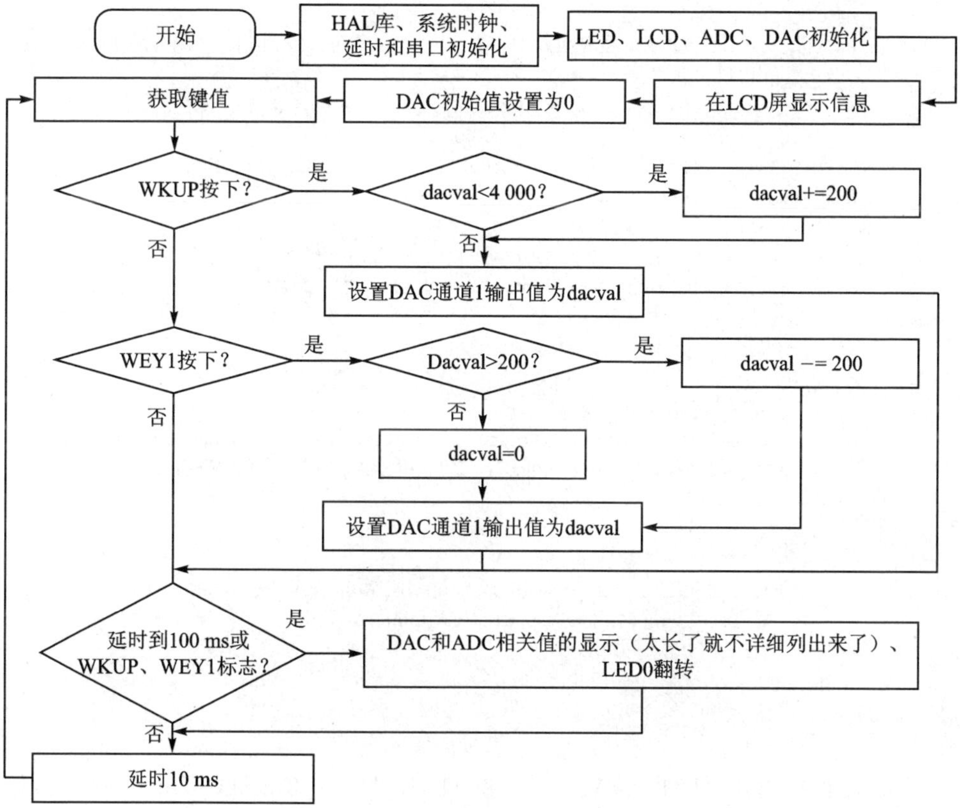

图 27.9 DAC 输出实验程序流程图

(3) 程序解析

这里只讲解核心代码,详细的源码可参考配套资料中本实验对应源码。DAC驱动源码包括2个文件:dac.c和dac.h。本实验有3个实验,每一个实验的代码都是在上一个实验后面追加。

dac.h文件只有一些声明,下面直接开始介绍dac.c的程序,首先是DAC初始化函数。

```
/**
  * @brief    DAC初始化函数
  * @note     本函数支持DAC1_OUT1/2通道初始化
  *           DAC的输入时钟来自APB1, 时钟频率=36 MHz
  *           DAC在输出buffer关闭的时候, 输出建立时间: tSETTLING=4 μs
  *           因此DAC输出的最高速度约为250 kHz, 以10个点为一个周期, 最大能输出25
              kHz左右的波形
  * @param    outx:要初始化的通道. 1,通道1; 2,通道2
  * @retval   无
  */
void dac_init(uint8_t outx)
{
    GPIO_InitTypeDef gpio_init_struct;
    DAC_ChannelConfTypeDef dac_ch_conf;
    __HAL_RCC_DAC_CLK_ENABLE();   /* 使能DAC1的时钟 */
    __HAL_RCC_GPIOA_CLK_ENABLE();/* 使能DAC OUT1/2的I/O口时钟(都在PA口,PA4/PA5) */
    /* STM32单片机, 总是PA4=DAC1_OUT1, PA5=DAC1_OUT2 */
    gpio_init_struct.Pin=(outx==1)? GPIO_PIN_4 : GPIO_PIN_5;
    gpio_init_struct.Mode=GPIO_MODE_ANALOG;
    HAL_GPIO_Init(GPIOA, &gpio_init_struct);
    g_dac_handle.Instance=DAC;
    HAL_DAC_Init(&g_dac_handle);                          /* 初始化DAC */
    dac_ch_conf.DAC_Trigger=DAC_TRIGGER_NONE;             /* 不使用触发功能 */
    dac_ch_conf.DAC_OutputBuffer=DAC_OUTPUTBUFFER_DISABLE;/* DAC1输出缓冲关闭 */
    switch(outx)
    {
        case 1:
            /* DAC通道1配置 */
            HAL_DAC_ConfigChannel(&g_dac_handle, &dac_ch_conf, DAC_CHANNEL_1);
            HAL_DAC_Start(&g_dac_handle,DAC_CHANNEL_1);    /* 开启DAC通道1 */
            break;
        case 2:
            /* DAC通道2配置 */
            HAL_DAC_ConfigChannel(&g_dac_handle, &dac_ch_conf, DAC_CHANNEL_2);
            HAL_DAC_Start(&g_dac_handle,DAC_CHANNEL_2);    /* 开启DAC通道1 */
            break;
        default:break;
    }
}
```

该函数主要调用HAL_DAC_Init和HAL_DAC_ConfigChannel函数初始化DAC,并调用HAL_DAC_Start函数使能DAC通道。HAL_DAC_Init函数会调用

HAL_DAC_MspInit 回调函数,该函数用于存放 DAC 和对应通道的 I/O 时钟使能和初始化 I/O 等代码。本实验为了让 dac_init 函数支持 DAC 的 OUT1/2 这 2 个通道的初始化,就没有用到该函数。

下面是设置 DAC 通道 1/2 输出电压函数,其定义如下:

```
/**
  * @brief       设置通道 1/2 输出电压
  * @param       outx: 1,通道 1; 2,通道 2
  * @param       vol : 0~3 300,代表 0~3.3 V
  * @retval      无
  */
void dac_set_voltage(uint8_t outx, uint16_t vol)
{
    double temp = vol;
    temp/ = 1000;
    temp = temp * 4096 / 3.3;
    if (temp >= 4096)temp = 4095;    /* 如果值大于等于 4 096, 则取 4 095 */
    if (outx == 1)     /* 通道 1 */
    {   /* 12 位右对齐数据格式设置 DAC 值 */
        HAL_DAC_SetValue(&g_dac_handle, DAC_CHANNEL_1, DAC_ALIGN_12B_R, temp);
    }
    else               /* 通道 2 */
    {   /* 12 位右对齐数据格式设置 DAC 值 */
        HAL_DAC_SetValue(&g_dac_handle, DAC_CHANNEL_2, DAC_ALIGN_12B_R, temp);
    }
}
```

该函数实际就是将电压值转换为 DAC 输入值,形参 1 用于设置通道,形参 2 用于设置要输出的电压值,设置的范围为 0~3 300,代表 0~3.3 V。

最后在 main 函数里编写如下代码:

```
int main(void)
{
    uint16_t adcx;
    float temp;
    uint8_t t = 0;
    uint16_t dacval = 0;
    uint8_t key;
    HAL_Init();                              /* 初始化 HAL 库 */
    sys_stm32_clock_init(RCC_PLL_MUL9);      /* 设置时钟, 72 MHz */
    delay_init(72);                          /* 延时初始化 */
    usart_init(115200);                      /* 串口初始化为 115 200 */
    usmart_dev.init(72);                     /* 初始化 USMART */
    usart_init(115200);                      /* 串口初始化为 115 200 */
    led_init();                              /* 初始化 LED */
    lcd_init();                              /* 初始化 LCD */
    key_init();                              /* 初始化按键 */
    adc2_init();                             /* 初始化 ADC2 */
    dac_init(1);                             /* 初始化 DAC1_OUT1 通道 */
    lcd_show_string(30, 50, 200, 16, 16, "STM32", RED);
```

```
    lcd_show_string(30, 70, 200, 16, 16, "DAC TEST", RED);
    lcd_show_string(30, 90, 200, 16, 16, "ATOM@ALIENTEK", RED);
    lcd_show_string(30, 110, 200, 16, 16, "WK_UP: + KEY1: - ", RED);
    lcd_show_string(30, 130, 200, 16, 16, "DAC VAL:", BLUE);
    lcd_show_string(30, 150, 200, 16, 16, "DAC VOL:0.000V", BLUE);
    lcd_show_string(30, 170, 200, 16, 16, "ADC VOL:0.000V", BLUE);
    while (1)
    {
        t++;
        key = key_scan(0);              /* 按键扫描 */
        if (key == WKUP_PRES)
        {
            if (dacval < 4000)dacval += 200;
            /* 输出增大 200 */
            HAL_DAC_SetValue(&g_dac1_handler,DAC_CHANNEL_1,DAC_ALIGN_12B_R,dacval);
        }
        else if (key == KEY1_PRES)
        {
            if (dacval > 200)dacval -= 200;
            else dacval = 0;
            /* 输出减少 200 */
            HAL_DAC_SetValue(&g_dac1_handler,DAC_CHANNEL_1,DAC_ALIGN_12B_R,dacval);
        }
        /* WKUP/KEY1 按下了,或者定时时间到了 */
        if (t == 10 || key == KEY1_PRES || key == WKUP_PRES)
        {
            /* 读取前面设置 DAC1_OUT1 的值 */
            adcx = HAL_DAC_GetValue(&g_dac1_handler, DAC_CHANNEL_1);
            lcd_show_xnum(94, 150, adcx, 4, 16, 0, BLUE);  /* 显示 DAC 寄存器值 */
            temp = (float)adcx * (3.3 / 4096);             /* 得到 DAC 电压值 */
            adcx = temp;
            lcd_show_xnum(94, 170, temp, 1, 16, 0, BLUE);  /* 显示电压值整数部分 */
            temp -= adcx;
            temp * = 1000;
            lcd_show_xnum(110, 170, temp, 3, 16, 0X80, BLUE);/* 显示电压值的小数部分 */
            adcx = adc2_get_result_average(ADC2_CHY,20);/* 得到 ADC3 通道 1 的转换结果 */
            temp = (float)adcx * (3.3 / 4096);  /* 得到 ADC 电压值(adc 是 16bit 的) */
            adcx = temp;
            lcd_show_xnum(94, 190, temp, 1, 16, 0, BLUE);     /* 显示电压值整数部分 */
            temp -= adcx;
            temp * = 1000;
            lcd_show_xnum(110, 190, temp, 3, 16, 0X80, BLUE);/* 显示电压值的小数部分 */
            LED0_TOGGLE();  /* LED0 闪烁 */
            t = 0;
        }
        delay_ms(10);
    }
}
```

此部分代码中通过 KEY_UP(WKUP 按键)和 KEY1(也就是上下键)来实现对 DAC 输出的幅值控制。按下 KEY_UP 增加,按 KEY1 减小。同时,在 LCD 上面显示

DHR12R1 寄存器的值、DAC 设置输出电压以及 ADC 采集到的 DAC 输出电压。

4. 下载验证

下载代码后,可以看到 LED0 不停闪烁,提示程序已经在运行了。LCD 显示界面如图 27.10 所示。

验证试验前,记得先通过跳线帽连接 ADC 和 DAC 排针,然后可以通过按 WK_UP 按键增加 DAC 输出的电压,这时 ADC 采集到的电压也会增大;通过按 KEY1 减小 DAC 输出的电压,这时 ADC 采集到的电压也会减小。

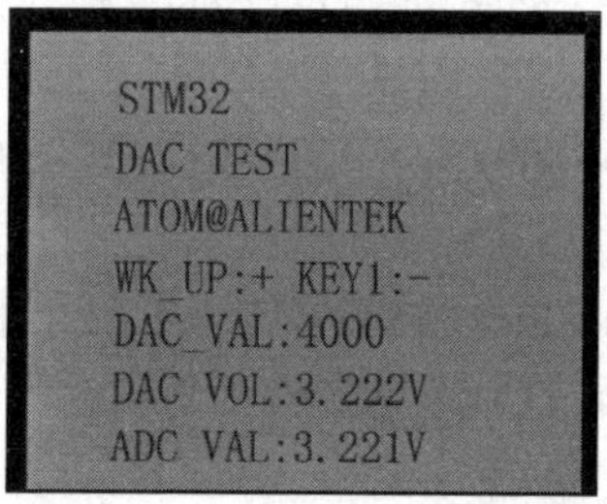

图 27.10 DAC 输出实验测试图

除此之外,还可以通过 USMART 调用 dac_set_voltage 函数来直接设置 DAC 输出电压,如图 27.11 所示。

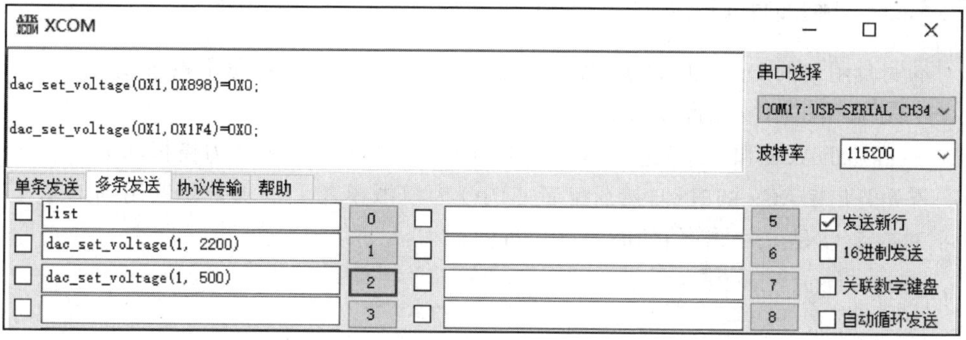

图 27.11 USMART 测试图

27.3 DAC 输出三角波实验

本实验介绍如何使用 DAC 输出三角波,DAC 初始化部分还采用 DAC 输出实验部分。

27.3.1 DAC 寄存器

本实验用到的寄存器在 DAC 输出实验都有介绍。

27.3.2 硬件设计

(1) 例程功能

使用 DAC 输出三角波,通过 KEY0、KEY1 这 2 个按键,控制 DAC1 的通道 1 输出 2 种三角波,需要通过示波器接 PA4 进行观察。也可以通过 USMART 调用 dac_triangular_wave 函数来控制输出哪种三角波。LED0 闪烁,提示程序运行。

(2) 硬件资源

- LED 灯：LED0 - PB5；
- 串口 1(PA9、PA10 连接在板载 USB 转串口芯片 CH340 上面)；
- 正点原子 TFTLCD 模块(仅限 MCU 屏，16 位 8080 并口驱动)；
- 独立按键：KEY0 - PE4、KEY1 - PE3；
- DAC1：通道 1 - PA4。

(3) 原理图

只需要把示波器的探头接到 DAC1 通道 1(PA4)引脚，就可以在示波器上显示 DAC 输出的波形。PA4 对应 P10 的 DAC 排针，如图 27.12 所示。

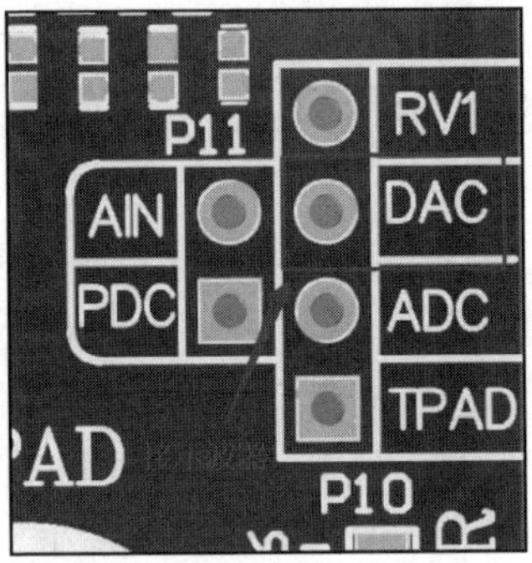

图 27.12　硬件连接示意图

27.3.3　程序设计

本实验用到的 DAC 的 HAL 库 API 函数前面都介绍过，这里不再重复。

DAC 输出三角波配置步骤如下：

① 开启 DACx 和 DAC 通道对应的 I/O 时钟，并配置该 I/O 为模拟功能。

首先开启 DACx 的时钟，然后配置 GPIO 为模拟模式。本实验默认用到 DAC1 通道 1，对应 I/O 是 PA4，它们的时钟开启方法如下：

```
__HAL_RCC_DAC_CLK_ENABLE();          /* 使能 DAC1 时钟 */
__HAL_RCC_GPIOA_CLK_ENABLE();        /* 开启 GPIOA 时钟 */
```

② 初始化 DACx。

通过 HAL_DAC_Init 函数来设置需要初始化的 DAC。该函数并没有设置任何 DAC 相关寄存器，也就是说没有对 DAC 进行任何配置，它只是 HAL 库提供的、用来在软件上初始化 DAC。

注意，该函数会调用 HAL_DAC_MspInit 函数来存放 DAC 和对应通道的 I/O 时钟使能和初始化 I/O 等代码。

③ 配置 DAC 通道并启动 DAC。

在 HAL 库中，通过 HAL_DAC_ConfigChannel 函数来设置配置 DAC 的通道，根据需求设置触发类型以及输出缓冲。配置好 DAC 通道之后，通过 HAL_DAC_Start 函数启动 DAC。

④ 设置 DAC 的输出值。

通过 HAL_DAC_SetValue 函数设置 DAC 的输出值。这里根据三角波的特性创建了 dac_triangular_wave 函数用于控制输出三角波。

1. 程序流程图

程序流程如图 27.13 所示。

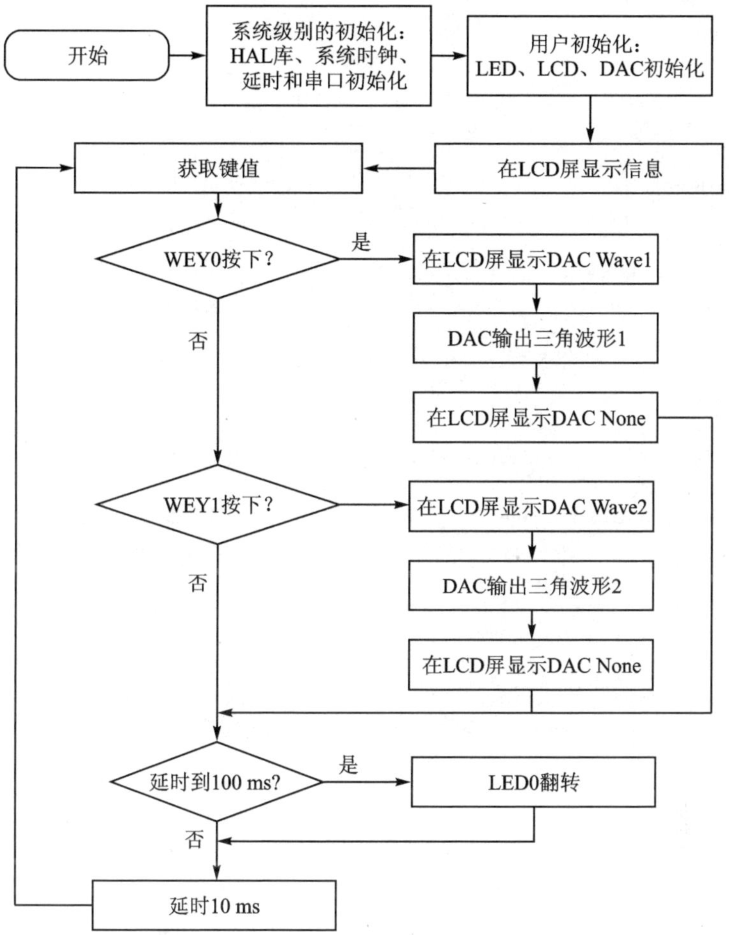

图 27.13　DAC 输出三角波实验程序流程图

2. 程序解析

这里只讲解核心代码，详细的源码可参考配套资料中本实验对应源码。DAC 驱动源码包括 2 个文件：dac.c 和 dac.h。

dac.h 文件只有一些声明，下面直接介绍 dac.c 的程序。本实验的 DAC 初始化仍采用 dac_init 函数，只添加了一个设置 DAC_OUT1 输出三角波函数，其定义如下：

```
/**
 * @brief       设置 DAC_OUT1 输出三角波
 * @note        输出频率≈1 000 / (dt * samples) kHz，不过在 dt 较小的时候，比如小于 5 μs
 *              时，由于 delay_us 本身就不准了（调用函数、计算等都需要时间，延时很小的
 *              时候，这些时间会影响延时），频率会偏小
 * @param       maxval：最大值(0 < maxval < 4 096)，(maxval + 1)必须大于等于 samples/2
 * @param       dt：每个采样点的延时时间(单位：μs)
 * @param       samples：采样点的个数，必须小于等于(maxval + 1) * 2，且 maxval 不能等于 0
 * @param       n：输出波形个数，0～65 535
```

```
 *
 * @retval      无
 */
void dac_triangular_wave(uint16_t maxval, uint16_t dt, uint16_t samples,
                         uint16_t n)
{
    uint16_t i, j;
    float incval;                                   /* 递增量 */
    float Curval;                                   /* 当前值 */
    if((maxval + 1) <= samples)return;              /* 数据不合法 */
    incval = (maxval + 1) / (samples / 2);          /* 计算递增量 */
    for(j = 0; j < n; j++)
    {
        Curval = 0;                                 /* 先输出 0 */
        HAL_DAC_SetValue(&dac1_handler,DAC_CHANNEL_1,DAC_ALIGN_12B_R,Curval);
        for(i = 0; i < (samples/2); i++)            /* 输出上升沿 */
        {
            Curval += incval;                       /* 新的输出值 */
            HAL_DAC_SetValue(&dac1_handler,DAC_CHANNEL_1,DAC_ALIGN_12B_R,Curval);
            delay_us(dt);
        }
        for(i = 0; i < (samples/2); i++)            /* 输出下降沿 */
        {
            Curval -= incval;                       /* 新的输出值 */
            HAL_DAC_SetValue(&dac1_handler,DAC_CHANNEL_1,DAC_ALIGN_12B_R,Curval);
            delay_us(dt);
        }
    }
}
```

该函数用于设置 DAC 通道 1 输出三角波，输出频率≈1 000/(dt · samples)。该函数中使用 HAL_DAC_SetValue 函数来设置 DAC 的输出值，这样得到的三角波在示波器上可以看到。有跳动现象(不平稳)是正常的，因为调用函数、计算等都需要时间，这样就会导致输出的波形不太稳定。越高性能的 MCU 得到的波形会越稳定。而且用 HAL 库函数操作的效率没有直接操作寄存器高，所以可以像寄存器版本实验一样直接操作 DHR12R1 寄存器，得到的波形会相对稳定些。

由于使用 HAL 库的函数，CPU 花费的时间会更长(因为指令变多了)，在时间精度要求比较高的应用，就不适合用 HAL 库函数来操作了。所以学 STM32 不是说只要会 HAL 库就可以了，对寄存器也需要有一定的理解，最好是熟悉。这里用 HAL 库操作只是为了演示怎么使用 HAL 库的相关函数。

最后在 main.c 里编写如下代码：

```
int main(void)
{
    uint8_t t = 0;
    uint8_t key;
    HAL_Init();                                     /* 初始化 HAL 库 */
    sys_stm32_clock_init(RCC_PLL_MUL9);             /* 设置时钟, 72 MHz */
```

```
    delay_init(72);                                  /* 延时初始化 */
    usart_init(115200);                              /* 串口初始化为 115 200 */
    usmart_dev.init(72);                             /* 初始化 USMART */
    led_init();                                      /* 初始化 LED */
    lcd_init();                                      /* 初始化 LCD */
    key_init();                                      /* 初始化按键 */
    dac_init(1);                                     /* 初始化 DAC1_OUT1 通道 */
    lcd_show_string(30,  50, 200, 16, 16, "STM32", RED);
    lcd_show_string(30,  70, 200, 16, 16, "DAC Triangular WAVE TEST", RED);
    lcd_show_string(30,  90, 200, 16, 16, "ATOM@ALIENTEK", RED);
    lcd_show_string(30, 110, 200, 16, 16, "KEY0:Wave1  KEY1:Wave2", RED);
    lcd_show_string(30, 130, 200, 16, 16, "DAC None", BLUE);  /* 提示无输出 */
    while (1)
    {
        t++;
        key = key_scan(0);              /* 按键扫描 */
        if (key == KEY0_PRES)           /* 高采样率，约 1 kHz 波形 */
        {
            lcd_show_string(30, 130, 200, 16, 16, "DAC Wave1 ", BLUE);
            /* 幅值 4 095，采样点间隔 5 μs，200 个采样点，100 个波形 */
            dac_triangular_wave(4095, 5, 2000, 100);
            lcd_show_string(30, 130, 200, 16, 16, "DAC None  ", BLUE);
        }
        else if (key == KEY1_PRES) /* 低采样率，约 1 kHz 波形 */
        {
            lcd_show_string(30, 130, 200, 16, 16, "DAC Wave2 ", BLUE);
            /* 幅值 4095，采样点间隔 500us，20 个采样点，100 个波形 */
            dac_triangular_wave(4095, 500, 20, 100);
            lcd_show_string(30, 130, 200, 16, 16, "DAC None  ", BLUE);
        }
        if (t == 10)                    /* 定时时间到了 */
        {
            LED0_TOGGLE();              /* LED0 闪烁 */
            t = 0;
        }
        delay_ms(10);
    }
}
```

该部分代码功能是，按下 KEY0 后，DAC 输出三角波 1；按下 KEY1 后，DAC 输出三角波 2，将 dac_triangular_wave 的形参代入公式：输出频率≈1 000/(dt · samples)，得到三角波 1 和三角波 2 的频率都是 0.1 kHz。

27.3.4 下载验证

下载代码后可以看到 LED0 不停闪烁，提示程序已经在运行了。LCD 显示如图 27.14 所示。

按下任何按键之前，LCD 屏显示 DAC None。按下 KEY0 后，DAC 输出三角波 1，LCD 屏显示 DAC Wave1，三角波 1 输出完成后 LCD 屏继续显示 DAC None。按下

KEY1 后,DAC 输出三角波 2,LCD 屏显示 DAC Wave2,三角波 2 输出完成后 LCD 屏继续显示 DAC None。

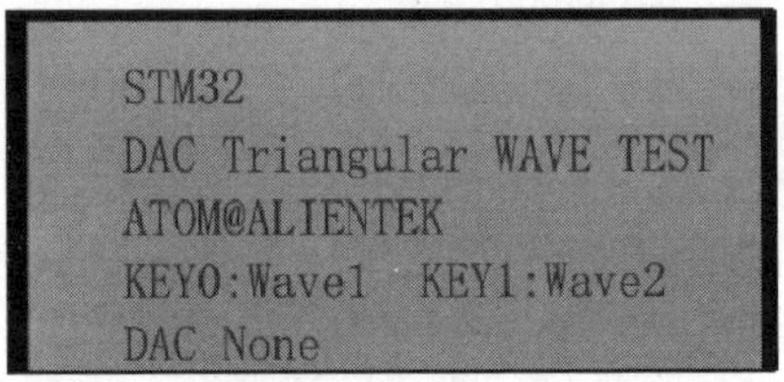

图 27.14 DAC 输出三角波实验测试图

其中,三角波 1 和三角波 2 在示波器的显示情况如图 27.15 及图 27.16 所示。可见,三角波 1 的频率是 64.5 Hz,三角波 2 的频率是 99.5 Hz。三角波 2 基本接近计算出来的结果,二者仅差 0.1 kHz,三角波 1 有较大误差,介绍 dac_triangular_wave 函数时也说了原因,加上三角波 1 的采样率比较高,所以误差就会比较大。

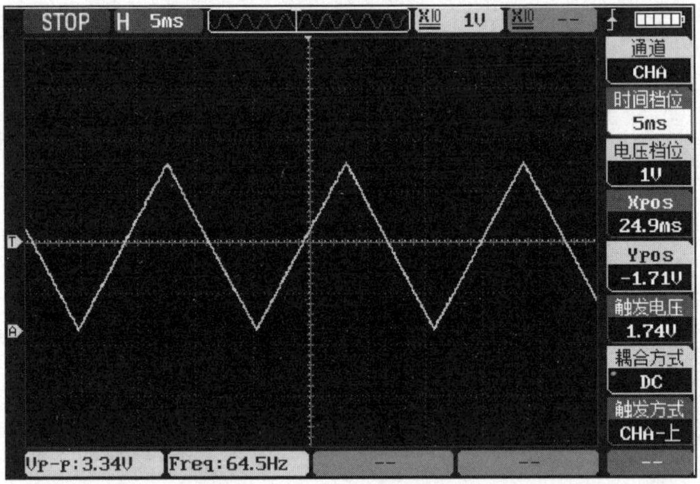

图 27.15 DAC 输出的三角波 1

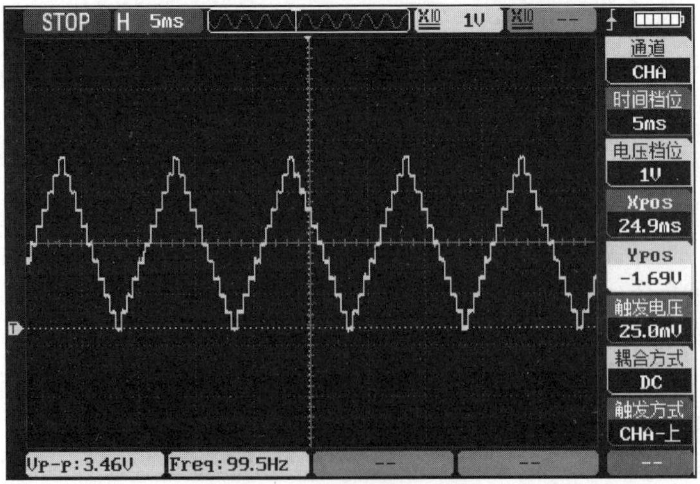

图 27.16 DAC 输出的三角波 2

27.4　DAC 输出正弦波实验

本实验来学习如何让 DAC 输出正弦波。实验将用定时器 7 来触发 DAC 进行转换输出正弦波，以 DMA 传输数据的方式。

27.4.1　DAC 寄存器

本实验用到的寄存器在前面的实验都有介绍，这里不再重复。

27.4.2　硬件设计

(1) 例程功能

使用 DAC 输出正弦波，通过 KEY0 及 KEY1 这 2 个按键，控制 DAC1 的通道 1 输出 2 种正弦波，需要通过示波器接 PA4 进行观察。TFTLCD 显示 DAC 转换值、电压值和 ADC 的电压值。LED0 闪烁，提示程序运行。

(2) 硬件资源

➢ LED 灯：LED0 - PB5；
➢ 串口 1(PA9、PA10 连接在板载 USB 转串口芯片 CH340 上面)；
➢ 正点原子 TFTLCD 模块(仅限 MCU 屏，16 位 8080 并口驱动)；
➢ 独立按键：KEY0 - PE4、KEY1 - PE3；
➢ ADC1：通道 1 - PA1；
➢ DAC1：通道 1 - PA4；
➢ DMA(DMA2_Channel13)；
➢ 定时器 7。

(3) 原理图

只需要把示波器的探头接到 DAC1 通道 1(PA4)引脚，就可以在示波器上显示 DAC 输出的波形。PA4 对应 P10 的 DAC 排针，硬件连接如图 27.17 所示。

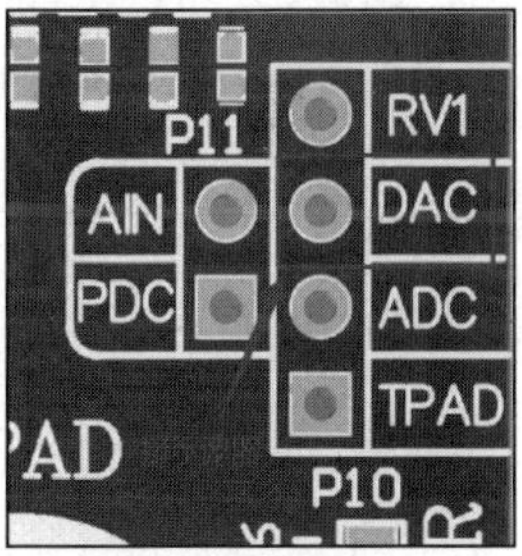

图 27.17　硬件连接示意图

27.4.3　程序设计

1. DAC 的 HAL 库驱动

本实验用到的 HAL 库 API 函数前面大都介绍过，下面将介绍本实验用到且之前没有介绍过的。

(1) HAL_DAC_Start_DMA 函数

启动 DAC 使用 DMA 方式传输函数，其声明如下：

```
HAL_StatusTypeDef HAL_DAC_Start_DMA(DAC_HandleTypeDef * hdac,uint32_t Channel,
                         uint32_t * pData, uint32_t Length, uint32_t Alignment);
```

函数描述：用于启动 DAC 使用 DMA 的方式。

函数形参：

形参 1 DAC_HandleTypeDef 是结构体类型指针变量。

形参 2 用于选择要启动的通道，可选择 DAC_CHANNEL_1 或者 DAC_CHANNEL_2。

形参 3 是使用 DAC 输出数据缓冲区的指针。

形参 4 是 DAC 输出数据的长度。

形参 5 用于指定 DAC 通道的数据对齐方式，可选 DAC_ALIGN_8B_R(8 位右对齐)、DAC_ALIGN_12B_L(12 位左对齐)和 DAC_ALIGN_12B_R(12 位右对齐)这3 种方式。

函数返回值：HAL_StatusTypeDef 枚举类型的值。

(2) HAL_DAC_Stop_DMA 函数

停止 DAC 的 DMA 方式函数，其声明如下：

```
HAL_StatusTypeDef HAL_DAC_Stop_DMA(DAC_HandleTypeDef * hdac,uint32_t Channel);
```

函数描述：用于停止 DAC 的 DMA 方式。

函数形参：

形参 1 DAC_HandleTypeDef 是结构体类型指针变量。

形参 2 用于选择要启动的通道，可选择 DAC_CHANNEL_1 或者 DAC_CHANNEL_2。

函数返回值：HAL_StatusTypeDef 枚举类型的值。

(3) HAL_TIMEx_MasterConfigSynchronization 函数

HAL_TIMEx_MasterConfigSynchronization 函数是配置主模式下的定时器触发输出选择函数，其声明如下：

```
HAL_StatusTypeDef HAL_TIMEx_MasterConfigSynchronization(
                    TIM_HandleTypeDef * htim, TIM_MasterConfigTypeDef * sMasterConfig);
```

函数描述：用于配置主模式下的定时器触发输出选择。

函数形参：

形参 1 TIM_HandleTypeDef 是结构体类型指针变量。

形参 2 TIM_MasterConfigTypeDef 是结构体类型指针变量，用于配置定时器工作在主/从模式或触发输出(TRGO 和 TRGO2)的选择。

函数返回值：HAL_StatusTypeDef 枚举类型的值。

DAC 输出正弦波配置步骤如下：

① 开启 DACx 和 DAC 通道对应的 I/O 时钟，并配置该 I/O 为模拟功能。

首先开启 DACx 的时钟，然后配置 GPIO 为模拟模式。本实验默认用到 DAC1 通道 1，对应 I/O 是 PA4，它们的时钟开启方法如下：

```
__HAL_RCC_DAC_CLK_ENABLE();          /* 使能 DAC1 时钟 */
__HAL_RCC_GPIOA_CLK_ENABLE();        /* 使能 GPIOA 时钟 */
```

② 初始化 DACx。

通过 HAL_DAC_Init 函数来设置需要初始化的 DAC。该函数并没有设置任何 DAC 相关寄存器，也就是说没有对 DAC 进行任何配置，它只是用于在软件上初始化 DAC。

注意，该函数会调用 HAL_DAC_MspInit 函数来存放 DAC 和对应通道的 I/O 时钟使能和初始化 I/O 等代码。

③ 配置 DAC 通道。

在 HAL 库中，通过 HAL_DAC_ConfigChannel 函数来设置配置 DAC 的通道，根据需求设置触发类型以及输出缓冲等。

④ 配置 DMA 并关联 DAC。

通过 HAL_DMA_Init 函数初始化 DMA，包括配置通道、外设地址、存储器地址、传输数据量等。

HAL 库为了处理各类外设的 DMA 请求，在调用相关函数之前，需要调用一个宏定义标识符来连接 DMA 和外设句柄。这个宏定义为__HAL_LINKDMA。

⑤ 配置定时器控制触发 DAC。通过 HAL_TIM_Base_Init 函数设置定时器溢出频率。通过 HAL_TIMEx_MasterConfigSynchronization 函数配置定时器溢出事件用作触发器。通过 HAL_TIM_Base_Start 函数启动计数。

⑥ 启动 DAC 转换并以 DMA 方式传输数据。通过 HAL_DAC_Stop_DMA 函数先停止之前的 DMA 传输以及 DAC 输出，再通过 HAL_DAC_Start_DMA 函数启动 DMA 传输以及 DAC 输出。

2. 程序流程图

程序流程如图 27.18 所示。

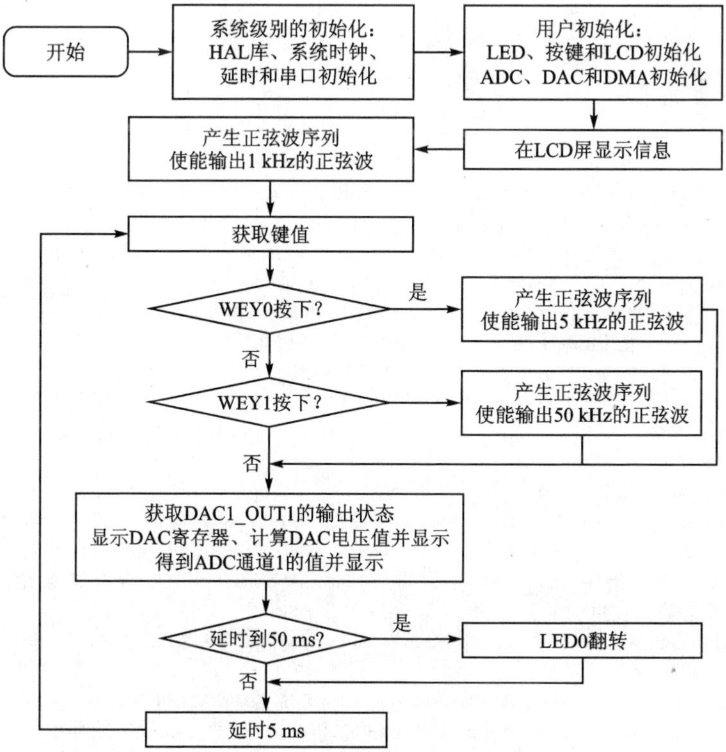

图 27.18　DAC 输出正弦波实验程序流程图

3. 程序解析

这里只讲解核心代码,详细的源码可参考配套资料中本实验对应源码。DAC 驱动源码包括 2 个文件:dac.c 和 dac.h。

dac.h 文件只有一些声明,下面直接介绍 dac.c 的程序。本实验的 DAC 以及 DMA 的初始化时用到 dac_dma_wave_init 函数,其定义如下:

```
/**
 * @brief      DAC DMA 输出波形初始化函数
 * @note       本函数支持 DAC1_OUT1/2 通道初始化
 *             DAC 的输入时钟来自 APB1, 时钟频率 = 36 MHz = 27.7 ns
 *             DAC 在输出 buffer 关闭的时候, 输出建立时间:tSETTLING = 4 μs(F103 数据手
               册有写)
 *             因此 DAC 输出的最高速度约为 300 kHz,以 10 个点为一个周期,最大能输出
               30 kHz 左右的波形
 * @param      outx: 要初始化的通道. 1,通道 1; 2,通道 2
 * @param      par: 外设地址
 * @param      mar: 存储器地址
 */
void dac_dma_wave_init(uint8_t outx, uint32_t par, uint32_t mar)
{
    GPIO_InitTypeDef gpio_init_struct;
    DAC_ChannelConfTypeDef dac_ch_conf = {0};
    DMA_Channel_TypeDef * dmax_chy;
    if (outx == 1)
    {
        dmax_chy = DMA2_Channel3;          /* OUT1 对应 DMA2_Channel3 */
    }
    else
    {
        dmax_chy = DMA2_Channel4;          /* OUT2 对应 DMA2_Channel4 */
    }
    __HAL_RCC_GPIOA_CLK_ENABLE();          /* DAC 通道引脚端口时钟使能 */
    __HAL_RCC_DAC_CLK_ENABLE();            /* 使能 DAC1 的时钟 */
    __HAL_RCC_DMA2_CLK_ENABLE();           /* DMA2 时钟使能 */
    /* STM32 单片机, 总是 PA4 = DAC1_OUT1, PA5 - DAC1_OUT2 */
    gpio_init_struct.Pin = (outx == 1)? GPIO_PIN_4 : GPIO_PIN_5;
    gpio_init_struct.Mode = GPIO_MODE_ANALOG;                 /* 模拟 */
    HAL_GPIO_Init(GPIOA, &gpio_init_struct);
    /* 初始化 DMA */
    g_dma_dac_handle.Instance = dmax_chy;                     /* 设置 DMA 通道 */
    g_dma_dac_handle.Init.Direction = DMA_MEMORY_TO_PERIPH; /* 从存储器到外设模式 */
    g_dma_dac_handle.Init.PeriphInc = DMA_PINC_DISABLE;       /* 外设非增量模式 */
    g_dma_dac_handle.Init.MemInc = DMA_MINC_ENABLE;           /* 存储器增量模式 */
    /* 外设数据长度:16 位 */
    g_dma_dac_handle.Init.PeriphDataAlignment = DMA_PDATAALIGN_HALFWORD;
    /* 存储器数据长度:16 位 */
    g_dma_dac_handle.Init.MemDataAlignment = DMA_MDATAALIGN_HALFWORD;
    g_dma_dac_handle.Init.Mode = DMA_CIRCULAR;                /* 循环模式 */
    g_dma_dac_handle.Init.Priority = DMA_PRIORITY_MEDIUM;     /* 中等优先级 */
```

```
    HAL_DMA_Init(&g_dma_dac_handle);                          /* 初始化 DMA */
    HAL_DMA_Start(&g_dma_dac_handle, mar, par, 0);            /* 配置 DMA 传输参数 */
    /* DMA 句柄与 DAC 句柄关联 */
    __HAL_LINKDMA(&g_dac_dma_handle, DMA_Handle1, g_dma_dac_handle);
    /* 初始化 DAC */
    g_dac_dma_handle.Instance = DAC;
    HAL_DAC_Init(&g_dac_dma_handle);                          /* 初始化 DAC */
    /* 配置 DAC 通道 */
    dac_ch_conf.DAC_Trigger = DAC_TRIGGER_T7_TRGO;   /* 使用 TIM7 TRGO 事件触发 */
    dac_ch_conf.DAC_OutputBuffer = DAC_OUTPUTBUFFER_DISABLE;/* DAC1 输出缓冲关闭 */
    switch(outx)
    {
        case 1:
            HAL_DAC_ConfigChannel(&g_dac_dma_handle, &dac_ch_conf,
                                  DAC_CHANNEL_1);     /* DAC 通道 1 配置 */
            break;
        case 2:
            HAL_DAC_ConfigChannel(&g_dac_dma_handle, &dac_ch_conf,
                                  DAC_CHANNEL_2);     /* DAC 通道 2 配置 */
            break;
        default:break;
    }
}
```

该函数用于初始化 DAC 用 DMA 的方式输出正弦波。注意,这里采用定时器 7 触发 DAC 进行转换输出。

DAC DMA 使能波形输出函数的定义如下:

```
/**
 * @brief       DAC DMA 使能波形输出
 * @note        TIM7 的输入时钟频率(f)来自 APB1, f = 36 MHz * 2 = 72 MHz.
 *              DAC 触发频率 ftrgo = f / ((psc + 1) * (arr + 1))
 *              波形频率 = ftrgo / ndtr;
 * @param       outx: 要初始化的通道. 1,通道 1; 2,通道 2
 * @param       ndtr: DMA 通道单次传输数据量
 * @param       arr: TIM7 的自动重装载值
 * @param       psc: TIM7 的分频系数
 */
void dac_dma_wave_enable(uint16_t cndtr, uint16_t arr, uint16_t psc)
{
    TIM_HandleTypeDef tim7_handle = {0};
    TIM_MasterConfigTypeDef tim_master_config = {0};
    __HAL_RCC_TIM7_CLK_ENABLE();                              /* TIM7 时钟使能 */
    tim7_handle.Instance = TIM7;                              /* 选择定时器 7 */
    tim7_handle.Init.Prescaler = psc;                         /* 预分频 */
    tim7_handle.Init.CounterMode = TIM_COUNTERMODE_UP;        /* 递增计数器 */
    tim7_handle.Init.Period = arr;                            /* 自动装载值 */
    HAL_TIM_Base_Init(&tim7_handle);                          /* 初始化定时器 7 */
    /* 定时器更新事件用于触发 */
    tim_master_config.MasterOutputTrigger = TIM_TRGO_UPDATE;
    tim_master_config.MasterSlaveMode = TIM_MASTERSLAVEMODE_DISABLE;
```

```
    /* 配置定时器 7 的更新事件触发 DAC 转换 */
    HAL_TIMEx_MasterConfigSynchronization(&tim7_handle, &tim_master_config);
    HAL_TIM_Base_Start(&tim7_handle);                      /* 启动定时器 7 */
    HAL_DAC_Stop_DMA(&g_dac_dma_handle, DAC_CHANNEL_1)     /* 先停止之前的传输 */
    HAL_DAC_Start_DMA(&g_dac_dma_handle, DAC_CHANNEL_1,
                      (uint32_t *)g_dac_sin_buf, cndtr, DAC_ALIGN_12B_R);
}
```

该函数用于使能波形输出，利用定时器 7 的更新事件来触发 DAC 转换输出。使能定时器 7 的时钟后，调用 HAL_TIMEx_MasterConfigSynchronization 函数配置 TIM7 选择更新事件作为触发输出（TRGO），然后调用 HAL_DAC_Stop_DMA 函数停止 DAC 转换以及 DMA 传输，最后调用 HAL_DAC_Start_DMA 函数重新配置并启动 DAC 和 DMA。

最后在 main.c 里编写如下代码：

```
uint16_t g_dac_sin_buf[4096];      /* 发送数据缓冲区 */
/**
 * @brief     产生正弦波序列
 * @note      需保证：maxval > samples/2
 * @param     maxval :最大值(0 < maxval < 2048)
 * @param     samples:采样点的个数
 */
void dac_creat_sin_buf(uint16_t maxval, uint16_t samples)
{
    uint8_t i;
    float inc = (2 * 3.1415962) / samples; /* 计算增量(一个周期 DAC_SIN_BUF 个点) */
    float outdata = 0;
    for (i = 0; i < samples; i ++ )
    {
        /* 计算以 dots 个点为周期的每个点的值,放大 maxval 倍,并偏移到正数区域 */
        outdata = maxval * (1 + sin(inc * i));
        if (outdata > 4095) outdata = 4095;      /* 上限限定 */
        //printf("%f\r\n",outdata);
        g_dac_sin_buf[i] = outdata;
    }
}
/**
 * @brief     通过 USMART 设置正弦波输出参数,方便修改输出频率
 * @param     arr: TIM7 的自动重装载值
 * @param     psc: TIM7 的分频系数
 */
void dac_dma_sin_set(uint16_t arr, uint16_t psc)
{
    dac_dma_wave_enable(100, arr, psc);
}
int main(void)
{
    uint16_t adcx;
    float temp;
    uint8_t t = 0;
```

```
    uint8_t key;
    HAL_Init();                                 /* 初始化 HAL 库 */
    sys_stm32_clock_init(RCC_PLL_MUL9);   /* 设置时钟，72 MHz */
    delay_init(72);                             /* 延时初始化 */
    usart_init(115200);                         /* 串口初始化为 115 200 */
    usmart_dev.init(72);                        /* 初始化 USMART */
    led_init();                                 /* 初始化 LED */
    lcd_init();                                 /* 初始化 LCD */
    key_init();                                 /* 初始化按键 */
    adc3_init();                                /* 初始化 ADC */
    adc3_channel_set(&g_adc3_handle, ADC3_CHY, ADC_CHANNEL_0,
                     ADC_SAMPLETIME_1CYCLE_5);
    /* 初始化 DAC 通道 1 DMA 波形输出 */
    dac_dma_wave_init(1, (uint32_t)&DAC1->DHR12R1, (uint32_t)g_dac_sin_buf);
    lcd_show_string(30,  50, 200, 16, 16, "STM32", RED);
    lcd_show_string(30,  70, 200, 16, 16, "DAC DMA Sine WAVE TEST", RED);
    lcd_show_string(30,  90, 200, 16, 16, "ATOM@ALIENTEK", RED);
    lcd_show_string(30, 110, 200, 16, 16, "KEY0:3kHz  KEY1:30kHz", RED);
    lcd_show_string(30, 130, 200, 16, 16, "DAC VAL:", BLUE);
    lcd_show_string(30, 150, 200, 16, 16, "DAC VOL:0.000V", BLUE);
    lcd_show_string(30, 170, 200, 16, 16, "ADC VOL:0.000V", BLUE);
    dac_creat_sin_buf(2048, 100);
    /* 100 kHz 触发频率，100 个点，得到 1 kHz 的正弦波 */
    dac_dma_wave_enable(100, 10 - 1, 72 - 1);
    while (1)
    {
        t++;
        key = key_scan(0);                              /* 按键扫描 */
        if (key == KEY0_PRES)                           /* 高采样率，约 1 kHz 波形 */
        {
            dac_creat_sin_buf(2048, 100);
            /* 300 kHz 触发频率，100 个点，得到最高 3 kHz 的正弦波 */
            dac_dma_wave_enable(100, 10 - 1, 24 - 1);
        }
        else if (key == KEY1_PRES)                      /* 低采样率，约 1 kHz 波形 */
        {
            dac_creat_sin_buf(2048, 10);
            /* 300 kHz 触发频率，10 个点，可以得到最高 30 kHz 的正弦波 */
            dac_dma_wave_enable(10, 10 - 1, 24 - 1);
        }
        adcx = DAC1->DHR12R1;                           /* 获取 DAC1_OUT1 的输出状态 */
        lcd_show_xnum(94, 130, adcx, 4, 16, 0, BLUE);  /* 显示 DAC 寄存器值 */
        temp = (float)adcx * (3.3 / 4096);              /* 得到 DAC 电压值 */
        adcx = temp;
        lcd_show_xnum(94, 150, temp, 1, 16, 0, BLUE);  /* 显示电压值整数部分 */
        temp -= adcx;
        temp *= 1000;
        lcd_show_xnum(110, 150, temp, 3, 16, 0X80, BLUE); /* 显示电压值的小数部分 */
        adcx = adc3_get_result_average(ADC3_CHY, 10); /* 得到 ADC3 通道 1 的转换结果 */
        temp = (float)adcx * (3.3 / 4096);        /* 得到 ADC 电压值(ADC 是 12 bit 的) */
        adcx = temp;
```

```
            lcd_show_xnum(94, 170, temp, 1, 16, 0, BLUE);   /* 显示电压值整数部分 */
            temp -= adcx;
            temp *= 1000;
            lcd_show_xnum(110, 170, temp, 3, 16, 0X80, BLUE); /* 显示电压值的小数部分 */
            if (t == 40)                    /* 定时时间到了 */
            {
                LED0_TOGGLE();              /* LED0 闪烁 */
                t = 0;
            }
            delay_ms(5);
        }
    }
```

adc3_init 函数用于初始化 ADC3，并测量 DAC 通道 1 的电压值。

dac_dma_wave_init 函数初始化 DAC 通道 1，并指定 DMA 搬运的数据的开始地址和目标地址。dac_creat_sin_buf 函数用于产生正弦波序列，并保存在 g_dac_sin_buf 数组中，供给 DAC 转换。进入 wilhe(1)循环之前，dac_dma_wave_enable 函数默认配置 DAC 的采样点个数是 100，并配置定时器 7 的溢出频率为 100 kHz，这样就可以输出 1 kHz 的正弦波。为什么是输出 1 kHz 的正弦波？

定时器 7 的溢出频率为 100 kHz，公式为

$$T_{out}=(arr+1)(psc+1)/T_{clk}$$

"dac_dma_wave_enable(100, 10－1, 72－1);"语句第二个形参是自动重装载值，第三个形参是分频系数，代入公式可得：

$$T_{out}=(arr+1)(psc+1)/T_{clk}=((9+1)\times(71+1))/72\ 000\ 000=0.000\ 01\ s$$

得到定时器的更新事件周期是 0.000 01 s，即更新事件频率为 100 kHz，也就得到 DAC 输出触发频率为 100 kHz。

再结合一个正弦波共有 100 个采样点，就可以得到正弦波的频率为 100 kHz/100＝1 kHz。

于是，按下按键 KEY0 得到 3 kHz 的正弦波，按下按键 KEY1 得到 30 kHz 的正弦波，计算方法一样。

dac_dma_sin_set 函数可以通过 USMART 设置正弦波输出参数，方便修改输出频率。

27.4.4 下载验证

下载代码后可以看到 LED0 不停地闪烁，提示程序已经在运行了。LCD 显示如图 27.19 所示。

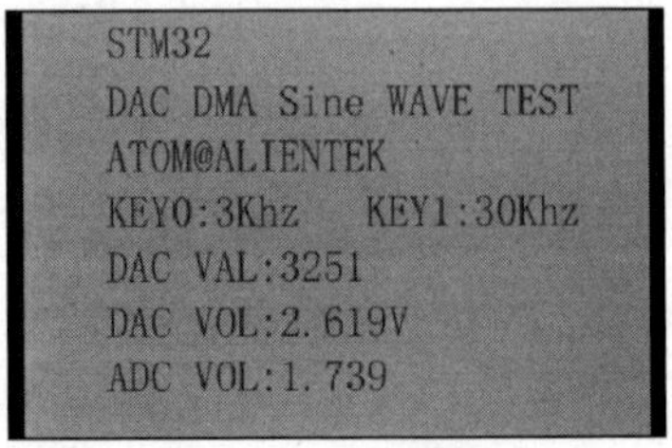

图 27.19　DAC 输出正弦波实验测试图

用短路帽将 ADC 和 DAC 排针连接后，可以看到 ADC VOL 的值随着 DAC 的输出变化而变化，即 ADC 采集到的值是不停变化的。由于变化太快，看不出采集到的数值最终所形成

的波形，下面借用示波器来观察，首先将探头接到 DAC 的排针上。

没有按下任何按键之前，默认输出 1 kHz(100 个采样点)的正弦波，如图 27.20 所示。

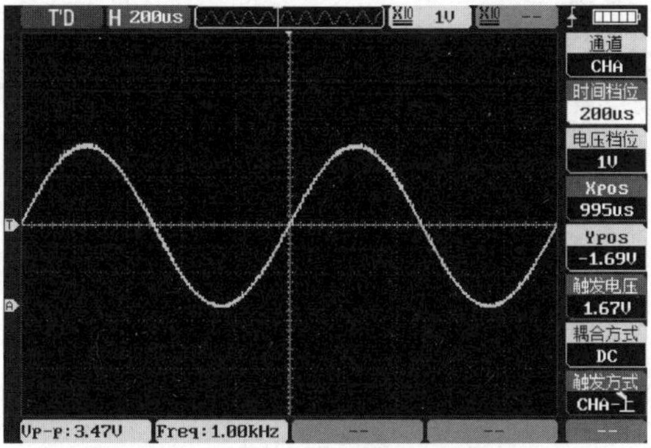

图 27.20 默认 DAC 输出的正弦波

当按下 KEY0 后，DAC 输出 3 kHz(100 个采样点)的正弦波，如图 27.21 所示。

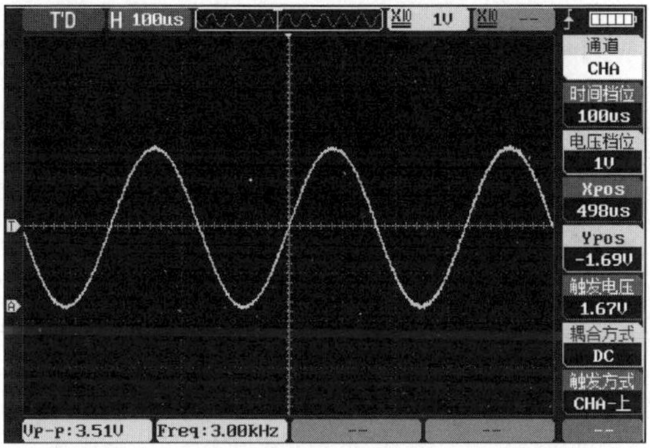

图 27.21 按下 KEY0 时 DAC 输出的正弦波

当按下 KEY1 后，DAC 输出 30 kHz(10 个采样点)的正弦波，如图 27.22 所示。

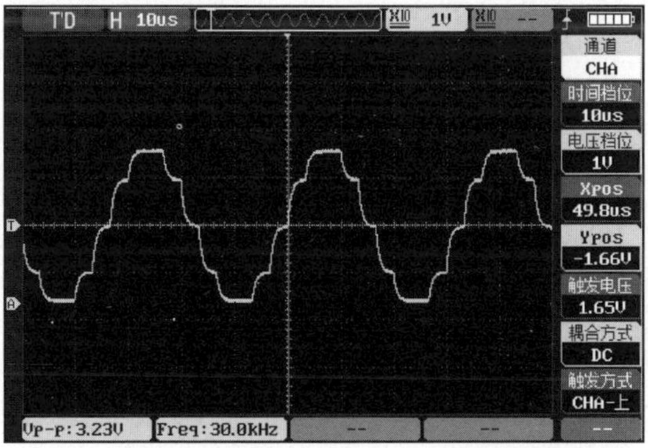

图 27.22 按下 KEY1 时 DAC 输出的正弦波

参考文献

[1] 刘军. 例说 STM32[M]. 3 版. 北京:北京航空航天大学出版社,2018.

[2] 意法半导体. STM32 中文参考手册,2010.

[3] Joseph Yiu. ARM Cortex-M3 权威指南[M]. 宋岩,译. 北京:北京航空航天大学出版社,2009.

[4] 杜春雷. ARM 体系结构与编程[M]. 北京:清华大学出版社,2003.

[5] 李宁. 基于 MDK 的 STM32 处理器应用开发[M]. 北京:北京航空航天大学出版社,2008.

[6] 王永虹. STM32 系列 ARM Cortex-M3 微控制器原理与实践[M]. 北京:北京航空航天大学出版社,2008.

[7] 俞建新. 嵌入式系统基础教程[M]. 北京:机械工业出版社,2008.

[8] 李宁. ARM 开发工具 RealView MDK 使用入门[M]. 北京:北京航空航天大学出版社,2008.